柔性直流换流站
运维技能现场使用手册

主编 张永记　　**副主编** 付胜宪　郑国顺　黄东方

中国电力出版社
CHINA ELECTRIC POWER PRESS

图书在版编目（CIP）数据

柔性直流换流站运维技能现场使用手册/张永记主编．—北京：中国电力出版社，2021.12
ISBN 978-7-5198-6191-9

Ⅰ．①柔… Ⅱ．①张… Ⅲ．①直流换流站－技术手册 Ⅳ．①TM63-62

中国版本图书馆 CIP 数据核字（2021）第 232826 号

出版发行：中国电力出版社	印　　刷：三河市百盛印装有限公司
地　　址：北京市东城区北京站西街 19 号（邮政编码 100005）	版　　次：2021 年 12 月第一版
网　　址：http://www.cepp.sgcc.com.cn	印　　次：2021 年 12 月北京第一次印刷
策划编辑：王春娟（010-63412350）	开　　本：787 毫米×1092 毫米　横 16 开本
责任编辑：吴　冰（010-63412356）　陈　丽（010-63412348）	印　　张：40.25　插　页2
责任校对：黄　蓓　郝军燕　李　楠	字　　数：899 千字
装帧设计：张俊霞	印　　数：0001—1000 册
责任印制：石　雷	定　　价：230.00 元

前　言

随着柔性直流输电技术在电网工程中的逐步推广应用，如何系统全面地总结提炼编写一部"可用、有用、好用"的柔性直流换流站运维技能现场使用手册，对当前柔性直流换流站运维、检修人员具有重要指导意义。为了系统性地夯实柔性直流运维技能基础，特针对现场使用需求，组织多年从事柔性直流换流站运维、检修专业的技术骨干、专家编写本手册。

本手册共分 14 章，内容包括柔性直流输电概述、柔性直流控制原理、柔性直流控制保护系统、柔性直流换流站电气主设备概述、真双极接线柔性直流换流站顺序控制及其防误策略、真双极接线换流站典型操作、换流站高压直流系统及站用交直流系统运行方式、换流站设备运行规定、换流站设备异常及事故处理、换流站高澜阀冷系统、换流站换流变压器冷却器系统及其有载开关和滤油机二次控制回路辨识、换流站消防系统、换流站暖通空调系统、柔性直流换流站典型设备原理框图。

本手册在编制过程中得到了国网福建省电力有限公司黄巍、林匹及国网福建电力科学研究院邹焕雄、晁武杰、胡文旺、郭建生等专家，以及国网福建电力检修公司各级领导、同事的大力支持和帮助，在此表示衷心感谢！

本手册可供从事换流站运维、检修的专业技术人员使用，也可作为柔性直流运维人员的操作培训资料。由于编者水平所限，手册存在疏漏之处，敬请广大读者批评指正，在此深表谢意。

目　录

第一章　柔性直流输电概述

一、柔性直流输电定义

柔性直流输电是 20 世纪 90 年代开始发展的第三代高压直流输电技术，在结构上与常规直流输电类似，都是由换流站和直流输电线路构成。区别在于柔性直流输电采用开通和关断均可控制的全控型电力电子器件（如 IGBT）的电压源换流器（Voltage-Sourced Converter，VSC），取代常规直流输电中采用半控型电力电子器件的电流源换流器。绝缘栅双极晶体管（Insulated Gate Bipolar Transistor，IGBT）是一种全控型电力电子器件，它的出现和脉宽调制（Pulse Width Modulation，PWM）技术的发展使得由 IGBT 构成的电压源换流器应用于直流输电领域成为可能。加拿大麦吉尔大学的 Boon-Teck Ooi 教授等人于 20 世纪 90 年代首次提出了 VSC 技术，其核心是用电压源换流器取代常规直流输电中基于半控型晶闸管器件的电流源换流器。

对于这种新型的直流输电技术，国际权威电力学术组织，如国际大电网会议（CIGRE）和美国电气电子工程协会（IEEE），都将其学术名称定义为 "VSC-HVDC" 或者 "VSC Transmission"，即 "基于电压源换流器的高压直流输电"。ABB 公司为了形象宣传，称之为 "轻型直流（HVDC-Light）"，西门子公司则称之为 "新型直流（HVDC-Plus）"。为简化、形象地描述此技术，国内很多专家建议将该技术简称为 "柔性直流（HVDC-Flexible）"，以区别于采用晶闸管的常规直流输电技术。

图 1-1 是柔性直流输电系统原理图，包括两端换流站和两条直流线路。柔性直流输电功率可双向流动，两个换流站中的任一个既可以作整流站也可以作逆变站运行，其中处在送电端的工作在整流方式，处在受电端的工作在逆变方式，电压源换流器的特点在于直流电压保持不变，通过改变直流电流的方向实现功率正向和反向传输，实现整流和逆变的转换。

1. 由一个 VSC 基本单元构成的双极主接线——伪双极系统接线

早期的柔性直流输电系统多采用如图 1-2 所示的方式，换流器的两个直流端一端为正极、另一端为负极，这样就构成了正、负极对称的直流输电线路。这种由一个 VSC 基本单元构成的伪双极系统，其双极指的是换流器的正极和负极，不同于常规直流输电的双极系统，只要换流器单元发生故障或一个单极（正极或负极）发生故障，整个伪双极系统就全部不能运行。常规直流输电的双极系统指的是独立的极 1 和极 2，当一极故障时还能保留一极运行，因此伪双极系统不具备常规直流输电双极系统的性能。

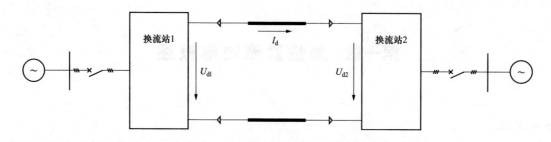

图 1-1   柔性直流输电系统原理图

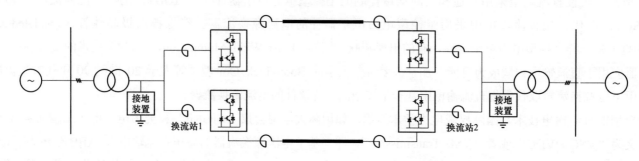

图 1-2   伪双极接线柔性直流输电系统接线图

2. 由两个 VSC 基本单元组合构成的双极系统主接线——真双极系统接线

由两个 VSC 基本单元组合构成的柔性直流输电双极系统主接线与常规直流输电的双极系统主接线是基本一致的，如图 1-3 所示。直流线路如果带有金属回流线，则双极不平衡运行时不平衡电流通过金属回流线传输。因此不需要专门的接地极，只要在一端换流站接地钳制电位即可，该接地极可直接与换流站站内的地网相连。相比于常规输流输电系统，柔性直流换流站交流场的无功补偿和滤波设备以及直流场的滤波器可以省去。真双极接线的主要优势在于：

（1）直流线路绝缘水平降低，在同样额定直流电压下，比伪双极系统接线绝缘水平低很多；

（2）直流侧故障只影响故障极，对健全极几乎没有影响，从而提高了系统的可靠性；

（3）方便系统分期建设和增容扩建，先投运单极再投运双极，有利于及早发挥投资效益；

（4）可在双极带金属回线单端接地、单极带金属回线单端接地、双极大地回线（临时运行方式）、换流站独立静止同步无功补偿（STATCOM）等方式下运行，运行方式灵活多样。

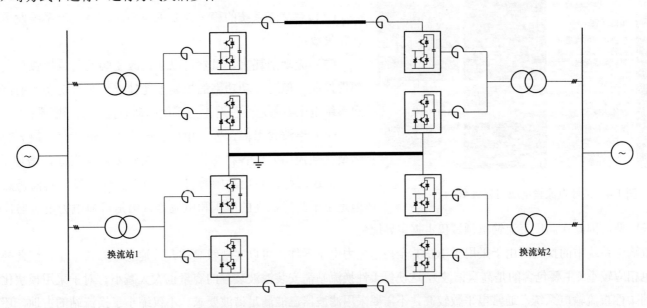

图 1-3　真双极接线柔性直流输电系统原理图

二、柔性直流输电技术与常规直流输电技术的区别

柔性直流输电技术与常规直流输电技术最根本的区别在于换流站的差异，包括换流器中使用的器件以及换流阀控制技术等。

在换流器所使用的器件上，柔性直流输电系统采用全控型电力电子器件（如 IGBT），可以控制器件开通和关断，不需要电网换相电流的参与。这使得由 IGBT 构成的换流器在外特性上可以等效为一个具有四象限运行能力的无转动惯量发电机。因此柔性直流输电系统不需要交流系统提供换相容量，可以向弱网络或无源负荷供电，如孤岛供电、海上钻井平台供电或弱电网地区供电。柔性直流输电应用领域如图 1-4 所示。

常规直流通常采用半控型的晶闸管，由于晶闸管是非可控关断器件，这使得常规直流输电系统中只能控制换流阀的开通而不能控制其关断，必须借助于交流母线电压的过零使阀电流减小至阀的维持电流以下才能关断晶闸管。因此，常规的高压直流输电系统换流器存在以下缺点：

电网互联
解决短路电流超标问题、稳定性问题、黑启动等问题

城市供电
解决电能质量问题、增加输送容量问题、分区互供问题

新能源接入
解决电压波动、频率波动等问题

岛屿平台供电
解决远距离、水下传输、无源启动等问题

图 1-4　柔性直流输电应用领域图

（1）受端换流站只能工作在有源逆变状态，不能接入无源系统；

（2）对交流系统的稳定性要求较高，一旦交流系统发生干扰，容易换相失败；

（3）无功消耗大，虽然可以通过改变触发角或熄弧角实现对无功功率的控制，但对无功功率的控制不能独立于对有功功率的控制，这会导致系统电压不稳定，使对电力系统的动态控制相当困难；

（4）谐波含量高，输出电压和电流的波形均存在很大的谐波分量，需要在换流站安装各种等级的滤波装置来滤除谐波，增加了成本。

上述这些缺点由晶闸管自身的内在特性引发，目前仍然难以克服。但是由于其能承受的电压和电流容量仍是目前电力电子器件中最高的，而且技术比较成熟，因此在高压直流输电领域仍占据主导地位。

柔性直流输电系统中的换流阀由于采用了 IGBT 全控型电力电子器件，可以实现较高的开关速度、开关频率，因此换流站的输出电压谐波量也相应较小（主要包含的是高次谐波），这使得柔性换流站需安装滤波装置的容量也大大减小。对于采用模块化多电平换流器（MMC）的柔性直流输电系统，通常电平数较高，不需要采用滤波器已能满足谐波要求。不仅缩小了换流站的占地，还降低了投资费用。而常规直流输电系统中换流阀的关断只能借助于交流系统的过零点，因此其开关频率只能是工频，这使得其输出的电压中谐波含量较大，谐波次数也较低，因此需要大量的无功补偿装置。

常规直流输电系统换流阀如图 1-5 所示，柔性直流输电系统换流阀如图 1-6 所示。

由于控制方式的不同，常规直流输电系统的换流站之间必须进行通信以传递系统参数并进行适当的控制；而柔性直流输电系统中各换流站之间的通信不是必需的，这样可以大大减少通信线路的投资，并且其控制系统的结构易于实现无人值守。在换流站结构方面，柔性直流输电系统由于结构较为紧凑，体积较小，因此其换流站设备大都可以放在室内（考虑到散热和体积等问题，一般将换流变压器放在室外），这样就有效地减少了外界恶劣环境如雷击、覆冰等引起的各类故障以及机械损伤等，不仅提高了系统的运行可靠性，还延长了设备的使用寿命，其接线示意如图 1-7（a）所示。而传统直流输电系统中由于无功补偿和滤波器等设备体积较大、数量较多，因此结构复杂，一般只将换流阀和控制保护系统放在室内，其余的设备大都放在外面的露天区域中，其接线示意如图 1-7（b）

所示。

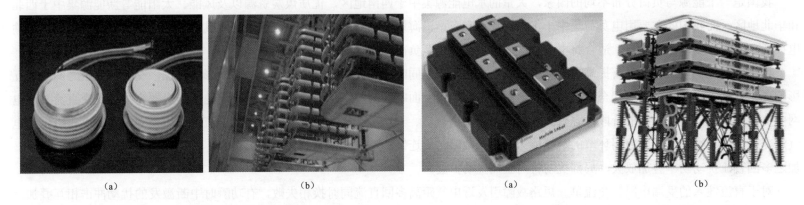

（a）   （b）   （a）   （b）

图 1-5   常规直流输电系统换流阀图   图 1-6   柔性直流输电系统换流阀图

（a）常规直流输电晶闸管图；（b）常规直流换流阀阀塔图   （a）柔性直流输电 IGBT 模块图；（b）柔性直流换流阀阀塔图

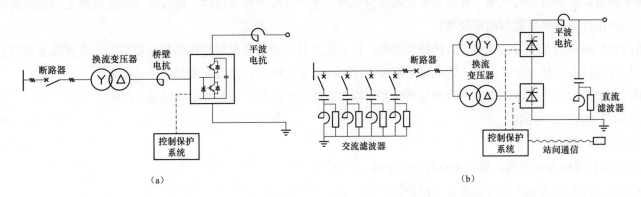

（a）   （b）

图 1-7   直流输电换流站单线结构示意图

（a）柔性直流输电系统换流站单线结构示意图；（b）常规直流换流站单结构示意图

三、常规直流输电对受端交流电网的影响

我国是一个能源与负荷分布不均的国家，大量的水电能源集中于西南地区，优质煤炭资源以及风能、太阳能等新能源集中于西北和华北地区。而我国的主要用电负荷集中于华中、华东和东南沿海地区。特高压常规直流输电工程具有输送容量大、输送距离远、输电损耗低、走廊宽度小等优点，适合将电能从能源地直接输送至负荷中心。

特高压直流输电工程在显著提高电网大范围资源优化配置的同时，超大容量直流对交流电网的影响增加，交直流系统之间的相互影响更为复杂，送受端之间的耦合日趋紧密，电网安全稳定运行面临新的技术挑战，即强直弱交问题。强直弱交指的是交直流混合电网中交流和直流发展不均衡的阶段，强直激发的大量不平衡有功、无功，冲击承载能力不足的弱交流系统，当潮流、频率、电压等电气量变化幅度相继超过不同薄弱环节的耐受能力，单一故障将向连锁故障转变；直流送受端强耦合，使扰动经直流向跨区电网传播，加之多回直流扰动功率叠加放大，局部扰动将向全局扰动扩展。

对于直流馈入的受端电网，交流单一短路故障引发近电气距离多回直流同时换相失败，有功瞬时中断激发的扰动冲击相互叠加，易导致系统功角振荡，位于振荡中心近区的直流逆变站则会因电压大幅跌落，存在连续换相失败甚至永久闭锁风险。多回直流换相失败后有功同时恢复提升过程中，逆变站从交流电网吸收大量无功，存在因交流电压无法恢复导致发电机过励跳闸、电动机低压脱扣等风险。对于直流外送的送端电网，交流单一短路故障后，受直流有功恢复延迟影响，配套电源出力受阻程度增大，机组加速使局部地区面临短时频率骤升，易导致邻近风电、光伏等新能源高频脱网。单一直流闭锁等故障，滤波器切除前过剩无功注入交流电网使局部电网面临过电压冲击，易导致新能源高压脱网。

合理的电网结构是电力系统安全稳定运行的物质基础，针对强直弱交型混联电网存在的复杂影响，一方面需要协调直流与交流输电系统发展、提升电网安全稳定水平；另一方面需要减少直流的冲击发生概率、增强交流的冲击承载能力。

（1）减少直流的冲击发生概率，主要是降低直流逆变器换相失败发生概率，可采取如下措施：

1）优化晶闸管固有关断时间；

2）优化换相失败预测方法；

3）采用电容换相或电压逆变器，替代电流源型逆变器。

（2）增强交流的冲击承载能力，可采取如下措施：

1）优化交流一次主干网架，适应直流有功强冲击；

2）加强动态电压支撑能力，适应直流强无功冲击；

3）改善电源、电网控制及其协调控制能力；

4）增强风电、光伏新能源发电设备的扰动耐受能力。

四、柔性直流输电特点

1. 不存在换相失败问题

柔性直流输电使用开通关断均可控制的全控型电力电子器件，不存在换相失败问题，可以向无源或弱电网系统供电。

2. 不需要大量的无功补偿和滤波装置，换流站占地面积小

因为柔性直流输电系统采用 PWM 技术或 MMC 技术，系统谐波水平低，所以柔性直流换流站不需要大量的无功补偿和滤波装置，换流站占地面积小。配合自身的控制策略，可以实现传输的有功功率与无功功率独立控制，其本身还可作为静止同步补偿器（STATCOM）向交流系统补偿无功，稳定交流母线电压。

3. 潮流翻转，直流母线电压极性不变

构成并联型多端直流系统时，通过改变单端电流的方向，单端可在整流和逆变状态下独立切换。

综上所述，柔性直流输电既可以解决目前交、直流输电面临的诸多技术瓶颈，还可以大大提高电网低电压穿越能力和系统稳定性，改善可再生能源接入，是实现远距离输电、可再生能源并网的友好技术手段。柔性直流输电外特性如图 1-8 所示。

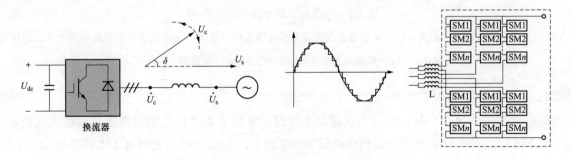

图 1-8　柔性直流输电外特性图

采用真双极接线方式的柔直输电系统，运行方式灵活，可工作在双极带金属回线运行、单极带金属回线单端接地运行、双极不带金属回线双端接地运行、换流站独立作为 STATCOM 运行这四种方式。柔性直流输电运行方式如图 1-9 所示。

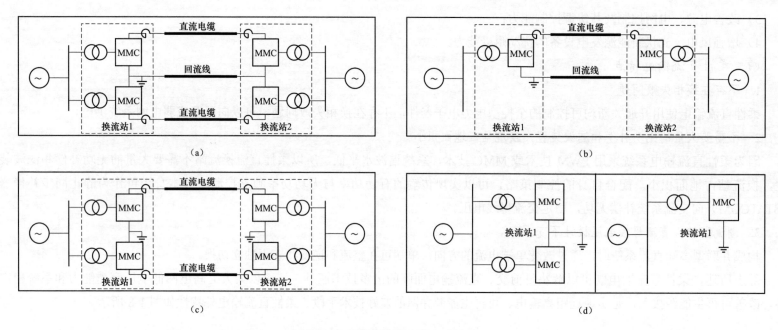

图 1-9 柔性直流输电运行方式图

（a）双极带金属回线单端接地运行示意图；（b）单极带金属回线单端接地运行示意图；（c）双极不带金属回线双端接地运行示意图；

（d）换流站独立作为 STATCOM 运行示意图

五、柔性直流输电技术应用情况

我国从 2006 年开始启动柔性直流输电基础理论及关键技术研究，掌握了柔性直流输电系统及柔性直流换流阀运行控制策略以及试验仿真能力，并在 2010 年完成小容量柔直换流阀样机研制的基础上，先后完成了亚洲首条柔性直流输电示范工程（上海南汇）、±200kV/1000MW 舟山 5 端柔性直流海缆工程和 ±320kV/1000MW 厦门柔性直流输电示范工程。通过多年的理论积累、仿真分析和工程实践，掌握了 ±800kV/5000MW 电压等级和容量的柔性直流输电工程应用的全套技术。可以看出，柔性直流输电技术正迅速朝着高电压、大容量方向发展，从两端向多端领域发展，工程数量越来越多，应用领域也越来越广泛，成为促进新能源大规模开发利用和互联网建设的重要手段。

柔性直流技术的快速进步，推动了风电并网、电网互联等领域的发展，而市场的发展又反过来推动了技术水平的提升。随着柔性直流输电技术的不断发展，建设更高电压等级、更大容量、同时又满足架空线路和配电应用需求的柔性直流输电技术和工程应用已在中长期发展规划中得到确立。可以预见，未来的柔性直流输电技术将与常规直流输电技术互为补充，协同发展。我国柔性直流输电工程投运情况如表1-1所示。

表1-1　　　　　　　　　　　　　　　我国柔性直流输电工程投运情况

序号	工程名称	电压等级（kV）	容量（MW）	投运年份	类型	备　注
1	上海南汇柔性直流输电工程	±30	18	2011	两端	国内首个柔性直流输电工程，风电接入
2	南澳柔性直流输电工程	±160	200	2013	四端	多端柔性直流输电工程，海上风电
3	舟山柔性直流输电工程	±200	1000	2014	五端	多端柔性直流输电工程，海岛供电
4	厦门柔性直流输电工程	±320	1000	2015	两端	世界首个真双极接线柔性直流输电工程
5	鲁西柔性直流输电工程	±350	1000	2016	背靠背	电网互联
6	渝鄂柔性直流输电工程	±420	2×2500	2019	背靠背	电网互联
7	张北柔性直流输电工程	±500	3000（最大）	2020	四端	柔性直流输电工程环形电网，新能源并网
8	昆柳龙混合直流	±800	常规直流输送容量8000MW；柔性直流输送容量5000MW	2020	三端	特高压三端混合直流，送端云南昆北换流站采用特高压常规直流，受端广西柳北换流站、广东龙门换流站采用特高压柔性直流

第二章　柔性直流控制原理

第一节　电压源换流器的基本特性

柔性直流输电采用的是电压源换流器，不论是两电平、三电平还是模块化多电平换流器，其基波频率下的外特性都是一致的。电压源换流器基波频率下的等效示意如图 2-1 所示。

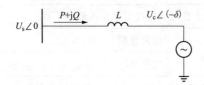

假设换相电抗器是无损耗的，在忽略谐波分量时，换流器和交流电网之间传输的有功功率 P 及无功功率 Q 分别为：

$$P = \frac{U_s U_c}{X_L} \sin\delta \tag{2-1}$$

图 2-1　电压源换流器等效示意图

$$Q = \frac{U_s (U_s - U_c \cos\delta)}{X_L} \tag{2-2}$$

式中：U_s 为交流母线电压基波分量；U_c 为换流器输出电压基波分量；δ 为 U_c 滞后于 U_s 的角度；X_L 为换流器与交流母线之间的等效电抗（包括换流变压器）。

由上述公式可知，在交流系统电压不变的情况下，有功功率主要取决于 δ，当 $\delta > 0$ 时，VSC 吸收有功功率，换流器工作在整流状态；当 $\delta < 0$ 时，VSC 发出有功功率，换流器工作在逆变状态。因此，通过控制 δ 就可以控制直流电流方向及输送有功功率的大小，当交流母线电压超前于换流器逆变电压时，有功从系统流入换流器。

同理，由上述公式可知，无功功率主要取决于 $U_s - U_c \cos\delta$。当 $(U_s - U_c \cos\delta) > 0$ 时，VSC 吸收无功功率，换流器呈感性；当 $(U_s - U_c \cos\delta) < 0$ 时，VSC 发出无功功率，换流器呈容性。

因此，通过控制 UC 就可以控制换流器发出或者吸收无功功率。从系统角度来看，换流器可以看成是一个无转动惯量的电动机或发电机，可以无延时地控制有功功率和无功功率，实现四象限运行，电压源换流器稳态运行时的 PQ 相量图如图 2-2 所示。

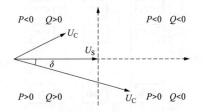

图 2-2   电压源换流器稳态运行时的 PQ 相量图

第二节   模块化多电平换流器的工作原理

早期的柔性直流换流阀采用两电平或三电平换流技术，由 IGBT 器件直接串联构成，制造难度大，功率器件开关频率高，损耗大。模块化多电平换流器（Modular Multilevel Converter，MMC）是在两电平变换技术的基础上发展而来，子模块多采用半桥结构（Half Bridge Sub-Module，HBSM），换流阀由子模块级联构成。MMC 通过多个子模块叠加得到较高的直流电压，其模块化结构可实现上百个电平的电压输出，具有输出交流电压高次谐波小、输出波形更接近正弦波、便于扩容及冗余配置、可省去交流滤波器等众多优点，避免了两电平或三电平电压源换流器中大量 IGBT 串联所引起的技术难题。另外，MMC 还具有开关损耗较低、故障穿越能力强等特点。随着学术界和工程界的不断探索，多种采用不同子模块结构以适应不同应用场合的 MMC 拓扑结构相继被提出，如子模块为全桥结构的 MMC，以及具备直流故障穿越能力的 MMC 混合拓扑结构。其中 ABB 公司提出了结合自身技术优势及 MMC 拓扑特性的级联两电平（Cascaded Two Level，CTL）结构多电平换流器。由上述分析可知，MMC 型柔性直流输电系统已成为未来 VSC-HVDC 领域的发展趋势。

模块化多电平电压源换流器的拓扑结构，如图 2-3 所示，它由六个桥臂组成，每个桥臂由若干个相互连接且结构相同的子模块与一个桥臂电抗器串联组成。从直流侧来看，模块化多电平换流器的三相桥臂单元是并联在直流侧的，实际中每相桥臂的电压值并不完全相等，因此在各桥臂之间便会产生一定量的环流，此环流的存在会对开关器件产生一定的电流应力并影响系统性能。为了削弱此环流的不利影响，在各相桥臂上均串联了桥臂电抗器。桥臂电抗器既可以抑制因各相桥臂电流电压瞬时值不完全相等而造成的相间环流，还可以有效地抑制直流母线发生故障时的冲击电流，从而提高系统的可靠性。

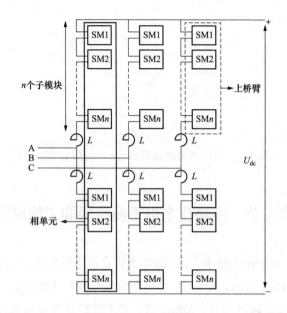

图 2-3　模块化多电平换流器的拓扑结构图

模块化多电平换流器具有模块化的特点，容易通过串联叠加方式得到较高电压、较多电平的输出，相比于 PWM 控制其开关频率大大降低，开关损耗和系统损耗降低。通过换流阀冗余设计，提高系统的可靠性，即当某一个子模块故障时，系统自动切换到备用子模块运行。由于多电平控制下电压变化的幅度大大降低，大幅减少了开关器件承受的电压应力；又因为子模块是根据控制策略进行投退，同一桥臂子模块并非同时开通和关断，故不需要考虑开关器件性能一致性的问题，这些设计策略，可有效降低换流器对开关器件的要求。相比于两电平换流器，模块化多电平换流器对开关器件的要求降低了，但是由于其需要对每一个子模块进行单独控制，因此其控制系统要复杂很多，而且还需要解决子模块电容均压问题和桥臂环流抑制问题。

与以往的 VSC 拓扑结构不同，模块化多电平换流器在直流侧无须配置独立的储能电容，电容分布于每一个子模块内部。通过控制子模块内 IGBT 器件的开通和关断，就可以改变各桥臂子模块电容的数量，从而灵活改变换流器的输出电压及功率。

一、子模块工作原理

目前投运的柔直工程子模块均为半桥型结构，由两个带反并联二极管的 IGBT 模块和一个直流储能电容器组成。每个子模块都是一个两端器件，它可以同时在两种电流方向的情况下进行全模块电压（VT1=ON，VT2=OFF）和零模块电压（VT1=OFF，VT2=ON）之间的切换。其中，每个子模块有三种工作状态，如图 2-4 所示。

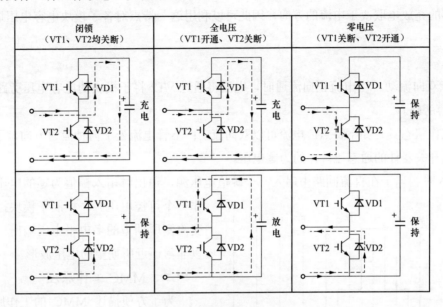

图 2-4　子模块的工作状态

1. VT1 和 VT2 都是关断状态

模块化多电平换流器在某些故障状态，比如较严重的直流侧短路故障时，两个 IGBT 的触发脉冲会闭锁，两个 IGBT 进入关断状态。当电流流向直流侧电源正极（定义其为电流的正方向），则电流流过子模块的续流二极管 VD1 向电容充电；当电流反向流动，则将直接通过续流二极管 VD2 将子模块旁路。

VT1 和 VT2 都关断状态下，两个 IGBT 均关断，合上交流开关对换流阀充电的过程中，子模块电容被充电且不存在放电的可能。

2. VT1 导通，VT2 关断

这种状态是 MMC 电路的正常工作状态。在这种状态下，电流仍能双向流动。当电流正向流动时，电流将通过续流二极管 VD1 流入电容，对电容充电；当电流反向流动时，电流将通过 VT1 为电容放电。

VT1 导通、VT2 关断的工作状态具有如下特点：电流可以双向流动；不管电流处于何种流通方向，子模块的输出端电压都表现为电容电压。

由于该状态下子模块电容的充放电取决于电流的方向，因此可以利用这一特点对各子模块电容电压进行充放电控制，使子模块电压尽量均衡。

3. VT1 关断，VT2 导通

在这种状态下，电流仍能双向流动。当电流正向流通时，电流将通过 VT2 将子模块的电容电压旁路；当电流反向流通时，电流将通过续流二极管 VD2 将电容旁路。

VT1 关断、VT2 导通的工作状态具有如下特点：电流可以双向流动；不管电流处于何种流通方向，子模块的电容电压不会受到影响；子模块输出端引出的仅是开关器件的通态压降，约为零电压。

综上所述，当子模块投入时相当于在直流回路中串入一个等值电压源，退出时串入幅值为零的电压源，因此整个换流器可以看作一个可控电压源，控制子模块投入的数量与时间就可以得到交流侧所期望的多电平电压输出。当子模块数量很多时，就可以非常逼近所期望的电压波形。

二、MMC 工作原理

为了方便描述 MMC 的工作原理，以五电平拓扑为例进行介绍。图 2-5 为五电平 MMC 工作原理图，每相由 8 个子模块构成，上下桥臂各有 4 个子模块。实线表示上桥臂电压 u_{pa}，虚线表示下桥臂电压 u_{na}，粗实线表示总的直流侧电压 U_{dc}，电压等效关系如下：

$$U_{dc} = u_{pa} + u_{na} \tag{2-3}$$

因此，对于换流器直流侧电压来说，只要上下桥臂投入子模块总数保持不变，即可维持直流侧电压恒定。

通过对上、下桥臂中处于投入状态的子模块数进行分配，可实现对换流器交流侧电压的调节，即通过调节图 2-5 中

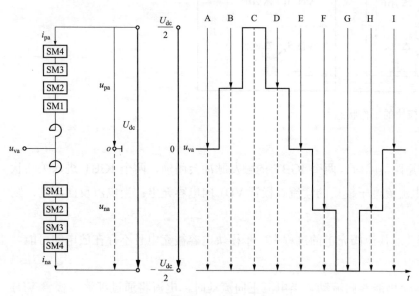

图 2-5　五电平 MMC 工作原理图

实线 u_{pa} 和虚线 u_{na} 的长度，实现交流侧输出电压 u_{va} 为正弦波的目的。

在一个工频周期内交流侧电压 u_{va} 需要经历 A、B、C、D、E、F、G、H 8 个不同的时间段，设直流侧正负极中点 O 的点位为电压参考点，则对应 u_{va} 的 8 个不同时间段上下桥臂投入的子模块个数变化情况见表 2-1。

表 2-1　　　　　　　　　　　　　　　　不同时段子模块投入情况

时 间 段	A	B	C	D	E	F	G	H
电压值	0	$U_{dc}/4$	$U_{dc}/2$	$U_{dc}/4$	0	$-U_{dc}/4$	$-U_{dc}/2$	$-U_{dc}/4$
上桥臂投入的 SM 数	2	1	0	1	2	3	4	3
下桥臂投入的 SM 数	2	3	4	3	2	1	0	1
每相投入的 SM 数	4	4	4	4	4	4	4	4
直流侧电压大小	U_{dc}	U_{dc}	U_{dc}	U_{dc}	U_{dc}	U_{dc}	U_{dc}	U_{dc}

因此，交流侧电压总共有 5 个不同的电压值，即五电平。在不考虑冗余子模块的前提下，若 MMC 每相由 $2N$ 个子模块串联而成，则上下桥臂分别有 N 个子模块，可生成 $N+1$ 电平，且任何时刻每相投入的子模块数目为 N。由此可得：

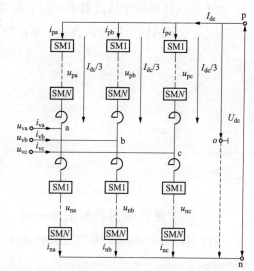

$$N = N_p + N_n \tag{2-4}$$

其中，N_p 为上桥臂投入的子模块数；N_n 为下桥臂投入的子模块数，则每个子模块电容电压 U_c 为：

$$U_c = \frac{U_{dc}}{N_p + N_n} = \frac{U_{dc}}{N} \tag{2-5}$$

即每个电平电压值为子模块电容电压 U_c。随着子模块数量的增多，电平数越多，交流侧输出电压就越趋近于正弦波。

三、MMC 运行特性

图 2-6 为三相模块化多电平换流器运行特性图，其中 p 和 n 表示换流器直流侧的正

图 2-6　三相模块化多电平换流器运行特性图

负极，它们相对于参考中性点 O 的电压分别为 $U_{dc}/2$ 和 $-U_{dc}/2$，换流器中三相单元具有严格的对称性，每相桥臂可通过子模块的投切控制桥臂输出电压，故每相桥臂均可等效为一个可控电压源，以 a 相为例，忽略换流器中桥臂电抗器的压降，可得桥臂电压表达式为：

$$u_{pa} = \frac{1}{2}U_{dc} - u_{ao} \tag{2-6}$$

$$u_{na} = \frac{1}{2}U_{dc} + u_{ao} \tag{2-7}$$

将式（2-6）和式（2-7）相加，可得：

$$U_{dc} = u_{pa} + u_{na} \tag{2-8}$$

因此可以得出，模块化多电平换流器正常运行时每相单元中处于投入状态的子模块数在任意时刻都相等且不变，通过对每相上、下桥臂中处于投入状态的子模块数进行分配，可实现换流器交流侧输出多电平波形。

由于模块化多电平换流器中三相单元具有严格的对称性，相单元中的上、下桥臂也具有严格的对称性，因此直流电流 I_{dc} 在三相单元间均分，a 相的输出端电流在上、下桥臂均分为两部分。因此，可以得到 a 相上、下桥臂电流为：

$$i_{pa} = \frac{1}{3}I_{dc} - i_{va} \tag{2-9}$$

$$i_{na} = \frac{1}{3}I_{dc} + i_{va} \tag{2-10}$$

第三节　模块化多电平换流器控制策略

一、电压源换流器控制策略介绍

柔性直流输电系统采用电压源换流器，其控制策略与常规直流输电系统有较大区别。早期的电压源换流器采用间接电流控制，即根据 abc 坐标系下电压源换流器的数学模型和当前的有功、无功设定值，计算出换流器输出交流电压的幅值和相角，间接控制交流电流，实现有功、无功的控制。其特点在于控制简单，无须电流反馈控制，但是电流动态响应慢，受系统参数影响大。针对间接电流控制的问题，现在柔性直流控制系统采用以快速电流反馈为特征的直接电流控制策略。其中直接电流控制中的矢量控制技术是在同步旋转坐标系（dq 坐标系）下建立换流器数学模型，将 abc 坐标系下的三相交流量变换为 dq 坐标系下的两相直流量，简化了换流器数学模型。

d–q 解耦控制是目前大功率换流器广泛采用的控制方式，此种控制方式分为内环电流控制和外环电压控制两部分。内环电流控制器用于实现换流器交流侧电流的直接控制，以快速跟踪参考电流。外环电压控制器则根据柔性直流系统级控制目标实现定直流电压控制、定有功功率控制、定频率控制、定无功功率控制和定交流电压控制等控制目标。

二、MMC 数学模型

柔性直流输电系统整流侧和逆变侧原理是一致的，下面以整流侧为例进行分析。如图 2-7 所示，换流阀交流侧电流 i_a 流入上下桥臂后，由于电路的对称性，上下桥臂交流分量各为 1/2，因此交流电流分量在上下桥臂电抗器 2L 上产生的电压降相等；直流电流 I_d 在各桥臂的分量为 1/3，忽略桥臂电抗电阻的前提下，直流分量在桥臂电抗器上产生的电压降为 0。因此，ap 点的电位与 an 点的电位相等。这样，可以将上下桥臂电抗并列处理，得到如图 2-8 所示的 MMC 等效电路，桥臂电感值为 L。

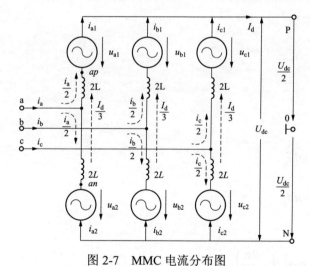 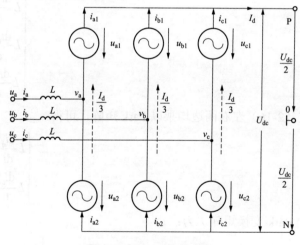

图 2-7　MMC 电流分布图　　　　　　　　图 2-8　MMC 等效电路

根据基尔霍夫电流定律，k（$k=a$，b，c）相电流为：

$$i_k = i_{kp} + i_{kn} \tag{2-11}$$

对其中一相的上下桥臂分别应用基尔霍夫电压定律，可得：

$$u_k - \left(\frac{u_{dc}}{2} - u_{k1}\right) = 2L\frac{di_{kp}}{dt} + 2Ri_{kp} \tag{2-12}$$

$$u_k - \left(u_{k2} - \frac{u_{dc}}{2}\right) = 2L\frac{di_{kn}}{dt} + 2Ri_{kn} \tag{2-13}$$

其中，$2L$ 为桥臂电抗器的电感值，$2R$ 为桥臂等效电阻。将式（2-12）和式（2-13）相加，再除以 2，可得：

$$u_k - v_k = L\frac{di_k}{dt} + Ri_k \tag{2-14}$$

$$v_k = \frac{u_{k2} - u_{k1}}{2} \tag{2-15}$$

将式（2-14）表示三相形式，可得 abc 坐标系下 MMC 的时域数学模型为：

$$\begin{cases} L\dfrac{di_a(t)}{dt} + Ri_a(t) = u_a - v_a \\[2mm] L\dfrac{di_b(t)}{dt} + Ri_b(t) = u_b - v_b \\[2mm] L\dfrac{di_c(t)}{dt} + Ri_c(t) = u_c - v_c \end{cases} \tag{2-16}$$

对式（2-16）左右两边均乘以 Park 矩阵，可得：

$$\begin{cases} L\dfrac{di_d}{dt} = u_d - v_q - Ri_d + \omega Li_q \\[2mm] L\dfrac{di_q}{dt} = u_q - v_q - Ri_q + \omega Li_d \end{cases} \tag{2-17}$$

其中 Park 变换矩阵 T 为：

$$\boldsymbol{T}(\theta) = \frac{2}{3}\begin{bmatrix} \cos\theta & \cos\left(\theta - \dfrac{2\pi}{3}\right) & \cos\left(\theta + \dfrac{2\pi}{3}\right) \\[3mm] -\sin\theta & -\sin\left(\theta - \dfrac{2\pi}{3}\right) & -\sin\left(\theta + \dfrac{2\pi}{3}\right) \end{bmatrix} \tag{2-18}$$

对式（2-17）进行拉普拉斯变换，可得：

$$\begin{cases} (R+sL)i_d(s) = u_d(s) - v_d(s) + \omega L i_q \\ (R+sL)i_q(s) = u_q(s) - v_q(s) + \omega L i_d \end{cases}$$　　　（2-19）

因此，可以得到 MMC 在两相 dq 坐标系下的频域数学模型，其结构框图如图 2-9 所示。

三、MMC 控制器

1. MMC 内环电流控制器

从图 2-9 的数学模型可知，MMC 模型中 d、q 轴变量之间存在耦合，另外还存在 u_d、u_q 扰动信号。考虑采用前馈解耦控制策略，引入电压耦合补偿项 $\omega L i_d$、$\omega L i_q$ 以及交流电网电压前馈项 u_d、u_q，并采用 PI 控制方式，可得到内环电流解耦控制器，如图 2-10 所示。

MMC 换流器采用电流解耦控制后，其电流控制器的 d 轴和 q 轴成为两个独立的控制环，即可以将图 2-10 简化为图 2-11 所示的系统结构。

2. MMC 外环控制器

内环电流控制器的作用是让交流侧电流 i_d、i_q 快速跟踪 i_{dref}、i_{qref}，不能实现有功功率、无功功率、直流电压、交流电压等多种控制功能。上述功能的是由外环控制器其来实现的，其主要的作用是根据控制目标要求，生成内环电流控制器 i_{dref}、i_{qref} 的参考值。

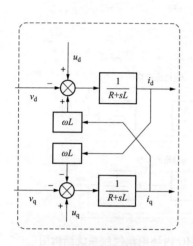

图 2-9　MMC 在两相 dq 坐标系下的频域数学模型

由瞬时控制理论：

$$\left. \begin{array}{l} P = \dfrac{3}{2}(u_d i_d + u_q i_q) \\[2mm] Q = \dfrac{3}{2}(u_q i_d + u_d i_q) \end{array} \right\}$$　　　（2-20）

锁相之后，有 $u_q = 0$，于是有：

$$\left. \begin{array}{l} P = \dfrac{3}{2}u_d i_d \\[2mm] Q = -\dfrac{3}{2}u_d i_q \end{array} \right\}$$　　　（2-21）

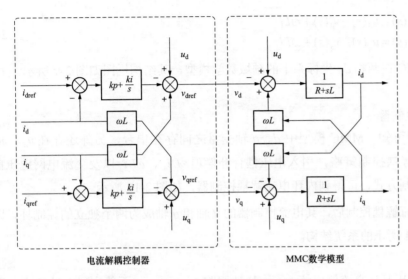

图 2-10 MMC 内环电流解耦控制器图

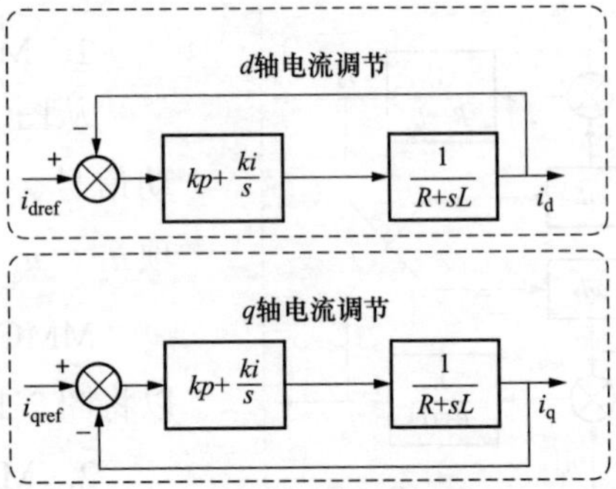

图 2-11 简化 MMC 内环电流控制系统结构图

由式（2-21），并考虑消除稳态误差引入 PI 调节器，可得到图 2-12 所示的定有功控制器图、图 2-13 所示的定无功控制器的结构图。P_{ref}、Q_{ref} 分别为有功、无功给定量，P、Q 分别为实时采集的有功、无功值。有功功率控制器和无功功率控制器采用稳态逆模型和 PI 调节器相结合，可以提高控制器的响应特性并消除稳态误差。

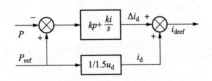

图 2-12 定有功控制器图

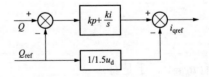

图 2-13 定无功控制器

直流电压的变化将引起直流输送功率的变化，因此，直流电压为有功功率控制目标。直流电压控制是通过调节子模块的电容电压来保持直流侧电压恒定的，然而，有功功率的波动将引起子模块电容电压的充/放电，使直流侧电压产生波动。因此，在构建直流电压控制其的时候，需要引入有功功率补偿，使 d 轴电流分量快速补偿有功的波动，并使直流电压 U_{dc} 快速跟踪其参考值 U_{dref}。定直流电压控制器的结构如图 2-14 所示。

交流母线处的交流电压波动主要取决于系统潮流中的无功分量。所以，交流电压控制是通过控制 i_q 分量来实现的，其本质是控制系统的无功功率。如图 2-15 为交流电压控制器结构图。

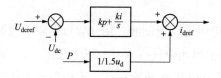

图 2-14　定直流电压控制器

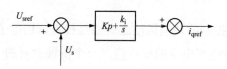

图 2-15　定交流电压控制器

3. MMC 控制系统

单端 MMC 控制系统如图 2-16 所示，主要由内环电流控制器、外环控制器、锁相环和脉冲生产等等环节组成。系统电压经锁相环输出后得到系统的瞬时角度 θ，系统电压/电流依据锁相角度转换为 d、q 轴分量，以实时计算有功、无功等状态量。外环功率控制器分为有功功率控制类和无功功率控制类，有功功率控制类可选择直流电压、有功功率或系统频率，而无功功率控制可选择交流电压或无功功率。外环的输出 i_{sd}^*（i_{dref}）和 i_{sq}^*（i_{qref}）作为内环电流控制器的输入量。内环电流控制器的输出为 v_{dref} 和 v_{qref}，其通过 dq 反变换后即为阀侧交流电压给定值，即参考波电压 V_{ref}。因此，控制系统最终的目标是阀侧交流电压 V。

由图 2-16 易知，内环及外环控制均不需要对端换流的信息。因此，柔性直流输电系统解锁后或输送功率的过程中可以不依赖站间通信。在解锁前，如果站间通信不正常，可以通过电话互相确认对站设备工作正常，并且处于连接状态后再进行解锁。

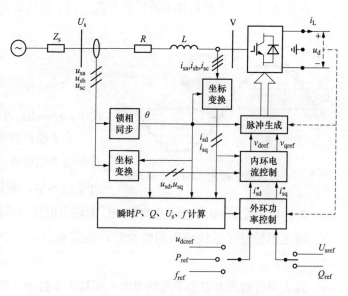

图 2-16　MMC 控制系统结构示意图

四、MMC 调制策略

1. 基于最近电平控制（NLC）的触发控制

MMC 换流器的突出优点是可以用阶梯波逼近期望的正弦波形，当电平数足够多时具有非常好的逼近效果。根据桥臂调制波形确定各子模块的投入数量以及位置有多种算法，在这些算法中最近电平控制（nearest level control，NLC）原理简单，实现方便，应用较为广泛。

最近电平控制的调制策略就是通过投入、切除子模块来使 MMC 输出的交流电压逼近调制波。用 $U_S(t)$ 表示调制波的瞬时值，U_C 表示子模块电容电压的平均值。一个桥臂含有的子模块数 N 通常是偶数。每个相单元中只有 N 个子模块被投入。如果这 N 个子模块由上、下桥臂平均分担，则该相单元输出电压为 0。根据图 2-17，随着调制波瞬时值从 0 开始升高，该相单元下桥臂处于投入状态的子模块需要逐渐增加，而上桥臂处于投入状态的子模块需要相应地减少，使该相单元的输出电压跟随调制波升高，将二者之差控制在 $\pm U_C/2$ 以内。

在每个时刻，下桥臂和上桥臂需要投入的子模块数 n_{down} 和 n_{up} 可以分别表示为：

$$n_{\text{down}} = \frac{n}{2} + \text{round}\frac{U_s}{U_c} \tag{2-22}$$

$$n_{\text{up}} = \frac{n}{2} - \text{round}\frac{U_s}{U_c} \tag{2-23}$$

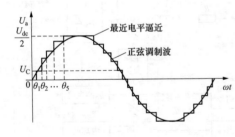

图 2-17　最近电平控制（NLC）原理图

式中：round(x) 表示取与 x 最接近的整数。

受子模块数的限制，有 $0 \leqslant n_{\text{up}}$，$n_{\text{down}} \leqslant N$。如果根据式（2-22）、式（2-23）算得的 n_{up} 和 n_{down} 总在边界值以内，称最近电平控制（NLC）工作在正常工作区。一旦算得的某个 n_{up} 和 n_{down} 超出了边界值，则这时只能取相应的边界值。这意味着当调制波升高到一定程度，受电平数限制，最近电平控制 NLC 已无法将 MMC 的输出电压与调制波电压之差控制在 $\pm U_c/2$ 内，这时称 NLC 进入过调制区。

确定了桥臂子模块投入的数量后，还需确定在 N 个子模块中投入哪些子模块。结合子模块的充放电控制，可以按照以下原则确定：

首先对桥臂所有 N 个子模块电容电压按大小排序，假设应投入的子模块数量为 N_a，在桥臂电流方向与子模块电容电压同向时选择电容电压最低的 N_a 个投入，在输出直流电压的同时对其进行充电；在电流方向与电容电压反向时选取电容电压最高的 N_a 个投入，在输出直流电压的同时对其进行放电。

2. 基于排序的子模块电容电压平衡控制

模块化多电平换流器将直流侧储能电容分布在子模块中，换流器的直流电压控制不但要控制直流电压，还要对子模块电容进行电压平衡控制。基于排序的子模块电容电压平衡控制方法如下：

（1）监测各子模块电容电压值，并将电容电压值进行排序；

（2）测量桥臂电流方向，确定对各子模块电容是充电还是放电；

（3）在下次电平变化的时刻，如果子模块电容为充电，则投入该桥臂中电容电压较低的子模块；如果子模块电容为放电，则投入该桥臂中电容电压较高的子模块。

为了尽可能避免对刚投入子模块进行退出操作，可进一步采取优化算法。引入保持因子的概念，在进行子模块电容电压排序前先将当前处于投入状态的子模块电容电压乘以保持因子。如果保持因子小于1，则无论是充电过程还是放电过程，已投入的子模块都倾向于保持当前的投入状态，减小了子模块的开关频率。引入保持因子后的不利因素是弱化了子模块的电容电压控制，电容电压波动范围有可能扩大。

第四节　柔性直流输电系统控制策略

一、有功类和无功类目标控制策略

对于柔性直流输电系统而言，由于采用了可关断器件的电压源换流器，每个换流器都可以实现对一个有功类目标和一个无功类目标的控制。有功类目标包括有功功率、直流电流、直流电压、交流系统频率等，无功类目标包括无功功率、交流电压等。理论上每个换流站在有功类控制目标和无功类控制目标中各选取一个作为该换流站的控制目标组合，但实际上控制目标的选取还要结合工程实际，如果交流系统比较坚强就没必要选取交流系统频率。

两端柔性直流系统中，必然要求其中一个换流站且只能有一个换流站控制直流电压，这样不但可以确保直流线路、换流阀、直流场设备的安全，而且可以最大程度地利用电压设计水平，降低直流系统的损耗。一端换流站选定为控制直流电压后，另一端换流站可选择控制有功功率。上述有功目标确定后，两换流站可各选取一个无功控制目标，如无功功率或交流母线电压。

当交流系统很弱或在孤岛运行方式下，弱交流系统侧或孤岛侧的换流站还应具有频率控制能力，可通过在基本的功率调节器中附加频率控制的方式实现。

综上考虑，柔性直流换流站的系统级控制策略如表 2-2 所示。

表 2-2 柔性直流换流站的系统级控制策略

序号	换流站 1	换流站 2	序号	换流站 1	换流站 2
1	直流电压，无功功率	有功功率，无功功率	5	有功功率，无功功率	直流电压，无功功率
2	直流电压，无功功率	有功功率，交流电压	6	有功功率，交流电压	直流电压，无功功率
3	直流电压，交流电压	有功功率，无功功率	7	有功功率，无功功率	直流电压，交流电压
4	直流电压，交流电压	有功功率，交流电压	8	有功功率，交流电压	直流电压，交流电压

当两端柔性直流输电系统的两个换流站选择独立静止同步无功补偿（STATCOM）运行时，两站完全独立控制，两站的控制对象可选为直流电压、无功功率或直流电压、交流电压。

两端柔性直流输电系统的两个换流站均可用来控制直流电压，但在直流系统运行过程中直流电压的控制权不应在两站间转换，这种处理方式可以快速地调节功率，甚至是功率反转。

尽管理论上极Ⅰ、极Ⅱ在控制对象的选择上完全独立，但为了获得良好的调节效果，两极的控制对象应一致。

另外同一站的两极不能同时以交流电压为控制目标，否则会引起两极无功的发散，实际上两极定交流电压控制命令为同一控制命令。

二、系统运行方式控制策略

1. 双极功率控制

双极功率控制是柔性直流输电系统的主要控制模式。控制系统应当使整流端的直流功率等于远方调度中心调度人员或主控站运行人员整定的功率值。

如果两个极都处于双极功率控制状态，双极功率控制功能应该为每个极分配相同的电流参考值，以使接地极的电流最小。如果两个极的运行电压相等，则每个极的传输功率是相等的。

在双极功率控制模式下，如果其中一个极被选为独立控制模式，则该极的传输功率可以独立改变，整定的双极传输功率由处于双极功率控制状态的另一极来维持。在这种情况下，双极功率控制极的功率参考值等于双极功率参考值和独立运行极实际传输功率的差值。

双极功率控制应具有两种控制方式：

（1）手动控制。期望的双极功率定值及功率升降速率，通过定功率站运行人员控制系统整定。当执行改变功率命令时，双极输送的直流功率应当线性变化至预定的双极功率整定值。

（2）自动控制。当选择这种运行控制方式时，双极功率定值及功率变化率按预先编好的直流传输功率日（或周或月）负荷曲线自动变化。该曲线至少应可以定义 1024 个功率/时间数值点。运行人员应能自由地从手动控制方式切换到自动控制方式，反之亦然。在手动控制和自动控制之间切换时，不应引起直流功率的突然变化。直流功率应当平滑地从切换时刻的实际功率变化到所进入的控制方式下的功率定值，而功率变化速度则取决于手动控制方式所整定的数值。

如果由于某极设备退出运行等原因使得该极的输电能力下降，导致实际的直流双极传输功率减少，双极功率控制应当增大另一极的电流，自动而快速地把直流传输功率恢复到尽可能接近双极功率控制设定的参考值的水平，另一极的电流的增加受设备过负荷能力限制。

由于传输能力的损失引起的在两个极之间的功率重新分配仅限于双极功率控制极。如果一个极是独立运行，另一极是双极功率控制运行，则双极功率控制极应该补偿独立运行极的功率损失。独立运行极不补偿双极功率控制极的功率损失。

当流过极的电流或功率超过设备的连续过负荷能力时，功率控制应当向系统运行人员发出报警信号，并在使用规定的过负荷能力之后，自动地把直流功率降低到安全水平。

暂态期间或功率控制器暂时不能正常工作时，功率控制模式应能自动平稳地过渡到适合的控制模式，如电流控制模式，且这一过程应保证不会对直流电流造成大的扰动。

在双极功率控制和极功率独立控制中，极电流指令的计算不应受到在暂态过程中直流电压突然变化的影响。

双极功率控制模式下允许一个单极处于非双极功率控制的独立运行模式，独立运行的极可以独立进行起停、功率或电流参考值的重新设置等操作。

2. 极功率独立控制

极功率独立控制应能把本极直流功率控制为由远方调度中心调度人员或定功率站运行人员整定的功率值。

该控制模式应按每个极单独实现。

在这种控制模式下，该极的传输功率保持在按极设置的功率参考值，不受双极功率控制的影响。

极功率独立控制应具备以下功能要求：

（1）可以设置一个新的极功率整定值和极功率变化速率，然后执行功率变化指令增减极传输功率，功率将按设定的速率平稳地变化到新的极功率参考值。

（2）极功率整定值只可以手动调整，不需要类似双极功率控制的自动功能。

（3）所有的调制控制功能，在该模式下仍应有效。

三、系统启动充电策略

由于 MMC 各相桥臂的子模块中包含大量的储能电容，换流器在进入稳态工作方式前，必须采用合适的自动控制来对这些子模块储能电容进行预充电。因此，在 MMC-HVDC 系统的启动过程中，必须采取适当的启动控制和限流措施。在向无源网络供电的 MMC-HVDC 系统中，逆变站侧的交流系统是一个无源网络，不能直接进入定交流电压控制方式，也必须要有单独的启动控制策略。

对直流系统的充电可以分为两个过程。第一个过程是合上交流系统开关，模块化多电平在闭锁状态时在峰值整流的作用下对子模块电容及直流线路充电，换流变压器阀侧线电压的峰值将在单个桥臂中所有子模块电容上平均分配，而直流电压的最终值将等于交流线电压的峰值。

第二个过程是处于直流电压控制的换流站解锁，对直流系统进行进一步的充电，使直流系统电压最终维持在额定直流电压。

无论是子模块电容还是直流电缆都属于电容型储能组件，由于电容电压不能突变，因此从 0 对其充电的瞬间直流回路相当于短路状态，而 IGBT 器件对过电流非常敏感，过大的电流会损坏器件，因此必须在回路中串接充电电阻，限制充电过程，尤其是充电开始时刻的过电流。充电过程完成后应及时退出充电电阻，这通过合上与其并联的断路器实现，为下一阶段的输送功率做好准备。

对直流系统充电时可以从某一个站进行，也可以从两站同时进行。当从一站进行充电时需要首先使两侧换流器、直流电缆处于连接状态。考虑到充电过程中潜在存在的设备故障，推荐采用从一端充电的策略。

当换流站工作于 STATCOM 方式时，应先断开直流线路的隔刀，仅对换流器充电。

四、换流变压器分接头控制策略

换流器的调制比为输出交流电压与直流母线电压的比值，为了保证输电交流电压为完整的正弦波，交流电压幅值不能大于直流母线电压，即调制比不能超过 1，否则换流器工作在过调制区，输出交流电压正弦波顶部被削平。

柔性直流输电系统一般要求工作在线性调制区。为了换流器正常工作，直流电源必须留有一定裕量，以保证对交流测电流的调控能力。考虑到控制裕度、交流电压和直流电压的波动而可能引起的过调，调制比 M 并不能取到上限，同时 M 也不能过低，过低交流系统总的谐波畸变率超过允许值，波形质量变差，稳态运行时 M 应保持在最佳调节范围内，一般设置为 0.75～0.95。

MMC 的输出电压调制比为：

$$M = \frac{\sqrt{2}u_{jo}}{u_{dcN}/2} \tag{2-24}$$

式中：U_{dcN} 为额定直流电压；u_{jo} 为第 j 相桥臂中点与直流侧参考点 o 之间的电压。

U_{jo} 与换流器阀侧电压 U_{acv} 的关系如下：

$$U_{jo} = \frac{U_{acv}}{\sqrt{3}} \tag{2-25}$$

式中：U_{acv} 为阀侧电压。

柔直工程的换流变压器设计为有载调压，其分接头的控制策略为控制换流器的调制比，使调制比位于死区范围内。当调制比超过上限值 0.95 时调低换流变压器阀侧电压，低于下限值 0.75 时调高换流变压器阀侧电压。

额定直流电压时，调制比变化 ΔM 所引起的阀侧电压变化为

$$\Delta U_2 = \Delta M \cdot \frac{U_{dcN}}{2} = 1.6(\text{kV}) \tag{2-26}$$

额定调制比为 0.85，取 ΔM 为 0.01；U_{dcN} 为额定直流电压 320kV。

额定交流电压时，分接头每变化一档引起的阀侧电压变化为

$$\Delta U_1 = step \cdot U_{acv} = 2.08(\text{kV}) \tag{2-27}$$

式中：$step$ 为分接头级差 0.0125；U_{acv} 为阀侧电压 166.57kV。

由此可见，分接头的调制必然会将调制比控制在死区范围内。

第三章　柔性直流控制保护系统

第一节　控制保护系统概述

一、控制保护系统总体架构

柔性直流控制保护系统按照面向物理或逻辑对象的原则进行功能配置，可将控制保护系统分为三个层次：系统监视与控制层、控制保护层、现场 I/O 层，其总体结构如图 3-1 所示。

1. 系统监视和控制层

系统监视与控制层是运行人员进行操作和系统监视的 SCADA 系统，是运行人员的人机界面和站监控数据收集系统的重要部分。按照操作地点的远近，可分为远方调度中心通信层、站内运行人员控制系统和就地控制层。

通过远方调度中心通信层，将换流站交直流系统的运行参数和换流站控制保护系统的相关信息通过通信通道上送远方调度中心，同时将监控中心的控制保护参数和操作指令传送到换流站控制保护系统。

为换流站运行人员提供运行监视和控制操作的界面是站内人员控制系统的主要功能，可实现包括运行监视、控制操作、故障或异常工况处理、控制保护参数调整、全站事件顺序记录和事件报警、二次系统同步对时、历史数据归档等多项功能。此外，该系统还可实现两站直流系统的紧急停运。

就地控制层是作为站 LAN 网瘫痪时直流控制保护系统的备用控制，可以同时实现直流控制系统 PCP、交流站控系统 ACC、站用电控制系统 SPC 位置转移，还可以满足小室内就地监视和操作控制的需求，它通过提供一种硬切换按钮的方法来实现运行人员控制系统与就地控制系统之间控制位置的转移。

2. 控制保护层

控制保护层主要实现交直流系统的控制与保护功能，包括直流控制系统 PCP、直流保护系统 PPR、交流站控系统 ACC、换流变压器保护 CTP 等。该层设备配置了直流控制主机、站控主机、直流保护主机和换流变压器保护装置，可以实现对阀厅、换流变压器本体、水冷系统、直流场区域的控制与保护，此外还提供了阀控系统、故障录波器等接口。所有设备从 I/O 到控制保护主机均采用了完全冗余配置。

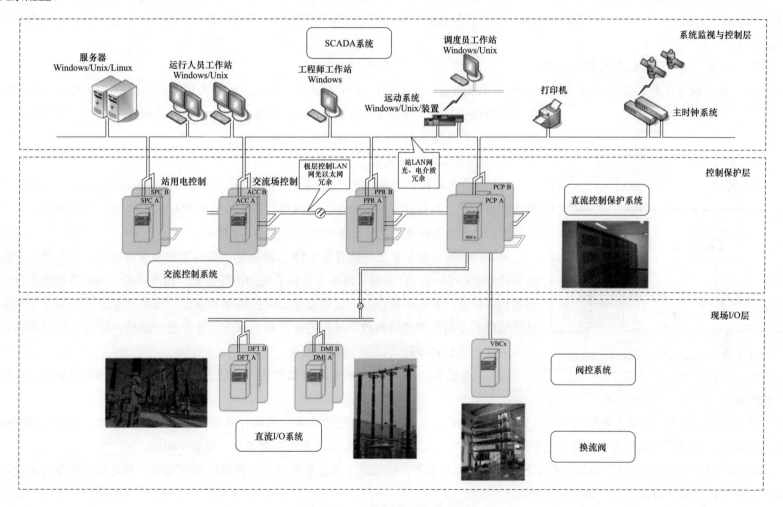

图 3-1　控制保护系统总体架构

3. 现场 I/O 层

现场 I/O 层主要由分布式 I/O 单元以及有关测控装置构成，是控制保护层与交直流一次系统和换流站辅助系统、站用电设备以及阀冷控制系统的接口，能实现一次设备状态和系统运行信息的采集处理、控制命令输出、信息上传、顺序事件记录、控制命令输出以及就地连锁控制等功能。

二、控制保护系统主要设备及功能

柔性直流输电工程控制保护系统按功能划分主要包含以下系统：远方控制接口系统、运行人员监控系统、交直流站控系统和直流控制保护系统，如图 3-2 所示。本书以南瑞继保公司生产的极控制保护、中电普瑞公司生产的阀控系统为例，讲述控制保护系统的构成。

1. 远方控制接口系统

（1）远方控制接口系统功能。远方控制接口（Remote Control Interface，RCI）系统，主要功能为接受并执行远方调度命令，与网调、省调、直流集控中心等交换直流换流站的监控数据，由远动工作站、通信设备等组成，如图 3-3 所示。

远方控制接口系统主要包括远动 LAN、路由器、纵向加密装置等设备，它主要负责向远方调度中心（如省调）传输换流站交直流系统的运行参数、换流站控制保护系统的运行状态等相关信息，并向各换流站下发调度中心的控制保护参数、操作指令。远方调度中心通过广域网和专用数据通路两种路径与各换流站的远方工作站进行通信，远方工作站再通过双网卡连入站 LAN 网，从而实现远方监控。

（2）设备配置。运行人员监控系统主要设备有远动通信屏、调度数据网络设备屏、保信子站屏等。

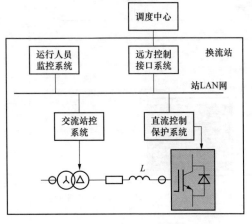

图 3-2　控制保护系统功能结构示意图

1）远动通信屏。该屏主要配置远动通信设备，实现向远方调度中心发送换流站的运行状态，包括遥信、遥测、事件等调度信息，以及交、直流系统保护运行信息和能量计量信息，并接收远方调度中心发送来的控制指令。每站 1 面屏。

2）调度数据网络设备屏。该屏主要配置调度数据网络设备，完成远方调度数据网与站内网络纵向加密，并对站内数据与调度网数据进行 I 区、II 区数据分类。每站 2 面屏。

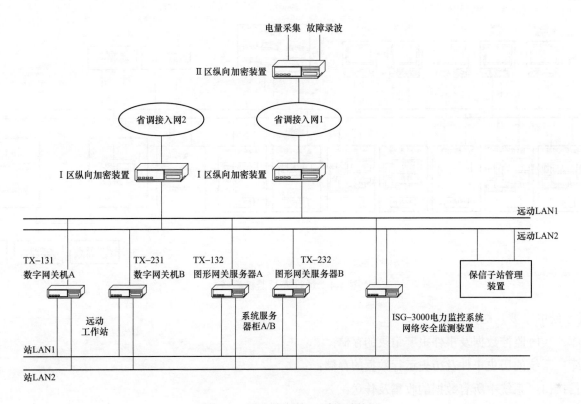

图 3-3 远方控制接口系统结构图

3）保信子站屏。该屏主要配置保护故障信息系统子站设备以及Ⅱ区通信网关机，用于实现全站保护动作信息和录波信息的收集和管理。每站 1 面屏。

2. 运行人员监控系统

（1）运行人员监控系统功能。运行人员监控系统是换流站运行人员的人机界面和站监控数据收集存储系统。主要包括站时钟系统、站网、运行人员工作站、工程师工作站、站长工作站、服务器、网络打印机、水冷系统规约转换装置、阀控系统规约转换装置、辅助系统的接口、培训系统等，如图 3-4 所示。

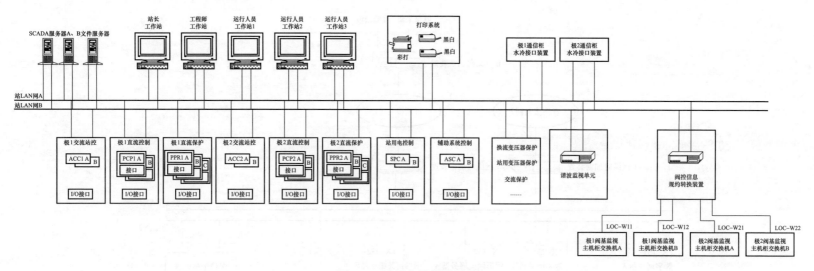

图 3-4　运行人员监控系统

运行人员监控系统的主要功能为：

1）实时数据库：实时监控数据及事件报警记录的存储；

2）历史数据库：系统的历史事件及历史运行数据的存储；

3）分布式通信接口：系统中所有数据的收集及传送；

4）数据采集功能：处理与控制保护主机、规约转换器的连接、通信；

5）人机界面：系统控制及设备的监控界面；

6）事件与报警：实时显示全站事件与报警信号；

7）网络时间服务器：通过系统对控制保护系统进行对时；

8）运行人员培训系统：包括一台培训工作站和一套培训模拟装置，用于模拟 MMC-HVDC 输电系统所有必要的运行人员操作，其人机界面和操作方式与实际运行系统相同。

（2）设备配置。运行人员监控系统主要设备有服务器、综合应用、就地控制、对时、工作站主机、交换机、规约转化装置等。

1）服务器。主要配置 SCADA 历史服务器 2 台、文件服务器 1 台、站 LAN 交换机、防火墙、站间 WAN 网桥等设备。同时还配置两台图形网关机，用于实现远方调度中心图形浏览及告警直传。每站 2 面屏。

2）综合应用。主要配置综合应用服务器以及中心交换机、III/IV区通信网关机设备，用于辅助系统通信。每站 1 面屏。

3）就地控制。就地控制 LOC，主要配置就地控制主计算机、交换机和显示器，通过就地 LAN 网与相关控制主机连接，单套配置，用于实现直流控制保护主机的就地控制和监视。每站 1 面屏。

4）对时。换流站一般配置一套同步时钟系统对时装置，包括 1 面同步时钟主机屏和 2 面扩展屏，主时钟采用双重化配置，支持北斗系统和 GPS 系统单向标准授时信号，根据对时精度要求，站控层采用 SNTP 对时方式，间隔层采用 IRIG-B（DC）码对时方式，同步时钟主机屏安装在站控层，两极设备室各布置一面扩展屏。

5）工作站主机。工作站主机 OWS，主要配置 3 台运行人员工作站、1 台站长工作站、1 台工程师工作站、2 台对站监视工作站，通过交换机连接到 SCADA 网络，用于实现全站一、二次设备的控制和监视、为运维、检修人员提供全站设备的人机操作界面。每站 4 面屏。

6）交换机。运行人员监控系统交换机用于 SCADA 系统通信组网，SCADA 网络交换机冗余配置，分布在站控室的服务器屏和每一极保护小室通信屏上，极 I、极 II 的保护控制装置接入通信屏上，再通过通信屏上的交换机级联到站控室服务器屏上的交换机，从而构成 SCADA 系统。

7）规约转化装置。该装置主要用于各种不同规约之间的转化，换流站主要有阀控、阀冷系统信息规约转化装置，将阀控和阀冷报文转化为 104 规约用于运行人员监视。

（3）通信组网（SCADA 系统）。SCADA（supervisory control and data acquisition）全称为数据采集与监视控制系统，由交换机将 SCADA 服务器与各控制、保护装置连接起来形成网络叫作 SCADA LAN 网。

SCADA 服务器通过 SCADA LAN 网接收控制保护装置发送的换流站监视数据及事件/报警信息，同时通过 SCADA LAN 网下发运行人员工作站发出的控制指令到相应的控制保护主机。SCADA 功能模块将对接收到的数据进行处理并同步到 SCADA 服务器和各 OWS 上的实时数据库。

SCADA 系统可以分为就地控制层、运行人员监控系统（站 LAN 层）以及远方调度中心通信层。运行人员监控系统是构成 SCADA 系统的主要部分。

以厦门柔性直流输电工程为例，图 3-5 为受端换流站 SCADA 系统组网图。SCADA 系统主要由四个网络组成：站 LAN 网、就地控制网、SCADA WAN 网、远动 LAN 网。

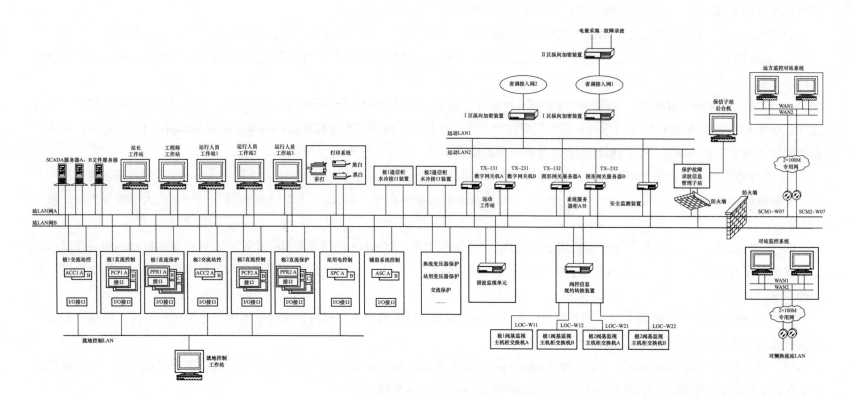

图 3-5 受端换流站 SCADA 系统组网图

1）站 LAN 网。站 LAN 网将全站控制保护主机、运行人员工作站、服务器以及远动工作站等设备联系起来，站 LAN 网采用星型结构连接，为提高系统可靠性，从运行人员工作站到站服务器系统以及远动通道均实现冗余配置，每台控制保护主机的管理板卡和运行人员工作站上都有冗余的以太网口，并通过交换机互联，实现监视信息的交互。LAN 网络与交换机均为冗余，单网线或单硬件故障都不会导致系统故障。

各控制保护装置之间不通过站 LAN 网交换信息。

为了保证直流控制保护系统的高可靠性，即使在站 LAN 网发生故障时，所有控制保护系统也可以脱离 SCADA 系统而短期运行并能进行控制操作。

2）就地控制 LAN 网。在主控楼设备间和各个继电小室配置分布式就地控制系统，控制保护系统通过独立的网络接口接入就地控制 LAN 网，与就地控制工作站进行通信。

就地控制 LAN 网与站 LAN 网完全相互独立。

该分布式就地控制系统既能满足各个继电小室内就地监视和控制操作的需求，也可以作为站 LAN 网瘫痪时直流控制保护系统的备用控制。同时就地控制系统提供一种硬切换按钮的方法来实现运行人员控制系统与就地控制系统之间控制位置的转移。

3）SCADA WAN 网。广域网 WAN（Wide Area Network）用于连接两端换流站的站 LAN 网。这可以查看对站监视系统，方便两站运维人员监盘。各换流站均装有对站的监控延伸工作站，在任何一端即可完成两个站的监视工作。

4）远动 LAN 网。远动 LAN 网用于换流站与远方调度之间的数据交换，远方调度通过广域网和专用数据通路两种路径与换流站的远方工作站进行通信，实现调度端的遥测遥控。

（4）人机界面介绍。运行人员工作站（OWS）是实现整个柔性直流系统运行控制的主要位置，运行人员的控制操作将通过换流站监控系统的人机界面来实现。OWS 人机界面可简单划分为两个部分：参数监控区和状态监控区，如图 3-6 所示。

参数监控区不会随着状态监控区界面的切换而改变（除工具界面），它可实时地为站内运行人员提供功率、电流、电压等系统参数、PCP 设备的主备运行状态以及站、极间通信状态等重要信息。

状态监控区包含了主接线、顺序控制、站网结构、事件记录等操作界面，它可以为运行人员展示更详细的系统参数、状态信息。

1）工具界面。具界面主要用于完成参数配置、保护定值整定、保护动作矩阵修改等工作，如图 3-7 所示。

2）主接线界面。主接线界面可以为运行人员实时地展示换流站的运行状态，如潮流的大小及方向、开关/刀闸设备的分/合状态、换流器解/闭锁状态等，如图 3-8 所示。此外，在主接线图上，运行人员还可实现单个开关/刀闸设备的分、合控制以及换流变压器的档位调节。

3）顺序控制界面。顺控流程与传统直流保持一致，配置合理、操作简便且具有连贯性，同时能让运行人员详细了解目前系统处于的状态。在顺序控制界面上，运行人员可进行运行方式、控制方式的操作以及电压、功率等参数的修改调节，如图 3-9 所示。

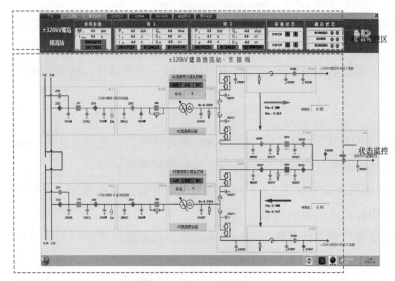

参数监控区

状态监控

图 3-6　OWS 人机界面

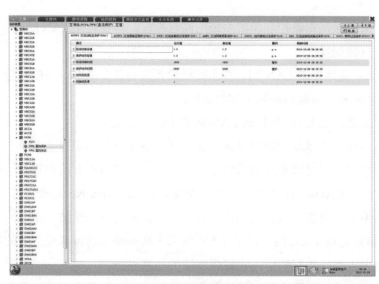

图 3-7　保护定值整定界面

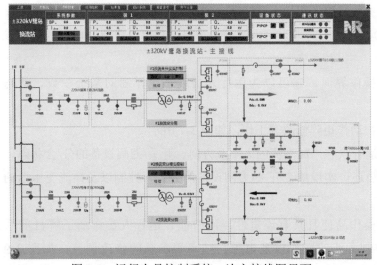

图 3-8　运行人员控制系统一次主接线图界面

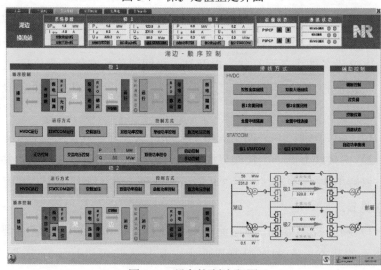

图 3-9　顺序控制流程图

4）站网结构界面。站网结构界面可为运行人员展示了间隔层主要设备的状态信息。在此界面上，运行人员可以手动切换两极的PCP 的主/备状态、PPR 的运行/试验状态，还可在主动触发后台录波功能，如图 3-10 所示。

5）站用电界面。站用电操作界面主要用于监视站用电系统工作情况，可直观地观察到站用电系统的潮流、电压、电流等参数及开关/刀闸的位置，保障站内设备供电正常，如图 3-11 所示。

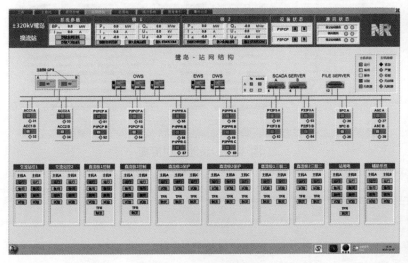

图 3-10　顺序控制流程图　　　　　　　　　　图 3-11　站用电界面

6）阀冷系统界面。通过阀冷系统界面，运行人员可实时掌握换流阀冷却系统的整体工作情况，例如冷却水进阀温度、冷却水出阀温度、阀厅温度、冷却水流量等，如图 3-12 所示。

7）画面索引。画面索引界面展示了整个换流站相关的所有遥测、遥信以及保护设备的动作情况等详细信息，便于运行人员、检修人员更加深入地了解整个换流站工作情况，有助于快速地定位全站的异常状态，如图 3-13 所示。

8）事件记录界面。事件记录界面罗列了换流站运行操作相关的所有事件，它主要用于记录事件的发生时间及顺序，是事故分析的重要依据。如图 3-14 所示，在事件记录界面上细分为事件列表、告警列表、故障列表、历史事件等报文列表。此外，运检人员还可通过过滤功能，筛选所需的报文。

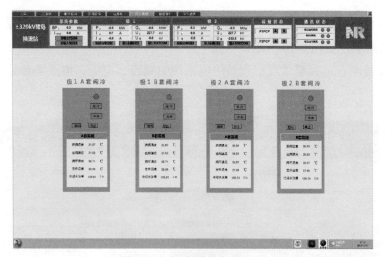

图 3-12　阀冷系统监视界面

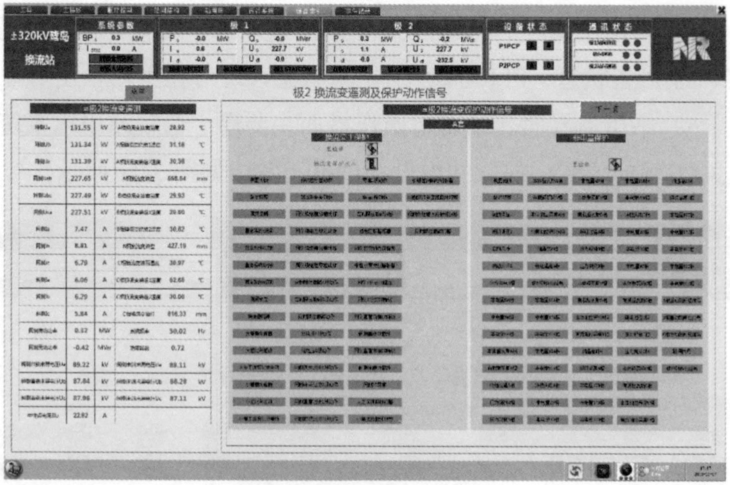

图 3-13　画面索引界面

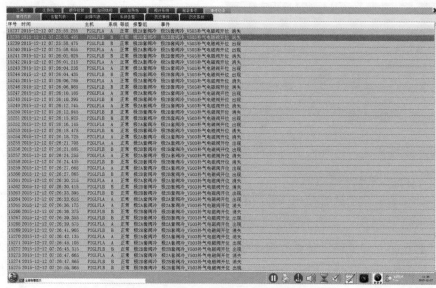

图 3-14　事件记录界面

3. 交流站控系统

（1）交流站控系统功能。交流站控系统，负责交流设备的投切、起停、改变运行方式、状态监测等以及换流变压器的保护功能。主要设备包括：换流变压器电量保护装置、换流变压器非电量保护装置、交流场测控主机、站用电控制主机、辅助系统控制、分布式现场总线和分布式等。交流站控系统的基本结构示意图如图 3-15 所示。

交流站控系统主要负责执行交流场设备的监视与控制等功能。其主要功能归纳如下：

1）换流站交流场、站用电数据采集、信息处理及上传；

2）换流站交流场、站用电开关、刀闸及地刀的操作控制；

3）联锁功能及同期功能；

4）系统内部及辅助系统的事件生成及上传；

5）辅助系统的监控；

6）换流变压器的保护功能。

（2）交流站控系统设备配置。

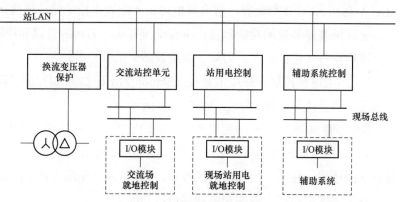

图 3-15　交流站控系统结构示意图

1）换流变压器保护屏。换流变压器保护（Converter Transformer Protection）屏，简称 CTP 屏。CTP 屏按三重化配置 A/B/C 屏，每屏分别配置 PCS-977 电量保护装置及 PCS-974 非电量保护装置，如图 3-16 所示。

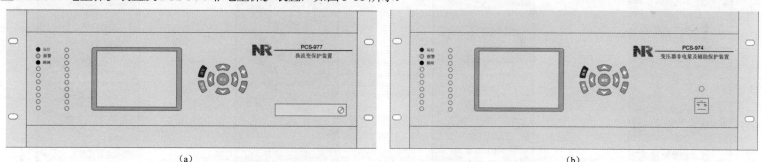

（a）　　　　　　　　　　　　　　　　　　　　　（b）

图 3-16　换流变压器保护屏电气量保护装置及非电量保护装置

（a）换流变压器保护屏电气量保护装置；（b）换流变压器保护屏非电量保护装置

CTP屏用于实现换流变压器电气量和本体非电量的保护，通过光纤通信接口与直流PPR保护柜三取二装置相连，实现三取二出口逻辑跳闸。

2）交流场测控屏。交流场测控（AC Yard Control）屏，简称ACC屏。交流场测控功能由冗余配置的ACC屏柜实现，每个极配置ACC A套和ACC B套装置，每套屏柜内主要配置主控单元、通信接口、I/O单元等，如图3-17所示。

交流场测控装置的功能包含：所有交流开关、刀闸的监视和控制联锁；交流电流、电压的测量；与保护、故障录波器等的接口；与交流场设备（包括开关、刀闸、测量设备）的接口等。

3）站用电测控屏。站用电测控（Station Power Control）屏，简称SPC屏。SPC屏采用冗余配置，每站2面屏，屏内主要配置主机单元、通信接口、I/O单元，如图3-18所示。

SPC屏主要实现全站站用电系统开关的监视与控制联锁，站用电系统电流、电压的测量等功能。

4）站用电测控接口屏。站用电接口（Station Power Terminal）屏，简称SPT屏。SPT屏是SPC屏的扩展接口屏，采用冗余配置，每站2面该屏，瓶内主要配置通信接口、I/O单元，如图3-19所示。

SPT屏实现站用电控制和监视接口等功能。

5）辅助系统控制屏。辅助系统控制（Assist System Control）屏，简称ASC屏。每站配置2面ASC屏，屏内主要配置主控单元、通信接口、I/O单元，如图3-20所示。

图3-17　ACC屏

图3-18　SPC屏

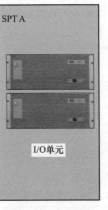

图3-19　SPT屏

图3-20　ASC屏

ASC屏通过站层控制LAN与其他控制系统连接，主要实现暖通系统、火灾报警等辅助信号的监视等。

4. 直流控制保护系统

（1）直流控制保护系统概述。柔性直流输电的直流控制保护系统采用整体设计方案，直流控制保护系统既是相对独立又是相互关联的。

控制系统与保护系统相对独立：在物理上和电气上，保护系统要独立于控制系统，当两者统一实现时，控制系统与保护系统宜采用不同的主机。

控制与保护系统相互关联：由于直流控制主要是通过改变换流器子模块的驱动波形来实现的，直流保护闭锁换流阀的主要措施也是通过关闭换流阀子模块的驱动波形来完成的，因此直流系统的控制与保护功能关系密切，这两个系统性能的好坏直接影响着整个系统运行的可靠性、安全性及经济性，因此这两者的协调配合需具备良好的配合逻辑关系。

在系统正常运行时，直流控制系统应始终保持系统输送的功率及直流电压稳定，当系统受到扰动或发生故障时，控制系统应立即利用其快速性，抑制扰动或事故扩大，使直流系统尽可能不退出运行而发挥其技术优势，给交流系统提供有力的支援。只有当系统发生较严重故障或永久故障，控制系统亦达到控制范围极限，系统仍不能恢复稳定时，保护才迅速动作，闭锁换流器触发脉冲，停运换流器，根据故障严重程度和不同区域，保护动作发出报警及跳开交流断路器指令，隔离故障设备，停运系统。因此控制系统和保护系统的协调配合能有效地抑制故障的扩散，缩小故障区域，减少对非故障区域的危害，以便在故障消除后能迅速恢复系统的稳定运行。

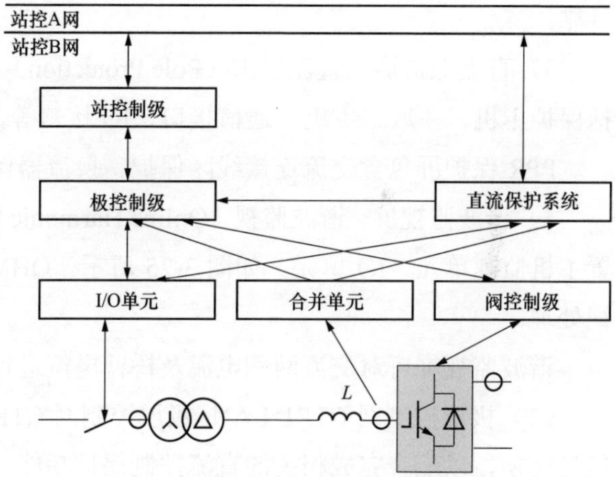

直流控制保护系统直接决定着直流系统的各种响应特性，是整个直流输电工程的核心，包括直流控制系统和直流保护系统，其控制结构示意图如图3-21所示。

（2）直流控制保护系统设备配置。

1）极控制屏。直流极控制（Pole Control and Protection）屏，简称PCP屏。直流极控制系统采用冗余配置，站内每极包含PCP A和PCP B共两套系统，每套系统屏柜内包括主控单元、I/O单元、通信接口等，如图3-22所示。极控制设备实现交直流系统的控制功能，直流站控系统与直流极控

图3-21　直流控制保护系统结构示意图

主机统一配置，并集成在一台主机之内。

柔性直流极控制屏是换流站的控制中心，其功能主要包括交/直流场设备的监视及控制、各种控制策略的计算分析以及实现各设备间的联锁控制逻辑等。PCP 屏具体的控制功能包含执行运行人员指令、有功功率控制、无功功率控制、直流电压控制、交流电压控制、电流闭环控制、换流变压器分接头控制等，同时也包括直流双极之间协调控制。另外，PCP 屏内还配置通信交换机，实现极间、站间的通信。

2）直流场接口屏。直流场接口（DC Field Terminal）屏，简称 DFT 屏。通常，直流设备较多，PCP 屏内的 IO 单元不能满足所有开入开出量的配置要求，因而设置 DFT 屏作为 PCP 屏的扩展接口屏，采用双重化配置，包含 DFT A 套和 DFT B 套。每套 DFT 屏柜内包含若干个 IO 接口装置，如图 3-23 所示。

站内开关/刀闸操作出口，均通过相应 IO 装置的开出板卡实现。开关/刀闸分合位置信息、水冷状态和控制信号、阀厅门状态信息、压变报警以及合并单元装置报警、阀控系统相关报警信息，均通过该屏接入后送入控制系统，作为控制系统操作联锁信息。DFT 屏与 PCP 屏采用光纤以太网 I/O 总线方式连接，连接方式为交叉冗余连接，即每套 PCP 装置均与两套 DFT 装置连接，充分保证通信可靠。

3）直流保护屏。直流保护（Pole Protection）屏，简称 PPR 屏。PPR 屏作为直流场设备的保护装置，按三重化配置 A/B/C 屏，包括保护主机、三取二主机、通信接口、IO 接口等，如图 3-24 所示。三取二装置配置两套，分别放置在 PPR A 屏和 PPR B 屏。

PPR 保护屏包含交流连接线区保护、换流器保护、极区保护、双极区和线路保护等。

4）谐波监视屏。谐波监视（Online Harmonic Monitor）屏，简称 OHM 屏。OHM 屏采用单套配置，每站配置 1 面。该屏柜主要配置主机监视单元、IO 单元，如图 3-25 所示。OHM 屏通过 LAN 网与相关控制主机连接，用于与直流控保主机通信获取数据及谐波监视处理。

谐波监视屏可对交流网侧电流及桥臂电流进行实时监视，计算各次谐波的含量。

（3）极层控制网 CTRL LAN。极层控制网 CTRL LAN 实现直流极控系统与直流保护系统、交流保护、交流场测控系统等系统之间信号交换，以配合完成相关的直流控制保护功能。相较于 SCADA 网络，极层控制网传输数据实时性要求更高，极层控制 LAN 网采用冗余的光纤 LAN 网实现，如图 3-26 所示。极层控制 LAN 网设置网络交换机，包含 LAN A 网和 LAN B 网，每台设备均同时与双重化的两个网络连接，以充分保证通信的可靠性。

图 3-22 直流极控制屏

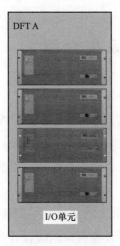

图 3-23 直流场接口屏

图 3-24 直流保护屏

图 3-25 谐波监视屏

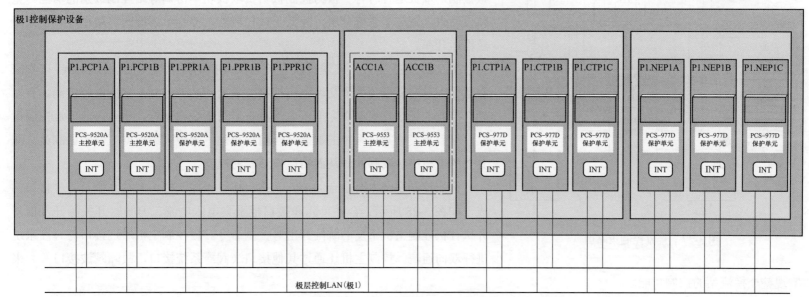

图 3-26 极层控制 LAN 网示意图

第二节 直流控制系统介绍

通常情况下，直流控制系统从高到低可分为站控制级、极控制级、阀控制级（见图 3-21）。

站控制级是直流控制系统的最上层控制等级，实现全站双极功率分配、全站无功控制、双极换流变压器分接头协调等功能。

极控制级是柔性直流控制保护系统的核心，承上启下作用，负责接收上级站控制层指令，并把有关的控制信息下发到下级。

阀控制级是直流控制系统的中间环节，负责接收极控制层的指令对换流阀进行控制。是直流控制系统的最低控制级，实现各种指令的具体执行操作，直接对换流阀的每个子模块（SM）进行触发控制。

柔性直流控制系统通常将站控制级、极控制级、阀控制级按照统一平台进行整体设计，站控制级和极控制级设计在同一个主机内，实现双极协调控制以及极控制，双极运行时有一极为控制极负责双极功率协调等站控制级别的功能。整体设计大大减少了系统分层，降低了接口风险，提升了系统的可用率，减少故障及停运几率。

图 3-27 为控制主机实现交流直流之间变换的控制策略图，极控制级接收来自运行人员监视系统关于交流电压控制或者无功功率控制，直流电压控制、有功功率控制的指令，根据实际电压电流测量值与指令相比较，通过内环电流控制策略，得到下发给阀控系统的调制波幅值和相位，阀控系统根据下发的调制波分配具体的子模块触发脉冲，从而实现换流器的控制。

直流控制系统主要由合并单元、接口柜、极控制柜、阀控系统及各种接口构成，如图 3-28 所示。合并单元和接口柜采集电压电流、刀闸、开关等开入信号并执行极控制主机下发的跳闸开出等控制命令。极控制主机通过接口与阀控系统进行双向通信。控制主机还通过其他接口（阀冷系统接口，故障录波接口等）来实现整个换流站的控制功能。

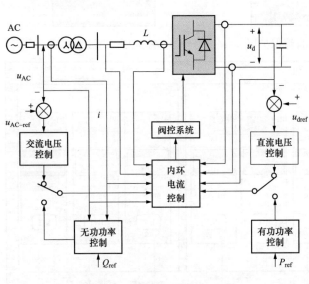

图 3-27 直流控制策略图

— 44 —

一、直流控制系统装置板卡介绍

以厦门柔性直流输电工程为例，介绍直流控制系统装置板卡，厂家为南瑞继保公司，图 3-29 为受端换流站直流控制屏柜板卡图。

每极直流控制系统有两个极控制柜 PCPA、PCPB，两个直流场接口柜 DTFA、DTFB，表 3-1 为受端换流站极Ⅰ控制系统设备配置。

每个直流场接口柜由 3 个 I/O 单元 PCS-9559 装置构成，表 3-2 为受端换流站极Ⅰ直流场接口柜板卡功能介绍。

每个极控制柜由 4 个装置构成，分别为 I/O 单元 PCS-9559 装置、测量单元 PCS-9559 装置、直流控制单元 PCS-9520A 装置、站间、极间通信单元 PCS-9518 装置，表 3-3 为受端换流站极Ⅰ控制柜板卡功能介绍。

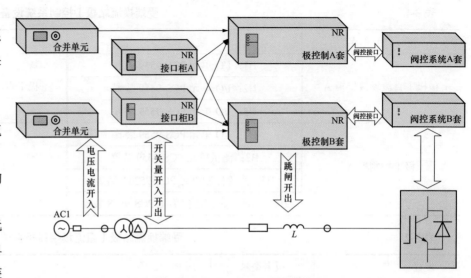

图 3-28　直流控制系统示意图

图 3-29　直流控制屏柜板卡

PCPA

H1 PCS9559

P1	1	2	3	4	5	6	P2	P3	9	10	11	12	13	14	P4
1303EL	1201B	1530E		1504AL	1504AL	1303EL		1303EL	1201B	1530E		1504AL	1504AL	1303EL	

H2 PCS9559

P1	1	2	3	4	5	6	P2	P3	9	10	11	12	13	14	P4
1303EL	1201B	1130B		1401 3I9U		1303EL		1303EL	1201B	1130A		1401 6I6U	1415FL	1303EL	

H3 PCS9520A

P1	1	2	3	4	5	6	7	8	9	10	11	12	13	P2
1301E	1106A	1114			1114			1139A	1139A	1127A	1211C	1139A		1301E

H4 PCS9518

P1	1	2	3	4	5	6	7	8	9	10	11	12	13	P2
1301E	1106A	1114			1114			1139A	1139A	1127A	1211C	1139A		1301E

PCPB

H1 PCS9559

P1	1	2	3	4	5	6	P2	P3	9	10	11	12	13	14	P4
1303EL	1201B	1530E		1504AL	1504AL	1303EL		1303EL	1201B	1530E		1504AL	1504AL	1303EL	

H2 PCS9559

P1	1	2	3	4	5	6	P2	P3	9	10	11	12	13	14	P4
1303EL	1201B	1130B		1401 3I9U		1303EL		1303EL	1201B	1130A		1401 6I6U	1415FL	1303EL	

H3 PCS9520A

P1	1	2	3	4	5	6	7	8	9	10	11	12	13	P2
1301E	1106A	1114			1114			1139A	1139A	1127A	1211C	1139A		1301E

H4 PCS9518

P1	1	2	3	4	5	6	7	8	9	10	11	12	13	P2
1301E	1106A	1114			1114			1139A	1139A	1127A	1211C	1139A		1301E

DTFA

H1 PCS9559

P1	1	2	3	4	5	6	7	8	9	10	11	12	13	P2
1301E	1201B	1520A	1520A	1520A	1520A	1520A	1530A							1301E

H2 PCS9559

P1	1	2	3	4	5	6	7	8	9	10	11	12	13	P2
1301E	1201B	1520A	1520A											1301E

H3 PCS9559

P1	1	2	3	4	5	6	7	8	9	10	11	12	13	P2
1301E	1201B	1520A	1425BL	1425BL	1504AL	1520A	1520A	1136D	1504AL					1301E

DTFB

H1 PCS9559

P1	1	2	3	4	5	6	7	8	9	10	11	12	13	P2
1301E	1201B	1520A	1520A	1520A	1520A	1520A	1530A							1301E

H2 PCS9559

P1	1	2	3	4	5	6	7	8	9	10	11	12	13	P2
1301E	1201B	1520A	1520A											1301E

H3 PCS9559

P1	1	2	3	4	5	6	7	8	9	10	11	12	13	P2
1301E	1201B	1520A	1425BL	1425BL	1504AL	1520A	1520A	1520A	1136D	1504AL				1301E

图 3-29　直流控制屏柜板卡

表 3-1 受端换流站极 I 控制系统设备配置

屏 柜 名	装 置	屏 柜 名	装 置
极极 I 直流场接口柜 A	H1：I/O 单元 PCS-9559 装置	极 I 直流场接口柜 B	H1：I/O 单元 PCS-9559 装置
	H2：I/O 单元 PCS-9559 装置		H2：I/O 单元 PCS-9559 装置
	H3：I/O 单元 PCS-9559 装置		H3：I/O 单元 PCS-9559 装置
极 I 控制柜 A	H1：I/O 单元 PCS-9559 装置	极 I 控制柜 B	H1：I/O 单元 PCS-9559 装置
	H2：测量单元 PCS-9559 装置		H2：测量单元 PCS-9559 装置
	H3：直流控制单元 PCS-9520A 装置		H3：直流控制单元 PCS-9520A 装置
	H4：站间、极间通信单元 PCS-9518 装置		H4：站间、极间通信单元 PCS-9518 装置

表 3-2 受端换流站极 I 直流场接口柜板卡功能介绍

装置	序号	板卡型号	板 卡 功 能	
极 I 直流场接口柜 H1：I/O 单元 PCS-9559 装置	H1.P1	NR1301E	电源板卡，为 H1 装置提供第一套电源	
	H1.1	NR1201B	CAN 与 PPS 总线扩展板，实现屏内 I/O 机箱的总线级联。本板卡 CAN 端口接到 H2.1 X2 端口，实现本屏柜内 H1、H2、H3 装置 CAN 总线数据交换	
	H1.2	NR1520A	开关量开入开出板卡，用于实现 QS2/QS31 地刀的开出控制、状态开入监视	
			8 个开入信号	4 个开出信号
			QS2 分闸位置开入	QS2 控制分闸开出
			QS2 合闸位置开入	QS2 控制合闸开出
			QS2 就地控制状态开入	QS31 控制分闸开出
			QS2 电机或控制电源故障开入	QS31 控制合闸开出
			QS31 分闸位置开入	
			QS31 合闸位置开入	
			QS31 就地控制状态开入	
			QS31 电机或控制电源故障开入	

装置	序号	板卡型号	板 卡 功 能	
极I直流场接口柜H1：I/O单元PCS-9559装置	H1.3	NR1520A	开关量开入开出板卡，用于实现 QS32/QS4 地刀的开出控制、状态开入监视	
			8 个开入信号	4 个开出信号
			QS32 分闸位置开入	QS32 控制分闸开出
			QS32 合闸位置开入	QS32 控制合闸开出
			QS32 就地控制状态开入	QS4 控制分闸开出
			QS32 电机或控制电源故障开入	QS4 控制合闸开出
			QS4 分闸位置开入	
			QS4 合闸位置开入	
			QS4 就地控制状态开入	
			QS4 电机或控制电源故障开入	
	H1.4	NR1520A	开关量开入开出板卡，用于实现 QS5/QS51 地刀的开出控制、状态开入监视	
			8 个开入信号	4 个开出信号
			QS5 分闸位置开入	QS5 控制分闸开出
			QS5 合闸位置开入	QS5 控制合闸开出
			QS5 就地控制状态开入	QS51 控制分闸开出
			QS5 电机或控制电源故障开入	QS51 控制合闸开出
			QS51 分闸位置开入	
			QS51 合闸位置开入	
			QS51 就地控制状态开入	
			QS51 电机或控制电源故障开入	

装置	序号	板卡型号	板 卡 功 能	
极Ⅰ直流场接口柜H1：I/O单元 PCS-9559装置	H1.5	NR1520A	开关量开入开出板卡，用于实现QS52/QS61地刀的开出控制、状态开入监视	
			8个开入信号	4个开出信号
			QS52分闸位置开入	QS52控制分闸开出
			QS52合闸位置开入	QS52控制合闸开出
			QS52就地控制状态开入	QS61控制分闸开出
			QS52电机或控制电源故障开入	QS61控制合闸开出
			QS61分闸位置开入	
			QS61合闸位置开入	
			QS61就地控制状态开入	
			QS61电机或控制电源故障开入	
	H1.6	NR1520A	开关量开入开出板卡，用于实现QS62/QS6地刀的开出控制、状态开入监视	
			8个开入信号	4个开出信号
			QS62分闸位置开入	QS62控制分闸开出
			QS62合闸位置开入	QS62控制合闸开出
			QS62就地控制状态开入	QS6控制分闸开出
			QS62电机或控制电源故障开入	QS6控制合闸开出
			QS6分闸位置开入	
			QS6合闸位置开入	
			QS6就地控制状态开入	
			QS6电机或控制电源故障开入	

装置	序号	板卡型号	板 卡 功 能	
极Ⅰ直流场接口柜 H1：I/O 单元 PCS-9559 装置	H1.7	NR1520A	开关量开入开出板卡，用于实现 QS7/QS71 地刀的开出控制、状态开入监视	
			8 个开入信号	4 个开出信号
			QS7 分闸位置开入	QS7 控制分闸开出
			QS7 合闸位置开入	QS7 控制合闸开出
			QS7 就地控制状态开入	QS71 控制分闸开出
			QS7 电机或控制电源故障开入	QS71 控制合闸开出
			QS71 分闸位置开入	
			QS71 合闸位置开入	
			QS71 就地控制状态开入	
			QS71 电机或控制电源故障开入	
	H1.8	NR1530A	开关量开入开出板卡，NR1530A 开出带有开出监视，用于直流场 NBS 开关的开出控制、开关位置和故障信号开入监视	
			2 个开出信号：NBS 控制合闸开出、NBS 控制分闸开出	
			11 个开入信号：NBS 分闸位置状态开入、合闸位置状态开入、第一套控制电源故障报警开入、就地信号开入、电机控制电源故障报警开入、电机过流信号开入、电机运转信号开入、电机回路电源跳闸报警信号开入、SF_6 气压低报警信号开入、SF_6 气压低闭锁信号开入、加热器电源故障报警信号开入	
	H1.P2	NR1301E	电源板卡，为 H1 装置提供第二套电源	
极Ⅰ直流场接口柜 H2：I/O 单元 PCS-9559 装置	H2.P1	NR1301E	电源板卡，为 H2 装置提供第一套电源	
	H2.1	NR1201B	CAN 与 PPS 总线扩展板，实现屏内 I/O 机箱的总线级联。本板卡有两个 CAN 端口分别连接到 H1.1/H3.1，实现本屏柜内 H1、H2、H3 装置 CAN 总线数据交换	
	H2.2	NR1520A	开关量开入开出板卡，用于实现 QS8 地刀的开出控制、状态开入监视	
			4 个开入信号	2 个开出信号
			QS8 分闸位置开入	QS8 控制分闸开出

装置	序号	板卡型号	板 卡 功 能	
	H2.2	NR1520A	QS8 合闸位置开入	QS8 控制合闸开出
			QS8 就地控制状态开入	
			QS8 电机或控制电源故障开入	
极 I 直流场接口柜 H2：I/O 单元 PCS-9559 装置	H2.3	NR1520A	开关量开入开出板卡，用于实现 QS9/QS91 刀闸、地刀的开出控制、状态开入监视	
			8 个开入信号	4 个开出信号
			QS9 分闸位置开入	QS9 控制分闸开出
			QS9 合闸位置开入	QS9 控制合闸开出
			QS9 就地控制状态开入	QS91 控制分闸开出
			QS9 电机或控制电源故障开入	QS91 控制合闸开出
			QS91 分闸位置开入	
			QS91 合闸位置开入	
			QS91 就地控制状态开入	
			QS91 电机或控制电源故障开入	
	H2.P2	NR1301E	电源板卡，为 H2 装置提供第二套电源	
极 I 直流场接口柜 H3：I/O 单元 PCS-9559 装置	H3.P1	NR1301E	电源板卡，为 H3 装置提供第一套电源	
	H3.1	NR1201B	CAN 与 PPS 总线扩展板，实现屏内 I/O 机箱的总线级联。本板卡 CAN 端口连接到本柜 H2.1，实现本屏柜内 H1、H2、H3 装置 CAN 总线数据交换	
	H3.2	NR1520A	开关量开入开出板卡，用于实现阀冷系统 A 控制柜信号开入开出	
			8 个开入信号	6 个开出信号
			阀冷系统预警	远程启动阀冷系统
			阀冷系统准备就绪	远程停止阀冷系统
			阀冷系统运行	换流阀 Block 闭锁

装置	序号	板卡型号	板 卡 功 能	
	H3.2	NR1520A	阀内冷系统 Active 信号	换流阀 Deblock 闭锁
			功率回降	直流控制系统激活状态
			请求停阀冷	远程切换主循环泵
			阀冷失去冗余冷却能力	
			阀冷系统跳闸	
极 I 直流场接口柜 H3：I/O 单元 PCS-9559 装置	H3.3	NR1520A	开关量开入开出板卡，用于实现阀冷系统 B 控制柜信号开入开出	
			8 个开入信号	6 个开出信号
			阀冷系统预警	远程启动阀冷系统
			阀冷系统准备就绪	远程停止阀冷系统
			阀冷系统运行	换流阀 Block 闭锁
			阀内冷系统 Active 信号	换流阀 Deblock 闭锁
			功率回降	直流控制系统激活状态
			请求停阀冷	远程切换主循环泵
			阀冷失去冗余冷却能力	
			阀冷系统跳闸	
	H3.4	NR1425BL	4～20mA 电流测量板卡，用于实现阀冷系统 A 的模拟量（进阀温度、出阀温度、阀厅温度、室外温度、冷却水流量）开入，将模拟量进行 A/D 转换并进行 CAN 总线通信	
	H3.5	NR1425BL	4～20mA 电流测量板卡，用于实现阀冷系统 B 的模拟量（进阀温度、出阀温度、阀厅温度、室外温度、冷却水流量）开入，将模拟量进行 A/D 转换并进行 CAN 总线通信	
	H3.6	NR1504AL	110V/220V 智能开入量采集板，本板卡使用 15 个开入	
			阀厅端子箱加热器空开跳开开入	QS2 A 相分闸位置开入
			阀厅端子箱刀闸电机电源空开跳开开入	QS2 A 相合闸位置开入

装置	序号	板卡型号	板 卡 功 能	
极I直流场接口柜H3: I/O 单元 PCS-9559 装置	H3.6	NR1504AL	阀厅端子箱刀闸加热电源空开跳开开入	QS2 B 相分闸位置开入
			中性线端子箱加热器空开跳开开入	QS2 B 相合闸位置开入
			中性线端子箱刀闸电机电源空开跳开开入	QS2 C 相分闸位置开入
			中性线端子箱刀闸加热电源空开跳开开入	QS2 C 相合闸位置开入
			NBS 低油压分闸闭锁信号开入	在线监测电源空开跳开开入
			NBS 低油压合闸闭锁信号开入	
	H3.7	NR1504AL	110V/220V 智能开入量采集板，所有的开入信息通过 CAN 总线传送到相应的 DSP 板。本板卡使用 19 个开入	
			极线端子箱加热器空开跳开开入	QS32 A 相分闸位置开入
			极线端子箱刀闸电机电源空开跳开开入	QS32 A 相合闸位置开入
			极线端子箱刀闸加热电源空开跳开开入	QS32 B 相分闸位置开入
			极线穿墙套管 SF$_6$ 压力降低开入	QS32 B 相合闸位置开入
			QS31 A 相分闸位置开入	QS32 C 相分闸位置开入
			QS31 A 相合闸位置开入	QS32 C 相合闸位置开入
			QS31 B 相分闸位置开入	换流变压器阀侧端子箱加热器电源及 SF$_6$ 监控主机电源空开跳开开入
			QS31 B 相合闸位置开入	
			QS31 C 相分闸位置开入	换流变压器阀侧端子箱刀闸电机电源空开跳开开入
			QS31 C 相合闸位置开入	换流变压器阀侧端子箱刀闸加热电源空开跳开开入
	H3.9	NR1520A	开关量开入开出板卡，用于控制换流变压器及稳控控制	
			5 个开出信号	6 个开入信号
			换流变压器有载调压 A 相升档	阀侧端子箱上桥臂 A 相穿墙套管 SF$_6$ 压力低
			换流变压器有载调压 A 相降档	阀侧端子箱上桥臂 B 相穿墙套管 SF$_6$ 压力低

装置	序号	板卡型号	板 卡 功 能	
极 I 直流场接口柜 H3：I/O 单元 PCS-9559 装置	H3.9	NR1520A	换流变压器有载调压 A 相急停	阀侧端子箱上桥臂 C 相穿墙套管 SF_6 压力低
			极 1 直流故障录波远方启动	阀侧端子箱下桥臂 A 相穿墙套管 SF_6 压力低
			极 1 直流故障录波复归录波	阀侧端子箱下桥臂 B 相穿墙套管 SF_6 压力低
				阀侧端子箱下桥臂 C 相穿墙套管 SF_6 压力低
	H3.10	NR1520A	开关量开入开出板卡，用于控制换流变压器及稳控控制	
			4 个开出信号	5 个开入信号
			阀厅端子箱阀厅大门允许开启	紧急门 1 开启状态开入
			换流变压器有载调压 B 相升档	紧急门 1 缝隙状态开入
			换流变压器有载调压 B 相降档	紧急门 2 开启状态开入
			换流变压器有载调压 B 相急停	紧急门 2 缝隙状态开入
				阀厅端子箱阀厅大门允许开启开入
	H3.11	NR1520A	开关量开入开出板卡，用于控制换流变压器及稳控控制	
			3 个开出信号	4 个开入信号
			换流变压器有载调压 C 相升档	金属回线端子箱加热器回路空开跳开
			换流变压器有载调压 C 相降档	金属回线端子箱刀闸电机回路空开跳开
			换流变压器有载调压 C 相急停	金属回线端子箱刀闸加热器回路空开跳开
				金属回线端子箱避雷器在线监测空开跳开
	H3.12	NR1136D	I/O 装置管理板卡，实现该柜与 PCP 控制主机间的光纤以太网组网，PCP 控制主机通过该板卡实现对该屏柜所有板卡信号的开入开出控制。本板卡通过 1 路 ST 光接口（IRIGB 光接口）接入对时网络，使用 2 路光纤接口：通过光纤接口连接到 PCPA 和 PCPB 构成现场控制 LAN 网，实现 PCP 控制主机与直流场接口柜 I/O 装置的数据交换	

装置	序号	板卡型号	板 卡 功 能	
极Ⅰ直流场接口柜 H3：I/O单元 PCS-9559装置	H3.13	NR1504AL	110V/220V 智能开入量采集板，本板卡使用 19 个开入	
				模块 1 火焰探测器信号开入	模块 25 吸气式感烟探测器火警 2 跳闸开入
				模块 2 吸气式感烟探测器火警 2 跳闸开入	模块 26 吸气式感烟探测器火警 2 跳闸开入
				模块 3 火焰探测器信号开入	模块 8 火焰探测器信号开入
				模块 4 火焰探测器信号开入	模块 9 火焰探测器信号开入
				模块 5 火焰探测器信号开入	模块 10 火焰探测器信号开入
				模块 6 吸气式感烟探测器火警 2 跳闸开入	本屏柜信号电源 1 监视开入
				模块 7 火焰探测器信号开入	
	H2.P2	NR1301E	电源板卡，为 H3 装置提供第二套电源	

表 3-3   **受端换流站极Ⅰ控制柜板卡功能介绍**

装置	序号	板卡型号	板 卡 功 能	
极Ⅰ控制柜 H1：I/O单元 PCS-9559装置	H1.P1	NR1303EL	电源板卡，H1 装置采用两个半层机箱拼成一个机箱，本板卡提供第一个半层机箱的第一套电源	
	H1.1	NR1201B	CAN 与 PPS 总线扩展板，实现屏内 I/O 机箱的总线级联。本板卡 CAN 端口接到本柜 H2.1，实现该半层机箱与屏内其他装置数据交换	
	H1.2	NR1530E	开关量输入输出板卡，没有开出监视，用于交流场进线开关的控制。本板卡使用 4 个开出控制，10 个开入	
				10 个开入信号	4 个开出信号
				电流合并单元柜 C 的合并单元 1 装置闭锁	三跳交流开关第一组线圈并启动母差 1 失灵
				电流合并单元柜 C 的合并单元 1 装置报警	三跳交流开关第二组线圈并启动母差 2 失灵
				电流合并单元柜 C 的合并单元 2 装置闭锁	启动母差 1 失灵
				电流合并单元柜 C 的合并单元 2 装置报警	三跳交流开关第一组线圈不启动母差失灵

装置	序号	板卡型号	板 卡 功 能	
极I控制柜 H1：I/O单元 PCS-9559装置	H1.2	NR1530E	电流合并单元柜C风扇1故障	
			电流合并单元柜C风扇2故障	
			电流合并单元柜C中间继电器KO电源断线	
			电压合并单元柜A电源失电告警	
			电压合并单元柜B电源失电告警	
			电压合并单元柜C电源失电告警	
	H1.5	NR1504AL	110V/220V智能开入量采集板，本板卡使用19个开入	
			电流合并单元柜A的合并单元1装置闭锁	电流合并单元柜B的合并单元2装置报警
			电流合并单元柜A的合并单元1装置报警	电流合并单元柜B风扇1故障
			电流合并单元柜A的合并单元2装置闭锁	电流合并单元柜B风扇2故障
			电流合并单元柜A的合并单元2装置报警	电流合并单元柜B中间继电器KO电源断线
			电流合并单元柜A风扇1故障	电压合并单元柜A桥臂A气体密度压力低
			电流合并单元柜A风扇2故障	电压合并单元柜A桥臂B气体密度压力低
			电流合并单元柜A中间继电器KO电源断线	电压合并单元柜A桥臂C气体密度压力低
			电流合并单元柜B的合并单元1装置闭锁	电压合并单元柜A极线气体密度压力低
			电流合并单元柜B的合并单元1装置报警	电压合并单元柜A中性线气体密度压力低
			电流合并单元柜B的合并单元2装置闭锁	
	H1.6	NR1504AL	110V/220V智能开入量采集板，本板卡使用18个开入	
			紧急停运中间继电器K11开入1	有载调压A相开关就地2
			母线保护1跳闸中间继电器K11开入1	有载调压A相开关未完成切换2
			母线保护2跳闸中间继电器K11开入1	有载调压A相开关加热照明故障2

装置	序号	板卡型号	板 卡 功 能	
极Ⅰ控制柜 H1：I/O 单元 PCS-9559 装置	H1.6	NR1504AL	有载调压 A 相 BCD 码档位 1	有载调压 A 相控制回路故障 2
			有载调压 A 相 BCD 码档位 2	有载调压 A 相压力开关 2
			有载调压 A 相 BCD 码档位 4	直流故障录波装置失电
			有载调压 A 相 BCD 码档位 8	直流故障录波装置异常
			有载调压 A 相 BCD 码档位 10	直流故障录波装置告警
			有载调压 A 相开关电机及滤油机故障信号 2	直流故障录波启动
	H1.P2	NR1303EL	电源板卡，H1 装置采用两个半层机箱拼成一个机箱，本板卡提供第一个半层机箱的第二套电源	
	H1.P3	NR1303EL	电源板卡，H1 装置采用两个半层机箱拼成一个机箱，本板卡提供第二个半层机箱的第一套电源	
	H1.9	NR1201B	CAN 与 PPS 总线扩展板，实现屏内 I/O 机箱的总线级联。本板卡 CAN 端口接到本柜 H3.10，实现该半层机箱与屏内其他装置数据交换	
	H1.10	NR1530E	开关量输入输出板卡，没有开出监视，用于交流场进线开关的控制	
			10 个开入信号	4 个开出信号
			有载调压 B 相 BCD 码档位 1	启动母差 2 失灵
			有载调压 B 相 BCD 码档位 2	解除母差 1 失灵复压闭锁
			有载调压 B 相 BCD 码档位 4	解除母差 2 失灵复压闭锁
			有载调压 B 相 BCD 码档位 8	三跳交流开关第二组线圈不启动母差失灵
			有载调压 B 相 BCD 码档位 10	
			有载调压 B 相开关电机及滤油机故障信号 2	
			有载调压 B 相开关就地 2	
			有载调压 B 相开关未完成切换 2	
			有载调压 B 相开关加热照明故障 2	
			有载调压 B 相控制回路故障 2	
			有载调压 B 相压力开关 2	

装置	序号	板卡型号	板 卡 功 能	
极Ⅰ控制柜 H1：I/O 单元 PCS-9559 装置	H1.13	NR1504AL	110V/220V 智能开入量采集板，本板卡有 19 个开入	
			有载调压 C 相 BCD 码档位 1	有载调压 C 相压力开关 2
			有载调压 C 相 BCD 码档位 2	换流变压器电量保护 A 装置闭锁
			有载调压 C 相 BCD 码档位 4	换流变压器电量保护 A 装置告警
			有载调压 C 相 BCD 码档位 8	换流变压器电量保护 A 跳闸
			有载调压 C 相 BCD 码档位 10	换流变压器非电量保护 A 装置闭锁
			有载调压 C 相开关电机及滤油机故障信号 2	换流变压器非电量保护 A 装置告警
			有载调压 C 相开关就地 2	换流变压器非电量保护 A 跳闸
			有载调压 C 相开关未完成切换 2	换流变压器电量保护 B 装置闭锁
			有载调压 C 相开关加热照明故障 2	换流变压器电量保护 B 装置告警
			有载调压 C 相控制回路故障 2	
	H1.14	NR1504AL	110V/220V 智能开入量采集板，本板卡有 18 个开入	
			紧急停运中间继电器 K11 开入 2	换流变压器电量保护 C 装置告警
			母线保护 1 跳闸中间继电器 K11 开入 2	换流变压器电量保护 C 跳闸
			母线保护 2 跳闸中间继电器 K11 开入 2	换流变压器非电量保护 C 装置闭锁
			本柜 H4 站间极间通信切换装置电源 1 监视开入	换流变压器非电量保护 C 装置告警
			本柜 H4 站间极间通信切换装置电源 2 监视开入	换流变压器非电量保护 C 跳闸
			换流变压器电量保护 B 跳闸	就地控制柜就地联锁
			换流变压器非电量保护 B 装置闭锁	就地控制柜就地解锁
			换流变压器非电量保护 B 装置告警	信号电源监视
			换流变压器非电量保护 B 跳闸	
			换流变压器电量保护 C 装置闭锁	
	H1.P4	NR1303EL	电源板卡，H1 装置采用两个半层机箱拼成一个机箱，本板卡提供第二个半层机箱的第二套电源	

装置	序号	板卡型号	板 卡 功 能
极 I 控制柜 H2：I/O 单元 PCS-9559 装置	H2.P1	NR1303EL	电源板卡，H2 装置采用两个半层机箱拼成一个机箱，本板卡提供第一个半层机箱的第一套电源
	H2.1	NR1201B	CAN 与 PPS 总线扩展板，实现屏内 I/O 机箱的总线级联。本板卡 2 个 CAN 端口分别接到本柜 H1.1 和 H3.10，实现 H2 与屏内其他装置数据交换
	H2.2	NR1130B	模拟量处理板，截止频率为 20kHz，NR1130A 板卡紧挨着 NR1401 模拟量采集板。本板卡通过背板通讯接收 H2.3 NR1401 模拟量采集板的 U_s、I_s 模拟量信号，经过信号转换等处理后，通过 IEC60044-8 协议，将 U_s、I_s 模拟量传输到本屏柜控制主机 H3.2 板卡。 本板卡通过 IEC60044-8 协议接收本屏柜控制主机 H3.2 板卡的频率信号
	H2.3	NR1401 3I9U	模拟量采集卡，有 12 通道交流量（3 通道电流量、9 通道电压量）采集，本板卡使用 3I、3U：换流变压器交流侧电流 I_s（三相），换流变压器交流侧电压 U_s（三相）
	H2.P2	NR1303EL	电源板卡，H2 装置采用两个半层机箱拼成一个机箱，本板卡提供第一个半层机箱的第二套电源
	H2.P3	NR1303EL	电源板卡，H2 装置采用两个半层机箱拼成一个机箱，本板卡提供第二个半层机箱的第一套电源
	H2.10	NR1130A	模拟量处理板，截止频率为 4kHz，NR1130A 板卡紧挨着 NR1401、NR1415FL 模拟量采集板，本板卡通过背板通信接收 H2.11 NR1401 模拟量采集板的 I_{vt} 模拟量及 H2.13 NR1415FL 阀侧末屏电压信号，经过信号转换等处理后，通过 IEC60044-8 协议，将 I_{vt}、末屏电压模拟量传输到本屏柜控制主机 H3.5 板卡
	H2.11	NR1401 6I6U	模拟量采集卡，有 12 通道交流量（6 通道电流量、6 通道电压量）采集，本板卡使用 3I：换流变压器阀侧电流 I_{vt}（三相）
	H2.13	NR1415FL	交直流量测量板卡，用于将一次互感器输出的信号调整幅度并隔离输出。 本板卡采集 6 个开入：A 相阀侧末屏电压 1、A 相阀侧末屏电压 2、B 相阀侧末屏电压 1、B 相阀侧末屏电压 2、C 相阀侧末屏电压 1、C 相阀侧末屏电压 2
	H2.P4	NR1303EL	电源板卡，H2 装置采用两个半层机箱拼成一个机箱，本板卡提供第二个半层机箱的第二套电源
极 I 控制柜 H3 柔性直流控制保护单元 PCS-9520A 装置	H3.P1	NR1301E	电源板卡，为 H3 装置提供第一套电源
	H3.1	NR1106A	管理板卡，控制主机通过该板卡接入 SCADA LAN、就地控制 LAN 网，用于控制保护系统中的任务管理、人机界面及后台通信，此外通过该板卡 IRIG-B 接入对时网络
	H3.2	NR1114	DSP 板卡，支持 6 路 60044-8 接口输入，2 路 60044-8 接口输出，用于完成核心控制保护功能，如采样数据的接收和计算处理，参考波计算功能和发出。 本板卡使用 5 路输入：接收本柜 H2.2 的 I_s/U_s 数据、接收电压合并单元的 U_{dl}/U_{dn} 数据、接收电流合并单元的 I_{vc}（50kHz）数据、接收电压合并单元的 U_{vc}（50kHz）数据、接收电流合并单元的 I_{dl}/I_{dnc}/I_{dne}/I_{dgnd}/I_{dme} 数据；使用 2 路输出：发送频率到本柜 H3.2、发送闭锁信号和六桥臂输出电压参考到阀控系统

装置	序号	板卡型号	板 卡 功 能
极Ⅰ控制柜 H3 柔性直流 控制保护 单元 PCS- 9520A 装置	H3.5	NR1114	DSP 板卡，支持 6 路 60044-8 接口输入，2 路 60044-8 接口输出，用于完成核心控制保护功能，如采样数据的接收和计算处理，参考波计算功能和发出。 本板卡使用 3 路输入：接收本柜 H2.10 的 Ivt、接收电流合并单元 I_{bp}/I_{bn} 数据、接收阀控系统的跳闸请求和桥臂 SM 电容电压和数据；使用 1 路输出：发送参考电压和运行状态到录波装置
	H3.8	NR1139A	DSP 板卡，用于直流通信及逻辑计算，有 6 路光纤接口，可扩展 CAN 和以太网接口来实现数据的交换，主要用于直流控制保护系统中主机间通信及主机与 I/O 系统通信及主要逻辑计算。 本板卡没有使用外部扩展 CAN 端口。 本板卡通过 2 路光纤接口连接到极控制 CTR LANA/B 网，本板卡监测连接在 CTR LAN 网络上的所有装置（NEP 非电量保护/CTP 换流变压器电量保护/PPR/ACC）的通信情况
	H3.10	NR1139A	DSP 板卡，用于直流通信及逻辑计算，有 6 路光纤接口，可扩展 CAN 和以太网接口来实现数据的交换，主要用于直流控制保护系统中主机间通信及主机与 I/O 系统通信及主要逻辑计算。 本板卡使用 2 路光纤接口：通过光纤接口连接到 DFTA 和 DFTB 构成现场控制 LAN 网，实现 PCP 控制主机与直流场接口柜 I/O 装置的数据交换。 本板卡使用 2 路扩展 CAN 端口接到本柜的 H1.9、H2.1 装置构成 CAN+PSS 总线。 本板卡监测现场 LAN 网络的 DFTA、DFTB 装置及装置上的板卡本身故障信号，该板卡监测本柜 CAN 总线上的 "PPS 对时信号" "PCP 跳闸回路两套" "PCP 机柜 I/O 板卡" 等故障
	H3.11	NR1127A	通信 DSP 板，本板卡 4 个 CAN 端口分别接到本柜的 H4.1、H4.2 及本极的另一套 PCP 柜 H4.1、H4.2，实现本套控制系统的站间通信、极间通信数据处理
	H3.12	NR1211C	光纤发送扩展板卡，从背板 IO 接收 IEC60044-8 电信号数据经处理后转换为 8 路光信号输出，光模块使用 ST 接口。本板卡使用 1 路输出端口：将 ACTIVE 系统值班运行信息（脉冲 1M/10K）发送给阀控系统
	H3.13	NR1139A	DSP 板卡，用于直流通信及逻辑计算，有 6 路光纤接口，可扩展 CAN 和以太网接口来实现数据的交换，主要用于直流控制保护系统中主机间通信及主机与 I/O 系统通信及主要逻辑计算。 本板卡使用 2 路光纤接口：2 路光纤接口连接到另一套控制主机，实现系统间通信 LAN（即 PCPA 与 PCPB 通信）。 本板卡为装置级监视的板卡，实现 PCP 冗余系统间的切换。本板卡将收集的 PCPA 各插件的故障信息汇总，形成装置的紧急、严重和轻微故障，并送到切换逻辑 SOL 中，实现主备系统之间的切换。 本柜 H1/H2 装置以及 DFTA 屏柜各个插件故障信息都汇总到本板卡
	H3.P2	NR1301E	电源板卡，为 H3 装置提供第二套电源

装置	序号	板卡型号	板 卡 功 能
极Ⅰ控制柜 H4 站间通信 切换单元 PCS-9518 装置	H4.P1	NR0319A	电源板卡，为 H4 装置提供第一套电源，板卡内的电源监视继电器输出辅助触点到本柜 H1.14 板卡，用于 H4 装置电源失压监视
	H4.1	NR0211	站间通道切换板卡，A1 端口接收来自本柜 H3.11 NR1127A 板卡通信信号，B1 端口接收来自另一套极控制柜 H3.11 NR1127A 板卡通信信号，通过切换选择开关，将信号通过光纤输出到另一站
	H4.2	NR0211	极间通道切换板卡，A2 端口接收来自本柜 H3.11 NR1127A 板卡通信信号，B2 端口接收来自另一套极控制柜 H3.11 NR1127A 板卡通信信号，通过切换选择开关，将信号通过光纤输出本站另一极
	H4.P2	NR0319A	电源板卡，为 H4 装置提供第二套电源，板卡内的电源监视继电器输出辅助触点到本柜 H1.14 板卡，用于 H4 装置电源失压监视

二、直流控制系统数据开入开出配置

1. 电压电流开入

控制系统通过采样一次设备的电压电流值用于交直流变换控制，一次电压电流设备分为两种：

（1）电压电流互感器：采用变压器原理将一次值转化为二次模拟值开入到 PCP 系统。控制系统采集的二次模拟量为换流变压器网侧套管电流 I_{st}、换流变压器阀侧套管电流 I_{vt}、交流进线电压 U_s，模拟量处理板通过模拟量采集板卡 NR1401、模拟量处理板 NR1130 采集处理后，传输到控制系统 DSP 板卡 NR1114。

（2）电压电流测量装置：利用电阻采样、电阻电容分压并经过合并单元将一次值转化为二次数字量。图 3-30 为电压电流采样图。控制系统采集的二次数字量为极线电流 I_{DL}、阀底电流 I_{DNC}、中性母线电流 I_{DNE}、接地点电流 I_{DGND}、金属回线电流 I_{DME}、阀侧电流 I_{vc}（50k）、阀侧电压 U_{vc}（50k）、极线电压 U_{DL}、中性线电压 U_{DN}，由电流电压合并单元直接传输到控制系统 NR1114 板卡。

二次模拟量和数字量通过 IEC60044-8 光纤总线以点对点单向的通信协议向 PCP 主机 NR1114 发送。

2. 开关量开入开出

控制系统除了交直流变换核心控制，还需要监测一次二次设备各种状态，控制系统通过直流场接口柜和极控制柜的开关量开入开出板卡采集控制系统所需的开入信号，执行控制系统开出命令。

（1）直流场接口柜：站内刀闸操作出口，分合位置信息，水冷状态和控制信号，阀厅门状态信息，电压互感器报警以及合并单元装置报警，阀控系统相关报警信息，通过该屏接入后送入控制系统，作为控制系统操作联锁信息。直流场接口柜内开关量开入开出通过现场控制 LAN 与 PCP 主机交叉冗余连接，即 DFTA/B 的开入信号同时发给 PCPA 和 PCPB，PCPA/B 的开出信号同时发给 DFTA 和 DFTB。

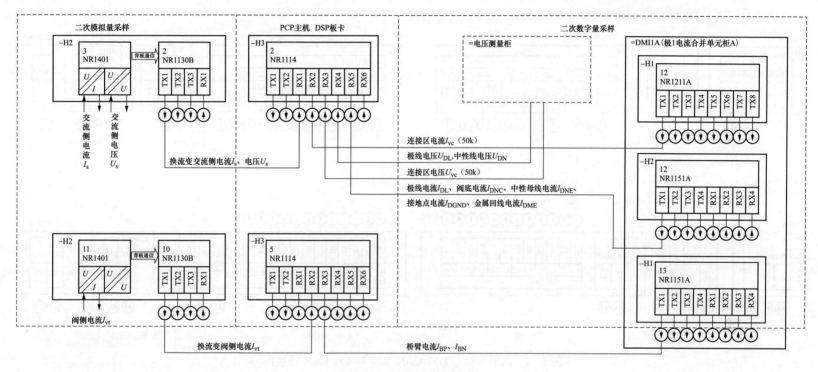

图 3-30　电压电流采样图

（2）极控制屏：开入板卡主要实现接收运行人员指令、有功功率控制、无功功率控制、直流电压控制、交流电压控制、电流闭环控制等功能，换流变压器分接头控制等，同时也包括直流双极之间协调控制、极控制屏中有跳闸出口执行 I/O 单元以及交流保护接口、稳控接口信号。极控柜内开关量开入开出（包括慢速模拟量开入）通过屏内的现场控制 CAN 总线以广播的型式与 PCP 主机通信，即 PCP 主机与屏内的 I/O 系统间直连（不存在交叉连接）。

相较于 IEC60044-8 总线以点对点单向通信，CAN 总线和现场 LAN 之间的通信实时性较差。

图 3-31 为现场控制 LAN 网是每个 PCP 主机系统直属的 I/O 光纤以太网，它主要用于实现各主机系统与下属 I/O 系统的通信交互。DFT 屏柜通过现场控制 LAN 与 PCP 主机交叉冗余连接，即 PCP A 柜的开出信号同时发给 DFT A、DFT B 柜，PCPB 柜的开出信号也同时发给 DFT A、DFT B 柜。现场控制 LAN 网采用光纤点对点直连方式。

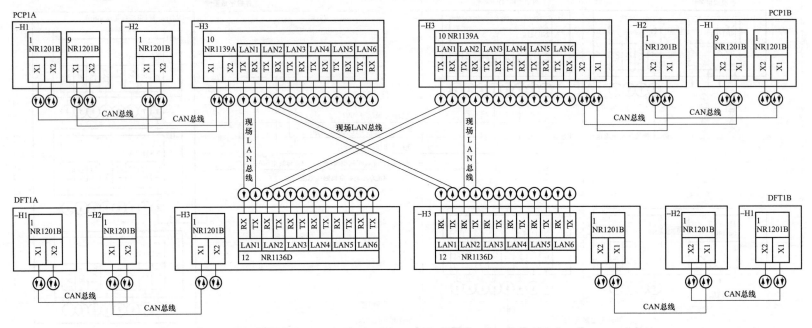

图 3-31　PCP 主机与 DFT CAN 总线和现场 LAN 连接图

3. 跳闸开出

PCP 有 8 个跳闸开出信号：三跳交流开关第一组线圈并启动母差 1 失灵、三跳交流开关第二组线圈并启动母差 2 失灵、启动母差 1 失灵、启动母差 2 失灵、三跳交流开关第一组线圈不启动母差失灵、三跳交流开关第二组线圈不启动母差失灵、解除母差 1 失灵复压闭锁、解除母差 2 失灵复压闭锁。

如图 3-32 所示，PCP 极控主机的 H3.8 NR1139A 接收 CTRL LAN 控制网络上直流保护主机、换流变压器电量保护主机、非电量保护主机保护跳闸信号，经过板卡"三取二逻辑"判断，满足同一类型保护跳闸条件，通过背板通信及 CAN 总线，将跳闸开出信号发送到 H1.2 和 H1.10 板卡，接通交流进线开关的控制回路，完成三取二逻辑跳闸开出。

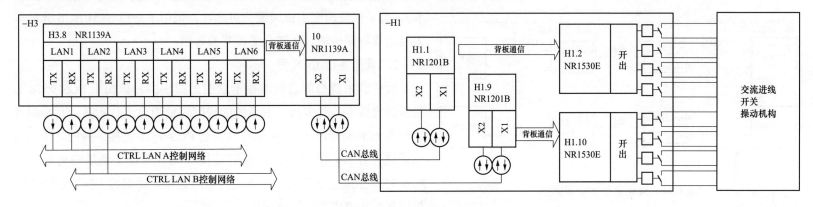

图 3-32　PCP 跳闸开出逻辑图

三、控制系统通信组网

1. 系统间冗余通信

直流控制系统均为 100%双重化冗余配置，包括控制主机、I/O 机箱、采样单元和通信总线等。控制系统冗余切换功能在 H3.13 NR1139 板卡中实现，NR1139 板卡为高性能 DSP 板，可通过光纤以太网通信实现两套控制主机间的数据交换。如图 3-33 所示，H3.13

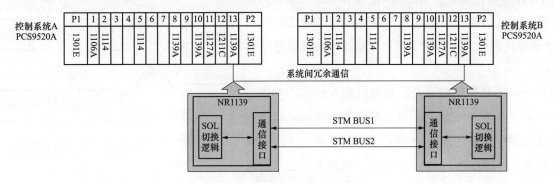

图 3-33　控制系统冗余通信

将收集的极控系统各插件的故障信息汇总，形成装置的紧急、严重和轻微故障，并送到切换逻辑 SOL 中，实现主备系统之间的切换（包括本柜 H1/H2 装置以及 DFTA 屏柜各个插件故障信息都汇总到本板卡）。为了保证两套主机间通信可靠性，采用了两路 STM BUS 光纤以太网完成数据传输，两路总线可互为备用。

2. 极间通信 LAN 网

极控制系统极间通信连接示意图见图 3-34。该图中 PCS-9518 为通道切换板卡，对来自冗余系统的极间通信通道进行切换。冗余配置的每套 PCP 装置通过 CAN 总线与每台 PCS-9518 连接。两极之间采用光纤进行连接，冗余的通信通道连接，充分保证了通信的可靠性。PCS-9518 跟随值班系统的状态进行通道切换，确保极 Ⅰ PCP 值班主机与极 Ⅱ PCP 值班主机实时通信。

双极之间的协调控制，包含双极之间的功率平衡、控制极的选择

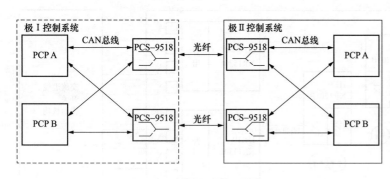

图 3-34　极间通信连接示意图

等功能均依赖极间通信来实现。

3. 站间通信 LAN 网

　极控制系统站间通信连接与站间通信连接类似，其示意图见图 3-35。该图中 MUX 为连接控制保护设备和光纤通信设备的连接装置，根据是否采用 PCM 设备，可选择 MUX64K 或者 MUX2M。冗余配置的每套 PCP 装置与冗余的通信通道连接，充分保证了通信的可靠性。PCS-9518 跟随值班系统的状态进行通道切换，确保本站值班系统与对站值班系统实时通信。

柔性直流的功率控制可不依赖站间通信，但是联跳对站等功能还要借助站间通信才能实现。需要说明的是，直流保护中需要用到的直流线路（电缆）差动保护的通道也是使用图 3-35 所示的通信链路。本侧 PPR

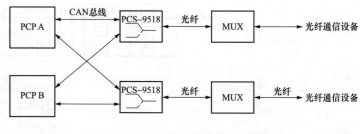

图 3-35　站间通信连接示意图

的相关数据通过极层控制 LAN 传送到 PCP，再通过本站 PCP 经由站间通信网络传输到对站；对站 PCP 接受到数据后，再通过对站的极层控制 LAN 发给对站的 PPR 保护。

四、控制系统接口介绍

1. 控制与阀冷系统接口

阀冷系统与控制系统采用以下方式进行通信。

（1）开关量接点信号。控制系统下行信号和阀冷系统上行信号。阀冷 AB 系统与控制保护系统 DFT 屏柜接口，接口信号包括开关量，模拟量和通信连接，这些信号均通过交叉冗余方式连接。

1）下行信号包括：远程启动水冷系统、远程停止水冷系统、换流阀 Block 闭锁、换流阀 Deblock 闭锁、阀控制保护系统 Active 信号、远程切换主循环泵等。

2）上行信号包括：阀冷系统预警、跳闸、请求停运阀冷、阀冷系统运行、功率回降、阀冷系统准备就绪等。

（2）4～20mA 拟量信号。冷却水进阀温度、冷却水出阀温度、阀厅温度、环境温度、冷却水流量。

（3）Profibus 报文。阀冷系统在线参数、设备状态及阀冷系统报警信息通过 Profibus 上送给极控系统。

阀冷系统转换在线监测为整型数据。

对于状态与报警信息的布尔型数据：当状态为"1"时，代表此状态或报警出现；为"0"时，此状态或报警消失。数据传输的波特率为 1.5Mbps，极控系统负责对阀冷系统上送的数据打时标。阀冷系统与极控系统的总线结构见图 3-36。

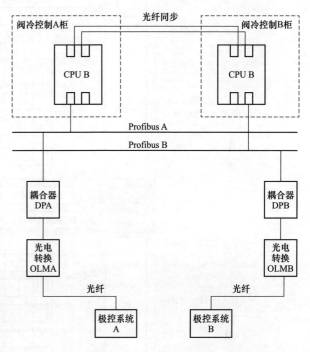

图 3-36　阀冷系统与极控系统的总线结构图

2. 控制与阀控系统接口

阀基控制系统（Valve Basic Controller），简称 VBC 系统或阀控系统，是柔性直流输电控制系统的中间环节，在功能上联系着极控制保护设备 PCP 和换流阀一次设备。

阀控系统采用双冗余配置，以厦门柔直工程为例，每个极阀控系统主要配置 2 个电流控制单元、6 个桥臂汇总单元、24 个桥臂分段控制单元以及 2 套 VM 单元，如图 3-37 所示。

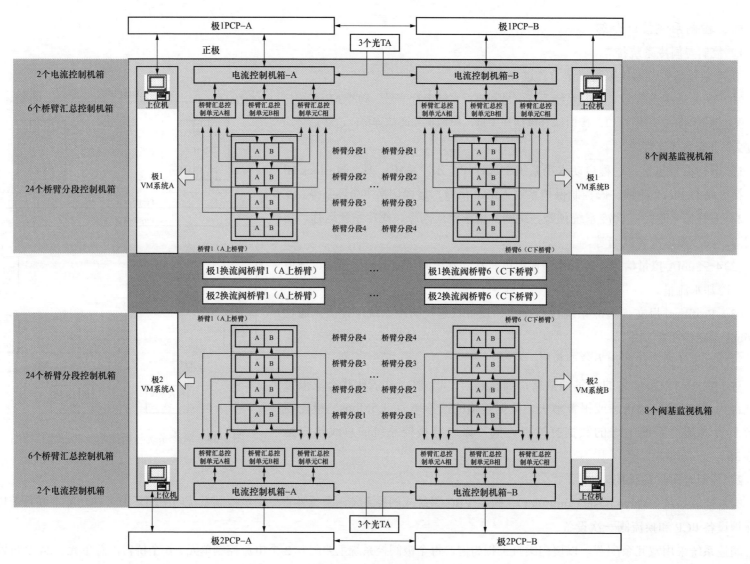

图 3-37　阀基控制系统

直流控制保护和阀控单元均按照 A/B 套冗余配置，且 A 套控制保护与 A 套阀控系统直连，B 套控制保护与 B 套阀控系统直连。这部分功能直接决定了柔性直流输电系统的动态性能，需要高速可靠的交换数据，对接口的设计要求很高，一般采用国际通用协议 IEC 60044-8 等标准的方式，为防止干扰性，一般传输介质采用光纤，保证信号高速、可靠传输。

直流控制系统经过指令计算，完成有功类控制、无功类控制和换流器限流控制，生成调制波信号。直流控制保护系统与阀控系统交换的信息主要包括：

上行：电容电压和、VBC 自检信号、报警及跳闸信息等；

下行：调制波信号、解/闭锁信号、系统值班/备用信号等；

如图 3-38 所示，控制保护设备与换流阀级控制保护 VBC 之间的接口非常简单，只需要 3 根光纤，且数据量非常少，少于 10 个字节。采用了国际通用的 IEC 60044-8 协议。接口清晰、明确，利于调试和现场工程实施。

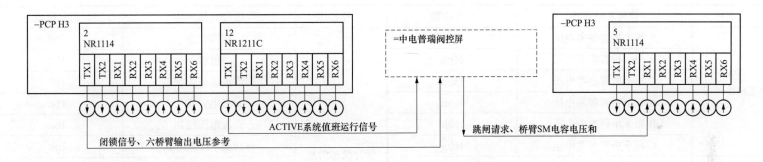

图 3-38　PCP 与阀控系统数据交换图

3. 控制与故障录波装置接口

故障录波装置与直流控制主机，合并单元装置进行通信，均采用 IEC 60044-8 协议通信，其数据交换示意图如图 3-39 所示。PCP 输出 10k 数据到直流故障录波装置，遵循 IEC 60044-8 协议所定义的点对点串行 FT3 通用数据接口标准，传输数据内容包含参考电压信号、运行状态、极控制指令、跳闸请求信号以及阀控系统状态，其信号如表 3-4 所示。

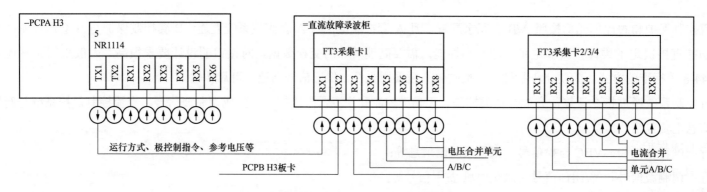

图 3-39 PCP 与故障录波装置数据交换图

表 3-4   故障录波装置与直流控制主机信号传输内容

信号名称	信号具体内容	信号位数	信号名称	信号具体内容	信号位数
参考电压信号	A 相上桥臂参考电压	16bit	运行状态信息	解锁状态	1bit
	B 相上桥臂参考电压	16bit		值班	1bit
	C 相上桥臂参考电压	16bit		交流进线开关状态	1bit
	A 相下桥臂参考电压	16bit		充电完成	1bit
	B 相下桥臂参考电压	16bit		直流电压控制	1bit
	C 相下桥臂参考电压	16bit		有功功率控制方式	1bit
极控制指令	全局晶闸管触发命令	1bit		无功功率控制方式	1bit
	充电标识	1bit		连接	1bit
	解锁闭锁指令	1bit		隔离	1bit
阀控系统状态	阀控允许解锁	1bit		HVDC 方式	1bit
	阀控请求切换系统	1bit		STATCOM 方式	1bit
	阀控请求跳闸	1bit		OLT 方式	1bit
	阀控轻微故障	1bit	跳闸请求信号	跳闸请求信号	1bit
	阀控系统允许充电	1bit			

第三节 直流保护系统介绍

控制、保护功能分别由不同的主机完成，保护区内的所有保护功能都集成在一台主机内。直流保护系统按功能可分为直流保护开入配置、直流保护逻辑、直流保护跳闸开出这三部分。通常直流保护系统采取两套冗余配置或三取二冗余配置。

（1）直流保护开入配置：包括电压电流模数转换和开关量输入，完成直流保护所需的模拟量和开关量输入。

（2）直流保护逻辑：主要包括微处理器、只读存储器、随机存取存储器、定时器及并行接口等。微处理器执行存放在只读存储器中的程序，对数据采集系统输入至随机存取存储器中的数据进行分析处理，以完成保护功能。

（3）直流保护跳闸开出：三取二装置接收保护主机的跳闸信号，三取二逻辑判断后，开关量输出接点导通，出口跳闸交流进线开关等跳闸开出控制。

根据直流输电系统的主接线及可能出现的故障，在柔直站配置电流测量装置/电流互感器，电压互感器/电压测量装置用于直流保护开入，该电流/电压测量装置既用于保护，也用于控制。电流测量装置、电压测量装置采样的数据通过电流合并单元、电压合并单元开入到直流保护装置，直流保护装置对电流电压采样值进行实时计算，一旦发生故障，直流保护装置通过三取二主机和极控制主机（内含三取二逻辑）出口到跳交流开关、闭锁换流阀等策略将故障隔离。直流保护系统示意图如图 3-40 所示。

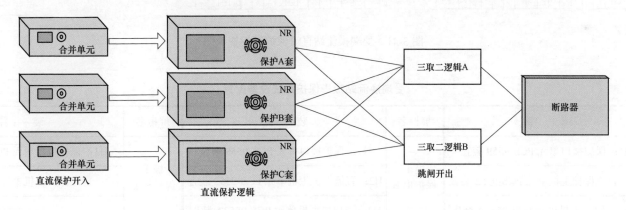

图 3-40　直流保护系统示意图

一、保护装置板卡介绍

以厦门柔性直流输电工程为例，介绍直流保护系统装置板卡，厂家为南瑞继保公司，图 3-41 为受端换流站直流保护屏柜板卡图，每极直流保护系统有三个极保护柜 PPRA、PPRB、PPRC。由于极保护采用三重化配置，三取二装置采用双重化配置，将两个三取二装置分别放在极保护柜 A 和 B 内，故 PPRA 和 PPRB 相较于 PPRC 多 1 个三取二主机装置，表 3-5 为受端换流站极 I 保护系统设备配置，表 3-6 为极 I 保护柜 A 板卡功能介绍。

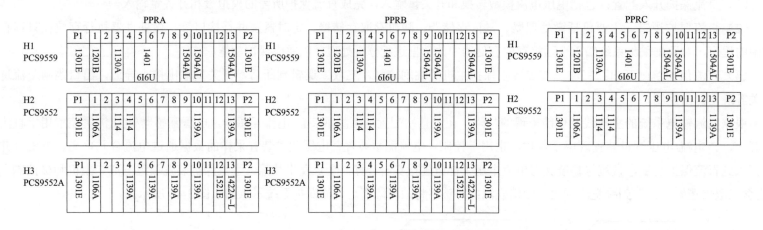

图 3-41 受端换流站直流保护屏柜板卡图

表 3-5　　　　　　　　　　　　　　　　　　受端换流站极 I 保护系统设备配置

屏柜名	装　置	屏柜名	装　置	屏柜名	装　置
极 I 保护柜 A	H1：保护接口单元 PCS-9559 装置	极 I 保护柜 B	H1：保护接口单元 PCS-9559 装置	极 I 保护柜 C	H1：保护接口单元 PCS-9559 装置
	H2：直流保护主机单元 PCS-9552 装置		H2：直流保护主机单元 PCS-9552 装置		H2：直流保护主机单元 PCS-9552 装置
	H3：三取二主机单元 PCS-9552A 装置		H3：三取二主机单元 PCS-9552A 装置		

表 3-6　　　　　　　　　　　　　　　　　　极 I 保护柜 A 板卡功能介绍

装置	序号	板卡型号	板 卡 功 能	
极 I 保护柜 H1：保护接口单元 PCS-9559 装置	H1.P1	NR1301E	电源板卡，为 H1 装置提供第一套电源	
	H1.1	NR1201B	CAN 与 PPS 总线扩展板，实现屏内 I/O 机箱的总线级联，H1 装置通过该板卡与 H2 直流保护主机单元进行 CAN 总线连接，实现 H1 装置与 H2 直流保护主机信息交互	
	H1.3	NR1130A	模拟量处理板，截止频率为 4kHz，本板卡紧挨着 NR1401 模拟量采集板，通过背板通信接收 H1.5 NR1401 模拟量采集板的 I_{vt1}、I_{vt2}、$WL1.U_s$ 模拟量，经过信号转换等处理后，通过 IEC60044-8 协议，将 I_{vt1}、I_{vt2}、$WL1.U_s$ 模拟量传输到本屏柜保护主机 H2.3 板卡	
	H1.5	NR1401-6I6U	模拟量采集卡，有 12 通道交流量（6 通道电流量、6 通道电压量）采集，本板卡使用 6I：换流变压器阀侧套管首段电流 IVT1（三相）、换流变压器阀侧套管末端电流 IVT2（三相），3U：交流站进线电压 $WL1.U_s$（三相）	
	H1.9	NR1504AL	110V/220V 智能开入量采集板，共有 19 个开入，本板卡使用 14 个开入	
			K11 重动继电器开入	QS7 分闸位置状态开入
			K12 重动继电器开入	QS7 合闸位置状态开入
			K13 重动继电器开入	QS8 分闸位置状态开入
			QS5 分闸位置状态开入	QS8 合闸位置状态开入
			QS5 合闸位置状态开入	QS9 分闸位置状态开入
			QS6 分闸位置状态开入	QS9 合闸位置状态开入
			QS6 合闸位置状态开入	极线穿墙套管 SF$_6$ 压力低报警开入
	H1.10	NR1504AL	110V/220V 智能开入量采集板，共有 19 个开入，本板卡使用 12 个开入	
			NBS 分闸位置状态开入	上桥臂 A 相穿墙套管 SF$_6$ 压力低报警开入
			NBS 合闸位置状态开入	上桥臂 B 相穿墙套管 SF$_6$ 压力低报警开入
			另一极 NBS 分闸位置状态开入	上桥臂 C 相穿墙套管 SF$_6$ 压力低报警开入
			另一极 NBS 合闸位置状态开入	下桥臂 A 相穿墙套管 SF$_6$ 压力低报警开入
			另一极 QS7 分闸位置状态开入	下桥臂 B 相穿墙套管 SF$_6$ 压力低报警开入
			另一极 QS7 合闸位置状态开入	下桥臂 C 相穿墙套管 SF$_6$ 压力低报警开入

装置	序号	板卡型号	板 卡 功 能
极Ⅰ保护柜 H1：保护接口 单元 PCS-9559 装置	H1.13	NR1504AL	110V/220V 智能开入量采集板，共有 19 个开入，本板卡使用 2 个开入：交流站进线电压 F201 空开分位状态开入、信号电源监视开入
	H1.P2	NR1301E	电源板卡，为 H1 装置提供第二套电源
极Ⅰ保护柜 H2：直流保护 单元 PCS-9552 装置	H2.P1	NR1301E	电源板卡，为 H2 装置提供第一套电源
	H2.1	NR1106A	管理 CPU 板，直流保护主机通过该板卡接到 SCADA LAN，用于控制保护系统中的任务管理、人机界面及后台通信
	H2.3	NR1114	DSP 板卡，支持 6 路 60044-8 接口输入，2 路 60044-8 接口输出，用于完成核心控制保护功能，如采样数据的接收和计算处理等。 本板卡使用 4 路输入：接收本柜 H1.3 的 $I_{vt1}/I_{vt2}/WL1.U_s$ 数据、接收电流合并单元的 $I_{bp}/I_{bn}/I_{vc}$ 数据、接收电压合并单元的 $U_v/U_{dl}/U_{dn}$、接收电流合并单元的 $I_{dl}/I_{dp}/I_{dnc}/I_{dne}/I_{dgnd}/I_{dme}/I_{dne\_op}$ 数据。 未使用输出接口
	H2.4	NR1114	备用
	H2.10	NR1139A	DSP 板卡，用于直流通信及逻辑计算，有 6 路光纤接口，可扩展 CAN 和以太网接口来实现数据的交换，主要用于直流控制保护系统中主机间通信及主机与 I/O 系统通信及主要逻辑计算。 本板卡没有使用外部扩展 CAN 端口。 本板卡使用 6 路光纤接口：2 路光纤接口（LAN1/LAN2）连接到极控制 CTR LANA/B 网，本板卡还监测连接在 CTR LAN 网络上的所有装置（NEP 非电量保护/CTP 换流变压器电量保护/PCP/ACC）的通信情况；2 路光纤接口（LAN3/LAN4）接到本柜 H3 三取二主机 H3.4、H3.6 板卡，用于保护主机跳闸出口三取二逻辑 A 判断；2 路光纤接口（LAN5/LAN6）接到 PPRB H3 三取二主机 H3.4、H3.6 板卡，用于保护主机跳闸出口三取二逻辑 B 判断
	H2.13	NR1139A	DSP 板卡，用于直流通信及逻辑计算，有 6 路光纤接口，可扩展 CAN 和以太网接口来实现数据的交换，主要用于直流控制保护系统中主机间通信及主机与 I/O 系统通信及主要逻辑计算。 本板卡只用到 1 路扩展 CAN 端口接到本柜的 H1.1 进行 CAN 总线级联，用于保护主机与 I/O 装置数据交互
	H2.P2	NR1301E	电源板卡，为 H2 装置提供第二套电源
极Ⅰ保护柜 H3 三取二单元 PCS-9552A 装置	H3.P1	NR1301E	电源板卡，为 H3 装置提供第一套电源
	H3.1	NR1106A	管理板卡，三取二主机通过该板卡接 SCADA LAN，用于控制保护系统中的任务管理、人机界面及后台通信，此外三取二主机通过该板卡 IRIG-B 接入对时网络

装置	序号	板卡型号	板 卡 功 能
极Ⅰ保护柜 H3 三取二单元 PCS-9552A 装置	H3.4	NR1139A	DSP 板卡，用于直流保护电量三取二逻辑计算，有 6 路双向光纤接口。 本板卡使用 6 路双向光纤接口：LAN1/LAN2/LAN3 连接到换流变压器电量保护主机 A/B/C 套，LAN4/LAN5/LAN6 连接到 PPRA/B/C 的保护主机。 本板卡接收换流变压器电量保护装置或直流保护主机数据，经过"三取二"逻辑判断，若满足同一类型的保护三取二逻辑，直接通过背板到 NR1521E、NR1522A-L 板卡出口跳闸
	H3.6	NR1139A	DSP 板卡，用于直流保护电量三取二逻辑计算，有 6 路双向光纤接口。 本板卡使用 6 路双向光纤接口：LAN1/LAN2/LAN3 连接到换流变压器电量保护主机 A/B/C 套，LAN4/LAN5/LAN6 连接到 PPRA/B/C 的保护主机。 本板卡接收换流变压器电量保护装置或直流保护主机数据，经过"三取二"逻辑判断，若满足同一类型的保护三取二逻辑，直接通过背板到 NR1521E、NR1522A-L 板卡出口跳闸
	H3.8	NR1139A	DSP 板卡，用于直流保护非电量三取二逻辑计算，有 6 路双向光纤接口。 本板卡使用 3 路双向光纤接口：LAN1/LAN2/LAN3 连接到换流变压器非电量保护主机 A/B/C 套。 本板卡接收换流变压器非电量保护装置数据，经过"三取二"逻辑判断，若满足同一类型的保护三取二逻辑，直接通过背板到 NR1521E、NR1522A-L 板卡出口跳闸
	H3.10	NR1139A	DSP 板卡，用于直流保护非电量三取二逻辑计算，有 6 路双向光纤接口。 本板卡使用 3 路双向光纤接口：LAN1/LAN2/LAN3 连接到换流变压器非电量保护主机 A/B/C 套。 本板卡接收换流变压器非电量保护装置数据，经过"三取二"逻辑判断，若满足同一类型的保护三取二逻辑，直接通过背板到 NR1521E、NR1522A-L 板卡出口跳闸
	H3.12	NR1521E	开关量输出板卡，有 11 个开出端口。本板卡使用 8 个开出控制
			三跳交流开关第一组线圈并启动母差 1 失灵 / 启动母差 2 失灵
			三跳交流开关第二组线圈并启动母差 2 失灵 / 解除母差 1 失灵复压闭锁
			启动母差 1 失灵 / 解除母差 2 失灵复压闭锁
			三跳交流开关第一组线圈不启动母差失灵 / 三跳交流开关第二组线圈不启动母差失灵
	H3.13	NR1522A-L	开关量输入输出板卡，有 9 个开入端口，6 个开出端口。本板卡使用 2 个开出控制：换流变压器保护强切换流变压器冷却器、NBS 合闸开出
	H3.P2	NR1301E	电源板卡，为 H3 装置提供第二套电源

二、直流保护开入配置

1. 电压电流开入

直流保护系统通过采样一次设备的电压电流值用于直流保护逻辑判断，以厦门柔直为例，直流输电工程配置的电流测量装置/电流互感器、电压测量装置/电压互感器如图 3-42 所示，表 3-7 为电压电流命名。

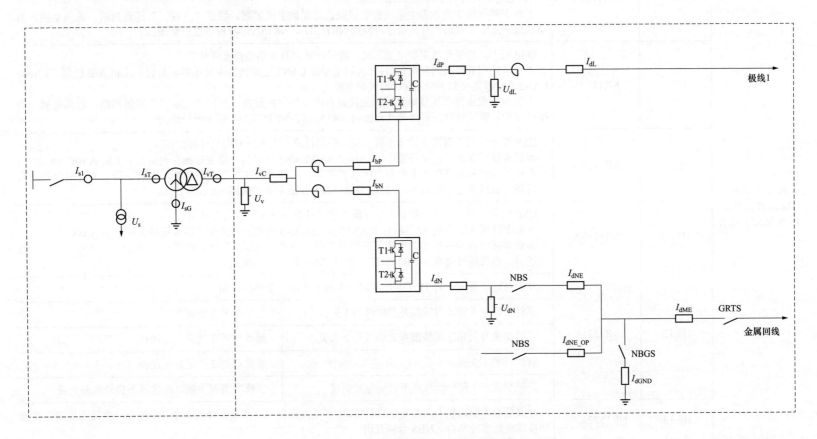

图 3-42 直流输电工程电压电流配置

表 3-7　　　　　　　　　　　　　　　　　　电 压 电 流 命 名

编号	电流名称	数据类型	编号	电压名称	数据类型
I_s	交流进线电流	模拟量开入	I_{dNE}	中性线电流	数字量开入
I_{sT}	换流变压器网侧套管电流	模拟量开入	I_{dME}	金属回线电流	数字量开入
I_{sG}	换流变压器零序电流	模拟量开入	I_{dGND}	接地极电流	数字量开入
I_{vT}	换流变压器阀侧套管电流	模拟量开入	U_s	交流侧电压	模拟量开入
I_{vC}	换流变压器阀侧电流	数字量开入	U_v	阀侧电压	模拟量开入
I_{bP}	换流阀上桥臂电流	数字量开入	U_{dL}	极线电压	数字量开入
I_{bN}	换流阀下桥臂电流	数字量开入	U_{dN}	中性线电压	数字量开入
I_{dP}	换流阀极线侧电流	数字量开入			
I_{dN}	换流阀中性线侧电流	数字量开入			
I_{dL}	极线电流	数字量开入			

一次电压电流设备分为两种：电压电流互感器、电压电流测量装置。

（1）电压电流互感器：采用变压器原理将一次值转化为二次模拟值开入到 PPR 系统。采集的二次模拟量为换流变压器阀侧套管电流 I_{vt1}、换流变压器阀侧套管电流 I_{vt2}、交流侧电压 U_s，模拟量处理板通过模拟量采集板卡 NR1401、模拟量处理板 NR1130 采集处理后，传输到控制系统 DSP 板卡 NR1114，如图 3-43 所示。

（2）电压电流测量装置：利用电阻采样、电阻电容分压并经过合并单元将一次值转化为二次数字量。图 3-43 为电压电流采样图。采集的二次数字量为极线电流 I_{DL}、阀顶电流 I_{DP}、阀底电流 I_{DNC}、中性母线电流 I_{DNE}、接地点电流 I_{DGND}、金属回线电流 I_{DME}、对极中性母线电流 I_{DNE_OP}，桥臂电流 I_{BP}、I_{BN}，阀侧电流 I_{vC}，阀侧电压 U_v、极线电压 U_{DL}、中性线电压 U_{DN}（10k），由电流电压合并单元直接传输到控制系统 NR1114 板卡。

二次模拟量和数字量通过 IEC60044-8 光纤总线以点对点单向的通信协议向 PPR 主机 NR1114 发送。

2. I/O 开入

直流保护除了合并单元二次数字量开入、电流电压互感器二次模拟量开入还有 I/O 开入，用于现场一次开关刀闸状态开入以及其他开关量保护开入。

直流保护系统 I/O 开入主要由极保护柜的 H1 装置 NR1504AL 智能开入板卡实现，直流保护 I/O 开入主要有：开关刀闸位置状态开入、桥臂极线穿墙套管 SF_6 压力低开入等。

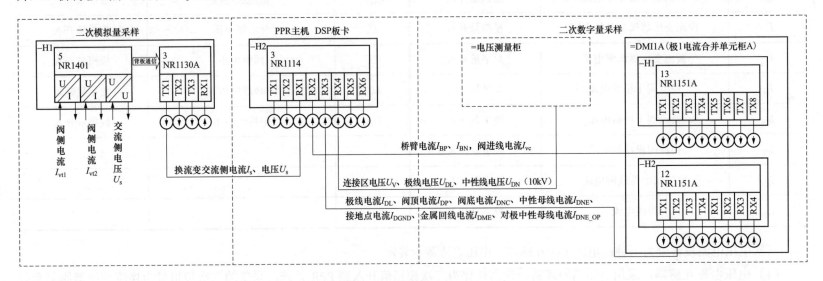

图 3-43　电压电流采样图

三、直流保护逻辑

直流保护逻辑的实现是在极保护柜 H2：直流保护单元 PCS-9552 装置上实现的，根据电流测量装置的分布，换流站保护可以分为换流变压器保护和直流保护，换流变压器保护。

1. 直流保护分区

分为 5 个保护区域，如图 3-44 所示。

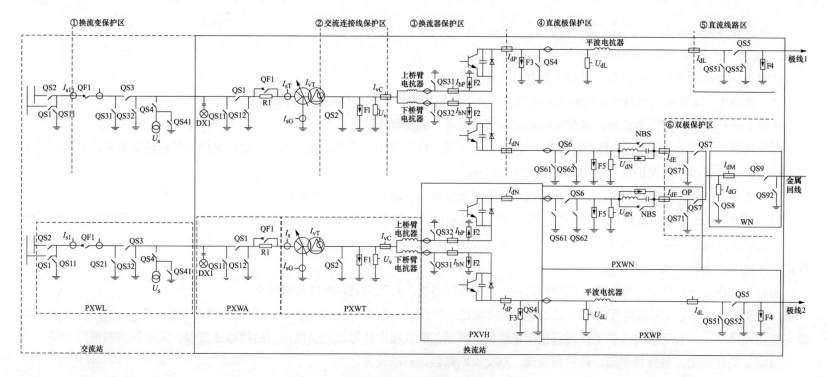

图 3-44 换流站保护分区图

（1）交流连接线保护区：主要对换流变压器与换流器之间的交流母线进行保护。保护设备范围为 I_{vT} 与 I_{vC} 之间发生的故障。

（2）换流器保护区：主要对换流器、换流器与交流母线的部分连接线路以及桥臂电抗器进行保护。保护设备范围为 I_{vC} 与 I_{dP}、I_{dN} 之间发生的故障。

（3）直流极保护区：包括极高压母线区和中性母线区，主要是对极母线上的设备进行保护。保护设备范围为 I_{dP} 与 I_{dL} 和 I_{dN} 与 I_{dE} 之间发生故障。

（4）直流线路区：主要对直流输电线路（极线和金属回线）进行保护。保护设备范围为本侧 I_{dL} 与对站 I_{dL} 之间发生的故障。

（5）双极保护区：主要是对双极中性母线、站接地极线、站接地开关（NBGS）、大地回线转换开关（GRTS）以及金属回线进行保护。保护设备范围为 I_{dE}、I_{dE_OP}（另一极的 I_{dE}）、I_{dM}、I_{dG} 之间发生的故障。

2. 直流保护策略及其动作结果

针对不同的故障类型，保护动作出口主要有以下 6 种类型：

（1）策略 1。除策略 2 至策略 6 列出的相应保护外，各区域的其他保护采取策略 1 清除故障。

策略 1 动作结果：闭锁换流阀，跳交流断路器，启动失灵，中性母线隔离。

（2）策略 2。为防止绝缘栅双极型晶体管（IGBT）上并联二极管损坏，采取触发晶闸管分流，采取该策略清除故障的有区域④的阀差动保护、换流器差动保护，区域⑤的直流欠压过流保护。

策略 2 动作结果：触发晶闸管，闭锁换流阀，跳交流断路器，启动失灵，中性母线隔离。

（3）策略 3。针对控制系统造成的一些故障，切换后故障消失，则保持继续输送功率，否则闭锁跳闸，采取该策略清除故障的有区域①的交流过电压保护，区域③和④的相关过流Ⅱ段、Ⅲ段保护，区域⑤的直流过电压Ⅱ段、低电压Ⅱ段保护，区域⑥的直流线路保护，区域⑦的金属回线保护。

策略 3 动作结果：请求系统切换，闭锁换流阀，跳交流断路器，启动失灵，中性母线隔离。

（4）策略 4。为避免双极运行时接地极线电流或差流过大导致设备损坏，该策略出口后首先执行极平衡，若一定时间内电流不能减小则闭锁跳闸，单极运行时保护动作后直接闭锁跳闸，区域⑦的双极中性母线差动保护、站接地过流保护采取该策略清除故障。

策略 4 动作结果：触发极平衡，闭锁换流阀，跳交流断路器，启动失灵。

（5）策略 5。当各转换开关不能断弧时对转换开关的保护，区域⑤的中性母线开关保护和区域⑦的站接地开关保护、大地回线转换开关保护采取该策略清除故障。

策略 5 动作结果：重合转换开关。

（6）策略 6。防止接地极线开路造成中性母线上的设备过压，通过检测极中性线侧电压（接地站和非接地站定值不一样）来判断故障，该保护动作后首先执行重合 NBGS，若一定时间内故障未消除直接闭锁跳闸，区域④的接地极线开路保护采取该策略清除故障。

策略 6 动作结果：重合 NBGS，闭锁换流阀，跳交流断路器，启动失灵。

3. 直流保护分区保护逻辑配置及其跳闸矩阵图

保护分区对应的保护区域、故障范围、保护原理、后备保护以及保护动作后果如下：

（1）5 个保护分区的保护逻辑配置：

1）表 3-8 为交流连接线保护区保护逻辑配置。

2）表 3-9 为换流器保护区保护逻辑配置。

3）表 3-10 为直流极保护区保护逻辑配置。

4）表 3-11 双极区、直流线路保护区保护逻辑配置。

（2）5 个保护分区的保护跳闸矩阵：

1）图 3-45 交流连接线保护区跳闸矩阵。

2）图 3-46 换流器保护区跳闸矩阵图。

3）图 3-47 直流极保护区跳闸矩阵图。

4）图 3-48 双极保护区保护跳闸矩阵图。

5）图 3-49 直流线路区保护跳闸矩阵图。

表 3-8 交流连接线保护区保护逻辑配置

保护类型	保护区域	对应的设备故障	保护原理	后备保护	保护动作后果
交流连接线差动保护	交流连接母线	交流连接母线接地故障	$\lvert I_{vT}-I_{vC}\rvert>\varDelta$	交流连接母线过流保护	闭锁换流阀、跳交流断路器、启动失灵
交流连接线过流保护	交流连接母线系统	交流连接母线接地故障，直流接地故障	$\lvert I_{vT}\rvert>\varDelta$	换流变压器保护	闭锁换流阀、跳交流断路器、启动失灵
交流过压保护	系统	防止系统故障对直流设备造成影响	$\lvert U_s\rvert>\varDelta\,\mathrm{or}\,\lvert U_v\rvert>\varDelta$	冗余系统的过压保护	闭锁换流阀、请求控制系统切换、跳交流断路器、启动失灵
交流欠压保护	系统	防止系统故障对直流设备造成影响	$\lvert U_s\rvert<\varDelta$	本身为后备保护	闭锁换流阀、跳交流断路器、启动失灵

保护类型	保护区域	对应的设备故障	保护原理	后备保护	保护动作后果
交流频率保护	系统	防止系统故障对直流设备造成影响	$U_{sFreq}>\Delta$	冗余系统中保护	请求控制系统切换

表 3-9　　　　　　　　　　　　　　　　换流器保护区保护逻辑配置

保护类型	保护区域	对应的设备故障	保护原理	后备保护	保护动作后果
换流器过流保护	换流阀	换流阀接地故障 直流接地故障	$|I_{vC}|>\Delta$	本身为后备保护 冗余系统的 换流器过流保护	闭锁换流阀、请求控制系统切换、跳交流断路器、启动失灵
桥臂过流保护	换流阀	换流阀接地故障 直流接地故障	$|I_{bP}|>\Delta$ 或 $|I_{bN}|>\Delta$	换流器过流保护	闭锁换流阀、请求控制系统切换、跳交流断路器、启动失灵
桥臂电抗差动保护	桥臂电抗器	桥臂电抗器接地故障桥臂 CT 与 IvC 间引线接地故障	$|I_{vC}-I_{bP}+I_{bN}|>\Delta$	桥臂过流保护 换流器过流保护	闭锁换流阀、跳交流断路器、启动失灵
交流阀侧零序过压保护	换流阀 直流场	阀区接地故障	$U_v0>\Delta$	无	闭锁换流阀、跳交流断路器、启动失灵
阀差动保护	换流阀	换流阀接地故障	$|\Sigma I_{bP}+I_{dP}|>\Delta$ 或 $|\Sigma I_{bN}+I_{dN}|>\Delta$	桥臂过流保护 换流器过流保护	闭锁换流阀、跳交流断路器、启动失灵
换流器差动保护	换流阀	换流阀接地故障	$|I_{dP}-I_{dN}|>\Delta$	直流后备差动保护	闭锁换流阀、触发晶闸管、跳交流断路器、启动失灵

表 3-10　　　　　　　　　　　　　　　　　　直流极保护区保护逻辑配置

保护类型	保护区域	对应的设备故障	保护原理	后备保护	保护动作后果
直流欠压过流保护	直流场	直流线路双极短路故障	$U_{dL}-U_{dN}<\Delta\&$ $\max(I_{dP},I_{dN})>\Delta$	直流低电压保护换流器过流保护	闭锁换流阀、触发晶闸管、跳交流断路器、启动失灵
直流低电压保护	直流场	直流线路异常电压故障	$U_{dL}-U_{dN}<\Delta$	交流低电压保护	闭锁换流阀、跳交流断路器、启动失灵
直流过电压保护	直流场	直流线路异常电压故障	$U_{dL}>\Delta$ 或 $U_{dL}-U_{dN}>\Delta$	冗余系统保护交流过电压保护	闭锁换流阀、跳交流断路器、启动失灵
接地极线开路保护	直流场	直流线路故障	$|U_{dN}|>\Delta$ 或 $(|U_{dN}|>\Delta\&|I_{dE}|<\Delta)$	本身为后备保护冗余系统保护	合 NBGS、闭锁换流阀、跳交流断路器、启动失灵
极母线差动保护	极母极区极区	直流极母线接地故障	$|I_{dP}-I_{dL}|>\Delta$	直流差动保护	闭锁换流阀、跳交流断路器、启动失灵
中性母线差动保护	中性线区	中性线接地故障	$|I_{dN}-I_{dE}|>\Delta$	直流差动保护	闭锁换流阀、触发晶闸管、跳交流断路器、启动失灵
极差动保护	极区	换流器接地故障直流场接地故障	$|I_{dL}-I_{dE}|>\Delta$	本身为后备保护冗余系统保护	闭锁换流阀、跳交流断路器、启动失灵
中性母线开关保护	直流场	NBS 直流断路器故障	$|I_{dE}|>\Delta\&$ OPEN_INDNBS=1	冗余系统保护	重合中性母线开关、闭锁换流阀、跳交流断路器、启动失灵

表 3-11 双极区、直流线路保护区保护逻辑配置

保护类型	保护区域	对应的设备故障	保护原理	后备保护	保护动作后果
双极中性母线差动保护	双极保护区	双极中性母线故障	双极运行：$\|I_{dE}+I_{dE\_OP}+I_{dG}+I_{dM}\|>\Delta$ 单极运行：$\|I_{dE}+I_{dG}+I_{dM}\|>\Delta$	冗余系统保护	极平衡、闭锁换流阀、跳交流断路器、启动失灵
站接地过流保护	双极保护区，直流场	直流接地故障	$\|I_{dG}\|>\Delta$	本身为后备保护，冗余系统保护	闭锁换流阀、跳交流断路器、启动失灵
直流线路纵差保护	直流场	直流线路故障	$\|I_{dL}+I_{dL\_Fosta}\|>\max$ $(I_{\_SET}，K\_SET*I_{dL})$	欠压过流保护，直流低电压保护	闭锁换流阀、跳交流断路器、启动失灵
金属回线纵差保护	直流场	直流线路故障	$\|I_{dM}-I_{dMos}\|>\Delta$	本身为后备保护，冗余系统保护	闭锁换流阀、跳交流断路器、启动失灵
大地回线转换开关保护（仅送端站）	直流场	GRTS 直流断路器故障	$\|I_{dM}\|>\Delta$&OPEN_INDGRTS=1	冗余系统保护	重合大地回线转换开关
接地开关保护（仅送端站）	直流场	NBGS 直流断路器故障	$\|I_{dG}\|>\Delta$&OPEN_INDNBGS=1	欠压过流保护，直流低电压保护	重合接地开关

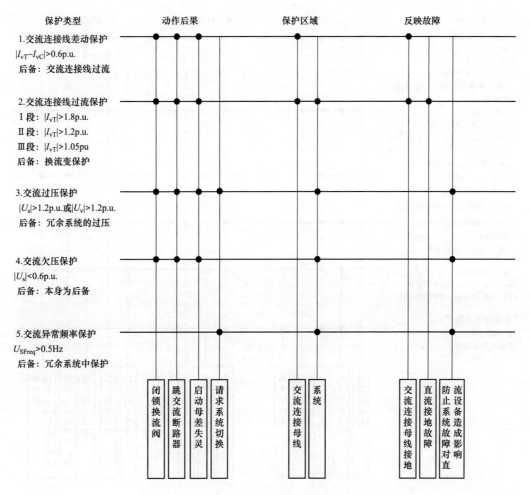

保护类型　　　　　　　　　动作后果　　　　　保护区域　　　　　反映故障

1.交流连接线差动保护
$|I_{vT}-I_{vC}|>$0.6p.u.
后备：交流连接线过流

2.交流连接线过流保护
Ⅰ段：$|I_{vT}|>$1.8p.u.
Ⅱ段：$|I_{vT}|>$1.2p.u.
Ⅲ段：$|I_{vT}|>$1.05pu
后备：换流变保护

3.交流过压保护
$|U_s|>$1.2p.u.或$|U_v|>$1.2p.u.
后备：冗余系统的过压

4.交流欠压保护
$|U_s|<$0.6p.u.
后备：本身为后备

5.交流异常频率保护
$U_{SFreq}>$0.5Hz
后备：冗余系统中保护

闭锁换流阀　跳交流断路器　启动母差失灵　请求系统切换　交流连接母线　系统　交流连接母线接地　直流接地故障　防止系统故障对直流设备造成影响故障对直

图 3-45　交流连接线保护区跳闸矩阵图

83

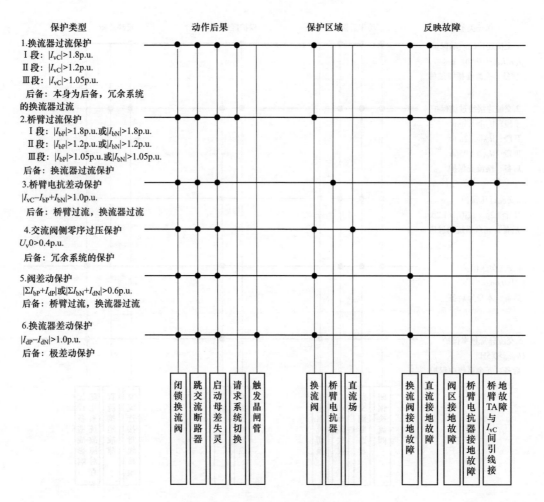

图 3-46 换流器保护区跳闸矩阵图

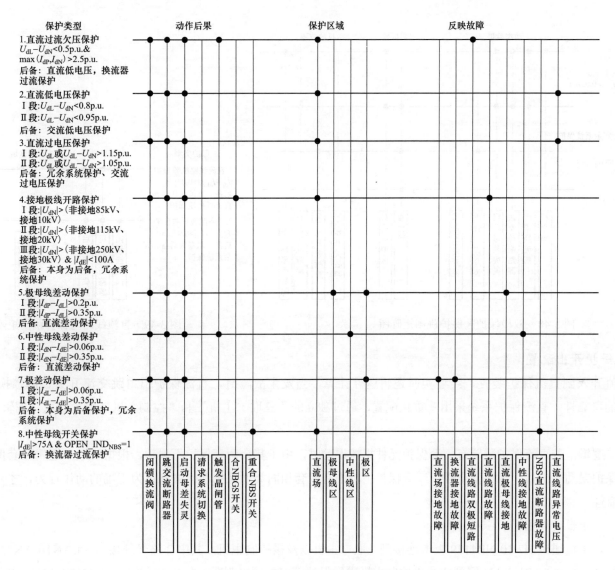

图 3-47　直流极保护区跳闸矩阵图

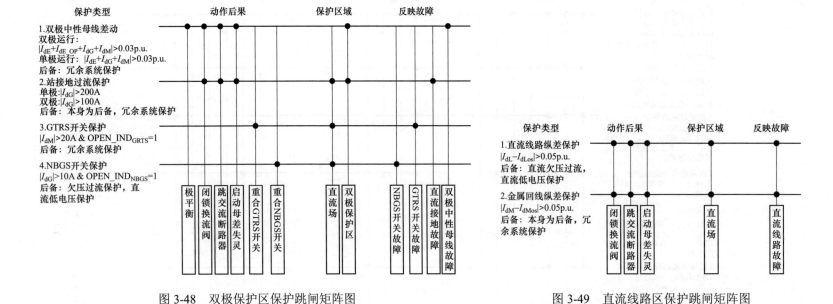

图 3-48　双极保护区保护跳闸矩阵图　　　　　图 3-49　直流线路区保护跳闸矩阵图

四、直流保护开出配置

电压电流值开入到直流保护装置，经过实时逻辑运算计算，当发生故障时，直流保护出口跳交流开关、闭锁换流阀。为确保直流保护出口的可靠性，直流保护系统采用三重化配置，通过独立的"三取二主机"和"控制主机（内含三取二逻辑）"来实现保护的出口。

通过三取二逻辑，若直流保护装置有一套保护元件损坏误动时，由于其余两套保护不误动，根据三取二逻辑三套保护要两套动作才出口，单套保护误动不出口，保证安全性；三套保护主机中有两套相同类型保护动作被判定为正确的动作行为，才允许出口闭锁或跳闸，保证可靠性。

1."三取二"逻辑硬件配置

每套直流保护主机通过 H2.10 NR1139 板卡连接到三取二主机以及极控制主机，其中 2 路光纤接口（LAN1/LAN2）连接到极控制 CTRL LANA/B 网，通过 CTRL LAN 网到两套极控制主机进行保护三取二逻辑判断；2 路光纤接口（LAN3/LAN4）接到本柜 H3 三取二主机 H3.4、H3.6 板卡，用于保护主机跳闸出口三取二逻辑 A 判断；2 路光纤接口（LAN5/LAN6）接到 PPRB H3 三取二主机 H3.4、H3.6 板卡，用于保护主机跳闸出口三取二逻辑 B 判断。

直流保护主机 A/B/C 是通过冗余通道接到每个三取二主机，三取二主机直接通过背板通信将跳闸信号开出到 NR1521E 板卡出口跳闸，三取二主机不连接到控制保护系统极层控制 LAN 网，故三取二主机不能实现阀闭锁、极隔离等控制主机能实现功能。

直流保护主机 A/B/C 是通过冗余 CTRL LAN 网连接到控制主机，保护信号通过极层控制 CTRL LAN 网送至控制主机，各控制主机接收各套保护分类动作信息，通过相同的三取二保护逻辑出口，实现闭锁、跳交流开关等功能，它们之间连接如图 3-50 所示。

2."三取二"逻辑实现方式

"三取二"功能按保护分类实现，而非简单跳闸出口相"或"，由于各保护装置送出至"三取二主机"和"控制主机"的均为数字量信号，三取二逻辑可以做到按保护类型实现，正常时只有二套以上保护有同一类型的保护动作时，三取二逻辑才会出口。由于根据具体的保护动作类型判别，而不是简单地取跳闸接点相"或"，大大提高了三取二逻辑的精确性和可靠性。

"三取二"逻辑同时实现于独立的"三取二主机"和"控制主机"中。三取二主机接收各套保护分类动作信息，其三取二逻辑出口实现跳换流变压器开关、启动开关失灵保护等功能；控制主机同样接收各套保护分类动作信息，通过相同的三取二保护逻辑，实现闭锁、跳交流开关、极隔离功能等其它动作出口，如图 3-51 所示。

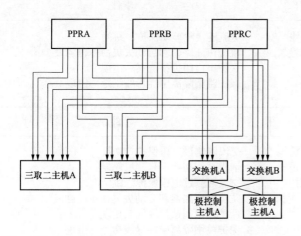

图 3-50　保护主机与三取二主机、控制主机连接示意图

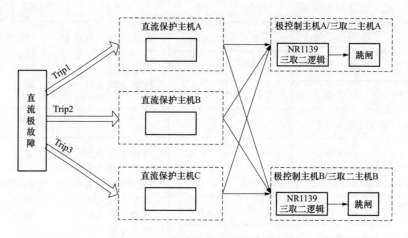

图 3-51　直流极保护逻辑示意图

此外当三套保护系统中有一套保护因故退出运行后，采取"二取一"保护逻辑；当三套保护系统中有两套保护因故退出运行后，采取"一取一"保护逻辑；当三套保护系统全部因故退出运行后，极闭锁。

由于双极中性母线差动保护误动将导致双极强迫停运的严重后果，为了进一步提高双极中性母线差动保护的出口可靠性，对该保护进行了特殊处理，当三重化配置的直流保护装置，一套系统退出后，双极中性线差动保护按"二取二"出口。该策略进一步提高了双极中性母线差动保护的可靠性。

五、关键报文辨析

当换流站发生保护动作时，运维人员需要迅速限制故障发展，消除故障根源，解除对人身、电网和设备安全的威胁。保护动作时，SCADA 监控系统会发出声音告警，运维人员应根据监控系统上保护报文迅速判断故障点，并结合其他辅助视频系统进一步确定故障源头。能否通过保护动作报文迅速定位故障点是考验每个运维人员的事故处理能力的试金石。

为更快定位故障范围，现将 OWS 关键报文与各个保护区域一一列出，以帮助运维人员学习。如表 3-12～表 3-16 所示。

表 3-12　　　　　　　　　　　　　　　　交流连接线保护 OWS 关键报文

序号	名称	定值	单位	OWS 关键报文			
1. 交流连接线差动保护				主机	等级	报警组	事件
（1）	动作定值	0.6	p.u.	PPR 主机 A/B/C 套	紧急	交流母线	交流连接线差动保护　跳闸
（2）	动作时间	4	ms	2F3 主机 A/B 套	紧急	三取二逻辑	跳交流断路器和启动失灵命令已触发
				PCP 主机 A/B 套	紧急	换流器	保护出口闭锁换流阀　出现
（3）	投退	1	—	PCP 主机 A/B 套	紧急	直流场	保护跳闸隔离中性母线指令　出现
2. 交流过电压保护				主机	等级	报警组	事件
（1）	动作定值	1.2	p.u.	PPR 主机 A/B/C 套	紧急	交流保护	交流网侧过电压保护　切换
				PCP 主机 A/B 套	紧急	三取二逻辑	请求系统切换信号　已触发
（2）	系统切换时间	1600	ms	PPR 主机 A/B/C 套	紧急	交流保护	交流网侧过电压保护　跳闸
				2F3 主机 A/B 套	紧急	三取二逻辑	跳交流断路器和启动失灵命令已触发
（3）	动作时间	2000	ms	PCP 主机 A/B 套	紧急	换流器	保护出口闭锁换流阀　出现
				PCP 主机 A/B 套	紧急	直流场	保护跳闸隔离中性母线指令　出现
（4）	投退	1	—				

序号	名称	定值	单位	OWS 关键报文			
3．交流低电压保护				主机	等级	报警组	事件
（1）	动作定值	0.6	p.u.	PPR 主机 A/B/C 套	紧急	交流保护	交流低电压保护　跳闸
（2）	动作时间	1800	ms	2F3 主机 A/B 套	紧急	三取二逻辑	跳交流断路器和启动失灵命令已触发
				PCP 主机 A/B 套	紧急	换流器	保护出口闭锁换流阀　出现
（3）	投退	1	—	PCP 主机 A/B 套	紧急	直流场	保护跳闸隔离中性母线指令　出现
4．交流连接线过流保护				主机	等级	报警组	事件
（1）	Ⅰ 段动作定值	1.8	p.u.	PPR 主机 A/B/C 套	紧急	交流母线	交流连接线过流保护　B 相 Ⅰ 段跳闸
（2）	Ⅰ 段动作时间	5	ms	2F3 主机 A/B 套	紧急	三取二逻辑	跳交流断路器和启动失灵命令已触发
				PCP 主机 A/B 套	紧急	换流器	保护出口闭锁换流阀　出现
（3）	Ⅰ 段投退	1	—	PCP 主机 A/B 套	紧急	直流场	保护跳闸隔离中性母线指令　出现
（4）	Ⅱ 段动作定值	1.2	p.u.	PPR 主机 A/B/C 套	报警	交流母线	交流连接线过流保护　A 相 Ⅱ 段　切换
（5）	Ⅱ 段动作时间	3000	ms	PCP 主机 A/B 套	紧急	三取二逻辑	请求系统切换信号　已触发
				PPR 主机 A/B/C 套	紧急	交流母线	交流连接线过流保护　A 相 Ⅱ 段　跳闸
（6）	Ⅱ 段切换时间	2500	ms	2F3 主机 A/B 套	紧急	三取二逻辑	跳交流断路器和启动失灵命令已触发
				PCP 主机 A/B 套	紧急	换流器	保护出口闭锁换流阀　出现
（7）	Ⅱ 段投退	1	—	PCP 主机 A/B 套	紧急	直流场	保护跳闸隔离中性母线指令　出现
（8）	Ⅲ 段动作定值	1.05	p.u.	PPR 主机 A/B/C 套	紧急	交流母线	交流连接线过流保护　C 相Ⅲ段　跳闸
				PPR 主机 A/B/C 套	报警	交流母线	交流连接线过流保护　C 相Ⅲ段　切换
（9）	Ⅲ 段动作时间	122	min	PCP 主机 A/B 套	紧急	三取二逻辑	请求系统切换信号　已触发
（10）	Ⅲ 段切换时间	121	min	2F3 主机 A/B 套	紧急	三取二逻辑	跳交流断路器和启动失灵命令已触发
				PCP 主机 A/B 套	紧急	换流器	保护出口闭锁换流阀　出现
（11）	Ⅲ 段投退	1	—	PCP 主机 A/B 套	紧急	直流场	保护跳闸隔离中性母线指令　出现
5．交流频率异常保护				主机	等级	报警组	事件
（1）	切换定值	0.5	Hz	PPR 主机 A/B/C 套	报警	交流母线	交流异常频率保护　切换
（2）	切换时间	2000	ms	PCP 主机 A/B 套	紧急	三取二逻辑	请求系统切换信号　已触发
（3）	投退	1					

表 3-13　　　　　　　　　　　　　　　　　　　换流器保护 OWS 关键报文

序号	名称	定值	单位	OWS 关键报文			
1. 交流阀侧零序过压保护				主机	等级	报警组	事件
（1）	动作定值	0.4	p.u.	PPR 主机 A/B/C 套	紧急	交流母线	交流阀侧零序电压保护　跳闸
（2）	动作时间	150	ms	2F3 主机 A/B 套	紧急	三取二逻辑	跳交流断路器和启动失灵命令已触发
				PCP 主机 A/B 套	紧急	换流器	保护出口闭锁换流阀　出现
（3）	投退	1	—	PCP 主机 A/B 套	紧急	直流场	保护跳闸隔离中性母线指令　出现
2. 换流器差动保护				主机	等级	报警组	事件
（1）	动作定值	1.0	p.u.	PPR 主机 A/B/C 套	紧急	换流器	换流器差动保护　跳闸
				PCP 主机 A/B 套	紧急	三取二逻辑	请求 THY_ON　已触发
				2F3 主机 A/B 套	紧急	三取二逻辑	跳交流断路器和启动失灵命令已触发
				PCP 主机 A/B 套	紧急	换流器	保护出口闭锁换流阀　出现
（2）	投退	1	—	PCP 主机 A/B 套	紧急	直流场	保护跳闸隔离中性母线指令　出现
3. 桥臂电抗差动保护				主机	等级	报警组	事件
（1）	动作定值	1.0	p.u.	PPR 主机 A/B/C 套	紧急	换流器	桥臂电抗差动保护　跳闸
				2F3 主机 A/B 套	紧急	三取二逻辑	跳交流断路器和启动失灵命令已触发
				PCP 主机 A/B 套	紧急	换流器	保护出口闭锁换流阀　出现
（2）	投退	1	—	PCP 主机 A/B 套	紧急	直流场	保护跳闸隔离中性母线指令　出现
4. 阀差动保护				主机	等级	报警组	事件
（1）	动作定值	0.6	p.u.	PPR 主机 A/B/C 套	紧急	换流器	阀差动保护　跳闸
				PCP 主机 A/B 套	紧急	三取二逻辑	请求 THY_ON　已触发
				2F3 主机 A/B 套	紧急	三取二逻辑	跳交流断路器和启动失灵命令已触发
				PCP 主机 A/B 套	紧急	换流器	保护出口闭锁换流阀　出现
（2）	投退	1	—	PCP 主机 A/B 套	紧急	直流场	保护跳闸隔离中性母线指令　出现
5. 换流器过流保护				主机	等级	报警组	事件
（1）	Ⅰ段动作定值	1.8	p.u.	PPR 主机 A/B/C 套	紧急	换流器	换流器过流保护Ⅰ段跳闸
（2）	Ⅰ段动作时间	5	ms	2F3 主机 A/B 套	紧急	三取二逻辑	跳交流断路器和启动失灵命令已触发
				PCP 主机 A/B 套	紧急	换流器	保护出口闭锁换流阀　出现
（3）	Ⅰ段投退	1	—	PCP 主机 A/B 套	紧急	直流场	保护跳闸隔离中性母线指令　出现

序号	名称	定值	单位	OWS 关键报文			
（4）	Ⅱ段动作定值	1.2	p.u.	PPR 主机 A/B/C 套	报警	换流器	换流器过流保护Ⅱ段　切换
（5）	Ⅱ段动作时间	3000	ms	PCP 主机 A/B 套 PPR 主机 A/B/C 套	紧急 紧急	三取二逻辑 换流器	请求系统切换信号　已触发 换流器过流保护Ⅱ段　跳闸
（6）	Ⅱ段切换时间	2500	ms	2F3 主机 A/B 套 PCP 主机 A/B 套	紧急 紧急	三取二逻辑 换流器	跳交流断路器和启动失灵命令已触发 保护出口闭锁换流阀　出现
（7）	Ⅱ段投退	1	—	PCP 主机 A/B 套	紧急	直流场	保护跳闸隔离中性母线指令　出现
（8）	Ⅲ段动作定值	1.05	p.u.	PPR 主机 A/B/C 套 PPR 主机 A/B/C 套	紧急 报警	换流器 换流器	换流器过流保护Ⅲ段　跳闸 换流器过流保护Ⅲ段　切换
（9）	Ⅲ段动作时间	122	min	PCP 主机 A/B 套	紧急	三取二逻辑	请求系统切换信号　已触发
（10）	Ⅲ段切换时间	121	min	2F3 主机 A/B 套 PCP 主机 A/B 套	紧急 紧急	三取二逻辑 换流器	跳交流断路器和启动失灵命令已触发 保护出口闭锁换流阀　出现
（11）	Ⅲ段投退	1	—	PCP 主机 A/B 套	紧急	直流场	保护跳闸隔离中性母线指令　出现
6. 桥臂过流保护				主机	等级	报警组	事件
（1）	Ⅰ段动作定值	1.8	p.u.	PPR 主机 A/B/C 套	紧急	换流器	桥臂过流保护Ⅰ段　跳闸
（2）	Ⅰ段动作时间	1	ms	2F3 主机 A/B 套 PCP 主机 A/B 套	紧急 紧急	三取二逻辑 换流器	跳交流断路器和启动失灵命令已触发 保护出口闭锁换流阀　出现
（3）	Ⅰ段投退	1	—	PCP 主机 A/B 套	紧急	直流场	保护跳闸隔离中性母线指令　出现
（4）	Ⅱ段动作定值	1.2	p.u.	PPR 主机 A/B/C 套 PCP 主机 A/B 套	报警 紧急	换流器 三取二逻辑	桥臂过流保护Ⅱ段　切换 请求系统切换信号　已触发
（5）	Ⅱ段动作时间	3000	ms	PPR 主机 A/B/C 套 2F3 主机 A/B 套	紧急 紧急	换流器 三取二逻辑	桥臂过流保护Ⅱ段　跳闸 跳交流断路器和启动失灵命令已触发
（6）	Ⅱ段切换时间	2500	ms	PCP 主机 A/B 套	紧急	换流器	保护出口闭锁换流阀　出现
（7）	Ⅱ段投退	1	—	PCP 主机 A/B 套	紧急	直流场	保护跳闸隔离中性母线指令　出现
（8）	Ⅲ段动作定值	1.05	p.u.	PPR 主机 A/B/C 套 PCP 主机 A/B 套	报警 紧急	换流器 三取二逻辑	桥臂过流保护Ⅲ段　切换 请求系统切换信号　已触发
（9）	Ⅲ段动作时间	122	min	PPR 主机 A/B/C 套	紧急	换流器	桥臂过流保护Ⅲ段　跳闸
（10）	Ⅲ段切换时间	121	min	2F3 主机 A/B 套 PCP 主机 A/B 套	紧急 紧急	三取二逻辑 换流器	跳交流断路器和启动失灵命令已触发 保护出口闭锁换流阀　出现
（11）	Ⅲ段投退	1	—	PCP 主机 A/B 套	紧急	直流场	保护跳闸隔离中性母线指令　出现

序号	名称	定值	单位	OWS 关键报文			
7. 穿墙套管 SF$_6$ 压力低保护				主机	等级	报警组	事件
投退		1	—	PPR 主机 A/B/C 套	紧急	极	极 1 极线穿墙套管 SF$_6$ 压力降低　出现
				2F3 主机 A/B 套	紧急	三取二逻辑	穿墙套管 SF$_6$ 压力低动作
				2F3 主机 A/B 套	紧急	三取二逻辑	跳交流断路器和启动失灵命令已触发
				PCP 主机 A/B 套	紧急	换流器	保护出口闭锁换流阀　出现
				PCP 主机 A/B 套	紧急	直流场	保护跳闸隔离中性母线指令　出现

表 3-14　　　　　　　　　　　　　　　　　　　极区保护 OWS 关键报文

序号	名称	定值	单位	OWS 关键报文			
1. 直流欠压过流保护				主机	等级	报警组	事件
（1）	电流定值	2.5	p.u.	PPR 主机 A/B/C 套	紧急	直流场	直流过流欠压保护　跳闸
				PCP 主机 A/B 套	紧急	三取二逻辑	请求 THY_ON　已触发
（2）	电压定值	0.5	p.u.	2F3 主机 A/B 套	紧急	三取二逻辑	跳交流断路器和启动失灵命令已触发
				PCP 主机 A/B 套	紧急	换流器	保护出口闭锁换流阀　出现
（3）	投退	1	—	PCP 主机 A/B 套	紧急	直流场	保护跳闸隔离中性母线指令　出现
2. 直流低电压保护				主机	等级	报警组	事件
（1）	I 段动作定值	0.8	p.u.	PPR 主机 A/B/C 套	紧急	直流场	直流低电压保护 I 段　跳闸
				2F3 主机 A/B 套	紧急	三取二逻辑	跳交流断路器和启动失灵命令已触发
（2）	I 段动作时间	50	ms	PCP 主机 A/B 套	紧急	换流器	保护出口闭锁换流阀　出现
（3）	II 段动作定值	0.95	p.u.	PCP 主机 A/B 套	紧急	直流场	保护跳闸隔离中性母线指令　出现
（4）	II 段动作时间	10	s	PPR 主机 A/B/C 套	报警	直流场	直流低电压保护 II 段　切换
				PCP 主机 A/B 套	紧急	三取二逻辑	请求系统切换信号　已触发
（5）	II 段切换时间	6	s	PPR 主机 A/B/C 套	报警	直流场	直流低电压保护 II 段　跳闸
				2F3 主机 A/B 套	紧急	三取二逻辑	跳交流断路器和启动失灵命令已触发
（6）	II 段报警时间	2	s	PCP 主机 A/B 套	紧急	换流器	保护出口闭锁换流阀　出现
（7）	投退	1	—	PCP 主机 A/B 套	紧急	直流场	保护跳闸隔离中性母线指令　出现

序号	名称	定值	单位	OWS 关键报文			
3. 直流过电压保护				主机	等级	报警组	事件
（1）	Ⅰ段动作定值	1.15	p.u.	PPR 主机 A/B/C 套	紧急	直流场	直流过电压保护Ⅰ段　跳闸
（2）	Ⅰ段动作时间	10	ms	2F3 主机 A/B 套	紧急	三取二逻辑	跳交流断路器和启动失灵命令已触发
				PCP 主机 A/B 套	紧急	换流器	保护出口闭锁换流阀　出现
（3）	Ⅱ段动作定值	1.05	p.u.	PCP 主机 A/B 套	紧急	直流场	保护跳闸隔离中性母线指令　出现
（4）	Ⅱ段动作时间	10	s	PPR 主机 A/B/C 套	报警	直流场	直流过电压保护Ⅱ段　报警
				PPR 主机 A/B/C 套	报警	直流场	直流过电压保护Ⅱ段　切换
（5）	Ⅱ段切换时间	6	s	PCP 主机 A/B 套	紧急	三取二逻辑	请求系统切换信号　已触发
				PPR 主机 A/B/C 套	紧急	直流场	直流过电压保护Ⅱ段　跳闸
（6）	Ⅱ段报警时间	2	s	2F3 主机 A/B 套	紧急	三取二逻辑	跳交流断路器和启动失灵命令已触发
				PCP 主机 A/B 套	紧急	换流器	保护出口闭锁换流阀　出现
（7）	投退	1	—	PCP 主机 A/B 套	紧急	直流场	保护跳闸隔离中性母线指令　出现
4. 接地极线开路保护				主机	等级	报警组	事件
（1）	Ⅰ段动作定值（非接地站）	85	kV	PPR 主机 A/B/C 套	紧急	极	接地极线开路保护Ⅰ段　合 NBGS
				2F3 主机 A/B 套	紧急	三取二逻辑	重合 NBS 开关命令已触发
（2）	Ⅰ段动作定值（接地站）	10	kV	PCP 主机 A/B 套	紧急	三取二逻辑	重合 NBS 开关命令已触发
				PPR 主机 A/B/C 套	紧急	极	接地极线开路保护Ⅰ段　跳闸
（3）	Ⅰ段合 NBGS 时间	60	s	2F3 主机 A/B 套	紧急	三取二逻辑	跳交流断路器和启动失灵命令已触发
				PCP 主机 A/B 套	紧急	换流器	保护出口闭锁换流阀　出现
				PCP 主机 A/B 套	紧急	直流场	保护跳闸隔离中性母线指令　出现
（4）	Ⅰ段动作时间	90	s	PPR 主机 A/B/C 套	紧急	极	接地极线开路保护Ⅱ段　合 NBGS
				2F3 主机 A/B 套	紧急	三取二逻辑	重合 NBS 开关命令已触发
（5）	Ⅱ段动作定值（非接地站）	115	kV	PCP 主机 A/B 套	紧急	三取二逻辑	重合 NBS 开关命令已触发
				PPR 主机 A/B/C 套	紧急	极	接地极线开路保护Ⅱ段　跳闸
（6）	Ⅱ段动作定值（接地站）	20	kV	2F3 主机 A/B 套	紧急	三取二逻辑	跳交流断路器和启动失灵命令已触发
				PCP 主机 A/B 套	紧急	换流器	保护出口闭锁换流阀　出现

序号	名称	定值	单位	OWS 关键报文
（7）	Ⅱ段合 NBGS 时间	350	ms	
（8）	Ⅱ段动作时间	450	ms	
（9）	Ⅲ段动作定值（非接地站）	250	kV	PCP 主机 A/B 套　　紧急　　直流场　　保护跳闸隔离中性母线指令　出现
（10）	Ⅲ段动作定值（接地站）	30	kV	PPR 主机 A/B/C 套　　紧急　　极　　　　　接地极线开路保护Ⅲ段　跳闸 2F3 主机 A/B 套　　　紧急　　三取二逻辑　跳交流断路器和启动失灵命令已触发 PCP 主机 A/B 套　　　紧急　　换流器　　保护出口闭锁换流阀　出现 PCP 主机 A/B 套　　　紧急　　直流场　　保护跳闸隔离中性母线指令　出现
（11）	Ⅲ段动作时间（非接地站）	30	ms	
（12）	Ⅲ段动作时间（接地站）	10	ms	

5. 极母线差动保护				主机	等级	报警组	事件
（1）	报警定值	0.038	p.u.				
（2）	Ⅰ段启动定值	0.2	p.u.	PPR 主机 A/B/C 套　紧急　极　　　　极母线差动保护Ⅰ段　跳闸			
（3）	Ⅰ段比率系数	0.15	—	2F3 主机 A/B 套　紧急　三取二逻辑　跳交流断路器和启动失灵命令已触发			
（4）	Ⅰ段动作时间	150	ms	PCP 主机 A/B 套　紧急　换流器　　保护出口闭锁换流阀　出现 PCP 主机 A/B 套　紧急　直流场　　保护跳闸隔离中性母线指令　出现			
（5）	Ⅱ段启动定值	0.35	p.u.				
（6）	Ⅱ段比率系数	0.2	—	PPR 主机 A/B/C 套　紧急　极　　　　极母线差动保护Ⅱ段　跳闸			
（7）	Ⅱ段低压判据电压定值	0.54	p.u.	2F3 主机 A/B 套　紧急　三取二逻辑　跳交流断路器和启动失灵命令已触发 PCP 主机 A/B 套　紧急　换流器　　保护出口闭锁换流阀　出现 PCP 主机 A/B 套　紧急　直流场　　保护跳闸隔离中性母线指令　出现			
（8）	Ⅱ段动作时间	6	ms				

序号	名称	定值	单位	OWS 关键报文			
6. 中性母线差动保护				主机	等级	报警组	事件
（1）	报警定值	0.038	p.u.	PPR 主机 A/B/C 套	紧急	极	中性母线差动保护Ⅰ段跳闸
（2）	Ⅰ段启动定值	0.06	p.u.	2F3 主机 A/B 套	紧急	三取二逻辑	跳交流断路器和启动失灵命令已触发
（3）	Ⅰ段比率系数	0.1	—	PCP 主机 A/B 套	紧急	换流器	保护出口闭锁换流阀　出现
（4）	Ⅰ段动作段时间	150	ms	PCP 主机 A/B 套	紧急	直流场	保护跳闸隔离中性母线指令　出现
（5）	Ⅱ段启动定值	0.35	p.u.	PPR 主机 A/B/C 套	紧急	极	中性母线差动保护Ⅱ段　跳闸
（6）	Ⅱ段比率系数	0.2	—	2F3 主机 A/B 套	紧急	三取二逻辑	跳交流断路器和启动失灵命令已触发
				PCP 主机 A/B 套	紧急	换流器	保护出口闭锁换流阀　出现
				PCP 主机 A/B 套	紧急	直流场	保护跳闸隔离中性母线指令　出现
7. 极差动保护				主机	等级	报警组	事件
（1）	报警定值	0.038	p.u.	PPR 主机 A/B/C 套	紧急	极	极差动保护Ⅰ段跳闸
（2）	Ⅰ段启动定值	0.06	p.u.	2F3 主机 A/B 套	紧急	三取二逻辑	跳交流断路器和启动失灵命令已触发
（3）	Ⅰ段比率系数	0.1	—	PCP 主机 A/B 套	紧急	换流器	保护出口闭锁换流阀　出现
（4）	Ⅰ段动作段时间	350	ms	PCP 主机 A/B 套	紧急	直流场	保护跳闸隔离中性母线指令　出现
（5）	Ⅱ段启动定值	0.3	p.u.	PPR 主机 A/B/C 套	紧急	极	极差动保护Ⅱ段　跳闸
（6）	Ⅱ段比率系数	0.2	—	2F3 主机 A/B 套	紧急	三取二逻辑	跳交流断路器和启动失灵命令已触发
（7）	Ⅱ段动作段时间	30	ms	PCP 主机 A/B 套	紧急	换流器	保护出口闭锁换流阀　出现
				PCP 主机 A/B 套	紧急	直流场	保护跳闸隔离中性母线指令　出现

表 3-15　　　　　　　　　　　　　　双极区、线路保护 OWS 关键报文

序号	名称	定值	单位	OWS 关键报文			
1. 双极中性母线差动保护				主机	等级	报警组	事件
（1）	报警定值	0.015	p.u.	PPR 主机 A/B/C 套	紧急	双极	双极中性母线差动保护　极平衡
（2）	启动定值	0.03	p.u.	PCP 主机 A/B 套	紧急	三取二逻辑	极平衡　已触发

序号	名称	定值	单位	OWS 关键报文
（3）	单极运行动作时间	600	ms	PPR 主机 A/B/C 套　　紧急　　双极　　　　双极中性母线差动保护　跳闸 2F3 主机 A/B 套　　　紧急　　三取二逻辑　　跳交流断路器和启动失灵命令已触发 PCP 主机 A/B 套　　　紧急　　换流器　　　保护出口闭锁换流阀　出现 PCP 主机 A/B 套　　　紧急　　直流场　　　保护跳闸隔离中性母线指令　出现
（4）	双极运行极平衡时间	200	ms	
（5）	双极运行动作时间	2.0	s	

2.站接地过流保护				主机	等级	报警组	事件
（1）	报警定值	70	A				
（2）	动作定值（单极）	200	A	PPR 主机 A/B/C 套　　紧急　　双极　　　　站接地过流保护　极平衡			
（3）	动作定值（双极）	100	A	PCP 主机 A/B 套　　　紧急　　三取二逻辑　　极平衡　已触发			
（4）	单极运行动作时间	2	s	PPR 主机 A/B/C 套　　紧急　　双极　　　　站接地过流保护　跳闸 2F3 主机 A/B 套　　　紧急　　三取二逻辑　　跳交流断路器和启动失灵命令已触发 PCP 主机 A/B 套　　　紧急　　换流器　　　保护出口闭锁换流阀　出现 PCP 主机 A/B 套　　　紧急　　直流场　　　保护跳闸隔离中性母线指令　出现			
（5）	双极运行极平衡时间	1.5	s				
（6）	双极运行动作时间	3	s				

3.直流线路纵差保护				主机	等级	报警组	事件
（1）	报警启动定值	0.03	p.u.				
（2）	报警比率系数	0.1	—				
（3）	报警时间	2000	ms	PPR 主机 A/B/C 套　　紧急　　直流线路　　直流线路纵差保护　跳闸			
（4）	动作启动定值	0.05	p.u.	2F3 主机 A/B 套　　　紧急　　三取二逻辑　　跳交流断路器和启动失灵命令已触发			
（5）	动作比率系数	0.1	—	PCP 主机 A/B 套　　　紧急　　换流器　　　保护出口闭锁换流阀　出现			
（6）	动作时间	3000	ms	PCP 主机 A/B 套　　　紧急　　直流场　　　保护跳闸隔离中性母线指令　出现			
（7）	切换时间	2500	ms				
（8）	投退	1	—				

序号	名称	定值	单位	OWS 关键报文			
4. 金属回线纵差保护				主机	等级	报警组	事件
（1）	报警启动定值	0.03	p.u.				
（2）	报警比率系数	0.1	—				
（3）	纵差保护报警时间	2000	ms	PPR 主机 A/B/C 套	紧急	金属回线	金属回线纵差保护　跳闸
（4）	动作启动定值	0.05	p.u.	2F3 主机 A/B 套	紧急	三取二逻辑	跳交流断路器和启动失灵命令已触发
（5）	动作比率系数	0.1	—	PCP 主机 A/B 套	紧急	换流器	保护出口闭锁换流阀　出现
（6）	动作时间	3000	ms	PCP 主机 A/B 套	紧急	直流场	保护跳闸隔离中性母线指令　出现
（7）	切换时间	2500	ms				
（8）	投退	1	—				

表 3-16 　　　　　　　　　　　　　直流开关保护 OWS 关键报文

序号	名称	定值	单位	OWS 关键报文			
1. 中性母线开关保护				主机	等级	报警组	事件
（1）	投退	1	—	PPR 主机 A/B/C 套 2F3 主机 A/B 套 PCP 主机 A/B 套	紧急 紧急 紧急	极 三取二逻辑 三取二逻辑	中性母线开关保护　重合 NBS 重合 NBS 开关命令已触发 重合 NBS 开关命令已触发
2. 大地回线转换开关保护				主机	等级	报警组	事件
（1）	投退	1	—	PPR 主机 A/B/C 套 2F3 主机 A/B 套 PCP 主机 A/B 套	紧急 紧急 紧急	双极 三取二逻辑 三取二逻辑	大地回线转换开关保护　重合 GRTS 重合 GRTS 开关命令已触发 重合 GRTS 开关命令已触发
3. 站接地开关保护				主机	等级	报警组	事件
（1）	投退	1	—	PPR 主机 A/B/C 套 2F3 主机 A/B 套 PCP 主机 A/B 套	紧急 紧急 紧急	双极 三取二逻辑 三取二逻辑	站接地开关保护　重合 NBGS 重合 NBGS 开关命令已触发 重合 NBGS 开关命令已触发

第四节 交流站控系统介绍

一、交流场测控系统

1. 板卡功能介绍

交流场测控系统（简称 ACC 系统）是对换流变压器本体以及与交流电网之间的一次交流设备的测量及控制，以厦门柔性直流输电工程为例，ACC 系统采用双重化配置，每极有两套，厂家为南瑞继保公司，图 3-52 为受端换流站交流场测控屏柜板卡图。每个交流场测控柜由 3 个装置构成，分别为开关刀闸监视控制 I/O 单元 PCS-9559 装置、测量监视 I/O 单元 PCS-9559 装置、交流站控主机单元 PCS-9553 装置，表 3-17 为极 I 交流场测控柜板卡功能介绍。

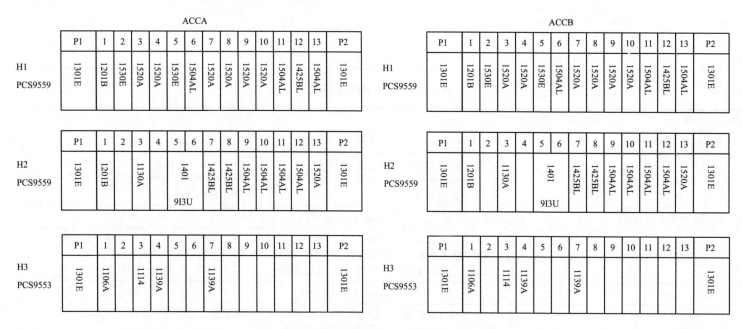

图 3-52　受端换流站交流场测控屏柜板卡图

表 3-17　　　　　　　　　　　　　　　　　　极 I 交流场测控柜板卡功能介绍

装置	序号	板卡型号	板 卡 功 能	
极 I 交流场测控柜 H1：开关刀闸监视控制 I/O 单元 PCS-9559 装置	H1.P1	NR1301E	电源板卡，为 H1 装置提供第一套电源	
	H1.1	NR1201B	CAN 与 PPS 总线扩展板，实现屏内 I/O 机箱的总线级联。本板卡有两个 CAN 端口分别连接到 H2.1，实现本屏柜内 H1、H2、H3 装置 CAN 总线数据交换	
	H1.2	NR1530E	开关量输入输出板卡，没有开出监视，用于交流进线开关 QF1 的控制。本板卡使用 3 个开出控制，2 个开入	
			2 个开入信号	3 个开出控制
			交流进线开关 QF1 分闸位置状态开入	PCP 系统故障跳交流进线开关第一组出口
			交流进线开关 QF1 合闸位置状态开入	允许就地分闸
				允许就地合闸
	H1.3	NR1520A	开关量开入开出板卡，用于实现 QS1 刀闸的开出控制、状态开入监视	
			6 个开入信号	2 个开出控制
			QS1 分闸位置开入	QS1 控制分闸开出
			QS1 合闸位置开入	QS1 控制合闸开出
			QS1 就地控制状态开入	
			QS1 电机或控制电源故障开入	
			QS1 B 相分闸位置开入	
			QS1 B 相合闸位置开入	
	H1.4	NR1520A	开关量开入开出板卡，用于实现 QS11/QS12 地刀的开出控制、状态开入监视	
			8 个开入信号	4 个开出控制
			QS11 分闸位置开入	QS11 控制分闸开出
			QS11 合闸位置开入	QS11 控制合闸开出
			QS11 就地控制状态开入	QS12 控制分闸开出

装置	序号	板卡型号	板 卡 功 能	
极Ⅰ交流场测控柜 H1: 开关刀闸监视控制 I/O 单元 PCS-9559 装置	H1.4	NR1520A	QS11 电机或控制电源故障开入	QS12 控制合闸开出
			QS12 分闸位置开入	
			QS12 合闸位置开入	
			QS12 就地控制状态开入	
			QS12 电机或控制电源故障开入	
	H1.5	NR1530E	开关量输入输出板卡，没有开出监视，用于启动电阻旁路开关 QF1 的控制。本板卡使用 3 个开出控制，2 个开入	
			8 个开入信号	2 个开出控制
			QF1 分闸位置开入	QF1 控制分闸开出
			QF1 合闸位置开入	QF1 控制合闸开出
			QF1 A 相分闸位置开入	
			QF1 A 相合闸位置开入	
			QF1 B 相分闸位置开入	
			QF1 B 相合闸位置开入	
			QF1 C 相分闸位置开入	
			QF1 C 相合闸位置开入	
	H1.6	NR1504AL	110V/220V 智能开入量采集板，本板卡使用 18 个开入端口用于换流变压器汇总端子箱信号开入	
			C 相 1 号冷却器油泵投入 1 开入	C 相直流电源故障 1 开入
			C 相 2 号冷却器油泵投入 1 开入	C 相 2 号电源故障 1 开入
			C 相 3 号冷却器油泵投入 1 开入	C 相冷却器全停跳闸 1 开入
			C 相 1 号电源故障 1 开入	C 相 1 号冷却器故障 1 开入
			C 相油流故障 1 开入	C 相 2 号冷却器故障 1 开入

装置	序号	板卡型号	板 卡 功 能	
极Ⅰ交流场测控柜 H1：开关刀闸监视 控制 I/O 单元 PCS-9559 装置	H1.6	NR1504AL	C 相冷却器全停报警 1 开入	C 相 3 号冷却器故障 1 开入
			C 相 1 号冷却器风扇投入 1 开入	C 相 1 号油流报警 1 开入
			C 相 2 号冷却器风扇投入 1 开入	C 相 2 号油流报警 1 开入
			C 相 3 号冷却器风扇投入 1 开入	C 相 3 号油流报警 1 开入
	H1.7	NR1520A	备用	
	H1.8	NR1520A	开关量开入开出板卡，用于实现交流站 QS1/QS2 分合闸位置状态开入监视。本板卡使用 4 个开入信号	
			交流站 QS1 分闸位置状态开入	交流站 QS2 分闸位置状态开入
			交流站 QS1 合闸位置状态开入	交流站 QS2 合闸位置状态开入
	H1.9	NR1520A	开关量开入开出板卡，用于实现交流站 QS11/QS3 分合闸位置状态开入监视。本板卡使用 4 个开入信号	
			交流站 QS11 分闸位置状态开入	交流站 QS3 分闸位置状态开入
			交流站 QS11 合闸位置状态开入	交流站 QS3 合闸位置状态开入
	H1.10	NR1520A	开关量开入开出板卡，用于实现交流站 QS31/QS32 分合闸位置状态开入监视。本板卡使用 4 个开入信号	
			交流站 QS31 分闸位置状态开入	交流站 QS32 分闸位置状态开入
			交流站 QS31 合闸位置状态开入	交流站 QS32 合闸位置状态开入
	H1.11	NR1504AL	110V/220V 智能开入量采集板，本板卡使用 18 个开入	
			8 个启动电阻旁路开关 QF1 开入信号：	10 个刀闸地刀位置开入：
			合闸弹簧未储能	QS1 A 相分闸位置
			电机回路断电	QS1 A 相合闸位置
			加热回路断电	QS1 C 相分闸位置
			低气压报警	QS1 C 相合闸位置

装 置	序号	板卡型号	板 卡 功 能	
			低气压闭锁 1	QS11 A 相分闸位置
			低气压闭锁 2	QS11 A 相合闸位置
	H1.11	NR1504AL	非全相动作（自保持）1	QS11 B 相分闸位置
			就地控制位置	QS11 B 相合闸位置
				QS11 C 相分闸位置
				QS11 C 相合闸位置
	H1.12	NR1425BL	备用 换流变压器直流量测量（备用）	
极 I 交流场测控柜 H1：开关刀闸监视 控制 I/O 单元 PCS-9559 装置			110V/220V 智能开入量采集板，本板卡使用 18 个开入	
			QS12 A 相分闸位置开入	QF1 断路器电机控制回路空开跳开开入
			QS12 A 相合闸位置开入	QF1 断路器加热器回路空开跳开开入
			QS12 B 相分闸位置开入	刀闸电机回路空开跳开开入
	H1.13	NR1504AL	QS12 B 相合闸位置开入	刀闸加热器回路空开跳开开入
			QS12 C 相分闸位置开入	就地控制柜就地联锁
			QS12 C 相合闸位置开入	就地控制柜就地解锁
			QF1 断路器控制回路 1 空开跳开开入	高压带电显示装置电源空开跳开开入
			QF1 断路器控制回路 2 空开跳开开入	高压带电显示装置故障报警开入
			换流变压器网侧端子箱加热器回路空开跳开	本柜信号电源监视信号开入
	H1.P2	NR1301E	电源板卡，为 H1 装置提供第二套电源	
极 I 交流场测控柜 H2：测量监视 I/O 单元 PCS-9559 装置	H2.P1	NR1301E	电源板卡，为 H2 装置提供第一套电源	
	H2.1	NR1201B	CAN 与 PPS 总线扩展板，实现屏内 IO 机箱的总线级联。本板卡有两个 CAN 端口分别连接到 H1.1/H3.4，实现本屏柜内 H1、H2、H3 装置 CAN 总线数据交换	

装置	序号	板卡型号	板 卡 功 能	
极Ⅰ交流场测控柜 H2：测量监视 I/O 单元 PCS-9559 装置	H2.3	NR1130A	模拟量处理板，截止频率为 4kHz，NR1130A 板卡紧接着 NR1401 模拟量采集板，本板卡通过背板通信接收 H2.5 NR1401 模拟量采集板的模拟量，经过信号转换等处理后，通过 IEC60044-8 协议，将电压电流模拟量传输到本屏柜控制主机 H3.3 板卡和 OHM 屏柜	
	H2.5	NR1401-9I3U	模拟量采集卡，有 12 通道交流量（9 通道电流量、3 通道电压量）采集，本板卡使用 7I：交流进线电流 I_s（三相）、阀侧套管电流 I_{vt}（三相）、换流变压器中性点电流 I_g（单相），使用 3U：交流侧电压 U_S（三相）	
	H2.7	NR1425BL	4～20mA 测量板，低电流测量板卡，能够进行 AD 转换和 CAN 总线通信，是一个完整测量单元，每块板卡有 6 个模拟量测量通道。本板卡使用 6 个通道	
			A 相换流变压器油面温度模拟量开入	A 相换流变压器油位模拟量开入
			A 相换流变压器绕组 1 温度模拟量开入	B 相换流变压器油面温度模拟量开入
			A 相换流变压器绕组 2 温度模拟量开入	B 相换流变压器绕组 1 温度模拟量开入
	H2.8	NR1425BL	4～20mA 测量板，低电流测量板卡，能够进行 AD 转换和 CAN 总线通信，是一个完整测量单元，每块板卡有 6 个模拟量测量通道。本板卡使用 6 个通道	
			B 相换流变压器绕组 2 温度模拟量开入	C 相换流变压器绕组 1 温度模拟量开入
			B 相换流变压器油位模拟量开入	C 相换流变压器绕组 2 温度模拟量开入
			C 相换流变压器油面温度模拟量开入	C 相换流变压器油位模拟量开入
	H2.9	NR1504AL	110V/220V 智能开入量采集板，本板卡使用 19 个开入端口用于换流变压器汇总端子箱信号开入 19 个开关量开入：换流变压器汇总端子箱	
			A 相本体瓦斯报警 1 开入	A 相油面温度计报警 1 开入
			A 相本体油位计高油位报警 1 开入	A 相绕组温度计 1 报警 1 开入
			A 相本体油位计低油位报警 1 开入	A 相绕组温度计 2 报警 1 开入
			A 相有载开关油位计高油位报警 1 开入	A 相开关油流继电器报警 1 开入
			A 相有载开关油位计低油位报警 1 开入	B 相本体瓦斯报警 1 开入
			A 相本体压力释放阀 1 报警 1 开入	B 相本体油位计高油位报警 1 开入

装置	序号	板卡型号	板 卡 功 能	
极 I 交流场测控柜 H2：测量监视 I/O 单元 PCS-9559 装置	H2.9	NR1504AL	A 相本体压力释放阀 2 报警 1 开入	B 相本体油位计低油位报警 1 开入
			A 相有载开关压力释放阀报警 1 开入	B 相有载开关油位计高油位报警 1 开入
			A 相突发压力继电器报警 1 开入	B 相有载开关油位计低油位报警 1 开入
			A 相逆止阀报警 1 开入	
	H2.10	NR1504AL	110V/220V 智能开入量采集板，本板卡使用 19 个开入端口用于换流变压器汇总端子箱信号开入 19 个开关量开入：换流变压器汇总端子箱	
			B 相本体压力释放阀 1 报警 1 开入	C 相本体油位计高油位报警 1 开入
			B 相本体压力释放阀 2 报警 1 开入	C 相本体油位计低油位报警 1 开入
			B 相有载开关压力释放阀报警 1 开入	C 相有载开关油位计高油位报警 1 开入
			B 相突发压力继电器报警 1 开入	C 相有载开关油位计低油位报警 1 开入
			B 相逆止阀报警 1 开入	C 相本体压力释放阀 1 报警 1 开入
			B 相油面温度计报警 1 开入	C 相本体压力释放阀 2 报警 1 开入
			B 相绕组温度计 1 报警 1 开入	C 相有载开关压力释放阀报警 1 开入
			B 相绕组温度计 2 报警 1 开入	C 相突发压力继电器报警 1 开入
			B 相开关油流继电器报警 1 开入	C 相逆止阀报警 1 开入
			C 相本体瓦斯报警 1 开入	
	H2.11	NR1504AL	110V/220V 智能开入量采集板，本板卡使用 19 个开入端口用于换流变压器汇总端子箱信号开入 19 个开关量开入：换流变压器汇总端子箱	
			C 相油面温度计报警 1 开入	A 相 1 号冷却器风扇投入 1 开入
			C 相绕组温度计 1 报警 1 开入	A 相 2 号冷却器风扇投入 1 开入
			C 相绕组温度计 2 报警 1 开入	A 相 3 号冷却器风扇投入 1 开入
			C 相开关油流继电器报警 1 开入	A 相直流电源故障 1 开入

装置	序号	板卡型号	板 卡 功 能	
极 I 交流场测控柜 H2：测量监视 I/O 单元 PCS-9559 装置	H2.11	NR1504AL	A 相 1 号冷却器油泵投入 1 开入	A 相 2 号电源故障 1 开入
			A 相 2 号冷却器油泵投入 1 开入	A 相冷却器全停跳闸 1 开入
			A 相 3 号冷却器油泵投入 1 开入	A 相 1 号冷却器故障 1 开入
			A 相 1 号电源故障 1 开入	A 相 2 号冷却器故障 1 开入
			A 相油流故障 1 开入	A 相 3 号冷却器故障 1 开入
			A 相冷却器全停报警 1 开入	
	H2.12	NR1504AL	110V/220V 智能开入量采集板，本板卡使用 19 个开入端口用于换流变压器汇总端子箱信号开入 19 个开关量开入：换流变压器汇总端子箱	
			A 相 1 号油流报警 1 开入	B 相 2 号冷却器风扇投入 1 开入
			A 相 2 号油流报警 1 开入	B 相 3 号冷却器风扇投入 1 开入
			A 相 3 号油流报警 1 开入	B 相直流电源故障 1 开入
			B 相 1 号冷却器油泵投入 1 开入	B 相 2 号电源故障 1 开入
			B 相 2 号冷却器油泵投入 1 开入	B 相冷却器全停跳闸 1 开入
			B 相 3 号冷却器油泵投入 1 开入	B 相 1 号冷却器故障 1 开入
			B 相 1 号电源故障 1 开入	B 相 2 号冷却器故障 1 开入
			B 相油流故障 1 开入	B 相 3 号冷却器故障 1 开入
			B 相冷却器全停报警 1 开入	B 相 1 号油流报警 1 开入
			B 相 1 号冷却器风扇投入 1 开入	
	H2.13	NR1520A	开关量开入开出板卡，用于实现交流故障的开出控制和状态监视以及换流变压器汇总端子箱信号开入监视	
			2 个开出控制	6 个开入信号
			交流录波装置的远方启动开出控制	B 相 2 号油流报警 1 开入

装置	序号	板卡型号	板 卡 功 能	
极Ⅰ交流场测控柜 H2：测量监视 I/O 单元 PCS-9559 装置	H2.13	NR1520A	交流录波装置的远方复位开出控制	B 相 3 号油流报警 1 开入
				交流录波装置失电开入
				交流录波装置异常开入
				交流录波装置告警开入
				交流录波装置启动开入
	H2.P2	NR1301E	电源板卡，为 H2 装置提供第二套电源	
极Ⅰ交流场测控柜 H3 交流站控主机 单元 PCS-9553 装置	H3.P1	NR1301E	电源板卡，为 H3 装置提供第一套电源	
	H3.1	NR1106A	管理板卡，交流站控主机通过该板卡接入 SCADA LAN、就地控制 LAN 网，用于控制保护系统中的任务管理、人机界面及后台通信，此外通过该板卡 IRIG-B 接入对时网络	
	H3.3	NR1114	DSP 板卡，支持 6 路 60044-8 接口输入，2 路 60044-8 接口输出，用于完成采样数据的接收和计算处理以及处理后数据发送。 本板卡使用 1 路输入：接收本柜的 H2.3 发送的模拟量，对模拟量进行处理	
	H3.4	NR1139A	DSP 板卡，用于通信及逻辑计算，有 6 路光纤接口，可扩展 CAN 和以太网接口来实现数据的交换，主要用于主机间通信及主机与 I/O 系统通信及主要逻辑计算 本板卡使用 1 路扩展 CAN 端口接到本柜的 H2.1 板卡，构成 CAN+PSS 总线，实现本屏柜内 H1、H2、H3 装置 CAN 总线数据交换	
	H3.7	NR1139A	DSP 板卡，用于通信及逻辑计算，有 6 路光纤接口，可扩展 CAN 和以太网接口来实现数据的交换，主要用于主机间通信及主机与 I/O 系统通信及主要逻辑计算。 本板卡通过 2 路光纤接口（LAN3/LAN4）连接到极控制 CTRL LANA/B 网，本板卡监测连接在 CTRL LAN 网络上的所有装置（NEP 非电量保护/CTP 换流变压器电量保护/PPR/PCP）的通信情况。若检测到 PCP 系统两套都故障，H1.2 板卡出口跳交流进线开关。 本板卡通过 2 路光纤接口（LAN1/LAN2）连接到另一套控制主机，实现系统间通信 LAN（即 ACCA 与 ACCB 通信）。 本板卡为装置级监视的板卡，实现 ACC 冗余系统间的切换。本板卡将收集的 ACCA 各插件的故障信息汇总，形成装置的紧急、严重和轻微故障，并送到切换逻辑 SOL 中，实现主备系统之间的切换（包括本柜 H1/H2 装置各个插件故障信息都汇总到本板卡）	
	H3.P2	NR1301E	电源板卡，为 H3 装置提供第二套电源	

2. 交流场测控系统开入开出配置

交流场测控系统电压电流量为二次模拟量采集方式：模拟量处理板通过模拟量采集板卡 NR1401、模拟量处理板 NR1130 采集处理后，传输到控制系统 DSP 板卡 NR1114，如图 3-53 所示。

交流场测控系统采集的二次模拟量：阀侧套管电流 I_{vt}、交流进线电流 I_s、换流变压器中性点电流 I_g、交流侧电压 U_s。

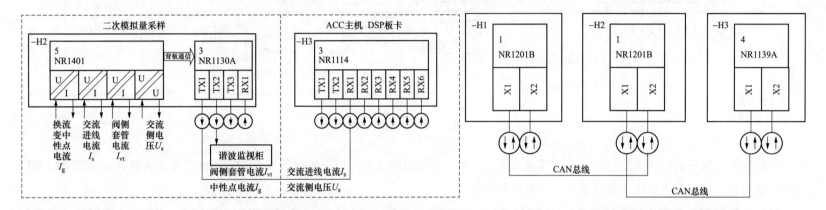

图 3-53　电压电流采样图　　　　　　　　　　　图 3-54　交流场测控屏柜内装置通信

交流场测控系统除了电压电流量开入还需要监测一次二次设备各种状态，通过开关量开入开出板卡采集系统所需的开入信号，执行系统开出命令。开入开出信号：本站交流场内所有断路器、隔离刀闸和接地刀闸的分/合操作，换流变压器冷却器信号，换流变压器除本体重瓦斯和有载开关重瓦斯跳闸外所有的非电量信号，开关刀闸状态信号送入交流场测控系统后，作为交流场操作联锁信息。

交流场测控柜内开关量开入开出（包括慢速模拟量开入）通过屏内的现场控制 CAN 总线以广播的型式与 ACC 主机通信，即 ACC 主机与屏内的 I/O 系统间直连（不存在交叉连接），图 3-54 交流场测控屏柜内装置通信。

交流场测控系统通过 H1.2NR1530E 板卡将 ACC 跳闸命令开出，与控制、保护系统不同，每套 ACC 系统只有一个跳闸开出：三跳交流开关不启动母差失灵，跳闸开出如图 3-55 所示。

3. 交流场测控系统保护配置

交流场测控系统配置三种保护：充电电阻旁路开关闭合失败保护、启动电阻保护、与值班 PCP 系统失去联系保护。

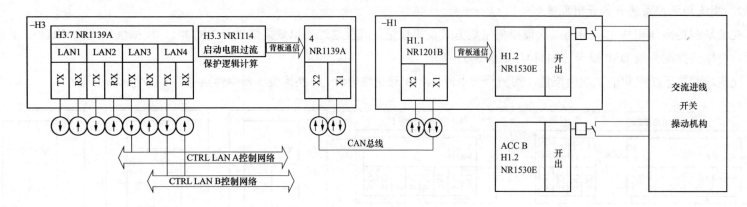

图 3-55 跳闸开出示意图

充电电阻旁路开关闭合失败保护是在交流进线开关充电过程检测的保护，当充电电阻投入 10s 后 ACC 合上旁路开关，若未检测到旁路开关闭合信号，充点电阻旁路开关闭合失败保护动作。

启动电阻保护是在交流场测控装置内完成的，根据启动电阻厂家提供过负荷曲线和启动电阻充电特性，在 ACC 增加启动电阻反时限和过流Ⅰ段和Ⅱ段保护，以防启动电阻出现过热故障。其保护定值：过流Ⅰ段保护定值 77A，保护延时 100ms；过流Ⅱ段保护定值 40A，保护延时 1s。

由于 ACC 测控装置双重化配置，ACC 无法采用三取二逻辑，采用单套动作后即出口跳闸策略。同时启动电阻保护电流两套测控装置采用单测点，如果测点损坏有可能造成误动作或不动作。

ACC 系统具有监视连接到 CTRL LAN 控制网络上主机的功能，当两套直流控制系统同时故障死机，与值班 PCP 系统失去联系保护动作，交流场测控系统会通过自身出口跳交流侧断路器。

交流场测控保护动作后跳闸出口是通过本身的跳闸出口交流进线开关，启动电阻旁路开关闭合失败保护和启动电阻过流保护跳闸的同时发信给极控系统进行换流阀闭锁，而与值班 PCP 系统失去联系保护动作未进行换流阀闭锁。

为更快定位故障范围，现将交流场测控系统保护 OWS 关键报文列出，以帮助运维人员学习，表 3-18 为交流场测控系统三种保护的 OWS 关键报文辨析。

表 3-18 　　　　　　　　　　　　　　交流场测控系统保护 OWS 关键报文

保护类型	OWS 关键报文			
	主机	等级	报警组	事件
充电电阻过流保护	ACC 主机 A/B 套	紧急	顺序控制	充电电阻反时限过负荷保护跳闸　出现
	ACC 主机 A/B 套	紧急	顺序控制	充电电阻过流 I 段保护跳闸　出现
	ACC 主机 A/B 套	紧急	顺序控制	充电电阻过流 II 段保护跳闸出现
	PCP 主机 A/B 套	紧急	保护	ACC 跳闸命令　出现
	PCP 主机 A/B 套	紧急	换流器	保护出口闭锁换流阀　出现
	PCP 主机 A/B 套	紧急	直流场	保护跳闸隔离中性母线指令　出现
充电电阻旁路开关闭合失败保护	ACC 主机 A/B 套	紧急	顺序控制	充电电阻旁路开关闭合失败保护跳闸　出现
	PCP 主机 A/B 套	紧急	保护	ACC 跳闸命令　出现
	PCP 主机 A/B 套	紧急	换流器	保护出口闭锁换流阀　出现
	PCP 主机 A/B 套	紧急	直流场	保护跳闸隔离中性母线指令　出现
与值班 PCP 系统失去联系保护	ACC 主机 A/B 套	报警	系统监视	与值班 PCP 系统失去联系　出现
	ACC 主机 A/B 套	紧急	系统监视	紧急故障跳闸　出现

4. 交流场测控系统通信组网

（1）系统间冗余通信。与 PCP 两套系统类似，ACC 两套系统之间冗余通信采用 H3.7 NR1139 板卡实现的，将收集的极控系统各插件的故障信息汇总，形成装置的紧急、严重和轻微故障，并送到切换逻辑 SOL 中，实现主备系统之间的切换（包括本柜 H1/H2 装置以及 DFTA 屏柜各个插件故障信息都汇总到本板卡）。为了保证两套主机间通信可靠性，采用了两路 STM BUS 光纤以太网完成数据传输，两路总线可互为备用。

（2）站 LAN 通信。交流场测控系统通过 H3.1 NR1106A 管理板卡接入 SCADA LAN、就地控制 LAN 网，用于控制保护系统中的任务管理、人机界面及后台通信，此外通过该板卡 IRIG-B 接入对时网络。

ACC 系统通过站 LAN 网与 SCADA 系统进行通信，通信的主要内容包括：

ACC 系统能够采集系统内部产生的和通过 ACC 采集单元采集到的其他系统和设备的所有预先定义好的事件，并将这些事件即时上传至运行人员控制系统以汇总为一个统一的文档顺序事件记录 SER、并送至 OWS 在线刷新显示和系统数据库进行存贮的功能。

该功能是集成到 ACC 主机中来完成。每一个事件包括下述内容：

1）时间：年/月/日/时/分/秒/毫秒格式的完整时间标记；

2）对象：生成事件的设备及其所属的区域或子系统；

3）描述：事件的具体描述。

事件的上传通过运行人员控制系统的站级 LAN 网来完成。

（3）控制网络 CTRL LAN。ACC 系统通过 H3.7 NR1139 板卡接入冗余 CTRL LAN 网实现交流场测控系统 ACC 主机与极控 PCP 主机数据交换，ACC 主机与 PCP 主机通信交换的信号主要内容包括：ACC 主机将交流场连接状态发送给 PCP 主机，而 PCP 主机则把极运行状态信息发送给 ACC。

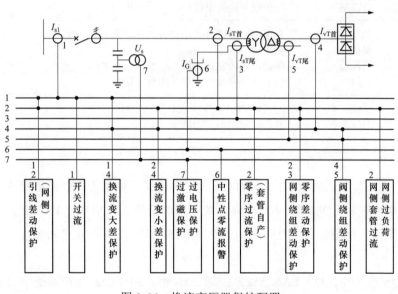

图 3-56 换流变压器保护配置

二、换流变压器保护系统

1. 换流变压器保护配置

由于换流变压器在交直流变换中起到交直流隔离等不可或缺的作用，对换流变压器保护区单独配置三套换流变压器保护主机来实现。以厦门柔直为例，换流变压器保护主机包括电量保护主机（PCS-977）和非电量保护主机（PCS-974）。

（1）换流变压器电量保护配置。换流变压器电气量的保护范围从对侧交流站交流进线开关 TA（I_{s1}）到换流变压器阀侧套管 TA（I_{vT}）及中性点 TA（I_g）之间的设备。交流进线不单独装设保护，由换流变压器保护实现对交流进线的保护。换流变压器保护配置如图 3-56 所示，其保护主要有 10 种，分为两大类：差动保护和后备保护。

1）差动保护。换流变压器差动保护主要有：引线差动保护、换流变压器大差保护、换流变压器小差保护、网侧零序差动保护（包括网侧绕组差动保护）、阀侧绕组差动保护。

换流变压器差动保护和交流系统变压器差动保护原理基本相同，都是反应的工频分量，也都是建立在变压器功率平衡的原理之上，换流变压器差动保护配置引线差动保护、换流变压器大差保护、换流变压器小差保护。与交流系统变压器不同，换流变压器中正常情况下就流过较大的谐波电流，这些谐波电流对励磁涌流判据和 TA 饱和判据会产生较大的影响，同时由于换流变压器的短路阻抗较大，内部故障情况下差电流较小，在设计保护方案和整定定值时需要充分考虑到换流变压器的这些特点。

为了提高交流绕组靠近中性点处发生接地故障时差动保护的灵敏度，配置网侧绕组的零序差动保护（包括绕组差动保护），由于该差动保护与变压器的磁平衡没有直接关系，可以不受励磁涌流判据的闭锁，因此大大提高了变压器差动保护的灵敏度和动作速度。

此外，由于阀侧单相接地故障情况下将导致差电流中含有大量的谐波含量和直流电流（直流电流不能被保护反应），同时，差电流出现间断，导致变压器差动保护有可能在此情况下不能出口，故增设阀侧绕组差动保护，以提高这种故障下差动保护的灵敏度。

2）后备保护。换流变压器后备保护主要有：开关过流保护、过电压保护（过激磁保护）、零序过流保护（套管自产）、中性点零流报警、网侧套管过流（网侧过负荷）。

过流保护主要作为换流变压器各种故障的后备保护。由于只需与直流系统的最大过负荷能力配合，灵敏度容易满足要求，因此不需采用复合电压闭锁与方向闭锁。

零序过流保护主要作为换流变压器接地故障后备保护。为防止变压器和应涌流对零序过流保护的影响，应具有二次谐波制动闭锁措施。当二次谐波含量超过一定比例时，闭锁零序过流保护。

（2）换流变压器非电量保护配置。换流变压器的电量保护对变压器内部故障是不灵敏的，这主要是内部故障从匝短路开始的。短路匝内部的故障电流虽然很大，但反映到线电流却不大，只有故障发展到多匝短路或对地短路时才能切断电源。故换流变压器需要配置非电量保护，作为换流变压器内部故障瞬间切除故障设备。

换流变压器非电量保护配置有本体重瓦斯跳闸、有载重瓦斯跳闸，在非电量保护主机（PCS-974）上实现。其他非电量报警信号（比如油温、绕温、油位、轻瓦斯等报警信号）开入到交流场测控装置。

2. 换流变压器保护开入开出配置

（1）电量保护开入配置。与直流控制系统、直流保护系统电压电流开入配置不同，换流变压器保护的电压电流开入量为电压电流互感器的二次模拟值，不需要合并单元的二次数字值。

二次模拟量：交流进线电流 I_s、交流侧电压 U_s、换流变压器网侧套管首端电流 I_{st1}、换流变压器网侧套管末端电流 I_{st2}、换流变压器网侧中性点零序电流 I_g、换流变压器阀侧套管首端电流 I_{vt1}、换流变压器阀侧套管末端电流 I_{vt2}。

I/O 开入：与直流控制保护系统 I/O 开入配置不同，换流变压器保护不需要开入开关刀闸的状态，只需要自身监视状态开入，比如"投 PCS-977D 保护"压板信号开入、"投 PCS-977D 检修状态"压板信号开入等。

（2）非电量保护开入配置。三重化保护要求三套非电量保护开入配置必须独立的，不允许非电量跳闸信号接点通过扩展继电器后再开入到非电量保护装置。

如图 3-57 所示，从换流变压器非电量继电器来的非电量跳闸信号接点进入非电量保护装置，非电量保护装置收到非电量跳闸信号经过保护装置重动后给出跳闸信号，跳闸信号再通过三取二逻辑判断后出口。

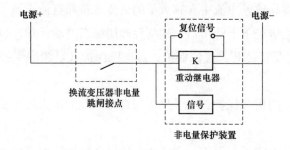

图 3-57　非电量开入接线示意图

当保护置动作跳闸后，非电量跳闸开入重动继电器保持，此时非电量跳闸信号还一直保持，需要按屏上"复归"按钮进行复归。

（3）换流变压器保护开出配置。与直流保护三取二配置相同，换流变压器保护（包括电量保护和非电量保护）系统采用三重化配置，通过独立的"三取二主机"和"控制主机（内含三取二逻辑）"来实现保护的出口，而三重化的换流变压器保护装置内部的跳闸出口没有配置。

"三取二"逻辑同时实现于独立的"三取二主机"和"控制主机"中。三取二主机接收各套保护分类动作信息，其三取二逻辑出口实现跳交流开关、启动开关失灵保护等功能；控制主机同样接收各套保护分类动作信息，通过相同的三取二保护逻辑，实现闭锁、跳交流开关、极隔离功能等其它动作出口，如图 3-58 所示。

此外当三套保护系统中有一套保护因故退出运行后，采取"二取一"保护逻辑；当三套保护系统中有两套保护因故退出运行后，采取"一取一"保护逻辑；当三套保护系统全部因故退出运行后，极闭锁。

3. 换流变压器保护通信组网

（1）站 LAN 通信。换流变压器电量保护主机和非电量保护主机通过 NR1102M 板卡接入 SCADA LAN 网，用于保护系统中的任务管理、人机界面及后台通信，此外通过该板卡 IRIG-B 接入对时网络。

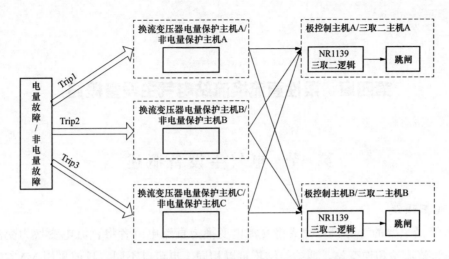

图 3-58　换流变压器保护三取二逻辑示意图

与 SCADA 系统进行通信的主要内容包括：保护系统能够采集系统内部产生的和通过保护采集单元采集到的其他系统和设备的所有预先定义好的事件，并将这些事件即时上传至运行人员控制系统以汇总为一个统一的文档顺序事件记录 SER、并送至 OWS 在线刷新显示和系统数据库进行存贮的功能。

（2）控制网络 CTRL LAN。换流变压器电量保护主机和非电量保护主机通过 NR1136A 板卡连接到冗余 CTRL LAN 控制网络，实现保护主机与极控 PCP 主机的通信交换，交换的信号主要内容为电量保护主机和非电量保护主机将保护故障信号状态发送给 PCP 主机进行三取二逻辑运算。

（3）三取二网络。换流变压器电量保护主机和非电量保护主机通过 NR1136A 板卡连接到三取二网络，实现保护主机与三取二主机的通信交换，交换的信号主要内容为电量保护主机和非电量保护主机将保护故障信号状态发送给 三取二主机进行三取二逻辑运算。

第四章 柔性直流换流站电气主设备概述

第一节 电气主设备概述

一、柔性直流换流站电气主接线

换流站是柔性直流输电系统最主要的部分，可完成将交流电变换为直流电或者将直流电变换为交流电的转换功能。根据换流站的不同运行状态，可将其分为整流站和逆变站，两站的结构可以相同，也可以不同。目前采用 MMC 拓扑结构的柔直换流站主接线方案主要有如图 4-1 所示的单极对称接线方案和双极对称接线方案两种。单极对称接线也称伪双极接线，在交流侧采用合适的接地装置（通常采用星形电抗器构成）进行中性点钳位，两条直流极线的电位为对称的正负电位，如南汇±30kV 风电场柔性直流输电工程、南澳±160kV 柔性直流输电工程、舟山±200kV 五端柔性直流输电工程、鲁西±350kV 背靠背直流异步联网工程柔直单元均采用该接线方式。双极对称接线也称真双极接线，两极可以独立运行，在中间采用金属回线或接地极形成返回电流通路，与两条直流极线分别组成正极和负极，如厦门±320kV 柔性直流输电工程、渝鄂±420kV 背靠背联网工程、张北±500kV 四端柔性直流环形电网工程均采用该接线方式，是未来高压大容量柔性直流输电的发展方向，本书重点对双极对采用称接线方式的柔直换流站电气主设备进行介绍。

二、真双极接线柔性直流换流站电气主设备

厦门柔性直流输电科技示范工程于 2015 年 12 月投入运行，是世界上第一个采用真双极接线、电压等级（±320kV）和输送容量（1000MW）达到世界之最的柔性直流输电工程，共有送端浦园换流站和受端鹭岛换流站两个柔直±320kV 换流站，其电气设备配置如图 4-2 所示（见文后插页）。

由图 4-2 可知，真双极接线柔性直流换流站一次电气主设备主要包括：

（1）交流开关设备：主要包括交流断路器、旁路开关、交流隔离开关及接地开关等，用于改变换流站设备运行方式，将直流侧空

载的换流器或换流装置投入到交流电力系统或从其中切除。当换流站主要设备（特别是换流器）发生故障时，如果通过闭锁换流站不能抑制故障发展，可通过它将换流站从交流系统中切除。

（2）启动电阻：在换流器不控充电过程中投入以减少换流阀的充电电流，换流器正常工作时旁路运行。可根据系统条件优化布置在换流变压器的网侧、阀侧或者直流侧。

（3）换流变压器：向换流器提供交流功率或从换流器接受交流功率，并且将交流电网侧的电压变换到一个合适的水平。通常采用Y/Δ/Δ接法带可调分接头的单相或三相变压器，这样不仅可以提高有功和无功输送能力，还能防止由调制模式引起的零序分量向直流系统传递。

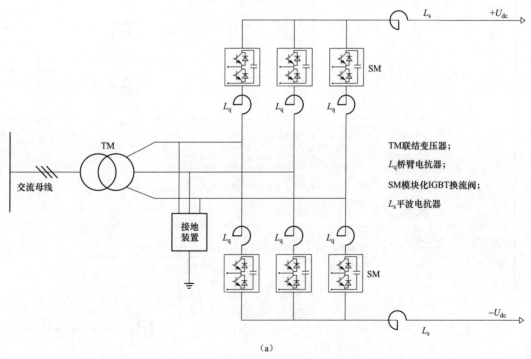

TM联结变压器；
L_q桥臂电抗器；
SM模块化IGBT换流阀；
L_s平波电抗器

（a）

图 4-1　MMC 拓扑结构柔性直流换流站主接线方案（一）

（a）单极对称接线方案

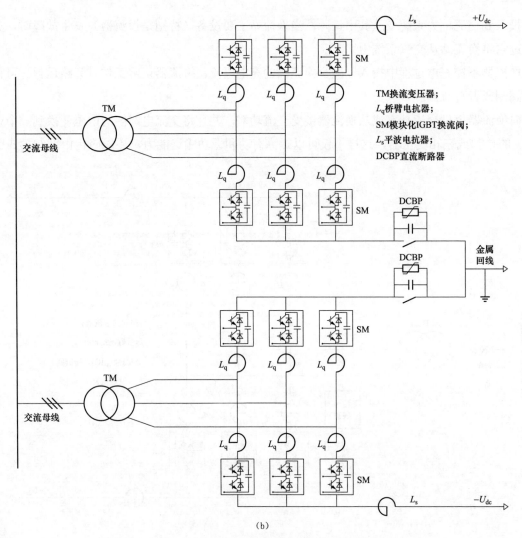

TM换流变压器；
L_q桥臂电抗器；
SM模块化IGBT换流阀；
L_s平波电抗器；
DCBP直流断路器

(b)

图 4-1　MMC 拓扑结构柔性直流换流站主接线方案（二）

（b）双极对称接线方案

（4）桥臂电抗器：与换流变压器组合提供等效换相电感，共同决定换流器的功率输送能力，同时也影响有功功率与无功功率的控制，并可抑制换流器输出的电流和电压中的开关频率谐波量和短路电流；根据换流器拓扑结构的不同，电抗器可能安装在换流器交流出口处，也可能串联在换流器的桥臂上。

（5）电压源换流器：电压源换流器的作用是通过其中的半导体开关器件，使电能在交流和直流功率之间进行变换。

（6）直流电容：为换流站提供电压支撑，兼有抑制直流电压波动、缓冲桥臂开断的冲击电流、减小直流侧的电压谐波等作用；根据换流器拓扑结构的不同，可能跨接在换流器出口的两极之间，也可能分散在换流器阀子模块中。

（7）直流开关设备：主要包括直流断路器、直流隔离开关及接地开关等，用于改变换流站设备运行方式。隔离开关可保证阀厅设备或直流线路检修时有可见断口，利用可见断口隔离电压，使停电设备与带电设备隔离，以保证人身及设备工作安全。

（8）平波电抗器：平波电抗器主要起到抑制直流侧短路电流和限制子模块电流变化率的作用，其参数与桥臂电抗器的参数应相互适应配合，还能起到抑制直流纹波的作用。

（9）电压/电流测量装置：在交流侧采用交流的电压和电流互感器，在直流侧则需用直流电压互感器和直流电流互感器。目前有磁放大型、电放大型和光放大型，光放大型具有很强的抗电磁干扰的能力。

（10）交/直流避雷器：保护站内设备（特别是换流器）免受雷电和操作过电压的威胁，包括交流避雷器和直流避雷器。

第二节 启 动 电 阻

一、柔直换流阀启动充电策略

按照换流器所连交流或直流系统的带电状态，柔直换流阀主要有两种启动充电策略：交流侧充电策略、直流侧充电策略，每种充电过程又可以分为子模块不控充电和主动均压充电两个阶段[3]。

1. 交流侧充电策略

交流侧线电压构成的激励源跨接于两个相单元阀出口处，同时与两相上、下桥臂构成回路，如图 4-3 所示。

在换流阀启动充电时，各子模块电压为零，IGBT 处于关断状态，且 IGBT 缺少触发所需能量不能开通，换流阀子模块均处于闭锁状态，此时换流阀处于不控整流充电状态，如图 4-4 所示。假设相电压 $u_A > u_C > u_B$，且 u_{AB} 大于 B 相上桥臂电容电压和时，则充电电流流过 A 相上桥臂子模块 T2 反并联二极管和 B 相上桥臂子模块 T1 反并联二极管，对 B 相上桥臂子模块电容进行充电；若 u_{AB} 大于 A

相下桥臂电容电压和时，则充电电流流过 A 相下桥臂子模块 T1 反并联二极管和 B 相下桥臂子模块 T2 反并联二极管，对 A 相下桥臂子模块电容进行充电；若 u_{AC}（电压逐渐增大）大于 C 相上桥臂电容电压和时，则充电电流流过 A 相上桥臂子模块 T2 反并联二极管和 C 相上桥臂子模块 T1 反并联二极管，对 C 相上桥臂子模块电容进行充电；若 u_{CB}（电压逐渐减小）大于 C 相下桥臂电容电压和时，则充电电流流过 C 相下桥臂子模块 T1 反并联二极管和 B 相下桥臂子模块 T2 反并联二极管，对 C 相下桥臂子模块电容进行充电。

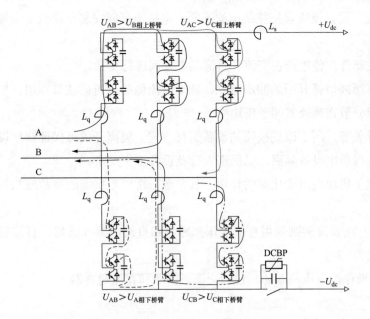

图 4-3　交流侧启动充电回路示意图

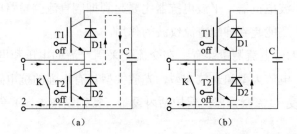

图 4-4　换流阀子模块闭锁状态时电流路径示意图

（a）电流流经 T1 反并联二极管对电容进行充电；（b）电流流经 T2 反并联二极管

随换流阀交流侧线电压变化，其他桥臂子模块电容充电情况如表 4-1 所示，各桥臂子模块电容充电时间约为 2/3 个工频周期。

表 4-1　　　　　　　　各桥臂子模块电容充电状态（↑表示电流上升，↓表示电流下降）

序号	桥臂 相电压	A 上	A 下	B 上	B 下	C 上	C 下
I	$u_A > u_C > u_B$	—	充电	充电	—	充电↑	充电↓
II	$u_A > u_B > u_C$	—	充电	充电↓	充电↑	充电	—

序号	桥臂 / 相电压	A 上	A 下	B 上	B 下	C 上	C 下
III	$u_B > u_A > u_C$	充电↑	充电↓	—	充电	充电	—
IV	$u_B > u_C > u_A$	充电	—	—	充电	充电↓	充电↑
V	$u_C > u_B > u_A$	充电	—	充电↑	充电↓	—	充电
VI	$u_C > u_A > u_B$	充电↓	充电↑	充电	—	—	充电

经过几个周期的反复充电，各桥臂子模块电容电压和为换流阀交流侧三相线电压的包络线，如图 4-5 所示，各桥臂子模块电容电压值总和约为交流线电压幅值。

以厦门柔直换流站为例，换流变压器阀侧线电压有效值为 166.7kV，则其线电压峰值为 235.7kV；单个桥臂子模块数为 216 个，则单个子模块的最大充电电压约为 235.7/216=1.1（kV）；换流阀正常运行时每个相单元（上、下桥臂合计）共有 200 个子模块投入运行状态，若此时解锁，则直流侧电压为 200×1.1kV=220kV，为直流侧额定电压 320kV 的 68.75%。由此可知，换流阀在交流不控整流充电阶段结束后直接解锁会造成较大的冲击电流。可以考虑在子模块电容电压上升到取能电源模块工作电压（约为 400V）后，采用主动均压充电策略，使子模块电容电压达到额定电压（1600kV），达到减小冲击电流的目的。

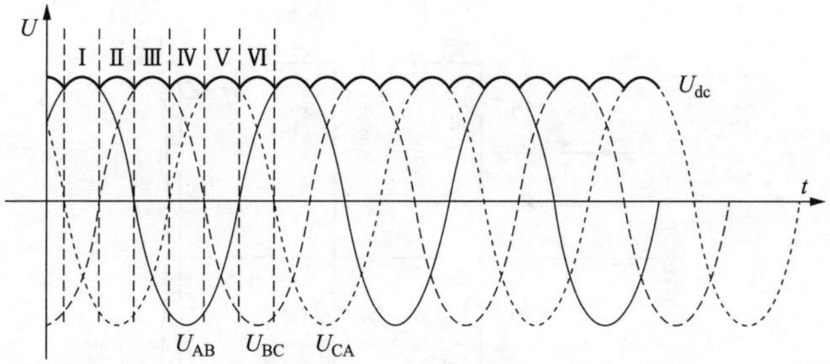

图 4-5 各桥臂子模块电容充电电压波形

2. 直流侧充电策略

当交流侧无激励源，而直流侧有激励源时（如黑启动时），可通过直流线路电压对本侧换流阀子模块电容进行充电。如图 4-6 所示，直流激励源分别与 A、B、C 相的上、下桥臂构成 RLC 充电回路，通过各桥臂子模块 T1 反并联二极管，对子模块电容进行直流不控充电。各相单元所有子模块电容电压之和的稳态值与直流激励源电压相等。

以厦门柔直换流站为例，如果直流线路处于运行状态，对侧换流站进行交流不控充电的同时，也会对本侧换流阀进行直流不控充电，直流线路稳态电压为对侧换流阀交流侧线电压幅值 235.7kV，则单个子模块电容电压约为 235.7/216/2=545.6（V）；换流阀正常运行时每个相单元（上、下桥臂合计）共有 200 个子模块投入运行状态，若此时直接解锁，则直流侧电压为 200×545.6V=109kV，为直流侧额定电压 320kV 的 34.1%。由此可知，换流阀在直流不控充电阶段结束后直接解锁会造成更大的冲击电流。

若对侧通过主动充电策略将直流电压提升至额定值 320kV，则本侧换流阀各相单元单个子模块电容电压约为 320/216/2=740.7（V）；换流阀正常运行时每个相单元（上、下桥臂合计）共有 200 个子模块投入运行状态，若此时直接解锁，则直流侧电压为 200×740.7V=148kV，为直流侧额定电压 320kV 的 46.3%。由此可知，换流阀在额定直流电压不控充电阶段结束后直接解锁仍会造成较大的冲击电流。

综上可知，在直流侧充电达到稳态后，单个子模块电容电压均能达到取能电源工作电压（400V），此时可采取主动均压充电策略，将各子模块电压提高至额定电压，以减小解锁运行后造成的冲击电流。

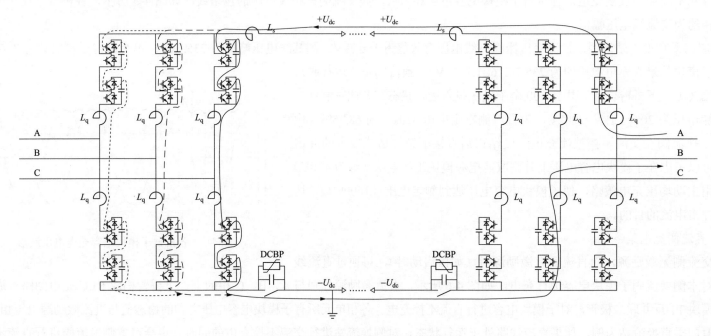

图 4-6　直流侧启动充电回路示意图

二、启动电阻的工作原理

对换流阀的子模块电容充电是换流阀启动所必需的步骤，由于子模块电容初始电压为零且不能突变，相当于直流侧处于短路状态。而无论采取交流侧充电策略或直流侧充电策略，在换流阀启动之初，都必须经过一个不控充电过程，将在各个电容器上产生高达到几十千安培的充电电流，将会损坏换流阀中的 IGBT 元件。因此需要设置一个启动电阻，以降低换流阀电容的充电电流、减小对交流系统造成的扰动和对换流阀子模块上二极管的应力。在充电完成后，通过并联配置的交流断路器将启动电阻旁路，从而减小系统运行损耗。

三、启动电阻的安装位置

根据换流阀采取的启动充电策略不同，启动电阻的安装位置也不同，如图 4-7 所示，可分为两大类：一是交流侧启动电阻，根据系统条件可布置在换流变压器的网侧或阀侧，分别称为交流网侧启动电阻和交流阀侧启动电阻；二是直流侧启动电阻，根据系统条件可布置在换流器的直流极母线或中性母线上，分别称为直流侧极线启动电阻和直流侧中性母线启动电阻。

一般应在交流侧配置启动电阻，考虑到换流变压器励磁涌流对启动电阻的热应力影响，推荐采用交流阀侧启动电阻安装方案；直流侧启动电阻则根据系统运行需要选配。

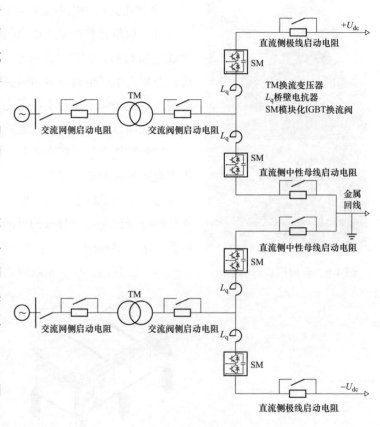

图 4-7　真双极接线启动电阻布置示意图

四、启动电阻的结构组成

启动电阻一般多为金属箱式，如图 4-8 所示，电阻器宜采用瓷绝缘子支撑式安装、单相或单极布置、空气自然冷却。由 3 个（根据实际需求确定数量）参数、结构完全相同的单元电阻柜串联摆装而成，金属构架应有良好的防腐蚀层，外罩应采用耐腐蚀性好的材料。电阻器钢框架最低要求为镀锌钢；侧面、顶篷、防鸟保护的盖板以及电阻器排气网应采用不锈钢，最低要求应为 AISI316 或等效的钢材。每个电阻器的两个相对的面板应装有活页，以便于检修维护及内部情况查看。根据设计需要也可采用密封设计的空心绝缘子型启动电阻。

金属箱式启动电阻主要包括：

（1）电阻元件：是组成电阻器的最小单元，采用无感化设计，电阻材料宜选用片状合金材料或陶瓷盘式电阻材料，如表 4-2 所示。片状合金电阻元件缠绕在固定的绝缘瓷芯上，形成线编式无感电阻模块；在单元电阻柜内有 4 个电阻模块两两摞装，通过三根斜拉铜排串联连接，每个电阻模块下部各配 4 支纯瓷支柱绝缘子进行支撑固定。金属箱柜体正面或侧面设置有穿墙套管安装孔，底部和上部设置不锈钢丝网孔和百叶窗作为散热通道，但柜体防护等级不应低于 IP23。

（2）穿墙套管：每个单元电阻柜有 2 支箱体穿墙套管，分别安装与单元电阻柜的正面或侧面，用于柜内电阻模块的输入端和输出端与外部导线的连接，导电材料为铜。

（3）支柱绝缘子：每个单元电阻柜下部分别配置 6 支纯瓷支柱绝缘子，且在上柜正面增设 1 支纯瓷支柱绝缘子用于连接导线的过渡安装，如图 4-9 所示，所有支柱绝缘子应满足最高运行相电压下的爬电距离要求（25mm/kV）。

（4）连接线：单元电阻柜之间采用铝管作为连接线，安装示意如图 4-10 所示。

图 4-8　金属箱式启动电阻

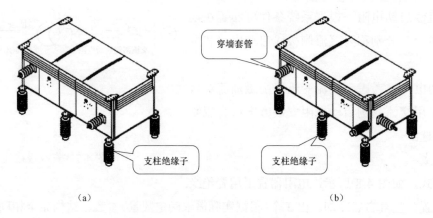

（a）　　　　　　　　　　　（b）

图 4-9　单元电阻柜外观结构图

（a）中、下单元电阻柜；（b）上单元电阻柜

表 4-2　　　　　　　　　　　　　　　　　　　　电阻元件主要型式及材料

电阻元件型式	电阻元件材料	备注
片状	Cr20Ni30	适用于金属箱式结构
	Cr15Ni60	
	Cr23Ni60	
	Ni25Cr20Mo5	
圆盘式	陶瓷材质	适用空心绝缘子型结构

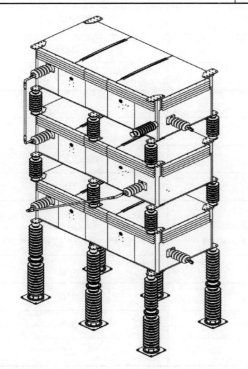 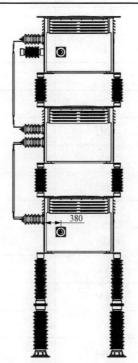 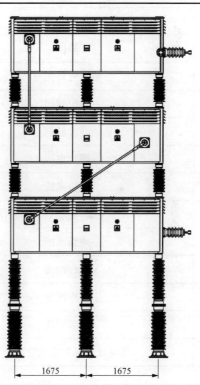

图 4-10　单元电阻柜间连接铝管安装示意图

五、启动电阻的技术参数

启动电阻主要技术参数如表 4-3 所示，需满足连续 5 次间隔半小时再次充电的要求，5 次以后可以间隔 2 小时再次充电。

表 4-3　　　　　　　　　　　　　　　　启动电阻主要技术参数

序号	项　　　目	单位	鹭岛换流站	浦园换流站
1	厂家	—	凌海科城	上海九能
2	结构型式或型号	—	RWGQ252/605-2000W	JNR-230-2000/12
3	冷却方式	—	自然风冷	自然风冷
4	阻值	Ω	2000	2000
5	阻值允许偏差	%	＜±4	＜±5
6	充电时间	s	10	10
7	冲击能量	MJ	14	12
8	额定电压	kV	230	230
9	峰值电流	Apeak	110	100
10	冲击后稳态电流（持续 60s）	Arms	10	8
11	声级水平	dB	白天，＜50；夜间，＜50	白天，＜60；夜间，＜50
12	操作冲击	kV	750	750
13	雷电耐受	kV	950	950
14	工频耐压	kV	395	395
15	爬电比距（对应线电压）	mm/kV	31.5	25

启动电阻值需根据交流系统的电压等级、MMC 换流站中 IGBT 元件的最大额定电流、电阻材料的耐热能力和散热能力、充电时

间限制要求确定，其典型充电波形如图 4-11 所示。

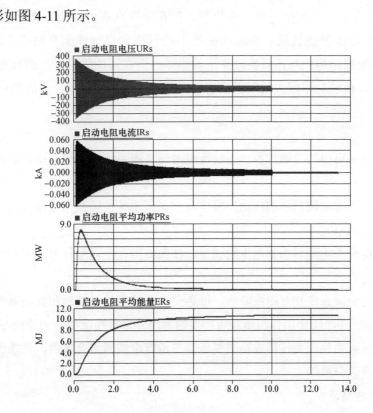

图 4-11　换流站交流侧单独充电时启动电阻的典型充电波形

第三节　换 流 变 压 器

　　柔性直流换流站换流变压器的性能要求与柔性直流输电系统的设计密切相关，根据换流站采用的主接线方式不同，可将柔性直流换流站的换流变压器分为对称单极柔性直流输电换流变压器和双极柔性直流输电换流变压器。对称单极柔性直流输电换流变压器，通常称为联结变压器，在绝缘结构上与常规电力变压器相似，但在中性点接地方式、阀侧绕组最高运行电压、绝缘水平、绝缘配合等方面需要特殊考虑，适用于电压等级较低、传输功率较小的对称单极接线柔直输电工程。双极柔性直流输电换流变压器，也称为（柔直）换流变压器，在绝缘结构上与常规换流变压器相似，但在阀侧绕组最高运行电压、绝缘水平、谐波特性等方面需要特殊考虑，适用于电压等级较高、传输功率较大的双极接线柔直输电工程[5]。本节介绍的换流变压器主要指双极柔性直流输电换流变压器。

一、换流变压器的作用与特点

换流变压器是柔性直流输电系统必不可少的关键设备，在交流电网与直流系统之间起连接和协调作用。

1. 换流变压器主要作用

（1）完成传输功率。利用电磁感应原理实现功率的传输，将电能由交流系统传输到直流系统或由直流系统传输到交流系统，使换流站获得或输出设定的有功功率和无功功率。

（2）进行电压调节。通过有载分接开关实现对阀侧电压的调节，使换流器在不同运行方式下均能工作在最佳电压范围内，以减少谐波和提高换流器的有功和无功输送能力。

（3）实现电气隔离。将直流系统与交流系统相互绝缘隔离，以免交流系统中性点接地和直流系统中性点接地直接短接造成短路；对于采用 YN/d 连接组别的柔直变压器，还能防止由调制模式所产生的零序分量从换流站流向交流系统。

（4）提供换流电抗。换流电抗通常可由换流变压器或换流变压器与桥臂电抗器组合提供，是换流器与交流系统之间能量交换的纽带，同时也可减小输出电压和电流的谐波分量。

2. 换流变压器的运行工况及其性能特点

（1）短路阻抗。为了限制桥臂及直流母线的短路故障电流，要求换流变压器有足够大的短路阻抗。但短路阻抗太大，会增加运行中的无功分量，增大换相压降。综合兼顾这两个方面考虑的短路阻抗一般为 12%～18%，厦门柔直工程换流变压器在额定容量下的短路阻抗为 15%，主分接时允许偏差±3.75%。

（2）直流偏磁。运行中由于交直流线路的耦合导致换流变压器阀侧及网侧绕组的电流中产生直流分量，使换流变压器产生直流偏磁现象，导致其铁心出现周期性饱和，从而发出低频噪声，同时增加损耗和温升。

（3）绝缘。采用对称双极主接线方式柔直换流站的换流变压器阀侧绕组在正常运行时同时承受交、直流电压，从而造成换流变压器的绝缘结构比较复杂。换流变压器与常规电力变压器的内绝缘都采用变压器油和绝缘纸板的复合结构：在交流电压和冲击电压作用下，绝缘结构内部各处的电场呈容性分布，且与材料的介电常数成反比，由于绝缘纸板的介电常数约为变压器油的 2 倍，因此电场同时分布在变压器油和绝缘纸板中，且变压器油承担主要部分。在稳态直流电压作用下，绝缘结构内部各处的电场呈阻性分布，与材料的电导率成反比，由于绝缘纸板的电导率约为变压器油的 1/10～1/500，因此直流电场主要集中在绝缘纸板中。而绝缘材料的电导率又受温度、湿度、电场强度以及加压时间等诸多因素的影响，这又增加了换流变压器内部电场分布的不确定性。

（4）谐波。电压谐波：稳态运行情况下，柔直换流变压器承受的电压除工频分量外，根据接线型式和调制策略的不同还可能包括直流偏置分量和三倍频分量，很少或几乎不含其他频率的谐波分量。在启动过程或其他暂态过程中，所承受的电压可能包含较为丰富的谐波含量。

电流谐波：稳态运行情况下，柔直换流变压器通常主要流过工频分量的电流，很少或几乎不含其他频率的谐波分量。在启动过程或其他暂态过程中，所承受的电流可能包含较为丰富的谐波分量。

换流变压器在启动或其他暂态过程中产生的谐波将使换流变压器损耗和温升增加，产生局部过热，发出高频噪声。因此在换流变压器设计时，应在套管升高座等有较强谐波通过的部位采用非导磁材料，并在绕组两端和油箱壁上分别增加磁屏蔽和电屏蔽。

二、换流变压器的结构组成

换流变压器产品型号组成型式应按 JB/T 3837—2016 中的 "4.2.1 变流变压器" 和 "表 3" 的规定执行，例如 ZZDFPZ-176700/220-320，表示单相、油浸式、绝缘系统温度为 105℃、风冷、强迫油循环、双绕组、有载调压、铜导线、铁心材料为电工钢、额定容量为176700kVA、网侧绕组电压等级为 220kV、阀侧绕组所接换流器的极线侧电压等级为 320kV 的换流变压器。

而 GB/T 37011—2018《柔性直流输电用变压器技术规范》中针对柔直输电用变压器产品型号编制规则进行了进一步的细化。

1. 对称单极柔直变压器

产品型号组成按 JB/T 3837—2016 中 "4.1 和表 1" 的规定执行，但无须给出损耗水平代号，且表示 "特殊用途或特殊结构" 的字母用 "RZ"，例如 DFPZ-RZ-375000/500，表示单相、油浸式、绝缘系统温度为 105℃、风冷、强迫油循环、双绕组、有载调压、铜导线、铁芯材质为电工钢、额定容量为 37500kVA、网侧绕组电压等级为 500kV 的对称单极柔直变压器（或联结变压器）；

2. 双极柔直变压器

产品型号组成仍按 JB/T 3837—2016 中的 "4.2.1 变流变压器" 和 "表 3" 的规定执行，但表示 "用途" 的字母用 "ZR"，则原 ZZDFPZ-176700/220-320 应表示为 ZRDFPZ-176700/220-320。

如图 4-12 所示为 ZZDFPZ-176700/220-320 型换流变压器的三维图，其主要部件有：

图 4-12　ZZDFPZ-176700/220-320 型换流变压器的三维图

（1）本体。柔直换流变压器本体主要包括：

1）油箱。采用桶式结构和槽式加强铁，保证能承受真空度为 13.3Pa 和正压 101kPa 的机械强度；油箱内设备的冷却方式以 OFAF 和 ODAF 两种为主。

2）铁心。采用单相三柱式结构，选用高性能低损耗优质冷轧硅钢片，采用多级接缝可有效降低接缝处的空载电流和损耗，且每隔一定厚度的铁心片间加入 0.5mm 的减震胶垫，以降低铁心磁致伸缩而引起的噪声。铁心夹件用整块钢板制成，铁心柱用环氧玻璃丝粘带绑扎，铁轭用钢制拉带紧固，使整个铁心成为一个牢固的整体。

3）绕组。换流变压器绕组采用单相双绕组结构，网侧绕组、阀侧绕组和调压绕组三个绕组均套在铁心的中间主柱上，外侧两个旁柱不套绕组。如图 4-13 所示为换流变压器绕接线原理示意图，浦园站换流变压器各绕组的排列方式为：铁心-阀侧绕组-网侧绕组-调压绕组，而鹭岛站换流变压器各绕组排列方式为：铁心-调压绕组-网侧绕组-阀侧绕组。

（2）储油柜。储油柜，也称为油枕，有敞开式和密封式两种结构形式[8]。敞开式储油柜中的变压器油通过吸湿器与大气相通，其结构主要由柜体、呼吸管、油位指示装置和吸湿器等组成，如图 4-14 所示，通过吸湿器将储油柜中空气的水分吸收，起到保护变压器油的作用，多用于小容量油浸式变压器和油浸式有载分接开关。密封式储油柜中的变压器油与空气通过耐油橡胶材料隔离，其结构主要由柜体、胶囊、注放油管、油位指示装置、集污盒和吸湿器等组成，如图 4-15 所示，可减少或防止水分和空气进入变压器，有效延缓变压器油和绝缘部件的老化，柔直换流变压器多采用胶囊密封式储油柜。

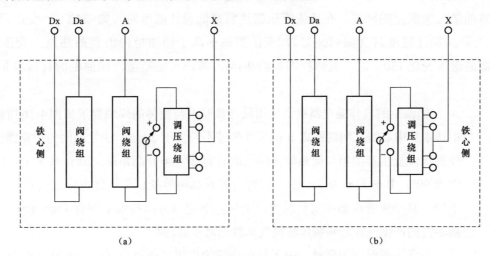

图 4-13　换流变压器绕组接线原理图

（a）浦园站换流变压器绕组接线示意；（b）鹭岛站换流变压器绕组接线示意

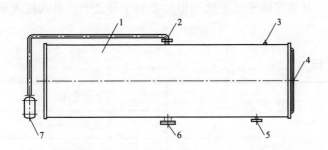

图 4-14　敞开式储油柜结构示意图

1—柜体；2—呼吸管接口；3—补油塞子（如需要）；4—油位指示装置；

5—注放油管接口（如需要）；6—气体继电器接口；7—吸湿器

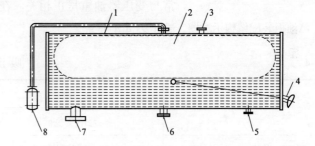

图 4-15　胶囊密封式储油柜结构示意图

1—柜体；2—胶囊；3—放气管接口；4—油位指示装置；5—注放油管接口；

6—气体继电器接口；7—集污盒；8—吸湿器

环境温度和换流变压器负载变化将造成变压器油的温度和体积是在一定范围内变化，储油柜的额定补偿容积应能满足换流变压器设计温度范围内变压器油最大膨胀量的需要，在换流变压器达到最低设计温度时（如−25℃），变压器油不低于储油柜内的最低油位；在换流变压器达到最高设计温度时（如+105℃），变压器油不高于储油柜内的最高油位。变压器油的热膨胀系数约为0.0007每摄氏度，则变压器油温度变化130℃时，其体积增加约9.1%，考虑一定裕量，储油柜的有效容积通常按变压器总油量的10%～12%设计。

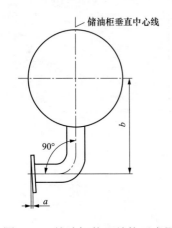

图 4-16 储油柜装配结构示意图

储油柜的气体继电器联管采用硬连接时，与柜体的焊装要求如图4-16所示，其联管水平中心线与柜体水平中心线之间的距离 b 的尺寸偏差不应大于 2mm，法兰端面与铅垂面倾斜量 a 应为 0～2mm，使得换流变压器油箱与储油柜之间的联管有 2°～4°升高角度；联管水平中心线与柜体垂直中心线的角度为 90°，其偏差应为 0°～2°。同时套管升高座等处积集气体也应通过带坡度的集气总管引向气体继电器，且换流变压器在安装时也应沿气体继电器方向与水平面有 1%～1.5%的升高坡度，以保证变压器油内的产生气体能顺畅地流向气体继电器和储油柜。

当变压器温度下降时，由于热胀冷缩的作用，外界空气会进入储油柜中，吸湿器的作用就是滤除进入储油柜的空气中所包含的湿气，从而防止由于湿气造成绝缘降低和在储油柜内形成冷凝水，所以吸湿器对于换流变压器的稳定运行有着非常重要的作用。吸湿剂是吸湿器的主体部分，其填装质量通常与变压器油重呈正相关，在实际选用中，其重量应不低于储油柜油重的千分之一，且其技术指标应满足表4-4要求。

表 4-4 　　　　　　　　　　　　　　　　　吸 湿 剂 技 术 指 标

项 目	指标	项 目	指标
	无钴变色硅胶		无钴变色硅胶
形状	球状颗粒	外观	橙黄色
颗粒大小	3mm～5mm	显色（50%RH）	墨绿色

油位指示装置可用来实时指示储油柜内的油位情况，以 AKM 67/69 系列油位计为例，采用液压机械测量系统来保证高的测量准

确度，通常由浮子、传感器、毛细连接管、指示仪表盘等组成，如图 4-17 所示，浮子有侧面、底部和顶部三种安装方式，连杆长度为 500～2000mm，使油位最大变化对应浮子连杆转动 57°。

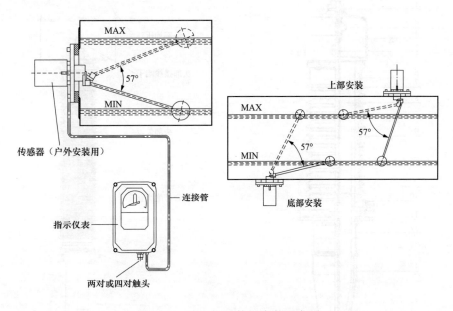

图 4-17　油位指示装置安装示意图

（3）套管。换流变压器套管可分为网侧电容式套管和阀侧干式套管两类，如图 4-18 所示，套管的最小爬电比距应不小于 25mm/kV，且阀侧套管绝缘水平相比于绕组绝缘水平提高 1.15 倍。若阀侧套管采用插入室内的安装方式，墙壁上的开口应采用进行封堵，且应按保证承受 3h 火灾的要求进行密封。

（4）冷却器。换流变压器冷却器通常为强迫油循环风冷却型，它是利用潜油泵将换流变压器上层的高温油导入换流变压器底部，形成换流变压器整个油回路的循环，中间通过散热器对绝缘油进行冷却，如图 4-19 所示。一般每台换流变压器配有 4 组冷却器，其中 1 组为备用冷却器，在最大环境温度，额定容量情况下，投入三组冷却器就可以长期运行，在 1.1 倍长期过负荷或 1.2 倍短时过负荷情况下，备用冷却器可以投入运行。每组冷却器有 3 或 4 个风扇，1 台潜油泵及油流指示器组成，冷却器与换流变压器本体油管路之间、冷却器油泵的进出油口均设有隔离阀门，便于更换冷却器和潜油泵。

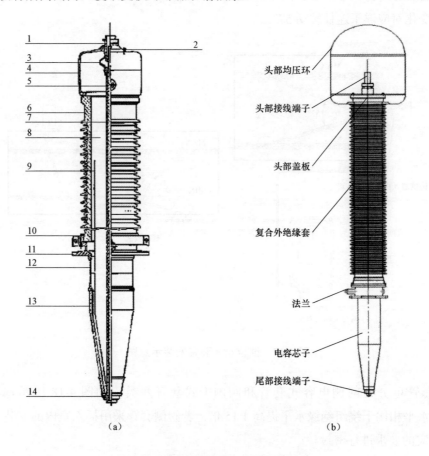

图 4-18　换流变压器套管结构示意图

（a）网侧瓷套管；（b）阀侧干式套管

1—顶端螺母；2—密封塞；3—柔性连接；4—顶部油室；5—油位表；6—瓷绝缘子（空气侧）；7—预应力管；8—变压器油；

9—电容芯体；10—压紧环；11—安装法兰；12—安装电流互感器的延伸部；13—瓷绝缘子（油侧）；14—末端螺母

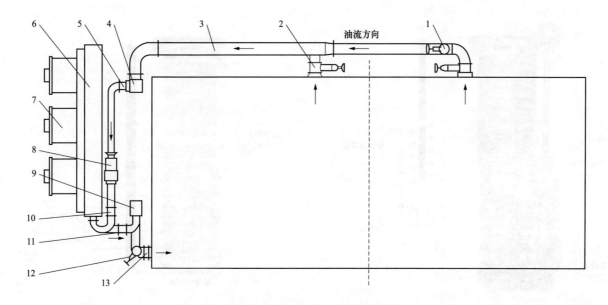

图 4-19 换流变压器冷却系统示意图

1—冷却器油处理用出油阀；2—油箱到冷却器出油阀；3—导油管；4—上汇流管；5—泵前阀；6—冷却器本体；7—冷却器风扇；

8—潜油泵；9—下汇流管；10—泵后阀；11—冷却回路放油阀；12—冷却器油处理用进油阀；13—冷却器油到油箱进油阀

为了使换流变压器在具有较高冷却能力的同时，又避免产生油流带电现象，需通过计算对油流速度进行控制，保证在四组冷却器全开时通过绕组表面的最高油流速度不大于 0.5m/s，保证在只有一组冷却器工作时通过绕组表面的平均油流速度不低于 0.1m/s。

（5）有载分接开关。换流变压器有载分接开关是指能在换流变压器励磁或负载状态下，通过逐级调节绕组分接头的方式改变电压比，来实现调整换流变压器输出电压的装置。有载分接开关在切花过程中必须满足的技术条件：一是负载回路不断路，保证电流是连续的；二是保证绕组分接头间不发生短路。因此则必须在换流变压器相邻绕组分接头之间串入合适的过渡电阻（或电抗），既可以保证切换时电流的连续性，又可以限制分接头间的循环电流，防止发生短路。

有载分接开关按结构形式分有组合型和复合型两种，如图 4-20 所示，组合型有载分接开关由切换开关、分接选择器和操作机构三个部分组成；复合型有载分接开关的切换开关和分接选择器合并为一体，称为选择开关。

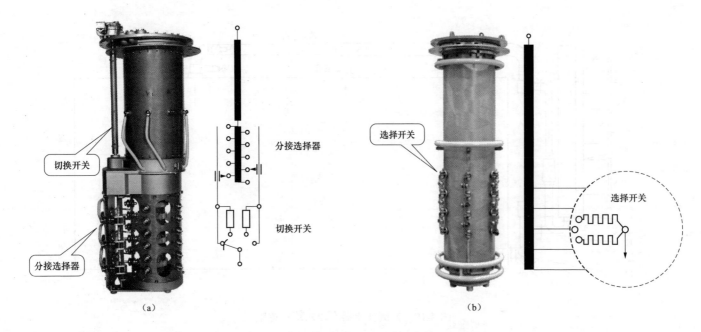

图 4-20　油浸式有载分接开关结构及接线原理图

（a）组合型；（b）复合型

　　有载分接开关按过渡阻抗又可分为电阻式和电抗式两类，按绝缘介质也可分为油浸式、真空式、SF$_6$式等。其中以油浸式组合型有载分接开关应用最为广泛，以厦门柔直工程换流变压器的有载调压分接开关为例，其切换原理如图 4-21 所示，网侧绕组和调压绕组串联连接，调压绕组引出 9 个抽头分别与分接选择器的 9 个触头连接。分接选择器的触头分两层环形布置，奇数编号触头在下层，偶数编号触头在上层，每层分接选择器再通过导线与切换开关及过渡电阻连接。有载分接开关共有 17 档，每档电压调节为 1.25%，其切换原理为：

　　1）假设此时有载分接开关处于第 8 档。如图 4-21（a）所示，主回路电流流经分接选择器 8 号触头（上层）和切换开关 B1 触头；

　　2）向第 9 档切换。如图 4-21（b）所示，分接选择器下层先由 7 号触头切换至 9 号触头，切换开关再由 B1 触头经 B2、A2 触头切换至 A1 触头（保证切换过程中电流连续），切换完成如图 4-21（c）所示，主回路电流流经 9 号触头（下层）和切换开关

A1 触头；

3）切换至 9a 档。如图 4-21（d）所示，分接选择器上层先由 8 号触头切换至 K 触头，切换开关再由 A1 触头切换至 B1 触头，主回路电流不流经调压绕组；

4）切换至 9b 档。如图 4-21（e）所示，分接选择器先由 9 号触头切换至 1 号触头，极性选择器由"+"极切换至"–"极，切换开关再由 B1 触头切换至 A1 触头，主回路电流流经 1 号触头（下层）和 A1 触头；

5）切换至 10 档。如图 4-21（f）所示，分接选择器先由 K 触头切换至 2 号触头，切换开关再由 A1 触头切换至 B1 触头，主回路电流流经 2 号触头（上层）和 B1 触头。

（6）气体继电器。气体继电器，又称瓦斯继电器，是换流变压器的一种非电量保护装置，当变压器油因故障而分接产生气体或造成油流涌动时，气体继电器相应的干簧触点动作，发出轻瓦斯告警信号或重瓦斯动作信号。

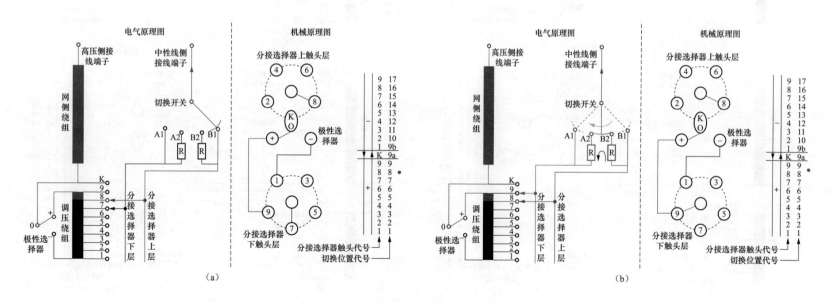

图 4-21　组合型有载分接开关切换原理（一）

（a）有载分接开关处于第 8 档；（b）有载分接开关切由第 8 档向第 9 档切换

— 135 —

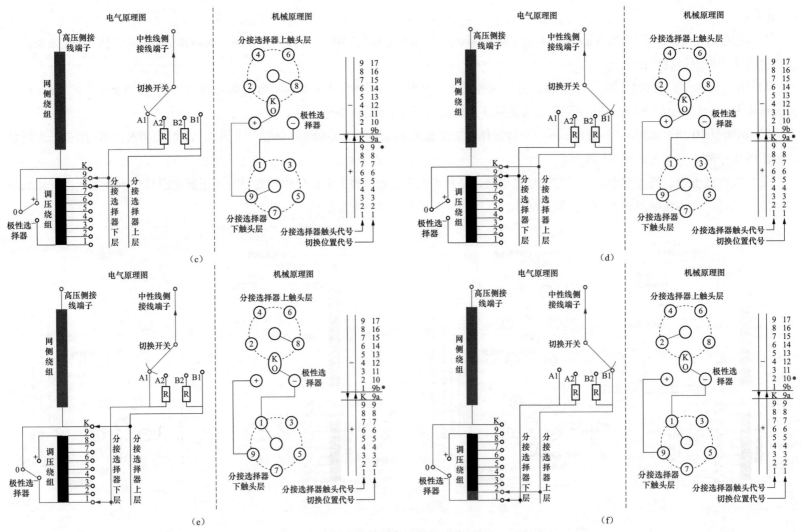

图 4-21　组合型有载分接开关切换原理（二）

（c）有载分接开关切换至第 9 档；（d）有载分接开关切换至第 9a 档；（e）有载分接开关切换至第 9b 档（转换极性）；（f）有载分接开关切换至第 10 档

如图4-22所示，气体继电器安装在储油柜和油箱之间的管道上，沿储油柜方向有2°～4°升高角度，正常运行时气体继电器内部充满变压器油。根据《国家电网有限公司十八项电网重大反事故措施（2018年修订版）》9.3.1.2要求：220kV及以上变压器本体应采用双浮球并带挡板结构的气体继电器，其典型结构如图4-23所示。

1）轻瓦斯动作原理：当变压器油因轻微故障分解产生的气体时，这些气体逐渐聚集在气体继电器拱顶部位，迫使其内部变压器油面下降，上浮球也随之向下运动；若聚集的气体量达到整定值（约为200～300mL）后，上浮球恒磁磁铁带动上系统开关管接点动作，发出轻瓦斯告警信号，其余产生的气体则将沿着管道流向储油柜。

2）变压器油泄漏监测原理：当变压器油发生泄漏使得气体继电器油面下降时，上浮球先随着油面下降向下运动，发出轻瓦斯告警信号；若变压器油继续流失，油面继续下降，此时下浮球将随之向下运动，下浮球恒磁磁铁带动下系统开关管接点动作，发出重瓦斯动作信号，断开换流变压器网侧断路器。

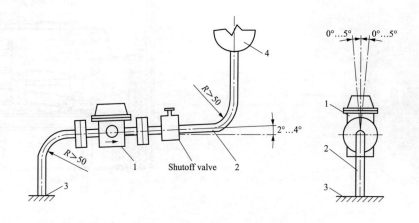

图4-22　气体继电器安装示意图

1—气体继电器；2—联管；3—油箱；4—储油柜

3）重瓦斯动作原理：当换流变压器内部发生严重故障时，产生的强烈气体推动油流冲向储油柜，变压器油流速超过气体继电器挡板整定值后，挡板发生转动，带动下浮球恒磁磁铁使下系统开关管接点动作，发出重瓦斯信号，断开换流变压器网侧断路器。

（7）压力释放阀。压力释放阀是换流变压器的一种压力保护装置，当换流变压器内部有严重故障时，油分解产生大量气体，造成油箱内压力急剧升高，压力释放阀降将及时打开，排出部分变压器油，降低油箱内的压力。待油箱内的压力降低后，压力释放阀将自动闭合，保持油箱的密封。

压力释放阀典型结构组成如图 4-24 所示，阀盘在弹簧组的作用下压紧在阀座的密封垫上，弹簧组的预应力可调，由通过螺丝固

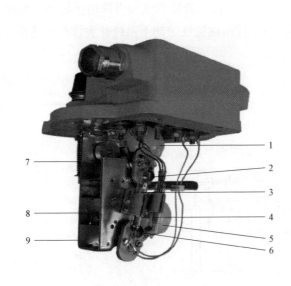

图 4-23　双浮球带挡板气体继电器结构

1—上浮球；2—上浮球恒磁磁铁；3—上系统开关管；

4—下系统开关管；5—下浮球；6—下浮球恒磁磁铁；

7—测试机构；8—挡板；9—框架

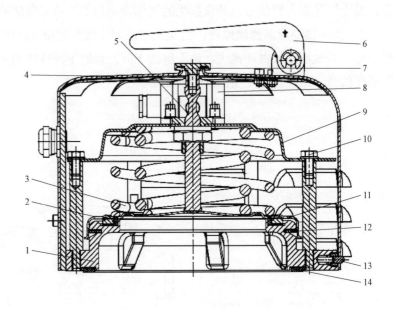

图 4-24　压力释放阀结构示意图

1—压力释放阀阀体；2—密封垫；3—弹簧组；

4—外罩；5—信号杆；6—信号杆把手；7—信号杆顶帽；

8—微动开关；9—压盖；10—固定螺丝；11—阀盘；

12—侧边密封垫；13—止动销；14—阀体下部密封垫

定在阀体上的压盖提供。如果阀盘下部的变压器油压力超过弹簧组的动作压力，则阀盘将迅速打开（动作时间应在 2ms 内），使换流变压器内部压力恢复正常，同时将带颜色的信号杆弹出外罩，并通过微动开关发出压力释放阀动作信号；随后，阀盘在弹簧组的作用下重新恢复密封，此过程油箱内部压力均高于大气压力，可保证外部的空气和水分不会进入油箱，不仅可以使变压器油免遭大气污染，而且更重要的是在事故过程中能安全隔绝空气，阻断其助燃条件，使油箱内不会发生起火爆炸。

（8）温度测量装置。温度测量装置是用来监视换流变压器运行温度的重要组件，当换流变压器油或绕组运行温度超出设定值时，测温装置可启动冷却器使换流变压器运行在允许的温度范围内，同时发出告警信号提醒运行人员注意换流变压器的运行状态。目前油温测量装置的原理主要有：

1）直接测量法。通过直接埋设传感器的方式实现温度测量，如在油箱顶部安装水银温度计和 PT100 铂电阻传感器测量顶层油温；在变压器绕组制造过程中埋入测温光纤，对绕组温度进行精确测量，但存在维护复杂、成本昂贵等不足，主要用于换流变压器试验过程中校对热模拟测量误差。

2）热模拟测量法。根据换流变压器负载损耗与负载电流平方成正比关系而发展的一种绕组温度测量方法，在顶层油温表的基础上配备一个的电流匹配器和电热元件，通过温度叠加来反映绕组温度。该方法具有实现简单、适用性广等优点，但存在误差较大的不足。

3）间接计算测量法。根据油浸式电力变压器绕组热点计算公式，通过计算个中关键参数和负载电流值来计算绕组热点温度。该方法具有一定精度，但计算参数及其影响因素较多，在实现和适用性上存在不足。

在实际应用中，换流变压器通常采用温度计直接测量油箱顶层油温，采用基于热模拟测量原理的温度计结合负载电流测量网侧和阀侧绕组温度，如图 4-25 所示为测量绕组温度的指针式温度计，配置将温度转化为 4～20mA 模拟信号传感器。

绕组温度计通过换流变压器电流互感器提供的二次电流（I_W）对加热电阻进行加热，实现与绕组温度的同步，其接线原理如图 4-26 所示，根据额定载荷时绕组和顶层油温之间的温差，参照温度计的梯度调节曲线，通过调节电阻改变加热电流（I_H）的大小，从而对加热电阻的发热功率进行标定。将图 4-25（b）中的调节电阻向右转则升高加热电流，向左转则降低加热电流，加热电流值可通过高阻电压表读取。

三、换流变压器的技术参数

换流变压器主要技术参数如表 4-5 所示，应能在 110%负荷能力下长期运行，在 120%的额定负荷电流下能安全至少运行 2h。

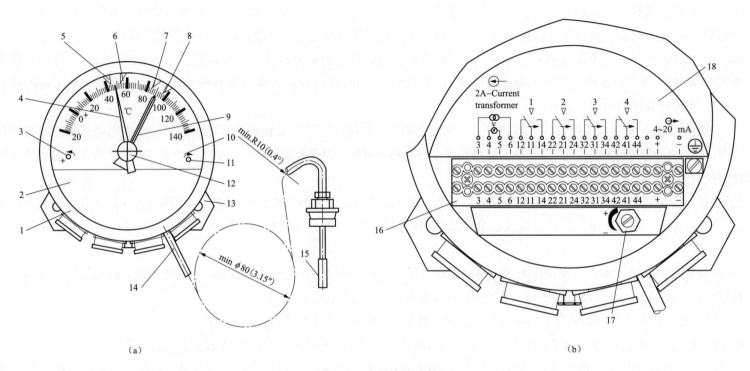

图 4-25　指针式温度计

（a）外观结构；（b）电气连接（盖板下）

1—表盘；2—盖板；3—指针校准调节螺母；4—指针；5~8—微动开关告警位置；9—最大读数指针；

10—电位器 ZERO；11—电位器 SPAN；12—指针调节旋钮；13—固定底板；14—毛细管；

15—温度传感器；16—接线端子；17—调节电阻；18—接线图

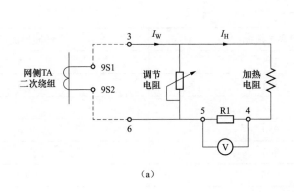

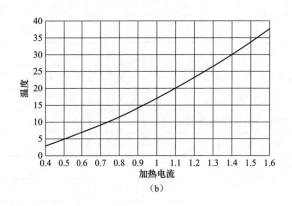

（a）

（b）

图 4-26　网侧绕组温度计热模拟原理

（a）接线原理图；（b）温度梯度调节曲线

表 4-5　　　　　　　　　　　　　　　　　　　　　**换流变压器主要技术参数**

序号	项　　　　目	单位	鹭岛换流站	浦园换流站
1	厂家	—	山东电力设备有限公司	特变电工沈阳变压器集团有限公司
2	变压器型式	—	油浸式	油浸式
3	相数	—	单相双绕组	单相双绕组
4	额定容量	MVA	176.7/176.7	176.7/176.7
5	额定电压及分接范围	kV	$230/\sqrt{3}$（+8/−8）×1.25%/166.57	$230/\sqrt{3}$（+8/−8）×1.25%/166.57
6	调压方式	—	有载调压	有载调压
7	额定电流	A	1330.7/1060.8	1330.45/1060.62
8	冷却方式	—	OFAF	ODAF
9	连接组标号	—	Ii0（三相 YnD7）	Ii0（三相 YnD7）
10	绝缘水平			
（1）	短时工频耐受电压（方均根值）：			

序号	项　目	单位	鹭岛换流站	浦园换流站
	230kV 侧（网侧）	kV	395	395
	166.57kV 侧（阀侧）	kV	395	395
（2）	雷电全波/截波冲击耐受电压（峰值）			
	230kV 侧（网侧）	kV	950	950
	166.57kV 侧（阀侧）	kV	900	900
11	空载电流	%	0.25	≤0.45
12	空载损耗	kW	95	≤85
13	负载损耗	kW	390	≤380
14	总损耗	kW	485	≤445
15	短路阻抗	%	15	15
16	绕组电阻			
（1）	230kV 侧（网侧）	Ω	≈0.07	≈0.096
（2）	166.57kV 侧（阀侧）	Ω	≈0.125	≈0.11
17	温升限值			
（1）	绕组平均温升	K	55	52
（2）	顶层油温升	K	50	47
（3）	铁心、结构件温升	K	75	72
18	噪声水平	dB	≤75	≤75
19	可承受的 2 秒对称短路电流	kA	20	网侧峰值：27.88 阀侧峰值：20
20	套管			
（1）	型式	—	瓷（网侧），复合（阀侧）	瓷（网侧），复合（阀侧）
（2）	最小爬电比距	mm/kV	≥25	≥25

第四节 电压源换流器

一、电压源换流器工作原理

厦门柔直换流器拓扑结构如图 4-27 所示，由 6 个桥臂组成，每个桥臂由一定数量的子模块和一个桥臂电抗器串联组成。每个子模块由一个 IGBT 半桥和直流储能电容构成，通过改变各桥臂投入运行的子模块数量和时间，就可以灵活改变换流器的输出电压(即 δ 和 U_c)，从而达到设定的控制目标。

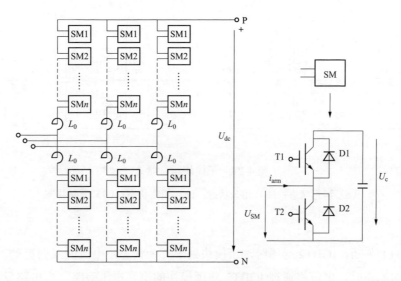

图 4-27 模块化多电平换流器的拓扑结构

在换流器运行过程中，子模块可能出现如图 4-28 所示的四种工作状态，图中带箭头的虚线表示各种运行状态下，通过子模块的电流路径及方向。

1. 运行状态

如图 4-28 (a) 所示，当 IGBT1 导通，IGBT2 关断时，子模块处于正常运行状态，电流能双向流动，子模块的输出端电压都表现

— 143 —

为电容电压。当电流流向直流侧电源正极(定义其为电流的正方向)时，电流将通过 IGBT1 的续流二极管 D1 流入电容，对电容充电；当电流反向流动时，电流将通过 IGBT1 为电容放电。在换流器运行状态下，任何时刻相上下桥臂共有 200 个子模块处于运行状态。

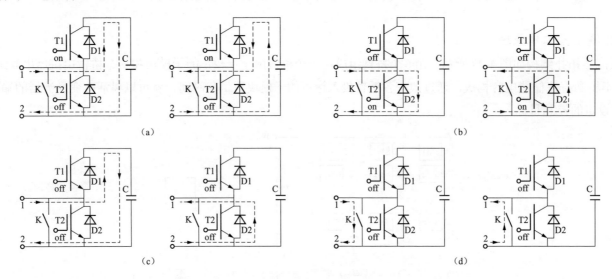

图 4-28 子模块运行状态

(a) 运行状态；(b) 冗余状态；(c) 闭锁状态；(d) 旁路状态

2. 冗余状态

如图 4-28 (b) 所示，当 IGBT1 关断，IGBT2 导通时，子模块处于冗余状态，电流能双向流动，子模块输出端引出的仅是开关器件的通态压降，约为零电压。正向流通时，电流将通过 IGBT2 将子模块的电容电压旁路；当电路反向流通时，将通过续流二极管 D2 将电容旁路。在换流器运行状态下，除处于旁路状态和运行状态之外的所有子模块均处于冗余状态，并且不断低在运行和冗余状态之间切换，以保持电容电压稳定在合适范围内。

3. 闭锁状态

如图 4-28 (c) 所示，当两个 IGBT 模块都关断时，子模块处于闭锁状态。当电流正向流动时，则电流流过 IGBT1 的续流二极管 D1 向电容充电；当电流反向流动，则将直接通过 IGBT2 的续流二极管 D2 将子模块旁路。当直流侧出现短路故障或换流阀处于不控整流充电阶段时，换流器所有子模块均处于闭锁状态。

4. 旁路状态

如图 4-28 (d) 所示，当子模块控制单元检测到内部部件或通信发生故障时，通过触发旁开开关 K 将相应的 IGBT 子模块整体旁路，对故障子模块进行强制隔离，使之退出运行状态，而不影响整个换流器的正常工作。电流通过旁路开关能够双向流动，子模块的输出端电压约为零。单个桥臂旁路子模块数量达到 10 个时应引起注意，当旁路子模块数量达到 16 个及以上时，换流器将因为失去冗余子模块而导致极闭锁故障发生。

二、电压源流阀的结构组成

厦门柔直换流阀采用模块化、多电平结构，每个换流站共有 1 号、2 号两极换流阀，如图 4-29 所示，每极换流阀由 18 座阀塔构成，每个阀塔分为 3 层结构，每层 4 个阀模块，每个阀模块包含 6 个子模块，全站两极共有 2592 个子模块。

阀塔采用双联塔形式，12 点卧式绝缘子支撑，并联式水冷管路，子模块、阀模块、阀塔三级屏蔽设计。核心器件为 3300V/1500A 全控型 IGBT，如图 4-30 所示，是世界首套 1000MW/±320kV 柔性直流输电换流阀，通过了 KEMA 见证的全部型式试验。

图 4-29　厦门柔直换流阀（单极）

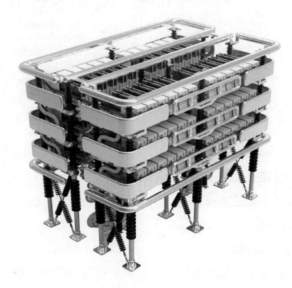

图 4-30　厦门柔直工程阀塔 3D 模型图

IGBT 子模块是换流阀的最小电气单元，其结构如图 4-31 所示，主要由以下 8 个部分组成：旁路开关、晶闸管、直流电容器、均压电阻、直流取能电源、子模块控制器（CLC+GDU）、和散热器 IGBT 模块（IGBT-二极管反并联对）。

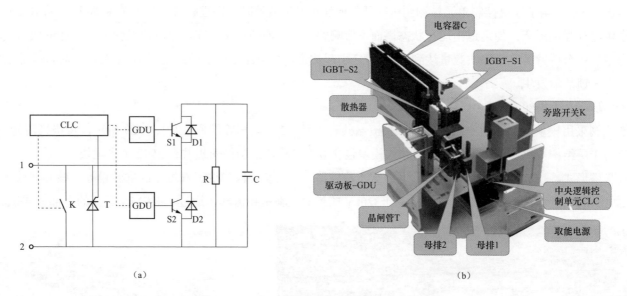

（a）

（b）

图 4-31 IGBT 子模块电气原理及结构剖视图

（a）子横块电气原理图；（b）换流阀子横块剖视图

1. 旁路开关

旁路开关与下 IGBT（S2）模块并联运行，主要作用是隔离故障子模块，使其从主电路中完全隔离出去而不影响设备其余部分的正常运行（见图 4-32）。额定电压设计为 3.6kV，额定电流为 1250A，合闸时间为小于等于 3ms，顶部绝缘件为环氧树脂材料，其阻燃性为 UL94-V0。

2. 晶闸管

直流系统短路故障时，控制系统发出晶闸管触发命令，分流通过续流二极管的短路电流，有效避免续流二极管的热击穿，保护子模块主元件。如图 4-33 所示，晶闸管选用全压接型普通晶闸管，外部绝缘材料分别为阻燃性塑料和陶瓷，可保证其在承受过电压过电流的情况下不出现可燃；断态重复峰值电压为 3400V，通态平均电流为 3200A；短路故障时晶闸管最大分流比达到 91.5%，保证 IGBT 换流阀可耐受峰值不小于 35kA。

图 4-32　旁路开关外观结构

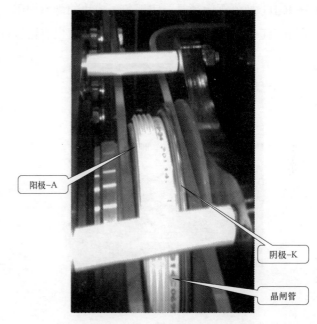

图 4-33　晶闸管外观结构

3. 直流电容器

如图 4-34 所示，直流电容器选用无油干式电容器，具备阻燃、防爆功能；额定直流电压为 2100V，设计电容值为 10000μF。主要作用为：

（1）与 IGBT 器件共同控制换流器交流侧和直流侧交换的功率；

（2）抑制功率传输在换流器内部引起的电压波动。

4. 直流均压电阻（直流放电电阻）

如图 4-35 所示，直流均压电阻采用间接水冷模式的厚膜电阻，其主要结构为电阻片贴在铜板并通过铜板散热，外部主要绝缘材料为聚酰胺，具备阻燃特性；电阻值为 25kΩ，额定电压为 3500V，额定功耗 600W，换流阀闭锁后的自然放电时间常数为 250s。

主要作用：

（1）在 IGBT 换流阀闭锁时，实现各子模块的静态均压；

（2）在 IGBT 换流阀停运时，对各子模块直流电容器进行放电。

图 4-34　直流电容器外观结构

图 4-35　直流均压电阻外观结构

5. 直流取能电源

直流取能电源外观结构如图 4-36 所示，当输入电压由 0 上升至 400Vdc 时，取能电源板导通输出，在此之前闭锁输出；取能电源板导通之后，在输入电压 350Vdc～3000Vdc 时均能正常工作，否则闭锁输出（过压恢复电压 2700Vdc）。

主要作用：

（1）为子模块的中控板（CLC）和 IGBT 驱动板（GDU）提供 15Vdc 电源；

（2）为旁路开关的储能电容提供 400Vdc 的电源。

6. 子模块控制器（SMC）

子模块控制器（SMC）由一个中央逻辑控制器（CLC）和两个门极驱动单元（GDU）组成，如图 4-37 所示。

子模块控制器的原理如图 4-38 所示，其中 CLC 通过两根光纤和 VBC 进行串行通信，接收 VBC 下发的子模块控制命令，并将子模块的状态上报给 VBC；同时，CLC 实现子模块自身的一些控制保护逻辑，当检测到子模块出现故障时，将故障子模块旁路，并将故障信息上报给 VBC。主要实现以下子模块级保护功能：

图 4-36　直流取能电源外观结构

（1）取能电源故障保护。防止由于取能电源故障而引起 SMC 失电造成模块的误动作。

（2）IGBT 过压保护。防止子模块电容电压过高损坏 IGBT 等器件。

（3）光通信保护。将与 VBC 光通信故障引起的不受控子模块旁路。

（4）电压采集通路故障保护。电压采集通路故障保护。

为保证 CLC（位于子模块地电位）与不同电位的 GDU（位于 IGBT 的 E 极电位）之间在电气上的完全隔离，每块 GDU 和 CLC 之间通过 2 根光缆通过串行完成数据通信：一根用于 SMC 向 GDU 发送 IGBT 触发和闭锁脉冲；一根用于 GDU 向 CLC 回传 IGBT 正常触发和关断信息以及过流、欠压等故障信息。每个 GDU 实时监测 IGBT 工况，当检测到 IGBT 出现过流、欠压等故障时，GDU 将故障信息以编码的形式传给 CLC，同时闭锁 IGBT。其中，GDU 的过流保护值可以根据系统要求，通过修改软件或硬件来实现。主要实现以下保护功能：

1）IGBT 过流保护。防止过流故障引起 IGBT 等器件损坏。

2）IGBT 驱动故障保护。防止由于 IGBT 驱动故障引起的 IGBT 无法正常触发和关断。

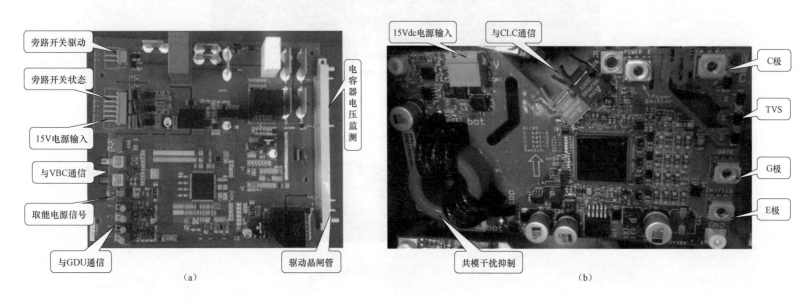

图 4-37　子模块控制器组成

（a）CLC 电路板；（b）GDL 电路板

7. 水冷散热器

散热器材料选用采用 6 系列合金，具有中等强度、良好的塑性、优良的耐蚀性及冷加工性好等特点。IGBT 散热器通过较小口径的 PVDF 管连接起来。PVDF 管的接头上配有采用三元乙丙橡胶材料的 O 型密封圈，管接头与散热器间采用螺纹连接；支路水流量均匀，且不小于 6L/min。

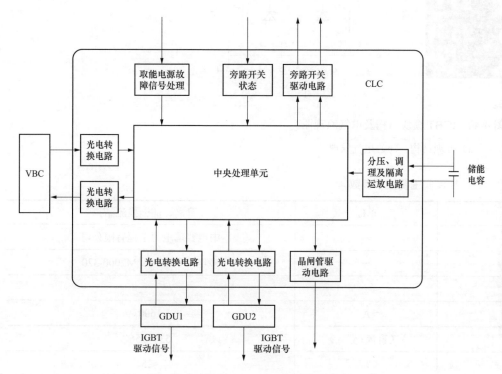

图 4-38　子模块控制器原理框图

图 4-39　散热器安装结构图

8. IGBT 模块

焊接式 IGBT 模块外观结构及原理如图 4-40 所示，额定电压 V_{ce}=3300V，额定电流 I_c=1500A，驱动电压 U_{ge}≤±20V，其内部包含 IGBT 芯片和反并联二极管，是柔性直流的核心功率器件。

三、换流阀的技术参数

换流阀主要技术参数如表 4-6 所示。

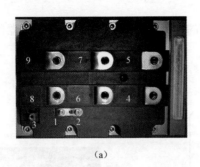
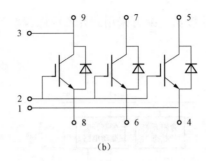

(a) (b)

图 4-40 IGBT 模块结构及电气原理图

（a）外观结构；（b）电气原理

表 4-6 换流阀主要技术参数

序号	项　　目	单位	鹭岛、浦园换流站
1	厂家	—	中电普瑞电力工程有限公司
（1）	型号	—	多电平 IGBT 阀 M2000-320
2	电流额定值	—	
（1）	系统额定直流电流（I_{dN}）	A	1600
（2）	长期运行电流	A（直流+交流）	534+956
（3）	桥臂环流	%	≤5
（4）	阀交流侧电流不平衡度	%	≤1
3	电压额定值	—	
（1）	标称直流电压，极-中性点（U_{dRN}）	kV	320
（2）	额定运行时最小持续直流电压，极-地	kV	323.2
（3）	额定运行时最小持续直流电压，极-地	kV	316.4
（4）	暂态电压（最大运行电压）	kV	640

序号	项　目	单位	鹭岛、浦园换流站
（5）	额定交流系统电压（线电压有效值）	kV	230
4	调制比		
（1）	额定调制比	—	0.85
（2）	稳态运行最大调制比	—	0.95
（3）	稳态运行最小调制比	—	0.75
（4）	暂态运行最大调制比	—	1.0
（5）	暂态运行最小调制比	—	0.7
5	IGBT 换流阀的暂态电流		
（1）	带后续闭锁 1ms 时最大阀短路电流峰值耐受建议值	kA	8.7
（2）	短路电流峰值耐受（5 周波）	kA	35
6	绝缘水平		
（1）	子模块 LIWL	kV	3.3
（2）	阀顶端对地 SIWL	kV	850
（3）	桥臂电抗器阀侧端对地 SIWL	kV	850
（4）	中性线对地 SIWL	kV	200
（5）	阀两端间 SIWL	kV	1175

第五章　真双极接线柔性直流换流站顺序控制及其防误策略

第一节　接线方式及其运行方式

一、真双极换流站接线方式

送端换流站电气主接线图如图 5-1 所示。

受端换流站电气接线图如图 5-2 所示。

二、真双极换流站运行方式及其控制方式

1. 真双极柔直换流站运行方式（见图 5-3）

（1）双极带金属回线单端接地运行；

（2）单极带金属回线单端接地运行；

（3）双极不带金属回线双端接地运行（临时运行方式）；

（4）换流站独立静止同步无功补偿（STATCOM）运行；

（5）加压试验方式（OLT）。

2. 柔直换流站控制模式组合

（1）换流站正常运行时有四种控制模式组合，一般采用第一种控制模式组合（见表 5-1）。

（2）有功类控制模式选取原则。

1）定直流电压控制：直流电压的有效控制是柔性直流输电系统安全稳定运行的基础，运行中需满足以下要求：

a. 正常运行时，直流联网换流站中必须有且只有一个换流站采用定直流电压控制。

b. 正常情况下，承担定直流电压控制的换流站为受端换流站。

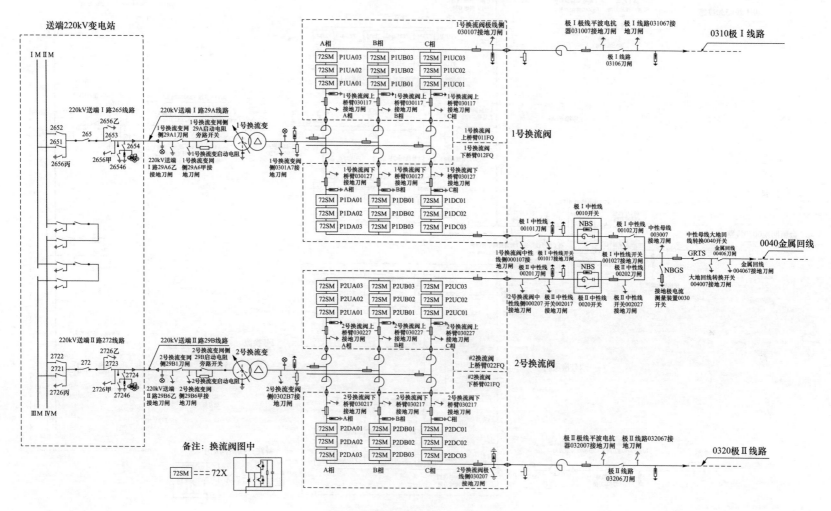

图 5-1 送端换流站电气主接线图

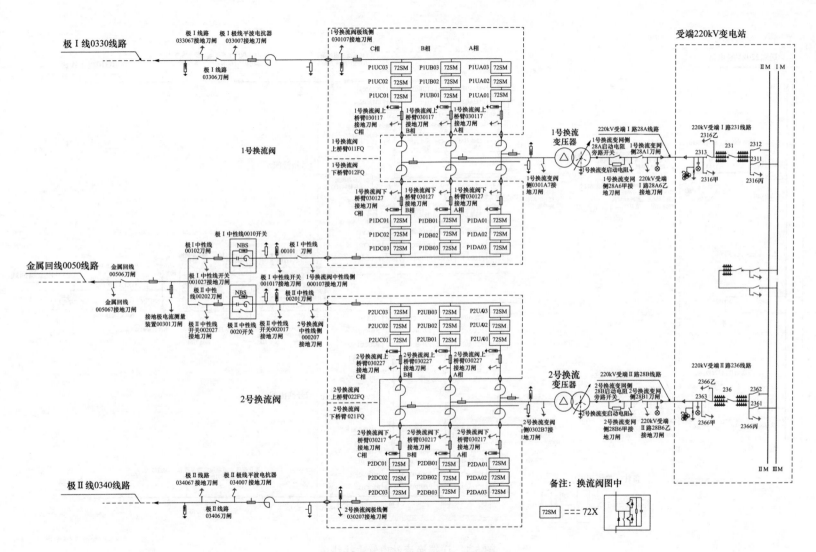

图 5-2 受端换流站电气主接线图

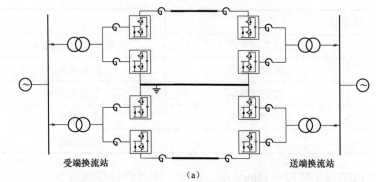

（a）

注：双极额定可带1000MW负荷，一极故障另一极可独立运行，单极可带500MW负荷

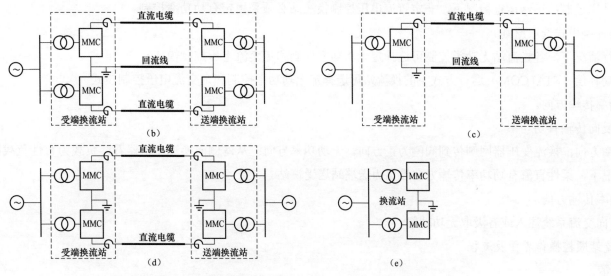

图 5-3　真双极接线柔性直流正常运行方式和其他运行方式

（a）真双极接线；（b）双极带金属回线单端接地运行；（c）单极带金属回线单端接地运行；（d）双极不带金属回线双端接地运行；

（e）换流站独立静止同步无功补偿（STATCOM）运行

表 5-1 柔直换流站四种控制模式组合

序号	送端站		受端站	
	有功类控制模式	无功类控制模式	有功类控制模式	无功类控制模式
1	定有功功率	定无功功率	定直流电压	定无功功率
2	定有功功率	定无功功率	定直流电压	定交流电压
3	定有功功率	定交流电压	定直流电压	定无功功率
4	定有功功率	定交流电压	定直流电压	定交流电压

c. 正常情况下柔性直流以额定电压运行，即以±320kV 电压运行，不考虑降压运行。

2）定有功功率控制：正常运行情况下，非定直流电压控制换流站必须采用定有功功率控制。

（3）无功类控制模式选取原则。

1）正常运行情况下，各换流站无功类控制可选择定无功功率控制和定交流电压控制模式。

2）静态无功补偿（STATCOM）运行方式下的换流站可选择定无功功率控制和定交流电压控制模式。

（4）有功功率传输方向。

1）正向和反向传输有功功率。

2）有功功率方向：换流变压器网侧传到阀侧为正方向。无功功率方向：从网侧向换流变压器看，负载为容性负载则无功为正。

3）正常情况下，柔性直流有功功率传输方向设定为送端站送受端站。

（5）无功功率传输方向。

两换流站可向交流系统注入或者汲取无功功率。

3. 柔直换流站顺控操作界面及流程

如图 5-4 所示。

4. 柔直换流站充电准备就绪（RFE 状态）顺控逻辑界面

当 RFE 状态指示灯变为红色时，才能合交流开关，给换流阀充电：充电完成后，启动电阻旁路开关合上，断电状态指示灯变为绿色，RFE 状态指示灯变为绿色，带电状态指示灯变为红色（如图 5-5 所示）。

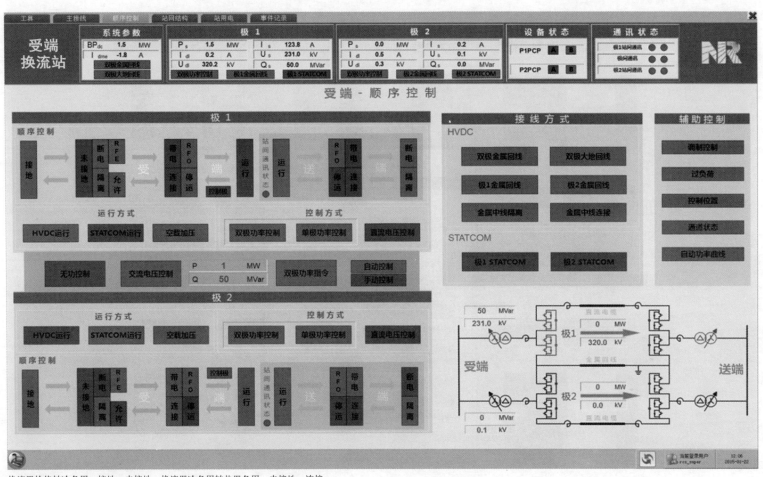

换流器检修转冷备用：接地→未接地；换流器冷备用转热备用：未接地→连接；

换流器热备用转运行：连接→运行。

金属回线及中性母线由冷备用转运行：金属中线连接；（受端站接地极投入）

金属回线及中性母线由运行转冷备用：金属中线隔离。

图 5-4　柔直换流站顺控操作界面及流程

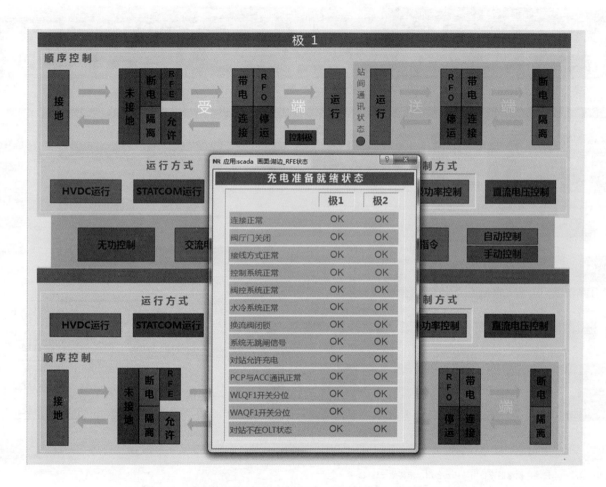

图 5-5　柔直换流站充电准备就绪（RFE 状态）顺控逻辑界面

5. 柔直换流站运行准备就绪（RFO 状态）顺控逻辑界面

当 RFO 状态指示灯变为红色时，才能解锁换流阀（如图 5-6 所示）。

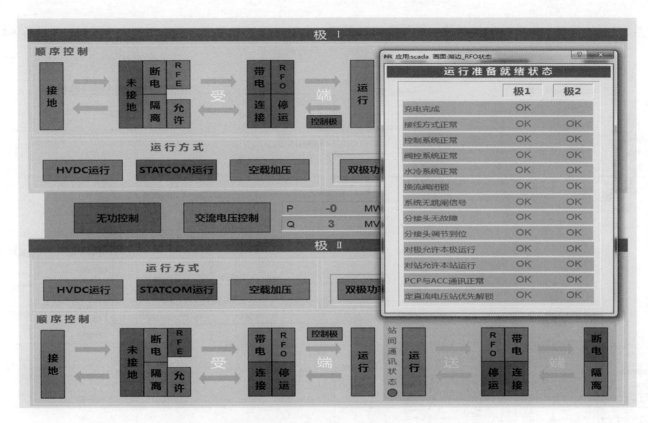

图 5-6 柔直换流站运行准备就绪（RFO 状态）顺控逻辑界面

第二节 真双极接线换流站设备状态定义

一、真双极接线柔性直流换流站设备接线图

1. 换流站设备调度编号接线图

（1）送端换流站设备调度编号接线图。送端换流站的一次设备可以划分为 220kV 送端 I 路 29A 线路、220kV 送端 II 路 29B 线

路、1号换流器、2号换流器、极Ⅰ线0310线路、极Ⅱ线0320线路、金属回线0040线路、接地极和中性母线九个设备区域，如图5-7所示。

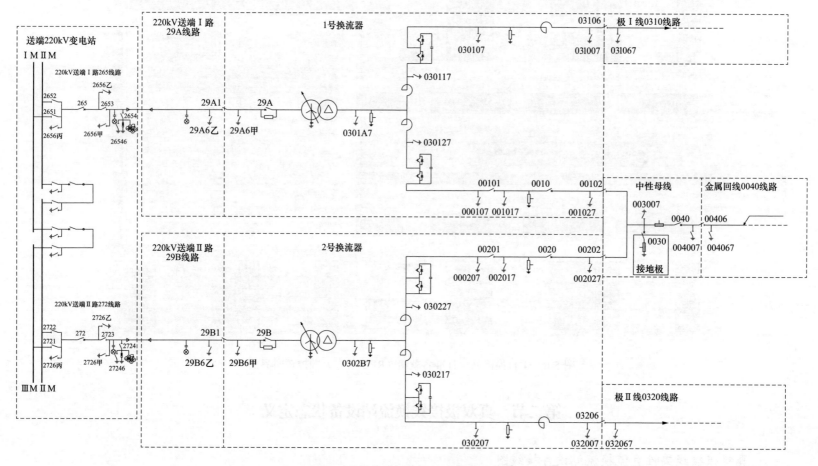

图 5-7　送端换流站设备调度编号接线图

（2）受端换流站设备调度编号接线图。受端换流站的一次设备可以划分为 220kV 受端Ⅰ路 28A 线路、220kV 受端Ⅱ路 28B 线路、1号换流器、2号换流器、极Ⅰ线0330线路、极Ⅱ线0340线路、金属回线0050线路、接地极和中性母线九个设备区域，如图5-8所示。

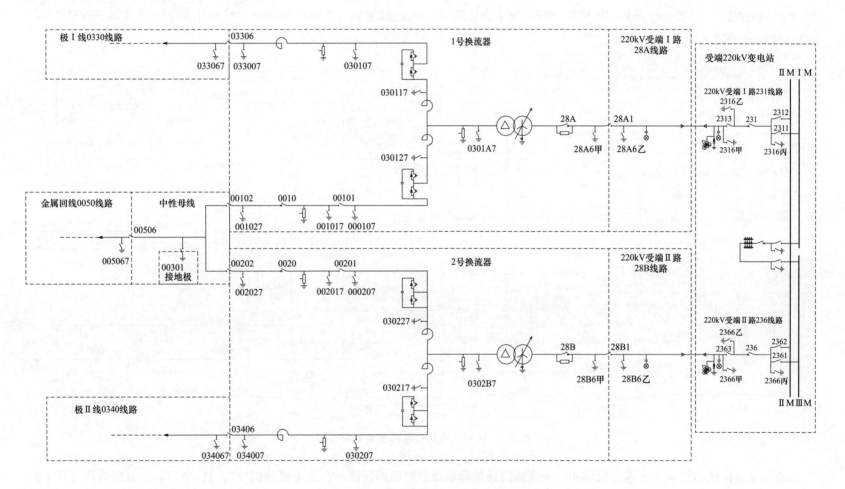

图 5-8 受端换流站设备调度编号接线图

2. 换流站设备内部编号接线图

（1）送端换流站设备内部编号接线图。换流站防误逻辑设计时把送端换流站一次主接线图分为 11 个间隔，分别为属于极Ⅰ的 P1.WA、P1.WT、P1.VH、P1.WP、P1.WN 间隔，属于极Ⅱ的 P2.WA、P2.WT、P2.VH、P2.WP、P2.WN 间隔，以及属于双极公共的 WN 间隔，如图 5-9 所示。

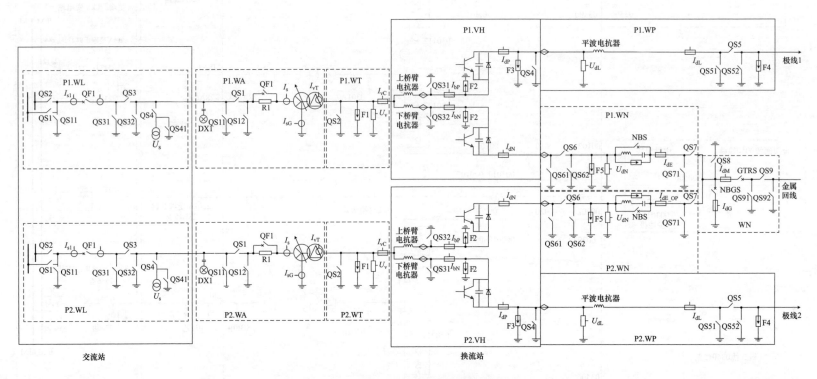

图 5-9　送端换流站设备内部编号接线图

（2）受端换流站设备内部编号接线图。换流站防误逻辑设计时把受端换流站一次主接线图分为 11 个间隔，分别为属于极Ⅰ的 P1.WA、P1.WT、P1.VH、P1.WP、P1.WN 间隔，属于极Ⅱ的 P2.WA、P2.WT、P2.VH、P2.WP、P2.WN 间隔，以及属于双极公共的

WN 间隔，如图 5-10 所示。

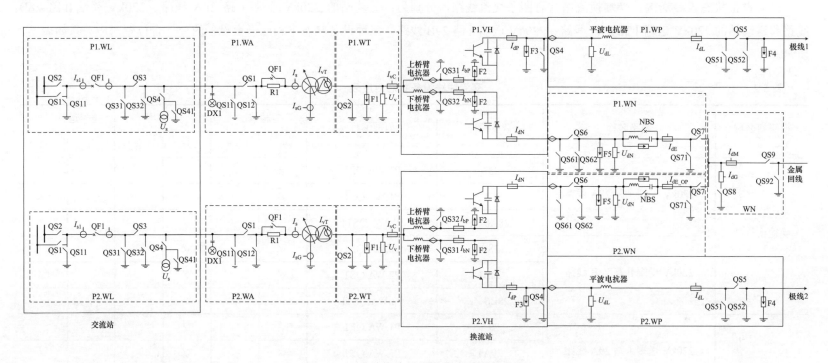

图 5-10　受端换流站设备内部编号接线图

二、真双极接线换流站设备状态

1. 交流线路

（1）设备状态定义。交流线路包括 220kV 电缆、换流变压器网侧刀闸、交流连接线接地刀闸及交流等设备，交流线路可以分为运行、冷备用、检修三种状态，其定义如下。

1）运行：换流变压器网侧刀闸在合闸位置。

2）冷备用：换流变压器网侧刀闸在断开位置。

3）检修：在冷备用状态下，合上交流连接线接地刀闸或在换流变压器网侧刀闸靠线路侧装设一组接地线。

（2）设备状态表。送端、受端换流站共有四条交流线路，分别为：受端站的 220kV 受端 I 路 28A 线路、220kV 受端 II 路 28B 线路和送端站的 220kV 送端 I 路 29A 线路、220kV 送端 II 路 29B 线路。三种设备状态下相应一次设备的分、合位置对应关系如表 5-2 所示。

表 5-2 交流线路设备状态对应表

换流站名称	线路名称	调度编号	内部编号	检修		冷备用		运行	
				分	合	分	合	分	合
受端换流站	220kV 受端 I 路 28A 线路	28A	P1.WA.QF1	√		√			
		28A1	P1.WA.QS1	√		√			√
		28A6 乙	P1.WA.QS11		√	√		√	
	220kV 受端 II 路 28B 线路	28B	P2.WA.QF1	√		√			
		28B1	P2.WA.QS1	√		√			√
		28B6 乙	P2.WA.QS11		√	√		√	
送端换流站	220kV 送端 I 路 29A 线路	29A	P1.WA.QF1	√		√			
		29A1	P1.WA.QS1	√		√			√
		29A6 乙	P1.WA.QS11		√	√		√	
	220kV 送端 II 路 29B 线路	29B	P2.WA.QF1	√		√			
		29B1	P2.WA.QS1	√		√			√
		29B6 乙	P2.WA.QS11		√	√		√	

2. 直流极 X 线路

（1）设备状态定义。直流极 X 线路包括直流极 I / II 线路刀闸、直流极 I / II 线路接地刀闸及直流出线电缆等设备。直流极 X 线路可以分为运行、冷备用、检修三种状态，其定义如下。

1）运行：对应极的直流极Ⅰ/Ⅱ线路刀闸在合闸位置。

2）冷备用：对应极的直流极Ⅰ/Ⅱ线路刀闸在断开位置。

3）检修：在冷备用状态下，合上对应极的直流极Ⅰ/Ⅱ线路接地刀闸或在直流极Ⅰ/Ⅱ线路刀闸靠线路侧装设一组接地线。

（2）设备状态表。送端、受端换流站共有四条直流极X线路，分别为：受端站的极Ⅰ线0330线路、极Ⅱ线0340线路和送端站的极Ⅰ线0310线路、极Ⅱ线0320线路。三种设备状态下相应一次设备的分、合位置对应关系如表5-3所示。

表5-3   交流直流极X线路设备状态对应表

换流站名称	线路名称	设备编号	内部编号	检修		冷备用		运行	
				分	合	分	合	分	合
受端换流站	极Ⅰ线0330线路	033067	P1.WP.QS52		√	√		√	
		03306	P1.WP.QS5	√		√			√
	极Ⅱ线0340线路	034067	P2.WP.QS52		√	√		√	
		03406	P2.WP.QS5	√		√			√
送端换流站	极Ⅰ线0310线路	031067	P1.WP.QS52		√	√		√	
		03106	P1.WP.QS5	√		√			√
	极Ⅱ线0320线路	032067	P2.WP.QS52		√	√		√	
		03206	P2.WP.QS5	√		√			√

3. 金属回线

（1）设备状态定义。金属回线包括金属回线刀闸、金属回线接地刀闸及金属回线出线电缆等设备。金属回线可以分为运行、冷备用、检修三种状态，其定义如下。

1）运行：中性母线大地回线转换开关和金属回线刀闸在合闸位置（受端换流站无大地回线转换开关，其运行状态是指金属回线刀闸在合闸位置）。

2）冷备用：中性母线大地回线转换开关和金属回线刀闸在断开位置（受端换流站无大地回线转换开关，其冷备用状态是指金属回线刀闸在断开位置）。

3）检修：在冷备用状态下，合上金属回线接地刀闸。

（2）设备状态表。送端、受端换流站共有两条金属回线，分别为：受端站的金属回线 0050 线路和送端站的金属回线 0040 线路。三种设备状态下相应一次设备的分、合位置对应关系如表 5-4 所示。

表 5-4   金属回线设备状态对应表

换流站名称	线路名称	设备编号	内部编号	检修		冷备用		运行	
				分	合	分	合	分	合
受端换流站	金属回线 0050 线路	005067	WN.QS92		√	√		√	
		00506	WN.QS9	√		√			√
送端换流站	金属回线 0040 线路	004067	WN.QS92		√	√		√	
		00406	WN.QS9	√		√			√
		0040	WN.GRTS	√		√			√

4．接地极

（1）设备状态定义。接地极包含接地极电流测量装置开关（送端站）和接地极电流测量装置刀闸（受端站）。接地极可以分为运行、冷备用两种状态，其定义如下。

1）运行：接地极电流测量装置开关（送端站）或接地极电流测量装置刀闸（受端站）在合闸位置。

2）冷备用：接地极电流测量装置开关（送端站）或接地极电流测量装置刀闸（受端站）在断开位置。

（2）设备状态表。送端、受端换流站共有两个接地极，分别为：受端站接地极和送端站接地极。两种设备状态下相应一次设备的分、合位置对应关系如表 5-5 所示。

表 5-5 接地极设备状态对应表

换流站名称	线路名称	设备编号	内部编号	冷备用		运行	
				分	合	分	合
受端换流站	接地极	00301	WN.QS8	√			√
送端换流站	接地极	0030	WN.NBGS	√			√

注：接地极的检修状态，要在接地极电流测量装置上装设一组接地线。

5. 中性母线

（1）设备状态定义。中性母线包括中性母线本体、中性母线大地回线转换开关、大地回线转换开关接地刀闸、中性母线接地刀闸等设备。中性母线可以分为运行、冷备用、检修三种状态，其定义如下。

1）运行：至少有一个刀闸使中性母线本体与其他相邻设备连接。

2）冷备用：接地极退出，中性母线接地刀闸、中性母线大地回线转换开关在断开位置，与其他相邻设备连接的刀闸、开关都在断开位置（受端站是指接地极退出，与其他相邻设备连接的刀闸、开关都在断开位置）。

3）检修：在冷备用状态下，合上大地回线转换开关接地刀闸，合上中性母线接地刀闸或装一组接地线（受端站是指冷备用状态下，装设一组接地线）。

（2）设备状态表。送端、受端换流站共有两个中性母线，分别为：受端站中性母线和送端站中性母线。三种设备状态下相应一次设备的分、合位置对应关系如表 5-6 所示。

表 5-6 中性母线设备状态对应表

换流站名称	线路名称	设备编号	内部编号	检修		冷备用		运行	
				分	合	分	合	分	合
受端换流站	中性母线	00102	P1.WN.QS7	√		√			√
		00202	P2.WN.QS7	√		√			√
		00506	WN.QS9	√		√			√

换流站名称	线路名称	设备编号	内部编号	检修		冷备用		运行	
				分	合	分	合	分	合
受端换流站	中性母线	00301	WN.QS8		√	√		√	
送端换流站	中性母线	0040	WN.GRTS	√		√			√
		00102	P1.WN.QS7	√		√			√
		00202	P2.WN.QS7	√		√			√
		00406	WN.QS9	√		√			√
		0030	WN.NBGS	√		√			√
		003007	WN.QS8		√	√		√	
		004007	WN.QS91		√	√		√	
	注：中性母线的运行状态，任一个刀闸或开关合上即可								

6. X 号换流器

（1）设备状态定义。换流器包括换流变压器、启动电阻旁路开关、换流变压器阀侧及网侧接地刀闸、换流阀、桥臂电抗器、换流阀上桥臂及下桥臂接地刀闸、换流阀极线侧及中性线侧接地刀闸、平波电抗器、平波电抗器接地刀闸、极 X 中性线开关、极 X 中性线刀闸、极 X 中性线接地刀闸等设备。换流器可以分为运行、热备用、冷备用、检修四种状态，其定义如下。

1）运行：换流器在对应运行方式热备用状态下，换流阀解锁。

2）热备用：一般分两种情况，一是 HVDC 运行方式下，换流变压器网侧刀闸、直流极 X 线路刀闸、极 X 中性线刀闸均在合闸位置，换流阀闭锁且具备解锁条件；二是 STATCOM 运行方式下，换流变压器网侧刀闸、极 X 中性线刀闸均在合闸位置，直流极 X 线路刀闸断开，换流阀闭锁且具备解锁条件。

3）冷备用：换流器各侧开关及刀闸均在断开位置，即换流器与相邻设备之间均有明显断开点。

4）检修：在冷备用状态下，换流器各侧均装设接地线或合上接地刀闸。

（2）设备状态表。送端、受端换流站共有四个换流器，分别为：受端站 1 号换流器、2 号换流器和送端站 1 号换流器、2 号换流器。

四种设备状态下相应一次设备的分、合位置对应表如表 5-7 所示。

表 5-7　　　　　　　　　　　四种设备状态下相应一次设备的分、合位置对应表

换流站名称	线路名称	设备编号	内部编号	检修		冷备用		热备用	
				分	合	分	合	分	合
受端换流站	1 号换流器	0010	P1.WN.NBS	√		√			√
		00101	P1.WN.QS6	√		√			√
		00102	P1.WN.QS7	√		√			√
		03306	P1.WP.QS5	√		√			√
		28A1	P1.WA.QS1	√		√			√
		28A	P1.WA.QF1	√		√			√
		28A6 甲	P1.WA.QS12		√	√		√	
		0301A7	P1.WT.QS2		√	√		√	
		030117	P1.VH.QS31		√	√		√	
		030127	P1.VH.QS32		√	√		√	
		030107	P1.VH.QS4		√	√		√	
		000107	P1.WN.QS61		√	√		√	
		033007	P1.WP.QS51		√	√		√	
		001017	P1.WN.QS62		√	√		√	
		001027	P1.WN.QS71		√	√		√	
受端换流站	2 号换流器	0020	P2.WN.NBS	√		√			√
		00201	P2.WN.QS6	√		√			√

换流站名称	线路名称	设备编号	内部编号	检修		冷备用		热备用	
				分	合	分	分	合	分
受端换流站	2号换流器	00202	P2.WN.QS7	√		√			√
		03406	P2.WP.QS5	√		√			√
		28B1	P2.WA.QS1	√		√			√
		28B	P2.WA.QF1	√		√			√
		28B6甲	P2.WA.QS12		√	√		√	
		0302B7	P2.WT.QS2		√	√		√	
		030217	P2.VH.QS31		√	√		√	
		030227	P2.VH.QS32		√	√		√	
		030207	P2.VH.QS4		√	√		√	
		000207	P2.WN.QS61		√	√		√	
		034007	P2.WP.QS51		√	√		√	
		002017	P2.WN.QS62		√	√		√	
		002027	P2.WN.QS71		√	√		√	
送端换流站	1号换流器	0010	P1.WN.NBS	√		√			√
		00101	P1.WN.QS6	√		√			√
		00102	P1.WN.QS7	√		√			√
		03106	P1.WP.QS5	√		√			√
		29A1	P1.WA.QS1	√		√			√
		29A	P1.WA.QF1	√		√			√

换流站名称	线路名称	设备编号	内部编号	检修		冷备用		热备用	
				分	合	分	合	分	合
送端换流站	1 号换流器	29A6 甲	P1.WA.QS12		√	√		√	
		0301A7	P1.WT.QS2		√	√		√	
		030117	P1.VH.QS31		√	√		√	
		030127	P1.VH.QS32		√	√		√	
		030107	P1.VH.QS4		√	√		√	
		000107	P1.WN.QS61		√	√		√	
		031007	P1.WP.QS51		√	√		√	
		001017	P1.WN.QS62		√	√		√	
		001027	P1.WN.QS71		√	√		√	
	2 号换流器	0020	P2.WN.NBS	√		√			√
		00201	P2.WN.QS6	√		√			√
		00202	P2.WN.QS7	√		√			√
		03206	P2.WP.QS5	√		√			√
		29B1	P2.WA.QS1	√		√			√
		29B	P2.WA.QF1	√		√			√
		29B6 甲	P2.WA.QS12		√	√		√	
		0302B7	P2.WT.QS2		√	√		√	
		030217	P2.VH.QS31		√	√		√	
		030227	P2.VH.QS32		√	√		√	

换流站名称	线路名称	设备编号	内部编号	检修		冷备用		热备用	
				分	合	分	合	分	合
送端换流站	2 号换流器	030207	P2.VH.QS4		√	√		√	
		000207	P2.WN.QS61		√	√		√	
		032007	P2.WP.QS51		√	√		√	
		002017	P2.WN.QS62		√	√		√	
		002027	P2.WN.QS71		√	√		√	

7. 交直流系统状态说明

（1）交流系统设备状态定义如表 5-8 所示。

表 5-8 交流系统设备状态定义

设备状态	状 态 定 义
交流线路检修	在冷备用状态下，合上交流连接线接地刀闸或在换流变压器网侧刀闸靠线路侧装设一组接地线
交流线路冷备用	换流变压器网侧刀闸在断开位置
交流线路运行	换流变压器网侧刀闸在合闸位置

（2）直流系统设备状态定义如表 5-9 所示。

表 5-9 直流系统设备状态定义

设备	状态	状 态 定 义
直流线路	检修	在冷备用状态下，合上对应极的直流极 X 线路接地刀闸或在直流极 X 线路刀闸靠线路侧装设一组接地线
	冷备用	对应极的直流极 X 线路刀闸在断开位置
	运行	对应极的直流极 X 线路刀闸在合闸位置

设备	状态	状 态 定 义
金属回线	检修	在冷备用状态下，合上金属回线接地刀闸或在金属回线刀闸靠金属回线侧装设一组接地线
	冷备用	中性母线大地回线转换开关及金属回线刀闸在断开位置
	运行	中性母线大地回线转换开关及金属回线刀闸在合闸位置
接地极	冷备用	中性母线接地电流测量装置开关（或刀闸）在断开位置
	运行	中性母线接地电流测量装置开关（或刀闸）在合闸位置
中性母线	检修	在冷备用状态下，合上中性母线接地刀闸或装一组接地线
	冷备用	中性母线接地电流测量装置开关（或刀闸）在断开位置，与其他相邻设备连接的刀闸或开关都在断开位置
	运行	至少有一个刀闸使母线与其他相邻设备连接
换流器	检修	在冷备用状态下，合上 X 号换流变压器网侧及阀侧接地刀闸、换流阀上桥臂及下桥臂接地刀闸、换流阀阀顶及阀底接地刀闸、平波电抗器接地刀闸、中性线开关接地刀闸
	冷备用	对应极的极 X 中性线开关及两侧极 X 中性线刀闸在断开位置，且直流极 X 线路刀闸在断开位置，同时换流变压器网侧刀闸在断开位置
	运行	对应极的极 X 中性线开关及两侧极 X 中性线刀闸在合闸位置，或直流极 X 线路刀闸在合闸位置，或换流变压器网侧刀闸在合闸位置

（3）直流系统运行方式定义如表 5-10 所示。

表 5-10   **直流系统运行方式定义**

直流系统状态	状 态 定 义	状 态 判 据
接地	以 WA.QS1、WP.QS5 和 WN.QS7 为边界的区域内所有地刀均为合位	WA.QS12、WT.QS2、VH.QS31、VH.QS32、VH.QS4、WP.QS51、WN.QS61、WN.QS62、WN.QS71 合位

直流系统状态	状 态 定 义	状 态 判 据
未接地	以 WA.QS1、WP.QS5 和 WN.QS7 为边界的区域内所有地刀均为分位	WA.QS12、WT.QS2、VH.QS31、VH.QS32、VH.QS4、WP.QS51、WN.QS61、WN.QS62、WN.QS71 分位
断电	直流侧和交流侧均无电	1）阀闭锁； 2）WL.QF1 分位； 3）交流侧无电； 4）直流侧无电
带电	交流侧带电或直流侧带电	交流侧带电：WL.QF1、WA.QS1 合位，且每相相电压均大于相电压额定有效值的 0.6 倍；直流侧带电：直流电压大于额定电压的 0.6 倍
隔离	WP.QS5、WN.QS6、WN.QS7、WN.NBS、WA.QS1、WA.QF1 分位	WP.QS5、WN.QS6、WN.QS7、WN.NBS、WA.QS1、WA.QF1 分位
连接	1）HVDC 运行方式：WP.QS5、WN.QS6、WN.QS7、WN.NBS、WA.QS1 合位。 2）STATCOM 运行方式：WN.QS6、WN.QS7、WN.NBS、WA.QS1 合位，WP.QS5 分位。 3）空载加压运行方式：WN.QS6、WN.QS7、WN.NBS、WA.QS1 合位	1）HVDC 运行方式：WP.QS5、WN.QS6、WN.QS7、WN.NBS、WA.QS1 合位。 2）STATCOM 运行方式：WN.QS6、WN.QS7、WN.NBS、WA.QS1 合位，WP.QS5 分位。 3）空载加压运行方式：WN.QS6、WN.QS7、WN.NBS、WA.QS1 合位
停运	阀闭锁	阀闭锁
运行	阀解锁	阀解锁

第三节　顺控及防误逻辑

一、顺控各状态定义、判据

顺控各状态定义、判据如表 5-11 所示。

表 5-11　　　　　　　　　　　　　　　　　顺控各状态定义、判据

序号	状态	定义	判　据	联锁条件
1	接地	以 WA.QS1、WP.QS5 和 WN.QS7 为边界的区域内所有地刀均为合位	WA.QS12、WT.QS2、VH.QS31、VH.QS32、VH.QS4、WP.QS51、WN.QS61、WN.QS62、WN.QS71 合位	隔离
2	未接地	以 WA.QS1、WP.QS5 和 WN.QS7 为边界的区域内所有地刀均为分位	WA.QS12、WT.QS2、VH.QS31、VH.QS32、VH.QS4、WP.QS51、WN.QS61、WN.QS62、WN.QS71 分位	无
3	断电	直流侧和交流侧均无电	（1）阀闭锁； （2）WL.QF1 分位。 （3）交流侧无电：阀侧每相电压有效值均小于相电压额定值的 0.05 倍。 （4）直流侧无电：直流侧极间电压小于额定值的 0.1 倍后延时 5s	
4	带电	交流侧带电或直流侧带电	交流侧带电【WL.QF1、WA.QS1 合位，且每相相电压均大于相电压额定有效值的 0.6 倍】或直流侧带电【直流电压大于额定电压的 0.6 倍】	
5	隔离		WP.QS5、WN.QS6、WN.QS7、WN.NBS、WA.QS1、WA.QF1 分位	
6	连接		（1）HVDC 运行方式：WP.QS5、WN.QS6、WN.QS7、WN.NBS、WA.QS1 合位。 （2）STATCOM 运行方式：WN.QS6、WN.QS7、WN.NBS、WA.QS1 合位，WP.QS5 分位。 （3）空载加压运行方式：WN.QS6、WN.QS7、WN.NBS、WA.QS1 合位	
7	允许	包括 HVDC 连接允许、STATCOM 连接允许、OLT 连接允许，隔离允许	（1）HVDC 连接允许判据： 1）非连接状态； 2）无隔离命令； 3）PCP 与 ACC 通信正常； 4）相关开关刀闸允许：WN.QS6 合位或 WN.QS6 允许合、WN.QS7 合位或 WN.QS7 允许合、WN.NBS 合位或 WN.NBS 允许合、WP.QS5 合位或 WP.QS5 允许合、WA.QS1 合位或 WA.QS1 允许合； 5）送端站时：站内接地连接异或金属中线连接； 受端站时：站内接地连接	

序号	状态	定义	判据	联锁条件
7	允许	包括 HVDC 连接允许、STATCOM 连接允许、OLT 连接允许，隔离允许	（2） STATCOM 连接允许判据： 1） 非连接状态； 2） 无隔离命令； 3） PCP 与 ACC 通信正常； 4） 相关开关刀闸允许：WN.QS6 合位或 WN.QS6 允许合、WN.QS7 合位或 WN.QS7 允许合、WN.NBS 合位或 WN.NBS 允许合、WA.QS1 合位或 WA.QS1 允许合、WP.QS5 分位或 WP.QS5 允许分； 5） 站内接地连接且 WN.QS9 分位 （3） OLT 连接允许判据： 1） 非连接状态； 2） 无隔离命令； 3） PCP 与 ACC 通信正常； 4） 相关开关刀闸允许：WN.QS6 合位或 WN.QS6 允许合、WN.QS7 合位或 WN.QS7 允许合、WN.NBS 合位或 WN.NBS 允许合、WA.QS1 合位或 WA.QS1 允许合； 5） 送端站时：站内接地连接异或本站金属中线连接； 受端站时：站内接地连接 （4） 隔离允许判据： 1） 非隔离状态； 2） 断电	
8	RFE	允许充电	（1） PCP 与 ACC 通信正常； （2） WLQF1 分位、WAQF1 分位； （3） 连接正常； （4） 阀厅门关闭； （5） STATCOM 运行方式接线方式正常：站内接地连接、WN.QS9 分位； （6） HVDC 运行方式接线方式正常：金属回线异或双极大地回线； （7） 空载加压运行方式接线方式正常：对站非 OLT 状态（站间通信异常时不考虑该条件）、WP.QS5 分位或者对站 WP.QS5 分位、{送端站	

序号	状态	定义	判 据	联锁条件
8	RFE	允许充电	时：站内接地连接异或【本站金属中线连接、对站金属中线连接（站间通信异常时不考虑该条件）】；受端站时：站内接地连接且【本站WN.QS9 分位或对站金属中线未连接或对站站内接地未连接（站间通信异常时不考虑该条件）】}； （8）控制系统正常、VBC 正常、水冷正常； （9）阀闭锁；无跳闸信号； （10）对站允许充电：对站极隔离或（对站 PCP 与 ACC 通信正常、对站连接正常、对站阀厅门关闭、对站接线方式正常、对站控制系统正常、对站 VBC 正常、对站水冷正常、对站阀闭锁、对站无跳闸信号）	
9	RFO	允许解锁运行标识位	（1）PCP 与 ACC 通信正常； （2）交流充电完成； （3）系统正常、VBC 正常、水冷正常； （4）阀闭锁； （5）无系统跳闸信号； （6）分接头正常、分接头档位调节正常； （7）线方式正常； （8）与对站比较（运行方式、控制方式、接线方式），本站为 STATCOM 和 OLT 时不考虑该条件； （9）与对极比较（HVDC 或 STATCOM 运行方式相同；直流电压控制和有功功率控制方式相同），对极阀闭锁时不考虑该条件，OLT 运行方式时不考虑该条件； （10）HVDC 状态下，定直流电压站已解锁	
10	停运	阀闭锁		无
11	运行	阀解锁		RFO 满足

二、接线方式定义、判据

接线方式定义、判据如表 5-12 所示。

表 5-12 接线方式定义、判据

序号	状态	定义	判 据	联锁条件
1	金属中线连接		送端站时：WN.GRTS 合位、WN.QS9 合位； 受端站时：WN.QS8 合位、WN.QS9 合位	送端站时：WN.GRTS 合位或允许合、WN.QS9 合位或允许合； 受端站时：WN.QS8 合位或允许合、WN.QS9 合位或允许合
2	金属中线隔离		送端站时：WN.GRTS 分位、WN.QS9 分位； 受端站时：WN.QS8 分位、WN.QS9 分位	送端站时：WN.GRTS 分位或允许分； 受端站时：WN.QS9 分位或允许分
3	中性母线连接		WN.NBS 合位、WN.QS6 合位、WN.QS7 合位	
4	中性母线隔离		WN.NBS 分位、WN.QS6 分位、WN.QS7 分位	
5	接地极连接		送端站时：WN.NBGS 合位； 受端站时：WN.QS8 合位	
6	接地极隔离		送端站时：WN.NBGS 分位； 受端站时：WN.QS8 分位	
7	极连接		WP.QS5 合位、WN.QS6 合位、WN.QS7 合位、WN.NBS 合位	
8	极隔离		WP.QS5 分位、WN.QS7 分位	
9	极 1 金属回线	极 1 金属回线连接	（1）极 1 金属中线连接； （2）极 1 极连接； （3）对站对应极金属中线连接； （4）对站对应极极连接； （5）送端站接地极未连接且受端站接地极连接； （6）站间通信异常时不考虑对站条件。 注：如果在解锁运行期间，站间通信中断，则系统保持上一周期的接线方式	

序号	状态	定义	判 据	联锁条件
10	极 2 金属回线	极 2 金属回线连接	（1）极 2 金属中线连接； （2）极 2 极连接； （3）对站对应极金属中线连接； （4）对站对应极极连接； （5）送端站接地极未连接且受端站接地极连接； （6）站间通信异常时不考虑对站条件。 注：如果在解锁运行期间，站间通信中断，则系统保持上一周期的接线方式	
11	双极金属回线	双极金属回线连接	（1）极 1 金属回线； （2）极 2 金属回线； （3）极间通信正常。 注：如果在解锁运行期间，站间通信中断，则系统保持上一周期的接线方式	
12	双极大地回线	双极大地回线连接	（1）本站大地回线： 1）极 1 接地极连接； 2）极 1 极连接； 3）极 2 接地极连接； 4）极 2 极连接； 5）极间通信正常； （2）对站大地回线； （3）站间通信异常时不考虑对站。 注：如果在解锁运行期间，极间通信或站间通信中断，则系统保持上一周期的接线方式	
13	极 1 STATCOM	极 1 STATCOM 接线方式正常	（1）P1WP.QS5 分位、WN.QS9 分位； （2）本站接地极连接； （3）极 1 中性母线连接	
14	极 2 STATCOM	极 2 STATCOM 接线方式正常	（1）P2WP.QS5 分位、WN.QS9 分位； （2）本站接地极连接； （3）极 2 中性母线连接	

三、运行方式联锁条件

运行方式联锁条件如表 5-13 所示。

表 5-13   **运 行 方 式 联 锁 条 件**

运行方式	HVDC 运行	STATCOM 运行	空载加压（OLT）
联锁条件	（1）换流阀闭锁； （2）断电	（1）换流阀闭锁； （2）断电	换流阀闭锁

四、控制方式联锁条件

控制方式联锁条件如表 5-14 所示。

表 5-14   **控 制 方 式 联 锁 条 件**

控制方式	直流电压控制	单极功率控制	双极功率控制	无功控制	交流电压控制
联锁条件	换流阀闭锁	（1）HVDC 运行方式； （2）闭锁或者解锁时处于双极功率控制方式	（1）HVDC 运行方式。 （2）闭锁或者解锁时处于单极功率控制方式	PCP 装置默认为无功控制，当极间通信正常时，无功控制为双极无功控制；当极间通信异常时，无功控制分为极 I 无功控制和极 II 无功控制	换流阀解锁

五、开关/刀闸联锁逻辑

开关/刀闸联锁逻辑如表 5-15 所示。

表 5-15   **开关/刀闸联锁逻辑**

序号	调度编号	内部编号（x=1，2）	合	分
1.	送端站：29A1、29B1； 受端站：28A1、28B1	ACC.PxWA.QS1	（1）PxWL.QF1、PxWA.QF1 分位； （2）PxWL.QS32、PxWA.QS11、PxWA.QS12、PxWT.QS2、PxVH.QS31、PxVH.QS32、PxVH.QS4、PxWP.QS51、PxWN.QS61 分位；	（1）PxWL.QF1、PxWA.QF1 分位； （2）PxWP.QS5 分位； （3）直流侧无压（$U_{dc}<0.05U_{dN}$）； （4）与 PCP 值班主机通信正常；

序号	调度编号	内部编号（x=1，2）	合	分
1	送端站：29A1、29B1； 受端站：28A1、28B1	ACC.PxWA.QS1	（3）直流侧无压（$U_{dc}<0.05U_{dN}$）； （4）与 PCP 值班主机通信正常； （5）控制位置正确	（5）控制位置正确
2	送端站：29A6 乙、 29B6 乙； 受端站：28A6 乙、	ACC.PxWA.QS11	（1）PxWA.QS1、PxWL.QS3 分位； （2）带电显示装置未带电； （3）控制位置正确	控制位置正确
3	28B6 乙送端站：29A6 甲、29B6 甲； 受端站：28A6 甲、 28B6 甲	ACC.PxWA.QS12	（1）PxWA.QS1、PxWP.QS5、PxWN.QS6 分位； （2）与 PCP 值班主机通信正常； （3）控制位置正确	控制位置正确
4	送端站：29A、29B； 受端站：28A、28B	ACC.PxWA.QF1	（1）PxWL.QF1 合位； （2）PxWA.QS1 合位； （3）已充电（单相电压有效值 $U_{Sx}>0.6U_N$）； （4）流过旁路电阻的电流极小（$I_S<15A$）； （5）断路器未故障； （6）控制位置正确。 或 （1）PxWA.QS1、PxWP.QS5、（PxWN.QS6 或 PxWN.QS7）分位； （2）与 PCP 值班主机通信正常； （3）控制位置正确	（1）PxWL.QF1 分位； （2）直流侧无压（$U_{dc}<0.05U_{dN}$）； （3）与 Px.PCP 值班主机通信正常； （4）控制位置正确
5	0301A7、0302B7	PxPCP.PxWT.QS2	（1）PxWA.QS1、PxWP.QS5、PxWN.QS6 分位； （2）与 ACC 值班主机通信正常； （3）控制位置正确	控制位置正确
6	030x17	PxPCP.PxVH.QS31	（1）PxWA.QS1、PxWP.QS5、PxWN.QS6 分位； （2）与 ACC 值班主机通信正常； （3）控制位置正确	控制位置正确
7	030x27	PxPCP.PxVH.QS32	（1）PxWA.QS1、PxWP.QS5、PxWN.QS6 分位； （2）与 ACC 值班主机通信正常； （3）控制位置正确	控制位置正确

序号	调度编号	内部编号（x=1，2）	合	分
8	030x07	PxPCP.PxVH.QS4	（1）PxWA.QS1、PxWP.QS5、PxWN.QS6 分位； （2）与 ACC 值班主机通信正常； （3）控制位置正确	控制位置正确
9	送端站：031007、032007； 受端站：033007、034007	PxPCP.PxWP.QS51	（1）PxWA.QS1、PxWP.QS5、PxWN.QS6 分位； （2）与 ACC 值班主机通信正常； （3）控制位置正确	控制位置正确
10	000107、000207	PxPCP.PxWN.QS61	（1）PxWA.QS1、PxWP.QS5、PxWN.QS6 分位； （2）与 ACC 值班主机通信正常； （3）控制位置正确	控制位置正确
11	送端站：031067、032067； 受端站：033067、034067	PxPCP. PxWP.QS52	（1）PxWP.QS5 分位； （2）对站对应极 PxWP.QS5 分位（站间通信正常时判，站间通信异常时人工确认后满足）； （3）控制位置正确	控制位置正确
12	送端站：03106、03206； 受端站：03306、03406	PxPCP.PxWP.QS5	（1）PxWL.QF1 分位； （2）PxWP.QS51、PxWP.QS52、PxVH.QS4、PXVH.QS31、PXVH.QS32、PxWN.QS61、PxWT.QS2、PXWA.QS12 分位； （3）对站对应极 PxWP.QS52 分位（站间通信正常时判，站间通信异常时人工确认后满足）； （4）本站直流侧无压（$U_{dc} < 0.05U_{dcN}$）； （5）对站直流侧无压或对站 WP.QS5 分位（$U_{dc} < 0.05U_{dcN}$，站间通信正常时判，站间通信异常时人工确认满足）； （6）与 ACC 值班主机通信正常； （7）控制位置正确	（1）PxWL.QF1 分位； （2）直流侧无压（$U_{dc} < 0.05U_{dN}$）； （3）直流侧无流（$I_{dc} < 0.015I_{dN}$）； （4）与 ACC 值班主机通信正常； （5）控制位置正确

序号	调度编号	内部编号（x=1，2）	合	分
13	00x01	PxPCP.PxWN.QS6	（1）PxWN.NBS、PxWL.QF1 分位； （2）PxWN.QS61、PxWN.QS62、PxWN.QS71、PxVH.QS4、PxVH.QS31、PxVH.QS32、PxWT.QS2、PxWA.QS12、PxWP.QS51 分位； （3）与 ACC 值班主机通信正常； （4）控制位置正确	（1）PxWN.NBS、PxWL.QF1 分位； （2）与 ACC 值班主机通信正常； （3）控制位置正确
14	00x017	PxPCP.PxWN.QS62	（1）PxWN.QS6、PxWN.QS7 分位； （2）控制位置正确	控制位置正确
15	00x027	PxPCP.PxWN.QS71	（1）PxWN.QS6、PxWN.QS7 分位； （2）控制位置正确	控制位置正确
16	00x0	PxPCP.PxWN.NBS	（1）控制位置正确； （2）断路器未故障	（1）中性母线侧电流小于 NBS 开关转换定值（$I_{DNE}<I_{DNEN}$）； （2）直流侧无压（$U_{dc}<0.05U_{dcN}$）； （3）断路器 NBS 未被锁定； （4）控制位置正确
17	00x02	PxPCP.PxWN.QS7	（1）PxWN.NBS 分位； （2）PxWN.QS62、PxWN.QS71、WN.QS8（仅送端）、WNQS91（仅送端）分位； （3）控制位置正确	（1）PxWN.NBS 分位； （2）控制位置正确
18	送端站：003007； 受端站：00301	PxPCP.WN.QS8	（1）P1WN.QS7、WN.QS9 分位； （2）P2WN.QS7 分位且与对极 PCP 值班主机通信正常； （3）控制位置正确	控制位置正确
19	送端站：0040	PxPCP.WN.GRTS	（1）断路器 GRTS 未故障； （2）控制位置正确	（1）中性母线侧电流小于转换能力（$I_{DME}<I_{DMEN}$）； （2）（极 1 直流侧无压、（极 2 直流侧无压且与对极 PCP 值班主机通信正常）或者 WN.NBGS 合位； （3）断路器 GRTS 未故障； （4）极 1 断路器 GRTS 未锁定、（极 2 断路器 GRTS 未锁定且与对极 PCP 值班主机通信正常）； （5）控制位置正确

序号	调度编号	内部编号（x=1，2）	合	分
20	送端站：0030	PxPCP.WN.NBGS	（1）I_{DME} 小于 $0.05I_{DMEN}$； （2）断路器 NBGS 未故障； （3）控制位置正确	（1）中性母线侧电流小于转换能力（$I_{DGND}<$ I_{DGNDN}）； （2）【极 1 直流侧无压、（极 2 直流侧无压且与对极 PCP 值班主机通信正常）】或者【WN.GRTS 合位、WN.QS9 合位、（对站 WN.QS8 合位且与对站 PCP 值班主机通信正常）】； （3）断路器 NBGS 未故障； （4）极 1 断路器 NBGS 未锁定、（极 2 断路器 NBGS 未锁定且与对极 PCP 值班主机通信正常）； （5）控制位置正确
21	送端站：004007	PxPCP.WN.QS91	（1）P1WN.QS7、WN.QS9 分位； （2）P2WN.QS7 分位且与对极 PCP 值班主机通信正常； （3）控制位置正确	控制位置正确
22	送端站：004067； 受端站：005067	PxPCP.WN.QS92	（1）WN.QS9 分位； （2）对站对应极 WN.QS9（对站通信正常时判定，通信异常时人工确认满足）； （3）控制位置正确	控制位置正确
23	送端站：00406； 受端站：00506	PxPCP.WN.QS9	（1）WN.QS91（仅送端）、WN.QS92、WN.QS8（仅送端）分位； （2）对站对应极 WN.QS92（通信异常时人工确认满足）； （3）WN.GRTS 分位（仅送端）、{【（对站 WN.GRTS 分位，站间通信异常时人工确认满足）】或【极 1、极 2 断电（极间通信异常时人工确认满足）】}（仅受端）； （4）HVDC 运行方式或非 HVDC 运行方式时断电； （5）控制位置正确	（1）WN.GRTS 分位（仅送端）、{【（对站 WN.GRTS 分位，站间通信异常时人工确认满足）】或【极 1、极 2 断电（极间通信异常时人工确认满足）】}（仅受端）； （2）控制位置正确

第四节　微机五防逻辑及单元电气闭锁逻辑

微机五防逻辑及单元电气闭锁逻辑如表 5-16 所示。

表 5-16　　　　　　　　　　　　　微机五防逻辑及单元电气闭锁逻辑

序号	调度编号	内部编号（x=1，2）	合	分
1	送端站：29A1、29B1； 受端站：28A1、28B1	ACC.PxWA.QS1	（1）离线式微机五防逻辑： 1）PxWL.QF1、PxWA.QF1 分位； 2）PxWL.QS32、PxWA.QS11、PxWA.QS12、PxWT.QS2、PxVH.QS31、PxVH.QS32、PxVH.QS4、PxWP.QS51、PxWN.QS61 分位。 （2）单元电气闭锁逻辑： 1）PxWA.QF1 分位； 2）PxWA.QS11、PxWA.QS12、PxWT.QS2 分位	（1）离线式微机五防逻辑： 1）PxWL.QF1、PxWA.QF1 分位； 2）PxWP.QS5 分位。 （2）单元电气闭锁逻辑： 1）PxWA.QF1 分位； 2）PxWA.QS11、PxWA.QS12、PxWT.QS2 分位
2	送端站：29A6 乙、 29B6 乙； 受端站：28A6 乙	ACC.PxWA.QS11	（1）离线式微机五防逻辑： PxWA.QS1、PxWL.QS3 分位。 （2）单元电气闭锁逻辑： 1）PxWA.QS1 分位； 2）带电显示装置未带电	（1）离线式微机五防逻辑： 无。 （2）单元电气闭锁逻辑： 1）PxWA.QS1 分位； 2）带电显示装置未带电
3	28B6 乙送端站：29A6 甲、29B6 甲； 受端站：28A6 甲、 28B6 甲	ACC.PxWA.QS12	（1）离线式微机五防逻辑： PxWA.QS1、PxWP.QS5、PxWN.QS6 分位。 （2）单元电气闭锁逻辑： PxWA.QS1 分位	（1）离线式微机五防逻辑： 无。 （2）单元电气闭锁逻辑： PxWA.QS1 分位
4	送端站：29A、29B； 受端站：28A、28B	ACC.PxWA.QF1	（1）离线式微机五防逻辑： 【PxWL.QF1 合位、PxWA.QS1 合位】或【PxWA.QS1、PxWP.QS5、（PxWN.QS6 或 PxWN.QS7）分位】。	（1）离线式微机五防逻辑： PxWL.QF1 分位。

序号	调度编号	内部编号（x=1，2）	合	分
4	送端站：29A、29B； 受端站：28A、28B	ACC.PxWA.QF1	（2）单元电气闭锁逻辑： 无	（2）单元电气闭锁逻辑： 无
5	030xA7、030xB7	PxPCP.PxWT.QS2	（1）离线式微机五防逻辑： PxWA.QS1、PxWP.QS5、PxWN.QS6 分位。 （2）单元电气闭锁逻辑： PxWA.QS1 分位	（1）离线式微机五防逻辑： 无。 （2）单元电气闭锁逻辑： PxWA.QS1 分位
6	030x17	PxPCP.PxVH.QS31	（1）离线式微机五防逻辑： PxWA.QS1、PxWP.QS5、PxWN.QS6 分位。 （2）单元电气闭锁逻辑： 无	（1）离线式微机五防逻辑： 无。 （2）单元电气闭锁逻辑： 无
7	030x27	PxPCP.PxVH.QS32	（1）离线式微机五防逻辑： PxWA.QS1、PxWP.QS5、PxWN.QS6 分位。 （2）单元电气闭锁逻辑： PxWN.QS6 分位	（1）离线式微机五防逻辑： 无。 （2）单元电气闭锁逻辑： PxWN.QS6 分位
8	030x07	PxPCP.PxVH.QS4	（1）离线式微机五防逻辑： PxWA.QS1、PxWP.QS5、PxWN.QS6 分位。 （2）单元电气闭锁逻辑： PxWP.QS5 分位	（1）离线式微机五防逻辑： 无。 （2）单元电气闭锁逻辑： PxWP.QS5 分位
9	送端站：031007、 032007； 受端站：033007、 034007	PxPCP.PxWP.QS51	（1）离线式微机五防逻辑： PxWA.QS1、PxWP.QS5、PxWN.QS6 分位。 （2）单元电气闭锁逻辑： PxWP.QS5 分位	（1）离线式微机五防逻辑： 无。 （2）单元电气闭锁逻辑： PxWP.QS5 分位
10	000107、000207	PxPCP.PxWN.QS61	（1）离线式微机五防逻辑： PxWA.QS1、PxWP.QS5、PxWN.QS6 分位。 （2）单元电气闭锁逻辑： PxWN.QS6 分位	（1）离线式微机五防逻辑： 无。 （2）单元电气闭锁逻辑： PxWN.QS6 分位
11	送端站：031067、 032067； 受端站：033067、 034067	PxPCP. PxWP.QS52	（1）离线式微机五防逻辑： PxWP.QS5 分位。 （2）单元电气闭锁逻辑： PxWP.QS5 分位	（1）离线式微机五防逻辑： 无。 （2）单元电气闭锁逻辑： PxWP.QS5 分位

序号	调度编号	内部编号（x=1，2）	合	分
12	送端站：03106、03206； 受端站：03306、03406	PxPCP.PxWP.QS5	（1）离线式微机五防逻辑： 1）PxWL.QF1 分位； 2）PxWP.QS51、PxWP.QS52、PxVH.QS4、PXVH.QS31、PXVH.QS32、PxWN.QS61、PxWT.QS2、PXWA.QS12 分位。 （2）单元电气闭锁逻辑： PxWP.QS51、PxWP.QS52、PxVH.QS4 分位	（1）离线式微机五防逻辑： PxWL.QF1 分位。 （2）单元电气闭锁逻辑： PxWP.QS51、PxWP.QS52、PxVH.QS4 分位
13	00x01	PxPCP.PxWN.QS6	（1）离线式微机五防逻辑： 1）PxWN.NBS、PxWL.QF1 分位； 2）PxWN.QS61、PxWN.QS62、PxWN.QS71、PxVH.QS4、PxVH.QS31、PxVH.QS32、PxWT.QS2、PxWA.QS12、PxWP.QS51 分位。 （2）单元电气闭锁逻辑： 1）PxWN.NBS 分位； 2）PxWN.QS61、PxWN.QS62、PxWN.QS71、PxVH.QS32 分位	（1）离线式微机五防逻辑： PxWN.NBS、PxWL.QF1 分位。 （2）单元电气闭锁逻辑： 1）PxWN.NBS 分位； 2）PxWN.QS61、PxWN.QS62、PxWN.QS71、PxVH.QS32 分位
14	00x017	PxPCP.PxWN.QS62	（1）离线式微机五防逻辑： PxWN.QS6、PxWN.QS7 分位。 （2）单元电气闭锁逻辑： PxWN.QS6、PxWN.QS7 分位	（1）离线式微机五防逻辑： 无。 （2）单元电气闭锁逻辑： PxWN.QS6、PxWN.QS7 分位
15	00x027	PxPCP.PxWN.QS71	（1）离线式微机五防逻辑： PxWN.QS6、PxWN.QS7 分位。 （2）单元电气闭锁逻辑： PxWN.QS6、PxWN.QS7 分位	（1）离线式微机五防逻辑： 无。 （2）单元电气闭锁逻辑： PxWN.QS6、PxWN.QS7 分位
16	00x0	PxPCP.PxWN.NBS	（1）离线式微机五防逻辑： 无。 （2）单元电气闭锁逻辑： 无	（1）离线式微机五防逻辑： 无。 （2）单元电气闭锁逻辑： 无

序号	调度编号	内部编号（x=1，2）	合	分
17	00x02	PxPCP.PxWN.QS7	（1）离线式微机五防逻辑： 1）PxWN.NBS 分位； 2）PxWN.QS62、PxWN.QS71、WN.QS8（仅送端）、WNQS91（仅送端）分位； 3）控制位置正确。 （2）单元电气闭锁逻辑： 1）PxWN.NBS 分位； 2）PxWN.QS62、PxWN.QS71、WN.QS8 分位	（1）离线式微机五防逻辑： PxWN.NBS 分位。 （2）单元电气闭锁逻辑： 1）PxWN.NBS 分位； 2）PxWN.QS62、PxWN.QS71、WN.QS8 分位
18	送端站：003007； 受端站：00301	PxPCP.WN.QS8	（1）离线式微机五防逻辑： 1）P1WN.QS7、WN.QS9 分位； 2）P2WN.QS7 分位。 （2）单元电气闭锁逻辑： 1）P1WN.QS7、WN.QS9 分位； 2）P2WN.QS7 分位	（1）离线式微机五防逻辑： 1）P1WN.QS7（仅受端）、WN.QS9（仅受端）分位； 2）P2WN.QS7（仅受端）分位。 （2）单元电气闭锁逻辑： 1）P1WN.QS7、WN.QS9 分位； 2）P2WN.QS7 分位
19	送端站：0040	PxPCP.WN.GRTS	（1）离线式微机五防逻辑： 无。 （2）单元电气闭锁逻辑： 无	（1）离线式微机五防逻辑： 无。 （2）单元电气闭锁逻辑： 无
20	送端站：0030	PxPCP.WN.NBGS	（1）离线式微机五防逻辑： 无。 （2）单元电气闭锁逻辑： 无	（1）离线式微机五防逻辑： 无。 （2）单元电气闭锁逻辑： 无
21	送端站：004007	PxPCP.WN.QS91	（1）离线式微机五防逻辑： 1）P1WN.QS7、WN.QS9 分位； 2）P2WN.QS7 分位。 （2）单元电气闭锁逻辑： WN.QS9 分位	（1）离线式微机五防逻辑： 无。 （2）单元电气闭锁逻辑： WN.QS9 分位

序号	调度编号	内部编号（x=1，2）	合	分
22	送端站：004067； 受端站：005067	PxPCP.WN.QS92	（1）离线式微机五防逻辑： WN.QS9 分位。 （2）单元电气闭锁逻辑： WN.QS9 分位	（1）离线式微机五防逻辑： 无。 （2）单元电气闭锁逻辑： WN.QS9 分位
23	送端站：00406； 受端站：00506	PxPCP.WN.QS9	（1）离线式微机五防逻辑： 1）WN.QS92、WN.QS91（仅送端）、WN.QS8（仅送端）分位； 2）WN.GRTS 分位（仅送端）。 （2）单元电气闭锁逻辑： 1）WN.QS92、WN.QS8、WN.QS91（仅送端）分位； 2）WN.GRTS 分位（仅送端）	（1）离线式微机五防逻辑： WN.GRTS 分位（仅送端）。 （2）单元电气闭锁逻辑： 1）WN.QS92、WN.QS8、WN.QS91（仅送端）分位； 2）WN.GRTS 分位（仅送端）

第六章 真双极接线换流站典型操作

第一节 金属回线直流输电运行方式停送电

一、操作任务：送端换流站、受端换流站±320kV ××极Ⅰ线线路由检修转金属回线直流输电运行（潮流方向为送端送受端有功____MW，另一极停运）

典型调度操作票指令如表6-1所示。

表6-1 ××极Ⅰ线线路由检修转金属回线直流输电运行（潮流方向为送端送受端有功____MW，另一极停运）典型调度操作票指令表

操作目的	送端换流站、受端换流站±320kV ××极Ⅰ线线路由检修转金属回线直流输电运行（潮流方向为送端送受端有功____MW，另一极停运）			
接令单位	操作步骤	操作厂站	操 作 指 令	备 注
管辖220kV变电站调度	△	受端220kV变电站	汇报：×××工作结束，×××可以送电	汇报工作结束
管辖220kV变电站调度	△	送端220kV变电站	汇报：×××工作结束，×××可以送电	
换流站运维管理单位	△	受端站	汇报：×××工作结束，×××可以送电	
换流站运维管理单位	△	送端站	汇报：×××工作结束，×××可以送电	
管辖220kV变电站调度	1	受端220kV变电站	220kV受端Ⅰ路231线路由检修转冷备用	各站设备由检修改为冷备用
管辖220kV变电站调度	2	送端220kV变电站	220kV送端Ⅰ路265线路由检修转冷备用	

接令单位	操作步骤	操作厂站	操 作 指 令	备 注
换流站运维管理单位	1	受端站	1 号换流器、220kV 受端 I 路 28A 线路、±320kV ××极 I 线 0330 线路、××金属回线 0050 线路由检修转冷备用	各站设备由检修改为冷备用
换流站运维管理单位	2	送端站	1 号换流器、220kV 送端 I 路 29A 线路、±320kV ××极 I 线 0310 线路及中性母线由检修转冷备用	
管辖 220kV 变电站调度、换流站运维管理单位	△		待令	
换流站运维管理单位	3	受端站	××金属回线 0050 线路及中性母线由冷备用转运行（接地极投入）	完成金属中线连接（顺控时受端站接地极自动投入）
换流站运维管理单位	4	送端站	××金属回线 0040 线路及中性母线由冷备用转运行	
换流站运维管理单位	5	受端站	1 号换流器由冷备用转热备用（220kV 受端 I 路 28A 线路、±320kV ××极 I 线 0330 线路转运行）	操作前确定两站极 I 的运行方式为（两站均为"HVDC 运行"）、两站极 I 的控制方式（受端为"直流电压控制"，送端为"单极功率控制"），完成极 I 金属回线接线方式；操作结束确认"断电""连接""RFE"标识变红，极 I 允许充电
换流站运维管理单位	6	送端站	1 号换流器由冷备用转热备用（220kV 送端 I 路 29A 线路、±320kV ××极 I 线 0310 线路转运行）	
管辖换流站调度	△	受端站	汇报：受端站接地极已投入，1 号换流器允许充电	
管辖换流站调度	△	送端站	汇报：1 号换流器允许充电	
管辖 220kV 变电站调度	3	受端 220kV 变电站	220kV 受端 I 路 231 线路由冷备用转接 I 段母线充电运行	对极 I 进行充电
管辖 220kV 变电站调度	4	送端 220kV 变电站	220kV 送端 I 路 265 线路由冷备用转接 I 段母线充电运行	

接令单位	操作步骤	操作厂站	操作指令	备注
换流站运维管理单位	7	受端站	1号换流器由热备用转金属回线输电方式运行	待1号换流器由经启动电阻充电运行自动转经旁路开关充电运行后，"带电""RFO"标识随之变红，即可进行1号换流器的解锁运行
换流站运维管理单位	8	送端站	1号换流器由热备用转金属回线输电方式运行（送端站有功送出____MW，无功送出____Mvar）	待1号换流器由经启动电阻充电运行自动转经旁路开关充电运行且受端站解锁运行后，"带电""RFO"标识随之变红，即可进行1号换流器的解锁运行，解锁运行后方可输入功率整定值和上升速率

二、操作任务：操作任务：送端换流站、受端换流站±320kV ××极Ⅰ线线路由金属回线直流输电运行转检修（另一极停运）

典型调度操作票指令如表6-2所示。

表6-2　　　　　××极Ⅰ线线路由金属回线直流输电运行转检修（另一极停运）典型调度操作票指令表

操作目的	送端换流站、受端换流站±320kV ××极Ⅰ线线路由金属回线直流输电运行转检修（另一极停运）			
接令单位	操作步骤	操作厂站	操作指令	备注
换流站运维管理单位	1	送端站	1号换流器由运行转热备用（送端站有功送出 0 MW）	停运前应先把"单极功率控制"站的有功功率、无功功率降至0后再闭锁，"直流电压控制"站待功率站闭锁后解锁
换流站运维管理单位	2	受端站	1号换流器由运行转热备用	
管辖220kV变电站调度	1	送端220kV变电站	220kV送端Ⅰ路265线路由充电运行转冷备用	
管辖220kV变电站调度	2	受端220kV变电站	220kV受端Ⅰ路231线路由充电运行转冷备用	

接令单位	操作步骤	操作厂站	操作指令	备注
换流站运维管理单位	3	送端站	1号换流器由热备用转冷备用（220kV送端Ⅰ路29A线路、±320kV ××极Ⅰ线0310线路转冷备用）	"断电""允许"标识变红后，即可进行极Ⅰ的隔离操作（顺控时会自动断开1号换流器启动电阻旁路开关）
换流站运维管理单位	4	受端站	1号换流器由热备用转冷备用（220kV受端Ⅰ路28A线路、±320kV ××极Ⅰ线0330线路转冷备用）	
换流站运维管理单位	5	送端站	××金属回线0040线路及中性母线由运行转冷备用	金属中性隔离（顺控时受端站接地极会自动断开）
换流站运维管理单位	6	受端站	××金属回线0050线路及中性母线由运行转冷备用（退出接地极）	
管辖220kV变电站调度、换流站运维管理单位	△		待令	
换流站运维管理单位	7	送端站	1号换流器、220kV送端Ⅰ路29A线路、±320kV ××极Ⅰ线0310线路、××金属回线0040线路及中性母线由冷备用转检修	
换流站运维管理单位	8	受端站	1号换流器、220kV受端Ⅰ路28A线路、±320kV ××极Ⅰ线0330线路、××金属回线0050线路由冷备用转检修	各站设备由检修改为冷备用
管辖220kV变电站调度	3	送端220kV变电站	220kV送端Ⅰ路265线路由冷备用转检修	
管辖220kV变电站调度	4	受端220kV变电站	220kV受端Ⅰ路231线路由冷备用转检修	

三、操作任务：送端换流站、受端换流站±320kV ××极Ⅱ线线路由检修转金属回线直流输电运行（潮流方向为送端送受端有功____MW，另一极停运）

典型调度操作票指令如表6-3所示。

表 6-3 　 ××极Ⅱ线线路由检修转金属回线直流输电运行（潮流方向为送端送受端有功____MW，另一极停运）典型调度操作票指令表

接令单位	操作步骤	操作厂站	操作指令	备注
操作目的	送端换流站、受端换流站±320kV ××极Ⅱ线线路由检修转金属回线直流输电运行（潮流方向为送端送受端有功____MW，另一极停运）			
管辖 220kV 变电站调度	△	受端 220kV 变电站	汇报：×××工作结束，×××可以送电	汇报工作结束
管辖 220kV 变电站调度	△	送端 220kV 变电站	汇报：×××工作结束，×××可以送电	
换流站运维管理单位	△	受端站	汇报：×××工作结束，×××可以送电	
换流站运维管理单位	△	送端站	汇报：×××工作结束，×××可以送电	
管辖 220kV 变电站调度	1	受端 220kV 变电站	220kV 受端Ⅱ路 236 线路由检修转冷备用	
管辖 220kV 变电站调度	2	送端 220kV 变电站	220kV 送端Ⅱ路 272 线路由检修转冷备用	
换流站运维管理单位	1	受端站	2 号换流器、220kV 受端Ⅱ路 28B 线路、±320kV ××极Ⅱ线 0340 线路、××金属回线 0050 线路由检修转冷备用	各站设备由检修改为冷备用
换流站运维管理单位	2	送端站	2 号换流器、220kV 送端Ⅱ路 29B 线路、±320kV ××极Ⅱ线 0320 线路、××金属回线 0040 线路及中性母线由检修转冷备用	
管辖 220kV 变电站调度、换流站运维管理单位	△		待令	
换流站运维管理单位	3	受端站	××金属回线 0050 线路及中性母线由冷备用转运行（接地极投入）	完成金属中线连接（顺控时受端站接地极自动投入）
换流站运维管理单位	4	送端站	××金属回线 0040 线路及中性母线由冷备用转运行	

续表

接令单位	操作步骤	操作厂站	操作指令	备注
换流站运维管理单位	5	受端站	2号换流器由冷备用转热备用（220kV受端Ⅱ路28B线路、±320kV ××极Ⅱ线0340线路转运行）	操作前确定两站极Ⅱ的运行方式为（两站均为"HVDC运行"）、两站极Ⅱ的控制方式（受端为"直流电压控制"，送端为"单极功率控制"），完成极Ⅱ金属回线接线方式；操作结束确认"断电"、"连接"、"RFE"标识变红，极Ⅱ允许充电
换流站运维管理单位	6	送端站	2号换流器由冷备用转热备用（220kV送端Ⅱ路29B线路、±320kV ××极Ⅱ线0320线路转运行）	
管辖换流站调度	△	受端站	汇报：受端站接地极已投入，2号换流器允许充电	
管辖换流站调度	△	送端站	汇报：2号换流器允许充电	
管辖220kV变电站调度	3	受端220kV变电站	220kV受端Ⅱ路236线路由冷备用转接Ⅱ段母线充电运行	对极Ⅰ进行充电
管辖220kV变电站调度	4	送端220kV变电站	220kV送端Ⅱ路272线路由冷备用转接Ⅳ段母线充电运行	
换流站运维管理单位	7	受端站	2号换流器由热备用转金属回线输电方式运行	待2号换流器由经启动电阻充电运行自动转经旁路开关充电运行后，"带电"、"RFO"标识随之变红，即可进行2号换流器的解锁运行
换流站运维管理单位	8	送端站	2号换流器由热备用转金属回线输电方式运行（送端站有功送出____MW，无功送出____Mvar）	待2号换流器由经启动电阻充电运行自动转经旁路开关充电运行且受端站解锁运行后，"带电""RFO"标识随之变红，即可进行2号换流器的解锁运行，解锁运行后方可输入功率整定值和上升速率

四、操作任务：送端换流站、受端换流站±320kV ××极Ⅱ线线路由金属回线直流输电运行转检修（另一极停运）典型调度操作票指令如表6-4所示。

表 6-4　　　　　**××极Ⅱ线线路由金属回线直流输电运行转检修（另一极停运）典型调度操作票指令表**

接令单位	操作步骤	操作厂站	操作指令	备　注
操作目的			送端换流站、受端换流站±320kV ××极Ⅱ线线路由金属回线直流输电运行转检修（另一极停运）	
换流站运维管理单位	1	送端站	2 号换流器由运行转热备用（送端站有功送出 0 MW）	停运前应先把"单极功率控制"站的有功功率、无功功率降至 0 后再闭锁，"直流电压控制"站待功率站闭锁后闭锁
换流站运维管理单位	2	受端站	2 号 2 号换流器由运行转热备用	
管辖 220kV 变电站调度	1	送端 220kV 变电站	220kV 送端Ⅱ路 272 线路由充电运行转冷备用	
管辖 220kV 变电站调度	2	受端 220kV 变电站	220kV 受端Ⅱ路 236 线路由充电运行转冷备用	
换流站运维管理单位	3	送端站	2 号换流器由热备用转冷备用（220kV 送端Ⅱ路 29B 线路、±320kV ××极Ⅱ线 0340 线路转冷备用）	"断电""允许"标识变红后，即可进行极Ⅱ的隔离操作（顺控时会自动断开 1 号换流器启动电阻旁路开关）
换流站运维管理单位	4	受端站	2 号换流器由热备用转冷备用（220kV 受端Ⅱ路 28B 线路、±320kV ××极Ⅱ线 0320 线路转冷备用）	
换流站运维管理单位	5	送端站	××金属回线 0040 线路及中性母线由运行转冷备用	金属中线隔离（顺控时受端站接地极会自动断开）
换流站运维管理单位	6	受端站	××金属回线 0050 线路及及中性母线由运行转冷备用（接地极投入）	
管辖 220kV 变电站调度、换流站运维管理单位	△		待令	
换流站运维管理单位	7	送端站	2 号换流器、220kV 送端Ⅱ路 29A 线路、±320kV ××极Ⅱ线 0320 线路、××金属回线 0040 线路及中性母线由冷备用转检修	各站设备由检修改为冷备用
换流站运维管理单位	8	受端站	2 号换流器、220kV 受端Ⅱ路 28B 线路、±320kV ××极Ⅱ线 0340 线路、××金属回线 0050 线路由冷备用转检修	

接令单位	操作步骤	操作厂站	操 作 指 令	备 注
管辖 220kV 变电站调度	3	送端 220kV 变电站	220kV 送端Ⅱ路 272 线路由冷备用转检修	各站设备由检修改为冷备用
管辖 220kV 变电站调度	4	受端 220kV 变电站	220kV 受端Ⅱ路 236 线路由冷备用转检修	

五、操作任务：送端换流站、受端换流站±320kV ××极Ⅰ线线路由检修转金属回线直流输电运行（潮流方向为送端送受端有功____MW，另一极运行）

典型调度操作票指令如表 6-5 所示。

表 6-5　××极Ⅰ线线路由检修转金属回线直流输电运行（潮流方向为送端送受端有功____MW，另一极运行）典型调度操作票指令表

操作目的	送端换流站、受端换流站±320kV ××极Ⅰ线线路由检修转金属回线直流输电运行（潮流方向为送端送受端有功____MW，另一极运行）			
接令单位	操作步骤	操作厂站	操 作 指 令	备 注
管辖 220kV 变电站调度	△	受端 220kV 变电站	汇报：×××工作结束，×××可以送电	汇报工作结束
管辖 220kV 变电站调度	△	送端 220kV 变电站	汇报：×××工作结束，×××可以送电	
换流站运维管理单位	△	受端站	汇报：×××工作结束，×××可以送电	
换流站运维管理单位	△	送端站	汇报：×××工作结束，×××可以送电	
管辖 220kV 变电站调度	1	受端 220kV 变电站	220kV 受端Ⅰ路 231 线路由检修转冷备用	各站设备由检修改为冷备用
管辖 220kV 变电站调度	2	送端 220kV 变电站	220kV 送端Ⅰ路 265 线路由检修转冷备用	

接令单位	操作步骤	操作厂站	操作指令	备注
换流站运维管理单位	1	受端站	1号换流器、220kV 受端Ⅰ路 28A 线路、±320kV ××极Ⅰ线 0330 线路由检修转冷备用	
换流站运维管理单位	2	送端站	1号换流器、220kV 送端Ⅰ路 29A 线路、±320kV ××极Ⅰ线 0310 线路由检修转冷备用	
管辖 220kV 变电站调度、换流站运维管理单位	△		待令	
换流站运维管理单位	3	受端站	1号换流器由冷备用转热备用（220kV 受端Ⅰ路 28A 线路、±320kV ××极Ⅰ线 0330 线路转运行）	操作前确定两站极Ⅰ的运行方式为（两站均为"HVDC 运行"）、两站极Ⅰ的控制方式（受端为直流电压控制，送端为双极功率控制），完成极Ⅰ金属回线接线方式；操作结束确认"断电""连接""RFE"标识变红，极Ⅰ允许充电
换流站运维管理单位	4	送端站	1号换流器由冷备用转热备用（220kV 送端Ⅰ路 29A 线路、±320kV ××极Ⅰ线 0310 线路转运行）	
管辖换流站调度	△	受端站	汇报：受端站接地极已投入，1号换流器允许充电	
管辖换流站调度	△	送端站	汇报：1号换流器允许充电	
管辖 220kV 变电站调度	3	受端 220kV 变电站	220kV 受端Ⅰ路 231 线路由冷备用转接Ⅰ段母线充电运行	对极Ⅰ进行充电
管辖 220kV 变电站调度	4	送端 220kV 变电站	220kV 送端Ⅰ路 265 线路由冷备用转接Ⅰ段母线充电运行	
换流站运维管理单位	5	受端站	1号换流器由热备用转金属回线输电方式运行	待 1号换流器由经启动电阻充电运行自动转经旁路开关充电运行后，"带电""RFO"标识随之变红，即可进行 1号换流器的解锁运行
换流站运维管理单位	6	送端站	1号换流器由热备用转金属回线输电方式运行（送端站有功送出____MW，无功送出____Mvar）	待 1号换流器由经启动电阻充电运行自动转经旁路开关充电运行且受端站解锁运行后，"带电""RFO"标识随之变红，即可进行 1号换流器的解锁运行解锁运行后方可输入功率整定值和上升速率

六、操作任务: 送端换流站、受端换流站±320kV ××极Ⅰ线线路由金属回线直流输电运行转检修（另一极运行）

典型调度操作票指令如表 6-6 所示。

表 6-6   ××极Ⅰ线线路由金属回线直流输电运行转检修（另一极运行）典型调度操作票指令表

操作目的	送端换流站、受端换流站±320kV ××极Ⅰ线线路由金属回线直流输电运行转检修（另一极运行）			
接令单位	操作步骤	操作厂站	操作指令	备注
换流站运维管理单位	1	送端站	1号换流器由运行转热备用（送端站有功送出不变）	停运前应先把"双极功率控制"站拟停运的极Ⅰ有功功率、无功功率降至0后再闭锁，"直流电压控制"站待功率站闭锁后闭锁
换流站运维管理单位	2	受端站	1号换流器由运行转热备用	
管辖220kV变电站调度	1	送端220kV变电站	220kV送端Ⅰ路265线路由充电运行转冷备用	
管辖220kV变电站调度	2	受端220kV变电站	220kV受端Ⅰ路231线路由充电运行转冷备用	
换流站运维管理单位	3	送端站	1号换流器由热备用转冷备用（220kV送端Ⅰ路29A线路、±320kV ××极Ⅰ线0310线路转冷备用）	"断电""允许"标识变红后，即可进行极Ⅰ的隔离操作（顺控时会自动断开1号换流器启动电阻旁路开关）
换流站运维管理单位	4	受端站	1号换流器由热备用转冷备用（220kV受端Ⅰ路28A线路、±320kV ××极Ⅰ线0330线路转冷备用）	
管辖220kV变电站调度、换流站运维管理单位	△		待令	
换流站运维管理单位	5	送端站	1号换流器、220kV送端Ⅰ路29A线路、±320kV ××极Ⅰ线0310线路由冷备用转检修	
换流站运维管理单位	6	受端站	1号换流器、220kV受端Ⅰ路28A线路、±320kV ××极Ⅰ线0330线路由冷备用转检修	各站设备由冷备用改为检修
管辖220kV变电站调度	3	送端220kV变电站	220kV送端Ⅰ路265线路由冷备用转检修	
管辖220kV变电站调度	4	受端220kV变电站	220kV受端Ⅰ路231线路由冷备用转检修	

七、操作任务：送端换流站、受端换流站±320kV ××极Ⅱ线线路由检修转金属回线直流输电运行（潮流方向为送端送受端有功____MW，另一极运行）

典型调度操作票指令如表6-7所示。

表6-7　　××极Ⅱ线线路由检修转金属回线直流输电运行（潮流方向为送端送受端有功____MW，另一极运行）典型调度操作票指令表

操作目的	送端换流站、受端换流站±320kV ××极Ⅱ线线路由检修转金属回线直流输电运行（潮流方向为送端送受端有功____MW，另一极运行）			
接令单位	操作步骤	操作厂站	操作指令	备注
管辖220kV变电站调度	△	受端220kV变电站	汇报：×××工作结束，×××可以送电	汇报工作结束
管辖220kV变电站调度	△	送端220kV变电站	汇报：×××工作结束，×××可以送电	
换流站运维管理单位	△	受端站	汇报：×××工作结束，×××可以送电	
换流站运维管理单位	△	送端站	汇报：×××工作结束，×××可以送电	
管辖220kV变电站调度	1	受端220kV变电站	220kV受端Ⅱ路236线路由检修转冷备用	各站设备由检修改为冷备用
管辖220kV变电站调度	2	送端220kV变电站	220kV送端Ⅱ路272线路由检修转冷备用	
换流站运维管理单位	1	受端站	2号换流器、220kV 受端Ⅱ路28B 线路、±320kV ××极Ⅱ线0340线路由检修转冷备用	
换流站运维管理单位	2	送端站	2号换流器、220kV 送端Ⅱ路29B 线路、±320kV ××极Ⅱ线0320线路由检修转冷备用	
管辖220kV变电站调度、换流站运维管理单位	△		待令	

接令单位	操作步骤	操作厂站	操 作 指 令	备 注
换流站运维管理单位	3	受端站	2号换流器由冷备用转热备用（220kV 受端Ⅱ路 28B 线路、±320kV ××极Ⅱ线 0340 线路转运行）	操作前确定两站极Ⅱ的运行方式为（两站均为"HVDC 运行"）、两站极Ⅱ的控制方式（受端为直流电压控制，送端为双极功率控制），完成极Ⅱ金属回线接线方式；操作结束确认"断电""连接""RFE"标识变红，极Ⅱ允许充电
换流站运维管理单位	4	送端站	2号换流器由冷备用转热备用（220kV 送端Ⅱ路 29B 线路、±320kV ××极Ⅱ线 0320 线路转运行）	
管辖换流站调度	△	受端站	汇报：受端站接地极已投入，2号换流器允许充电	
管辖换流站调度	△	送端站	汇报：2号换流器允许充电	
管辖 220kV 变电站调度	3	受端 220kV 变电站	220kV 受端Ⅱ路 236 线路由冷备用转接Ⅱ段母线充电运行	对极Ⅱ进行充电
管辖 220kV 变电站调度	4	送端 220kV 变电站	220kV 送端Ⅱ路 272 线路由冷备用转接Ⅳ段母线充电运行	
换流站运维管理单位	5	受端站	2号换流器由热备用转金属回线输电方式运行	待 2 号换流器由经启动电阻充电运行自动转经旁路开关充电运行后，"带电""RFO"标识随之变红，即可进行 2 号换流器的解锁运行
换流站运维管理单位	6	送端站	2号换流器由热备用转金属回线输电方式运行（送端站有功送出____MW，无功送出____Mvar）	待 2 号换流器由经启动电阻充电运行自动转经旁路开关充电运行且受端站解锁运行后，"带电""RFO"标识随之变红，即可进行 2 号换流器的解锁运行解锁运行后方可输入功率整定值和上升速率

八、操作任务：送端换流站 2 号换流器由无功补偿方式运行转检修（另一极无功补偿方式运行）

典型调度操作票指令如表 6-8 所示。

表 6-8　送端换流站 2 号换流器由无功补偿方式运行转检修（另一极无功补偿方式运行）典型调度操作票指令表

操作目的	送端换流站 2 号换流器由无功补偿方式运行转检修（另一极无功补偿方式运行）			
接令单位	操作步骤	操作厂站	操 作 指 令	备 注
换流站运维管理单位	1	送端站	2 号换流器由无功补偿方式运行转热备用（送端站无功送出＿＿Mvar）	
管辖 220kV 变电站调度	1	送端 220kV 变电站	220kV 送端Ⅱ路 272 线路由充电运行转冷备用	
换流站运维管理单位	2	送端站	2 号换流器由热备用转冷备用（220kV 送端Ⅱ路 29B 线路转冷备用）	"断电""允许"标识变红后，即可进行极Ⅱ的隔离操作（顺控时会自动断开 2 号换流器启动电阻旁路开关）
换流站运维管理单位	3	送端站	2 号换流器、220kV 送端Ⅱ路 29B 线路、±320kV ××极Ⅱ线 0320 线路由冷备用转检修	各站设备由冷备用改为检修
管辖 220kV 变电站调度	2	送端 220kV 变电站	220kV 送端Ⅱ路 272 线路由冷备用转检修	

第二节　送端换流站无功补偿方式停送电

一、操作任务： 送端换流站 1 号换流器由检修转无功补偿方式运行（送端送出无功＿＿Mvar，另一极停运）

典型调度操作票指令如表 6-9 所示。

表 6-9　送端换流站 1 号换流器由检修转无功补偿方式运行（送端送出无功＿＿Mvar，另一极停运）典型调度操作票指令表

操作目的	送端换流站 1 号换流器由检修转无功补偿方式启动（另一极停运）			
接令单位	操作步骤	操作厂站	操 作 指 令	备 注
管辖 220kV 变电站调度	△	送端 220kV 变电站	汇报：×××工作结束，×××可以送电	汇报工作结束

接令单位	操作步骤	操作厂站	操 作 指 令	备 注
换流站运维管理单位	△	送端站	汇报：×××工作结束，×××可以送电	汇报工作结束
管辖220kV变电站调度	1	送端220kV变电站	220kV送端Ⅰ路265线路由检修转冷备用	各站设备由检修改为冷备用
换流站运维管理单位	1	送端站	1号换流器、220kV送端Ⅰ路29A线路、中性母线由检修转冷备用	
管辖220kV变电站调度、换流站运维管理单位	△		待令	
换流站运维管理单位	2	送端站	送端站接地极由冷备用转运行	接地极投入
换流站运维管理单位	3	送端站	1号换流器由冷备用转热备用（220kV送端Ⅰ路29A线路转运行）	操作前确定极Ⅰ的运行方式为"STATCOM运行"、极Ⅰ的控制方式为"无功控制"，完成极ⅠSTATCOM接线方式；操作结束确认"断电""连接""极ⅠSTATCOM""RFE"标识变红，极Ⅰ允许充电
管辖换流站调度	△	送端站	汇报：送端站接地极已投入，1号换流器允许充电	
管辖220kV变电站调度	2	送端220kV变电站	220kV送端Ⅰ路265线路由冷备用转接Ⅰ段母线充电运行	对极Ⅰ进行充电
换流站运维管理单位	4	送端站	1号换流器由热备用转无功补偿方式运行（送端站无功送出____Mvar）	待1号换流器由经启动电阻充电运行自动转经旁路开关充电运行后，"带电""RFO"标识随之变红，即可进行1号换流器解锁运行，解锁运行后方可输入功率整定值和上升速率

二、操作任务：送端换流站 1 号换流器由无功补偿方式运行转检修（另一极停运）

典型调度操作票指令如表 6-10 所示。

表 6-10   送端换流站 1 号换流器由无功补偿方式运行转检修（另一极停运）典型调度操作票指令表

操作目的	送端换流站 1 号换流器由无功补偿方式运行转检修（另一极停运）				
接令单位	操作步骤	操作厂站	操 作 指 令	备 注
换流站运维管理单位	1	送端站	1 号换流器由无功补偿方式运行转热备用（送端站无功送出_0 Mvar）	停运前应先把"无功控制"站拟停运的 1 号换流器无功功率降至 0 后再闭锁
管辖 220kV变电站调度	1	送端 220kV 变电站	220kV 送端 I 路 265 线路由充电运行转冷备用	
换流站运维管理单位	2	送端站	1 号换流器由热备用转冷备用（220kV 送端 I 路 29A 线路转冷备用）	"断电""允许"标识变红后，即可进行极 I 的隔离操作（顺控时会自动断开 1 号换流器启动电阻旁路开关）
换流站运维管理单位	3	送端站	送端站接地极由运行转冷备用	接地极冷备用
管辖 220kV变电站调度、换流站运维管理单位	△		待令	
换流站运维管理单位	4	送端站	1 号换流器、220kV 送端 I 路 29A 线路、±320kV ××极 I 线 0310 线路、××金属回线 0040 线路及中性母线由冷备用转检修	各站设备由冷备用改为检修
管辖 220kV变电站调度	2	送端 220kV 变电站	220kV 送端 I 路 265 线路由冷备用转检修	

三、操作任务：送端换流站 2 号换流器由检修转无功补偿方式运行（送端送出无功____Mvar，另一极停运）

典型调度操作票指令如表 6-11 所示。

表 6-11　　**送端换流站 2 号换流器由检修转无功补偿方式运行（送端送出无功____Mvar，另一极停运）典型调度操作票指令表**

操作目的	送端换流站 2 号换流器由检修转无功补偿方式启动（另一极停运）			
接令单位	操作步骤	操作厂站	操 作 指 令	备 注
管辖 220kV 变电站调度	△	送端 220kV 变电站	汇报：×××工作结束，×××可以送电	汇报工作结束
换流站运维管理单位	△	送端站	汇报：×××工作结束，×××可以送电	
管辖 220kV 变电站调度	1	送端 220kV 变电站	220kV 送端Ⅱ路 272 线路由检修转冷备用	各站设备由检修改为冷备用
换流站运维管理单位	1	送端站	2 号换流器、220kV 送端Ⅱ路 29B 线路、中性母线由检修转冷备用	
管辖 220kV 变电站调度、换流站运维管理单位	△		待令	
换流站运维管理单位	2	送端站	送端站接地极由冷备用转运行	接地极投入
换流站运维管理单位	3	送端站	2 号换流器由冷备用转热备用（220kV 送端Ⅱ路 29B 线路转运行）	操作前确定极Ⅱ的运行方式为"STATCOM 运行"、极Ⅱ的控制方式为"无功控制"，完成极ⅡSTATCOM 接线方式；操作结束确认"断电""连接""极ⅡSTATCOM""RFE"标识变红，极Ⅱ允许充电
管辖换流站调度	△	送端站	汇报：送端站接地极已投入，2 号换流器允许充电	
管辖 220kV 变电站调度	2	送端 220kV 变电站	220kV 送端Ⅱ路 272 线路由冷备用转接Ⅳ段母线充电运行	对极Ⅱ进行充电
换流站运维管理单位	4	送端站	2 号换流器由热备用转无功补偿方式运行（送端站无功送出____Mvar）	待 2 号换流器由经启动电阻充电运行自动转经旁路开关充电运行后，"带电"、"RFO"标识随之变红，即可进行 2 号换流器解锁运行，解锁运行后方可输入功率整定值和上升速率

四、操作任务：送端换流站 2 号换流器由无功补偿方式运行转检修（另一极停运）

典型调度操作票指令如表 6-12 所示。

表 6-12 送端换流站 2 号换流器由无功补偿方式运行转检修（另一极停运）典型调度操作票指令表

操作目的	送端换流站 1 号换流器由无功补偿方式运行转检修（另一极停运）			
接令单位	操作步骤	操作厂站	操 作 指 令	备 注
换流站运维管理单位	1	送端站	2 号换流器由无功补偿方式运行转热备用（送端站无功送出 0 Mvar）	停运前应先把"无功控制"站拟停运的 2 号换流器无功功率降至 0 后再闭锁
管辖 220kV 变电站调度	1	送端 220kV 变电站	220kV 送端Ⅱ路 272 线路由充电运行转冷备用	
换流站运维管理单位	2	送端站	2 号换流器由热备用转冷备用（220kV 送端Ⅱ路 29B 线路转冷备用）	"断电""允许"标识变红后，即可进行极Ⅱ的隔离操作（顺控时会自动断开 2 号换流器启动电阻旁路开关）
换流站运维管理单位	3	送端站	送端站接地极由运行转冷备用	接地极冷备用
管辖 220kV 变电站调度、换流站运维管理单位	△		待令	
换流站运维管理单位	4	送端站	2 号换流器、220kV 送端Ⅱ路 29B 线路、±320kV ××极Ⅱ线 0320 线路、××金属回线 0040 线路及中性母线由冷备用转检修	各站设备由冷备用改为检修
管辖 220kV 变电站调度	2	送端 220kV 变电站	220kV 送端Ⅱ路 272 线路由冷备用转检修	

五、操作任务：送端换流站 1 号换流器由检修转无功补偿方式运行（送端送出无功____Mvar，另一极无功补偿方式运行）

典型调度操作票指令如表 6-13 所示。

表 6-13 送端换流站 1 号换流器由检修转无功补偿方式运行（送端送出无功____Mvar，

另一极无功补偿方式运行）典型调度操作票指令表

操作目的	送端换流站 1 号换流器由检修转无功补偿方式运行（送端送出无功____Mvar，另一极无功补偿方式运行）			
接令单位	操作步骤	操作厂站	操 作 指 令	备 注
管辖 220kV 变电站调度	△	送端 220kV 变电站	汇报：×××工作结束，×××可以送电	汇报工作结束
换流站运维管理单位	△	送端站	汇报：×××工作结束，×××可以送电	
管辖 220kV 变电站调度	1	送端 220kV 变电站	220kV 送端Ⅰ路 265 线路由检修转冷备用	各站设备由检修改为冷备用
换流站运维管理单位	1	送端站	1 号换流器、220kV 送端Ⅰ路 29A 线路由检修转冷备用	
管辖 220kV 变电站调度、换流站运维管理单位	△		待令	
换流站运维管理单位	2	送端站	1 号换流器由冷备用转热备用（220kV 送端Ⅰ路 29A 线路转运行）	操作前确定极Ⅰ的运行方式为"STATCOM 运行"、极Ⅰ的控制方式为"无功控制"，完成极ⅠSTATCOM 接线方式；操作结束确认"断电""连接""极ⅠSTATCOM""RFE"标识变红，极Ⅰ允许充电
管辖换流站调度	△	送端站	汇报：送端站接地极已投入，1 号换流器允许充电	
管辖 220kV 变电站调度	2	送端 220kV 变电站	220kV 送端Ⅰ路 265 线路由冷备用转接Ⅰ段母线充电运行	对极Ⅰ进行充电
换流站运维管理单位	3	送端站	1 号换流器由热备用转无功补偿方式运行（送端站无功送出____Mvar）	待 1 号换流器由经启动电阻充电运行自动转经旁路开关充电运行后，"带电""RFO"标识随之变红，即可进行 1 号换流器解锁运行，解锁运行后方可输入功率整定值和上升速率

六、操作任务：送端换流站1号换流器由无功补偿方式运行转检修（另一极无功补偿方式运行）

典型调度操作票指令如表 6-14 所示。

表 6-14　　送端换流站 1 号换流器由无功补偿方式运行转检修（另一极无功补偿方式运行）典型调度操作票指令表

操作目的	送端换流站 1 号换流器由无功补偿方式运行转检修（另一极无功补偿方式运行）			
接令单位	操作步骤	操作厂站	操作指令	备注
换流站运维管理单位	1	送端站	1 号换流器由无功补偿方式运行转热备用	
管辖 220kV 变电站调度	1	送端 220kV 变电站	220kV 送端 I 路 265 线路由充电运行转冷备用	
换流站运维管理单位	2	送端站	1 号换流器由热备用转冷备用（220kV 送端 I 路 29A 线路转冷备用）	"断电""允许"标识变红后，即可进行极 I 的隔离操作（顺控时会自动断开 1 号换流器启动电阻旁路开关）
换流站运维管理单位	3	送端站	1 号换流器、220kV 送端 I 路 29A 线路、±320kV ××极 I 线 0310 线路由冷备用转检修	各站设备由冷备用改为检修
管辖 220kV 变电站调度	2	送端 220kV 变电站	220kV 送端 I 路 265 线路由冷备用转检修	

七、操作任务：送端换流站 2 号换流器由检修转无功补偿方式运行（送端送出无功____Mvar，另一极无功补偿方式运行）

典型调度操作票指令如表 6-15 所示。

表 6-15　　　　　送端换流站 2 号换流器由检修转无功补偿方式运行（送端送出无功____Mvar，

另一极无功补偿方式运行）典型调度操作票指令表

操作目的	送端换流站 2 号换流器由检修转无功补偿方式运行（送端送出无功____Mvar，另一极无功补偿方式运行）			
接令单位	操作步骤	操作厂站	操作指令	备注
管辖 220kV 变电站调度	△	送端 220kV 变电站	汇报：×××工作结束，×××可以送电	汇报工作结束

接令单位	操作步骤	操作厂站	操 作 指 令	备 注
换流站运维管理单位	△	送端站	汇报：×××工作结束，×××可以送电	
管辖220kV变电站调度	1	送端220kV变电站	220kV送端Ⅱ路272线路由检修转冷备用	各站设备由检修改为冷备用
换流站运维管理单位	1	送端站	2号换流器、220kV送端Ⅱ路29B线路由检修转冷备用	
管辖220kV变电站调度、换流站运维管理单位	△		待令	
换流站运维管理单位	2	送端站	2号换流器由冷备用转热备用（220kV送端Ⅱ路29B线路转运行）	操作前确定极Ⅱ的运行方式为"STATCOM运行"极Ⅱ的控制方式为"无功控制"，完成极ⅡSTATCOM接线方式；操作结束确认"断电""连接""极ⅡSTATCOM""RFE"标识变红，极Ⅱ允许充电
管辖换流站调度	△	送端站	汇报：送端站接地极已投入，2号换流器允许充电	
管辖220kV变电站调度	2	送端220kV变电站	220kV送端Ⅱ路272线路由冷备用转接Ⅳ段母线充电运行	对极Ⅱ进行充电
换流站运维管理单位	3	送端站	2号换流器由热备用转无功补偿方式运行（送端站无功送出____Mvar）	待2号换流器由经启动电阻充电运行自动转经旁路开关充电运行后，"带电""RFO"标识随之变红，即可进行2号换流器解锁运行，解锁运行后方可输入功率整定值和上升速率

八、操作任务：送端换流站2号换流器由无功补偿方式运行转检修（另一极无功补偿方式运行）

典型调度操作票指令如表6-16所示。

表 6-16　　**送端换流站 2 号换流器由无功补偿方式运行转检修（另一极无功补偿方式运行）典型调度操作票指令表**

操作目的	送端换流站 2 号换流器由无功补偿方式运行转检修（另一极无功补偿方式运行）			
接令单位	操作步骤	操作厂站	操作指令	备注
换流站运维管理单位	1	送端站	2 号换流器由无功补偿方式运行转热备用（送端站无功送出____Mvar）	
管辖 220kV 变电站调度	1	送端 220kV 变电站	220kV 送端Ⅱ路 272 线路由充电运行转冷备用	
换流站运维管理单位	2	送端站	2 号换流器由热备用转冷备用（220kV 送端Ⅱ路 29B 线路转冷备用）	"断电""允许"标识变红后，即可进行极Ⅱ的隔离操作（顺控时会自动断开 2 号换流器启动电阻旁路开关）
换流站运维管理单位	3	送端站	2 号换流器、220kV 送端Ⅱ路 29B 线路、±320kV ××极Ⅱ线 0320 线路由冷备用转检修	各站设备由冷备用改为检修
管辖 220kV 变电站调度	2	送端 220kV 变电站	220kV 送端Ⅱ路 272 线路由冷备用转检修	

第三节　受端换流站无功补偿方式停送电

一、操作任务：受端换流站 1 号换流器由检修转无功补偿方式运行（受端送出无功____Mvar，另一极停运）典型调度操作票指令如表 6-17 所示。

表 6-17　　**受端换流站 1 号换流器由检修转无功补偿方式运行（受端送出无功____Mvar，另一极停运）典型调度操作票指令表**

操作目的	受端换流站 1 号换流器由检修转无功补偿方式启动（另一极停运）			
接令单位	操作步骤	操作厂站	操作指令	备注
管辖 220kV 变电站调度	△	受端 220kV 变电站	汇报：×××工作结束，×××可以送电	汇报工作结束
换流站运维管理单位	△	受端站	汇报：×××工作结束，×××可以送电	

接令单位	操作步骤	操作厂站	操 作 指 令	备 注
管辖 220kV 变电站调度	1	受端 220kV 变电站	220kV 受端Ⅰ路 231 线路由检修转冷备用	各站设备由检修改为冷备用
换流站运维管理单位	1	受端站	1 号换流器、220kV 受端Ⅰ路 28A 线路由检修转冷备用	
管辖 220kV 变电站调度、换流站运维管理单位	△		待令	
换流站运维管理单位	2	受端站	受端站接地极由冷备用转运行	接地极投入
换流站运维管理单位	3	受端站	1 号换流器由冷备用转热备用（220kV 受端Ⅰ路 28A 线路转运行）	操作前确定极Ⅰ的运行方式为"STATCOM 运行"、极Ⅰ的控制方式为"无功控制"，完成极Ⅰ STATCOM 接线方式；操作结束确认"断电""连接""极Ⅰ STATCOM"、"RFE"标识变红，极Ⅰ允许充电
管辖换流站调度	△	受端站	汇报：受端站接地极已投入，1 号换流器允许充电	
管辖 220kV 变电站调度	2	受端 220kV 变电站	220kV 受端Ⅰ路 231 线路由冷备用转接Ⅰ段母线充电运行	对极Ⅰ进行充电
换流站运维管理单位	4	受端站	1 号换流器由热备用转无功补偿方式运行（受端站无功送出____Mvar）	待 1 号换流器由经启动电阻充电运行自动转经旁路开关充电运行后，"带电""RFO"标识随之变红，即可进行 1 号换流器解锁运行，解锁运行后方可输入功率整定值和上升速率

二、操作任务：受端换流站 1 号换流器由无功补偿方式运行转检修（另一极停运）

典型调度操作票指令如表 6-18 所示。

表 6-18　　受端换流站 1 号换流器由无功补偿方式运行转检修（另一极停运）典型调度操作票指令表

操作目的	受端换流站 1 号换流器由无功补偿方式运行转检修（另一极停运）			
接令单位	操作步骤	操作厂站	操作指令	备注
换流站运维管理单位	1	受端站	1 号换流器由无功补偿方式运行转热备用（受端站无功送出 0 Mvar）	停运前应先把"无功控制"站拟停运的 1 号换流器无功功率降至 0 后再闭锁
管辖 220kV 变电站调度	1	受端 220kV 变电站	220kV 受端 I 路 231 线路由充电运行转冷备用	
换流站运维管理单位	2	受端站	1 号换流器由热备用转冷备用（220kV 受端 I 路 28A 线路转冷备用）	"断电""允许"标识变红后，即可进行极 I 的隔离操作（顺控时会自动断开 1 号换流器启动电阻旁路开关）
换流站运维管理单位	3	受端站	受端站接地极由运行转冷备用	接地极冷备用
管辖 220kV 变电站调度、换流站运维管理单位	△		待令	
换流站运维管理单位	4	受端站	1 号换流器、220kV 受端 I 路 28A 线路、±320kV ××极 I 线 0330 线路、××金属回线 0050 线路由冷备用转检修	各站设备由冷备用改为检修
管辖 220kV 变电站调度	2	受端 220kV 变电站	220kV 受端 I 路 231 线路由冷备用转检修	

三、操作任务：受端换流站 2 号换流器由检修转无功补偿方式运行（受端送出无功____Mvar，另一极停运）

典型调度操作票指令如表 6-19 所示。

表 6-19　受端换流站 2 号换流器由检修转无功补偿方式运行（受端送出无功＿＿Mvar，另一极停运）典型调度操作票指令表

操作目的	受端换流站 2 号换流器由检修转无功补偿方式启动（另一极停运）			
接令单位	操作步骤	操作厂站	操 作 指 令	备 注
管辖 220kV 变电站调度	△	受端 220kV 变电站	汇报：×××工作结束，×××可以送电	汇报工作结束
换流站运维管理单位	△	受端站	汇报：×××工作结束，×××可以送电	
管辖 220kV 变电站调度	1	受端 220kV 变电站	220kV 受端Ⅱ路 236 线路由检修转冷备用	各站设备由检修改为冷备用
换流站运维管理单位	1	受端站	2 号换流器、220kV 受端Ⅱ路 28B 线路由检修转冷备用	
管辖 220kV 变电站调度、换流站运维管理单位	△		待令	
换流站运维管理单位	2	受端站	受端站接地极由冷备用转运行	接地极投入
换流站运维管理单位	3	受端站	2 号换流器由冷备用转热备用（220kV 受端Ⅱ路 28B 线路转运行）	操作前确定极Ⅱ的运行方式为"STATCOM 运行"、极Ⅱ的控制方式为"无功控制"，完成极Ⅱ STATCOM 接线方式；操作结束确认"断电""连接""极Ⅱ STATCOM""RFE"标识变红，极Ⅱ允许充电
管辖换流站调度	△	受端站	汇报：受端站接地极已投入，2 号换流器允许充电	
管辖 220kV 变电站调度	2	受端 220kV 变电站	220kV 受端Ⅱ路 236 线路由冷备用转接Ⅱ段母线充电运行	对极Ⅱ进行充电
换流站运维管理单位	4	受端站	2 号换流器由热备用转无功补偿方式运行（受端站无功送出＿＿Mvar）	待 2 号换流器由经启动电阻充电运行自动转经旁路开关充电运行后，"带电""RFO"标识随之变红，即可进行 2 号换流器解锁运行，解锁运行后方可输入功率整定值和上升速率

四、操作任务：受端换流站 2 号换流器由无功补偿方式运行转检修（另一极停运）

典型调度操作票指令如表 6-20 所示。

表 6-20　　　　　　受端换流站 2 号换流器由无功补偿方式运行转检修（另一极停运）典型调度操作票指令表

操作目的	受端换流站 1 号换流器由无功补偿方式运行转检修（另一极停运）			
接令单位	操作步骤	操作厂站	操 作 指 令	备 注
换流站运维管理单位	1	受端站	2 号换流器由无功补偿方式运行转热备用（受端站无功送出_0 Mvar）	停运前应先把"无功控制"站拟停运的 2 号换流器无功功率降至 0 后再闭锁
管辖 220kV 变电站调度	1	受端 220kV 变电站	220kV 受端Ⅱ路 236 线路由充电运行转冷备用	
换流站运维管理单位	2	受端站	2 号换流器由热备用转冷备用（220kV 受端Ⅱ路 28B 线路转冷备用）	"断电""允许"标识变红后，即可进行极Ⅱ的隔离操作（顺控时会自动断开 2 号换流器启动电阻旁路开关）
换流站运维管理单位	3	受端站	受端站接地极由运行转冷备用	接地极冷备用
管辖 220kV 变电站调度、换流站运维管理单位	△		待令	
换流站运维管理单位	4	受端站	2 号换流器、220kV 受端Ⅱ路 28B 线路、±320kV ××极Ⅱ线 0340 线路、××金属回线 0050 线路由冷备用转检修	各站设备由冷备用改为检修
管辖 220kV 变电站调度	2	受端 220kV 变电站	220kV 受端Ⅱ路 236 线路由冷备用转检修	

五、操作任务：受端换流站 1 号换流器由检修转无功补偿方式运行（受端送出无功____Mvar，另一极无功补偿方式运行）

典型调度操作票指令如表 6-21 所示。

表 6-21　　　　　**受端换流站 1 号换流器由检修转无功补偿方式运行（受端送出无功____Mvar，**

另一极无功补偿方式运行）典型调度操作票指令表

操作目的			受端换流站 1 号换流器由检修转无功补偿方式运行（受端送出无功 Mvar，另一极无功补偿方式运行）	
接令单位	操作步骤	操作厂站	操 作 指 令	备　　注
管辖 220kV 变电站调度	△	受端 220kV 变电站	汇报：×××工作结束，×××可以送电	汇报工作结束
换流站运维管理单位	△	受端站	汇报：×××工作结束，×××可以送电	
管辖 220kV 变电站调度	1	受端 220kV 变电站	220kV 受端Ⅰ路 231 线路由检修转冷备用	各站设备由检修改为冷备用
换流站运维管理单位	1	受端站	1 号换流器、220kV 受端Ⅰ路 28A 线路由检修转冷备用	
管辖 220kV 变电站调度、换流站运维管理单位	△		待令	
换流站运维管理单位	2	受端站	1 号换流器由冷备用转热备用（220kV 受端Ⅰ路 28A 线路转运行）	操作前确定极Ⅰ的运行方式为"STATCOM 运行"、极Ⅰ的控制方式为"无功控制"，完成极ⅠSTATCOM 接线方式；操作结束确认"断电""连接""极ⅠSTATCOM""RFE"标识变红，极Ⅰ允许充电
管辖换流站调度	△	受端站	汇报：受端站接地极已投入，1 号换流器允许充电	
管辖 220kV 变电站调度	2	受端 220kV 变电站	220kV 受端Ⅰ路 231 线路由冷备用转接Ⅰ段母线充电运行	对极Ⅰ进行充电
换流站运维管理单位	3	受端站	1 号换流器由热备用转无功补偿方式运行（受端站无功送出____Mvar）	待 1 号换流器由经启动电阻充电运行自动转经旁路开关充电运行后，"带电""RFO"标识随之变红，即可进行 1 号换流器解锁运行，解锁运行后方可输入功率整定值和上升速率

— 217 —

六、操作任务：受端换流站 1 号换流器由无功补偿方式运行转检修（另一极无功补偿方式运行）

典型调度操作票指令如表 6-22 所示。

表 6-22　　　受端换流站 1 号换流器由无功补偿方式运行转检修（另一极无功补偿方式运行）典型调度操作票指令表

操作目的	受端换流站 1 号换流器由无功补偿方式运行转检修（另一极无功补偿方式运行）				
接令单位	操作步骤	操作厂站	操作指令	备注
换流站运维管理单位	1	受端站	1 号换流器由无功补偿方式运行转热备用（受端站无功送出____Mvar）	
管辖 220kV 变电站调度	1	受端 220kV 变电站	220kV 受端 I 路 231 线路由充电运行转冷备用	
换流站运维管理单位	2	受端站	1 号换流器由热备用转冷备用（220kV 受端 I 路 28A 线路转冷备用）	"断电""允许"标识变红后，即可进行极 I 的隔离操作（顺控时会自动断开 1 号换流器启动电阻旁路开关）
换流站运维管理单位	3	受端站	1 号换流器、220kV 受端 I 路 28A 线路、±320kV ××极 I 线 0330 线路由冷备用转检修	各站设备由冷备用改为检修
管辖 220kV 变电站调度	2	受端 220kV 变电站	220kV 受端 I 路 231 线路由冷备用转检修	

七、操作任务：受端换流站 2 号换流器由检修转无功补偿方式运行（受端送出无功____Mvar，另一极无功补偿方式运行）

典型调度操作票指令如表 6-23 所示。

表 6-23　　　受端换流站 2 号换流器由检修转无功补偿方式运行（受端送出无功____Mvar，
另一极无功补偿方式运行）典型调度操作票指令表

操作目的	受端换流站 2 号换流器由检修转无功补偿方式运行（受端送出无功____Mvar，另一极无功补偿方式运行）				
接令单位	操作步骤	操作厂站	操作指令	备注
管辖 220kV 变电站调度	△	受端 220kV 变电站	汇报：×××工作结束，×××可以送电	汇报工作结束

接令单位	操作步骤	操作厂站	操 作 指 令	备 注
换流站运维管理单位	△	受端站	汇报：×××工作结束，×××可以送电	
管辖220kV变电站调度	1	受端220kV变电站	220kV受端Ⅱ路236线路由检修转冷备用	各站设备由检修改为冷备用
换流站运维管理单位	1	受端站	2号换流器、220kV受端Ⅱ路28B线路由检修转冷备用	
管辖220kV变电站调度、换流站运维管理单位	△		待令	
换流站运维管理单位	2	受端站	2号换流器由冷备用转热备用（220kV受端Ⅱ路28B线路转运行）	操作前确定极Ⅱ的运行方式为"STATCOM运行"、极Ⅱ的控制方式为"无功控制"，完成极ⅡSTATCOM接线方式；操作结束确认"断电""连接""极ⅡSTATCOM""RFE"标识变红，极Ⅱ允许充电
管辖换流站调度	△	受端站	汇报：受端站接地极已投入2号换流器允许充电	
管辖220kV变电站调度	2	受端220kV变电站	220kV受端Ⅱ路236线路由冷备用转接Ⅱ段母线充电运行	对极Ⅱ进行充电
换流站运维管理单位	3	受端站	2号换流器由热备用转无功补偿方式运行（受端站无功送出____Mvar）	待2号换流器由经启动电阻充电运行自动转经旁路开关充电运行后，"带电""RFO"标识随之变红，即可进行2号换流器解锁运行，解锁运行后方可输入功率整定值和上升速率

八、操作任务：受端换流站2号换流器由无功补偿方式运行转检修（另一极无功补偿方式运行）

典型调度操作票指令如表6-24所示。

表 6-24　　受端换流站 2 号换流器由无功补偿方式运行转检修（另一极无功补偿方式运行）典型调度操作票指令表

操作目的	受端换流站 2 号换流器由无功补偿方式运行转检修（另一极无功补偿方式运行）			
接令单位	操作步骤	操作厂站	操 作 指 令	备 注
换流站运维管理单位	1	受端站	2 号换流器由无功补偿方式运行转热备用（受端站无功送出总额不变）	
管辖 220kV 变电站调度	1	受端 220kV 变电站	220kV 受端 II 路 236 线路由充电运行转冷备用	
换流站运维管理单位	2	受端站	2 号换流器由热备用转冷备用（220kV 受端 II 路 28B 线路转冷备用）	"断电""允许"标识变红后，即可进行极 II 的隔离操作（顺控时会自动断开 2 号换流器启动电阻旁路开关）
换流站运维管理单位	3	受端站	2 号换流器、220kV 受端 II 路 28B 线路、±320kV ××极 II 线 0340 线路由冷备用转检修	各站设备由冷备用改为检修
管辖 220kV 变电站调度	2	受端 220kV 变电站	220kV 受端 II 路 236 线路由冷备用转检修	

第四节　送端换流站以空载加压试验方式检查设备

一、操作任务：送端换流站 1 号换流器由检修转不带线路空载加压试验方式运行，空载加压试验正常后转冷备用（另一极停运）

典型调度操作票指令如表 6-25 所示。

操作目的	送端换流站 1 号换流器由检修转不带线路空载加压试验方式运行，空载加压试验正常后转冷备用（另一极停运）			
接令单位	操作步骤	操作厂站	操 作 指 令	备 注
管辖 220kV 变电站调度	△	送端 220kV 变电站	汇报：×××工作结束，×××可以送电	汇报工作结束

接令单位	操作步骤	操作厂站	操作指令	备注
换流站运维管理单位	△	送端站	汇报：×××工作结束，送端站极Ⅱ冷备用（或检修状态），1号换流器可以不带线路空载加压试验方式运行	
换流站运维管理单位	△	受端站	汇报：受端换流站非"空载加压"试验方式	汇报对站为非"空载加压"试验方式
管辖220kV变电站调度	1	送端220kV变电站	220kV送端Ⅰ路265线路由检修转冷备用	各站设备由检修改为冷备用
换流站运维管理单位	1	送端站	1号换流器、220kV送端Ⅰ路29A线路、中性母线由检修转冷备用	
管辖220kV变电站调度、换流站运维管理单位	△		待令	
换流站运维管理单位	2	送端站	送端站接地极由冷备用转运行	接地极投入
换流站运维管理单位	3	送端站	1号换流器由冷备用转热备用（220kV送端Ⅰ路29A线路转运行，±320kV ××极Ⅰ线0310线路冷备用）	操作前确定极Ⅰ的运行方式为"空载加压"、极Ⅰ的控制方式为"交流电压控制"或"无功控制"，完成极Ⅰ空载加压试验接线方式；操作结束确认"断电""连接""RFE"标识变红，极Ⅰ允许充电
管辖换流站调度	△	送端站	汇报：送端站接地极已投入，1号换流器允许充电	
管辖220kV变电站调度	2	送端220kV变电站	220kV送端Ⅰ路265线路由冷备用转接Ⅰ段母线充电运行	对极Ⅰ进行充电
换流站运维管理单位	4	送端站	1号换流器由热备用转不带线路空载加压试验方式运行（直流电压输出____kV，持续____分钟）	待1号换流器由经启动电阻充电运行自动转经旁路开关充电运行后，"带电""RFO"标识随之变红，即可进行1号换流器解锁运行

接令单位	操作步骤	操作厂站	操 作 指 令	备 注
管辖换流站调度	△	送端站	汇报：送端站 1 号换流器不带线路空载加压试验结束	
换流站运维管理单位	5	送端站	1 号换流器由不带线路空载加压试验方式运行转热备用	停运前应先把"无功控制"站拟停运的 1 号换流器无功功率降至 0 后再闭锁
管辖 220kV 变电站调度	3	送端 220kV 变电站	220kV 送端Ⅰ路 265 线路由充电运行转冷备用	断电
换流站运维管理单位	6	送端站	1 号换流器由热备用转冷备用(220kV 送端Ⅰ路 29A 线路转冷备用)	"断电""允许"标识变红后，即可进行极Ⅰ的隔离操作（顺控时会自动断开 1 号换流器启动电阻旁路开关）
换流站运维管理单位	7	送端站	送端站接地极运行由转冷备用	退出接地极

二、操作任务：送端换流站 1 号换流器由检修转带线路空载加压试验方式运行，空载加压试验正常后转冷备用（另一极停运）

典型调度操作票指令如表 6-26 所示。

表 6-26　　　　送端换流站 1 号换流器由检修转带线路空载加压试验方式运行，空载加压试验正常后转冷备用

（另一极停运）典型调度操作票指令表

操作目的	送端换流站 1 号换流器由检修转带线路空载加压试验方式运行，空载加压试验正常后转冷备用（另一极停运）			
接令单位	操作步骤	操作厂站	操 作 指 令	备 注
管辖 220kV 变电站调度	△	送端 220kV 变电站	汇报：×××工作结束，×××可以送电	汇报工作结束
换流站运维管理单位	△	送端站	汇报：×××工作结束，送端站极Ⅱ冷备用（或检修状态），1 号换流器可以带线路空载加压试验方式运行	

接令单位	操作步骤	操作厂站	操 作 指 令	备 注
换流站运维管理单位	△	受端站	汇报：受端换流站非"空载加压"试验方式	汇报对站为非"空载加压"试验方式
管辖220kV变电站调度	1	送端220kV变电站	220kV送端Ⅰ路265线路由检修转冷备用	各站设备由检修改为冷备用
换流站运维管理单位	1	送端站	1号换流器、220kV送端Ⅰ路29A线路、±320kV××极Ⅰ线0310线路及中性母线由检修转冷备用	
管辖220kV变电站调度、换流站运维管理单位	△		待令	
换流站运维管理单位	2	受端站	±320kV××极Ⅰ线0330线路由检修转冷备用	带上线路
换流站运维管理单位	3	送端站	送端站接地极由冷备用转运行	接地极投入
换流站运维管理单位	4	送端站	1号换流器由冷备用转热备用（220kV送端Ⅰ路29A线路转运行，±320kV××极Ⅰ线0310线路冷备用）	操作前确定极Ⅰ的运行方式为"空载加压"、极Ⅰ的控制方式为"无功控制"，完成极Ⅰ空载加压试验接线方式；操作结束确认"断电""连接""RFE"标识变红，极Ⅰ允许充电
换流站运维管理单位	5	送端站	±320kV××极Ⅰ线0310线路由冷备用转运行	带上线路
管辖换流站调度	△	送端站	汇报：送端站接地极已投入，1号换流器允许充电	
管辖220kV变电站调度	2	送端220kV变电站	220kV送端Ⅰ路265线路由冷备用转接Ⅰ段母线充电运行	对极Ⅰ进行充电
换流站运维管理单位	6	送端站	1号换流器由热备用转带线路空载加压试验方式运行（直流电压输出____kV，持续____分钟）	待1号换流器由经启动电阻充电运行自动转经旁路开关充电运行后，"带电""RFO"标识随之变红，即可进行1号换流器解锁运行

接令单位	操作步骤	操作厂站	操 作 指 令	备 注
管辖换流站调度	△	送端站	汇报：送端站1号换流器带线路空载加压试验结束	
换流站运维管理单位	7	送端站	1号换流器由带线路空载加压试验方式运行转热备用	停运前应先把"无功控制"站拟停运的1号1号换流器无功功率降至0后再闭锁
管辖220kV变电站调度	3	送端220kV变电站	220kV送端Ⅰ路265线路由充电运行转冷备用	断电
换流站运维管理单位	8	送端站	±320kV ××极Ⅰ线0310线路由运行转冷备用	
换流站运维管理单位	9	送端站	1号换流器由热备用转冷备用（220kV送端Ⅰ路29A线路转冷备用）	"断电""允许"标识变红后，即可进行极Ⅰ的隔离操作（顺控时会自动断开1号换流器启动电阻旁路开关）
换流站运维管理单位	10	送端站	送端站接地极由运行转冷备用	退出接地极

三、操作任务：送端换流站1号换流器由检修转带线路及金属回线空载加压试验方式运行，空载加压试验正常后转冷备用（另一极停运）

典型调度操作票指令如表6-27所示。

表6-27　送端换流站1号换流器由检修转带线路及金属回线空载加压试验方式运行，空载加压试验正常后转冷备用

（另一极停运）典型调度操作票指令表

操作目的	送端换流站1号换流器由检修转带线路及金属回线空载加压试验方式运行，空载加压试验正常后转冷备用（另一极停运）			
接令单位	操作步骤	操作厂站	操 作 指 令	备 注
管辖220kV变电站调度	△	送端220kV变电站	汇报：×××工作结束，×××可以送电	汇报工作结束
换流站运维管理单位	△	送端站	汇报：×××工作结束，送端站极Ⅱ冷备用（或检修状态），1号换流器可以带线路空载加压试验方式运行	

接令单位	操作步骤	操作厂站	操作指令	备注
换流站运维管理单位	△	受端站	汇报：受端换流站非"空载加压"试验方式	汇报对站为非"空载加压"试验方式，防止经直流线路使对站换流器换流阀被动充电时因阀本身均压特性不平衡导致阀过压跳闸
管辖220kV变电站调度	1	送端220kV变电站	220kV送端Ⅰ路265线路由检修转冷备用	各站设备由检修改为冷备用
换流站运维管理单位	1	送端站	1号换流器、220kV送端Ⅰ路29A线路、±320kV××极Ⅰ线0310线路、××金属回线0040线路及中性母线由检修转冷备用	
管辖220kV变电站调度、换流站运维管理单位	△		待令	
换流站运维管理单位	2	受端站	±320kV××极Ⅰ线0330线路由检修转冷备用	带上线路
换流站运维管理单位	3	受端站	××金属回线0050线路由检修转运行（接地极转运行）	完成金属中线连接（顺控时受端站接地极自动投入），满足带金属回线"空载加压"试验方式运行的接地条件
换流站运维管理单位	4	送端站	××金属回线0040线路及中性母线由冷备用转运行	
换流站运维管理单位	5	送端站	1号换流器由冷备用转热备用（220kV送端Ⅰ路29A线路转运行）	操作前确定极Ⅰ的运行方式为"空载加压"、极Ⅰ的控制方式为"无功控制"，完成极Ⅰ空载加压试验接线方式；操作结束确认"断电""连接""RFE"标识变红，极Ⅰ允许充电
换流站运维管理单位	6	送端站	±320kV××极Ⅰ线0310线路由冷备用转运行	
管辖换流站调度	△	送端站	汇报：受端站接地极已投入，1号换流器允许充电	

225

接令单位	操作步骤	操作厂站	操作指令	备注
管辖220kV变电站调度	2	送端220kV变电站	220kV送端Ⅰ路265线路由冷备用转接Ⅰ段母线充电运行	对极Ⅰ进行充电
换流站运维管理单位	7	送端站	1号换流器由热备用转带线路及金属回线空载加压试验方式运行（直流电压输出____kV，持续____分钟）	待1号换流器由经启动电阻充电运行自动转经旁路开关充电运行后，"带电""RFO"标识随之变红，即可进行1号换流器解锁运行
管辖换流站调度	△	送端站	汇报：送端站1号换流器带线路空载加压试验结束	
换流站运维管理单位	8	送端站	1号换流器由带线路空载加压试验方式运行转热备用	停运前应先把"无功控制"站拟停运的1号换流器无功功率降至0后再闭锁
管辖220kV变电站调度	3	送端220kV变电站	220kV送端Ⅰ路265线路由充电运行转冷备用	断电
换流站运维管理单位	9	送端站	±320kV ××极Ⅰ线0310线路由运行转冷备用	
换流站运维管理单位	10	送端站	1号换流器由热备用转冷备用（220kV送端Ⅰ路29A线路转冷备用）	"断电""允许"标识变红后，即可进行极Ⅰ的隔离操作（顺控时会自动断开1号换流器启动电阻旁路开关）
换流站运维管理单位	11	送端站	××金属回线0040线路由运行转冷备用	金属中线隔离（顺控时受端站接地极自动断开）
换流站运维管理单位	12	受端站	××金属回线0050线路及接地极由运行转冷备用	

四、操作任务：送端换流站2号换流器由检修转不带线路空载加压试验方式运行，空载加压试验正常后转冷备用（另一极停运）

典型调度操作票指令如表6-28所示。

表 6-28　　　　送端换流站 2 号换流器由检修转不带线路空载加压试验方式运行，空载加压试验正常后转冷备用

（另一极停运）典型调度操作票指令表

操作目的		送端换流站 2 号换流器由检修转不带线路空载加压试验方式运行，空载加压试验正常后转冷备用（另一极停运）		
接令单位	操作步骤	操作厂站	操 作 指 令	备　　注
管辖 220kV 变电站调度	△	送端 220kV 变电站	汇报：×××工作结束，×××可以送电	汇报工作结束
换流站运维 管理单位	△	送端站	汇报：×××工作结束，送端站极Ⅰ冷备用（或检修状态），2 号换流器可以不带线路空载加压试验方式运行	
换流站运维 管理单位	△	受端站	汇报：受端换流站非"空载加压"试验方式	汇报对站为非"空载加压"试验方式，防止经直流线路使对站换流器换流阀被动充电时因阀本身均压特性不平衡导致阀过压跳闸
管辖 220kV 变电站调度	1	送端 220kV 变电站	220kV 送端Ⅱ路 272 线路由检修转冷备用	各站设备由检修改为冷备用
换流站运维 管理单位	1	送端站	2 号换流器、220kV 送端Ⅱ路 29B 线路、中性母线由检修转冷备用	
管辖 220kV 变电站调度、换流站运维管理单位	△		待令	
换流站运维 管理单位	2	送端站	送端站接地极由冷备用转运行	接地极投入
换流站运维 管理单位	3	送端站	2 号换流器由冷备用转热备用（220kV 送端Ⅱ路 29B 线路转运行）	操作前确定极Ⅱ的运行方式为"空载加压"、极Ⅱ的控制方式为"交流电压控制"或"无功控制"，完成极Ⅱ空载加压试验接线方式；操作结束确认"断电""连接""RFE"标识变红，极Ⅱ允许充电

接令单位	操作步骤	操作厂站	操作指令	备注
管辖换流站调度	△	送端站	汇报：送端站接地极已投入，2号换流器允许充电	
管辖 220kV 变电站调度	2	送端 220kV 变电站	220kV 送端 II 路 272 线路由冷备用转接 IV 段母线充电运行	对极 II 进行充电
换流站运维管理单位	4	送端站	2号换流器由热备用转不带线路空载加压试验方式运行（直流电压输出____kV，持续____分钟）	待 2 号换流器由经启动电阻充电运行自动转经旁路开关充电运行后，"带电""RFO"标识随之变红，即可进行 2 号换流器解锁运行
管辖换流站调度	△	送端站	汇报：送端站 2 号换流器不带线路空载加压试验结束	
换流站运维管理单位	5	送端站	2号换流器由不带线路空载加压试验方式运行转热备用	停运前应先把"无功控制"站拟停运的 2 号换流器无功功率降至 0 后再闭锁
管辖 220kV 变电站调度	3	送端 220kV 变电站	220kV 送端 II 路 272 线路由充电运行转冷备用	断电
换流站运维管理单位	6	送端站	2号换流器由热备用转冷备用（220kV 送端 II 路 29B 线路转冷备用）	"断电""允许"标识变红后，即可进行极 II 的隔离操作（顺控时会自动断开 2 号换流器启动电阻旁路开关）
换流站运维管理单位	7	送端站	送端站接地极由运行转冷备用	退出接地极

　　五、操作任务：送端换流站 2 号换流器由检修转带线路空载加压试验方式运行，空载加压试验正常后转冷备用（另一极停运）

　　典型调度操作票指令如表 6-29 所示。

表 6-29 **送端换流站 2 号换流器由检修转带线路空载加压试验方式运行，空载加压试验正常后转冷备用**

（另一极停运）典型调度操作票指令表

接令单位	操作步骤	操作厂站	操 作 指 令	备 注
操作目的	送端换流站 2 号换流器由检修转带线路空载加压试验方式运行，空载加压试验正常后转冷备用（另一极停运）			
管辖 220kV 变电站调度	△	送端 220kV 变电站	汇报：×××工作结束，×××可以送电	汇报工作结束
换流站运维管理单位	△	送端站	汇报：×××工作结束，送端站极Ⅰ冷备用（或检修状态），2 号换流器可以带线路空载加压试验方式运行	
换流站运维管理单位	△	受端站	汇报：受端换流站非"空载加压"试验方式	汇报对站为非"空载加压"试验方式
管辖 220kV 变电站调度	1	送端 220kV 变电站	220kV 送端Ⅱ路 272 线路由检修转冷备用	各站设备由检修改为冷备用
换流站运维管理单位	1	送端站	2 号换流器、220kV 送端Ⅱ路 29B 线路、±320kV ××极Ⅱ线 0320 线路及中性母线由检修转冷备用	
管辖 220kV 变电站调度、换流站运维管理单位	△		待令	
换流站运维管理单位	2	受端站	±320kV ××极Ⅱ线 0340 线路由检修转冷备用	带上线路
换流站运维管理单位	3	送端站	送端站接地极由冷备用转运行	接地极投入
换流站运维管理单位	4	送端站	2 号换流器由冷备用转热备用（220kV 送端Ⅱ路 29B 线路转运行，±320kV ××极Ⅱ线 0320 线路冷备用）	操作前确定极Ⅱ的运行方式为"空载加压"、极Ⅱ的控制方式为"无功控制"，完成极Ⅱ空载加压试验接线方式；操作结束确认"断电""连接""RFE"标识变红，极Ⅱ允许充电

接令单位	操作步骤	操作厂站	操作指令	备注
换流站运维管理单位	5	送端站	±320kV ××极Ⅱ线 0320 线路由冷备用转运行	带上线路
管辖换流站调度	△	送端站	汇报：送端站接地极已投入，2 号换流器允许充电	
管辖 220kV 变电站调度	2	送端 220kV 变电站	220kV 送端Ⅱ路 272 线路由冷备用转接Ⅱ段母线充电运行	对极Ⅱ进行充电
换流站运维管理单位	6	送端站	2 号换流器由热备用转带线路空载加压试验方式运行（直流电压输出____kV，持续____分钟）	待 2 号换流器由经启动电阻充电运行自动转经旁路开关充电运行后，"带电""RFO"标识随之变红，即可进行 2 号换流器解锁运行
管辖换流站调度	△	送端站	汇报：送端站 2 号换流器带线路空载加压试验结束	
换流站运维管理单位	7	送端站	2 号换流器由带线路空载加压试验方式运行转热备用	停运前应先把"无功控制"站拟停运的 2 号换流器无功功率降至 0 后再闭锁
管辖 220kV 变电站调度	3	送端 220kV 变电站	220kV 送端Ⅱ路 272 线路由充电运行转冷备用	断电
换流站运维管理单位	8	送端站	±320kV ××极Ⅱ线 0320 线路由运行转冷备用	
换流站运维管理单位	9	送端站	2 号换流器由热备用转冷备用（220kV 送端Ⅱ路 29B 线路转冷备用）	"断电""允许"标识变红后，即可进行极Ⅱ的隔离操作（顺控时会自动断开 2 号换流器启动电阻旁路开关）
换流站运维管理单位	10	送端站	送端站接地极由运行转冷备用	退出接地极

六、操作任务：送端换流站 2 号换流器由检修转带线路及金属回线空载加压试验方式运行，空载加压试验正常后转冷备用（另一极停运）

典型调度操作票指令如表 6-30 所示。

表 6-30 **送端换流站 2 号换流器由检修转带线路及金属回线空载加压试验方式运行，空载加压试验正常后转冷备用**

（另一极停运）典型调度操作票指令表

接令单位	操作步骤	操作厂站	操作指令	备注
操作目的			送端换流站 2 号换流器由检修转带线路及金属回线空载加压试验方式运行，空载加压试验正常后转冷备用（另一极停运）	
管辖 220kV 变电站调度	△	送端 220kV 变电站	汇报：×××工作结束，×××可以送电	汇报工作结束
换流站运维管理单位	△	送端站	汇报：×××工作结束，送端站极Ⅰ冷备用（或检修状态），2 号换流器可以带线路空载加压试验方式运行	
换流站运维管理单位	△	受端站	汇报：受端换流站非"空载加压"试验方式	汇报对站为非"空载加压"试验方式，防止经直流线路使对站换流器换流阀被动充电时因阀本身均压特性不平衡导致阀过压跳闸
管辖 220kV 变电站调度	1	送端 220kV 变电站	220kV 送端Ⅱ路 272 线路由检修转冷备用	各站设备由检修改为冷备用
换流站运维管理单位	1	送端站	2 号换流器、220kV 送端Ⅱ路 29B 线路、±320kV ××极Ⅱ线 0320 线路、××金属回线 0040 线路及中性母线由检修转冷备用	
管辖 220kV 变电站调度、换流站运维管理单位	△		待令	
换流站运维管理单位	2	受端站	±320kV ××极Ⅱ线 0340 线路由检修转冷备用	带上线路
换流站运维管理单位	3	受端站	××金属回线 0050 线路由检修转运行（接地极投入）	完成金属中线连接（顺控时受端站接地极自动投入），满足带金属回线
换流站运维管理单位	4	送端站	××金属回线 0040 线路及中性母线由冷备用转运行	"空载加压"试验方式运行的接地条件

接令单位	操作步骤	操作厂站	操 作 指 令	备 注
换流站运维管理单位	5	送端站	2 号换流器由冷备用转热备用（220kV 送端Ⅱ路 29B 线路转运行）	操作前确定极Ⅱ的运行方式为"空载加压"、极Ⅱ的控制方式为"无功控制"，完成极Ⅱ空载加压试验接线方式；操作结束确认"断电""连接""RFE"标识变红，极Ⅱ允许充电
换流站运维管理单位	6	送端站	±320kV ××极Ⅱ线 0320 线路由冷备用转运行	
管辖换流站调度	△	送端站	汇报：受端站接地极已投入，2 号换流器允许充电	
管辖 220kV 变电站调度	2	送端 220kV 变电站	220kV 送端Ⅱ路 272 线路由冷备用转接Ⅳ段母线充电运行	对极Ⅱ进行充电
换流站运维管理单位	7	送端站	2 号换流器由热备用转带线路空载加压试验方式运行（直流电压输出____kV，持续____分钟）	待 2 号换流器由经启动电阻充电运行自动转经旁路开关充电运行后，"带电""RFO"标识随之变红，即可进行 2 号换流器解锁运行
管辖换流站调度	△	送端站	汇报：送端站 2 号换流器带线路空载加压试验结束	
换流站运维管理单位	8	送端站	2 号换流器由带线路空载加压试验方式运行转热备用	停运前应先把"无功控制"站拟停运的 2 号换流器无功功率降至 0 后再闭锁
管辖 220kV 变电站调度	3	送端 220kV 变电站	220kV 送端Ⅱ路 272 线路由充电运行转冷备用	断电
换流站运维管理单位	9	送端站	±320kV ××极Ⅱ线 0320 线路由运行转冷备用	
换流站运维管理单位	10	送端站	2 号换流器由热备用转冷备用（220kV 送端Ⅱ路 29B 线路转冷备用）	"断电""允许"标识变红后，即可进行极Ⅱ的隔离操作（顺控时会自动断开 2 号换流器启动电阻旁路开关）
换流站运维管理单位	11	送端站	××金属回线 0040 线路由运行转冷备用	金属中线隔离（顺控时受端站接地极自动断开）
换流站运维管理单位	12	受端站	××金属回线 0050 线路及接地极由运行转冷备用	

第五节　受端换流站以空载加压试验方式检查设备

一、操作任务：受端换流站 1 号换流器由检修转不带线路空载加压试验方式运行，空载加压试验正常后转冷备用（另一极停运）

典型调度操作票指令如表 6-31 所示。

表 6-31　　受端换流站 1 号换流器由检修转不带线路空载加压试验方式运行，空载加压试验正常后转冷备用

（另一极停运）典型调度操作票指令表

操作目的	受端换流站 1 号换流器由检修转不带线路空载加压试验方式运行，空载加压试验正常后转冷备用（另一极停运）			
接令单位	操作步骤	操作厂站	操 作 指 令	备 注
管辖 220kV 变电站调度	△	受端 220kV 变电站	汇报：×××工作结束，×××可以送电	汇报工作结束
换流站运维管理单位	△	受端站	汇报：×××工作结束，受端站极Ⅱ冷备用（或检修状态），1 号换流器可以不带线路空载加压试验方式运行	汇报工作结束
换流站运维管理单位	△	送端站	汇报：送端换流站非"空载加压"试验方式	汇报对站为非"空载加压"试验方式
管辖 220kV 变电站调度	1	受端 220kV 变电站	220kV 受端Ⅰ路 231 线路由检修转冷备用	各站设备由检修改为冷备用
换流站运维管理单位	1	受端站	1 号换流器、220kV 受端Ⅰ路 28A 线路由检修转冷备用	各站设备由检修改为冷备用
管辖 220kV 变电站调度、换流站运维管理单位	△		待令	
换流站运维管理单位	2	受端站	受端站接地极由冷备用转运行	接地极投入

— 233 —

接令单位	操作步骤	操作厂站	操 作 指 令	备 注
换流站运维管理单位	3	受端站	1 号换流器由冷备用转热备用（220kV 受端Ⅰ路 28A 线路转运行，±320kV ××极Ⅰ线 0330 线路冷备用）	操作前确定极Ⅰ的运行方式为"空载加压"、极Ⅰ的控制方式为"交流电压控制"或"无功控制"，完成极Ⅰ空载加压试验接线方式；操作结束确认"断电""连接""RFE"标识变红，极Ⅰ允许充电
管辖换流站调度	△	受端站	汇报：受端站接地极已投入，1 号换流器允许充电	
管辖 220kV 变电站调度	2	受端 220kV 变电站	220kV 受端Ⅰ路 231 线路由冷备用转接Ⅰ段母线充电运行	对极Ⅰ进行充电
换流站运维管理单位	4	受端站	1 号换流器由热备用转不带线路空载加压试验方式运行（直流电压输出____kV，持续____分钟）	待 1 号换流器由经启动电阻充电运行自动转经旁路开关充电运行后，"带电""RFO"标识随之变红，即可进行 1 号换流器解锁运行
管辖换流站调度	△	受端站	汇报：受端站 1 号换流器不带线路空载加压试验结束	
换流站运维管理单位	5	受端站	1 号换流器由不带线路空载加压试验方式运行转热备用	停运前应先把"无功控制"站拟停运的 1 号换流器无功功率降至 0 后再闭锁
管辖 220kV 变电站调度	3	受端 220kV 变电站	220kV 受端Ⅰ路 231 线路由充电运行转冷备用	断电
换流站运维管理单位	6	受端站	1 号换流器由热备用转冷备用（220kV 受端Ⅰ路 28A 线路转冷备用）	"断电""允许"标识变红后，即可进行极Ⅰ的隔离操作（顺控时会自动断开 1 号换流器启动电阻旁路开关）
换流站运维管理单位	7	受端站	受端站接地极由运行转冷备用	退出接地极

二、操作任务：受端换流站 1 号换流器由检修转带线路空载加压试验方式运行，空载加压试验正常后转冷备用（另一极停运）

典型调度操作票指令如表 6-32 所示。

表 6-32　　　受端换流站 1 号换流器由检修转带线路空载加压试验方式运行，空载加压试验正常后转冷备用

（另一极停运）典型调度操作票指令表

操作目的	受端换流站 1 号换流器由检修转带线路空载加压试验方式运行，空载加压试验正常后转冷备用（另一极停运）			
接令单位	操作步骤	操作厂站	操作指令	备注
管辖 220kV 变电站调度	△	受端 220kV 变电站	汇报：×××工作结束，×××可以送电	汇报工作结束
换流站运维管理单位	△	受端站	汇报：×××工作结束，受端站极Ⅱ冷备用（或检修状态），1 号换流器可以带线路空载加压试验方式运行	
换流站运维管理单位	△	送端站	汇报：送端换流站非"空载加压"试验方式	汇报对站为非"空载加压"试验方式，防止经直流线路使对站换流器换流阀被动充电时因阀本身均压特性不平衡导致阀过压跳闸
管辖 220kV 变电站调度	1	受端 220kV 变电站	220kV 受端Ⅰ路 231 线路由检修转冷备用	各站设备由检修改为冷备用
换流站运维管理单位	1	受端站	1 号换流器、220kV 受端Ⅰ路 28A 线路、±320kV ××极Ⅰ线 0330 线路由检修转冷备用	
管辖 220kV 变电站调度、换流站运维管理单位	△		待令	
换流站运维管理单位	2	送端站	±320kV ××极Ⅰ线 0310 线路由检修转冷备用	带上线路
换流站运维管理单位	3	受端站	受端站接地极由冷备用转运行	接地极投入

接令单位	操作步骤	操作厂站	操 作 指 令	备 注
换流站运维管理单位	4	受端站	1号换流器由冷备用转热备用（220kV受端Ⅰ路28A线路转运行）	操作前确定极Ⅰ的运行方式为"空载加压"、极Ⅰ的控制方式为"无功控制"，完成极Ⅰ空载加压试验接线方式；操作结束确认"断电""连接""RFE"标识变红，极Ⅰ允许充电
换流站运维管理单位	5	受端站	±320kV ××极Ⅰ线0330线路由冷备用转运行	
管辖换流站调度	△	受端站	汇报：受端站接地极已投入，1号换流器允许充电	
管辖220kV变电站调度	2	受端220kV变电站	220kV受端Ⅰ路231线路由冷备用转接Ⅰ段母线充电运行	对极Ⅰ进行充电
换流站运维管理单位	6	受端站	1号换流器由热备用转带线路空载加压试验方式运行（直流电压输出____kV，持续____分钟）	待1号换流器由经启动电阻充电运行自动转经旁路开关充电运行后，"带电""RFO"标识随之变红，即可进行1号换流器解锁运行
管辖换流站调度	△	受端站	汇报：受端站1号换流器带线路空载加压试验结束	
换流站运维管理单位	7	受端站	1号换流器由带线路空载加压试验方式运行转热备用	停运前应先把"无功控制"站拟停运的1号换流器无功功率降至0后再闭锁
管辖220kV变电站调度	3	受端220kV变电站	220kV受端Ⅰ路231线路由充电运行转冷备用	断电
换流站运维管理单位	8	受端站	±320kV ××极Ⅰ线0330线路由运行转冷备用	
换流站运维管理单位	9	受端站	1号换流器由热备用转冷备用（220kV受端Ⅰ路28A线路转冷备用）	"断电""允许"标识变红后，即可进行极Ⅰ的隔离操作（顺控时会自动断开1号换流器启动电阻旁路开关）
换流站运维管理单位	10	受端站	受端站接地极由运行转冷备用	退出接地极

三、操作任务：受端换流站 2 号换流器由检修转不带线路空载加压试验方式运行，空载加压试验正常后转冷备用（另一极停运）

典型调度操作票指令如表 6-33 所示。

表 6-33　　　　　受端换流站 2 号换流器由检修转不带线路空载加压试验方式运行，空载加压试验正常后转冷备用

（另一极停运）典型调度操作票指令表

操作目的	受端换流站 2 号换流器由检修转不带线路空载加压试验方式运行，空载加压试验正常后转冷备用（另一极停运）			
接令单位	操作步骤	操作厂站	操 作 指 令	备 注
管辖 220kV 变电站调度	△	受端 220kV 变电站	汇报：×××工作结束，×××可以送电	汇报工作结束
换流站运维管理单位	△	受端站	汇报：×××工作结束，受端站极Ⅰ冷备用（或检修状态），2 号换流器可以不带线路空载加压试验方式运行	汇报工作结束
换流站运维管理单位	△	送端站	汇报：送端换流站非"空载加压"试验方式	汇报对站为非"空载加压"试验方式，防止经直流线路使对站换流器换流阀被动充电时因阀本身均压特性不平衡导致阀过压跳闸
管辖 220kV 变电站调度	1	受端 220kV 变电站	220kV 受端Ⅱ路 236 线路由检修转冷备用	各站设备由检修改为冷备用
换流站运维管理单位	1	受端站	2 号换流器、220kV 受端Ⅱ路 28B 线路由检修转冷备用	各站设备由检修改为冷备用
管辖 220kV 变电站调度、换流站运维管理单位	△		待令	
换流站运维管理单位	2	受端站	受端站接地极由冷备用转运行	接地极投入

接令单位	操作步骤	操作厂站	操 作 指 令	备 注
换流站运维管理单位	3	受端站	2号换流器由冷备用转热备用（220kV受端Ⅱ路28B线路转运行）	操作前确定极Ⅱ的运行方式为"空载加压"、极Ⅱ的控制方式为"交流电压控制"或"无功控制"，完成极Ⅱ空载加压试验接线方式；操作结束确认"断电""连接""RFE"标识变红，极Ⅱ允许充电
管辖换流站调度	△	受端站	汇报：受端站接地极已投入，2号换流器允许充电	
管辖220kV变电站调度	2	受端220kV变电站	220kV受端Ⅱ路236线路由冷备用转接Ⅱ段母线充电运行	对极Ⅱ进行充电
换流站运维管理单位	4	受端站	2号换流器由热备用转不带线路空载加压试验方式运行（直流电压输出____kV，持续____分钟）	待2号换流器由经启动电阻充电运行自动转经旁路开关充电运行后，"带电""RFO"标识随之变红，即可进行2号换流器解锁运行
管辖换流站调度	△	受端站	汇报：受端站2号换流器不带线路空载加压试验结束	
换流站运维管理单位	5	受端站	2号换流器由不带线路空载加压试验方式运行转热备用	停运前应先把"无功控制"站拟停运的2号换流器无功功率降至0后再闭锁
管辖220kV变电站调度	3	受端220kV变电站	220kV受端Ⅱ路236线路由充电运行转冷备用	断电
换流站运维管理单位	6	受端站	2号换流器由热备用转冷备用（220kV受端Ⅱ路28B线路转冷备用）	"断电""允许"标识变红后，即可进行极Ⅱ的隔离操作（顺控时会自动断开2号换流器启动电阻旁路开关）
换流站运维管理单位	7	受端站	受端站接地极运行由转冷备用	退出接地极

四、操作任务：受端换流站 2 号换流器由检修转带线路空载加压试验方式运行，空载加压试验正常后转冷备用（另一极停运）

典型调度操作票指令如表 6-34 所示。

表 6-34　　　　　受端换流站 2 号换流器由检修转带线路空载加压试验方式运行，空载加压试验正常后转冷备用

（另一极停运）典型调度操作票指令表

操作目的	受端换流站 2 号换流器由检修转带线路空载加压试验方式运行，空载加压试验正常后转冷备用（另一极停运）				
接令单位	操作步骤	操作厂站	操 作 指 令	备 注	
管辖 220kV 变电站调度	△	受端 220kV 变电站	汇报：×××工作结束，×××可以送电	汇报工作结束	
换流站运维管理单位	△	受端站	汇报：×××工作结束，受端站极Ⅰ冷备用（或检修状态），2 号换流器可以带线路空载加压试验方式运行		
换流站运维管理单位	△	送端站	汇报：送端换流站非"空载加压"试验方式	汇报对站为非"空载加压"试验方式，防止经直流线路使对站换流器换流阀被动充电时因阀本身均压特性不平衡导致阀过压跳闸	
管辖 220kV 变电站调度	1	受端 220kV 变电站	220kV 受端Ⅱ路 236 线路由检修转冷备用	各站设备由检修改为冷备用	
换流站运维管理单位	1	受端站	2 号换流器、220kV 受端Ⅱ路 28B 线路、±320kV ××极Ⅱ线 0340 线路由检修转冷备用		
管辖 220kV 变电站调度、换流站运维管理单位	△		待令		
换流站运维管理单位	2	送端站	±320kV ××极Ⅱ线 0320 线路由检修转冷备用	带上线路	
换流站运维管理单位	3	受端站	受端站接地极由冷备用转运行	接地极投入	

接令单位	操作步骤	操作厂站	操作指令	备注
换流站运维管理单位	4	受端站	2号换流器由冷备用转热备用（220kV受端Ⅱ路28B线路转运行）	操作前确定极Ⅱ的运行方式为"空载加压"、极Ⅱ的控制方式为"无功控制"，完成极Ⅱ空载加压试验接线方式；操作结束确认"断电""连接""RFE"标识变红，极Ⅱ允许充电
换流站运维管理单位	5	受端站	±320kV ××极Ⅱ线0340线路由冷备用转运行	
管辖换流站调度	△	受端站	汇报：受端站接地极已投入，2号换流器允许充电	
管辖220kV变电站调度	2	受端220kV变电站	220kV受端Ⅱ路236线路由冷备用转接Ⅱ段母线充电运行	对极Ⅱ进行充电
换流站运维管理单位	6	受端站	2号换流器由热备用转带线路空载加压试验方式运行（直流电压输出____kV，持续____分钟）	待2号换流器由经启动电阻充电运行自动转经旁路开关充电运行后，"带电""RFO"标识随之变红，即可进行2号换流器解锁运行
管辖换流站调度	△	受端站	汇报：受端站2号换流器带线路空载加压试验结束	
换流站运维管理单位	7	受端站	2号换流器由带线路空载加压试验方式运行转热备用	停运前应先把"无功控制"站拟停运的2号换流器无功功率降至0后再闭锁
管辖220kV变电站调度	3	受端220kV变电站	220kV受端Ⅱ路236线路由充电运行转冷备用	断电
换流站运维管理单位	8	受端站	±320kV ××极Ⅱ线0340线路由运行转冷备用	
换流站运维管理单位	9	受端站	2号换流器由热备用转冷备用（220kV受端Ⅱ路28B线路转冷备用）	"断电""允许"标识变红后，即可进行极Ⅱ的隔离操作（顺控时会自动断开2号换流器启动电阻旁路开关）
换流站运维管理单位	10	受端站	受端站接地极由运行转冷备用	退出接地极

第六节 双极金属回线—双极大地回线接线方式互换

一、操作任务：送端换流站、受端换流站±320kV ××极Ⅰ、极Ⅱ线路由双极金属回线直流输电运行转双极大地回线直流输电运行

典型调度操作票指令如表 6-35 所示。

表 6-35 　　××极Ⅰ、极Ⅱ线路由双极金属回线直流输电运行转双极大地回线直流输电运行典型调度操作票指令表

操作目的	送端换流站、受端换流站±320kV ××极Ⅰ、极Ⅱ线路由双极金属回线直流输电运行转双极大地回线直流输电运行			
接令单位	操作步骤	操作厂站	操 作 指 令	备 注
换流站运维管理单位	△	受端站	汇报：受端换流站±320kV ××极Ⅰ、极Ⅱ线路双极功率平衡，±320kV ××极Ⅰ、极Ⅱ线路可以由双极金属回线直流输电运行转双极大地回线直流输电运行	汇报双极功率平衡
换流站运维管理单位	△	送端站	汇报：送端换流站±320kV 浦岛极Ⅰ、极Ⅱ线路双极功率平衡，±320kV ××极Ⅰ、极Ⅱ线路可以由双极金属回线直流输电运行转双极大地回线直流输电运行	
换流站运维管理单位	△	受端站、送端站	待令	
换流站运维管理单位	1	送端站	±320kV ××极Ⅰ、极Ⅱ线路由双极金属回线直流输电运行转双极大地回线直流输电运行	完成双极大地回线接线方式（顺控时会自动先合送端站 NBGS 开关，转成双极金属回线与双极大地回线并联的接线方式后，自动断开送端站金属回线上 GRTS 开关、金属回线刀闸及受端站金属回线刀闸）
换流站运维管理单位	△	受端站	汇报：±320kV ××极Ⅰ、极Ⅱ线路由双极金属回线直流输电运行转双极大地回线直流输电运行（××金属回线 00506 刀闸确已断开）	完成金属中线隔离

— 241 —

二、操作任务：送端换流站、受端换流站±320kV ××极Ⅰ、极Ⅱ线路由双极大地回线直流输电运行转双极金属回线直流输电运行

典型调度操作票指令如表6-36所示。

表6-36　　　　××极Ⅰ、极Ⅱ线路由双极大地回线直流输电运行转双极金属回线直流输电运行典型调度操作票指令表

操作目的	送端换流站、受端换流站±320kV ××极Ⅰ、极Ⅱ线路由双极金属回线直流输电运行转双极大地回线直流输电运行			
接令单位	操作步骤	操作厂站	操作指令	备注
换流站运维管理单位	△	受端站	汇报：金属回线上×××工作结束，±320kV ××极Ⅰ、极Ⅱ线路可以由双极大地回线直流输电运行转双极金属回线直流输电运行	汇报双极功率平衡
换流站运维管理单位	△	送端站	汇报：金属回线上×××工作结束，±320kV ××极Ⅰ、极Ⅱ线路可以由双极大地回线直流输电运行转双极金属回线直流输电运行	
换流站运维管理单位	△	受端站、送端站	待令	
换流站运维管理单位	1	送端站	±320kV ××极Ⅰ、极Ⅱ线路由双极大地回线直流输电运行转双极金属回线直流输电运行	完成双极金属回线接线方式（顺控时会自动断开送端站NBGS开关）
换流站运维管理单位	△	受端站	汇报：±320kV ××极Ⅰ、极Ⅱ线路由双极大地回线直流输电运行转双极金属回线直流输电运行（××金属回线00506刀闸已合上）	完成金属中线连接

第七章 换流站高压直流系统、站用交直流系统运行方式

第一节 高压直流系统运行方式

一、真双极接线柔性直流换流站设备接线图

1. 换流站设备调度编号接线图

（1）送端换流站设备调度编号接线图。送端换流站的一次设备可以划分为 220kV 送端 I 路 29A 线路、220kV 送端 II 路 29B 线路、1 号换流器、2 号换流器、极 I 线 0310 线路、极 II 线 0320 线路、金属回线 0040 线路、接地极和中性母线九个设备区域，如图 7-1 所示。

（2）受端换流站设备调度编号接线图。受端换流站的一次设备可以划分为 220kV 受端 I 路 28A 线路、220kV 受端 II 路 28B 线路、1 号换流器、2 号换流器、极 I 线 0330 线路、极 II 线 0340 线路、金属回线 0050 线路、接地极和中性母线九个设备区域，如图 7-2 所示。

2. 换流站设备内部编号接线图

（1）送端换流站设备内部编号接线图。换流站防误逻辑设计时把送端换流站一次主接线图分为 11 个间隔，分别为属于极 I 的 P1.WA、P1.WT、P1.VH、P1.WP、P1.WN 间隔，属于极 II 的 P2.WA、P2.WT、P2.VH、P2.WP、P2.WN 间隔，以及属于双极公共的 WN 间隔，如图 7-3 所示。

（2）受端换流站设备内部编号接线图。换流站防误逻辑设计时把受端换流站一次主接线图分为 11 个间隔，分别为属于极 I 的 P1.WA、P1.WT、P1.VH、P1.WP、P1.WN 间隔，属于极 II 的 P2.WA、P2.WT、P2.VH、P2.WP、P2.WN 间隔，以及属于双极公共的 WN 间隔，如图 7-4 所示。

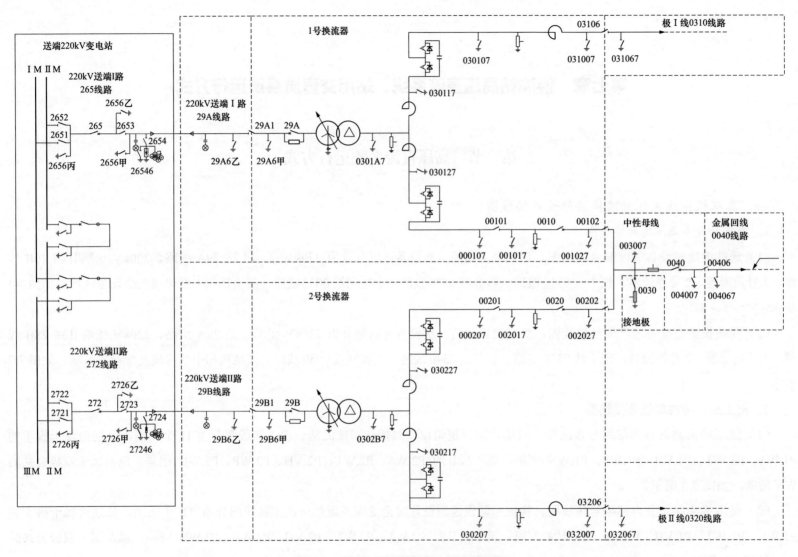

图 7-1 送端换流站设备调度编号接线图

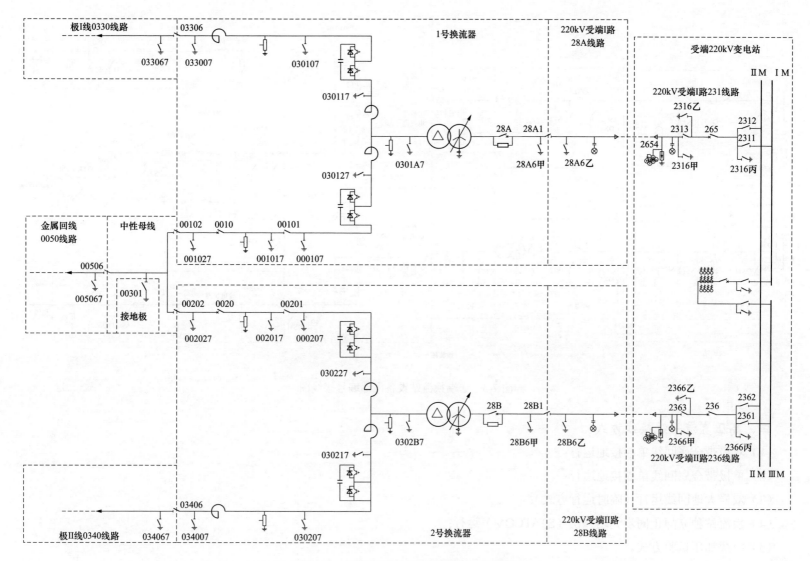

图 7-2 受端换流站设备调度编号接线图

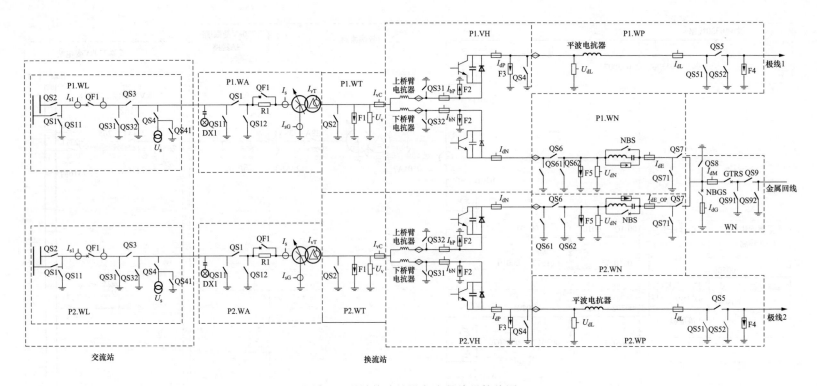

图 7-3　送端换流站设备内部编号接线图

二、高压直流系统接线方式

（1）双极带金属回线单端接地运行；

（2）单极带金属回线单端接地运行；

（3）双极大地回线运行（临时运行方式）；

（4）换流站独立静止同步无功补偿（STATCOM）运行；

（5）空载加压试验方式。

说明：不允许在失去金属回线后单极运行。

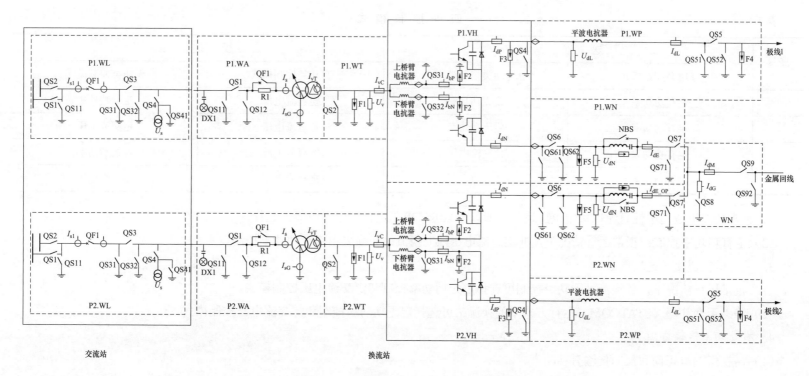

图 7-4 受端换流站设备内部编号接线图

三、高压直流系统控制模式选取原则

1. 柔直换流站控制模式组合

柔直换流站正常运行时有四种控制模式组合，一般采用第一种控制模式组合，如表 7-1 所示。

2. 有功类控制模式选取原则

（1）定直流电压控制：直流电压的有效控制是柔性直流输电系统安全稳定运行的基础，运行中需满足以下要求：

1）正常运行时，直流联网换流站中必须有且只有一个换流站采用定直流电压控制。

2）正常情况下，承担定直流电压控制的换流站为鹭岛换流站。

序号	送 端 站		受 端 站	
	有功类控制模式	无功类控制模式	有功类控制模式	无功类控制模式
1	定有功功率	定无功功率	定直流电压	定无功功率
2	定有功功率	定无功功率	定直流电压	定交流电压
3	定有功功率	定交流电压	定直流电压	定无功功率
4	定有功功率	定交流电压	定直流电压	定交流电压

表 7-1　　　　　　　　　　　　　　四 种 控 制 模 式

3）正常情况下厦门柔性直流以额定电压运行，即以±320kV电压运行，不考虑降压运行。

（2）定有功功率控制：正常运行情况下，非定直流电压控制换流站必须采用定有功功率控制。

3. 无功类控制模式选取原则

（1）正常运行情况下，各换流站无功类控制可选择定无功功率控制和定交流电压控制模式。

（2）静态无功补偿（STATCOM）运行方式下的换流站可选择定无功功率控制和定交流电压控制模式。

4. 有功功率传输方向

（1）两换流站可正向和反向传输有功功率。

（2）有功功率方向：换流变压器网侧传到阀侧为正方向。

（3）正常情况下，厦门柔性直流有功功率传输方向设定为浦园站送鹭岛站。

5. 无功功率传输方向

无功功率方向：从网侧向换流变压器看，负载为容性负载则无功为正。两换流站可向交流系统注入或者汲取无功功率。

6. 调制比运行说明

（1）调制比是指单相交流侧电压幅值（相对地电压的幅值）$U_{\text{ao max}}$ 与直流侧电压（极线到中性点之间）$\frac{1}{2}U_{\text{dc}}$ 的比值，记为 k。如果换流器的逆变过程看作是信号的调制过程，那么调制比可以理解为：调制波（交流侧波形）的峰值除以载波（直流侧波形）的峰值。

（2）当调制比 $k>1$ 时达到限制失去调节作用，导致阀侧电压消顶，增大谐波含量。k 过低将导致换流器交流侧谐波特性变差，子模块利用率低，谐波含量相对增大，波形质量变差。因此厦门柔直工程设定 k 的正常范围为：$0.75 \leqslant k \leqslant 0.95$。

（3）柔直换流站的换流变压器设计为有载调压，其分接头的控制策略为控制换流器的调制比，使调制比位于死区范围内。当调制比超过上限值 0.95 时调低换流变压器阀侧电压，减少向交流系统发送的无功。当调制比低于下限值 0.75 时调高换流变压器阀侧电压，减少从交流系统吸收的无功。

（4）中性区域运行规定

（5）双极直流输电系统单极停运检修时，禁止操作双极公共区域设备，禁止合上停运极中性线刀闸（00102 或 00202）。

（6）投退站内接地极的中性母线接地开关（或接地极刀闸）正常操作时，应采用远方操作方式，只有在双极直流系统停电状态下才允许现场操作。

四、送端换流站高压直流系统顺控执行过程

1. 由接地转未接地的执行过程

在隔离状态下，以 WA.QS1、WP.QS5 和 WN.QS7 为边界，断开区域内所有接地刀闸。以极 I 为例，具体执行过程见表 7-2。

表 7-2   由接地转未接地的执行过程

步骤	调度编号	内部编号	合上	断开
1	29A6 甲	P1.WA.QS12		∨
2	0301A7	P1.WT.QS2		∨
3	030117	P1.VH.QS31		∨
4	030127	P1.VH.QS32		∨
5	030107	P1.VH.QS4		∨
6	000107	P1.WN.QS61		∨
7	031007	P1.WP.QS51		∨
8	001017	P1.WN.QS62		∨
9	001027	P1.WN.QS71		∨

2. 由允许转连接的执行过程

（1）直流输电（HVDC）方式下允许转连接的执行过程。在直流输电（HVDC）的允许状态下，以 WA.QS1、WP.QS5 和 WN.QS7 为边界，合上区域内所有刀闸和直流转换开关。以极 I 为例，具体执行过程见表 7-3。

表 7-3   直流输电（HVDC）方式下允许转连接的执行过程

步骤	调度编号	内部编号	合上	断开
1	29A1	P1.WA.QS1	∨	
2	00101	P1.WN.QS6	∨	
3	00102	P1.WN.QS7	∨	
4	0010	P1.WN.NBS	∨	
5	03106	P1.WP.QS5	∨	

（2）无功补偿（STATCOM）方式下允许转连接的执行过程。在无功补偿（STATCOM）的允许状态下，以 WA.QS1、WP.QS5 和 WN.QS7 为边界，合上区域内除了 WP.QS5 以外的所有刀闸和直流转换开关。以极 I 为例，具体执行过程见表 7-4。

表 7-4   无功补偿（STATCOM）方式下允许转连接的执行过程

步骤	调度编号	内部编号	合上	断开
1	29A1	P1.WA.QS1	∨	
2	00101	P1.WN.QS6	∨	
3	00102	P1.WN.QS7	∨	
4	0010	P1.WN.NBS	∨	

（3）空载加压（OLT）方式下允许转连接的执行过程。

1）带线路的空载加压（OLT）方式下，允许转连接的执行过程。

在带线路的空载加压（OLT）的允许状态下，以 WA.QS1、WP.QS5 和 WN.QS7 为边界，合上区域内所有刀闸和直流转换开关。以极Ⅰ为例，具体执行过程见表7-5。

表7-5 空载加压（OLT）方式下允许转连接的执行过程

步骤	调度编号	内部编号	合上	断开
1	29A1	P1.WA.QS1	√	
2	00101	P1.WN.QS6	√	
3	00102	P1.WN.QS7	√	
4	0010	P1.WN.NBS	√	
5	03106	P1.WP.QS5	√	

2）不带线路的空载加压（OLT）方式下允许转连接的执行过程。

在不带线路的空载加压（OLT）的允许状态下，以WA.QS1、WP.QS5和WN.QS7为边界，合上区域内除了WP.QS5以外的所有刀闸和直流转换开关。以极Ⅰ为例，具体执行过程见表7-6。

表7-6 不带线路的空载加压（OLT）方式下允许转连接的执行过程

步骤	调度编号	内部编号	合上	断开
1	29A1	P1.WA.QS1	√	
2	00101	P1.WN.QS6	√	
3	00102	P1.WN.QS7	√	
4	0010	P1.WN.NBS	√	

3. 由断电转隔离的执行过程

在断电状态满足后，且允许隔离，以WA.QS1、WP.QS5和WN.QS7为边界，断开区域内所有刀闸和直流转换开关，同时也断开旁路开关。以极Ⅰ为例，具体执行过程见表7-7。

4. 由未接地转接地的执行过程

在隔离状态下，以WA.QS1、WP.QS5和WN.QS7为边界，合上区域内所有接地刀闸。以极Ⅰ为例，具体执行过程见表7-8。

表 7-7			由断电转隔离的执行过程	
步骤	调度编号	内部编号	合上	断开
1	29A	P1.WA.QF1		∨
2	03106	P1.WP.QS5		∨
3	0010	P1.WN.NBS		∨
4	00101	P1.WN.QS6		∨
5	00102	P1.WN.QS7		∨
6	29A1	P1.WA.QS1		∨

表 7-8			由未接地转接地的执行过程	
步骤	调度编号	内部编号	合上	断开
1	29A6 甲	P1.WA.QS12	∨	
2	0301A7	P1.WT.QS2	∨	
3	030117	P1.VH.QS31	∨	
4	030127	P1.VH.QS32	∨	
5	030107	P1.VH.QS4	∨	
6	000107	P1.WN.QS61	∨	
7	031007	P1.WP.QS51	∨	
8	001017	P1.WN.QS62	∨	
9	001027	P1.WN.QS71	∨	

5. 由双极金属回线转双极大地回线的执行过程

在双极连接状态下，断开金属回线直流转换开关和刀闸，合上接地极，具体执行过程见表 7-9。

表 7-9   由双极金属回线转双极大地回线的执行过程

步骤	调度编号	内部编号	合上	断开
1	0040	WN.GRTS		∨
2	00406	WN.QS9		∨
3	0030	WN.NBGS	∨	

6. 由双极大地回线转双极金属回线的执行过程

在双极连接状态下，断开接地极，合上金属回线相关刀闸和直流转换开关，具体执行过程见表 7-10。

表 7-10   由双极大地回线转双极金属回线的执行过程

步骤	调度编号	内部编号	合上	断开
1	0030	WN.NBGS		∨
2	00406	WN.QS9	∨	
3	0040	WN.GRTS	∨	

7. 由金属中线连接转金属中线隔离的执行过程

在两极无压且金属回线电流小于直流开关转换能力时，断开金属回线直流转换开关和刀闸，具体执行过程见表 7-11。

表 7-11   由金属中线连接转金属中线隔离的执行过程

步骤	调度编号	内部编号	合上	断开
1	0040	WN.GRTS		∨
2	00406	WN.QS9		∨

8. 由金属中线隔离转金属中线连接的执行过程

在直流输电（HVDC）运行方式或非直流输电（HVDC）运行方式断电状态下，合上金属回线相关刀闸和直流转换开关，具体执行过程见表 7-12。

表 7-12   由金属中线隔离转金属中线连接的执行过程

步骤	调度编号	内部编号	合上	断开
1	00406	WN.QS9	∨	
2	0040	WN.GRTS	∨	

五、受端换流站高压直流系统顺控执行过程

1. 由接地转未接地的执行过程

在隔离状态下，以 WA.QS1、WP.QS5 和 WN.QS7 为边界，断开区域内所有接地刀闸。以极 I 为例，具体执行过程见表 7-13。

表 7-13   由接地转未接地的执行过程

步骤	调度编号	内部编号	合上	断开
1	28A6 甲	P1.WA.QS12		∨
2	0301A7	P1.WT.QS2		∨
3	030117	P1.VH.QS31		∨
4	030127	P1.VH.QS32		∨
5	030107	P1.VH.QS4		∨
6	000107	P1.WN.QS61		∨
7	033007	P1.WP.QS51		∨
8	001017	P1.WN.QS62		∨
9	001027	P1.WN.QS71		∨

2. 由允许转连接的执行过程

（1）直流输电（HVDC）方式下，允许转连接的执行过程。在直流输电（HVDC）的允许状态下，以 WA.QS1、WP.QS5 和 WN.QS7

为边界，合上区域内所有刀闸和直流转换开关。以极Ⅰ为例，具体执行过程见表7-14。

表 7-14　　　　　　　　　　　　直流输电（HVDC）方式下，允许转连接的执行过程

步骤	调度编号	内部编号	合上	断开
1	28A1	P1.WA.QS1	∨	
2	00101	P1.WN.QS6	∨	
3	00102	P1.WN.QS7	∨	
4	0010	P1.WN.NBS	∨	
5	03306	P1.WP.QS5	∨	

（2）无功补偿（STATCOM）方式下，允许转连接的执行过程。在无功补偿（STATCOM）的允许状态下，以 WA.QS1、WP.QS5 和 WN.QS7 为边界，合上区域内除了 WP.QS5 以外的所有刀闸和直流转换开关。以极Ⅰ为例，具体执行过程见表7-15。

表 7-15　　　　　　　　　　　　无功补偿（STATCOM）方式下，允许转连接的执行过程

步骤	调度编号	内部编号	合上	断开
1	28A1	P1.WA.QS1	∨	
2	00101	P1.WN.QS6	∨	
3	00102	P1.WN.QS7	∨	
4	0010	P1.WN.NBS	∨	

（3）空载加压（OLT）方式下，允许转连接的执行过程。

1）带线路的空载加压（OLT）方式下，允许转连接的执行过程。在带线路的空载加压（OLT）的允许状态下，以 WA.QS1、WP.QS5 和 WN.QS7 为边界，合上区域内所有刀闸和直流转换开关。以极Ⅰ为例，具体执行过程见表7-16。

表 7-16   空载加压（OLT）方式下，允许转连接的执行过程

步骤	调度编号	内部编号	合上	断开
1	28A1	P1.WA.QS1	∨	
2	00101	P1.WN.QS6	∨	
3	00102	P1.WN.QS7	∨	
4	0010	P1.WN.NBS	∨	
5	03306	P1.WP.QS5	∨	

2）不带线路的空载加压（OLT）方式下，允许转连接的执行过程。在不带线路的空载加压（OLT）的允许状态下，以 WA.QS1、WP.QS5 和 WN.QS7 为边界，合上区域内除了 WP.QS5 以外的所有刀闸和直流转换开关。以极 I 为例，具体执行过程见表 7-17。

表 7-17   不带线路的空载加压（OLT）方式下，允许转连接的执行过程

步骤	调度编号	内部编号	合上	断开
1	28A1	P1.WA.QS1	∨	
2	00101	P1.WN.QS6	∨	
3	00102	P1.WN.QS7	∨	
4	0010	P1.WN.NBS	∨	

3. 由断电转隔离的执行过程

在断电状态满足后，且允许隔离，以 WA.QS1、WP.QS5 和 WN.QS7 为边界，断开区域内所有刀闸和直流转换开关，同时也断开旁路开关。以极 I 为例，具体执行过程见表 7-18。

表 7-18   由断电转隔离的执行过程

步骤	调度编号	内部编号	合上	断开
1	28A	P1.WA.QF1		∨

步骤	调度编号	内部编号	合上	断开
2	03306	P1.WP.QS5		∨
3	0010	P1.WN.NBS		∨
4	00101	P1.WN.QS6		∨
5	00102	P1.WN.QS7		∨
6	28A1	P1.WA.QS1		∨

4. 由接地转未接地的执行过程

在隔离状态下，以 WA.QS1、WP.QS5 和 WN.QS7 为边界，合上区域内所有接地刀闸。以极 I 为例，具体执行过程见表 7-19。

表 7-19   **由接地转未接地的执行过程**

步骤	调度编号	内部编号	合上	断开
1	28A6甲	P1.WA.QS12	∨	
2	0301A7	P1.WT.QS2	∨	
3	030117	P1.VH.QS31	∨	
4	030127	P1.VH.QS32	∨	
5	030107	P1.VH.QS4	∨	
6	000107	P1.WN.QS61	∨	
7	033007	P1.WP.QS51	∨	
8	001017	P1.WN.QS62	∨	
9	001027	P1.WN.QS71	∨	

5. 由双极金属回线转双极大地回线的执行过程

在双极连接状态下，合上接地极电流测量装置开关（浦园站），断开金属回线直流转换开关（浦园站）和金属回线刀闸，鹭岛站具体执行过程见表 7-20。

表 7-20 由双极金属回线转双极大地回线的执行过程

步骤	调度编号	内部编号	合上	断开
1	00506	WN.QS9		∨

6. 由双极大地回线转双极金属回线的执行过程

在双极连接状态下，合上金属回线刀闸和金属回线直流转换开关（浦园站），断开接地极电流测量装置开关（浦园站），鹭岛站具体执行过程见表 7-21。

表 7-21 由双极大地回线转双极金属回线的执行过程

步骤	调度编号	内部编号	合上	断开
1	00506	WN.QS9	∨	

7. 由金属中线连接转金属中线隔离的执行过程

在直流输电（HVDC）运行方式或非直流输电（HVDC）运行方式断电状态下，断开金属回线刀闸和接地极电流测量装置刀闸，具体执行过程见表 7-22。

表 7-22 由金属中线连接转金属中线隔离的执行过程

步骤	调度编号	内部编号	合上	断开
1	00506	WN.QS9		∨
2	00301	WN.QS8		∨

8. 由金属中线隔离转金属中线连接的执行过程

在直流输电（HVDC）运行方式或非直流输电（HVDC）运行方式断电状态下，合上接地极电流测量装置刀闸和金属回线刀闸，具体执行过程见表 7-23。

表 7-23　　　　　　　　由金属中线隔离转金属中线连接的执行过程

步骤	调度编号	内部编号	合上	断开
1	00301	WN.QS8	∨	
2	00506	WN.QS9	∨	

第二节　站用电系统的正常运行方式及其他运行方式

一、10kV 系统的正常运行方式

（1）10kV 系统采用三段母线分段接线方式，分别为 10kV Ⅰ 段母线、10kV 备用段母线及 10kV Ⅱ 母线。

（2）10kV 系统正常运行方式：极 Ⅰ 1 号站用变 10kV 侧 911 开关、极 Ⅱ 2 号站用变 10kV 侧 914 开关接 10kV Ⅰ 段母线运行；极 Ⅰ 2 号站用变 10kV 侧 922 开关、极 Ⅱ 1 号站用变 10kV 侧 923 开关接 10kV Ⅱ 段母线运行；10kV Ⅰ 段/备用段联络 910 手车开关热备用；10kV Ⅱ 段/备用段联络 920 手车开关热备用。备自投系统投入。

（3）10kV 系统正常运行方式如图 7-5 所示。

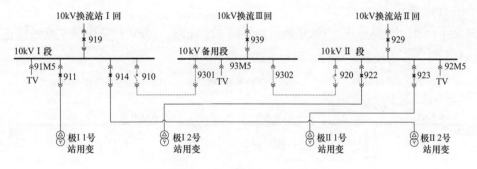

图 7-5　10kV 系统正常运行方式

二、380V 系统的正常运行方式

（1）380V 系统采用两组双母线分段接线方式，分别为极 Ⅰ 380V Ⅰ 段母线、极 Ⅰ 380V Ⅱ 段母线、极 Ⅱ 380V Ⅰ 段母线、极

Ⅱ380VⅡ段母线。

（2）380V系统正常运行方式：极Ⅰ1号站用变380V侧401开关接极Ⅰ380VⅠ段母线运行；极Ⅰ2号站用变380V侧402开关接极Ⅰ380VⅡ段母线运行；极Ⅱ1号站用变380V侧403开关接极Ⅱ380VⅠ段母线运行；极Ⅱ2号站用变380V侧404开关接极Ⅱ380VⅡ段母线运行。极Ⅰ380VⅠ段/Ⅱ段联络410手车开关热备用；极Ⅱ380VⅠ段/Ⅱ段联络420手车开关热备用；各馈线开关按要求投入运行，备自投系统投入。

（3）380V系统正常运行方式如图7-6所示。

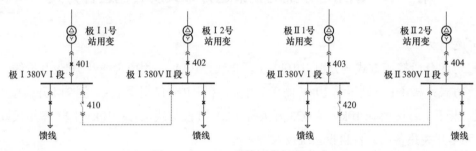

图7-6　380kV系统正常运行方式

三、10kV系统的其他运行方式

（1）方式一：10kV换流站Ⅰ回919线路停电，10kV换流站Ⅱ回929线路、10kV换流Ⅲ回939线路正常运行。10kVⅠ段/备用段联络910手车开关运行，10kVⅠ段、备用段联络运行，运行方式如图7-7所示。

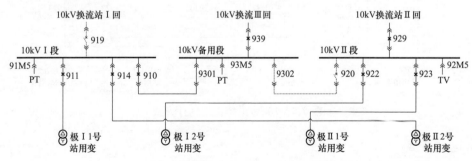

图7-7　10kV系统其他运行方式一

— 260 —

（2）方式二：10kV 换流站Ⅱ回 929 线路停电，10kV 换流站Ⅰ回 919 线路、10kV 换流Ⅲ回 939 线路正常运行。10kV Ⅱ段/备用段联络 920 手车开关运行，10kV Ⅱ段、备用段联络运行，运行方式如图 7-8 所示。

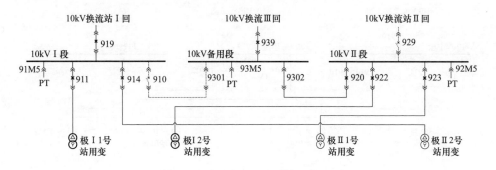

图 7-8　10kV 系统其他运行方式二

（3）方式三：10kV 换流站Ⅰ回 919 线路、10kV 换流Ⅲ回 939 线路停电，10kV 换流站Ⅱ回 929 线路正常运行。10kV Ⅰ段/备用段联络 910 手车开关运行、10kV Ⅱ段/备用段联络 920 手车开关运行，10kV Ⅰ段、Ⅱ段、备用段联络运行，由 10kV 换流站Ⅱ回 929 线路供电，运行方式如图 7-9 所示。

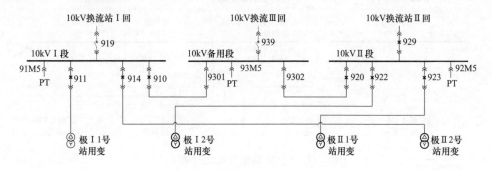

图 7-9　10kV 系统其他运行方式三

（4）方式四：10kV 换流站Ⅱ回 929 线路、10kV 换流Ⅲ回 939 线路停电，10kV 换流站Ⅰ回 919 线路正常运行。10kV Ⅰ段/备用段联络 910 手车开关运行、10kV Ⅱ段/备用段联络 920 手车开关运行，10kV Ⅰ段、Ⅱ段、备用段联络运行，由 10kV 换流站Ⅰ回 919 线路供电，运行方式如图 7-10 所示。

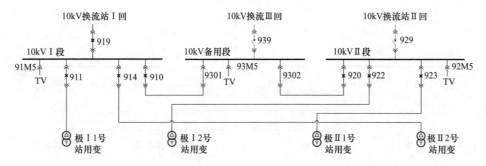

图 7-10　10kV 系统其他运行方式四

（5）方式五：10kV 换流站Ⅰ回 919 线路、10kV 换流站Ⅱ回 929 线路停电，10kV 换流Ⅲ回 939 线路正常运行。10kV Ⅰ段/备用段联络 910 手车开关运行、10kV Ⅱ段/备用段联络 920 手车开关运行，10kV Ⅰ段、Ⅱ段、备用段联络运行，由 10kV 换流Ⅲ回 939 线路供电，运行方式如图 7-11 所示。

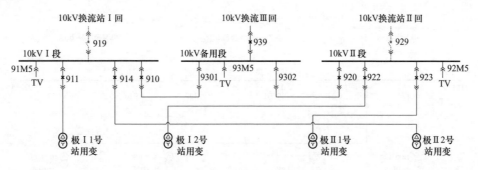

图 7-11　10kV 系统其他运行方式五

四、380V 系统的其他运行方式

不允许同一极的两台站用变同时停役。

（1）方式一：极Ⅰ1号站用变380V侧401手车开关合上，极Ⅰ2号站用变380V侧402手车开关拉开，极Ⅰ380VⅠ段/Ⅱ段联络410手车开关合上。极Ⅰ380VⅠ段和极Ⅰ380VⅡ段联络，由极Ⅰ1号站用变供电，运行方式如图7-12所示。

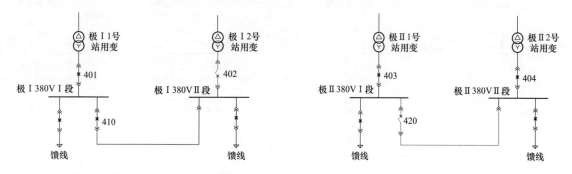

图7-12　380V系统其他运行方式一

（2）方式二：极Ⅰ2号站用变380V侧402手车开关合上，极Ⅰ1号站用变380V侧401手车开关拉开，极Ⅰ380VⅠ段/Ⅱ段联络410手车开关合上。极Ⅰ380VⅠ段和极Ⅰ380VⅡ段联络，由极Ⅰ2号站用变供电，运行方式如图7-13所示。

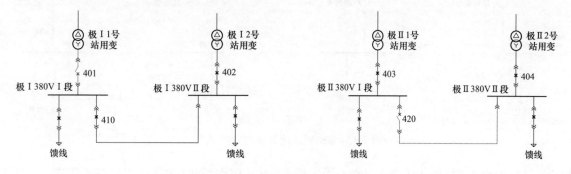

图7-13　380V系统其他运行方式二

（3）方式三：极Ⅱ1号站用变380V侧403手车开关合上，极Ⅱ2号站用变380V侧404手车开关拉开，极Ⅱ380VⅠ段/Ⅱ段联络420手车开关合上。极Ⅱ380VⅠ段和极Ⅱ380VⅡ段联络，由极Ⅱ1号站用变供电，运行方式如图7-14所示。

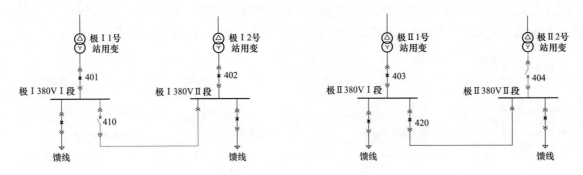

图 7-14　380V 系统其他运行方式三

（4）方式四：极Ⅱ2号站用变 380V 侧 404 手车开关合上，极Ⅱ1号站用变 380V 侧 403 手车开关拉开，极Ⅱ 380VⅠ段/Ⅱ段联络 420 手车开关合上。极Ⅱ 380VⅠ段和极Ⅱ 380VⅡ段联络，由极Ⅱ2号站用变供电，运行方式如图 7-15 所示。

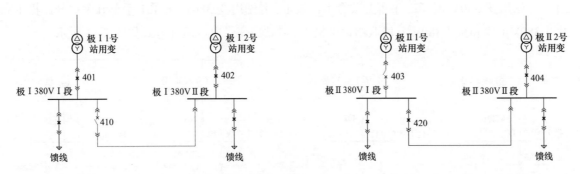

图 7-15　380V 系统其他运行方式四

（5）方式五：极Ⅰ1号站用变 380V 侧 401 手车开关合上，极Ⅰ2号站用变 380V 侧 402 手车开关拉开；极Ⅱ1号站用变 380V 侧 403 手车开关合上，极Ⅱ2号站用变 380V 侧 404 手车开关拉开；极Ⅰ 380VⅠ段/Ⅱ段联络 410 手车开关合上，极Ⅱ 380VⅠ段/Ⅱ段联络 420 手车开关合上。极Ⅰ 380VⅠ段和极Ⅰ 380VⅡ段联络，由极Ⅰ1号站用变供电。极Ⅱ 380VⅠ段和极Ⅱ 380VⅡ段联络，由极Ⅱ1号站用变供电，运行方式如图 7-16 所示。

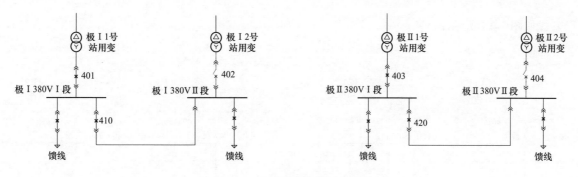

图 7-16　380V 系统其他运行方式五

（6）方式六：极 I 1 号站用变 380V 侧 401 手车开关合上，极 I 2 号站用变 380V 侧 402 手车开关拉开；极 II 2 号站用变 380V 侧 404 手车开关合上，极 II 1 号站用变 380V 侧 403 手车开关拉开；极 I 380V I 段/II 段联络 410 手车开关合上，极 II 380V I 段/II 段联络 420 手车开关合上。极 I 380V I 段和极 I 380V II 段联络，由极 I 1 号站用变供电。极 II 380V I 段和极 II 380V II 段联络，由极 II 2 号站用变供电，运行方式如图 7-17 所示。

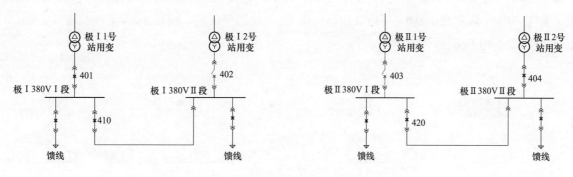

图 7-17　380V 系统其他运行方式六

（7）方式七：极 I 2 号站用变 380V 侧 402 手车开关合上，极 I 1 号站用变 380V 侧 401 手车开关拉开；极 II 1 号站用变 380V 侧 403 手车开关合上，极 II 2 号站用变 380V 侧 404 手车开关拉开；极 I 380V I 段/II 段联络 410 手车开关合上，极 II 380V I 段/II 段联络 420 手车开关合上。极 I 380V I 段和极 I 380V II 段联络，由极 I 2 号站用变供电。极 II 380V I 段和极 II 380V II 段联络，由极 II 1

— 265 —

号站用变供电，运行方式如图 7-18 所示。

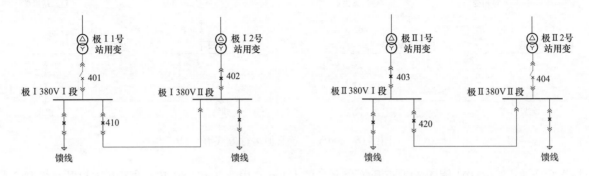

图 7-18　380V 系统其他运行方式七

（8）方式八：极Ⅰ2 号站用变 380V 侧 402 手车开关合上，极Ⅰ1 号站用变 380V 侧 401 手车开关拉开；极Ⅱ2 号站用变 380V 侧 404 手车开关合上，极Ⅱ1 号站用变 380V 侧 403 手车开关拉开；极Ⅰ380VⅠ段/Ⅱ段联络 410 手车开关合上，极Ⅱ380VⅠ段/Ⅱ段联络 420 手车开关合上。极Ⅰ380VⅠ段和极Ⅰ380VⅡ段联络，由极Ⅰ2 号站用变供电。极Ⅱ380VⅠ段和极Ⅱ380VⅡ段联络，由极Ⅱ2 号站用变供电，运行方式如图 7-19 所示。

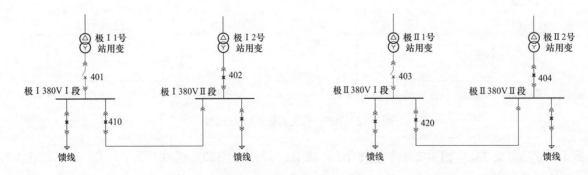

图 7-19　380V 系统其他运行方式八

第三节 直流（蓄电池）系统正常运行方式及其他运行方式

一、换流站直流电源配置

（1）换流站直流电源有三套，公用设备、极Ⅰ设备、极Ⅱ设备分别配置一套直流电源。

（2）换流站配置两套 UPS 电源，为监控系统、通信系统、火灾报警系统、阀控系统等重要负荷提供不间断电源。UPS 电源不带电池，一台 UPS 故障后，需人工隔离故障 UPS，再合上两段 UPS 母线的联络开关。

二、直流电源运行方式

1. 直流电源正常运行方式

（1）公用直流系统正常运行方式：220V 公用直流系统三段母线（1CL/2CL/3CL）分段运行，1CL 段母线接 1 号蓄电池组和 1 号充电装置，2CL 段母线接 2 号蓄电池组和 2 号充电装置，3CL 段母线由 1CL、2CL 段母线通过双投开关供电，手动切换。正常运行时由 1CL 段母线供电，3 号充电装置作为两段母线（1CL/2CL）的公共备用。

（2）极Ⅰ直流系统正常运行方式：220V 极Ⅰ直流系统三段母线（1CL/2CL/3CL）分段运行，1CL 段母线接 1 号蓄电池组和 1 号充电装置，2CL 段母线接 2 号蓄电池组和 2 号充电装置，3CL 段母线由 1CL、2CL 段母线通过双投开关供电，手动切换。正常运行时由 1CL 段母线供电，3 号充电装置作为两段母线（1CL/2CL）的公共备用。

（3）极Ⅱ直流系统正常运行方式：220V 极Ⅱ直流系统三段母线（1CL/2CL/3CL）分段运行，1CL 段母线接 1 号蓄电池组和 1 号充电装置，2CL 段母线接 2 号蓄电池组和 2 号充电装置，3CL 段母线由 1CL、2CL 段母线通过双投开关供电，手动切换。正常运行时由 1CL 段母线供电，3 号充电装置作为两段母线（1CL/2CL）的公共备用。

（4）公用直流系统、极Ⅰ直流系统、极Ⅱ直流系统的正常运行方式如图 7-20 所示。

2. 直流电源异常运行方式

（1）公用直流系统非正常运行方式 1：1CL、2CL 段任一母线充电装置故障，将 3 号充电装置双投开关打至故障母线位置，由 3 号充电装置带故障母线运行；将该段母线上故障充电装置退出运行。

（2）公用直流系统非正常运行方式 2：1CL、2CL 段任一母线蓄电池及充电装置故障，将故障的蓄电池及充电装置退出运行。将故障母线的母联双投开关切换至另一母线位置，由正常母线带 1CL/2CL/3CL 三段母线运行。

（3）极Ⅰ直流系统非正常运行方式 1：1CL、2CL 段任一母线充电装置故障，将 3 号充电装置双投开关打至故障母线位置，由 3 号充电装置带故障母线运行；将该段母线上故障充电装置退出运行。

（4）极Ⅰ直流系统非正常运行方式 2：1CL、2CL 段任一母线蓄电池及充电装置故障，将故障的蓄电池及充电装置退出运行。将故障母线的母联双投开关切换至另一母线位置，由正常母线带 1CL/2CL/3CL 三段母线运行。

（5）极Ⅱ直流系统非正常运行方式 1：1CL、2CL 段任一母线充电装置故障，将 3 号充电装置双投开关打至故障母线位置，由 3 号充电装置带故障母线运行；将该段母线上故障充电装置退出运行。

（6）极Ⅱ直流系统非正常运行方式 2：1CL、2CL 段任一母线蓄电池及充电装置故障，将故障的蓄电池及充电装置退出运行。将故障母线的母联双投开关切换至另一母线位置，由正常母线带 1CL/2CL/3CL 三段母线运行。

（7）公用、极Ⅰ、极Ⅱ直流系统的非正常运行方式 1 如图 7-21 所示。公用、极Ⅰ、极Ⅱ直流系统的非正常运行方式 2 如图 7-22 所示。

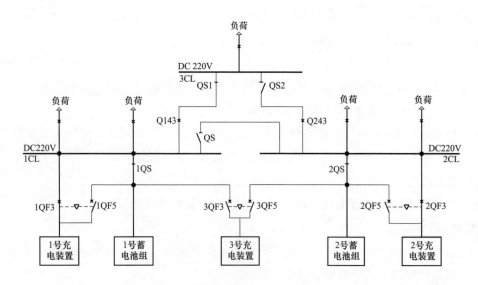

图 7-20　直流系统的正常运行方式

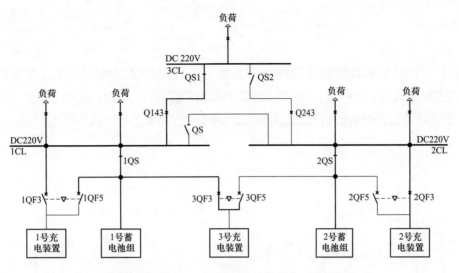

图 7-21 公用、极 I、极 II 直流系统的非正常运行方式 1

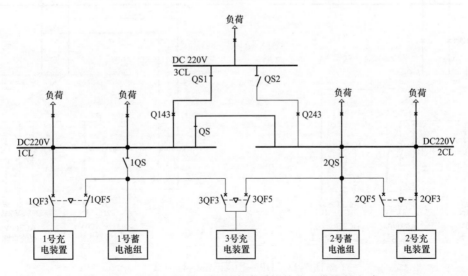

图 7-22 公用、极 I、极 II 直流系统的非正常运行方式 2

三、UPS 电源运行方式

1. UPS 电源正常运行方式

UPS 电源正常运行方式：1 号 UPS 电源直流侧接 220V 公用直流 1CL 段母线带 220V 不间断 I 段运行，1QP、1QW、1QJ 开关断开。2 号 UPS 电源直流侧接 220V 公用直流 2CL 段母线带 220V 不间断 II 段运行，2QP、2QW、2QJ 开关断开。220V 不间断 I 段与 220V 不间断 II 段分裂运行，正常运行时严禁将联络 QL 开关合上。UPS 电源正常运行方式如图 7-23 所示。

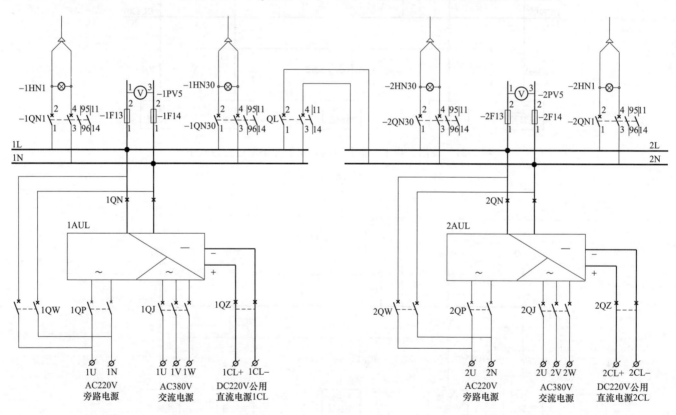

图 7-23　UPS 电源正常运行方式

2. UPS 非正常运行方式

UPS 电源非正常运行方式：任一 UPS 装置故障，断开 QN 开关，将故障的 UPS 装置退出运行；合上联络开关 QL，将 220V 不间断 I 段与 220V 不间断 II 段并列运行。1 号 UPS 电源非正常运行方式如图 7-24 所示。

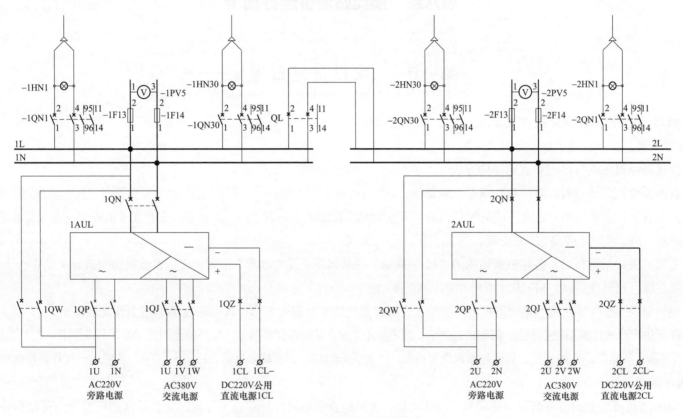

图 7-24　1 号 UPS 电源非正常运行方式

第八章 换流站设备运行规定

第一节 一次设备运行规定

一、断路器和直流转换开关相关规定

1. 运行规定

（1）直流断路器应具备远方和就地操作方式。

（2）直流系统正常运行时，直流断路器禁止就地操作。

（3）直流开关正常运行时，直流开关机构箱内的"远方/就地"控制把手应置"远方"位置，交、直流电源空气开关均在合上位置，液压储能正常，SF_6 表计指示 SF_6 压力正常。

（4）交流开关正常运行时，各相机构箱内的"远方/就地"控制把手应置"远方"位置。交、直流电源空气开关均在合上位置，现场储能指示在绿色已储能区域，SF_6 表计指示 SF_6 压力正常。

（5）每日记录 SF_6 气体密度继电器密度值不少于 1 次。检查气体密度值否正常，气体密度继电器工作是否正常。

（6）每周进行一般检测不少于 1 次，每季进行精确检测不少于 1 次，并留存红外图像。红外热像图显示应无异常温升、温差和相对温差。遇到新投运设备，大负荷，高温天气、检修结束送电等情况，应加大测温频次。迎峰度夏前、中、后期间，各增加一次红外精确检测。

2. 操作规定

（1）NBS 直流开关振荡过零装置每次带负荷操作之后，都应检查吸能元件外观有无异常，如有异常则严禁带负荷操作该开关。

（2）启动电阻旁路开关自动合上后应在现场检查三相分合位置指示，并在 OWS 上检查分合状态、电流指示、功率指示是否相符，有无异常信号。

（3）直流开关分合过程中严禁人员在直流场内停留。直流开关操作后应到现场检查分合位置指示，并在 OWS 上检查分合状态、电流指示、功率指示是否相符，有无异常信号。

（4）投退站内接地极的中性母线接地开关（或接地极刀闸）正常操作时，应采用远方操作方式，只有在双极直流系统停电状态下才允许现场操作。

（5）断路器操作前后，应现场检查设备状态及其 SF_6 压力、储能等是否正常。

（6）直流断路器严禁带电就地操作。直流断路器振荡回路每次带负荷操作前后，都应检查避雷器、电抗器、电容器有无异常，如有异常则严禁带负荷操作。NBGS 合闸必须在双极平衡方式下或接地电流不超过允许电流情况下进行。

3. 注意事项

（1）当对侧交流站交流开关故障跳闸后，旁路开关不具备自动跳闸功能，若需直接恢复送电，运维人员应向调度员申请断开旁路开关，再进行其他操作；若需将换流器转检修，应直接向调度员申请将换流器转冷备用。

（2）正常情况下，直流断路器不允许现场带电压手动分、合闸。

（3）直流场内若有开关 SF_6 漏气时，有人工作时应立即撤离现场（戴防毒面具、穿防护服除外），无人工作时应先对直流场通风 15min 后再进入检查。

（4）检修时，弹簧储能开关需要现场手动储能时，应先拉开储能电机电源。

（5）当开关 SF_6 密度继电器发出警报信号时，应及时汇报调度并通知检修进行补气处理；出现分闸闭锁信号时，严禁操作该开关，并立即拉开其控制电源。

（6）换流阀在充电的过程中，需要先经过启动电阻来减缓充电电流的冲击，当充电电流平缓到一定的程度，极控制系统自动判断，将 220kV 启动电阻的旁路开关闭合，将启动电阻旁路。

（7）断路器检修后应经验收合格、传动确认无误后，方可送电操作。断路器检修涉及控制保护、控制回路等二次回路时，还应由专业人员进行传动试验、确认合格后方可送电。

（8）断路器经故障处理、检修后或停用时间超过 6 个月，应在投运前进行一次远方/手动分、合闸试验，详细检查断路器的分、合闸情况。

二、隔离开关和接地刀闸相关规定

1. 运行规定

（1）正常运行时，刀闸的现场机构箱的切换把手应置远控。远方操作刀闸和接地刀闸时其现场控制箱的门应关闭。

（2）接地刀闸、刀闸不得进行手动操作。

（3）NBS两侧隔离开关的操作、控制电源在运行过程中不能断开，否则会导致控保系统无法断开两侧隔离开关。

（4）正常运行时，阀厅、桥臂电抗器室、直流场内的隔离开关、接地刀闸的操作电源均应合上。

（5）换流站的所有户外隔离开关、接地刀闸的操作电源正常运行时均断开，在操作前根据操作票合上相应隔离开关、接地刀闸的操作电源，操作后应断开电源。

（6）每周进行红外热像检测不少于1次，精确红外热像检测应每季度不少于1次；迎峰度夏前、中后期间，各增加一次红外精确检测，并留存红外图像。红外热像图显示应无异常温升、温差和相对温差。遇到新设备投运、大负荷、高温天气、检修结束送电等情况，应加大测温频次。

（7）隔离开关、接地刀闸各元件之间装设的电气联锁、软件联锁应正常，闭锁可靠，运维人员不得随意解除联锁。

（8）一极运行，一极检修（调试）时，检修（调试）极中性隔离开关应处于分闸状态，禁止在该检修极中性隔离开关和双极公共区域设备上开展工作。

（9）阀厅接地开关未转为接地状态前，严禁人员进入阀厅。

2. 操作规定

（1）停电检修后，应断开所有隔离开关、接地刀闸的操作电源。若一次设备无工作，可不断开隔离开关、接地刀闸的操作电源。

（2）严禁用隔离开关拉合空载换流变压器、换流阀、线路。

（3）高压直流隔离开关不允许带负荷、带直流电压操作。

（4）当隔离开关、接地刀闸操作不到位时，应重新分合操作一次，不能仅依据后台位置判断操作是否到位。

（5）隔离开关支持瓷瓶、传动机构有严重损坏时，严禁操作该隔离开关。

（6）直流隔离开关就地操作时，应做好支柱绝缘子断裂的风险分析与预控，监护人员应严格监视直流隔离开关动作情况，操作人员应视情况做好及时撤离的准备。

（7）手动合上直流隔离开关时应迅速果断，但合闸终了不应用力过猛，以防瓷质绝缘子断裂造成事故。手动拉开直流隔离开关时应慢而谨慎，当触头刚刚分开的时刻应迅速拉开，然后检查动静触头断开是否到位。

（8）合闸操作后应检查触头是否合闸到位，接触应良好；水平旋转式隔离开关检查两个触头是否在同一轴线上；单臂垂直伸缩式和垂直开启剪刀式隔离开关检查上、下拐臂是否均已经越过"死点"位置。

（9）电动操作直流隔离开关后，应检查直流隔离开关现场实际位置是否与运行人员工作站显示直流隔离开关位置一致。

（10）顺序操作时应检查对应直流隔离开关是否均已发生相应变位，无拒动现象发生。

3. 注意事项

（1）当防误闭锁装置失灵引起隔离开关（或接地刀闸）不能正常电动操作时，必须严格按闭锁要求的条件检查相应的闭锁接点，以及隔离开关控制、电机电源是否正常，有无缺相等，只有在核对无误后，在征得调度的同意下履行解锁手续进行操作。

（2）设备停电检修时，要断开回路中可能来电侧的隔离开关操作电机的电源；隔离开关操作把手应锁住。

（3）电动操作的隔离开关、地刀在工作中需要将手伸到机构内部打开侧门前，需注意防止触电及电机突然旋转造成机械伤害。在工作票或作业卡中要体现断开电机电源及控制电源的安全措施。

三、电流测量装置和电流互感器相关规定

1. 运行规定

（1）电流互感器二次绕组应有永久的、可靠的保护接地，不得将回路的永久接地点断开。

（2）电流互感器的末屏端在运行中必须接地，否则会产生高电压，损坏末屏处绝缘，时间长还会引起电流互感器爆炸。

（3）运行中电流互感器二次侧每组允许有一点接地，接地应良好。

（4）停运半年及以上的电流测量装置和电流互感器应按有关规定试验检查合格后方可投运。

（5）电流互感器二次侧严禁开路，备用的二次绕组也应短接接地。

（6）电流测量装置和电流互感器每周进行一般检测不少于 1 次，每月进行精确检测不少于 1 次，并留存红外图像。应检测各器件本体及引线接头等，红外热像图显示应无异常温升、温差和相对温差。遇到新投运设备，大负荷，高温天气、检修结束送电等情况，应加大测温频次。迎峰度夏前、中、后期间，各增加一次红外精确检测。

2. 操作规定

在电流互感器二次侧与短路端子之间的导线上进行任何工作，应有严格的安全措施。必要时申请停用有关保护装置、安全自动装置或自动化监控系统。

3. 注意事项

（1）在一次电流为额定电流时电流测量装置各部位的温升不超过 60K。

（2）短接电流互感器二次绕组，应使用短路片或短路线，严禁用导线缠绕。

四、电压测量装置相关规定

1. 运行规定

（1）电压测量装置用干燥空气进行绝缘，在环境温度为 20℃的情况下充压至 1.0Bar。正常运行情况下，分压器内部空气压力值的范围为 0.3～1.0Bar，空气压力低于 0.3Bar 时系统会发出警告。

（2）电压测量装置正常运行时，气体压力应在正常范围内。

2. 操作规定

（1）电压测量装置退出运行时，应采取措施防止相应的保护和自动装置误动或将其退出运行。

（2）停运半年及以上的电压测量装置应按有关规定试验检查合格后方可投运。

（3）新投运电压测量装置或二次变动后，应进行核相。

（4）每周记录气体压力数据不少于 1 次。

（5）每周进行一般检测不少于 1 次。每月进行精确检测不少于 1 次；应检测电压互感器的本体和连接端子及引流线接头并留存红外图像，红外热像图显示应无异常温升、温差和相对温差。遇到新投运设备，大负荷，高温天气、检修结束送电等情况，应加大测温频次。迎峰度夏前、中、后期间，各增加一次红外精确检测。

3. 注意事项

（1）直流电压分压器的防爆膜将在气体压力为 10.0Bar（1000kPa）时破裂。

（2）电压合并单元柜分压器改造后，转接盒及二次分压盒内部有高压信号及板卡，未经厂家同意不得擅自打开。如需开盖检查或者工作需经厂家同意后方可进行。柜内双电源切换装置共有三个指示灯，前两个为输入指示灯，第三个为输出指示灯。正常运行时三个指示灯在全亮状态。

五、换流变压器相关规定

1. 运行规定

（1）换流变压器运行前应检查：

1）套管中间法兰的接地端子是否可靠接地。

2）吸湿器中的吸附剂是否合格，吸湿器是否畅通。

3）分接开关的指示位置是否正确，三相是否一致。

4）所有阀门所处的状态是否正确。油枕和套管等油面指示位置是否合适，无渗漏油情况。

5）检查设备外围有无异物，临时接地线是否已拆除。

6）气体继电器、压力释放阀、油泵、风扇、油位表、温度计等是否有异常告警信号。

7）冷却器状态正常。

8）相关非电量保护投入正常，无报警信号。

9）对换流变压器进行消磁，确认无剩磁。

（2）运行电压一般不应高于产品该运行分接额定电压的105%，对于特殊使用情况下允许不超过110%额定电压。

（3）当冷却系统不正常或产品严重渗漏油、有局部过热现象、油中溶解气体分析结果异常、绝缘有严重弱点时，不允许超过额定电流运行。

（4）短期过负荷时，应投入包括备用冷却器在内的全部冷却器，并尽量减少负载和运行时间，其运行时间一般不超过 0.5 小时。

（5）换流变压器的冷却装置按负载和顶层油温情况，自动逐台投切相应数量的整机和风扇，冷却装置可在换流变压器旁就地手动操作，不可在控制室中遥控操作。当切除故障冷却装置时，备用冷却装置自动投入运行。

（6）在运行中滤油、补油、换潜油泵或更换硅胶时，应将其重瓦斯改接信号，此时其他保护装置仍应接跳闸。

（7）冷却装置有两组相互备用的供电电源，可彼此切换。当冷却装置电源发生故障或电压降低时，自动投入备用电源。

（8）当投入备用电源、备用冷却装置，切除冷却器和损坏电动机时，均发出信号，提示运维人员到现场检查。

（9）换流变压器冷却器全停故障后，报"冷却器全停报警"信号。换流变压器冷却器全停故障后，20 分钟且变压器油温不小于 75℃，或 60 分钟报"冷却器全停跳闸"信号，只发信号不跳闸。

（10）换流变压器运行时，网侧中性点应保持可靠接地。

（11）换流变压器承受近区短路冲击后，应检查记录短路电流情况。

（12）换流变压器非电量保护跳闸接点和模拟量采样不应经中间元件转接，应直接接入控制保护系统或非电量保护屏。作用于跳闸的非电量元件都应设置三副独立的跳闸接点，按照"三取二"原则出口，三个开入回路要独立，不允许多副跳闸接点并联上送，三取二出口判断逻辑装置及其电源应冗余配置。

（13）换流变压器在正常运行时，本体重瓦斯保护应投跳闸。

（14）换流变压器下列保护装置应投报警：

1）本体轻瓦斯；

2）本体速动压力继电器；

3）压力释放阀；

4）油位指示器；

5）冷却器全停；

6）油流指示器；

7）储油柜胶囊泄漏。

（15）换流变压器油温及绕组温度应投报警。

（16）换流变压器有载分接开关应采用油流继电器或压力继电器，不应采用带浮球的气体继电器；换流变压器有载分接开关仅配置了油流继电器或压力继电器一种的，应投跳闸；同时配置了油流继电器和压力继电器的，油流继电器投跳闸，压力继电器投报警。

（17）换流变压器充气套管的压力或密度继电器应分级设置报警和跳闸。

（18）换流变压器本体和有载分接开关应设置油位过高和过低信号。

（19）换流变压器在下列情形下，本体重瓦斯保护应临时改投报警或退出相应保护：

1）运行中滤油、补油、更换潜油泵；

2）油位异常升高或呼吸系统有异常现象，需要打开排气或排油阀门；

3）在本体重瓦斯二次保护回路上或本体呼吸器回路上工作。

4）换流变压器在有载分接开关油管路上工作时，有载分接开关油流继电器应临时改投报警或退出相应保护。

（20）当气体继电器内有气体聚集时，应取气样并进行试验检测。

（21）运行的换流变压器发生轻瓦斯报警时，立即汇报调度和部门领导（由部门领导汇报省公司设备部），立即申请转移负荷并将设备转检修。换流变压器发生轻瓦斯报警时，应通过油色谱在线监测、套管在线监测、油温油位等主变后台数据、视频监控探头等对故障换流变压器进行巡视查找可能的故障发生部位，严禁进行现场巡视。在线监测数值有异常应立即汇报，经省公司设备部确认现场人员可直接按故障极"急停"按钮进行停运操作。

（22）长期稳定运行的换流变压器发生轻瓦斯报警时，应进行现场检查分析判断是否为误报警，若油色谱检测有异常变化，应立即停运设备。若连续出现 2 次及以上轻瓦斯报警，应立即停运设备进行检查处理。新投运或进行过油处理的换流变压器发生轻瓦斯报警时，应综合判断后采取有效措施。

（23）运行中的压力释放阀动作后，应立即检查呼吸系统、油路系统、储油柜胶囊、监控系统是否正常，并将压力释放阀的机械、电气信号手动复位。

（24）现场温度指示器指示的温度、监控系统指示的温度两者误差不超过±5℃。

（25）运行中呼吸器应呼吸畅通，吸湿剂潮解变色部分不应超过总量的 2/3。呼吸器的密封应良好，吸湿剂变色应由底部开始，如上部颜色发生变色则说明呼吸器密封不严。

（26）当有载分接开关控制方式恢复自动控制前，应将三相换流变压器有载分接开关档位调节一致。

（27）有载分接开关储油柜的油位过低时，应检查在线滤油机空开是否跳开，将分接开关控制方式转为手动控制。

（28）当换流变压器处于以下情况时，应手动启动换流变压器水喷淋系统进行冷却。

1）换流变压器冷却器正常运行时，换流变压器顶层油温不小于 75℃。

2）换流变压器冷却器全停时，顶层油温不小于 65℃时。

（29）在线监测规定：

1）每日记录油色谱在线监测装置数据不少于 1 次，查看不小于 2 次。若查看装置（或装置声光告警）显示出现异常气体或气体含量有明显增长趋势（在线色谱数据超过注意值或乙炔含量从无到有），应立即汇报部门领导并按如下步骤处置：

a. 立即启动一次在线油色谱复测，同时启动离线色谱复测流程，开展平行取样比对（至少两个不同实验室）。换流变压器在线监测调整为 2 小时 1 次（最短周期）。若在原有异常上再继续增长时，运维人员每日对油在线检测数值进行人工巡视 4 次，并进行数据比对分析。

b. 启动专家团队异常分析流程。

c. 专家团队结合特征气体组分分析、增长速率和设备运检情况综合分析异常性质：如涉及固体绝缘放电时，立即申请停电检查。如不涉及固体绝缘放电，可继续监测运行，由设备制造厂家明确特征气体监测限值（绝对值和增长速率），缩短在线监测周期（装置最低检测周期）、定期开展离线检测，并由设备制造厂家开展相关检测。如监测过程中气体速率增长超过规程要求，立即申请停电检查。

如特征气体即将达到监测限值，省公司联合中国电科院等支撑单位组织行业专家、设备制造厂家、运行单位等进一步分析，明确处置意见，并向国网设备部报备。

2）每日记录油温、绕组温度、环境温度、负荷和冷却器开启数不少于1次，发现异常及温度距离报警值10℃时应密切监控。

3）每日记录充气套管气体压力不少于1次。发现压力有下降趋势时，应立即分析下降原因，并制定相应处理措施。

4）每日记录本体油位不少于1次，发现油位下降或上升异常时，应立即分析原因，并制定相应处理措施。

（30）红外热像检测规定：

1）每周进行一般检测不少于1次，每月进行精确检测应不少于1次，并留存红外图谱。应检测变压器箱体、套管、引线接头、储油柜、散热器等，红外热像图显示应无异常温升、温差和相对温差。

2）遇到新投运设备，大负荷，高温天气、检修结束送电等情况，应加大检测频次。

3）迎峰度夏前、中、后期间，各增加一次红外精确检测。

2. 操作规定

（1）换流变压器投入运行前，首先将冷却系统开启，待冷却设备运行正常后，再投入换流变压器运行。

（2）当环境温度低于0℃时，应将油温升到5℃再投运。

（3）新投运、解体性检修后的换流变压器投入运行前，应在额定电压下做空载全电压冲击合闸试验。加压前应将换流变压器全部保护投入。新投运的换流变压器冲击五次，解体性检修后的换流变压器冲击三次。

（4）换流变压器停电操作顺序：先确认相应极已闭锁，再拉开换流变压器交流侧断路器。

（5）换流变压器操作对保护、各侧母线、接地刀闸等的要求：

1）充电前，应检查保护及相关保护压板投退位置正确，无异常及跳闸信号；

2）充电前，应检查有载分接开关位置在阀侧电压最低档；

3）充电前，应检查确认换流变压器两侧接地刀闸均已拉开；

4）充电后，检查换流变压器无异常声音，遥测、遥信指示应正常，开关位置指示及信号应正常，无异常报警信号。

（6）换流变压器分接头控制调节的方式分为手动模式和自动模式。如果选择了手动控制模式，有报警信号送至SCADA系统。当运行在手动控制模式时，可单独调节单个换流变压器的抽头，也可同时调节所有换流变压器的抽头。如果选择了单独调节抽头，那么在切换回自动控制前，必须对所有换流变压器的抽头进行手动同步。手动控制应被视为一种保留的控制模式，应当在自动控制模式失效的情况下，才允许使用。无论是在手动控制模式还是在自动控制模式，当抽头被升/降至最高/最低点时，极控系统应发出信号至 SCADA 系统，并禁止抽头继续升高/降低。

（7）换流器交流侧断电后，换流变压器分接头回到中间档位保持不变，一旦交流侧开关合上，换流器充电期间，分接头控制目标是保持阀侧电压为额定电压。

（8）换流变压器设计了双极分接头同步功能，该功能仅在两个极都处于双极功率控制下起作用，如果两极分接头相差档位仅为一档，极间通信正常情况下，将自动让一极档位自动跟踪另外一极，调节其中一个极一档后，和另外一极档位一致。如果两极档位相差超过一档，不同步两极的档位。

（9）有载分接开关操作规定：

1）应逐级调压，同时监视分接位置及电压、电流的变化。

2）调压操作应三相同步或轮流逐级进行。

3）不允许手动调压，不允许就地进行电动操作。

4）两台换流变压器并联运行，调压需同步进行。

5）在换流变压器运行时，禁止用摇把手摇换流变压器分接开关上下调节档位。

6）在有载分接开关油管路上进行可能影响到油路的工作时，分接开关油流继电器应临时改投信号或退出相应保护。

3. 注意事项

（1）换流变压器在运行过程中，若需手动启动全部冷却器，要一组一组启停，防止 3 组冷却器短时全启导致油流过快引起瓦斯保护误动作。

（2）换流变压器正常停役后，冷却器应当停役（除换流变压器外设备的紧急消缺除外）；换流变压器保护动作跳闸停役后，若冷却器未自动切除，应立即停油泵；其余情况换流变压器停役后，应待油位及油温恢复正常后停役冷却器。

（3）处于双极功率控制方式下的换流站，两极换流变压器正常运行时档位相差不超过 1 档。当出现两极换流变压器档位相差一档时，应立即申报缺陷并通知检修人员处理。处于直流电压控制方式下的换流站，两极换流站正常运行时档位无要求。

（4）当油位计的油面异常升高或者呼吸系统有异常现象，需要打开放气或放油阀门时，应先将重瓦斯改接信号。

（5）MR 有载分接开关报警、分接开关不同步或者分接开关卡涩，应立即上报严重缺陷，联系设备厂家处理，现场未经上级部门批准不得进行就地人工手动调节。

六、平波电抗器相关规定

1. 运行规定

（1）干式平波电抗器在较为严重的缺陷（如局部过热等）或者绝缘有弱点时，不应超额定电流运行。

（2）干式平波电抗器应接地良好，本体风道通畅，内部结构、上方架构和距离干式平波电抗器中心两倍直径的周边及垂直位置内不得形成金属闭合回路，并使用非导磁材料。

（3）每周进行一般检测不少于1次，每月进行精确检测不少于1次，并留存红外图像。迎峰度夏前、中、后期间，各增加一次红外精确检测，并留存红外图像。遇到新设备投运、大负荷，高温天气、检修结束送电等情况，应加大测温频次。

2. 操作规定

无。

3. 注意事项

无。

七、IGBT换流阀相关规定

1. 运行规定

（1）换流阀不允许过负荷运行。

（2）IGBT换流阀漏水检测由阀冷系统监控设备完成，系统检漏设置24h渗漏报警和30s泄漏跳闸，对于内冷水内外循环方式切换（也就是三通阀开关动作）时，设置10min泄漏保护退出延时，膨胀罐液位设计时已考虑系统总容量的热膨胀系数进行设计，确保膨胀罐不因系统水温的变化而影响正常运行。

（3）换流阀正常运行及检修、试验期间，阀厅内相对湿度应控制在60%以下，如超过时应立即采取相应措施。

（4）检修后换流阀首次带电时应进行关灯检查，观察阀塔内是否有异常放电点。

（5）应加强阀塔水管漏水巡视和检查，重点检查阀厅地面、阀塔屏蔽罩、阀塔底盘及阀塔内部有无水迹。

（6）阀运行时，阀厅大门和紧急门必须关闭，任何人不得从阀厅大门或紧急门进入运行中的阀厅。

2. 操作规定

（1）IGBT投运前必须具备如下条件：

1）阀厅内接地刀闸已全部断开。

2）阀厅大门和紧急门已关闭。

3）阀厅空调设备投入正常。

4）阀冷却系统投运正常。

5）阀控制单元工作正常。

6）阀监测单元工作正常。

7）控制保护系统工作正常。

8）阀厅火警检测装置正常。

9）阀厅内无其他异常情况。

（2）换流阀的监视和控制系统会保护阀在各种正常和非正常运行条件下不被损坏，并没有特殊的限制使阀停运。出于对阀安全的考虑，下列情况 IGBT 换流阀必须停运：

1）阀内冷却液大量渗漏。

2）冷却液电导率和进水口温度过高。

3）冷却液流速过低。

（3）在送电过程中发现黑模块，应停电检查后再送电。

（4）换流阀在线监测系统可能存在感应电压，必须是经过培训的授权人员方能进行操作。

（5）当换流阀在线监测系统设置开启断电恢复再启动功能时，必须确认再启动不会危及人身、设备安全。

（6）若阀厅有工作，送电前应检查阀塔下方阀门是否正常开启。

3．注意事项

（1）正常运行时，不得解除阀厅大门钥匙联锁进入阀厅，只有在确定阀厅已停电（换流阀和换流变压器停运），阀厅内接地刀闸合上后联锁自动解除，方可打开阀厅大门进入阀厅。进入阀厅要正确佩戴安全帽，高处作业要绑安全带。

（2）当换流阀一个桥臂的子模块旁路数量超过 16 个时，阀控系统会闭锁换流阀并将信号上送至 PCP，由 PCP 发命令跳开交流站开关，并发命令至对侧直流站。

（3）当发现换流阀一个桥臂的子模块旁路数量达到 10 个时，须上报严重缺陷，及时向调度申请停电处理。当发现换流阀一个桥臂的子模块旁路数量达到 16 个时，属于危急缺陷，应立即向调度申请停电处理。

（4）阀投运前应将空调装置和阀冷却系统先投入运行。阀设备短时停用时冷却水仍维持循环；若阀设备停用时间较长，仍应保持冷却水系统运行，以避免金属部件腐蚀；当冷却水停用做检修工作后，在换流阀带电前，冷却水必须提前投入运行。

（5）当联锁逻辑满足时，阀厅门锁可以开启，当阀厅主锁没有复位时，阀厅不可解锁。

（6）阀投运时，阀厅大门和紧急门必须关闭，任何人不得从阀厅大门和紧急门进入运行中的阀厅。

（7）阀厅投入运行前，运维人员应检查阀厅地面不得有任何遗留物。

（8）阀厅内不得使用汽油、柴油类内燃机升降车。

（9）当阀厅停电时，需要等待 10min，待电容器自动放电完成后方可进入阀厅。

（10）送电前处于正常投入的子模块在送电过程合上交流开关后短时内（约合上交流开关后 40 秒左右）报 SMC-VBC 通信消失及旁路确认状态（无在旁路、旁路确认报文）（注意：不管是否进行过试验都应该当做黑模块）黑模块主要隐患在于旁路开关、中控板、驱动板可能无法正常工作，导致解锁后旁路开关无法正常旁路，而导致子模块爆裂。在送电过程中发现黑模块，应停电检查后再送电。

（11）当换流阀子模块运行中出现子模块旁路报文后，应立即使用视频辅助系统及红外系统对旁路子模块进行检查，做好旁路记录并上报相关领导。

（12）换流阀在线监测系统内及其附近不得放置易燃物品。

（13）换流阀在线监测系统可能存在感应电压，必须是经过培训的授权人员方能进行操作。

（14）换流阀在线监测系统输入主电源接通时，即使电源系统处于停机状态，电源系统的某些端子仍然带电，不得触摸。

（15）换流阀在线监测系统必须在电源停电 30s 后才能对电源系统进行维护检查，维护检查和部件更换必须由符合资质要求的人员进行，在不能确认没有电压和高温的情况下，不得接触设备内的任何部分。

八、启动电阻相关规定

1. 运行规定

（1）启动电阻平时免维护，每年不少于 2 次用压缩空气或软刷清理电阻器及支柱绝缘子的积尘。在停电检修时可检查电阻片单元连接部分是否有紧固。

（2）启动电阻可以连续 5 次间隔半个小时再次充电，5 次以后可以间隔 2 个小时再次充电。间隔时间以启动电阻旁路开关断开的时间开始计算。

2. 操作规定

（1）启动电阻的运行电压、电流应在规定的范围之内。

（2）启动电阻运行时如出现温度超过 210℃时，应停电检查。

3. 注意事项

电阻器框架为带电体，且温度较高，注意保持足够安全距离。

九、桥臂电抗器相关规定

1. 运行规定

每周进行一般检测不少于 1 次，每月进行精确检测不少于 1 次，并留存红外图像。迎峰度夏前、中、后期间，各增加一次红外精确检测，并留存红外图像。遇到新设备投运、大负荷，高温天气、检修结束送电等情况，应加大测温频次。

2. 操作规定

无。

3. 注意事项

桥臂电抗器室大门应挂五防锁，运行时，不得解锁进入桥臂电抗器室，只有在确定桥臂电抗器已停电，接地刀闸已合上，方可使用电脑钥匙打开桥臂电抗器室大门进入。进入桥臂电抗器室要正确佩戴安全帽，高处作业要绑安全带。

十、穿墙套管相关规定

1. 运行规定

（1）每日记录充气穿墙套管气体压力不少于 1 次。发现压力有下降趋势时，应立即分析下降原因，并制定相应处理措施。

（2）穿墙套管运行时充满了气体，绝对压力为 5.7bar，温度 20℃。气体密度由一个密度监测器监测，该监测器可发出三个级别的报警电气信号。1 级信号水平的激活条件是绝对压力 5.3bar、温度 20℃，提示气体密度低。2 级信号水平的激活条件是绝对压力 5.2bar、温度 20℃，提示气体密度非常低。3 级信号水平的激活条件是绝对压力 5bar、温度 20℃，这是套管的标示密度。

（3）直流穿墙套管的 SF6 气体继电器接线盒应密封良好、室外采用防雨罩进行防护，应装设气体压力监测装置，用于有效监测其运行状态，在异常时发出报警信号。

（4）穿墙套管每周进行红外热像检测不少于 1 次，精确红外热像检测应不少于每月 1 次，并留存红外图像。应检测套管、引线接头，红外热像图显示应无异常温升、温差和相对温差。迎峰度夏前、中、后期间，各增加一次红外精确检测，并留存红外图像。遇到新投运设备，大负荷，高温天气、检修结束送电等情况，应加大测温频次。

2. 操作规定

穿墙套管应始终接地，对其进行操作时必须断电。

3. 注意事项

（1）穿墙套管通电或未接地时不得对其进行任何操作。

（2）在最大额定电流条件下，穿墙套管外端子的温度通常比环境气温高 35～45℃。

十一、避雷器相关规定

1. 运行规定

（1）直流场、桥臂电抗器室内避雷器的使用条件为最高温度 45℃，最低温度 0℃，最大湿度 70%RH。阀厅内避雷器使用条件为微正压，带通风和空调，最高温度 45℃，最低温度 10℃，最大湿度 60%RH。

（2）在正常运行情况下，避雷器不允许超过铭牌的额定值运行。

（3）避雷器应具有良好的密封性能，不允许渗漏。在最大持续运行电压下，避雷器应无电晕。

（4）运维人员每周抄录避雷器动作次数及泄漏电流。

（5）每周进行一般检测不少于 1 次，每月进行精确检测不少于 1 次，并留存红外图像。

（6）迎峰度夏前、中、后期间，各增加一次红外精确检测，并留存红外图像。遇到新设备投运、大负荷，高温天气、检修结束送电等情况，应加大测温频次。

2. 操作规定

无。

3. 注意事项

（1）遇雷雨天气时，严禁靠近避雷器和避雷针。

（2）避雷器压力释放装置的排气口正常时，应无电弧的烟末或痕迹、挡板未被冲开，如发现有此现象，需申请停电检查处理。

十二、线路相关规定

1. 运行规定

直流线路检修后，在投运前，要进行 OLT 试验，具体顺序是：两站先进行不带线路的 OLT 试验，正常后，两站再进行带线路的

OLT 试验。四次 OLT 试验都正常后，才允许送电。试验不正常应查明原因，故障消除后重新做一次 OLT 试验，OLT 试验不成功不允许送电。遇见雨雾等恶劣天气时，可视情况进行一次降压极开路试验，检验线路绝缘正常。

2. 操作规定

（1）交流线路转检修，应当确保换流器转冷备用后进行。

（2）OLT 试验前，应断开对侧换流站，选择带线路或不带线路 OLT 试验。控制模式为直流电压控制和无功功率控制。OLT 试验时，阀侧无功恒定为 0。极开路试验分为手动和自动两种方式。手动方式下，解锁后，直流电压由 0.85 倍额定直流电压上升到额定 1.1 倍额定直流电压；自动方式下，解锁后，直流电压由 0.85 倍额定直流电压自动上升到额定直流电压，维持 2min 后，按照设定的斜率下降到 0.85 倍额定直流电压，然后闭锁换流阀。

（3）解锁：换流站两侧充电，两站满足 RFO 条件后，定直流电压控制站（鹭岛站）先解锁建立直流电压，直流电压按照斜率从初始解锁直流电压逐渐上升到目标值，再解锁功率控制站（浦园站）。

（4）闭锁：闭锁必须在零功率下进行，当前换流器输出有功和无功降到 0 数值后，功率控制站（浦园站）先闭锁，直流电压控制站（鹭岛站）再闭锁。

3. 注意事项
无。

十三、绝缘子相关规定

1. 运行规定

（1）在大风、大雾、雨雪等天气和经过检修、改造或长期停运重新投入运行以及运行 10 年及以上时，应加强对绝缘子的特殊巡视检查。

（2）雨天及雨后的特殊巡视主要应观察高压支柱绝缘子是否存在放电现象；大风及沙尘天气特殊巡视主要应观察引线与支柱绝缘子间的连接是否良好，高压支柱绝缘子是否倾斜，相与相之间安全距离是否满足规程要求；设备经过检修、改造或长期停运后重新投入运行，主要应观察支柱绝缘子有无放电及各引线连接处是否有发热现象。

（3）发现绝缘子有裂纹、绝缘子瓷裙表面破损（单个面积不得超过 $40mm^2$）时，按规范流程填报缺陷，通知检修人员更换。

2. 操作规定
无。

3. 注意事项

（1）每月定期对绝缘子进行红外测温，检查本体及引线接头有无过热点，迎峰度夏期间每周定期进行。

（2）每日巡检检查绝缘子是否破损，有无污秽、放电痕迹及有无裂纹、裂缝现象。

十四、高压直流系统相关规定

1. 运行规定

（1）若遇火灾、设备严重损坏、人身安全威胁等紧急情况时，可以使用紧急停运按钮。

1）直接对人身安全有威胁的设备需要紧急停电。

2）设备发生严重损坏或火灾需要紧急停电。

3）在现场规程中有明确规定，可不待省调调度员指令需要紧急停役的操作。

4）紧急按钮使用后要立即复归，并立即向当值调度、生产值班室和有关领导汇报。

（2）紧急停运按钮不得误碰，电气回路或物业工作对紧急停运按钮有影响时，需采取防止误碰的措施。

2. 操作规定

（1）停运命令与功率指令不同，不但是遥调指令，还是遥控指令，且关系控制保护、阀控、阀冷等。在停运过程中出现异常，不能终止停运过程。

（2）顺控界面上的"停运"按钮不带"停止"功能，升降功率有"停止"功能按钮。正常停运时，应先通过功率指令将功率降为零，再停运换流阀。

（3）不允许运行过程中从直流电压控制切换到有功功率控制。阀闭锁时才能切换控制方式。

（4）旁路开关合位时不允许充电，RFE 灯亮后才允许向调度汇报换流器转热备用操作完成。

（5）顺控时的"隔离"操作会把旁路开关拉开，"连接"操作不会合旁路开关。

（6）分合设备时，远方操作人员要确认直流场内无人滞留，分合设备结束后，再到现场检查设备到位情况。

（7）工作结束后送电前，要检查桥臂电抗器室和直流场的行车停在指定位置，且行车电源断开。

（8）直流系统运行方式的转换必须与对站联系后再进行操作。

（9）直流系统功率控制方式切换后应检查各极功率是否正常。

（10）双极直流输电系统单极停运检修时，禁止操作双极公共区域设备，禁止合上停运极中性线刀闸（00102 或 00202）。

（11）投退站内接地极的中性母线接地开关（或接地极刀闸）正常操作时，应采用远方操作方式，只有在双极直流系统停电状态下才允许现场操作。

3．注意事项

（1）柔直系统在双极平衡运行时，如中性母线区发生接地故障，保护将不会反映出故障现象，此时当双极功率不平衡或者操作到单极运行等情况时将导致保护动作。

（2）在站间通信双通道异常时，禁止进行柔直系统动态试验、双极金属与双极大地两种运行方式的切换等操作。

（3）在站间通信双通道异常时，两站之间联跳功能丢失。若某个换流站跳闸，应通知对侧换流站申请停电操作。

（4）单站极间通信双通道异常时，双极功率控制无效，单极功率控制有效。此时控制系统无法自动完成极间功率平衡，不宜进行功率调整。

（5）单站极间通信双通道异常时，禁止进行双极金属向双极大地的运行方式的切换。

（6）双极大地回线方式为仅当确认金属回线断线故障时采用的临时运行方式。正常情况下不采用双极大地回线运行方式，不得人工投入备用接地极（可能造成大地回线运行方式）。

（7）直流输电（HVDC）运行方式下，220kV湖边、彭屑变对应交流线路开关合位（或分位）两侧不一致时间不得超过1h。

（8）双极大地方式仅当金属回线故障时采用的临时运行方式。现场值班人员需加强监视，确保直流双极输送功率一致，减少不平衡电流的产生。当双极不平衡电流大于70A时，需申请将柔直系统停役。

（9）HVDC、STATCOM、OLT运行方式的切换应在冷备用状态下进行。

（10）一极STATCOM运行或者HVDC运行，另一极不得在OLT。所以故障引起的单极跳闸如果进行OLT试验必须将双极停役后在进行操作。

（11）不允许一极STATCOM，一极HVDC运行。

（12）在故障情况下，控制保护系统可能对NBS两侧隔离开关自动分闸。

（13）柔直系统故障停运后，现场应查明原因并进行故障隔离，具备复役条件后才能进行系统恢复操作。

（14）在双极设备均正常时，采用双极功率控制模式。一极停运时，停运极会自动转入单极功率控制模式，运行极还在双极功率控制模式。停运极需要启动时，应选择单极控制模式，在解锁正常后，转为双极功率控制模式。最后按照调度下达的负荷，调整双极功率。

（15）换流器解锁前，在单极功率控制模式，解锁正常后需要调节功率时，转为双极功率控制模式。最后按照调度下达的负荷，调整双极功率。

（16）通常一极设备有故障会导致本极功率受限，比如阀冷系统故障请求降负荷，本极会转为单极功率控制。此时单极功率控制只接受本极的单极功率指令，双极功率控制极接受双极功率指令，尽量保持双极功率不变，同时满足本极的各种限制。一极跳闸后，另一极的功率控制方式、指令不变，但须满足本极的各种限制。

（17）双极中仅有一极在"双极功率控制"方式下，此时该极为控制极。

（18）双极金属回线转换至双极大地回线的条件为金属回线电流 $I_{dme}<10A$。若条件不满足，程序会自动闭锁浦园站 0030 开关的操作和转换为双极大地回线的顺控操作。

（19）从双极金属回线转换至双极大地回线的顺控操作顺序为：浦园站合 0030 开关—浦园站分 0040 开关—浦园站分 00406 隔离开关，鹭岛站分 00506 隔离开关。从双极大地回线转换至双极金属回线的顺控操作顺序相反。

（20）双极大地回线运行方式下，若点击任一极的"停运"按钮，系统会默认双极同时降功率并停运。停运后若需恢复，应先将双极大地转换为双极金属回线的运行方式，再分别解锁。具体顺序为：

1）双极大地回线运行方式下，点击任一极的"停运"按钮；

2）两个极的控制方式同时自动转为"单极功率控制"；

3）两个极的功率按照系统上次设置的功率升降速率同时下降至 0MW；

4）两个极同时闭锁停运；

5）将双极大地转换为双极金属回线运行方式；

6）分别解锁两极并按功率曲线设定功率。

（21）极间通信中断时：

1）双极金属回线灯灭；

2）双极功率控制自动转为单极功率控制；

3）两个极的有功、无功功率可以分别独立控制；

4）OWS 界面上的双极有功、无功显示值还停留在通信中断前的数值；

5）通信恢复后，两个极的有功功率各种保持不变，无功功率重新平均分配。

第二节 二次设备运行规定

一、通用规定

1. 二次设备运行规定

（1）所有配置的保护控制系统均应正常投入，不允许无直流控制系统或直流保护系统运行。

（2）交流站交流进线开关采用三相跳闸方式，不重合闸。

（3）任一站直流控制系统单套运行的时间不得超过24h。

（4）两套"三取二"装置均退出时，不影响保护控制系统运行，但应尽快排查原因。

（5）单套直流保护异常退出，直流保护处于双套"二取一"运行状态不应超过24h；双套直流保护异常退出，直流保护处于"一取一"运行状态不应超过2h，否则一次设备必须停役。

（6）单套换流变压器保护异常退出，换流变压器保护处于双套"二取一"运行状态不应超过24h；双套换流变压器保护异常退出，换流变压器保护处于"一取一"运行状态不应超过2h，否则一次设备必须停役。

（7）三套直流保护或三套换流变压器保护同时退出运行，直流控制系统会闭锁换流阀并跳交流侧断路器。

（8）两套直流控制系统同时故障死机，交流站控主机会通过自身出口跳交流侧断路器。

（9）直流控制系统、直流保护系统软件修改前，应向省调提交书面申请，经批准后方可进行。

（10）换流变压器电气量保护设有一个保护功能投入硬压板及一个相应的软压板，无法进行单种保护功能的投退，可以进行单套换流变压器电气量保护的整体投退。

（11）直流保护装置未设置保护功能软、硬压板，无法进行单种保护功能的投退，通过状态切换可以进行单套直流保护的整体投退。

（12）两换流站间单条通信通道失去时，两套直流线路纵差保护功能均可继续工作。两换流站间两条通信通道均失去时，如无干扰，换流站可在稳态情况下照常运行，相关差动保护会自动退出。

（13）直流保护、换流变压器保护动作经过"三取二"装置判断是否出口跳闸。"三取二"装置出口实现跳换流变压器交流侧开关、启动开关失灵保护、重合中性母线开关、重合大地回线转换开关、重合站接地开关、合站接地开关等动作策略。

（14）直流保护、换流变压器保护动作经直流控制系统的"三取二"逻辑判断是否出口跳闸等动作策略。直流控制系统的三取二逻辑出口实现跳换流变压器交流侧开关、启动换流变压器交流侧开关失灵、重合中性母线开关、重合大地回线转换开关、重合站接地开关、合站接地开关、换流阀闭锁、旁通晶闸管、极平衡、极隔离、切换控制系统、联跳对站等动作策略。

（15）换流站的直流保护、换流变压器保护采用三重化配置，出口采用"三取二"逻辑判别。该"三取二"逻辑同时实现于独立的"三取二"装置和直流控制系统中。

（16）三重化保护与"三取二"逻辑构成一个整体，三套保护中有两套相同类型保护动作被判定为正确的动作行为，才允许出口闭锁或跳闸。换流变压器电气量及非电量保护动作同上。

（17）两套"三取二"装置出口设置硬压板，正常运行时应投跳闸。

（18）"三取二"动作原则：当三套保护系统中有一套保护因故退出运行后，采取"二取一"保护逻辑；当三套保护系统中有两套保护因故退出运行后，采取"一取一"保护逻辑。

（19）双极中性母线差动保护在一套保护因故退出运行后，采取"二取二"保护逻辑。

（20）运行中的设备不得无主保护运行。

（21）电气设备和高压直流系统恢复送电前应复归有关报警信号，不能复归的信号应查明是否会影响设备的送电运行。

（22）电缆穿入运行屏柜由运维人员负责监护，含电缆屏蔽层接地、号头安装和对线等电缆竖起前工作，但要求穿入前电缆须先剥皮、用绝缘胶布将导体裸露部位包扎好再穿入屏柜，后将电缆盘在屏柜底部，并立即恢复封堵。

（23）二次设备室内严禁使用无线通信设备，阀控屏抗干扰能力试验证明较差。

（24）阀冷系统、直流控制系统、直流保护系统、阀控系统、换流变压器保护、站用变保护等控制保护系统在工作结束后投入运行前，运维人员应按典操格式填写检查该系统状态的操作票，对系统状态进行检查确认。阀控系统的工作结束后，应确认阀控系统已重启。

（25）直流保护和控制系统的退出操作是指将相应的装置转为测试状态，不包括压板的操作。换流变压器保护的退出是指保护压板的操作。直流保护"三取二"装置的退出应根据需要投退压板，由检修人员在安措票内体现。直流控制系统屏上的压板投退也由检修人员在安措票内体现。典型操作说明如表 8-1 所示。

表 8-1 典型操作

调度操作令	注　释
一、控制系统"投入"和"退出"的转换操作	
范例：投入、退出××换流站×极×套直流控制系统	
投入××站极Ⅰ第一套直流控制系统	将××站极Ⅰ的 A 套直流控制系统主机状态由"试验"切成"服务"
解除××站极Ⅰ第一套直流控制系统	将××站极Ⅰ的 A 套直流控制系统主机状态由"服务"切成"试验"
二、直流保护"投入"和"退出"的转换操作	
范例：投入、退出××换流站×极×套直流保护	
投入××站极Ⅰ第一套直流保护	将××站极Ⅰ的 A 套直流保护由"试验"切成"运行"
解除××站极Ⅰ第一套直流保护	将××站极Ⅰ的 A 套直流保护由"运行"切成"试验"
三、换流变压器电量保护"投入"和"退出"的转换操作	
范例：投入、退出××换流站#×换流变压器及线路#×套电量保护	
投入××站 1 号换流变压器及××Ⅰ路第一套 PCS-977 电量保护	投入××站 1 号换流变压器及××Ⅰ路第一套 PCS-977 电量保护的"投换流变压器保护"压板
退出鹭岛站 1 号换流变压器及××Ⅰ路第一套 PCS-977 电量保护	退出鹭岛站 1 号换流变压器及××Ⅰ路第一套 PCS-977 电量保护的"投换流变压器保护"压板

（26）在保护工作结束恢复运行前，运维人员要确认检修人员已用高内阻的电压表检验压板的任一端对地都不带使断路器跳闸的电源等，并对保护装置本身信号及后台信息进行全面检查，确保压板投入时不会导致直流强迫停运或开关跳闸。

（27）保护装置严禁接入任何未经安全检查和许可的各类网络终端和存储设备。

2. 保护定值管理规定

（1）定值单应齐全，覆盖所有保护装置。保护装置所整定的定值，必须根据最新整定值通知单整定。

（2）由换流站负责自行整定的保护定值应编制保护定值单，需要整定计算的定值应有整定计算报告，由厂家提供参考的应由厂家出具定值、整定资料。自行整定定值单应由换流站审核，换流站上级部门批准，并报省公司备案。

（3）定值单的取得。

1）调度下达的定值单，由运检部继保专责通过 OMS 系统"工作流处理"流程中接收并转给调试人员，同时口头或通过 OA 通知调试人员，检修部门应及时安排人员进行定值更改或整定工作。调试人员所用正式定值单只能由调试人员从 OMS 系统中取得（须经运检部继保专责接收后），新增设备的调试定值按基建和技改分别从调度 OMS 系统和运检部取得。

2）本单位下达的定值单，由运检部确认后交给检修部门执行。

3）由调度下达的临时调整定值命令（电话令、无书面单），运维人员应做好详细书面记录及电话录音并通知相关部门。继保人员在更改及恢复临时定值后均应在继电保护工作记录本上做详细记录。

4）对于无法打印定值的装置应由调试人员会同运维人员在现场装置上进行逐项定值核对，并在定值单上进行签字确认。

（4）定值单的执行。

1）保护定单由换流站负责执行，并利用年度检修等时机进行检查、校核。

2）现场执行前，调试人员应先核对定值通知单与实际设备是否相符（包括互感器的接线、变比、说明）。

3）在按新定值单更改定值前，应先将被替代的旧定值单与装置原定值单核对，核对无误后方可进行定值更改工作。

4）定值更改完毕后，调试人员和运维人员应将书面打印的定值单与现场装置定值核对，核对无误后，调试人员应在定值单上签名确认，同时还应进入 OMS 系统中签字确认并在系统中填入装置的版本号、校验码和程序形成时间，并点击"任务完成"将定值转到运维人员手中。

5）运行值班人员在送电前应与调度值班人员进行定值核对工作，核对内容包括编号、签发时间、一、二次定值、计算与审核人员，核对无误后双方在定值单上签名（调度下达的定值单，由运行值班人员在调度员一栏填上与其核对定值的调度员名字），同时还应进入 OMS 系统中签字确认并点击"任务完成"，将定值送回运检部继保专责处。

6）工作结束后，应将旧定值单用新定值单替换，并在旧定值单上做"作废"标记，另册存放一年。

3. 二次设备工作规定

（1）现场工作至少应有 2 人参加，工作负责人必须由经公司领导批准并公布的专业人员担任。对于外委工程，必须由相关部门派专人到现场担任监督负责人。工作现场必须在工作负责人和监督负责人都在场的情况下才允许开工。

（2）在现场工作过程中，凡遇到异常（如直流系统接地、阀闭锁等）或断路器跳闸时，无论与本身工作是否有关，应立即停止工作，保持现状，待找出原因或确定与本工作无关后，才可继续工作。上述异常若为从事继电保护工作的人员造成，应立即通知运行值班负责人，以便有效处理。

（3）凡是在换流站的继电保护和安全自动装置以及相关二次回路上需要进行拆、接线的工作；在对检修设备执行隔离措施时，需断开、短路和恢复同运行设备有联系的二次回路工作须填用二次工作安全措施票。

（4）现场工作时，工作负责人应对照工作票与运维人员一起查对运维人员所做的安全措施是否符合要求，与运维人员一起逐条核对压板、二次熔丝、二次空气开关的解除情况；应在工作屏的正、背面设置"在此工作"等安全的标志。

（5）运行中的设备，如确需对断路器、隔离开关的操作，必须由工作负责人向值班负责人提出申请，按照设备调度管辖职责界面，由值班负责人向省调度（地调）提出申请，待调度下令后，由运行值班员负责操作并监护；对检修中的设备，如确需操作的，同时不影响其他设备，由工作负责人向值班负责人提出，运行值班员负责操作，由工作负责人监护；对新投运的设备，依据调度命令，由运行值班员负责操作，工作负责人负责监护；音响、光字牌的复归，均应由运行值班员负责操作。在保护工作结束，恢复运行前要用高内阻的电压表检验连接片的任一端对地都不带使断路器跳闸的电源等。

4. 二次检修工作安全围栏及标示牌设置规范

（1）在保护小室内开展二次检修工作时，除所需工作屏柜和检修试验电源屏开放给检修人员工作以外，其他运行屏柜前后门均应保持上锁并悬挂"运行中"标示牌。

（2）在保护小室内开展二次检修工作时，应在检修工作屏柜前后分别悬挂"在此工作"标示牌（不停电工作时还应同时悬挂"运行中"标示牌），在其左、右、前、后联排的运行屏柜（检修试验电源屏除外）装设卷带式"设备运行中"围栏，其中左、右屏应前后两面装设围栏，前、后屏朝向工作屏柜的一面装设围栏，围栏应尽量贴近柜门，设置高度不低于1.2m。

（3）其他与工作屏柜非前、后、左、右相邻及其联排的运行屏柜可不设围栏，对保护小室内的检修工作区域可不进行封闭隔离，不必设置单一出入口。

（4）若对二次屏柜内部分设备进行检修，而同一屏柜内部分设备仍在运行的情况下（如双回线路的测控装置），应在该屏柜前后同时悬挂"运行中"和"在此工作"标示牌，在屏内运行中的装置面板上设置"运行中"红布幔。工作许可后，二次工作班还应使用红胶带将运行部分设备的操作把手、按钮、切换开关和压板等封住防止误碰误动（列入二次安措票执行）。

（5）开具电气第二种工作票对保护小室内的所有保护屏进行检查核对等工作时（如保护定值核对打印、保护差流核对等），可以不设置"在此工作"标示牌和"设备运行中"围栏，要求作业人员在打开柜门前必须认真核对屏柜名称和编号确认无误后方可进行工作。如检查核对工作只针对部分保护屏进行，应按规范设置"在此工作"标示牌和装设"设备运行中"围栏。

（6）开具电气第二种工作票在室外设备区的工作，可不设置安全围栏，仅需在工作地点悬挂"在此工作"标示牌。

（7）开具电气第一种工作票在室外设备区进行停电检修工作，若只涉及端子箱、汇控箱（落地式）等非高压设备处的二次工作，可不设置安全围栏，仅需在工作地点悬挂"在此工作"标示牌；若涉及开关机构箱、刀闸机构箱、TA 二次接线盒、CVT 二次接线盒等高压设备上的停电工作，应在工作地点悬挂"在此工作"标示牌，工作地点四周装设安全围栏，面朝工作地点悬挂适量"止步，高压危险"标示牌，并设置出入口和悬挂"从此进出"标示牌（如现场还有一次检修等其他工作已在包含该二次工作地点的停电区域装设围栏，二次工作不必再设围栏）。

（8）开具电气第一种工作票进行停电检修工作，在停电单元一经合闸即有可能送电到工作地点（包括二次工作和现场同时进行的一次检修试验等工作）的相关测控屏开关操作把手、室外开关及刀闸机构箱、近控箱和汇控箱（箱内有合闸按钮的）等位置均应悬挂"禁止合闸，有人工作"标示牌。如果线路上有人工作，应在线路侧刀闸机构箱、近控箱等处悬挂"禁止合闸，线路有人工作"标示牌。

（9）禁止二次作业人员在工作中擅自移动或拆除现场安全围栏及标示牌。因工作原因必须短时移动或拆除安全围栏或标示牌时，应征得工作许可人同意，并在工作负责人的监护下进行。完毕后应立即恢复。

（10）二次检修工作票"三种人"均应熟悉二次工作安全围栏及标示牌设置规范，对安全围栏及标示牌设置要求应结合现场设备实际在工作票中填写具体细化，开工前工作负责人（含监护负责人）应会同工作票许可人对现场装设安全围栏及标示牌的正确性、规范性及与工作票的一致性进行全面核查确认。

5. 二次设备操作原则及设备巡视规定

（1）根据国网继电保护状态检修导则，二次设备红外测温每年 2 次，应利用红外测温仪对装置及二次回路进行测温，图片打包保存。异常的上报缺陷，缺陷上报时要有测温图片作为附件。

（2）每日检查二次设备外观不少于 1 次。检查面板指示灯是否正常，有无异常报警；电源开关位置是否正确，电源指示是否正常；压板、转换开关、按钮是否完好，位置是否正确；屏柜内部有无接点异常抖动、风扇震动等异常声响；端子排接头有无放电现象，盘内有无焦煳味；屏内外是否清洁、无杂物；屏内防火封堵是否完好；屏内有无凝结水现象；标签是否完整清晰，定义明确，规格标准。

（3）气温骤变时，应增加巡视频次，检查户外端子箱、加热器是否工作正常，二次端子、电缆是否存在断裂、破损现象；大雨、冰雹或沙尘暴时，检查户外控制箱和二次端子箱、机构箱密封情况是否良好，无进水、受潮。

（4）设备新投入运行、设备变动、设备经过检修、改造或长期停运后重新投入运行后，应增加巡视频次。

（5）迎峰度夏、迎峰度冬及特殊保电期间，应增加巡视频次。

（6）设备存在缺陷和隐患时，应根据设备具体情况增加巡视频次。

二、直流控制保护系统相关规定

1. 运行规定

（1）直流控制保护系统能够自适应各种直流运行方式的转换，无须手工进行定值等切换。

（2）直流控制保护系统按极配置，由三台独立保护主机和两台冗余的三取二逻辑主机构成三重化配置。通过"三取二"逻辑确保每套保护单一元件损坏时保护不误动，只有当独立的三套保护主机中有两套相同类型保护动作被判定为正确的动作行为时，才允许出口闭锁或调整功率，保证可靠性。

（3）直流保护分为交流连接线保护区、换流器保护区、直流极保护区、双极保护区、直流线路保护区。保护范围从换流变压器阀侧套管 TA 开始，到极线、金属回线对侧。

（4）直流保护有 2 个状态，运行状态和试验状态。"运行"状态即当前处于投运状态，保护主机功能及出口均投入。"试验"状态即当前处于试验、检修状态。保护主机功能投入，出口退出。

（5）"三取二"逻辑同时实现于独立的"三取二主机"和"控制主机"中。"三取二"主机接收各套保护分类动作信息，其"三取二"逻辑出口实现跳交流进线开关、启动开关失灵保护等功能；控制主机同样接收各套保护分类动作信息，通过相同的"三取二"保护逻辑，实现闭锁、跳交流开关、极隔离功能等其他动作出口。

（6）直流保护采用"三取二"配置，当三套保护系统无故障，必须有至少两套保护动作，方可出口动作信号；当有一套保护装置因故障退出运行，"三取二"逻辑将变为"二取一"；当只剩下一套保护装置正常运行时，变为"一取一"。每一套保护独立。

（7）直流控制系统为完全冗余的双重化系统，对控制设备状态的定义包括值班（Active），备用（Standby），服务（Service），测试（Test）四种状态。值班为当前有效系统，备用为当前热备用系统，服务为当前处于服务状态的系统（当系统处于值班或者备用状态时，系统也一定处于服务状态），测试为当前处于测试状态的系统。双重化的控制系统在任何时刻都只能有一个系统是值班状态。只有值班系统发出的命令是有效的，处于备用的系统时刻跟随值班系统的运行状态。发生系统切换时，只能切换至正处于备用状态的系统，不能切换至处于其他状态的系统。

（8）当系统需要检修时，一般从备用系统开始，将其切换至测试状态，检修完毕后重新投入到服务状态。

（9）直流控制系统专门配置了一套就地控制屏 LOC 用于实现控制相关的就地操作。

（10）直流保护系统工作在测试状态时，保护除不能出口外，正常工作。保护在直流系统非测试状态运行时，均正常工作并能正常动作。保护自检系统检测到测量故障时，闭锁相关保护功能；在检测到装置硬件故障时，闭锁整套保护。

2. 操作规定

（1）直流控制系统（PCP）为完全冗余的双重化系统。双重化的直流控制系统之间可以进行系统切换，系统切换遵循如下原则：在任何时候运行的有效系统总是双重化系统中较为完好的那一重系统。

（2）直流保护故障等级划分为轻微故障、严重故障和紧急故障。直流保护在"紧急故障"情况下，闭锁整套保护。

（3）直流控制设备故障等级定义为轻微故障、严重故障和紧急故障。其中，轻微故障是指不会对正常功率输送产生危害的故障，因此轻微故障不会引起任何控制功能的不可用；发生严重故障的系统在另一系统可用（处于值班或者备用状态）的情况下应退出运行，若另一系统不可用（不是处在值班或者备用状态），则该系统还可以继续维持运行；发生紧急故障的系统将无法继续控制直流系统的正常运行。在两个系统处于相同故障等级的情况下，系统不发生切换。

（4）若值班系统发生轻微故障，而另一系统处于备用状态，并且无故障，则系统切换，否则不切换。切换后，原值班的系统将处于备用状态。若新的值班系统发生更为严重的故障，而原系统处于轻微故障，则原系统切换为值班状态，新系统退出值班状态，进入备用状态。

（5）当值班系统发生严重故障时，若另一系统处于备用状态，则系统切换，先前值班的系统退出值班状态，进入服务状态，若系统故障消失，则系统可以恢复到备用状态；如果要对该系统做必要的检修，可以将系统切换至测试状态后进行，检修完毕后再重新投入到服务状态。

（6）当值班系统发生严重故障，而另一系统不可用时，则当前值班系统继续运行；当备用系统发生严重故障时，备用系统应退出备用状态，进入服务状态，如果系统故障消失，则系统可以恢复到备用状态，如果要对该系统做必要的检修，可以将系统切换至测试状态后进行，检修完毕后再重新投入到服务状态。

（7）系统切换逻辑禁止以任何方式将有效系统切换至不可用系统。

（8）可通过以下方式进行冗余系统之间的切换：

1）运维人员手动发出系统切换指令（通过后台遥控操作或主机面板切换按钮操作），可进行冗余系统之间的切换。

2）自诊断系统在检测到当前有效系统故障时，发出系统切换命令。

（9）当前处于值班状态的系统因为严重故障发出系统切换命令，可进行冗余系统之间的切换，并只引起一次切换，切换后当前值班系统将进入服务状态，而不能进入备用状态，故障消除以后，延时60s，系统自动恢复至备用，同时在故障期间屏蔽人工切换指令。

如果另一系统处于不可用系统时，产生报警信号，送运维人员监视系统。

（10）系统切换总是从当前有效的系统来发出。这个切换原则可避免在备用系统中的不当的操作或故障造成不希望的切换。另外，当另一系统不可用时，系统切换逻辑将禁止该切换指令的执行。

（11）在发生控制系统切换时，站用电控制系统及相关的 I/O 单元应作为一个整体，同时从 A 系统切换至 B 系统，或从 B 系统切换至 A 统。直流控制系统切换总是从当前有效的系统来发出。这个切换原则可避免在备用系统中的不当的操作或故障造成不希望的切换。另外，当另一系统不可用时，系统切换逻辑将禁止该切换指令的执行。

3．注意事项

（1）除双系统初始上电状态外的任何状态下有且仅有一套主机处于值班状态，如两套系统均存在严重或紧急故障后，故障主机将维持在值班状态。

（2）直流控制系统的"试验"与"服务"互逆，一套直流控制系统要么在"试验"，要么在"服务"。"服务"与"试验"之间的切换，需要手动操作。

（3）直流控制装置上电后为"试验"，需手动切成"服务"。

（4）直流控制系统发生轻微故障不会引起任何控制功能的不可用，不会退至"非运行非备用"的"服务"态。

（5）直流控制系统发生严重故障的直流控制系统在另一系统可用（处于"运行"或者"备用"状态）的情况下应退出到"非运行非备用"状态，若另一系统不可用（处于"非运行非备用"状态），则该系统继续作为值班系统运行。

（6）直流控制系统发生紧急故障的直流控制系统在另一系统可用（处于"运行"或者"备用"状态）的情况下应退出到"非运行非备用"状态；若另一系统不可用（处于"非运行非备用"状态），则该套直流控制系统直接动作出口跳交流侧断路器。

三、交流站控系统相关规定

1．运行规定

（1）交流站控系统作为换流站控制保护系统的一部分，完成换流站内的所有交流场设备的监视和控制功能。与断路器的接口在断路器的操作箱上，与隔离开关、接地开关的接口在就地汇控箱，与一次测量装置的接口在其端子箱。

（2）交流站控系统为完全双重化系统，系统之间可以在故障状态下进行自动系统切换或由运维人员进行手动系统切换。系统切换遵循如下原则：在任何时候运行的有效系统应该是双重化系统中较为完好的那一重系统。系统切换逻辑禁止以任何方式将有效系统切换至不可用系统。

（3）交流站控主机同直流控制主机一样，双套冗余配置。它的主机状态、主机状态切换、主机故障、主机自动切换与直流控制主机相同。

（4）交流站控主机与直流控制主机采用冗余组网方式。"运行"的直流控制主机同时给两套交流站控提供需要的信息，"运行"的交流站控主机同时给两套的直流控制系统提供需要的信息。

（5）交流站控系统的故障会导致系统自动切换。典型的轻微故障有：单电源故障、自动监测系统（ACS）报警。典型的严重故障有：CAN 节点故障、双电源故障、主 CPU 板故障。典型的紧急故障有：交流站控系统监视到与极控制 PCP 值班系统通信丢失报紧急故障跳闸。

2. 操作规定

（1）交流站控双重化系统的切换规定。

1）控制设备故障等级定义为轻微故障、严重故障和紧急故障。其中，轻微故障是指不会对正常功率输送产生危害的故障，因此轻微故障不会引起任何控制功能的不可用；发生严重故障的系统在另一系统可用（处于值班或者备用状态）的情况下应退出运行，若另一系统不可用（不是处在值班或者备用状态），则该系统还可以继续维持运行；发生紧急故障的系统将无法继续正常的功能。当两个系统处于相同故障等级时，系统不发生切换。

2）若值班系统发生轻微故障，而另一系统处于备用状态，并且无故障，则系统切换，否则不切换。切换后，原值班的系统将处于备用状态。若新的值班系统发生更为严重的故障时，而原系统处于轻微故障，则原系统切换为值班状态，新系统退出值班状态，进入备用状态。

3）当值班系统发生严重故障时，若另一系统处于备用状态，则系统切换，先前值班的系统退出值班状态，进入服务状态；若系统故障消失，则系统可以恢复到备用状态；如果要对该系统做必要的检修，可以将系统切换至测试状态后进行，检修完毕后再重新投入到服务状态。

4）当值班系统发生严重故障，而另一系统不可用时，则当前值班系统继续运行；当备用系统发生严重故障时，备用系统应退出备用状态，进入服务状态，如果系统故障消失，则系统可以恢复到备用状态，如果要对该系统做必要的检修，可以将系统切换至测试状态后进行，检修完毕后再重新投入到服务状态。

5）当前处于值班状态的系统因为严重故障发出系统切换命令，可进行冗余系统之间的切换，并只引起一次切换，切换后当前值班系统将进入服务状态，而不能进入备用状态，故障消除以后，延时 60s，系统自动恢复至备用，同时在故障期间屏蔽人工切换指令。

如果另一系统处于不可用系统时，产生报警信号，送运行人员监视系统。

6）交流站控系统监视到和极控制 PCP 值班系统通信丢失后报紧急故障后跳闸。

7）系统切换总是从当前有效的系统来发出。这个切换原则可避免在备用系统中的不当的操作或故障造成不希望的切换。另外，当另一系统不可用时，系统切换逻辑将禁止该切换指令的执行。

8）在发生控制系统切换时，站用电控制系统及相关的 I/O 单元应作为一个整体，同时从 A 系统切换至 B 系统，或从 B 系统切换至 A 系统。

（2）交流站控双重化系统的切换方式：

1）运维人员在操作界面上手动发出系统切换指令，可进行冗余系统之间的切换。

2）异常情况下，运维人员在控制系统主机屏柜的就地切换盘上操作系统切换按钮，实现冗余系统间的切换。

3）自诊断系统在检测到当前有效系统故障时，发出系统切换命令。

4）发生系统切换时，交流站控系统及相关 I/O 单元应作为一个整体，同时从 A 系统切换至 B 系统，或从 B 系统切换至 A 系统。

3．注意事项

交流场测控屏上有一块"PCP 系统故障跳湖边站 231/236 开关第一/二组出口"的压板，正常时应投入，此压板为 PCP 系统故障跳湖边站 231/236 开关第一/二组出口压板，只有当此压板投入后，PCP 故障才能正常跳湖边站 231/236 开关第一/二组出口。

四、运行人员控制系统相关规定

1．运行规定

（1）列表窗口用于报警/事件的显示，报警确认只能在报警列表窗口中完成。列表窗口分为事件、告警、故障、历史事件 4 个窗口。不同等级的事件/报警用不同颜色表示，灰色表示正常，绿色表示轻微，黄色表示告警，红色表示紧急。

（2）就地控制系统作为站 LAN 网瘫痪时控制保护系统的备用控制。同时就地控制系统提供一种硬切换按钮的方法来实现运维人员控制系统与就地控制系统之间控制位置的转移。在保护室为交流站控系统、站用电控制系统和极控制保护系统配置一套就地控制系统（就地控制工作站+就地控制 LAN 网），通过就地控制工作站实现这些系统的就地监视和控制功能。就地控制工作站的显示界面与运行人员工作站上的人机界面完全一样，但只监视控制交流站控系统、站用电系统和直流极控制保护所辖设备。

（3）运行人员工作站、工程师工作站等计算机，安装瑞星防病毒软件，可有效阻断外部病毒向站 LAN 网传入。运行人员工作站等安装的瑞星防病毒软件不能自动更新其病毒库，需要换流站运行维护人员定期地手动下载瑞星病毒库到管理网络上的计算机中，然后将其刻录到光盘中并通过光盘将病毒库拷贝到安装防病毒软件的计算机，并对其安装。

（4）对运行人员工作站等计算机，若要进行病毒库的拷入、系统数据或其他数据的拷出等必须借助于辅助储存介质的行为，需要先将辅助存储介质杀毒。调试笔记本或检修笔记本临时接入到站 LAN 网中，也需要先将笔记本电脑杀毒。

2. 操作规定

（1）运行人员工作站必须登录系统后，才能执行控制功能、告警确认功能、音响告警抑制与静音功能。当运维人员未登录或退出登录后，人机界面处于查看模式，该模式不影响任何监视功能，但不能进行控制操作。

（2）在赋予运维人员适当权限后，可以登录进入控制模式。登录的有效时长可选择，默认为 30min。运维人员可以在任何时间手动退出，如果在选择的有效登录时间内，运维人员没有手动退出，系统将自动退出。

（3）在单线图 SLD 窗口中，用图符表示的所有能电动操作的设备（断路器、隔离开关、接地开关）都可以进行相应的控制操作，设备的控制操作只能通过左键或右键点击 SLD 中的设备图符在其弹出窗口中进行。一般情况下，开关用方块表示，隔离开关与接地开关都用菱形表示，红色表示合闸状态，绿色表示分闸状态，开关锁定状态加以锁图符表示。方框表示控制模式或直流运行状态。

（4）在单线图 SLD 的所有手动操作都通过控制窗口来完成，为防止误操作，每一个操作都被分解为以下三步来顺序执行：

1）对象选择：在单线图等窗口上用鼠标左键点击对象目标（如断路器/隔离开关、顺控按钮等），自动弹出控制窗口，并显示能够进行的操作，在控制窗口中相应的目标状态"合"闪烁（同一时刻只能有一台 OWS 进行操作）。

2）指令选择：根据所显示的允许的操作指令，运维人员点击"合"选择想要完成的操作。

3）指令执行：选择确认并按下执行按钮后才能发出相应的控制指令，当执行指令下发后，控制窗口会自动消失。

4）上述每个步骤除最后一步外，运维人员可以点击"取消"按钮来中止和退出该项操作。

（5）除了通常的 SLD 窗口外，OWS 还提供一个"流程图"（Flow Chart）窗口，该窗口是运维人员实现柔性直流系统的状态控制（顺序控制）和监视的主窗口。在 Flow Chart 上，不同的单元模块对应不同的预先定义好的系统运行状态；系统当前状态用红色表示，其他状态用绿色表示。其控制功能设计为：运维人员通过点击某个希望达到的状态，即可启动对应的自动顺序控制功能。

（6）当一个新报警产生时将触发音响告警，不同等级的报警用不同的声音表示。音响告警不会自动消失，只有在运维人员复归音响告警按钮之后，报警声音才消失。音响告警复归之后，若再产生新的告警类事件，将再次触发新的音响告警。在音响告警确认之前，若产生两类或三类严重性等级事件（无论顺序先后）将优先发出高等级报警的声音。假如先产生一条低等级的报警将触发该等级的报警声音，若再新产生一条高等级的告警，则音响告警将转换为高等级的报警声音；但在存在高等级的报警声音时，即使新产生低等级

— 302 —

的报警，音响告警仍将保持原先的高等级的报警声音。

（7）告警列表按时间顺序显示运维人员未确认的报警，报警事件可以逐个确认，也可以全部确认。报警事件的确认需要运维人员登录后才能操作。双击某个报警事件就可以将该事件从告警列表中移去，若点击全部确认按钮，则可将告警列表中的所有报警事件清空。一旦报警事件被确认，该报警将从该表中移去，即使该故障依然存在。

（8）故障列表按故障等级显示所有的永久故障，紧急等级的事件显示在最下方，报警等级的事件显示在中间，轻微等级的事件显示在最上方。控制系统中的报警信号一旦产生，该列表会自动显示相应的一行信息；控制系统中的报警信号一旦复归，该表中的相应报警就自动消失。

3. 注意事项

（1）SCADA 服务器是双重化配置，按照值班/备用模式运行，通过故障切换和热备份机制，总能保证有一台服务器处于运行状态。值班服务器会实时同步备用服务器上的数据库，保证一旦值班服务器故障，备用服务器能够立即接管相应的任务。

（2）运行人员控制系统的站 LAN 网发生故障时，控制、保护系统可以脱离 SCADA 系统而短期运行并能进行控制操作。

（3）如果 SCADA 系统与控制保护系统的通信发生故障，SCADA 数据库对该系统范围内的数据更新将冻结，同时产生一个报警显示在事件/报警列表中表示丢失了哪一个控制保护系统。OWS 窗口上显示的该系统的动态对象以及模拟量数据将显示灰色，表示这些数据无效。

（4）对于冗余控制系统的冗余信号，SCADA 系统对来自运行系统和备用系统的信号都接收，但人机界面中只显示来自运行系统的信号，同时对于冗余控制命令，只下发到运行控制系统。

（5）对于两个极控系统都采集的双极信号，人机界面只显示来自控制极运行系统信号；对于双极控制命令，只下发到控制极的运行系统。

五、换流变压器保护系统相关规定

1. 运行规定

（1）换流变压器电气量的保护范围从对侧交流站交流进线开关 TA 到换流变压器阀侧套管 TA 及中性点 TA。交流进线不单独装设保护，由换流变压器保护实现对交流进线的保护。

（2）保护功能硬压板投入的情况下，对应保护功能才能够起作用。"投换流变压器保护"为所有保护的总压板。

（3）如果保护装置在运行期间被闭锁同时发出告警信息，运维人员应当通过查阅自检报告找出故障原因。不能简单按复归按钮或重启装置。如果现场不能发现故障原因或无法处理故障，应按缺陷流程处理。

2. 操作规定

（1）为了防止在保护装置进行试验时，有关报告向监控系统发送相关信息，而干扰正常监视，在保护屏上设置"投检修状态"压板，在装置检修时，将该压板投入，在此期间进行试验的动作报告不会通过通信口上送，但本地的显示、打印不受影响；运行时应将该压板退出。

（2）装置报 TA 断线信号后，需要彻查 TA 回路，确认故障并恢复，待差动保护启动返回且差电流异常报警恢复后，按装置信号复归按钮才可以使 TA 断线报警返回。TA 断线时保护自动闭锁低值段差动，不闭锁高值段差动。

3. 注意事项

（1）在一次系统带电时，绝对不允许将与装置连接的电流互感器二次开路。该回路开路可能会产生极端危险的高压。

（2）在装置电源关闭后，直流回路中仍然可能存在危险的电压。这些电压需在数秒钟后才会消失。

（3）装置的端子必须可靠接地。

（4）保护装置始终对硬件回路和运行状态进行自检，当出现严重故障时（带"*"），装置闭锁所有保护功能，并灭"运行"灯，否则只退出部分保护功能，发告警信号。

六、站用电控制系统相关规定

1. 运行规定

（1）站用电控制系统具有备自投功能，分为 10kV、380V 两种，可以分别投入、退出 10kV 或 380V 备自投功能。

（2）换流站的 10kV 电源由三回外来电源供电，10kV 电源 1、10kV 电源 2 作为正常工作电源分别给 10kV Ⅰ 段母线、10kV Ⅱ 段母线供电，10kV 电源 3 作为备用电源，正常运行时为明备用。站用电 10kV 主接线简单示意如图 8-1 所示。

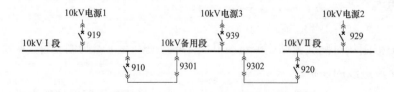

图 8-1　站用电 10kV 主接线简单示意图

（3）当系统正常运行备自投功能投入时，检测到 10kV 进线 1、2、3 有一路或多路失压，并且持续时间达 1s，系统自动发出切相应的进线开关命令，将失压进线隔离，再过 0.6s 后投入相应的母联开关，将失压母线用正常电源供电。切换逻辑如表 8-2 所示。

表 8-2

切 换 逻 辑

10kV 电源 1	10kV 电源 2	10kV 电源 3	备自投动作顺序	备自投动作后的运行状态
正常	正常	正常	恢复正常运行方式	910、920 开关在分位；919、929、939 开关在合位
正常	正常	不正常	断开 939	919、929 开关在合位；910、939、920 开关在分位
正常	不正常	正常	断开 929；合上 920	929、910 开关在分位；919、939、920 开关在合位
正常	不正常	不正常	断开 929、939；合上 910、920	929、939 在分位；919、910、920 在合位
不正常	正常	正常	断开 919；合上 910	919、920 开关在分位；929、939、910 开关在合位
不正常	正常	不正常	断开 919、939；合上 920、910	919、939 开关在分位；910、920、929 开关在合位
不正常	不正常	正常	断开 919、929；合上 910、920	919、929 开关在分位；910、920、939 开关在合位
不正常	不正常	不正常	断开 919、929、939	919、929、939、910、920 开关在分位

（4）对于开关的合闸命令的执行，需要判断开关相关的可用性条件、联锁条件，若条件不满足，则不执行合闸命令（见表 8-3）。

表 8-3

可 用 性、联 锁 条 件

开关可用性条件	开关在"工作"位置
	过流保护未动作
开关的合闸联锁条件	相邻的开关分开
	无闭锁合闸信号（相关开关的保护跳闸信号引起闭锁，开关操作命令不成功引起闭锁）
	其他隔离开关的联锁条件

（5）站用 380V 电源共有 2 路完全一样的双回电源互为主备切换供电，2 路站用 380V 电源的备自投功能完全一致。图 8-2 为极 I 站用电 380V 主接线示意图。

— 305 —

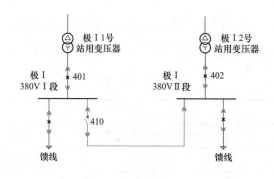

图 8-2 极 I 站用电 380V 主接线示意图

（6）当系统备自投功能投入时，检测到极 I 1 号站用变压器或极 I 2 号站用变压器有一路失压，并且持续时间达 2.8s，系统自动发出切相应的站用电低压侧开关命令，将失压站用变压器隔离，再过 1s 后投入 380V 母联开关，将失压母线用正常站用电供电。切换逻辑如表 8-4 所示。

表 8-4 切 换 逻 辑

1 号站用变压器电源	2 号站用变压器电源	备自投动作顺序	备自投动作后的运行状态
正常	正常	恢复正常运行方式	410 开关在分位；401、402 开关在合位
正常	不正常	断开 402；合上 410	401 开关在分位；402、410 开关在合位
不正常	正常	断开 401；合上 410	402 开关在分位；401、410 开关在合位
不正常	不正常	不动作	保持原有位置不变

（7）站用电控制系统为完全冗余的双重化系统，系统之间可以在故障状态下进行自动系统切换或由运维人员进行手动系统切换。系统切换遵循原则：在任何时候运行的有效系统应是双重化系统中较为完好的那一重系统。

（8）对控制设备状态的定义包括值班，备用，服务，测试四种状态。值班为当前有效系统，备用为当前热备用系统，服务为当前处于服务状态的系统（当系统处于值班或者备用状态时，系统也一定处于服务状态），测试为当前处于测试状态的系统。双重化的控制系统在任何时刻都只能有一个系统是值班状态。只有值班系统发出的命令是有效的，处于备用的系统时刻跟随值班系统的运行状态。

发生系统切换时，只能切换至正处于备用状态的系统，不能切换至处于其他状态的系统。

（9）当系统需要检修时，一般从备用系统开始，将其切换至测试状态，检修完毕后重新投入到服务状态。

2. 操作规定

（1）控制设备故障等级定义为轻微故障，严重故障和紧急故障。其中，轻微故障是指不会对正常功率输送产生危害的故障，因此轻微故障不会引起任何控制功能的不可用；发生严重故障的系统在另一系统可用（处于值班或者备用状态）的情况下应退出运行，若另一系统不可用（不是处在值班或者备用状态），则该系统还可以继续维持运行；发生紧急故障的系统将无法继续正常的备自投功能。当两个系统处于相同故障等级的情况下，系统不发生切换。

（2）当值班系统发生轻微故障，而另一系统处于备用状态，并且无故障，则系统切换，否则不切换。切换后，原值班的系统将处于备用状态。当新的值班系统发生更为严重的故障时，而原系统处于轻微故障，那么原系统切换为值班状态，新系统退出值班状态，进入备用状态。

（3）典型轻微故障有单电源故障、自动监测系统报警。

（4）当值班系统发生严重故障时，如果另一系统处于备用状态，则系统切换，先前值班的系统退出值班状态，进入服务状态，如果系统故障消失，则系统可以恢复到备用状态，如果要对该系统做必要的检修，可以将系统切换至测试状态后进行，检修完毕后再重新投入到服务状态。

（5）当值班系统发生严重故障，而另一系统不可用时，则当前值班系统继续运行；当备用系统发生严重故障时，备用系统应退出备用状态，进入服务状态，若系统故障消失，则系统可以恢复到备用状态；若要对该系统做必要的检修，可以将系统切换至测试状态后进行，检修完毕后再重新投入到服务状态。

（6）典型的严重故障有 IO 板卡故障、双电源故障、主 CPU 板故障。

（7）站用电控制系统无紧急故障。

（8）系统切换逻辑禁止以任何方式将有效系统切换至不可用系统。

（9）可通过以下方式进行冗余系统之间的切换：

1）运维人员手动发出系统切换指令（通过后台遥控操作或主机面板切换按钮操作），可进行冗余系统之间的切换。

2）自诊断系统在检测到当前有效系统故障时，发出系统切换命令。

3）当前处于值班状态的系统因为严重故障发出系统切换命令，可进行冗余系统之间的切换，并只引起一次切换，切换后当前值班系统将进入服务状态，而不能进入备用状态，故障消除以后，延时 60s，系统自动恢复至备用，同时在故障期间屏蔽人工切换指令。如果另一系统处于不可用系统时，产生报警信号，送运行人员监视系统。

4）系统切换总是从当前有效的系统来发出。这个切换原则可避免在备用系统中的不当的操作或故障造成不希望的切换。另外，当另一系统不可用时，系统切换逻辑将禁止该切换指令的执行。

5）在发生控制系统切换时，站用电控制系统及相关的 I/O 单元应作为一个整体，同时从 A 系统切换至 B 系统，或从 B 系统切换至 A 系统。

3．注意事项

（1）站用变或 380V 母线停电前，应检查阀冷系统的主泵是否接在要停电的母线上运行。若主泵是接在要停电的母线上，应先切换主泵，再进行站用变或 380V 母线的停电操作。

（2）当运维人员分合断路器时，为了避免备自投功能动作而使需要断电检修的母线重新带电，备自投逻辑具备联锁功能，10kV 系统、380V 系统若备自投在"自动方式"下禁止手动分合该区域的断路器。

（3）遥控操作 10kV 或 380V 开关时，后台需将备自投功能切换至手动状态，此时备自投功能退出。

（4）若仅站用变压器停役而 380V 母线不需停役，在备自投正常投入的情况下，可以先断开站用变压器 10kV 侧开关，依靠 380V 备自投的正确动作，来实现断开站用变压器 380V 侧开关和合上 380V 母联开关的操作，缩短 380V 母线失电时间。

（5）严禁就地操作 10kV 或者 380V 断路器，分合过程中人员必须撤离。

（6）10kV 线路保护动作后，保护动作发出闭锁备自投命令至控制柜，控制柜收到闭锁命令后将 10kV 备自投闭锁。10kV 备自投闭锁后，需要在故障排除后，在后台操作手动复归 10kV 备自投。

（7）10kV 分段保护动作后，保护动作发出闭锁备自投命令至控制柜，控制柜收到闭锁命令后将 10kV 备自投闭锁。10kV 备自投闭锁后，需要在故障排除后，在后台操作手动复归 10kV 备自投。

（8）站用变压器保护动作后，保护动作发出闭锁备自投命令至控制柜，控制柜收到闭锁命令后将 380V 备自投闭锁。380V 备自投闭锁后，需要在故障排除后，在后台操作手动复归 380V 备自投。

七、阀控系统相关规定

1．运行规定

（1）双套阀控系统与双套直流控制系统采用直连方式一一对应。直流控制系统收到阀控跳闸请求后，直接闭锁跳闸。

（2）VBC 系统具有大于 6000 个子模块的控制能力，能够保证换流阀在运行过程中，桥臂环流不大于额定电流的 5%、阀交流侧电流不平衡度不大于 1%。

（3）SMC 具有子模块过流保护功能，此功能可以防止由于过流故障引起的 IGBT 等器件损坏。当 SMC 检测到过流故障时，闭锁上、下 IGBT 并将故障上报给 VBC。过流定值高于各种运行工况下流过 IGBT 的电流，如过流定值高于过负荷运行时电流值；过流定值高于由于环流引起的桥臂电流峰值。

（4）在 VM 上可以监视子模块运行状态，包括子模块电压、电流、通信状态、旁路状态、旁路数量等，其中子模块电压、电流信息可以录波，但是录波时间很短（秒级）。

（5）当出现子模块旁路时，应查看换流阀监控系统后台 SOE 信息，确认子模块旁路的位置及原因等，并通过视频监控系统检查子模块外观是否正常、有无漏水等，按规范流程上报缺陷。

（6）当一个桥臂子模块旁路数量超过 16 个时将会闭锁换流阀并上传至 PCP，由 PCP 跳开交流开关并发令至对站 PCP。也就是说，一个桥臂子模块旁路数量为 16 个时必须上报危急缺陷，立即申请停电处理。

（7）在系统运行前，需给所有 VBC 设备上电，检查 VBC 设备状态，所有设备运行正常且从 PCP 设备上检测 VBC 正常后则具备运行条件（控制保护系统、阀冷、暖通、冷却器同样要求）。

（8）桥臂电流控制单元采用双冗余结构，与 PCP 系统一一对应，其主从关系由 PCP 系统的主从关系决定。桥臂汇总控制单元也采用双冗余结构，其主从关系由桥臂电流控制单元决定。桥臂分段控制单元（除接口板）采用双冗余电路，其主从关系由桥臂汇总控制单元决定。

（9）桥臂电流控制机箱为完全独立的双冗余系统，分别定义成桥臂电流控制机箱 A、桥臂电流控制机箱 B。桥臂电流控制机箱 A、桥臂电流控制机箱 B 对上分别与极控设备 PCP_A、极控设备 PCP_B，对下分别与桥臂汇总控制机箱 A、桥臂汇总控制机箱 B 共同构成完全独立的双冗余系统。正常运行时其中一套为主系统、另外一套为从系统，其主从关系由 PCP 系统的主从关系决定，在运行过程中由主电流机箱向从电流机箱传递运算结果信息。两套系统都在工作，若某一套系统出现故障时可完成切换。

（10）VBC 具有低压保护功能，即当子模块电压低于 350V 时自动旁路子模块，此功能在 DB=1 时有效。当 DB=0 时自动退出此功能。但是当出现交流开关位置节点故障时，即交流开关实际在分位而 DB=1 时，此时电压下降至 350V 以下将导致子模块自动旁路。DB 是数据反馈信号，当对侧开关合上时，DB=1；当对侧开关断开时，DB=0。

（11）VM 后台与 PCP 后台遥测量定义如表 8-5 所示。

表 8-5**VM 后台与 PCP 后台遥测量定义**

位置与命名	含义	备注
Bit0 Thy_on	PCP 全局晶闸管触发命令	1：有效 0：无效
Bit1 Dback_en	PCP 充电标识	1：有效 0：无效
Bit2 Lock	PCP 解锁闭锁指令	1：闭锁 0：解锁
Bit3 Vh	换流阀整体过压标志	1：整体过压 0：非整体过压
Bit4 Lock_T	VBC 自主闭锁命令	1：有效 0：无效
Bit5 Block〔0〕	区间信号 1	2 个信号组合使用： 00：Dback_en=0
Bit6 Block〔1〕	区间信号 2	10：Dback_en=1 后 0～16s 01：Dback_en=1 后 16～40s 11：Dback_en=1 后 40s 以后
Bit7 Active	值班	1：值班有效 0：值班无效
Bit8 SM_OK	VBC 允许解锁	1：有效 0：无效
Bit9 Change	VBC 请求切换系统	1：有效 0：无效
Bit10 Trips	VBC 请求跳闸	1：有效 0：无效

位置与命名	含义	备注
Bit11 Warning	VBC 轻微故障	1：有效 0：无效
Bit12 VBC_OK	VBC 允许充电	1：有效 0：无效
Bit13 备用	备用	0
Bit14 Thy_on_VBC	VBC 自主触发晶闸管	1：有效 0：无效
Bit15 备用	备用	0

（12）VBC 保护功能如表 8-6 所示。

表 8-6   **VBC 保 护 功 能**

序号	故 障 类 型	处 理 方 式
1	SM 通信类故障	旁路此 SM
2	子模块过压	旁路此 SM
3	SM 硬件故障	旁路此 SM
4	IGBT 驱动故障	闭锁此 SM
5	SM 报晶闸管故障	旁路此 SM
6	阀严重故障	申请跳闸
7	双电源故障	

序号	故 障 类 型	处 理 方 式
8	Active 无光	申请跳闸
9	VBC 设备故障	
10	单电源故障	报单电源故障，VBC 运行依然正常
11	系统级故障，需闭锁的情况	执行全局闭锁，无其他报警出现
12	桥臂过流保护	当桥臂电流超过阈值时，闭锁子模块

（13）VBC 的自检分为 2 个等级。

1）不影响系统运行的故障，只通过阀监视系统上报故障信息。

2）能够影响阀运行的故障，VBC 通过 Change 和 Trip 信号来上报切换请求，PCP 根据故障信号完成主从系统的再确认并执行。VBC 同时通过阀监视系统完成具体故障原因和位置的上报。

（14）阀基控制设备对各自机箱内部的通信（即主控板和接口板）、供电以及对 ACTIVE 信号判断（此判断在 VBC 核心板程序的非中断期间反复执行）、对自身的工作状态能够进行检查。自检项目如表 8-7 所示。

表 8-7   VBC 自 检 项 目

序号	自 检 项 目
1	DSP、FPGA 工作正常
2	外部通信状态正常
3	ACTIVE 信号正常
4	内部通信状态正常
5	冗余电源工作正常

（15）通过 VM，VBC 能够将具体故障信息上报至上层监控系统，监控内容如表 8-8 所示。

表 8-8   监 控 内 容（一）

序号	内　　　容
1	VBC 电流控制机箱状态
2	VBC 桥臂汇总控制机箱状态
3	VBC 桥臂分段控制机箱状态
4	换流阀子模块状态

（16）冗余切换功能：当上层 PCP 要求切换，或者 VBC 发生需要切换的严重故障时，能够根据 PCP 的指令进行平滑切换（见表 8-9）。

表 8-9   监 控 内 容（二）

序号	具体故障原因
1	PCP 下发的串行数据超时
2	PCP 下发的串行数据频繁校验错
3	桥臂机箱长期不回报
4	桥臂机箱的回报信息频繁校验错
5	光 TA 长期不回报
6	光 TA 的回报信息频繁校验错

2. 操作规定

在系统运行前，需给所有 VBC 设备上电，检查 VBC 设备状态，所有设备运行正常且从 PCP 设备上检测 VBC 正常后则具备运行条件。

3. 注意事项

（1）为了保证系统的可靠性，所有的阀基控制机箱需要实现同时复归，所有机箱的硬件复归状态通过光纤上传至上级阀基检测单元，判断机箱的硬件复归效果，如果机箱硬件复归不完全，需要进行二次复归，复归结果再上传至上级人机交换界面予以显示。

（2）出现严重故障（Trip）后，设备需要复归，复归时应先将两个机柜后面各 8 个 2P 空开全部断开。然后先将标有环流的 4 个空开推上，再把其他 12 个标有桥臂的空开推上，复归完成。

（3）跳闸后必须进行 VBC 复归后才能进行送电。复归时应先将两个阀基电流控制柜后面的 4 个复位机箱电源空开推上，再旋转复归机箱钥匙，待复归完成后（约 3min）将钥匙归位并断开 4 个复归电源空开。

（4）运维人员不能擅自更换部件，在不能确认没有电压和高温的情况下，不能接触设备内的任何部分。须在电源停电 30s 后，才允许检修人员对电源系统进行维护检查。

八、故障录波装置相关规定

1. 运行规定

（1）系统正常运行时，故障录波装置必须投入运行。发现故障录波器故障应及时汇报调度。

（2）故障录波装置退出运行，应经省调批准。

（3）每次事故动作录波后，应由检修人员来进行检查录波器录波情况。

（4）故障录波器的日常巡视检查时，应注意各种提示信息及告警信号，时钟显示是否正确。当发现异常情况时，应立即通知检修人员进行处理，以保证故障录波器随时处于录波状态。

（5）故障录波器应在系统发生故障或振荡时可靠起动并开始录波，在故障消除或系统振荡平息后，再经预先整定的时间停止记录。

2. 操作规定

（1）当事故或设备异常（包括断路器跳闸）而使录波器动作时，运维人员应立即向省调控中心和值班组报告，同时，将录波波形取出打印，并立即向省调控中心传真录波图，以便进行故障分析。若系统故障而录波器动作时，应向省调控中心问明动作原因和是否需要录波图，并按省调控中心的要求传真录波图给省调控中心。每月应定期检查打印纸的剩余量，剩余不足时及时安装打印纸。

（2）每周应定期手动启动故障录波器一次，检测故障录波是否工作正常。

（3）每月定期核对故障录波时钟，以便在故障时提供准确时间。

3. 注意事项

（1）严禁在故障录波主机上使用移动存储设备拷贝录波文件，防止主机感染病毒。

（2）装置之间、柜之间，柜与其他设备之间，应采用光电耦合或继电器接点进行连接，不应有电的直接联系。

（3）装置严禁带电拔插插件。在打印过程中严禁断开打印机电源，断开电源前必须先取消打印任务。

（4）故障录波装置死机，首先对该故障录波装置主机重启一次，如仍不能正常工作需联系检修人员处理。打印机无响应时，可分合一次打印机电源。

九、保护故障信息系统运行规定

故障录波装置向保护故障录波信息管理子站上传信息的方式有两种，一种是自动上传，即故障录波装置启动后，主动向保护故障录波信息管理子站上传信息；另一种是当收到保护故障录波信息管理子站要求信息上传的指令时，也应能将故障录波信息传送到保护故障录波信息管理子站。

十、防误闭锁装置相关规定

1. 运行规定

（1）防误装置应满足"五防"功能：防止误分、合断路器。防止带负荷拉、合隔离开关。防止带电挂（合）接地线（接地开关）。防止带接地线（接地开关）合断路器（隔离开关）。防止误入带电间隔。

（2）防误装置应与主设备同时设计、同时安装、同时验收投运，对未安装防误装置或验收不合格的，运行单位或有关部门有权拒绝将该设备投入运行。

（3）在防误装置投运前，应做好防误装置的基础管理工作，建立健全防误装置的基础资料、台账及图纸。各变电站微机防误装置台账的内容应包括防误主机、电脑钥匙、编码锁具、通信设备等硬件设备的型号、数量，防误装置的竣工图。软件部分应包括防误主机运行软件版本、防误逻辑的软件版本；防误装置投运后的维护、检修记录、故障记录。

（4）防误装置的缺陷管理应与主设备重要缺陷管理相同，并及时消缺、定期维护。

（5）防误装置的检修应列为主设备重点检修项目之一，与主设备同时检修、同时验收、同时投运。运行情况必须纳入维护、巡视检查项目。

（6）必须严格遵守防误装置解锁钥匙的管理规定，严禁任何人未经批准使用解锁工具（钥匙）。

（7）微机防误系统不能和办公自动化系统合用，网络安全要求等同于电网实时控制系统。应定期查、杀微机"五防"主机病毒，防病毒软件按时升级。任何人不得在防误装置微机上安装和使用无关的软件，未经批准不得在微机上使用光盘、U盘、移动硬盘等。

（8）未经批准不得随意修改防误微机系统设置。

（9）对新建、扩建、改建工程的电气设备，防误装置必须同步设计、同步施工、同步投运。

（10）换流站一、二次设备异动、改建、扩建、基建等，换流站一次主接线、二次设备发生变化，应在投运前对操作规则库及时作相应的修订。规则库编制及修订必须履行审批程序。

（11）换流站的微机防误系统包括换流站顺序控制与联锁逻辑系统和离线式微机"五防"系统，分别独立集成在控制保护系统中。监控后台包括就地控制柜上的遥控操作经过本站顺序控制与联锁逻辑校验，不经过离线式微机五防的逻辑规则校验和不经过电编码锁，端子箱上隔离开关手动操作经过端子箱上的电编码锁，隔离开关在本体机构箱上手动操作经本体机构箱上的机械编码锁。

（12）防误装置日常运行时应保持良好的状态；防误装置应列入运行巡视内容。

（13）运维及检修人员应熟悉防误装置的管理规定，做到"四懂三会"（懂防误装置的原理、性能、结构和操作程序，会熟练操作、会处缺和会维护）。新上岗的运维人员应进行使用防误装置的培训。

（14）以换流站为单位建立防误装置台账，台账的内容应包括防误主机、电脑钥匙、编码锁具、通信设备等硬件设备的型号、数量，防误装置的竣工图，同时建立各间隔电气设备个体的锁具编码表格；软件部分应包含防误主机运行软件版本、防误逻辑、防误电子一次接线图等；防误装置投运后的维护、检修记录，故障记录等。当台账变更时应及时更新备份。

（15）微机防误装置内驻的一、二次设备防误操作规则必须经运检部、安监部、运维部门共同审核，并经总工（或分管生产领导）批准后方可投入运行，审批记录必须完整。每年根据防误规则库的实际运行情况，提出防误规则库修改和完善的方案，经主管领导批准后执行。

（16）未投运设备间隔与带电间隔相邻的隔离开关和接地刀闸，经验收后的待用间隔各隔离开关和接地开关应及时上锁，锁匙由运维人员保管。设备安装调试过程的试分合操作按省公司两票实施细则有关条款执行，并在运行日志内详细登记锁具使用情况。

（17）防误装置的缺陷应与主设备的缺陷类别同等对待，并在缺陷规定时限内及时消除。缺陷管理及缺陷统计应按照省公司和本公司缺陷管理规定执行。

（18）防误装置整体停用应经公司总工（或分管生产领导）批准，并报省公司安监部备案，同时，要有相应防止电气误操作的有效措施，并加强操作监护。

（19）涉及防止电气误操作逻辑闭锁软件的更新升级（修改）时，应首先经运维部门审核，结合该间隔断路器停运或对遥控出口进行隔离，报公司运检部批准后方可进行。升级后应验证闭锁逻辑的正确性，并做好详细记录及备份。

（20）防误装置的解锁钥匙（包括备用钥匙）、LOC 屏上的"就地解锁"钥匙、阀厅紧急门钥匙、桥臂电抗器紧急门钥匙应存放在解锁钥匙管理箱中，由当值值班负责人管理，并要加锁封上封条，不得与正常操作钥匙混在一起。

（21）锁具及密码管理：

1）交接班应对解锁工具的保管情况进行认真交接。

2）解锁工具的使用原则：

a. 先审批，后使用原则。

b. 使用过程运行主人全程掌控原则。

c. 用完立即封存原则。

3）解锁工具应存放在明显位置的专门钥匙盒里，由专人负责保管，钥匙盒上应贴封条，每次使用后应更换新的封条。

（22）运行值班人员巡视高压配电装置时，应一同巡视设备的防误闭锁装置。操作和巡检时，若发现防误闭锁装置损坏，应立即报告站领导，并进行缺陷登记。

（23）投运前，厂家提供的顺控逻辑 PDF 正式文档需进行审批。系统升级后，由厂家提供最新的顺控逻辑 PDF 正式文档，重新进行审批后，方可使用。日常维护中运维人员只需要对审批后的顺控逻辑 PDF 正式文档进行审核，不需要对规则库是否与系统内逻辑一致进行核对。

（24）有涉及防误系统的工作结束后，工作负责人应在工作票备注栏或检修记录中写明"未对顺控逻辑进行修改"或"进行顺控逻辑修改，最新顺控逻辑以 PDF 文档为准"。

2. 操作规定

（1）需要解锁的操作，由值班人员按有关防误装置运行管理规定进行解锁，解锁钥匙不得交由检修工作班人员使用。值班人员对解锁的正确性负责，工作班人员对操作的正确性负责。

（2）监控后台包括就地控制柜上的遥控操作经过本站顺序控制与联锁逻辑校验，不经过离线式微机五防的逻辑规则校验和不经过电编码锁，端子箱上隔离开关手动操作经过端子箱上的电编码锁，隔离开关在本体机构箱上手动操作经本体机构箱上的机械编码锁。

（3）以下情况可以进行解锁，并规定如下：

1）防误装置发生异常时，应立即停止操作，及时报告值班负责人，并查明原因。确系防误装置及电气设备出现异常要求解锁操作时，应由防误专责人到现场核实无误，确认需要解锁操作，经防误专责同意并签字后，由换流站值班员报告当值调度员，方可解锁操作。

2）若遇危及人身、电网和设备安全等紧急情况需要解锁操作，可由换流站当值负责人下令紧急使用解锁工具（钥匙），并由换流站值班员报告当值调度员，记录使用原因、日期、时间、使用者、批准人姓名。

3）电气设备检修时需要对检修设备解锁操作，应经换流站站长批准，解锁工具（钥匙）不得交由检修工作班人员使用。设备安装调试、检修过程的试分合操作按省公司两票实施细则有关条款执行。防误装置及电气设备出现异常，确认防误装置失灵、操作无误要求解锁操作，应由部门防误装置专责人员到现场核实无误，确认需要解锁操作，经专责人同意并签字后，由运维人员报告调控中心值班员，方可解锁操作。

4）防误装置整体停用应经本单位主管领导的批准，并报省公司安监部备案。同时，要有相应防止电气误操作的有效措施，并加强监护。

（4）下列三种情况必须加挂机械锁：

1）未装防误闭锁装置或闭锁装置失灵的隔离开关手柄和网门。

2）当电气设备处于冷备用时，网门闭锁失去作用时的有电间隔网门。

3）设备检修时，回路中的各来电侧隔离开关操作手柄和电动操作隔离开关机构箱的箱门。

3．注意事项

（1）正常运行情况下，防误装置严禁解锁或退出运行。以任何形式部分或全部解除防误装置功能的电气操作，均视为解锁。

（2）OWS 和 LOC 上的操作经过顺序控制与联锁逻辑校验，不经过离线式微机防误系统的规则校验也不经过电编码锁的闭锁。端子箱上设备的电动操作经过电编码锁的闭锁。机构箱上设备的操作经过机械编码锁的闭锁。

（3）站内所有地线、网门（启动电阻、平波电抗器）、桥臂电抗器室门与离线式防误系统有闭锁，与顺控操作均无法实现联锁。因此顺控操作前必须确认送电范围相关地线全部拆除、网门（启动电阻、平波电抗器）、桥臂电抗器室门已经关闭，人员已全部撤离，否则可能出现误操作事故。在操作过程中遇到联锁不满足或联锁异常的情况，应立即停止操作并向当值班长和换流站站长报告，不得随意解除联锁或更改操作票。

十一、功率控制相关规定

（1）PCS-9520 柔性直流控制装置中集成了电压源换流器的基本控制方式，分为三类：

1）第一类为定直流电压控制，其主要功能是维持直流系统的直流电压恒定，直流电压控制站起功率平衡节点作用。

2）第二类为交流侧无功功率控制以及交流电压控制，在柔性直流系统中，由于接入交流系统的传输功率变化，可能会引起交流侧电压的波动，换流站交流电压控制是利用换流器无功出力保持交流电压恒定，因此需要换流站无功出力大小需满足交流电压调节，同时考虑到有功传输，无功出力同时也受到本站 PQ 运行曲线限制。

3）第三类有功功率控制和频率控制类，有功功率指令由运维人员根据调度要求手动在界面输入，或者由连接交流系统频率决定。浦园站和鹭岛站不使用频率控制功能。

（2）换流站优化调整控保、阀控系统参数后，在 0.8 倍额定功率（双极 800MW、单极 400MW）及以下额定功率运行区间下，具备区外交流系统各种短路故障可靠穿越能力。若任一极运行功率超过 0.8 倍额定功率（任一极 400MW）时，换流站运维值班人员应及时通知调度存在区外交流各种故障不能可靠穿越的可能。换流站运维值班负责人应组织开展相应的事故预想。

第三节　辅助设备运行规定

一、站用电系统设备相关规定

1. 运行规定

（1）在正常情况下，站用变不允许超过铭牌的额定值运行。

（2）站用变正常运行时，当温度达到 100℃时会启动风机，温度达到 130℃时发报警信号，温度降至 80℃时停止风机。

（3）当站用变须作过电压运行时，最大允许的工频电压不超过额定空载电压的 105%。过电压运行时，变压器的噪声将会明显增大。

（4）换流站每台站用变压器接一段 380V 母线运行，没有备用站用变压器，不需要进行站用变压器轮换试验。

（5）检查站用电低压母线电压在《五通》要求的合格范围值内，不应出现过压、欠压现象，三相负载应均衡分配。交流电源相间电压值应不超过 420V、不低于 380V，三相不平衡值应小于 10V。如发现电压值过高或过低，应及时调整站用变分接头，三相负载应均衡分配。

（6）不论电压分接头在任何位置，如果一次侧电压不超过其相应额定电压值的 5%，则变压器的二次侧可带额定电流。

（7）每周一般检测不少于 1 次。每月进行精确检测应不少于 1 次，并留存红外图像。应检测站用变压器箱体、各类引线接头等，红外热像图显示应无异常温升、温差和相对温差。遇到新投运设备、大负荷、高温天气检修结束送电等情况，应加大红外热像检测频次。迎峰度夏期间，每月进行精确检测不少于 2 次。

（8）对新安装或检修后的配电箱柜，应在投运 24h 内设法安排负载最大或者较大运行方式，并开展一次红外测温检查；对空调、除湿机等大负载设备投入运行时，应进行跟踪检查，确保所接空气开关运行正常。

2. 操作规定

（1）手车开关操作规定。

1）操作手车前，应戴好绝缘手套，穿上绝缘靴。

2）操作手车开关分合时，应确认弹簧操作机构已储能。

3）手车开关操作时，须按照四种状态进行顺序操作，防止由于程序错误造成闭锁、二次插头、隔离挡板或接地开关等元件损坏。

4）小车开关推入"工作"位置后应检查是否已推到底并锁定。小车开关拉出在"试验"位置应完全锁定。任何时候均不准将小车开关置于"试验"与"运行"位置之间的自由位置上。小车开关拉出后，活门隔板应完全关闭。对于手车式开关柜，每次推入手车之前，必须检查相应的断路器的位置，严禁在合闸位置推入手车。

5）开关柜设有机械闭锁装置和微机五防闭锁，不得强行解锁或破坏机械闭锁装置进行操作。只有在主开关处于分闸状态时，才可将手车从试验位置摇入至工作位置，或从工作位置摇出至试验位置；只有手车处于试验位置时，柜门才能被打开。操作手车前，应确认该间隔的开关和接地开关在断开位置。

6）手车式断路器允许停留在运行、试验、检修位置，不得停留在其他位置。操作过程中，发生任何卡住现象时，不得强行推、拉、摇动或敲打，应查明原因，解除机械障碍，方可继续操作。

7）手车拉出后，应确认高压隔离挡板已完全封闭，并及时关闭柜门，加挂"五防"锁具。

（2）手车操作程序。

1）手车进柜与出柜操作：将载有手车的操作平台车，推到柜前，对正后，向前推。操作平台车会自动与柜体连接，并有挂钩相连的"嗒咔"声。双手握住手车把手，向内拉，将之推入柜体手车室。到位后，双手松开，手车两边插销自动插入柜体两边插孔，再将手车二次插头插入柜体二次插座。手车进柜操作结束，可将操作平台车拖至旁边（出柜操作顺序与进柜操作顺序相反）。

2）送电操作程序。

a. 操作手车前应检查开关柜门关闭紧密，确认接地开关分闸，对于手车开关断路器还应处于分闸状态（接地开关或断路器如果合闸，则手车无法操作），将手车上二次插头插入柜体上二次插座，把手车推进操作手柄插入手车操作孔（用力推，听到"嗒咔"声，即插好），然后顺时针转动手柄，手车就会缓慢进入，待听到"嗒咔"声后，手车就到工作位置，（此时手柄无法再转动）将手车推进手柄取下（手车开关在推入的过程中，分闸指示灯灭，到位后灯才亮）。

b．正常情况下，断路器应使用电动储能和电动合闸。当无法电动合闸时，不允许采用就地合闸，应汇报调度停电处理。

c．若手车开关在工作位置和试验位置之间，则断路器可以储能，但无法合闸（合闸按钮压不动。电动也无法合闸，因为二次尚未接通）。

3）停电操作程序。

a．停电操作时，带电显示器适用的间接法：带电显示器在操作前检查完好，接地前检查带电显示器显示确无电压。

b．正常情况下，开关应使用电动分闸。当控制回路故障或失去电源又十分紧急情况时，在确认断路器无异常后，可通过中门操作孔，用操作杆压下断路器面板上分闸按钮，禁止打开柜门操作。

c．检查开关柜门关闭紧密，对于手车开关还应确认断路器确在断开位置，将手车推进手柄插入手车操作孔（用力推，听到"嗒咔"声，即插好），然后逆时针转动手柄，手车就会慢慢退出（断路器若合闸，手车无法操作，手车开关在拉出的过程中，分闸指示灯灭，到位后灯才亮）。待听到"嗒咔"声后，手车就到试验位置，取下手车推进手柄。

d．在适用间接法时，检查该开关柜上的带电显示器确无电压指示，将接地开关手柄插入操作孔内，顺时针方向转动手柄90°，听到接地开关合闸声，接地开关即完成合闸操作。

e．开关柜未安装带电显示器或带电显示器有缺陷的：应申请解锁打开下柜门直接验电或使用验电小车验电，后合上接地开关或装设接地线。站内设备在确认冷备用后，可直接合上接地开关或装设接地线。

f．二次插头只能在试验位置插入和拔下。

（3）进线接地开关运行规定。

1）进行合上进线接地开关操作前，应确认进线手车开关已在试验位置或拉出至检修状态，确认进线高压熔丝已断开或带电显示装置指示线路无压，必要时应用验电笔确认线路无电，方可操作。

2）操作接地开关后，应通过开关柜后观察窗确认接地开关三相均已操作到位。

3. 注意事项

（1）严禁就地操作10kV或380V断路器。断路器分合过程中人员必须撤离现场。

（2）遥控操作10kV或380V开关时，后台需将备自投功能切换至手动状态，此时备自投功能退出。

（3）若发生 10kV 线路单相接地时，到现场检查的运维人员应穿绝缘靴，接触设备的外壳和构架时，应戴绝缘手套。

（4）10kV 系统和 380V 系统严禁不同电源并列运行。现场端子箱或保护屏柜内有Ⅰ或Ⅱ电源的投入开关，正常时禁止同时投入。

二、低压直流系统设备相关规定

1. 运行规定

（1）逆变电源（UPS）运行规定。

1）两套 UPS 电源应采用分列运行方式，不得采用主从运行方式，两台 UPS 装置输出的交流母线为单母线分段，母联开关 QL 为手动切换。

2）UPS 母联开关 QL 用于联络 UPS1 和 UPS2，正常时应断开，当交流输出开关 QN 和维护旁路开关 QW 均断开后，才允许合上母联开关 QL，防止不同电源并列。

3）换流站应有逆变电源配置图，包含交流负荷设备分布。

4）正常运行时逆变电源交流输入电源的断路器 QJ 应断开，只采用直流输入进行逆变供电。

5）逆变电源按照上述规定的运行方式正常运行时，不应有告警信号。

6）逆变电源倒闸操作及事故处理时应避免不同源交流或两段交流母线的非同期并列，造成逆变电源装置损坏。

（2）事故照明运行规定。

1）事故照明回路应与普通照明回路有效隔离。

2）对于仍采用直流直接供电方式的事故照明回路，应断开直流输入空开，并在断开的空开上粘贴"备用"标识。

3）各保护小室、主控室、蓄电池室、通信机房、网络计算机室、高低压配电室等场所安装的交流储能的事故应急照明灯具（不包含安全出口指示灯及疏散应急灯）应急时间要求不少于 90min。

4）对换流站事故（应急）照明灯具的开关面板应按要求粘贴相应标识，事故（应急）照明灯具的开关面板不得与普通照明共用。

5）为检查事故照明经常处于完好状态，换流站主控楼应有事故照明灯处于常亮状态。

6）每季度对全站事故照明及事故应急照明灯进行试验一次。

（3）负荷接入要求。

1）双重化配置的各类负荷设备应分布在不同段电源上，严格与直流、逆变电源的分段一一对应，禁止任意两套电源交叉供电。

2）直流、逆变电源两套配置，负荷应均衡分配在两套电源上。

3）正常方式下负荷侧禁止环路运行。各类隔离开关电动操动机构电机和断路器储能机构电机应尽可能采用交流供电，减轻站内直流负荷及简化直流供电网络。

4）允许接入直流电源的负荷：继电保护、安全自动装置、综自系统（含远动机、通信网关机、站控层交换机等）、调度数据网设备（路由器、纵向加密装置）、电量采集系统、操作机构直流电机、逆变电源装置、DC/DC通信电源等。

5）严禁直接接入直流电源的负荷：安消防报警系统、图像监控系统、门禁系统、开关柜带电显示器、状态指示器电源、非生产用设备以及其他未经专业部门审核的设备。

6）允许接入UPS电源的负荷：综自系统、调度数据网设备、电量采集系统、故障信息系统、"五防"系统、录音系统、安消防报警系统、图像监控系统和排油注氮装置主机等。

7）严禁接入UPS电源的负荷：办公（或生活）用传真机、复印机、打印机、电脑、充电器、热水器等设备，机房用电风扇、空调以及其他未经专业部门审核的设备。

8）换流站应有直流配置图，包含各级直流馈线网络，注明各级直流断路器的型号及容量等。每年校核一次直流电源配置图，重点核查直流断路器的级差配合和负荷设备分布。

9）禁止直流馈线环网运行。对正常不运行但可能造成环网运行的直流断路器（隔离开关）应在安装处贴有操作标识，防止误合闸。

（4）整流模块能以设定的电压值和限流值长期对电池组充电并带负载运行。当输出电流大于限流值时模块自动进入稳流运行状态，输出电流小于限流值时模块自动进入稳压运行状态。

（5）交流输入电源正常时，通过交流配电单元给各个整流模块供电。整流模块将交流电变换为直流电，经断路器输出，一方面给蓄电池充电，另一方面经直流配电馈电单元给直流负载提供正常的工作电源。当交流输入电源故障停电时，整流模块停止工作，由蓄电池组不间断地给直流负载供电。

（6）3号主柜下的两个空气开关3QS11和3QS12不能同时合上。直流分柜直流电源正常运行时，一路工作，另一路备用。两路直流电源来自同一组蓄电池的，允许采用手动并联切换方式；两路直流电源来自不同蓄电池组的，原则上以采用手动断电切换方式。

（7）正常运行时，一体化电源的交流输入电源工作电压为380V±15%，直流输出电压为220V，专供控制负荷的直流母线电压为系统标称电压值的85%～110%，专供动力负荷的直流母线电压为系统标称电压值的87.5%～112.5%。控制与动力合并供电的直流母线电压为系统标称电压值的87.5%～110%。绝缘电阻≥10MΩ。

（8）蓄电池浮充电压允许偏差值如表8-10所示。

表 8-10   蓄电池浮充电压允许偏差值

标称电压（V）	允许偏差值（V）
2	±0.05

（9）高频开关充电装置在充电（恒流）状态下的电压调节范围和在浮充电及均衡充电（稳压）状态的电压调节范围如表 8-11 所示。

表 8-11   高频开关充电装置在不同状态下的电压调节范围

运　行　状　态	电压调节范围
	阀控式铅酸蓄电池
充电（恒流）	$0.85U_e \sim 1.25U_e$
浮充电（稳压）	$0.90U_e \sim 1.20U_e$
均衡充电（稳压）	$1.00U_e \sim 1.25U_e$

注　U_e—直流系统标称电压。

（10）FXJ-21 电池巡检管理单元在模块上有两个指示灯，一个是运行指示灯，另一个是通信指示灯。当模块正常工作时，运行指示灯每 500ms 闪动一次。通信指示灯在电池巡检装置接收到上位机发送的完整而且正确的报文，处理以后，上送上位机信息时，闪动一次。

（11）直流主柜绝缘监察装置母线过压告警 242V，母线欠压告警 198V，绝缘电阻门限 25K，电流告警门限 4mA。

（12）直流充电柜 WZCK-21 监控装置运行规定。

1）电池管理方式：自动（建议正常运行时设为自动方式），若改为手动，则可以人工选择均、浮充充电方式；并可以人工设定充电电压值和充电限流值。

2）整流输出限流：90A（用于模块输出过流保护）。

3）电池类型：阀控式铅酸电池；标称容量：300AH；单体数量：104 只；浮充电压：234V；均充电压：244.4V；电池限流：30.0A；自动均充：是；定期均充：是；定期均充周期：90 天；均充保护时间：12h；转浮参考电流：3.0A；转浮稳流时间：3h；转

均限流时间：15分钟；是否温度补偿：否；充电过流告警值：105.0A；均充过压告警值：249.6V；浮充过压告警值：239.2V；浮充欠压告警值：228.8V；放电欠压告警值：190.6V。

4）告警设置：交流电源过压告警值：456.0V；交流电源欠压告警值：304.0V；交流电源故障告警值：228.0V；直流母线过压告警值：242.0V；直流母线欠压告警值：198.0V；电源环境过温告警值：45℃；单体电池过压告警值：2.55V/只；单体电池过压告警值：1.80V/只；单体电池过温告警值：45℃。

（13）ZZG23 系列整流模块技术指标如表 8-12 所示。

表 8-12　　　　　　　　　　　　　　　　　**ZZG23 系列整流模块技术指标**

保护特性	输入过压保护	（465±5）V 关机，可自恢复，回差电压 5～15V
	输入欠压保护	（295±5）V 关机，可自恢复，回差电压 10～20V
	输入缺相保护	关机，可自恢复
	输出过压保护	（295±5）V 关机，1min 内 3 次不可恢复
	输出欠压保护	（170±4）V 告警，回差电压 4V
	输出过流保护	关机，可自恢复
	输出短路保护	电压不超过（170±4）V，回缩电流不超过 40%额定值，可自恢复
	过温保护	（85±5）℃关机，温度降低后可自恢复
人机界面	LED 数码管	指示输出电压和电流，电压误差不大于 1V，电流误差不大于 0.2A
	绿色 LED	"运行"指示
	黄色 LED	"保护"指示
	红色 LED	"故障"指示
	▲▼按键	设置模块运行参数，显示与给定校正
	拨码开关	6 位：设置模块运行方式和通信地址
其他	冷却方式	风冷（防尘）
	音响噪声	≤55dB

2. 操作规定

（1）一体化电源系统倒闸操作规定。

1）一体化电源系统倒闸操作等同于站内一、二次电气设备操作管理，应执行操作票或运维作业卡。

2）倒闸操作过程中必须保证用电负荷的安全可靠供电。

3）在倒闸操作过程中，应监视设备工作正常，表计显示正确，无故障信号及告警信号，如出现异常应停止操作，待查明原因后方可继续操作。

4）在倒闸操作过程中，应注意供电网络的开关投/退状态。

5）正常运行各母线应分列运行，严禁并列，且两段负荷应尽可能均衡。

6）任一段交、直流母线出现运行电压异常，进行并列切换操作前，应先隔离故障设备再并列。

7）直流电源正常运行方式切换时，严禁脱离蓄电池组运行。

8）220V 低压直流母线并列前，应检查两段直流母线电压差不超过 2V。

9）两段直流均发生失地时，禁止进行两段直流的并列操作。

10）直流主屏供分屏的直流断路器，正常均投入运行，分屏直流输入开关根据负载分配情况，采用"一用一备"。

11）充电装置检修结束恢复正常运行时，应先合交流侧开关，再带直流负荷。

12）3 号主柜下的两个空气开关 3QS11 和 3QS12 不能同时合上。

13）不同逆变电源供电的两段交流母线严禁非同期并列。

（2）事故照明试验步骤：

1）断开交流输入空开，检查交流输入指示灯灭。

2）检查开启的事故照明灯亮正常。

3）合上交流输入空开，检查交流输入指示灯亮。

（3）事故应急照明灯试验步骤：

1）断开应急照明灯交流电源。

2）检查照明灯亮正常。

3）合上应急照明灯交流电源。

（4）每季度对变电站事故应急照明灯进行充放电试验一次，检查方法：

1）断开应急照明灯交流电源。

2）记录应急照明灯放电时间。

3）合上应急照明灯交流电源。

4）若放电时间低于 2h 说明蓄电池老化，应及时更换。

（5）逆变电源运行注意事项。

1）逆变电源两次开机间隔应在 1min 以上，避免烧坏装置内部元件。

2）不能带负荷启动逆变电源。开启时应先启动逆变电源，待稳定后再合上负荷设备开关，避免启动时大电流冲击。

（6）当运行中的蓄电池出现下列情况之一者应及时进行均衡充电。

1）被确定为欠充的蓄电池组。

2）蓄电池放电后未能及时充电的蓄电池组。

3）交流电源中断或充电装置发生故障使蓄电池组放出 20%以上容量，未及时充电的蓄电池组。

4）运行中因故停运长达两个月及以上的蓄电池组；或单体蓄电池电压偏差超过允许值的电池数量达总数量的 10%的蓄电池组。

5）过量放电使蓄电池组端电压低于或等于规定的放电终止电压。

6）定期容量试验结束后发现单体蓄电池电压不均匀。

7）长期充电不足或长期静置不用蓄电池。

（7）每季度进行一次蓄电池短时带载放电测试。方法：将充电装置的均充、浮充电压值下调至 $2.01NV$（N 为 2V 蓄电池组投运只数），让蓄电池组带载测试 0.5h。如果蓄电池组端电压在 0.5h 内降至 $2.01NV$，则带载测试结束，同时判定蓄电池组容量不足，应立即安排蓄电池核对性放电确认实际容量。带载试验结束时将充电装置的均充、浮充电压值恢复至原定值。同时运维人员在变电站运维日志中记录蓄电池短时带载放电测试的结果。

（8）蓄电池浮充电压测试为每月一次。方法：运维人员人工测试或拍照确认一次蓄电池浮充电压数据，将电压数据录入 PMS 的蓄电池记录模块，取消照片存档的工作环节。由 PMS 模块自动进行浮充电压偏差值计算，辅助判断蓄电池缺陷。

（9）每日检查直流母线电压不少于 1 次。每月记录 1 次直流母线电压。

（10）每日检查蓄电池在线监测系统的单体电压值不少于 1 次；每月记录蓄电池的单体电压值不少于 1 次。每月至少对蓄电池单体电压值进行测量 1 次，并记录数据。

（11）每月进行红外热像检测不少于 1 次，并留存红外图像。遇到新投运设备，高温天气、检修结束送电等情况，应加大红外热像检测频次。迎峰度夏期间，每周进行 1 次红外热像检测。检测范围包括馈电屏正面及背面，屏后端子排及空气开关，就地电压、电流端子箱内端子排及电气设备。直流网络（包括绝缘监察装置）及附属设备红外检测，测温超过平均温度 10℃以上应重点检查。高频开关模块测温超过 55℃以上、其他设备测温超过平均温度 10℃以上应重点检查。

3．注意事项

（1）直流母线在正常运行和改变运行方式的操作中，严禁脱开蓄电池组，防止充电机在事故时，可能因为交流侧电压降低而导致直流侧没有输出。

（2）不同母线的两组充电机不能并列，避免造成环流。

（3）两组蓄电池只能短时并列，避免电池过早损坏（防止容量小的电池先放空电，容量大的电池向容量小的电池放电，大电流放电时使小容量电池组损坏）。

（4）两套绝缘监察装置不能并列运行，避免两个接地点形成环路（因为两套绝缘监察装置各有一个接地点，当两套直流系统混线时，可能通过两个绝缘监察装置两个接地点形成回路，发出接地信号），所以要注意以下两点：

1）单一退充电机时，只要将拟退出的充电机退出运行后，再将备用充电机投到该段直流母线，中间不涉及蓄电池组操作。

2）需要将蓄电池及充电机退出，只要退出该充电机，蓄电池组暂不退出，然后合上联络开关，就可以退出该组蓄电池，用另一组电池带全站负荷。

（5）微机直流绝缘监察装置通电前应检查以下项目：

1）检查检查装置有无插件松动、机械损坏及连线被扯断现象。

2）检查装置各种电缆连线是否正确，电缆连接是否可靠。

3）检查背后配线有无断线、破损的情况。

4）确认接线无误后，让直流母线带电，合上 WZJ-21 装置背后的开关，WZJ-21 装置面板上的"电源"指示灯（绿）应亮。

5）机箱"运行"指示灯亮 3s 内液晶有正常显示，如果液晶的对比度不明显，请按上面的菜单设置提示进行调整，如果液晶无正常显示或液晶显示出现乱码，按复位键后还有乱码出现，请及时与厂家联系。

6）查看各个模拟量显示值是否与实测值一样，如不一样，按上面的菜单设置提示进行修正，如果仍不正确，检查相应量的变送器输出值。

（6）绝缘监察装置"正负极单点接地"和"正负极同时接地"检测功能不能同时投入使用的，正常运行不得投入"正负极同时接地"检测功能，防止直流系统对地电压严重漂移。

（7）FXJ-21电池巡检管理单元通电前应检查以下项目：

1）检查装置有无插件松动、机械损坏及连线被扯断现象。

2）检查装置各种电缆连线是否正确，电缆连接是否可靠。

3）检查背后配线有无断线、破损的情况。

（8）ZZG23高频开关充电装置运行注意事项：

1）若整流模块的交流输入电源出现过压、欠压时，整流模块即停机，无输出电压，面板上"保护ALM"黄灯亮。当交流输入电源恢复正常后，面板上"保护ALM"黄灯灭，整流模块自动启动，正常运行。

2）无论何种原因引起过流，整流模块都将保护停机，面板上"保护ALM"黄灯亮。过一段时间后，可自动启动，进入正常运行。多台整流模块在并机运行时，若输出有短路或有突加大的负载情况下整流模块可能会出现过流保护，并再启动工作于限流状态，此种现象属正常。

3）整流模块内部设有输出短路回缩限流功能，模块短路时输出电流降低到小于4A，可承受连续短路而不损坏模块，使整机的可靠性得到很大提高。

4）当整流模块中的散热器温度超过75℃时整流模块将自动停机，面板上"保护ALM"黄灯亮。温度降低至正常后，整流模块会自动启动，进入正常运行。

5）整流模块的直流输出电压大于表二规定的直流输出过压保护值时，整流模块停机；面板上"故障FAULT"红灯亮，无直流输出电压；并重新启动，如输出电压正常，整流模块即正常运行，如果整流模块三次连续出现输出过压报警，模块将被锁定无输出。

三、图像监控及报警系统设备相关规定

1. 运行规定

（1）正常情况下图像视频监控系统、智能变电站辅助监控系统、红外监控系统除检修及故障外常年投入运行。

（2）整个图像视频监控系统全部摄像头均为24h全天录像。

（3）在图像效果满足要求的情况下，运维人员可利用图像视频监控进行远方检查。

（4）出现设备异常、故障以及其他紧急情况时，运维人员应调整摄像角度对现场情况进行录像。

2．操作规定

（1）在日常使用软件平台中，如果遇到比如打开灯光通信设备异常，可以先 ping 下这个采集器主机的 IP 地址否通的，然后再把数据服务全部停止再全部启动。

（2）在日常使用中软件平台要开启实时监控，否则大部分操作和告警信息都不能用。

（3）遇到视频掉线或是没图像时先 ping 下这个摄像机的 IP 地址，如果不通就断下机柜后面摄像机的空气开关电源再打开电源，并重启软件就可以了。

（4）当灯光需要在软件上控制的时候，一定要先确认前端灯光是灭的状态，这样才能远程打开或关闭灯光。

（5）本平台上不能远程控制暖通系统，只能查看最后五种类型的报警信息。

3．注意事项

（1）辅助控制系统电源柜屏后有两个总电源空气开关，分别取自不同的站用电源，正常运行时禁止同时合上两个空气开关，防止误并列。

（2）当图像视频监控系统调用红外视频监控系统的可见光视频探头时，红外测温系统的自动巡视作业将被中断，此时系统发出报警声。完成调用后，运维人员应当及时恢复红外测温自动巡视作业任务。

（3）主控室图像视频监控系统、红外视频监控系统的电脑不得随意重启及关机断电。

（4）主控室图像视频监控系统、红外视频监控系统电脑未配置 UPS 电源，站用母线长时间停电时，应将交流进线电源切换至运行母线。

（5）在监控过程中图像视频监控系统无可避免会出现视频丢失或异常的情况，当出现上述情况时，图像视频监控系统按已经设定好的报警处理方式，触发报警输出，声音告警。

（6）图像视频监控系统前端设备异常告警：当前端设备出现硬盘满，硬盘出错，网线断，IP 地址冲突，非法访问，视频输入输出视频格式不匹配问题时，系统会自动做出处理，按已经设定好的报价处理方式，联动声音报警，联动报警输出。

第九章　换流站设备异常及事故处理

第一节　一次设备故障处理

一、启动电阻旁路开关异常及事故处理

1. 紧急停运规定

启动电阻旁路开关在运行中发生下列情况，应立即汇报省调将相应极停用：

（1）SF_6气体严重泄漏，已低于闭锁压力值。

（2）充电时旁路开关弹操机构无法储能。

（3）套管有严重的破损和放电现象。

（4）在运行中内部有放电声或其他异常声音。

2. 故障现象、处理方法及过程

启动电阻旁路开关故障现象、处理方法及过程如表 9-1 所示。

表 9-1　　　　　　　　　　　　　　启动电阻旁路开关故障现象、处理方法及过程

SF_6压力低处理	现象	典型 OWS 报文（出现以下一条或多条报文）： ACC 报 "#B Pxx.WA.QF1 #E 低气压报警出现"； ACC 报 "#B Pxx.WA.QF1 #E 低气压闭锁 1 出现"； ACC 报 "#B Pxx.WA.QF1 #E 低气压闭锁 2 出现"
	处理	（1）现场检查启动电阻交流断路器 SF_6 压力，若实际压力未低于额定压力（0.7MPa），说明信号误报，上报缺陷，通知检修检查信号回路是否正常； （2）如果现场检查 SF_6 压力为 0.6～0.7MPa，压力没有继续下降或下降缓慢，且无明显泄漏点，上报缺陷，并立即通知检修人员进行处理；

SF₆压力低处理	处理	（3）如果现场检查 SF₆压力低于 0.60MPa，且压力下降很快，或有明显泄漏点，向省调申请：停运相应极，并将该旁路开关转检修； （4）将上述情况汇报省调及部门领导、运维值班室； （5）上报危急缺陷并通知检修人员处理
弹操机构故障处理	现象	典型 OWS 报文：ACC 报"#B Pxx.WA.QF1 #E 合闸弹簧未储能 出现"
	处理	（1）到现场检查弹簧指示器所指示的位置； （2）检查电动机交流电源开关是否跳闸，若在跳闸位置，可以试送一次； （3）电动机电源开关若在合闸位置或试送一次后仍跳闸，则应检查机构箱内是否有异常、烧损、焦味等现象； （4）充电时，若无法处理，汇报省调，并向调度申请停运相应极，将该旁路开关转检修； （5）上报缺陷并通知检修人员处理
启动电阻旁路开关辅助开关故障处理	现象	典型 OWS 报文（出现以下一条或多条报文）： ACC 报"#B Pxx.WA.QF1 #E 电机回路断电 出现（机构箱空开）" ACC 报"#B Pxx.WA.QF1 #E 加热回路断电 出现（机构箱空开）" ACC 报"#B Pxx.WA.QF1 #E 控制回路 1 空开断开 出现（端子箱空开）" ACC 报"#B Pxx.WA.QF1 #E 控制回路 2 空开断开 出现（端子箱空开）" ACC 报"#B Pxx.WA.QF1 #E 电机控制回路空开断开 出现（端子箱空开）" ACC 报"#B Pxx.WA.QF1 #E 加热回路空开断开 出现（端子箱空开）"
	处理	（1）断路器汇控柜有辅助开关跳闸，现场检查无异常后（小开关过热，热耦动作等），可以现场试合一次，如果成功，监视运行；如果不成功，联系检修人员进行处理； （2）如果现场检查发现辅助开关有过热、焦糊味，如不影响设备运行时，则上报缺陷，等待检修人员进行处理； （3）若确实危及断路器运行，则向省调汇报申请：停运相应极，并将启动电阻旁路开关转至检修，则上报紧急缺陷，联系检修人员处理
启动电阻旁路开关拒动故障处理	现象	启动电阻旁路开关拒动，并伴随有以下一条或多条 OWS 信号： ACC 报"充电电阻旁路开关闭合失败保护跳闸 出现" PCP 报"ACC 跳闸命令 出现"
	处理	（1）检查是否旁路开关操作电源或储能电机电源故障，若是则应立即恢复电源； （2）检查旁路开关就地汇控柜控制把手"远方、就地"对应位置正确； （3）检查旁路开关操动机构故障、储能不正常、SF₆气压异常，若是则应通知检修处理； （4）检查是否达到旁路开关的各种闭锁条件； （5）将查明的原因上报缺陷，通知检修人员处理；

启动电阻旁路开关拒动故障处理	处理	（6）若是在充电过程中，启动电阻旁路开关拒合，若此时保护动作对站开关未跳闸，则立即按相应极急停按钮，并汇报省调及部门领导、运维值班室；若是拒分，则向省调汇报申请：停运相应极，并将该旁路开关转至检修； （7）上报危急缺陷，联系检修人员处理
启动电阻旁路开关偷跳	现象	典型 OWS 报文： ACC 报"#B Pxx.WA.QF1 #E 非全相动作（自保持）出现"； PCP 报"ACC 跳闸命令出现"
	处理	（1）到现场检查启动电阻旁路开关实际位置； （2）若现场确认开关处三相不一致位置，或者旁路开关三相均跳开而对应极运行或充电时，则按相应极急停按钮，并确认该极已停运； （3）将上述情况汇报省调、部门领导及运维值班室； （4）上报危急缺陷，联系检修人员处理

二、直流转换开关（包括 NBS、NBGS、GRTS）异常及事故处理

1. 紧急停运规定

直流转换开关在运行中发生下列情况，应立即汇报省调，申请停运相应极，通知检修人员处理：

（1）SF$_6$气体严重泄漏，已低于闭锁压力值；

（2）套管有严重的破损和放电现象；

（3）在运行中内部有放电声或其他异常声音。

2. 故障现象、处理方法及过程

直流转换开关故障现象、处理方法及过程如表 9-2 所示。

表 9-2　　　　　　　　　　　　直流转换开关故障现象、处理方法及过程

直流转换开关 SF$_6$ 压力低处理	现象	典型 OWS 报文： #B Px.WN.NBS #E SF$_6$气压低报警信号　出现 #B Px.WN.NBS #E SF$_6$气压低闭锁信号　出现
	处理	（1）后台检查直流转换开关 SF$_6$压力，若实际压力未低于额定压力（0.6MPa），说明信号误报，上报缺陷通知检修检查信号回路是否正常；

直流转换开关 SF$_6$ 压力低处理	处理	（2）如果后台检查 SF$_6$ 压力为 0.5～0.6MPa，压力没有继续下降或下降缓慢，且无明显泄漏点，立即通知检修人员进行处理并确认排风机确已启动运行（通风 15min）； （3）如果后台检查 SF$_6$ 压力低于 0.50MPa，且压力下降很快，或有明显泄漏点，向省调申请将直流转换开关转检修。若是中性线开关（NBS）运行中闭锁，则向省调申请按照双极转冷备用、对应故障极转检修、恢复非故障极运行的顺序隔离故障设备；若 GRTS 或者 NBGS 运行中闭锁，将则向省调申请双极转冷备用后，直流转换开关转检修处理； （4）将上述情况汇报省调及相关领导； （5）上报缺陷，通知检修处理
直流转换开关拒动故障处理	现象	直流转换开关拒动，并伴随有以下 OWS 信号： #B Px.WN.NBS #E SF$_6$ 气压低报警信号 出现 #B Px.WN.NBS #E SF$_6$ 气压低闭锁信号 出现 #B Px.WN.NBS #E 低油压分闸闭锁信号 出现 #B Px.WN.NBS #E 低油压合闸闭锁信号 出现
	处理	（1）检查直流转换开关操作电源或电机打压电源正常； （2）检查直流转换开关就地汇控柜控制把手"远方、就地"对应位置正确； （3）检查是否断路器操作机构故障、液压压力不正常、SF$_6$ 气压异常，若是则上报缺陷，通知检修处理； （4）检查是否达到断路器的各种闭锁条件； （5）对于不能带电处理的拒合故障，则立即汇报省调申请停止启动，并将该直流转换开关转至检修；若是中性线开关（NBS）运行中拒分，则向省调申请按照双极转冷备用、对应故障极转检修、恢复非故障极运行的顺序隔离故障设备；若 GRTS 或者 NBGS 运行中拒分，则向省调申请将双极转冷备用后，直流转换开关转检修处理； （6）将上述情况汇报省调及相关领导； （7）上报缺陷，通知检修处理
直流转换开关低油压闭锁故障处理	现象	典型 OWS 报文： #B Px.WN.NBS #E 低油压分闸闭锁信号 出现 #B Px.WN.NBS #E 低油压合闸闭锁信号 出现
	处理	（1）若 NBS 所在的极在运行中出现分合闸闭锁信号，应立即汇报省调，并向省调申请：停运相应极，将 NBS 开关转检修； （2）将上述情况汇报省调及部门领导； （3）上报缺陷，通知检修处理

三、隔离开关和接地开关异常及事故处理

1. 紧急停运规定

隔离开关（接地开关）在运行中发生下列情况之一者，应立即汇报省调，申请停运相应极，通知检修人员处理。

（1）绝缘子破损、断裂或严重放电；

（2）本体、连杆和转轴等机械部分有开焊、变形、松动脱落。

2. 故障现象、处理方法及过程

刀闸和接地开关故障现象、处理方法及过程如表 9-3 所示。

表 9-3　　　　　　　　　　　　刀闸和接地开关故障现象、处理方法及过程

隔离开关接头发热	现象	本体某部分温度超范围且有升高趋势
	处理	（1）若本体某部分温度超范围应加强监视，尽量减少负荷，或者将符合转移至另一极； （2）如发现过热，向省调汇报，申请减少负荷，或者将负荷转移至另一极，必要时停用相应极，将该刀闸转检修
隔离开关/接地开关操作不到位	现象	分、合闸不到位，或动作缓慢
	处理	（1）若隔离开关/接地开关分合不到位，先试分合一次； （2）检查机械闭锁是否正确到位，辅助触点动作是否正确； （3）若试分合不成功、隔离开关/接地开关无法拉开，汇报省调、运维值班室和部门领导，上报缺陷，通知检修处理

四、电流互感器和电流测量装置异常及事故处理

1. 紧急停运规定

运行中，电流互感器和直流电流测量装置有下列情况之一者，应立即汇报省调，申请停运相应极，通知检修人员处理。

（1）绝缘子因污秽，造成严重闪络放电；

（2）内部有严重放电声和异常声响；

（3）红外测温发现电流互感内部温度或其连接处温度持续升高。

2. 故障现象、处理方法及过程

电流互感器故障现象、处理方法及过程如表 9-4 所示。

表 9-4　　　　　　　　　　　　电流互感器故障现象、处理方法及过程

电流互感器二次回路开路	现象	（1）有关电流指示不正常； （2）有关的保护和自动装置工作不正常； （3）二次开路端子处发生火花或有放电声，有时还伴有焦糊味； （4）OWS 报"××TA 异常""××差流异常报警"
	处理	（1）立即汇报省调及部门领导，申请减少负荷或者将负荷转移至另一极，申请将故障电流互感器所在极停运，隔离故障电流互感器； （2）上报危急缺陷，联系检修人员处理
电流测量装置测量故障	现象	OWS 报"RTUx 远端模块置维修""RTU1 激光器关闭"且相对应套保护控制系统报故障
	处理	（1）立即汇报省调和部门领导、运维值班室； （2）现场检查电流合并单元报警情况，检查 OWS 上电流测量装置测量值和通道监视情况； （3）如果单套电流合并单元故障，向省调申请将对应套极保护退出运行，上报缺陷，通知检修人员处理； （4）如果保护动作，查看故障录波图，分析保护动作原因是否为电流测量装置测量故障造成保护误动，向省调申请将设备转为检修，上报危急缺陷，联系检修处理

五、电压测量装置异常及事故处理

1. 紧急停运规定

运行中，发现极母线电压测量装置有下列情况之一者，向省调申请停运相应极，通知检修处理。

（1）套管因污秽，造成严重闪络放电；

（2）内部声音异常、严重不均匀；

（3）设备接头严重过热；

（4）电压测量装置压力过高，导致防爆片破裂。

2. 故障现象、处理方法及过程

电压测量装置故障现象、处理方法及过程如表 9-5 所示。

电压测量装置二次回路故障	现象	（1）相关电压、功率值显示不正常； （2）有关的保护和自动装置工作不正常
	处理	（1）汇报省调及部门领导、运维值班室，立即停用由于失压而可能误动的保护； （2）如引起控制系统动作不正常，则应停运相应的控制系统； （3）向省调申请停运相应极，将故障电压测量装置所在区域转检修； （4）上报危急缺陷，通知检修人员处理
电压测量装置的套管严重破损	现象	套管严重破损或外绝缘存在放电现象
	处理	（1）汇报省调及部门领导、运维值班室，向省调申请：将相应极停运，并将故障电压测量装置所在区域转检修； （2）上报危急缺陷，通知检修人员处理
电压测量装置的压力报警	现象	（1）OWS 报"极×阀侧电压 TV 桥臂 A（B、C）气体密度检测报警 出现""极×极线（中性线）TV 气体密度检测报警出现"； （2）OWS 气体密度界面显示该电压测量装置 0.3Bar 以下
	处理	（1）若中性线电压测量装置报警，可以申请在线进行补气； （2）若阀侧电压测量装置或者极线电压测量装置报警，汇报省调及部门领导、运维值班室，向省调申请：将相应极停运，并将故障电压测量装置所在极转检修； （3）上报缺陷，通知检修人员处理

六、换流变压器异常及事故处理

1. 紧急停运规定

（1）换流变压器运行中有下列情况之一者，可不汇报调度，立即停运相应极，停运后，必须立即汇报省调：

1）换流变压器声响明显增大，很不正常，内部有炸裂声；

2）换流变压器油枕、分接头油枕、套管破裂并大量漏油；

3）套管有严重的破损和放电现象；

4）换流变压器冒烟着火。

（2）换流变压器运行中发现下列现象时，向省调申请停运相应极，通知检修人员处理：

1）套管裂纹，并有闪络放电痕迹；

2）油枕、套管油位现场指示过低；

3）换流变压器油枕、分接头油枕漏油，危及运行；

4）在线气体监测报警，且油化验不合格，尤其乙炔含量高；

5）变压器声音异常。

（3）火灾报警。

1）换流变压器附近设备着火，爆炸或发生其他情况，对换流变压器构成严重威胁时，值班人员应立即将换流变压器及相应极停运，停运后，必须立即汇报省调、运维值班室及部门领导；

2）当出现换流变压器火警预告时，应密切监视换流变压器运行情况，详细检查各部温度、油位、油色、振动、声响等，若确认换流变压器无火灾征兆，应及时检查火警装置的工作情况。

（4）轻瓦斯报警。

1）轻瓦斯保护第一次告警时，应向调度申请将故障极按正常操作步骤停运后进行进一步检查处理；

2）轻瓦斯保护第二次告警时，应立即向调度申请将故障极换流阀闭锁后再按故障极"急停"按钮进行停运操作。

2．故障现象、处理方法及过程

换流变压器故障现象、处理方法及过程如表 9-6 所示。

表 9-6　　　　　　　　　　　　　换流变压器故障现象、处理方法及过程

	现象	OWS 报"P×× A 相油面温度计报警""P×× A 相绕组温度计 1 报警""P×× A 相绕组温度计 2 报警"
换流变压器上层油温/绕组温度过高报警	处理	（1）查看换流变压器异常相温度历史曲线，现场查看机械温度表的读数，排除误报可能。与正常相的温度对比，若是过负荷则向省调申请降低负荷。 （2）检查换流变压器的冷却装置是否正常，是否开启所有风扇。 （3）检查换流变压器冷却系统（散热器、潜油泵、冷却风扇）温度上传回路（含温度表）是否正常。 （4）若未发现异常，申请调度降低负荷；若油温，油位继续升高，应立即向省调申请将换流变压器及相应极停运，检查确认是否因换流变内部故障而引起的温度升高。 （5）上报危急缺陷，通知检修人员处理。 （6）汇报部门领导、运维值班室

换流变压器油位过高	现象	OWS 报"P×× A 相开关油位计高油位报警""P×× B 相本体油位计高油位报警"
	处理	（1）对比同相两个油位计，排除误报。 （2）上报缺陷，联系检修人员进站。 （3）排油前，重瓦斯保护应改接信号
换流变压器油位过低	现象	OWS 报"P×× A 相开关油位计低油位报警""P×× A 相本体油位计低油位报警"
	处理	（1）先现场确认油位信号是否属误报警。若是误报警，则上报缺陷，通知检修人员检查二次信号回路。 （2）如确认不是误报警，现场检查设备有否漏油、渗油。若有，则上报危急缺陷，立即联系检修人员处理。 （3）补油时，应将其重瓦斯保护改接信号。 （4）因大量漏油而使油位迅速下降时，禁止停用重瓦斯保护，采取停止漏油的措施。必要时，向省调申请或直接将换流变压器及相应极停运；停运后，必须立即汇报省调及部门领导。上报危急缺陷，通知检修人员处理
换流变压器轻瓦斯保护第一次报警	现象	换流变压器本体轻瓦斯、分接头轻瓦斯（气体继电器）动作报警
	处理	（1）应向调度申请将故障极按正常操作步骤停运，并向运维值班室、部门领导汇报。 （2）上报危急缺陷，通知检修班组进站处理，并现场检查油位降低、监控系统是否有"直流系统失地"等其他异常信号发生。 （3）若检查集气盒内气体为无色、无臭、不可燃，经色谱分析确认为空气时，经排气后设备可恢复运行，但应尽快消除进气缺陷，如负压区的漏油等。 （4）若只有轻瓦信号动作，没有其他异常现象，检修人员应检查轻瓦报警二次回路绝缘情况，判断是否是二次回路问题引起轻瓦误动作。经分析判断是轻瓦二次回路问题引起的误动作，经处理后设备可恢复运行。 （5）未查明原因，且油色谱在线监测装置或离线油色谱数据均未出现特征气体异常的，设备恢复运行后，还应加强监视，根据本处置预案做好处置准备，将 OMDS 系统油色谱检测周期从 24 小时 1 次改为 4 小时 1 次，由专人跟踪在线油色谱数据，并根据油色谱数据情况缩短离线取油检测周期
换流变压器轻瓦斯保护第二次报警	现象	长期稳定运行的充油设备第一次轻瓦斯告警发生经上述流程检查处理，恢复运行；在较短时间内又发生轻瓦动作信号告警
	处理	（1）应立即向调度申请将故障极换流阀闭锁，再按故障极"急停"按钮进行停运操作。并将上述处理情况汇报运维值班室及部门领导。 （2）上报危急缺陷，通知检修班组进站处理。 （3）未查明原因不得盲目投运

换流变压器重瓦斯保护动作跳闸	现象	OWS 报"本体重瓦斯 A 相出现"或者"开关压力继电器 A 相出现"并出现"A 相重动跳闸总信号 出现""保护动作总信号出现""#×换流变×套非电量保护跳闸 出现""非电量保护跳闸命令 出现"并伴随相应极直流系统停运报文
	处理	（1）立即汇报省调及部门领导、运维值班室。 （2）外观检查有无喷油、损坏等明显故障。 （3）检查呼吸器、保护装置及二次回路工作是否正常。 （4）查看气体监测装置，通知检修人员进行瓦斯气体及油样做色谱分析。 （5）瓦斯保护动作跳闸后，在查明原因消除故障前不得将换流变压器投入运行。 （6）若经相关电气试验、检查确认系重瓦斯保护误动作，经公司生产领导（或总工）批准，向省调申请，将重瓦斯保护改接信号（但其他保护必须投入），方可试充电运行。 （7）如果无法确认保护是否误动，还应进行相关的试验，以确认换流变压器是否正常
换流变压器着火	现象	OWS 报"火灾报警控制柜火灾报警出现"、火灾报警控制柜发相应换流变压器感温线缆报警信号
	处理（2 人值班）	（1）值班员通过视频及现场检查，确认换流变压器已经着火。 （2）保护没有动作跳闸，值班负责人应立即危急停运相应极直流系统，切断换流变压器电源。 （3）值班员检查换流变压器水喷雾系统启动喷淋动作成功，消防泵运行正常，管道压力是否正常。若未启动，快速手动启动相应换流变压器水喷雾消防装置。 （4）值班负责人立即拨打 119 火警电话，请求灭火。 （5）值班员现场指挥协调，组织人员用移动式灭火器、消防沙全力灭火，严防火势蔓延；确保人身安全，禁止人员站在着火换流变压器软导线之下。 （6）如果事故前为双极运行，值班负责人须检查直流功率转移是否正常。 （7）值班负责人汇报省调及部门领导、运维值班室。 （8）换流变压器火灾扑灭后，值班员将换流变压器转检修，值班负责人迅速通知检修人员处理。恢复消防系统正常运行
	处理（3 人值班）	（1）值班员 A 通过视频及现场检查，确认换流变压器已经着火。 （2）保护没有动作跳闸，值班负责人应立即危急停运相应极直流系统，切断换流变压器电源。 （3）值班员 A 检查换流变压器水喷雾系统启动喷淋动作成功，消防泵运行正常，管道压力是否正常。若未启动，快速手动启动相应换流变压器水喷雾消防装置。 （4）值班负责人立即拨打 119 火警电话，请求灭火。 （5）值班员 B 现场指挥协调，组织人员用移动式灭火器、消防沙全力灭火，严防火势蔓延；确保人身安全，禁止人员站在着火换流变压器软导线之下。 （6）如果事故前为双极运行，值班负责人须检查直流功率转移是否正常。 （7）值班负责人汇报省调及部门领导、运维值班室。 （8）换流变压器火灾扑灭后，值班员 A、B 将换流变压器转检修，值班负责人迅速通知检修人员处理。恢复消防系统正常运行

换流变压器冷却器故障报警	现象	OWS 报"P××A 相×号冷却器故障 出现"并伴随相关报文
	处理	（1）检查备用冷却器是否自动投入。 （2）检查故障冷却器电源是否正常。 （3）检查冷却器控制回路是否正常。 （4）检查油流指示器指示情况及风扇运行情况。 （5）监视运行换流变压器油温及负荷情况。 （6）如油流指示不正常，或风扇故障，则上报缺陷，通知检修人员处理
换流变压器在线滤油机压力高报警	现象	OWS 报"有载调压 A 相压力开关 出现"
	处理	（1）现场检查滤油机压力表读数，判断压力是否过高。 （2）若滤油单元刚投入，应加强监视，并做好记录。 （3）若滤油单元运行了较长时间，且压力高于 2.0bar，则断开滤油机电机电源，上报缺陷，通知检修人员处理
换流变压器有载分接开关压力释放装置动作故障处理	现象	OWS 报"P×× A 相变压器压力释放阀 1 报警""P×× A 相变压器压力释放阀 2 报警""P×× A 相开关压力释放阀报警"
	处理	（1）立即汇报省调及部门领导、运维值班室。 （2）现场检查压力释放装置动作情况，是否喷油。 （3）若喷油，应向调度申请，将换流变压器转检修，并联系检修人员处理。 （4）若未喷油，上报缺陷，并联系检修人员处理。 （5）压力释放装置动作，应根据换流变压器本体保护或其他保护有无动作情况进行综合分析，若仅有压力继电器动作，而无其他任何保护动作，则有可能是该装置误动，经专业人员认可后可以继续运行；若压力释放阀动作并伴随有其他保护（如瓦斯，差动）动作，则说明有内部故障或大的穿越性短路，当确认为内部故障时，严禁送电
换流变压器油泵和风扇电机保护动作	现象	OWS 报"P××相×号冷却器故障 出现"
	处理	（1）检查换流变压器就地控制柜内是否有油泵、风扇电机开关跳闸，如有跳闸现象，将跳闸开关试合一次，试合成功，则恢复正常运行。 （2）如果试合不成功，则上报缺陷，通知检修人员进行检查。 （3）加强对换流变压器温度的监视，并做好记录，如发现换流变压器温度升高，按照换流变压器温度异常处理

换流变压器分接头不一致（在定功率站"双极"控制方式情况下）	现象	OWS 报"分接头 不一致 出现"
	处理	（1）检查 OWS 界面上与现场分接头各相档位是否一致。 （2）汇报省调并申请暂停功率升降。 （3）检查故障分接头调节机构外观是否正常，分接头电机电源开关是否投入正常。 （4）若故障分接头调节机构外观出现明显变形、传动杆脱扣等现象，应断开分接头电机电源开关，汇报省调并申请停运故障极，上报缺陷，并通知检修人员处理。 （5）若故障分接头电机电源投入正常，在 OWS 界面上将分接头控制方式打至"手动"，手动调节分接头保持一致，上报缺陷，并通知检修人员处理。 （6）若故障分接头电机电源开关跳开，可试合一次，试合成功，应检查该相分接头自动与其他相调节一致。试合不成功，应远方遥控正常相分接头位置与故障相一致，上报缺陷，并通知检修人员处理。 （7）在分接开关故障处理过程中，应防止各相变压器档位相差 3 档及以上，以免导致换流变压器零序电流保护误动
换流变压器冷却器全停	现象	OWS 报"P×× A 相冷却器全停报警 出现"
	处理	（1）换流变压器冷却器全停时，值班人员应立即汇报省调、部门领导及运维值班室。 （2）若换流变压器冷却器全停时，在油面温度大于 75℃允许运行 20min；当油面温度尚未达到 75℃时，允许继续运行到油面温度达到 75℃，但不能超过 1h；否则出现"冷却器全停跳闸"告警。 （3）值班人员应立即到现场检查换流变压器 PLC 风冷控制箱内交流总电源开关 Q1、Q2 是否跳闸，若跳闸可以使送一次。 （4）若是运行中的一路交流总电源输入开关跳闸，另一路没有自投，则应手动换流变压器 PLC 风冷控制箱内交流电源选择开关 SA，恢复交流工作电源，再查找故障点。 （5）若是换流变压器 PLC 风冷控制箱内交流总电源开关未跳闸，查看站用电室（一）或站用电室（二）检查接于极Ⅰ或极Ⅱ380VⅠ、Ⅱ段的冷却器交流电源出线开关是否跳闸，并及时找出故障点，尽快进行处理。迅速恢复冷却器的交流总电源开关。 （6）若是两路冷却器交流总电源开关 Q1、Q2 同时跳闸，应分别试送交流总电源开关，并切换交流电源选择开关 SA 进行故障查找。 （7）若无法处理应及时通知检修人员进行处理，同时加强监视油温、负荷情况并向省调申请降负荷。 （8）做好相关记录，汇报省调、运维值班室及部门领导

七、平波电抗器及桥臂电抗器异常及事故处理

1. 紧急停运规定

（1）电抗器运行中有下列情况之一者，可不汇报调度，立即停运相应极，停运后，必须立即汇报省调。

1）内部声音异常且不均匀，并有明显的放电声；

2）本体破裂；

3）套管闪络并炸裂；

4）平波电抗器着火。

（2）电抗器运行中发现下列现象，向省调申请停运相应极，通知检修人员处理。

1）套管有裂纹并有放电痕迹；

2）内部声音异常且不均匀。

2. 故障现象、处理方法及过程

平波电抗器及桥臂电抗器故障现象、处理方法及过程如表 9-7 所示。

表 9-7 平波电抗器及桥臂电抗器故障现象、处理方法及过程

桥臂电抗器保护跳闸	现象	OWS 关键报文："桥臂电抗差动保护 跳闸"且相应极直流系统停
	处理	（1）对桥臂电抗器进行外观检查。 （2）对保护动作情况和报警信号进行分析判断，确定是桥臂电抗器主设备故障。 （3）如果一次设备有明显的故障点，则将相应极的换流器转检修。 （4）汇报省调及部门领导、运维值班室，上报危急缺陷，通知检修人员处理
平波电抗器保护动作跳闸	现象	OWS 关键报文："极母线差动保护 报警""极母线差动保护 I 段 跳闸""极母线差动保护 II 段 跳闸"且相应极直流系统停运
	处理	（1）对平波电抗器进行外观检查。 （2）对保护动作情况和报警信号进行分析判断，确定是平波电抗器主设备故障。 （3）如果一次设备有明显的故障点，则将相应极的换流器转检修。 （4）汇报省调及部门领导、运维值班室，上报危急缺陷，通知检修人员处理
电抗器着火	现象	（1）OWS 关键报文："桥臂电抗差动保护 跳闸""极母线差动保护 报警""极母线差动保护 I 段 跳闸""极母线差动保护 II 段 跳闸"且相应极直流系统停运。 （2）火灾报警柜显示电抗器所在区域烟感、红外对射传感器报警
	处理 （2人值班）	（1）若直流系统未停运，值班负责人应立即紧急停运直流系统（按下主控室的"极×紧急停运"按钮）。 （2）值班员查看相应区域的组合机组和轴流风机是否停运。 （3）值班员将换流器转检修，若换流器不能转检修应立即向调度申请对侧××变电站将 220kV××I 路 29A 线路操作至检修状态，××换流站将±320kV××极 I 线 0330 线路操作至检修状态。

电抗器着火	处理 （2人值班）	（4）值班负责人汇报有关调度和换流站部门领导，同时拨打119火警电话报警，报告单位名称、地址和火灾性质，并派专人到路口迎接、引导消防车。 （5）直流系统转检修后，值班员协助消防人员灭火，灭火过程中派专人负责安全监督，并确定灭火人员在火灾现场内停留不得超过指定时间。 （6）火灾扑救完毕后，值班员仔细检查确定已无火情和复燃可能，值班负责人汇报调度及换流站部门领导。 （7）值班员重新启动相关排烟风机，排烟过程中监视，防止复燃。 （8）排烟结束，值班员再次仔细检查确定已无火情和复燃可能，复归相关报警信号。 （9）值班负责人将事故处理详细过程汇报调度及换流站部门领导，并通知检修人员处理现场遗留问题
	处理 （3人值班）	（1）若直流系统未停运，值班负责人应立即紧急停运直流系统（按下主控室的"极×紧急停运"按钮）。 （2）值班员A查看相应区域的组合机组和轴流风机是否停运。 （3）值班员A、B将换流器转检修，若换流器不能转检修应立即向调度申请对侧××变电站将220kV××I路29A线路操作至检修状态，××换流站将±320kV××极I线0330线路操作至检修状态。 （4）值班负责人汇报有关调度和换流站部门领导，同时拨打119火警电话报警，报告单位名称、地址和火灾性质，并派值班员B到路口迎接、引导消防车。 （5）直流系统转检修后，值班员B协助消防人员灭火，灭火过程中派专人负责安全监督，并确定灭火人员在火灾现场内停留不得超过指定时间。 （6）火灾扑救完毕后，值班员B仔细检查确定已无火情和复燃可能，值班负责人汇报调度及换流站部门领导。 （7）值班员A重新启动相关排烟风机，排烟过程中监视，防止复燃。 （8）排烟结束，值班员A再次仔细检查确定已无火情和复燃可能，复归相关报警信号。 （9）值班负责人将事故处理详细过程汇报调度及换流站部门领导，并通知检修人员处理现场遗留问题

八、换流阀故障异常及事故处理

1. 紧急停运规定

换流阀在运行中有下列情况之一者，可不汇报调度，立即停运相应极，停运后，必须立即汇报省调：

（1）阀厅内及直流场设备着火；

（2）当一个桥臂内有16个及以上换流阀子模块故障；

（3）阀水冷系统严重漏水。

2. 故障现象、处理方法及过程

换流阀故障现象、处理方法及过程如表9-8所示。子模块故障判断逻辑表如表9-9所示。

表 9-8 换流阀故障现象、处理方法及过程

换流阀子模块故障	现象	根据表 9-9 对比阀基监视主机报文判断子模块出现下列异常之一： （1）取能电源故障； （2）IGBT 驱动故障； （3）IGBT 过流故障； （4）SM 过压故障； （5）旁路开关误合； （6）SMC-VBC 通信故障； （7）VBC-SMC 通信故障
	处理	（1）检查主控室的阀基监视主机的 SOE 信息，确认被旁路的子模块编号、位置及原因等； （2）根据子模块编号位置，视频系统检查该模块外观是否有异常，是否漏水； （3）监视该极换流阀子模块的冗余数量； （4）当一个桥臂内的子模块故障数量达到 10 个，应密切监视换流阀的运行情况，汇报省调及部门领导，向省调申请将该极停运，上报缺陷，通知检修人员处理
阀厅失火	现象	（1）OWS 关键报文"阀厅火灾报警跳闸 出现""火灾报警控制柜火灾报警 出现"并伴随跳闸报文以及相对应紫外、极早期探测器报警信息； （2）火灾报警控制柜报火警，并显示相应探测器的报警信息； （3）视频检查阀厅有明火，烟雾
	处理 （2 人值班）	（1）若直流系统未停运，值班负责人应立即紧急停运直流系统（按下主控室的"极×紧急停运"按钮）； （2）值班员检查阀厅组合机、冷水机组和轴流风机是否停运； （3）值班员将换流器转检修，若换流器不能转检修应立即向调度申请对侧××变电站将 220kV××Ⅰ路 29A 线路操作至检修状态，××换流站将±320kV××极Ⅰ线 0330 线路操作至检修状态； （4）值班负责人汇报有关调度和部门领导，同时拨打 119 火警电话报警，报告单位名称、地址和火灾性质，并派专人到路口迎接、引导消防车； （5）直流系统转检修后，值班员协助消防人员灭火，灭火过程中派专人负责安全监督，并确定灭火人员在火灾现场内停留不得超过指定时间； （6）火灾扑救完毕后，值班员仔细检查确定已无火情和复燃可能，值班负责人汇报调度及换流站部门领导； （7）值班员重新启动阀厅空调系统及相关排烟风机，排烟过程中监视，防止复燃； （8）排烟结束，值班员再次仔细检查确定已无火情和复燃可能，复归相关报警信号； （9）值班负责人将事故处理详细过程汇报调度及换流站部门领导，并通知检修人员处理现场遗留问题

阀厅失火	处理 （3 人值班）	（1）若直流系统未停运，值班负责人应立即紧急停运直流系统（按下主控室的"极×紧急停运"按钮）； （2）值班员 A 检查阀厅组合机、冷水机组和轴流风机是否停运； （3）值班员 A、B 将换流器转检修，若换流器不能转检修应立即向调度申请对侧××变电站将 220kV××I 路 29A 线路操作至检修状态，××换流站将±320kV××极 I 线 0330 线路操作至检修状态； （4）值班负责人汇报有关调度和部门领导，同时拨打 119 火警电话报警，报告单位名称、地址和火灾性质，并派值班员 B 到路口迎接、引导消防车； （5）直流系统转检修后，值班员 B 协助消防人员灭火，灭火过程中派专人负责安全监督，并确定灭火人员在火灾现场内停留不得超过指定时间； （6）火灾扑救完毕后，值班员 B 仔细检查确定已无火情和复燃可能，值班负责人汇报调度及换流站部门领导； （7）值班员 A 重新启动阀厅空调系统及相关排烟风机，排烟过程中监视，防止复燃； （8）排烟结束，值班员 A 再次仔细检查确定已无火情和复燃可能，复归相关报警信号； （9）值班负责人将事故处理详细过程汇报调度及换流站部门领导，并通知检修人员处理现场遗留问题
换流阀子模块 母排发热	现象	（1）换流阀监控主机报："桥臂*分段*子模块*事件*IGBT 过流故障产生"，"桥臂*分段*子模块*事件* 旁路确认状态产生"； （2）通过视频及红外检查子模块发现：子模块母排发热，有火花溅出
	处理	（1）立即汇报省调及部门领导，向省调申请将系统停运，并将换流器转检修； （2）上报危急缺陷，通知检修人员处理
换流阀子模块旁路 开关拒动	现象	（1）换流阀监控主机报："桥臂*分段*子模块* 取能电源故障"，"桥臂*分段*子模块* 旁路开关拒合故障 产生"，"臂*分段*子模块* 旁路开关拒合状态 产生""阀控请求跳闸"； （2）OWS 报文：VBC 请求跳闸出现、VBC 请求切换系统出现、保护出口闭锁换流阀出现、请求联跳对站命令发出、保护跳闸隔离中性母线命令出现
	处理	（1）通过视频及红外检查故障子模块情况； （2）立即汇报省调及部门领导，向省调申请将换流器转检修； （3）上报危急缺陷，通知检修人员处理
黑模块	现象	（1）换流阀处于充电阶段，送电后桥臂*分段*子模块*取能电源故障，导致送电后取能电源未能正常给旁路开关、中控板、驱动板供电，导致解锁后旁路开关无法正常旁路而导致子模块爆裂； （2）换流阀监控主机报："桥臂*分段*子模块* VBC 通信正确 消除""桥臂*分段*子模块* 旁路确认状态（无"在旁路""旁路确认"报文）"
	处理	（1）通过视频及红外检查故障子模块情况； （2）立即汇报省调及部门领导，向省调申请将换流器转检修； （3）上报危急缺陷，通知检修人员处理

表 9-9　　子模块故障判断逻辑表

故障类型	报文 1		报文 2		报文 3		报文 4		报文 5		报文 6		报文 7		备注
	T_1 时刻	报文	T_2 时刻	报文	T_3 时刻	报文	T_4 时刻	报文	T_5 时刻	报文	T_6 时刻	报文	T_7 时刻	报文	
取能电源故障	0ms	取能电源故障产生	1.375ms	在旁路状态产生	2~3ms	旁路确认产生	T_3+125μs	旁路确认状态产生	4min左右	SMC-VBC 有通信消失					取能电源轻微故障
	0ms	取能电源故障产生	1.375ms	在旁路状态产生	2~3ms	旁路确认产生	T_3+125μs	旁路确认状态产生	180ms左右	SMC-VBC 有通信消失					取能电源内部故障
IGBT驱动故障	0ms	IGBT 驱动故障产生	1.375ms	在旁路状态产生	2~3ms	旁路确认产生	T_3+125μs	旁路确认状态产生	4min左右	SMC-VBC 有通信消失					
IGBT过流故障	0ms	IGBT 过流故障产生	1.25ms	IGBT 过流故障清除											两次间隔大于20ms
	0ms	IGBT 过流故障产生	1.25ms	IGBT 过流故障清除	$T+$1.25ms	IGBT 过流故障产生	2~3ms	旁路确认产生	T_4+1.5ms	在旁路状态	T_5+500μs	旁路确认状态产生	4min左右	SMC-VBC 有通信消失	$T<$20ms
SM过压故障	0ms	SM 过压故障产生	1.375ms	在旁路状态产生	2~3ms	旁路确认产生	T_3+125μs	旁路确认状态产生	4min左右	SMC-VBC 有通信消失					
旁路开关误合	0ms	旁路确认产生	<0~1ms	取能电源故障产生	1.375ms	在旁路状态产生	T_3+500μs	旁路确认状态产生	4min左右	SMC-VBC 有通信消失					触发回路受干扰
	0ms	旁路确认产生	1~2ms	取能电源故障产生	1.375ms	在旁路状态产生	T_3+500μs	旁路确认状态产生	4min左右	SMC-VBC 有通信消失					节点电阻大

故障类型	报文1		报文2		报文3		报文4		报文5		报文6		报文7		备注
	T_1时刻	报文	T_2时刻	报文	T_3时刻	报文	T_4时刻	报文	T_5时刻	报文	T_6时刻	报文	T_7时刻	报文	
SMC-VBC通信故障	0ms	SMC-VBC通信正确消除（校验错误），SMC-VBC有通信消失（链路无光）			1ms	旁路确认状态产生									
VBC-SMC通信故障	0ms	VBC-SMC通信正确消除，VBC-SMC有通信消除			2~3ms	旁路确认产生	T_3+125μs	旁路确认状态产生							

九、启动电阻器异常及事故处理

1. 紧急停运规定

（1）系统正常运行时，出现启动电阻器温度异常升高；

（2）上下层之间绝缘部分出现放电现象。

2. 故障现象、处理方法及过程

启动电阻器故障现象、处理方法及过程如表9-10所示。

表9-10 　　　　　　　　　　　　启动电阻器故障现象、处理方法及过程

电阻单元片开路处理	现象	电阻单元片开路；启动充电时无充电电流
	处理	（1）若是系统刚启动时，启动电阻断路器还未合上，电阻单元片开路，则换流阀无法充电。此时，应立即汇报省调及部门领导，向省调申请停止启动，将系统停运，启动电阻转检修。上报危急缺陷，通知检修人员处理。 （2）若正常运行时，电阻单元片开路，不影响系统正常运行，可上报缺陷，安排计划检修

电阻单元片温 升高处理	现象	电阻单元片温升高,颜色暗红色
	处理	(1) 立即汇报省调及部门领导,向省调申请将系统停运,并将启动电阻转检修。 (2) 上报危急缺陷,通知检修人员检查处理
电阻单元串温 升高处理	现象	电阻单元串温升高
	处理	(1) 立即汇报省调及部门领导,向省调申请将系统停运,并将启动电阻转检修。 (2) 上报危急缺陷,通知检修人员检查处理
电阻器总体温 升高处理	现象	电阻器总体温升高
	处理	(1) 立即汇报省调及部门领导,向省调申请将系统停运,并将启动电阻转检修。 (2) 上报危急缺陷,通知检修人员检查处理
上下层之间绝缘 放电处理	现象	上下层之间绝缘放电
	处理	(1) 立即汇报省调及部门领导,向省调申请将系统停运,并将启动电阻转检修。 (2) 上报危急缺陷,通知检修人员检查处理

十、穿墙套管异常及事故处理

1. 紧急停运规定

穿墙套管运行中有下列情况之一者,应向省调申请停运相应极,并通知检修人员处理:

(1) 内部有严重放电声和异常声响;

(2) 爆炸着火、异味或冒烟,本体有过热现象;

(3) 充 SF_6 气体的穿墙套管 SF_6 气体压力严重泄漏,防爆片爆破。

2. 故障现象、处理方法及过程

穿墙套管故障现象、处理方法及过程如表 9-11 所示。

表 9-11 穿墙套管故障现象、处理方法及过程

SF_6 气体压力 严重泄漏	现象	OWS 报文: PCP 报"上桥臂 A 相穿墙套管 SF_6 压力低报警 出现"; PPR 报"极×上桥臂 A 相穿墙套管 SF_6 压力降低 出现"

SF$_6$气体压力严重泄漏	处理	（1）通过 OWS 气体密度界面检查该穿墙套管 SF$_6$气体压力值［1 级报警压力：5.3Bar；2 级报警压力：5.2Bar；3 级报警压力：5.0Bar（绝缘下降）］，确认穿墙套管 SF$_6$气体压力严重泄漏； （2）汇报省调及部门领导、运维值班室，向省调申请停运相应极并将该转检修； （3）上报危急缺陷，联系检修人员进行处理

十一、避雷器异常及事故处理

1. 紧急停运规定

避雷器运行中有下列情况之一者，应向省调申请停运相应极，并通知检修人员处理：

（1）避雷器绝缘子破裂；

（2）瓷外套出现明显的爬电流或桥络；

（3）均压环严重歪斜，引流线即将脱落，与避雷器连接处出现严重的放电现象；

（4）接地引线严重腐蚀或与地网完全脱开；

（5）绝缘基座出现贯穿性裂纹；

（6）密封结构金属件破裂。

2. 故障现象、处理方法及过程

避雷器故障现象、处理方法及过程如表 9-12 所示。

表 9-12　　　　　　　　　　　　　　避雷器故障现象、处理方法及过程

绝缘子破损或放电	现象	外观有破损或严重放电现象
	处理	（1）汇报省调及部门领导、运维值班室，向调度申请停运相关设备并转检修； （2）上报危急缺陷，联系检修人员处理
泄漏电流无指示	现象	泄漏电流表指示为 0
	处理	（1）通过视频或现场检查泄漏电流表，确认是否表计损坏引起； （2）若是阀厅内无法进入检查，不能无法确认原因的，汇报省调及部门领导，向省调申请将相应极停运； （3）上报危急缺陷，联系检修人员处理

十二、直流极母线异常及事故处理

直流极母线故障现象、处理方法及过程如表 9-13 所示。

表 9-13 直流极母线故障现象、处理方法及过程

直流极母线故障	现象	（1）OWS 关键报文："极母线差动保护报警""极母线差动保护 I 段跳闸""极母线差动保护 II 段跳闸"且相应极直流系统停运； （2）极保护区范围内设备有破损或严重放电现象
	处理	（1）立即汇报省调及部门领导、运维值班室； （2）检查平波电抗器的保护情况，若平波电抗器保护有动作，则有可能是平波电抗器故障； （3）全面检查极线电流测量装置与换流阀极线侧电流测量装置范围内的一次设备,重点检查直流穿墙套管及母线支持绝缘子，电压测量装置； （4）如有明显故障点，应将故障母线隔离，做好安全措施，联系检修处理； （5）如果没有发现故障点，经主管生产的领导批准并报省调同意后，可对极母线进行一次不带线路开路试验（open line test，OLT），正常后，将该极启动，否则，将该极转检修处理
双极区域故障	现象	（1）OWS 关键报文："双极中性母线差动保护 报警""双极中性母线差动保护 跳闸"且相应极直流系统停运； （2）极保护区范围内设备有破损或严重放电现象
	处理	（1）立即汇报省调及部门领导、运维值班室； （2）检查双极区保护动作情况； （3）全面检查金属回线电流测量装置、极 I 中性线电流测量装置、极 II 中性线电流测量装置、接地极电流测量装置之间的一次设备； （4）如有明显故障点，应将故障区域隔离，做好安全措施； （5）如果没有发现故障点,经主管生产的领导批准并报省调同意后,两极可以极进行一次不带线路开路试验（OLT），正常后，将双极系统启动，否则，将设备转检修处理
交流区域故障	现象	（1）事件记录、故障录波动作； （2）报警显示相应交流保护动作，相应极直流功率、电流为零； （3）相应极闭锁
	处理	（1）立即汇报省调及部门领导、运维值班室； （2）检查交流区域保护内的保护动作情况； （3）全面检查保护范围内的一次设备，重点检查交流场设备； （4）如有明显故障点，应将故障区域隔离，做好安全措施； （5）汇报省调及部门领导、运维值班室，上报危急缺陷，通知检修人员处理

直流线路区故障	现象	（1）OWS 关键报文："直流线路纵差保护 报警""直流线路纵差保护 跳闸"； （2）保护区范围内设备有破损或严重放电现
	处理	（1）立即汇报省调及部门领导、运维值班室； （2）检查直流线路保护范围内的保护动作情况； （3）全面检查极线电流测量装置到直流线路电缆头内的一次设备； （4）如有明显故障点，应将故障母线隔离，做好安全措施，联系检修处理；如没有发现故障点，经主管生产的领导批准并报省调同意后，可对极母线进行一次带线路开路试验（OLT），正常后，将该极启动，否则，将该极转检修处理

第二节　二次设备异常及故障处理

一、直流控制保护系统异常及故障处理

1. 紧急停运规定

（1）一般情况下，应保证控保系统处于正常运行状态下运行。在进行维护、试验和故障处理等工作时，需要将相应系统退出运行的工作前，应以保证对应的冗余系统处于"运行"状态正常运行为前提，尽可能将该系统退至"试验"状态下，对可能影响其他相关控制或保护系统正常运行的危险点，须做好安全措施，将相关控保系统退至"试验"状态，再进行工作。

（2）一次设备无故障情况下该套保护出现跳闸信号，需将相关保护系统退至"试验"状态。

（3）某套保护在运行中出现有下列情况之一者，需将相关保护系统退至"试验"状态：

1）某套保护装置报"紧急故障"；

2）保护长期动作；

3）保护装置故障（含板卡）；

4）与合并单元通信故障；

5）电流互感器、电流测量装置或电压测量装置单一线圈故障。

（4）故障处理完毕后，应将处理系统尽快恢复备用。若对处理系统投入运行存在疑虑，经主管生产领导批准，可向省调申请将处理系统暂放置"试验"状态进行试运行，待试验运行结束后投入运行。

（5）故障处理完毕后，将系统由"试验"状态手动切至"服务"状态前，检查该系统和相关系统功能正常且不存在极闭锁、开关跳闸等命令。

2. 故障现象、处理方法及过程

直流控制保护系统故障现象、处理方法及过程如表9-14所示。

表9-14
直流控制保护系统故障现象、处理方法及过程

SCADA 主机故障	现象	发现 OWS 工作站与 SCADA 服务器的通信中断，事件记录更新缓慢，检查发现服务器故障
	处理	（1）立即暂停有关操作和检修维护工作，汇报省调及有关领导、运维值班室，上报缺陷，通知检修人员处理； （2）如果是一台服务器故障，检查故障服务器已切至备用状态，若未自动切换，则通知检修人员处理； （3）如果是两台服务器同时故障，停止站内任何工作，密切监视直流系统运行情况。运维人员需到现场进行巡视和检查，查看就地控制系统操作屏是否正常，若就地控制系统操作屏正常，可以通过就地控制系统 LOC 工作站监视水冷系统、直流场等直流相关设备状态，但需现场检查以下重要设备： 1）阀冷装置室：检查内冷水主循环泵运行是否正常，检查现场进出水温度、压力、流量等情况； 2）直流场：检查断路器、隔离开关运行状态，检查 SF$_6$ 压力是否正常； 3）冷却塔：检查喷淋泵、风扇运行是否正常； 4）站用电：检查站用电室（一）、站用电室（二）负荷运行情况
单极故障处理	现象	单极直流保护动作，该极闭锁，另一极设备正常运行，故障前二次设备运行正常
	处理	（1）立即汇报省调及部门领导、运维值班室； （2）检查运行极是否过负荷，若是，则向省调申请降功率； （3）向省调申请将故障极转检修，同时对运行极加强监视； （4）现场检查保护范围内一次设备和所有电气连接设备有无明显的短路、放电、闪络等现象，若有，则应准备好备品进行更换； （5）查看直流控保系统运行情况，分析故障录波，判断是否为保护误动； （6）通知继保人员处理，排除控保系统故障的可能； （7）直流场设备恢复送电后，应对直流场设备进行一次全面巡视
极保护主机故障	现象	OWS 报"轻微故障 出现""紧急故障 出现"并伴随相关报文
	处理	（1）查看 OWS 上相关报文，根据报文到现场检查装置板卡的相关情况，检查得到故障类型； （2）立即汇报省调及部门领导、运维值班室； （3）如果同一系统三套极保护主机同时出现紧急故障，则相应极会自动停运；如果同一系统三套极控制主机同时出现轻微故障，可持续运行，检查轻微故障原因排查故障即可；轻微故障保护装置可正常出口，紧急故障保护闭锁出口； （4）单套直流保护退出，系统可正常运行，但不宜超过 24h，两套直流保护退出，应汇报省调停役一次设备； （5）根据极保护主机故障类型上报缺陷，通知检修人员处理

极控制主机故障	现象	OWS报"轻微故障 出现""严重故障 出现""紧急故障 出现"并伴随着相关报文
	处理	（1）查看OWS上相关报文，根据报文到现场检查装置板卡的相关情况，检查得到故障类型； （2）立即汇报省调及部门领导、运维值班室； （3）如果同一系统两套极控制主机同时出现紧急故障，则相应极出现"紧急故障跳闸"；如果同一系统两套极控制主机同时出现严重故障，应尽快停运排查问题；如果同一系统两套极控制主机同时出现轻微故障，可持续运行，检查轻微故障原因排查故障即可； （4）直流控制系统单套运行的时间不得超过24h （5）根据极控制主机故障类型上报缺陷，通知检修人员处理
"三取二"主机故障	现象	OWS报"轻微故障 出现""严重故障 出现""紧急故障 出现"并伴随着相关报文
	处理	（1）查看OWS上相关报文，根据报文到现场检查装置板卡的相关情况，检查得到故障类型； （2）立即汇报省调及部门领导、运维值班室； （3）如果同一系统两套"三取二"主机同时出现紧急故障，则相应极出现"紧急故障跳闸"；如果同一系统两套"三取二"主机同时出现严重故障，应尽快停运排查问题；如果同一系统两套"三取二"主机同时出现轻微故障，可持续运行，检查轻微故障原因排查故障即可； （4）根据"三取二"主机故障类型上报缺陷，通知检修人员处理

二、交流场测控装置异常及故障处理

交流场测控装置故障现象、处理方法及过程如表9-15所示。

表9-15 交流场测控装置故障现象、处理方法及过程

装置异常报警	现象	OWS报"极××ACC运行主机异常 出现"或"极××ACC非运行主机异常 出现"并伴随相关报文出现；装置报警指示灯亮
	处理	（1）现场检查保护装置情况； （2）上报缺陷，通知检修人员处理； （3）若单套装置异常告警，可向省调申请将保护退出处理；若两套装置异常告警，应向省调汇报，按调度下达的指令处理； （4）装置异常未排除前，应将保护切换到试验状态，禁止切换到运行状态； （5）应将保护切换到试验状态才能断电

电保护装置掉电	现象	单套电源故障：OWS 报"ACC 控制主机单套电源 故障"； 双套电源故障：OWS 报"S2ACC1 装置监视 网络 A 断""S2ACC1 装置监视 网络 B 断""S2ACC1 装置监视装置断"
	处理	（1）现场检查保护装置电源情况； （2）汇报省调及部门领导、运维值班室； （3）向调度申请退出该保护； （4）退出该保护后可试合一次电源开关； （5）若开关合上正常，恢复该保护运行； （6）若开关再次跳开，通知检修人员处理
作保护装置动作	现象	OWS 报"ACC 跳闸命令 出现"并伴随相关报文出现
	处理	（1）现场检查保护范围内一次设备，查看保护动作记录； （2）汇报省调及部门领导、运维值班室； （3）收集故障录波信息、事件记录、线路故障测距； （4）现场检查保护范围内一次设备故障应申请调度将故障设备隔离，做好安措，通知检修人员处理； （5）现场检查保护范围内一次设备没有发现异常，经分析确认是保护装置误动后由主管生产领导同意向调度申请退出故障保护，恢复系统运行

三、运行人员工作站（OWS）故障处理

运行人员工作站故障现象、处理方法及过程如表 9-16 所示。

表 9-16 　　　　　　　　　　　　运行人员工作站故障现象、处理方法及过程

工作站故障	现象	运行人员工作站直流监控软件死机、无反应；工作站蓝屏，自动关机无法启动等
	处理	（1）重启软件，或强制关机开机操作； （2）若故障还未消除，上报缺陷，通知检修人员处理； （3）若所有的工作站都有故障，应密切监视直流系统运行情况，运维人员需到现场进行巡视和检查 ，查看就地控制系统操作屏是否正常，若就地控制系统操作屏正常，可以通过就地控制系统 LOC 工作站监视水冷系统、直流场等直流相关设备状态，派专人到就地控制柜进行监盘工作

四、换流变压器保护系统异常及故障处理

换流变压器保护系统故障现象、处理方法及过程如表 9-17 所示。

表 9-17　　　　　　　　　换流变压器保护系统故障现象、处理方法及过程

装置异常报警	现象	OWS 报"装置报警"并伴随相关报文，装置报警红色灯亮
	处理	（1）现场检查保护装置情况； （2）上报缺陷，通知检修人员处理； （3）若单套保护装置异常告警，可向省调申请将保护退出处理；若两套或三套保护装置异常告警，应向省调汇报，按调度下达的指令处理； （4）保护装置异常未排除前，禁止按"复归"按钮； （5）应将保护的压板退出后才能断电
保护装置掉电	现象	OWS 报"电源异常"并伴随相关信号报出
	处理	（1）现场检查保护装置电源情况； （2）汇报调度及站领导； （3）向调度申请退出该保护； （4）退出该保护后可试合一次电源开关； （5）若开关合上正常，恢复该保护运行； （6）若开关再次跳开，通知检修人员处理
作保护装置动作	现象	OWS 报"换流变保护跳闸命令出现"并伴随相关信号报出； 保护装置动作
	处理	（1）现场检查保护范围内一次设备，查看保护动作记录； （2）汇报省调及部门领导、运维值班室； （3）收集故障录波信息、事件记录、线路故障测距； （4）现场检查保护范围内一次设备故障应申请调度将故障设备隔离，做好安措，通知检修人员处理； （5）现场检查保护范围内一次设备没有发现异常，经分析确认是保护装置误动后由主管生产领导同意向调度申请退出故障保护，恢复系统运行

五、站用变压器保护测控装置异常及故障处理

站用变压器保护测控装置故障现象、处理方法及过程如表 9-18 所示。

装置异常报警	现象	OWS 报 SPC 组"装置报警"并伴随相关报文，装置报警红色灯亮
	处理	（1）现场检查装置情况； （2）上报缺陷，通知检修人员处理； （3）装置异常告警，应向省调汇报，按调度下达的指令处理； （4）装置异常未排除前，禁止按"复归"按钮； （5）应将保护的压板退出后才能断电
电保护装置掉电	现象	OWS 报"极 1#1 站用变保护装置报警"（装置失电，隔壁套站用变压器保护会报警）装置失电，装置监视丢失
	处理	（1）现场检查保护装置电源情况； （2）汇报调度及部门领导、运维值班室； （3）向调度申请退出该保护； （4）退出该保护后可试合一次电源开关； （5）若开关合上正常，恢复该保护运行； （6）若开关再次跳开，通知检修人员处理
作保护装置动作	现象	OWS 报"差动速断动作""比率差动动作""高压侧过流Ⅰ段动作""高压侧过流Ⅱ段动作""高压侧过流Ⅲ段动作""低压侧零序过流Ⅱ段动作"并伴随相关报文
	处理	（1）现场检查保护范围内一次设备，查看保护动作记录； （2）汇报省调及部门领导、运维值班室； （3）收集故障录波信息、事件记录、线路故障测距； （4）现场检查保护范围内一次设备故障应申请调度将故障设备隔离，做好安措，通知检修人员处理； （5）现场检查保护范围内一次设备没有发现异常，经分析确认是保护装置误动后由主管生产领导同意向调度申请退出故障保护，恢复系统运行

六、阀控系统异常及故障处理

阀控系统故障现象、处理方法及过程如表 9-19 所示。

VBC 柜失去一路 220V 直流电源	现象	（1）事件记录发 VBC 柜单路电源故障； （2）VM 上对应 VBC 机箱遥信状态圆点显示为红色； （3）现场检查相应系统电源模块指示灯熄灭

VBC 柜失去一路 220V 直流电源	处理	(1) 检查 VBC 工作情况正常，尽快恢复该路电源； (2) 若该路电源不能恢复，密切监视该极换流阀运行情况，防止失去另一路电源； (3) 上报缺陷，通知检修人员处理
阀基电子设备（VBC）故障	现象	(1) 事件记录发出相关报警； (2) VM 上对应 VBC 机箱遥信状态圆点显示为红色； (3) 现场检查相应 VBC 盘的正常运行指示灯熄灭
	处理	(1) 检查故障阀基电子（VBC）柜内模块的信号，判断故障位置，上报缺陷； (2) 若已切换至备用系统正常，密切监视该极运行情况，通知检修人员处理故障系统； (3) 若该极已停运，做好安全措施，通知检修人员处理

七、故障录波系统异常及故障处理

故障录波系统故障现象、处理方法及过程如表 9-20 所示。

表 9-20　　　　　　　　　　　　故障录波系统故障现象、处理方法及过程

故障录波装置异常	现象	OWS 报"极×直流故障录波装置失电出现""极×直流故障录波装置异常出现""极×直流故障录波装置告警出现"
	处理	(1) 现场检查异常原因，上报缺陷，通知检修人员处理； (2) 需要退出故障录波装置时，必须向省调申请

八、信息管理子站异常及故障处理

信息管理子站故障现象、处理方法及过程如表 9-21 所示。

表 9-21　　　　　　　　　　　　信息管理子站故障现象、处理方法及过程

信息管理子站装置异常	现象	(1) 信息管理子站数据无法上传至调度自动化； (2) 调度自动化无法接受到数据； (3) 子站显示通讯异常（指示灯为红色）； (4) 子站模块出现异常

信息管理子站装置异常	处理	（1）汇报省调，将信息管理子站主机进行重启； （2）若子站装置电源小开关跳开，试合一次； （3）重启后，还是无法上传或通讯异常，或电源小开关试合不成功，子站模块异常等现象存在，上报缺陷，通知检修人员处理

九、通信及自动化设备异常及故障处理

通信及自动化设备故障现象、处理方法及过程如表 9-22 所示。

表 9-22　　　　　　　　　　**通信及自动化设备故障现象、处理方法及过程**

	现象	装置异常灯亮远动装置异常，导致远动信号无法上传
通信及自动化设备 装置异常	处理	（1）立即汇报通信人员，询问是否由于其他站有工作影响本站设备异常； （2）检查远动装置是否自动切至备用系统，若没有自动切至备用系统，则手动切至备用系统； （3）检查备用系统运行正常，通知检修人员检查处理故障系统； （4）检查装置故障是否影响到保护装置的运行，若有影响则向省调申请退出相应保护； （5）通知通信人员处理

第三节　辅助设备故障处理

一、站用电系统异常及故障处理

站用电系统故障现象、处理方法及过程如表 9-23 所示。

表 9-23　　　　　　　　　　**站用电系统故障现象、处理方法及过程**

	现象	OWS 报"差动速断动作""比率差动动作"并伴随相关报文
差动保护动作跳闸	处理	（1）汇报部门领导、运维值班室； （2）检查备自投是否正确动作，检查重要负荷（直流系统、暖通系统、阀冷系统）是否正常运行； （3）检查差动保护范围内的一次设备，有无明显故障； （4）上报缺陷，通知检修人员检查处理

站用变压器着火	现象	（1）主控室火灾报警控制柜报火警； （2）主控楼的照明、空调和电梯都断开，走廊和楼道的排烟机开启
	处理	（1）若着火变压器保护未动作，及时将着火变压器停电； （2）检查站用电倒换正常； （3）组织人员灭火，视火势情况拨打119； （4）汇报调度及部门领导、运维值班室； （5）火灭后将着火变压器隔离，做好现场安全措施，通知检修人员处理
10kV 母线故障处理	现象	10kV 母线失压，10kV ×段母线上线路报：过流Ⅱ段保护动作，线路对侧开关跳开，带电显示装置显示无电，10kV 备自投闭锁；故障段母线上的站用变低压侧开关跳开，对应的380V 备自投动作
	处理	（1）查 400V 系统联络运行正常； （2）查故障母线上的进线开关已跳开，若进线开关未跳开，应断开进线开关； （3）拉开故障母线所对应站用变压器高压侧开关以及对应进线开关； （4）将 10kV 故障母线转检修，通知检修人员及时处理； （5）加强运行站用变压器的巡视
380V 母线故障处理	现象	380V 故障母线所在的站用变压器过流Ⅱ段保护动作，站用变压器低压侧开关跳开，闭锁该极的 380V 备自投
	处理	（1）汇报部门领导、运维值班室； （2）检查重要负荷是否正常运行，并进行站用负荷的倒换操作； （3）加强运行站用变压器的巡视； （4）检查保护动作情况，判明故障原因；全面检查故障范围内的设备，查找故障点； （5）立即拉开 400V 母线上所有负荷开关，联系检修及时处理
一路 10kV 进线故障处理	现象	10kV 备自投动作，故障线路开关断开，相应分段开关合上，故障线路带电显示装置显示没电
	处理	（1）检查 10kV 备用电源自动投入成功：检查故障段的站用变压器运行正常，400V 负荷运行正常； （2）若 10kV 备用电源自动投入不成功：检查 400V 系统备自投是否正常运行； （3）联系配调，查明站用电进线失压原因； （4）配合配调将异常线路转检修，由相关调度通知线路检修人员处理

	现象	10kV 备自投动作，910、920 分段开关在合位，双路故障进线开关在分位
双路 10kV 进线故障处理（只有一路 10kV 进线线路运行）	处理	（1）汇报部门领导、运维值班室； （2）检查站用电的备自投动作情况，并检查重要负荷是否正常运行； （3）加强 10kV 运行进线线路间隔和运行中的站用变的巡视及测温以及电压电流监视； （4）汇报配调相关情况，要求对运行中的 10kV 进线线路保供电，尽快恢复另两路 10kV 进线线路供电； （5）联系厦门电业局，临时调配相应容量发电车接入双极的站用 380V 系统； （6）汇报部门领导、运维值班室，上报缺陷，通知检修人员检查处理

二、站用变压器断路器、隔离开关异常及故障处理

站用变压器断路器、隔离开关故障现象、处理方法及过程如表 9-24 所示。

表 9-24　　　　　　站用变压器断路器、隔离开关故障现象、处理方法及过程

	现象	开关有异常声响或其他异常现象
站用变压器高压侧开关故障	处理	（1）闭锁该回站用变压器所在 10kV 母线备自投，断开该回站用变压器进线开关； （2）检查 380V 站用电系统备自投正常； （3）由运维人员对该段母线及站用变压器转冷备用，同时加强监视运行站用变压器； （4）汇报省调度、配调及相关站领导、运维值班室； （5）将故障开关隔离，上报缺陷，通知检修人员处理
站用变压器低压侧开关故障	现象	开关有异常声响或其他异常放电现象
	处理	（1）倒换该故障开关所在 400V 母线上的负荷； （2）由运维人员对该段母线及站用变压器转冷备用，同时加强监视运行站用变压器； （3）上报缺陷，通知检修人员处理； （4）汇报省调、配调及部门领导、运维值班室

三、低压直流系统充电装置异常及故障处理

低压直流系统充电装置故障现象、处理方法及过程如表 9-25 所示。

表 9-25　　　　　　　　　低压直流系统充电装置故障现象、处理方法及过程

充电机两路交流输入 失压故障处理	现象	OWS 关键报文："1（2/3）号整流器交流输入断路""1（2/3）号整流器交流电源欠压""极 1 1 段直流系统告警"充电机两路交流输入电压失压
	处理	（1）检查该装置，查明电源消失的原因；可能的故障原因有：站用电系统失压、充电机输入端短路故障、投切回路中的交流熔丝熔断、缺相或相序错误；一路交流输入故障，另一路交流输入无法自动切换；某高频开关模块或 ATS 内部交流回路短路或元件故障，两路交流输入断路器均跳开； （2）若交流输入电源空气开关跳开，未发现明显的故障点，可以试送一次，若再次跳闸，则不再试送； （3）若交流输入电源空气开关未跳开，监控单元显示交流告警信息后，应使用万用表实测两路交流进线电压，确认电压消失； （4）无法排除故障，则退出该组充电机，通过母联并列或充电装置切换转移直流负荷，投入备用充电机； （5）上报缺陷，并通知检修人员来处理
充电装置两个及以上高频 开关模块故障处理	现象	充电装置两个及以上高频开关模块故障
	处理	（1）可能的故障原因有：充电装置交流输入电压过高；模块家族性缺陷或元器件老化等； （2）如果仍在运行的高频开关模块容量满足正常负荷和蓄电池充电电流要求，则直接退出故障充电模块，上报缺陷，通知检修人员处理； （3）如果无法满足上述要求，通过母联并列或充电装置切换转移直流负荷，隔离异常充电装置，再上报缺陷，通知检修人员进行故障设备的处理
直流监控装置故障处理	现象	直流监控装置故障
	处理	（1）可能故障原因：工作电源接线短路或开路、元器件故障或老化等； （2）监控装置故障会影响直流电源的正常监控。此时应隔离对应的充电装置，通过母联并列或充电装置切换转移直流负荷，再上报缺陷，通知检修人员进行故障设备的处理
直流监控装置与总监控或 一体化平台通信中断 故障处理	现象	直流监控装置与总监控或一体化平台通信中断
	处理	（1）可能故障原因：交换机故障；网络线松动；监控装置死机；监控装置通信模块故障等； （2）通信中断，影响远方监控功能，应立即上报缺陷，加强设备巡视，通知检修人员进行处理
蓄电池组电压低处理	现象	OWS 报文："1 号电池组浮充欠压""1 段直流母线欠压"
	处理	（1）查看充电机的充电状态，充电机是否在对蓄电池充电，是否在均充状态； （2）若充电机工作正常，检查蓄电池总电压是否正常，若正常，可加强监视； （3）若蓄电池总电压低，应将故障蓄电池退出； （4）将直流母线联络运行； （5）上报缺陷，联系检修人员对故障蓄电池进行处理

蓄电池故障 （发热，腐蚀）处理	现象	蓄电池发热、腐蚀
	处理	（1）将直流母线联络运行； （2）退出故障蓄电池，上报缺陷，联系检修人员对故障蓄电池进行处理
单体蓄电池爬酸	现象	单体蓄电池爬酸故障
	处理	（1）可能的故障原因：运行环境温升超标；蓄电池老化故障等； （2）上报缺陷，通知检修人员处理
单体蓄电池电压低于 1.8V 以下	现象	单体蓄电池电压低于 1.8V 以下； OWS 关键报文："×号电池组单体欠压"
	处理	（1）可能故障原因：长期充电电流过大、充电电压过高、温升超标；蓄电池老化故障等；产品质量问题； （2）检查充电装置输出参数和蓄电池室环境温度； （3）将直流母线联络运行，退出整组蓄电池； （4）上报缺陷，联系检修人员处理
单体蓄电池内阻异常	现象	内阻测试试验时发现单体蓄电池内阻异常或者查看充电柜监控装置的内阻巡检数据发现单体蓄电池内阻异常
	处理	（1）可能的故障原因：运行环境温升超标；电池长期过充或欠充；蓄电池老化故障等；产品质量问题； （2）上报缺陷，联系检修人员进行处理
绝缘监察装置故障	现象	发"绝缘监察装置故障"信号
	处理	（1）可能故障原因：工作电源接线短路或开路；元器件故障或老化等； （2）分馈线屏绝缘监察装置故障不影响母线对地绝缘检测，可直接退出故障装置处理； （3）上报缺陷，通知检修人员检查处理
绝缘监察装置与总监控或 一体化平台通信中断	现象	发"绝缘监察装置故障""通信中断"信号
	处理	（1）可能故障原因：网络线松动；监察装置死机；监察装置通信模块故障等； （2）通信中断会影响远方监控功能，应上报缺陷，通知检修人员尽快安排消缺，在消除故障前，缩短巡视周期

四、直流失地异常及故障处理

直流失地故障现象、处理方法及过程如表 9-26 所示。

表 9-26　　　　　　　　　　　　　　　**直流失地故障现象、处理方法及过程**

单段直流失地故障处理	现象	OWS 关键报文："×段直流母线绝缘降低"
	处理	（1）可能存在的故障原因：二次设备故障导致直流绝缘下降；二次回路绝缘下降导致；存在交流窜入直流；直流电源设备本体存在绝缘下降；现场检修维护人员操作不当造成直流失地等； （2）检查直流主柜或者直流分柜绝缘监测装置报出的具体接地支路，采取措施后拉路查找定位（拉路法需经调度同意）； （3）上报缺陷，联系检修人员处理
两段直流失地故障处理	现象	OWS 关键报文："×段直流母线绝缘降低"
	处理	（1）可能存在的故障原因：两段直流系统非正常联络发生单段直流母线失地；两段直流异极性环路造成两段直流同时异极性失地；两段直流系统同时发生失地； （2）两段系统发生同极性失地，对地电压数据相近时，优先检查两段直流母联开关、环路供电支路联络开关是否处于误合状态； （3）对地电压数据相差较多时，应考虑支路回路存在环路，优先检查接地支路； （4）两段直流系统发生异极性失地，若两段直流正极或负极对地电压接近于 0V，则说明在环路在电源源头，否则可能在负荷支路，无法定位时采取拉路法查找； （5）上报缺陷，联系检修人员处理

五、逆变电源异常及故障处理

逆变电源故障现象、处理方法及过程如表 9-27 所示。

表 9-27　　　　　　　　　　　　　　　**逆变电源故障现象、处理方法及过程**

UPS 电源柜输出过载故障处理	现象	OWS 报"#2 ×号 UPS 输出过载"
	处理	（1）检查所接负载电流是否正常； （2）运行中 UPS 总负载不得超过综自系统的总容量，由于计算机、工控机系非线性负载，启动时有较大的冲击负荷，UPS 运行中应降额使用； （3）严禁在满载时突然切断（或接通所有负载），否则容易造成过电压、过载而无法启动 UPS； （4）若无法排查故障，则上报缺陷通知检修人员检查处理

UPS 电源柜故障	现象	OWS 报"#2 ×号 UPS 模块告警"
	处理	（1）运行中 UPS 逆变器故障有可能是由于过热或本身元件故障引起； （2）UPS 逆变器发生故障时，逆变器会自动停机； （3）目前 UPS 只有直流输入空开在合上位置，UPS 逆变器发生故障应申请投入交流旁路空开或者断开输出空气开关、合上"UPS 输出Ⅰ、Ⅱ段母线联络"空开 QL，确保 UPS 电源柜负载供电，并上报缺陷，通知检修人员处理； （4）若上述处理后 UPS 仍有故障，上报缺陷，通知检修人员处理
事故照明柜故障	现象	OWS 报"#1 1 号 UPS 模块告警""事故照明电源故障"
	处理	（1）检查直流进线电源空开 QZ、交流进线电源空气开关 QJ、模块旁路输入空气开关 QP、交流输出电源空气开关 QN 是否断开，若空气开关断开可以试送一次； （2）试送一次空气开关又跳闸时应上报缺陷，通知检修人员处理

六、工业水池水位异常处理

工业水池故障现象、处理方法及过程如表 9-28 所示。

表 9-28 工业水池故障现象、处理方法及过程

工业水池水位异常报警	现象	工业水池水位异常报警
	处理	（1）检查工业水池水位是否正常； （2）检查自来水供应是否正常； （3）若自来水运行不正常，立即电话通知市政自来水厂处理，要求尽快恢复供水

第十章 换流站高澜阀冷系统

第一节 阀冷系统概述

换流阀是换流站的核心设备，正常运行时通过换流阀的大电流产生大量热量，导致换流阀等组件温度急剧上升，为防止这些组件过热损坏，换流站配置有阀冷却系统对换流阀进行冷却。

高澜阀冷却系统由一套阀内冷系统（包括主循环设备和水处理设备）、一套阀外冷系统（包括冷却塔、喷淋泵组、外冷水处理系统）、一套内外冷系统共享的电源和控制系统组成。

阀内冷系统是一个密闭的循环系统，它通过冷却介质的流动带走换流阀产生的热量，其冷却介质采用去离子水，其中一小部分经过水处理回路，在这个回路中冷却介质被持续进行去离子和过滤。阀冷系统冷却介质循环通过内冷系统主循环泵，进入室外换热设备（闭式喷淋塔），将换流阀产生的热量带到室外进行热交换，带出热量，冷却液冷却后，循环进入换流阀，形成密闭式循环冷却系统。通过控制闭式喷淋塔台数以及风机转速和喷淋泵起停共同实现精密控制冷却系统循环冷却水温度的要求。为降低换流阀塔内管道所承压力，提高换流阀的安全运行能力，阀冷系统将阀组布置在循环水泵入口侧。阀冷系统设定的电加热器对冷却水温度进行强制补偿，防止进入换流阀的水温过低而导致凝露现象。为了保证换流阀冷却介质具备极低的电导率，在主循环冷却回路上并联了去离子水支路。系统中各机电单元和传感器由 PLC 自动监控运行，并通过操作面板的界面实现人机的即时交流。阀内冷系统的运行参数和报警信息条即时传输至主控制器，并可通过主控制器远程操控阀冷系统。系统中所有仪表、传感器、变送器等测量组件装设于便于维护的位置，能满足故障后不停运直流检修及更换的要求；阀进出口水温传感器应装设在阀厅外。去离子装置、膨胀罐、水泵、管道及阀门等中一切与内冷却水接液的设备均采用 304L 或 316 及以上等级的不锈钢材料，系统主管道和去离子回路内设有机械式过滤器（不锈钢芯体）过滤杂质，从而确保内冷却水的高洁净度。

阀外冷系统主要由 150%冗余的闭式冷却塔、2×100%冗余的喷淋泵组、喷淋水池、碳滤装置、软化水装置、自动反冲洗过滤装置、自循环过滤装置、加药系统、各类仪表等部分构成，设备通过 PLC 系统实现自动控制。闭式冷却塔主要包括密闭式冷却塔体壁板、换热盘管、热交换层、密闭冷却塔风机及电机、进风导叶板、水分配系统、挡水板、集水箱、检修门及检修平台等。闭式冷却塔能够把工艺流体的温度降低到接近空气湿球温度。系统工作时，循环水池中的喷淋水经过 3 组分设在水池边的喷淋泵升压后，通过喷淋管道分别进入冷却塔喷淋支管和喷淋嘴，从上至下喷淋在冷却塔内部蛇行的内冷水盘管外表，与自上而下从顶部进入冷却塔风机的第一股空气流形成同向流动，循环喷淋水从盘管上落至 PVC 热交换层上，并在 PVC 热交换层上由第二股新鲜空气通过蒸发和显热式的热传导过程进行冷却，在此过程中一部分的液态水变为气态水，因蒸发带走的热量随热湿空气从冷却塔顶部另一侧排出到大气中，气流中所夹带的所有水分均由飞溅水挡水板进行回收，并送回至底部水盘，汇集到地下循环水池，未能蒸发的喷淋水通过冷却塔集水箱回流到循环水池，再进入喷淋泵，由喷淋水泵送至喷淋水分配管道系统进行喷淋，如此周而复始。由于喷淋水的不断蒸发，需要对喷淋水进行补充，而此时水中的离子浓度会越来越高，将对管道系统造成危害，因此，为保持喷淋水在一定的离子浓度和硬度范围内，在喷淋水池内软水池处设置了补水系统，补充软化水；为了将管道的腐蚀程度降到最低，防止滋生藻类菌类等微生物，防止空气中尘埃进入循环喷淋水形成淤泥，系统设置了不同的加药系统，并设置有循环过滤设备。为汇集故障时的排水，在喷淋泵坑设置有集水坑，设高低液位监测，并设计两台潜水泵进行积水的排放。

阀冷系统冷却水流向示意如图 10-1 所示。

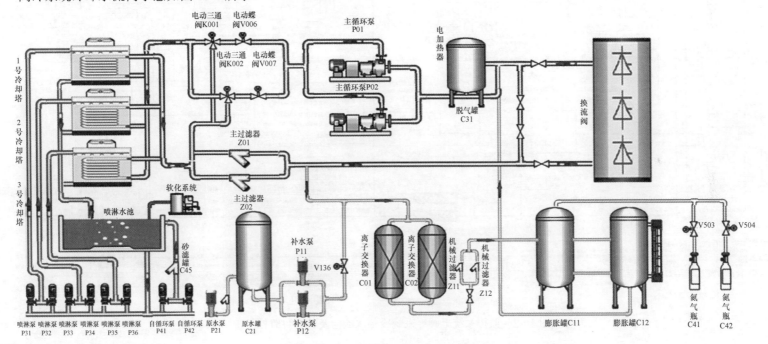

图 10-1   阀冷系统冷却水流向示意图

监控系统上阀冷系统冷却水流向及其参数监控示意如图 10-2 所示。

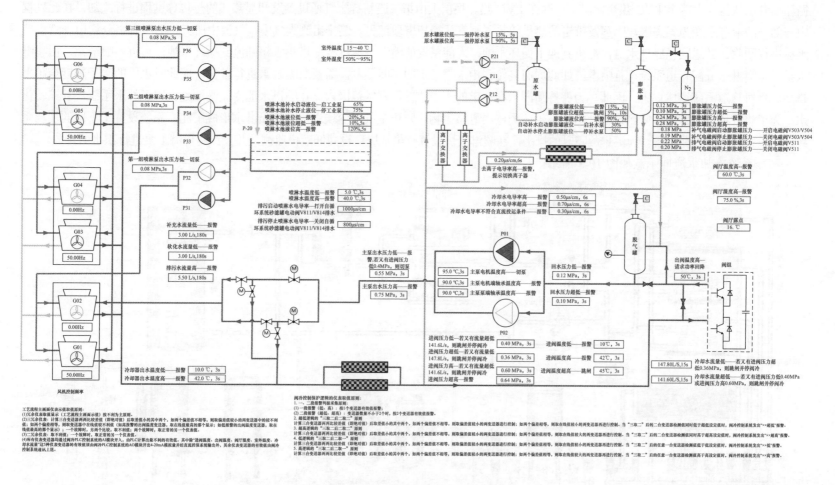

图 10-2　监控系统上阀冷系统冷却水流向及其参数监控示意图

第二节 阀冷系统的反措响应

一、传感器的冗余配置及其保护出口原则

1.《国家电网公司防止直流换流站单、双极强迫停运二十一项反事故措施》第 3.1.1 条正文

作用于跳闸的内冷水传感器应按三套独立冗余配置，每个系统的内冷水保护对传感器采集量按照"三取二"原则出口；当一套传感器故障时，出口采用"二取一"逻辑性；当两套传感器故障时，出口采用"一取一"逻辑出口。

2. 高澜阀冷系统设计响应

阀冷系统作用于跳闸的传感器分别是：进阀温度变送器、液位变送器、主水流量变送器、进阀压力变送器均设置 3 台，控制保护采用"三取二"出口；当一套传感器故障时，出口采用"二取二"逻辑出口；当两套传感器故障时，出口采用"一取一"逻辑出口。

二、传感器自检防误

1.《国家电网公司防止直流换流站单、双极强迫停运二十一项反事故措施》第 3.1.2 条正文

传感器应具有自检功能，当传感器故障或测量值超范围时能自动提前退出运行，不会导致保护误动。

2. 高澜阀冷系统设计响应

传感器输出 4～20mA 信号，当阀冷控制系统检测出传感器不在测量范围时，退出该仪表保护，不会导致保护误动。阀冷系统设计满足反措要求。

三、阀冷保护装置及传感器电源

1.《国家电网公司防止直流换流站单、双极强迫停运二十一项反事故措施》第 3.1.3 条正文

内冷水控制保护装置及各传感器电源应由两套电源同时供电，任一电源失电不影响保护及传感器的稳定运行。

2. 高澜阀冷系统设计响应

阀冷控制系统从电源供电方式上分为 A、B 两套独立系统，设计为既冗余也独立地控制系统，传感器分开 A、B 系统供电，每套系统均配置两套电源供电，任一系统电源失电不影响系统的正常运行。阀冷系统设计满足反措要求。

四、阀冷温度保护原则

1. 《国家电网公司防止直流换流站单、双极强迫停运二十一项反事故措施》第3.2.1条正文

（1）阀进水温度保护投报警和跳闸，报警与跳闸定值相差不应小于3℃。

（2）阀出水温度保护动作后不宜发直流闭锁命令。是否需要功率回降及回降的定值应根据换流阀厂家意见设定。

2. 高澜阀冷系统设计响应

（1）进阀温度保护设报警和跳闸保护。

（2）阀出水温度保护动作后向极控系统发功率回降命令，不发直流闭锁命令。

五、阀冷流量保护原则

1. 《国家电网公司防止直流换流站单、双极强迫停运二十一项反事故措施》第3.2.2条正文

（1）主水流量保护设报警和跳闸。

（2）若配置了阀塔分支流量保护，应投报警。

2. 高澜阀冷系统设计响应

（1）主水流量仅报警，主水流量跳闸保护与进阀压力低和压力高互锁，同时存在时输出跳闸。

（2）未设计阀塔分支流量保护。

六、阀冷泄漏保护原则

1. 《国家电网公司防止直流换流站单、双极强迫停运二十一项反事故措施》第3.2.3条正文

（1）微分泄漏保护设报警和跳闸；24h泄漏保护仅投报警。

（2）对于采取内冷水内外循环运行方式的系统，在内外循环方式切换时应闭锁泄漏保护，并设置适当延时，防止高位（膨胀）水箱水位在内外循环切换时发生变化，导致泄漏保护误动。

（3）阀内冷水系统内外循环设计应结合地区特点，年最低温度高于0℃的地区，宜取消内循环运行方式。

（4）膨胀罐液位变化定值和延时设置应有足够裕度，能躲过最大温度及传输功率变化引起的水位波动，防止水位正常变化导致保护误动。

2. 高澜阀冷系统设计响应

（1）微分泄漏保护设报警和跳闸；24h泄漏保护仅投报警。

（2）本工程内外运行切换时设置有适当延时，防止水箱水位在温度变化时发生变化，导致泄漏保护误动。

（3）阀冷装置设计旁路管，满足运行要求。

（4）水箱液位变化定值和延时设置有足够裕度，能躲过最大温度及传输功率变化引起的水位波动，防止水位正常变化导致保护误动。

七、阀冷膨胀罐液位保护原则

1.《国家电网公司防止直流换流站单、双极强迫停运二十一项反事故措施》第 3.2.4 条正文

（1）膨胀罐水位保护投报警和跳闸。

（2）膨胀罐液位测量值低于其量程高度的 30%时发报警，低于 10%时发直流闭锁命令。

（3）膨胀罐装设的两套电容式液位传感器和一套磁翻板式液位传感器采用"三取二"原则出口。

2. 高澜阀冷系统设计响应

（1）水箱水位保护设报警和跳闸。

（2）水箱液位测量低于 15%时发报警，低于 5%时发直流闭锁命令。

（3）水箱装设的两套电容式液位传感器和一套磁翻板式液位传感器采用"三取二"原则出口。

八、阀冷主泵压差保护原则

1.《国家电网公司防止直流换流站单、双极强迫停运二十一项反事故措施》第 3.2.5 条正文

若配置主泵压力差保护，应投报警。

2. 高澜阀冷系统设计响应

阀冷设计无压力差保护，设置有流量保护和压力保护。主循环过滤器设压差表。

九、阀冷主泵电源开关保护设置原则

1.《国家电网公司防止直流换流站单、双极强迫停运二十一项反事故措施》第 11.2.1 条正文

水冷动力柜主循环泵开关保护应只配置速断和过负荷保护，不再配置过流保护，保护的定值要能够躲过主泵切换过程中的冲击电流。

2. 阀冷系统设计响应

阀冷主循环泵开关只配置速断和过负荷保护，保护定值能够躲过主泵切换过程中的冲击电流。

十、阀冷主泵启动方式

1. 《国家电网公司防止直流换流站单、双极强迫停运二十一项反事故措施》第 11.2.2 条正文

主泵若采用变频调速实现软启动，应按照以下原则配置主泵启动方式：

（1）在主泵启动成功后，继续通过变频器长期运行，禁止采用变频启动延时转工频的运行方式。

（2）保留工频运行的应急运行方式，在两台主循环泵的变频器都出现故障的情况下，实现水泵的工频电源切换。

（3）对于站用电电压波动频繁及电能质量差的换流站，为避免变频器频繁出现故障，可以采用工频电源直接启动的方式。

2. 高澜阀冷系统设计响应

（1）阀冷主循环泵采用软启动器控制方式，比变频启动具有更好的优势。

（2）阀冷系统保留工频运行的应急运行方式，在两台主循环泵的软启都出现故障的情况下，可实现水泵的工频电源切换。

十一、阀冷主泵切换与 400V 站用电备投配合

1. 《国家电网公司防止直流换流站单、双极强迫停运二十一项反事故措施》第 11.2.3 条正文

（1）主泵切换延时整定时间应长于 400V 备自投整定延时。主泵切换不成功判据延时与回切时间的总延时应小于流量低保护动作时间。

（2）主泵过热保护应只投报警，不投跳闸。

2. 高澜阀冷系统设计响应

（1）主泵电源故障切换延时为 1s，《国家电网有限公司十八项电网重大反事故措施（修订版）》里对内冷主泵切换时间已不做级差配合要求。

（2）主泵过热保护只设报警，不设跳闸。

十二、阀冷主泵动力电源接入原则

1. 《国家电网公司防止直流换流站单、双极强迫停运二十一项反事故措施》第 9.1.3 条正文

内冷水主泵电源馈线开关应专用，禁止连接其他负荷。同一极相互备用的两台内冷水泵电源应取自不同母线。

2. 高澜阀冷系统设计响应

交流电源系统提供 4 路交流电源供阀冷使用。其中 1 号交流电源直接接入内冷主循环泵 P01，2 号交流电源直接接入内冷主循环泵 P02，两台内冷水泵电源应取自不同母线；3 号和 4 号通过外冷 AP12 电源柜后分成 10 路交流电源，其中 2 路供内冷电加热器、补水泵及原水泵等使用。接线示意如图 10-3 所示。

十三、阀外冷风机动力电源接入原则

1.《国家电网公司防止直流换流站单、双极强迫停运二十一项反事故措施》第9.1.5条正文

禁止将外风冷系统的全部风扇电源设计在一条母线上，外风冷系统风扇电源应分散布置在不同母线上。外风冷系统风扇两路电源应相互独立，不得有共享组件。

2. 高澜阀冷系统设计响应

交流电源系统提供 4 路交流电源供阀冷使用。1 号、2 号交流电源电源取自不同母线上，分别接入内冷主循环泵 P01、主循环泵 P02。3 号和 4 号各电源取自不同母线上，通过外冷 AP12 电源柜后分成 10 路交流电源，其中除了供内冷电加热器、补水泵及原水泵等使用的 2 路外，剩下的 8 路中均供外冷风机、喷淋泵、水处理使用（6 路交流电源经 3 组双电源切换后供冷却塔风机及喷淋泵等使用，2 路交流电源经 2 组双电源切换后供水处理系统使用），单一组件故障不会引起全部风机停运。接线示意如图 10-4 所示。

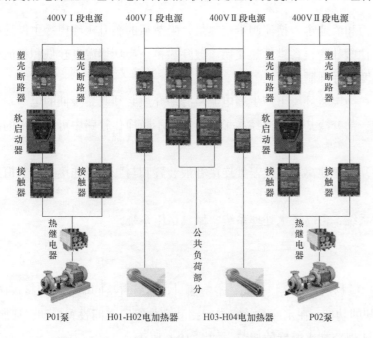

图 10-3　阀冷主泵动力电源接线示意图

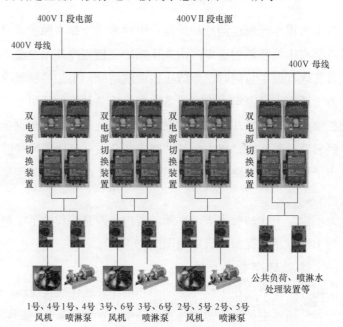

图 10-4　阀外冷风机动力电源接线示意图

十四、阀冷元器件维护不影响高压直流系统

1. 《国家电网公司防止直流换流站单、双极强迫停运二十一项反事故措施》第 3.1.4 条正文

仪表、传感器、变送器等测量组件的装设应便于维护，能满足故障后不停运直流检修及更换的要求；阀进出口水温传感器应装设在阀厅外。

2. 高澜阀冷系统设计响应

阀冷系统主要仪表均可满足在线检修要求，阀进出口水温度传感器、流量传感器设置在水冷设备间内。

第三节 内 水 冷 系 统

为了实现换流阀连续冷却功能，内冷系统冷却水源必须以恒定压力和流速进入换流阀带走热量，吸热后的温升水经内冷主循环回路回流至高压循环泵的进口，由高压循环泵把内冷却水源源不断地送往阀外冷设备进行热交换，散除热量。当环境温度较低和换流阀体低负荷运行或零负荷时，为防止换流阀结露，电加热器对冷却水温度进行强制补偿。

为了适应大功率电力电子设备在高电压条件下的使用要求，防止在高电压环境下产生漏电流，冷却介质必须具备极低的电导率。因此必须在主循环冷却回路上并联去离子水处理回路使预设定流量的一部分冷却介质流经离子交换器，不断净化管路中可能析出的离子，然后通过膨胀罐，与主循环回路冷却介质在高压循环泵前合流。

为了保持系统管路中的压力恒定、冷却介质充满及隔绝空气，必须考虑在离子交换器处连接补液装置和与膨胀罐连接的氮气恒压系统。

为了满足上述功能需求，高澜公司内水冷系统设计了主循环冷却系统、去离子水处理系统、氮气稳压系统。

各个部分主要元器件组成如图 10-5 所示。

一、主循环冷却水系统

主循环冷却介质在主循环泵动力作用下，通过热交换器，进行二次散热后，流经换流阀，带走热量，然后直接回流主循环泵入口。被冷却器件通过主循环冷却回路带走热量，散除至室外，实现连续冷却的功能。在水冷系统室内管路和室外管路之间设置电动三通阀，当室外环境温度较低和阀体低负荷运行时，风机停运，由电动三通阀实现冷却水温度的调节，如图 10-6 所示。

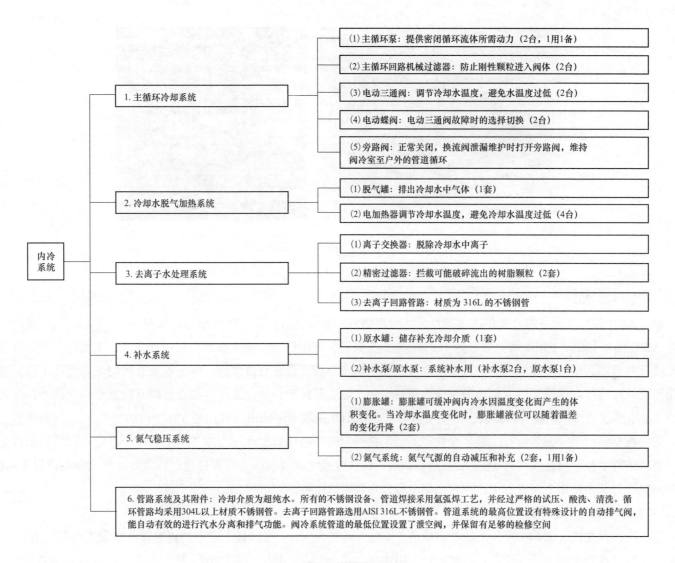

图 10-5 内冷系统组成图

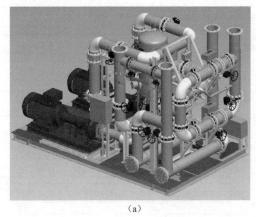

(a)   (b)

图 10-6　阀内冷主循环设备

（a）阀内冷主循环设备外形图；（b）阀内冷主循环设备现场图

1. 主循环泵（P01/P02）

主循环泵（P01/P02）互为备用，提供密闭循环流体所需动力，为高速离心泵，卧式结构，如图 10-7 所示。泵体采用机械密封，接液材质为 AISI316 不锈钢，1 用 1 备，每台为 100%容量。主循环泵进出口与管道连接部分采用软连接。主循环泵设计有轴封漏水检测装置，能够及时监测到轴封工作情况，如轻微漏水。主循环泵管路高点设置有排气阀，前后设置有阀门，以便在不停运阀内冷系统时进行主循环泵故障检修。主循环泵工频电源空开设短路速断、过负荷保护功能，工频电源空开跳开后发出报警信号，并切换至备用泵。设主循环泵电机过热保护，过热保护采用主泵电机轴承处 PT100 热敏电阻输出温度信号 TT07/TT08，由 PLC 判断电机过热后发出报警信号，并切换至备用泵。如果运行主循环泵故障不能提供额定的主循环泵出水压力或进阀压力，经设定延时后发出报警信号，并切换至备用泵。运行主循环泵连续运行 168h 后将自动切换，切换时系统流量和压力将保持稳定，同时，主循环泵设有手动切换功能。主循环泵电源馈线开关由站用电设置专用，两台主泵电源分别取自站用电不同母线。

2. 主循环回路机械过滤器（Z01/Z02）

为防止循环冷却水在快速流动中可能造成冲刷脱落的刚性颗粒进入阀体，在阀体主管道的进水管路中设置有精度为 100μm 机械过滤器，采用网孔标准水阻小的不锈钢滤芯。过滤器设 1 用 1 备，设压差表（dPI01 和 dPI02）提示滤芯污垢程度，当其中一个堵塞时，提醒操作人员清洗，可手动切换至另外一个，并可进行在线手动清洗，如图 10-8 所示。

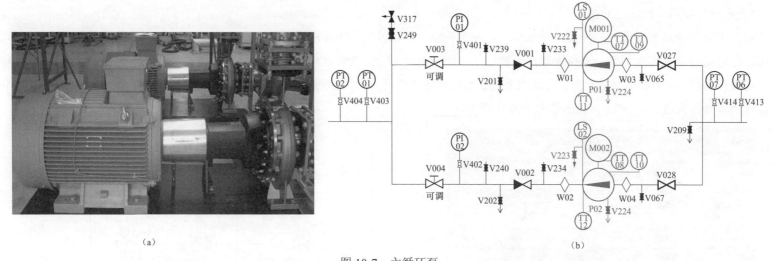

图 10-7　主循环泵

（a）主循环泵现场图；（b）主循环泵原理图

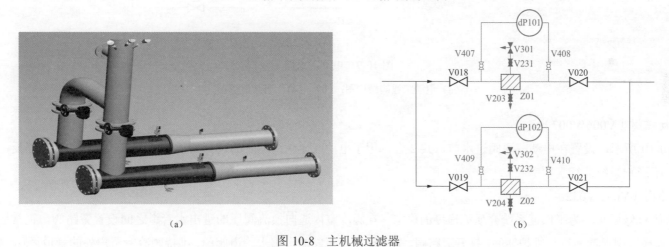

图 10-8　主机械过滤器

（a）主机械过滤器示意图；（b）主机械过滤器原理图

3. 电动三通阀（K001/K002）

置于主循环冷却水回路阀外冷设备进水侧，可调节流经与不经过室外阀外冷设备的冷却水流量的比例，用于冬天温度低及阀体低负荷运行时的冷却水温度调节，避免冷却水温度过低。如图10-9所示，2台电动三通阀互为备用，同时输出，状态一致，若出现掉电或电动执行器故障，不影响系统运行。三通阀采用2台蝶阀通过杠杆原理组合而成，选用unic-60系列电动执行器，符合欧联CE标准，限位可调。动作范围：0°～90°，带阀位开关限位输出。

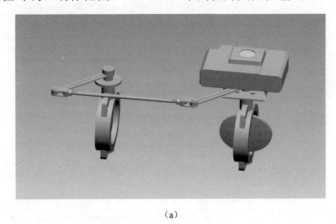

（a）

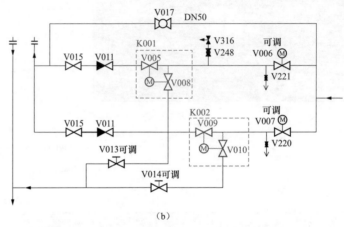

（b）

图10-9　电动三通阀

（a）电动三通阀结构图；（b）电动三通阀原理图

4. 电动蝶阀（V006/V007）

如图10-10所示，设置在电动三通阀进水前，共2台，用于电动三通阀故障时的选择切换，两个电动蝶阀的状态相反，若出现掉电或故障，不影响系统运行。

5. 旁路阀（V031/V032）

在换流阀检修期间，为了保证系统介质纯净度的稳定，在阀冷室内通向换流阀厅的进出水管道之间设置旁路阀，正常运行时旁路阀关闭，在因换流阀泄漏而进行维护期间，打开旁路阀，关闭通向换流阀的进出水管道阀门，维持阀冷室至户外的管道循环，如图10-11所示。

(a)

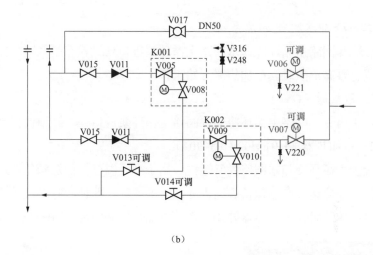

(b)

图 10-10 电动蝶阀

（a）电动蝶阀现场图；（b）电动蝶阀原理图

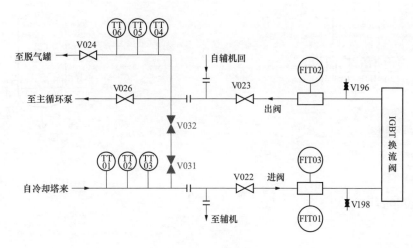

图 10-11 旁路阀

二、冷却水脱气加热系统

内冷却回路主循环冷却水回路主循环泵进口处设置有脱气罐，完成内冷主循环冷却水回路自动排气功能；主循环冷却水进阀温度极低或有凝露危险时，电加热器开始工作。

1. 脱气罐（C31）

置于内冷却回路主循环冷却水回路主循环泵进口处，罐顶设自动排气阀，完成冷却水自动排气功能，如图 10-12 所示。

2. 电加热器（H01/H02/H03/H04）

置于主循环冷却水回路脱气罐内，用于冬天温度极低及阀体停运时的冷却水温度调节，避免冷却水温度过低。电加热器运行时阀冷系统不能停运，必须保持管路内冷却水的流动，即使此时换流阀已经退出运行。当冷却介质温度接近阀厅露点温度，管路及器件表面有凝露危险时，电加热器开始工作。电加热器共四台（H01、H02、H03、H04），如图 10-13 所示。

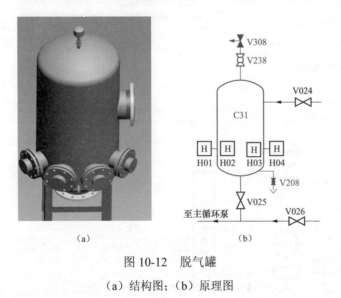

图 10-12　脱气罐

（a）结构图；（b）原理图

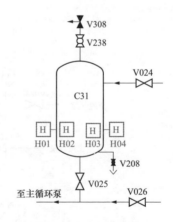

图 10-13　电加热器

三、去离子水处理系统

去离子回路是并联于内冷却主回路的支路，主要由混床离子交换器和精密过滤器以及相关附件组成，主要是对主循环回路中的部分介质进行纯化，吸附内冷却回路中部分冷却液的阴阳离子，通过对冷却液中离子的不断脱除，从而抑制在长期运行条件下金属接液材料的电解腐蚀或其他电气击穿等不良后果，达到长期维持极低电导率的目的。离子交换树脂采用进口核级非再生树脂，吸附容量大，耐高温，高流速，专用于微量离子的去除。去离子水量在系统正常运行时为设定值。当电导率传感器检测到高值时，发出报警信号，提示站内值班人员更换离子交换树脂。离子交换器设 1 用 1 备，当其中一台的树脂失效时，手动切换至另一台运行，同时更换失效树脂，更换时不影响系统运行。如无特殊污染源，系统更换单台树脂的周期为 3 年。

1. 离子交换器（C01/C02）

离子交换器共设置 2 套，1 用 1 备，若其中一个离子交换器需要更换树脂时，可关闭前后阀门，另一个投入使用，如图 10-14 所示。选用进口非再生树脂作为原料进行特殊配比，正常运行状态下，单台树脂可连续使用 3 年，操作温度不高于 60℃。

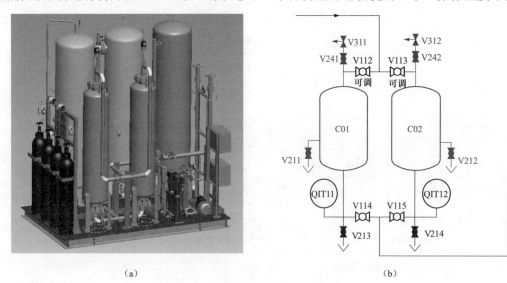

（a）   （b）

图 10-14 离子交换器

（a）离子交换器外形图；（b）离子交换器原理图

2. 精密过滤器（Z11/Z12）

精密过滤器设置在离子交换器出口处，以拦截可能破碎流出的树脂颗粒，采用可更换滤芯方式，精度不大于 5μm。Z11/Z12 互为

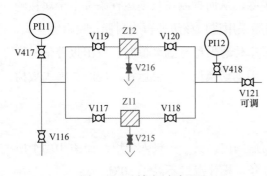

图 10-15　精密过滤器

备用，当其中一个出现堵塞时，可手动切换至另一个精密过滤器，并可进行在线检修，如图 10-15 所示。

3. 去离子回路管路

去离子水管路最大流量为 216L/min，选用尺寸为 DN50，材质为 316L 的不锈钢管。

四、补水系统

1. 原水罐（C21）

原水罐采用密封式，以保持补充水水质的稳定。原水罐设置磁翻板液位计，可视液位，并设高、低告警液位，当原水罐液位低于设定值时，提示操作人员启动原水泵补水，保持原水罐中补充水的充足。原水罐设置自动开关的电磁阀，平时关闭，在补水泵和原水泵启动时自动打开，以维持原水罐气压平衡及内冷水的洁净，如图 10-16 所示。

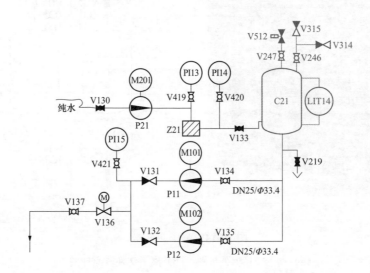

图 10-16　原水罐

2. 补水泵（P11/P12）及原水泵（P21）

根据功能不同，补水装置中的泵分为原水泵和补水泵。原水泵 1 台，手动操作，出水管设置 Y 型过滤器，并在补水过滤器前后设置压力表。补水泵 2 台，自动运行或手动操作均可，自动补水时互为备用，如图 10-17 所示。

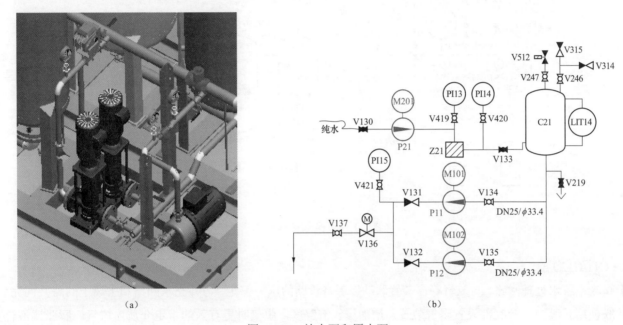

(a) (b)

图 10-17 补水泵和原水泵

（a）补水泵和原水泵外形图；（b）补水泵和原水泵原理图

五、氮气稳压系统

在水处理回路上串联有氮气稳压系统，由膨胀罐、氮气瓶和补水系统等组成，如图 10-18 所示。膨胀罐内冷却介质的顶部充有稳定压力的高纯氮气，当冷却介质因少量外渗或电解而损失时，氮气自动扩张，把冷却介质压入循环管路系统；当膨胀罐内压力定于设定值时，氮气自动补充，以保持管路的压力恒定和冷却介质的充满，使冷却介质与空气隔绝，对管路中冷却介质的电阻率指标的稳定起着重要的作用。

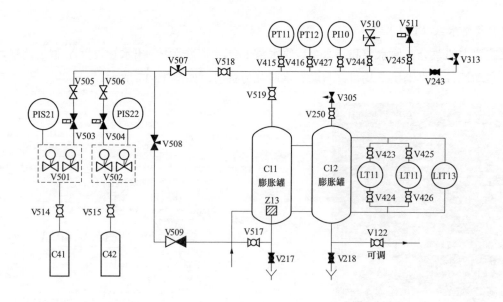

图 10-18　氮气稳压系统

1. 膨胀罐（C11/C12）

　　膨胀罐置于阀冷系统水处理回路，与氮气稳压装置联动以保持管路的压力恒定，与补充水回路和去离子回路共同完成介质的补给。罐体共 2 台，并联使用。其中一台底部设置曝气装置，增加氮气溶解度，脱气时更有效的带走介质内氧气。膨胀罐液位变化定值和延时设置有足够裕度，膨胀罐可缓冲阀冷系统因温度变化而产生的体积变化，能躲过温度变化、外冷设备启动、传输功率变化引起的液位变化，防止液位正常变化导致保护误动。

　　设置 2 套独立的电容式液位传感器和 1 套磁翻板式液位传感器，磁翻板式液位传感器装在膨胀罐外侧，可显示膨胀罐中的液位，采用"三取二"原则出口。传感器具有自检功能，当传感器故障或测量值超范围时能自动提前退出运行，不会导致保护误动。当液位到达低点时，发出报警信号，并在报警值前进行自动补水。当液位到达超低点时，发跳闸信号，并由极控远程停运阀冷系统，提示操作人员检修。同时，膨胀罐的液位传感器传输线性连续信号，当液位传感器检测到膨胀罐液位下降速率超过整定值时，则判断系统管路或阀体可能有泄漏，并根据液位下降速率，分别发出小泄漏报警（24h 泄漏报警）或大漏水跳闸信号。

2. 氮气系统

氮气管路主要由减压阀、补气电磁阀、排气电磁阀、安全阀、氮气瓶及监控仪表等组成，由 PLC 控制实现气源的自动减压和补充，采用不锈钢高压软管。氮气瓶 40L，2 台在线运行，2 台离线备用。氮气补气回路电磁阀设置双路，其中一路有故障可切换至另一路运行。氮气系统出现故障后，会有相关报警，并且只在膨胀罐压力低时才需要补气，在系统压力异常高时排气；若排气电磁阀故障后，达到一定压力后安全阀也会动作，安全阀为机械组件，性能可靠，可在线检修。

六、管路系统及其附件

1. 阀门及密封件

阀冷系统中所有阀门接液材质均采用 304L 及以上优质不锈钢。管道法兰密封均采用 PTFE 材质，严格保证系统的高稳定性与可靠性，如图 10-19 所示。

2. 金属软管

管道与设备间的连接均为焊接或法兰。为使管道系统在安装时具有可调节性，在管道末端设置不锈钢软管。这种金属软管允许管道系统在安装时任意方向上 5mm 的安装偏差调整量，如图 10-20 所示。

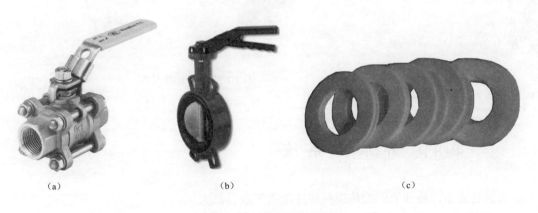

（a）　　　　　　　　　（b）　　　　　　　　　（c）

图 10-19　阀门及密封件

（a）球阀；（b）蝶阀；（c）密封件

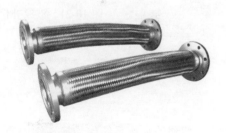

图 10-20　金属软管

3. 不锈钢波纹补偿器

在主泵的进出口应设置不锈钢补偿器，该补偿器的主要作用是用于缓冲主泵运行时产生的机械应力，如图 10-21 所示。

4. 自动排气阀

管道系统的最高位置设有自动排气阀，能自动有效地进行气水分离和排气功能，保证最少的液体泄漏。冷却回路中固有的和运行中产生的气体，聚结在管路中会产生诸多不良影响：污染水质、减少流道截面、增大管道压力甚至导致支路断流现象，因此在回路中的主要容器及高端管路均设置自动排气阀进行排气。同时为方便检修、维护及保养，阀冷系统管道的最低位置设置排污口、紧急排放口等。脱气罐、阀体采用不锈钢自动排气阀；阀塔顶部进、出内冷水管设置有自动排气阀，如图 10-22 所示。

图 10-21　波纹补偿器

（a）　　　　　　（b）

图 10-22　自动排气阀

（a）EB1.32；（b）1-AVC

第四节　外 水 冷 系 统

高澜外水冷系统作为换流阀内冷却系统的换热设备，将换流阀的热损耗传递给喷淋水以及大气。

每个阀厅均有独立的阀冷却系统，阀冷却系统室外换热设备采用闭式冷却塔，每个阀冷却系统均使用 3×50% 容量的冷却塔作为其室外换热设备。一般情况下，三台冷却塔均投入运行，如某台冷却塔发生故障退出运行，则另两台冷却塔将提高其冷却风机的转速以确保冷却效果。

冷却塔布置在室外，为了保证冷却塔喷淋水的稳定性和可靠性，室外设置一大约能储存 24h 用水量的喷淋水池。

每台冷却塔设置 2×100%喷淋水泵，布置在阀冷设备间泵坑内。

由于蒸发式冷却塔内的换热盘管表面温度较高，为了防止喷淋水在盘管外表面产生结垢现象，补充水进水池之前通过软水器来软化水质。

因喷淋水不断蒸发，水池内水的杂质浓度必然升高，为了改变这种状况，系统设置自循环泵和砂过滤器以维持水池内的洁净程度，此外水池内的水进行补充的同时还必须排掉一部分水，以维持喷淋水的水质。

系统还设置加药装置，用于系统的杀菌灭藻处理。

在冬季，当阀冷系统停运时，为了防止室外设备及管道内的水结冰，在最低点设置有紧急排空的阀门，当极端情况时，可采取迅速排空管束和管道内的介质来进行防冻。

各个部分主要元器件组成如图 10-23 所示。

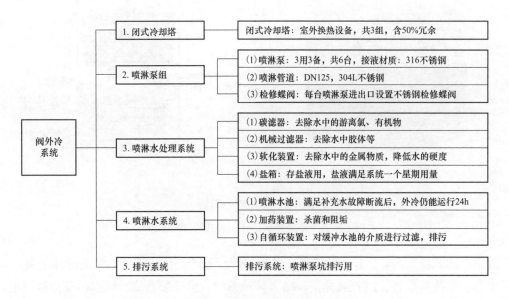

图 10-23　外冷系统组成

一、闭式冷却塔

闭式冷却塔作为换流阀冷却系统的室外换热设备，将换流阀的热损耗传递给喷淋水以及大气，如图 10-24 所示。阀内冷却液在闭式冷却塔的盘管内循环经过，冷却液的热量经过盘管散入经过盘管的外冷却水中。同时机组外的第一股空气从顶部进入，与盘管内水的流动方向相同，循环冷却水从盘管上落至 PVC 热交换层进行冷却。在此过程中一部分的水蒸发吸走热量，热湿空气从冷却塔顶部另一侧排出到大气中。其余的水落入底部水盘，汇集到地下循环水池，由喷淋水泵送至喷淋水分配管道系统进行喷淋。设备布水系统包括喷淋水泵、喷淋配水管网、喷嘴等；设备采用大口径的"反堵塞环"喷嘴，能有效防止堵塞和便于清洗；均匀分布的配水管网、实验室数据确定的喷水流量可以保证整个系统运行期间盘管始终处在完全浸湿的状态下。

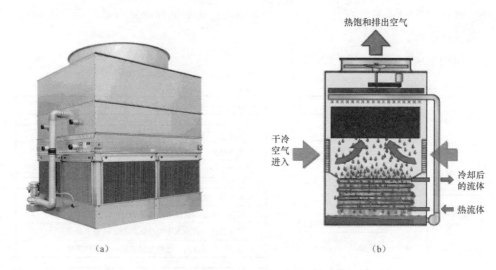

(a)   (b)

图 10-24　闭式冷却塔

（a）闭式冷却塔外形；（b）闭式冷却塔原理

每套阀外冷系统共设置三台闭式冷却塔。即使三台中的一台退出冷却系统，仍可满足系统的冷却需要。闭式冷却塔作为外冷系统中最重要的部件之一，其本体包括换热盘管、PVC 换热层、动力传动系统、水分配系统、检修门及检修通道、集水箱、底部滤网等。本系统采用的闭式冷却塔具有结构简洁、性能优良、高效节水、寿命长、占地小、可多塔组合安装等显着特点，完全能够满足外冷却系统的要求。

1. 换热盘管

盘管采用高规格不锈钢管，换热效率高且承压能力强，不仅可承受运行中系统产生的压力，同时也足以承受冬季运行设备停机期间结冰对盘管造成的压力影响。

2. 热交换层

换热填料采用 PVC 材质，其防腐烂、抗衰减和抗生物侵害性能好，使用寿命长，平均使用寿命 10 年以上。采用高效收水结构，保证冷却塔的运行漂水损失微小。填料采用悬挂式放置于设备集水箱之上，便于拆卸清理。

3. 动力传动系统

驱动装置由轴流风机和用皮带传动的电机构成，耐腐蚀的皮带轮，每根皮带分为多股小皮带，即使一股断裂也不会造成风机停机，轴承在设计负荷内可以适应现场连续开机停机间歇运行，以及设备长时间停机后安全稳定重启运行。

4. 水分配系统

水分配管为耐腐蚀的 PVC 材质，可从设备外检视和进行维修，满负荷运行时也可以进行检查，水分配管上采用大直径360°的加固扣眼式塑料喷嘴，使喷淋水布水更加均匀，将堵塞的可能性降至最低，同时便于拆卸更换。

5. 集水箱

集水箱相对独立地置于塔体底部中央，采用不锈钢板无焊缝拼装，双面光滑，无需树脂密封，无渗漏，重量轻，倾斜式设计，保证水可顺利流入排水口且便于清理。

6. 底部滤网

冷却塔底部出水口设置有一正方体的不锈钢滤网，过滤掉空气带来的灰尘、杂质等，保证进入地下水池的水干净无杂质。不锈钢滤网可拆卸，方便维护清洗。

二、喷淋泵组

1. 喷淋泵

喷淋泵采用丹麦格兰富水泵。为卧式离心结构，材质为不锈钢，喷淋泵采用防潮密闭型 4 级电机，轴封采用优质机械密封，提高喷淋泵运行可靠性。每两台喷淋水泵组成一个泵组单元，组装在一个整体减震基座上，互为备用；3 组闭式冷却塔对应 3 个泵组单元，三个泵组单元相互独立，互不影响，如图 10-25 所示。投运后定期自动切换或故障自动切换，切换时间不超过 3s。根据冷却塔数据，得出喷淋水量为234m³/h。在阀冷系统启动后，喷淋泵自动投入，即使当室外气温较低，风机停运后，喷淋泵仍单独运行，这有利于保持冷却水温度的稳定，可防止冬天管道系统结冻。为防止喷淋水池水位测量系统故障等原因误停喷淋泵及风机，引起内冷水温度升高跳闸，喷淋水池水位低仅发告警信号；同时加装喷淋泵及风机手动启动功能。

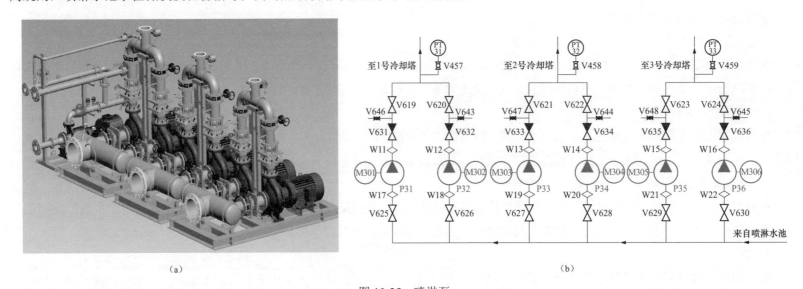

（a）

（b）

图 10-25　喷淋泵

（a）喷淋泵组外形图；（b）喷淋泵组原理图

2. 喷淋管道

六台喷淋水泵共享一根进水母管，每个冷却塔喷淋水泵进口设置蝶阀，出口设置止回阀和蝶阀、压力表，为了减震，水泵与管道采用波纹管连接，室内喷淋总管和室外部分总管的材料均采用不锈钢304L，法兰全部采用不锈钢，法兰密封圈材质为PTFE。在喷淋水泵至冷却塔的出水管上设置排水支管和阀门。喷淋水管最低点设置排水阀以便将管道内的水排空，防止冬季停运且室外气温较低时喷淋水结冰。

3. 检修蝶阀

每台喷淋泵进出口设置不锈钢检修蝶阀。

三、喷淋水处理系统

1. 碳滤器

活性炭过滤器作为软化装置前端过滤，主要包括过滤器罐体、活性炭滤料、石英砂滤料、布水器、排水帽、取样装置、测压装置、管道及阀门、电动阀门控制装置等，如图 10-26 所示。

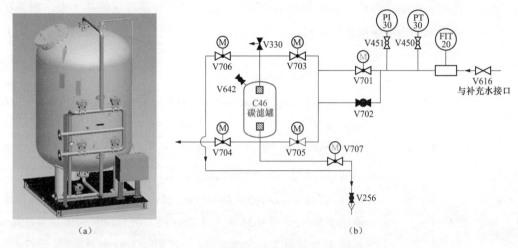

图 10-26 碳滤器

（a）碳虑器外形图；（b）碳滤器原理图

过滤器本体材质为不锈钢 304L，罐体壁厚 10mm。罐体活性炭进口为 DN450，下部设置 DN150 活性炭卸料口。罐体顶部进水设置进水布水器，保证布水均匀，并有防活性炭冲跑的滤网。底部出水装置为多孔板和 ABS 排水帽组成，多孔板为直径 1600mm，10mm 厚不锈钢板制作，与筒体焊接并均匀开排 120 只 ABS 水帽孔后与筒体一起双层衬胶，安装完后在其上部安装 ABS 排水帽。活性炭过滤器进、出水管路均设有不锈钢压力表，检测过滤器两端压差。活性炭过滤器进出口配不锈钢取样阀二件，取样槽一件，取样阀、管道及取样槽材质均采用不锈钢。取样槽排水管接至地沟或室内地漏。

过滤器主要采用粒状椰壳净水型活性炭、石英砂过滤组合而成，有效过滤速度为 8～12m/h，主要去除水中的大分子有机物、胶体、异味、余氯等杂质，防止软化装置内树脂被氧化。过滤器为立式结构，通过压差或时间进行反冲洗，活性炭过滤器的反洗、正洗过程，可将活性炭滤层的杂质冲洗出来，同时使滤层松动，提高流量及吸附效果。

活性炭过滤器采用反洗水泵反洗，反洗水泵共 2 台，一用一备，可设定定时进行清洗。反洗泵采用不锈钢离心泵，流量 45m³/h，水泵出口压力 0.3 MPa。活性炭自动反洗阀门及反洗泵的控制由阀外冷控制系统控制。

过滤器设置 2 个检修人孔，便于设备的安装及检修，罐体人孔保证检修人员的进出和更换部件的方便，人孔及人孔盖的内表面与容器的内表面平齐，人孔配有人孔盖、垫圈、螺栓、螺母和起吊杆等全套部件。同时设置窥视孔 2 个，窥视孔位置位于活性炭界面处和最大反洗膨胀高度处，设备窥视镜采用透明耐腐蚀的材料，厚度能承受容器的设计压力和试验时的试验压力，窥视镜的内表面与容器的内表面平齐。

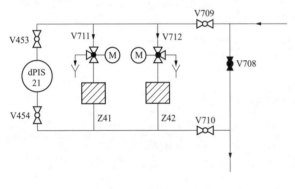

图 10-27　机械过滤器

2. 机械过滤器

在活性炭过滤器后端、喷淋水软化设备前端设置有全自动清洗机械过滤器模块，由过滤器、压差表、自动反冲洗控制阀等组成，如图 10-27 所示。

过滤器选用先进的过滤器产品，过滤器工作过程分为运行、反洗，通过程序设定可实现定时启动、补充水水量启动、过滤器进出水压差及手动控制启动 4 种启动方式控制反洗。定时启动状态的时间达设定值 12h 或补充水水量达到设定值 400m³ 或过滤器进出水压差 dPIS21 大于 1.2bar 时，进行反洗控制，反洗控制为一台运行一台反洗，反洗水源采用工业水池水源，通过启动工业水泵实现，反洗时间与碳滤反洗时间错开。反洗时间与碳滤罐反洗时间错开。

单台过滤器反冲洗时不影响系统正常供水，正常运行时排污量约为通过滤网总水量的 1%～5%。滤网过滤精度为 100μm。

3. 软化装置

补充水的软化采用全自动软化水处理设备，由离子交换器、再生系统和溶盐系统三部分组成。当软化器运行时，喷淋水自上而下通过树脂层，水中的钙、镁硬离子不断被离子交换树脂吸附而除去，使硬水得到软化，如图 10-28 所示。

选用 2 套全自动钠型树脂软水设备，1 用 1 备。进水设置有自动反冲洗过滤器、压力表等。通过再生水量计量达到 120m³ 或达到设定运行周期 12h 时实现软水器自动切换、自动再生。

软水器罐体选用 900mm 直径，每次反洗时间为 15min。喷淋水软化处理系统与盐溶液接触的管道及附件、阀门的材质均采用耐化学腐蚀材料。

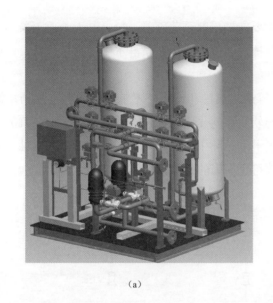

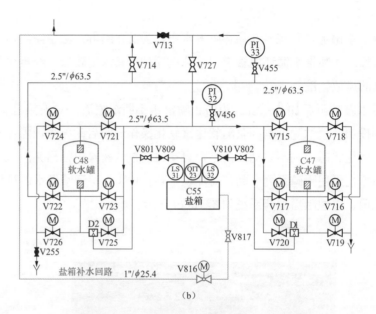

图 10-28　外冷水软化装置

（a）软化装置外形图；（b）软化装置原理图

4. 盐箱

在软水器旁配置 1 个盐箱，盐箱设置高低液位开关和电导率传感器，可检测盐箱液位，当水位不满足要求时，自动补水；当电导率不满足要求时（≤120ms/cm，60s），提示操作人员补充工业盐。

四、喷淋水系统

1. 喷淋水池

喷淋水池容积为 350m³，能满足补充水故障断流后，外冷系统仍能正常运行 24h 以上的要求。考虑冻土层影响，喷淋水池内做防腐处理，并设置一定坡度，配置检修清理爬梯、排污口、溢流口、通气孔等便于清理维护的设施。各冷却塔积水盘通过管道与喷淋水池相连。

2. 加药装置

（1）喷淋水杀菌加药系统。在循环喷淋水中，为防止喷淋水滋生藻类，需要定期采取杀菌灭藻，每 10 天杀菌灭藻剂药泵自动将药剂从药罐内抽注入喷淋水循环主管道。杀菌灭藻剂，其浓度较低，经氧化与挥发，持续残留在喷淋水中的含量极低，保证喷淋水的排放符合国家的排放标准。

（2）喷淋水缓蚀阻垢加药系统。为防止喷淋水不断浓缩后，对换热盘管等产生腐蚀和结垢，增加缓蚀阻垢剂加药系统。缓蚀阻垢剂为不定期投加，缓蚀除垢剂药泵随软化罐软化操作一同启动（缓蚀阻垢与软水罐软化联动操作，并非启动工业泵就加药，如此时软水罐不处于软化状态，则不启动加药），自动将药剂从药罐内抽出并注入喷淋水循环主管道，可以减缓对设备的腐蚀，降低结垢的情况。缓蚀阻垢剂采用无磷系列产品，对环境不存在危害，保证喷淋水的排放符合国家的排放标准。

喷淋水杀菌、缓蚀阻垢加药系统如图 10-29 所示。

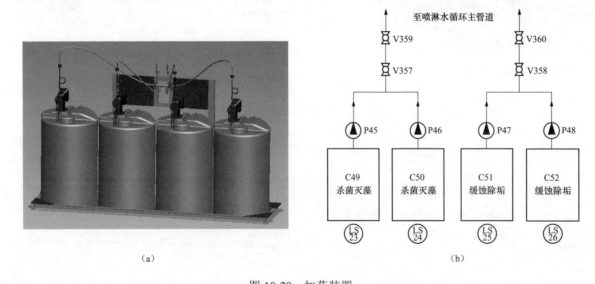

图 10-29　加药装置

（a）加药装置外形图；（b）加药装置原理图

3. 自循环装置

（1）喷淋水自循环过滤器。由于长期运行，循环水池中会因为喷淋水的循环而积累杂质，因此对循环水池设计一套喷淋水自循环过滤设备来控制杂质浓度，过滤设备连续运行。在喷淋水自循环中采用砂滤器，运行中可以过滤去水中的胶状介质、吸附微生物污染的细小颗粒和大分子有机物。自循环水量按喷淋量的5%设计。

通过程序设定可实现每12h定时启动冲洗，自动打开电动阀，进行反冲洗。

（2）喷淋水排污。为保持循环喷淋水质的稳定，当检测到喷淋水电导率超过设定值1000μS/cm，系统可自动开启排污阀进行排污，当喷淋水电导率低于设定值800μS/cm时关闭排污阀。排水设置在自循环过滤器后，而没有设置在各喷淋泵出口管道上，这样可以避免排水时各喷淋塔喷淋流量的不稳定，致使由于喷淋水量不均而造成散热不均衡。

自循环装置如图10-30所示。

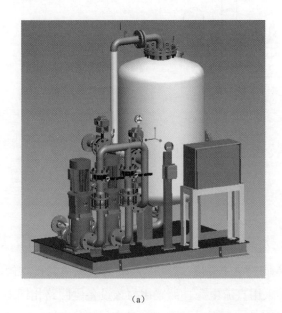
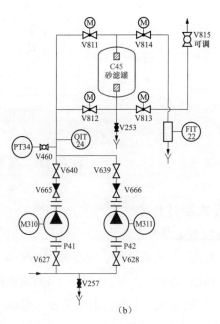

（a）　　　　　　　　　　　　　　　　（b）

图 10-30　自循环装置

（a）自循环装置外形图；（b）自循环装置原理图

五、排污系统

排污系统由集水坑、潜水排污泵、阀门、液位开关等组成。集水坑用以收集系统中的各种故障漏水。两台排污潜水泵安装于喷淋泵坑集水坑内，配置两个液位检测开关。当集中坑液位达到 600mm（低液位动作）时，启动一台排污泵运行，如运行 3min 液位未下降（低液位未恢复），则切换至备用泵运行，当液位达到 300mm（低液位恢复）时，排污泵停止运行。当集中坑液位达到 800mm（液位高动作）时同启两台排污泵，排污泵启动排水 10min 后，液位高动作未恢复，控制系统报出"集水坑液位高"报警，当液位达到 300mm（低液位恢复）液位低恢复时同停两台排污泵，如图 10-31 所示。

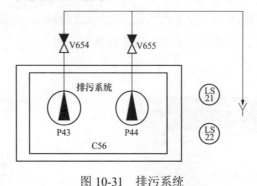

图 10-31　排污系统

第五节　高澜阀冷系统的电源配置

一、阀冷控制柜直流控制电源配置

1. 阀冷控制柜直流控制电源配置说明

（1）控制电源配置情况。直流系统提供 8 路 DC220V 直流电源供阀冷系统接入。阀冷 A、B 套控制保护系统均采用经 DC220V 转 DC24V 开关电源转换后供电。1 号、2 号、3 号、4 号直流电源接入阀冷 A 控制系统；5 号、6 号直流电源接入阀冷 B 控制系统；7 号、8 号直流电源接入水处理控制系统。主泵、电加热器的控制回路不采用直流电源，而采用与该设备主回路相同的交流电源。

（2）控制电源的监视和保护。对进线电源状况进行实时监控，掉电故障、电源故障和当前工作电源回路等状态信息都实时上传；控制电源掉电，由直流电源模块输出干接点信号。控制系统电源回路配有抗浪涌保护装置，开关电源具有隔离变压功能。

2. 阀冷控制柜直流控制电源走向示意图

阀冷控制柜直流控制电源走向示意如图 10-32 所示。

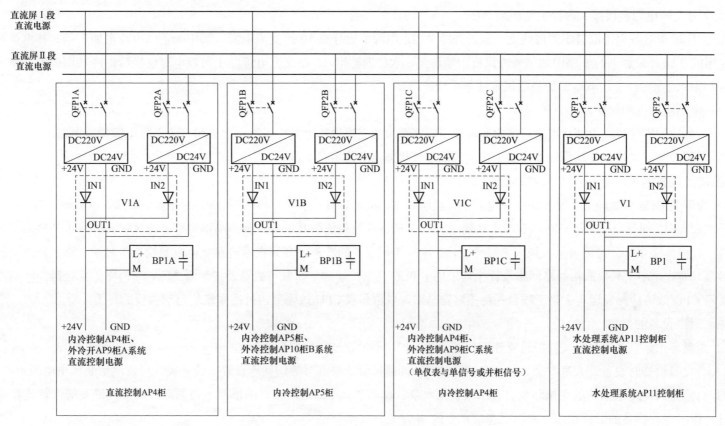

图 10-32　阀冷控制柜直流控制电源走向示意图

二、阀冷控制柜交流电源配置

1. 阀冷控制柜交流电源配置说明

（1）动力电源配置情况。站用电系统提供 4 路动力电源供阀冷系统接入。内冷水主泵电源馈线开关专用，在主泵馈线开关下未接入与主泵运行控制无关的其他负荷，两台内冷水泵电源应取自不同母线。外风冷系统的风扇、喷淋泵的两路电源相互独立。

1）1号交流电源直接接入内冷主循环泵P01。

2）2号交流电源直接接入内冷主循环泵P02。

3）3号和4号各电源取自不同母线上，通过外冷AP12电源柜后分成10路交流电源，其中除了供内冷电加热器、补水泵及原水泵等使用的2路外，剩下的8路中均供外冷风机、喷淋泵、水处理使用（6路交流电源经3组双电源切换后供冷却塔风机及喷淋泵等使用，2路交流电源经2组双电源切换后供水处理系统使用）。

（2）电源的监视和保护。

1）对各控制柜的进线电源状况进行实时监控并且阀冷系统的交流进线电源失压继电器采用直流工作电源的继电器。

2）电源故障、切换装置动作以及当前工作电源回路等状态信息都实时上传。

3）就地设有电压、电流、电源故障等指示。

4）为避免CPU双故障后无法开出交流电源常开控制触点，从而导致补水泵、原水泵、V136补水电动阀、膨胀罐V511排气电磁阀、原水罐V512通气电磁阀、V006/V007电动蝶阀、12个阀冷控制柜照明及风扇、外冷喷淋泵、外冷风扇、外冷水处理系统失去交流电源，使内冷主泵、外冷喷淋泵及风扇被迫停役，影响换流阀设备的冷却，高澜在第二路交流电源投入接触器回路、外冷喷淋泵投入接触器、外冷风扇工频投入接触器回路设计上均采用了PLC开出控制的常闭触点去触发接触器励磁，在内冷主泵接触器回路设计上采用了双CPU故障后触发运转主泵工频自保持接触器励磁，以达到双CPU故障后内外冷系统均自动强投的目的。

（3）对主设备的保护。

1）主循环水泵、喷淋泵开关保护设置速断和过负荷保护，不设置过流保护。

2）为保障检修时设备、人身安全，每台主循环泵、冷却塔风机、喷淋泵等均就地设置安全开关，可就地切断供电电源。

3）对换流阀冷却水系统的主循环泵、补水泵、原水泵、加热器、冷却塔风机、喷淋泵、自循环泵、反冲洗泵等，就地设置状态指示灯，指示当前设备的运行状态。故障状态信息上传。

2. 阀冷控制柜交流电源走向示意图

阀冷控制柜交流电源走向示意如图10-33所示。

3. 阀冷控制柜照明、风扇电源走向示意图

阀冷控制柜照明、风扇电源走向示意如图10-34所示。

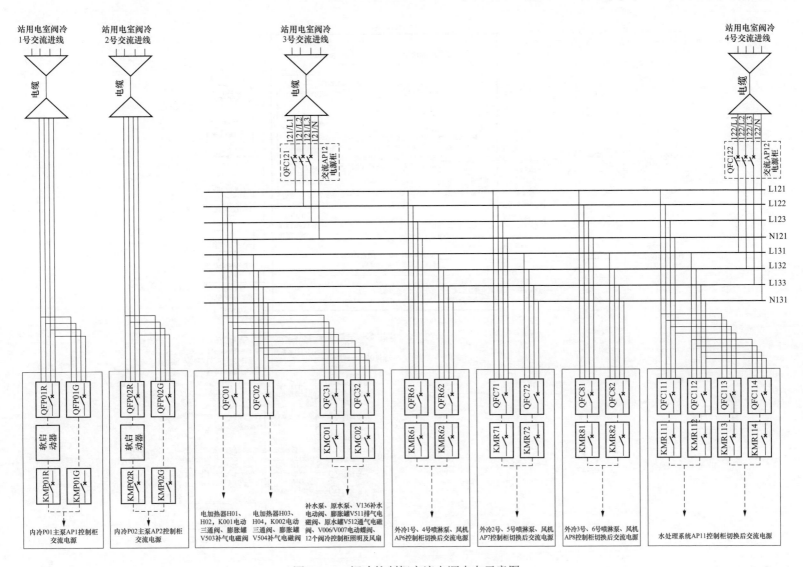

图 10-33 阀冷控制柜交流电源走向示意图

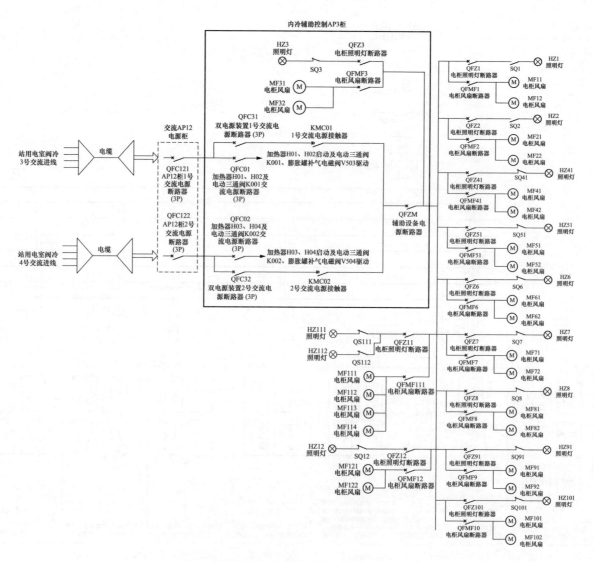

图 10-34　阀冷控制柜照明、风扇电源走向示意图

第六节　高澜阀冷系统保护逻辑及其说明

一、高澜阀冷系统保护设计说明

（1）阀冷控制与保护按完全双重化配置，每套完整、独立的水冷保护装置能处理可能发生的所有类型的换流阀冷却系统故障。两套控制系统 CPU 冗余设置，同时采样、同时工作，但只有一个在激活状态，双主机均故障时闭锁直流，且采用动断触点的跳闸回路具有触点监视功能。

（2）正常情况下，双重化配置的水冷保护均处于工作状态，允许短时退出一套保护。从一个系统转换到另一个控制系统时，不会引起高压直流输电系统输送功率的降低，同时当主控制系统或备用系统保持在运行状态时，允许能对备用系统或主控制系统进行维修和改进。

（3）冗余传感器全部接入两套阀冷却控制保护系统，具备可靠的防拒动和防误动措施，避免单一组件故障导致保护拒动或误动。

（4）两套阀冷却控制保护系统与直流控制保护系统之间的硬触点冗余配置，预警和跳闸信号分别上送至两套直流控制保护系统，控制和状态信号分别下发至两套阀冷却控制保护系统。对实时性要求较高的远程控制信号和换流阀冷却水系统报警信号，通过开关量触点与换流阀直流控制与保护系统进行通信。

（5）阀水冷保护跳闸回路不经单一继电器或单一板卡出口，在每套系统的两路跳闸输出均满足时，由极控制保护系统的有效系统出口跳闸；出口跳闸回路配置硬压板。

（6）跳闸信号不宜采用继电器的动断触点输出，因功能需要必须使用时则将每套系统的两路输出对应继电器的跳闸接点串联后，经压板输出至直流控制保护系统，且对单个继电器接点动作进行监视。

（7）阀冷却控制保护系统与直流控制保护系统的接口中不使用单一公用组件，避免单一组件、回路故障导致直流闭锁。

（8）阀冷控制系统依据控制和保护功能需要，确保向直流控制保护控制系统上传必要的监视信号，及接收直流控制保护控制系统对阀冷系统的控制命令。模拟接口信号为 4～20mA，开关信号 220V 直流干接点。

（9）高澜阀冷控制系统与直流控制保护系统上行信号沟通示意，如图 10-35 所示。

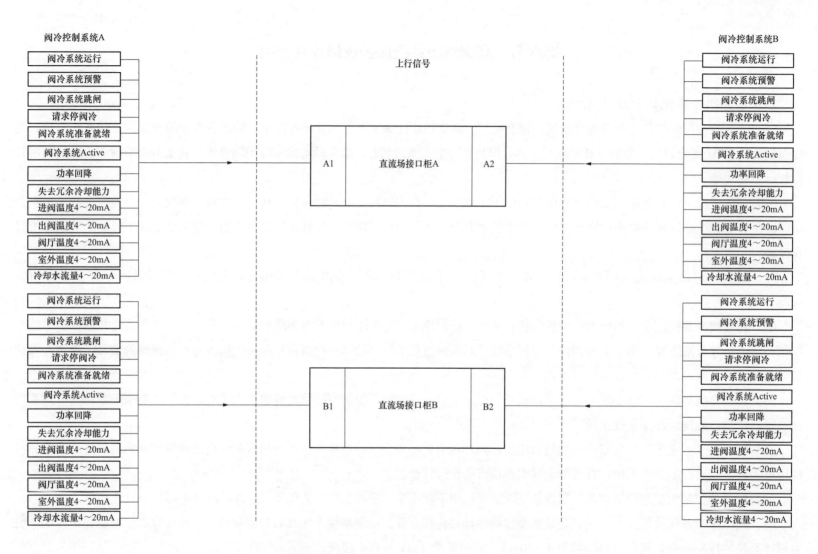

图 10-35 高澜阀冷控制系统与直流控制保护系统上行信号沟通示意图

二、高澜阀冷系统保护配置框图

高澜阀冷系统保护配置如图10-36所示。

1. 阀冷自动模式下远程启动运行并检测阀冷无任何故障后才会报"阀冷准备就绪"。
2. 自动模式下，不管阀冷系统是否运行，阀冷系统泄漏保护、膨胀罐液位超低保护均处于投入状态(手动模式下,不管阀冷系统是否运行均不投入)。其他保护需在阀冷自动模式下且阀冷运行状态时才投入。
3. 出现出阀温度高或进出阀温差高时，直流控制系统自动退出双极功率控制，5s后有功和无功开始按照斜率（50MW/min）下降至0，期间只要阀冷限负荷命令消失，保持当前功率。
4. 阀冷控制系统不设置双电源故障跳闸（闭锁阀）逻辑，直流控制电源导致跳闸（闭锁阀）是通过直流控制电源故障后引起"双CPU故障"来实现的。

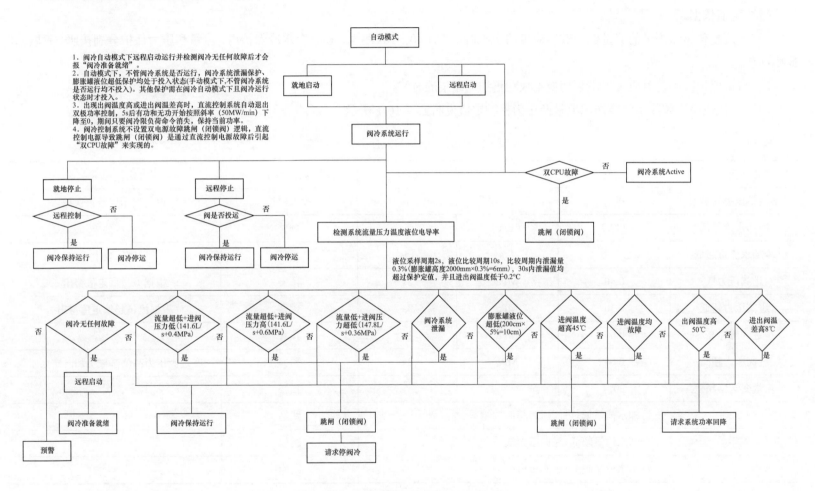

图 10-36　高澜阀冷系统保护配置图

三、高澜阀冷系统保护逻辑及其说明

1. 阀冷系统冷却水流量及压力保护

（1）定值依据。

1）当流量传感器测量的流量低于额定流量的70%时，延时10～20s跳闸。在每套水冷保护内，流量和压力保护分别按照"三取二"原则动作。

2）流量保护跳闸延时应大于主泵切换不成功再切回原泵的时间。

（2）定值说明。阀冷系统冷却水流量及压力保护定值说明如表10-1所示。

表 10-1　　　　　　　　　　　　　　　阀冷系统冷却水流量及压力保护定值

定值名称	定值	单位	延时	报警级别/动作后果	定值说明
流量压力保护	投入	/	/	投入保护	退出表示屏蔽该保护
冷却水流量低	147.8	L/s	15s	预警	阀厂要求
冷却水流量超低	141.6	L/s	15s	预警	阀厂要求
进阀压力低	0.40	MPa	3s	预警	根据流量低定值得出
进阀压力超低	0.36	MPa	3s	预警	根据流量超低定值得出
进阀压力高	0.60	MPa	3s	预警	/
进阀压力超高	0.64	MPa	3s	预警	在进阀压力高值基础上加一定余量
流量变送器超差	20%	/	/	预警	/
冷却水流量低+进阀压力超低				跳闸	/
冷却水流量超低+进阀压力低				跳闸	/
冷却水流量超低+进阀压力高				跳闸	/

（3）配置说明。换流阀的安全运行至关重要，为提高冷却系统的可靠性，在换流阀进水管道上设置2台流量变送器（FIT01、FIT03），

在换流阀出水管道上设置 1 台流量变送器（FIT02）；换流阀进水管道处设置 3 台压力变送器（PT01、PT02、PT03）。各冷却水流量变送器、进阀压力变送器具体配置位置可详见：第十四章 柔性直流换流站典型设备原理框图内"十 阀冷系统内冷系统流程图""十一 阀内冷系统流程图阀门、仪表及设备部件表"。

（4）保护原理。

1）一、二段报警判据采集原则：

a．一段报警（低、高）：按 1 个变送器有效值报警；

b．二段报警（超低、超高）：变送器数量不少于 2 个时，按 2 个变送器有效值报警。

2）冷却水流量超低或进阀压力超低逻辑的"三取二后二取二"原则：计算三台变送器两两比较差值（即绝对值）后取差值小的其中两个，如两个偏差值不相等，则取偏差值较小的两变送器进行控制；如两个偏差值相等，则取在线值较小的两变送器再进行控制。当"三取二"后的两台变送器检测值同时低于超低设定值时，阀冷控制系统发出"×× 超低"报警。

3）进阀压力超高逻辑的"三取二后二取二"原则：计算三台进阀压力变送器两两比较差值（即绝对值）后取差值小的其中两个，如两个偏差值不相等，则取偏差值较小的两变送器进行控制；如两个偏差值相等，则取在线值较大的两变送器再进行控制。当"三取二"后的两台变送器检测值同时高于超高设定值时，阀冷控制系统发出"进阀压力超高"报警。

4）冷却水流量低或进阀压力低逻辑的"三取二后二取一"原则：计算三台变送器两两比较差值（即绝对值）后取差值小的其中两个，如两个偏差值不相等，则取偏差值较小的两变送器进行控制；如两个偏差值相等，则取在线值较小的两变送器再进行控制。当三取二后的任意一台变送器检测值低于低设定值时，阀冷控制系统发出"×× 低"报警。

5）进阀压力高逻辑的"三取二后二取一"原则：计算三台进阀压力变送器两两比较差值（即绝对值）后取差值小的其中两个，如两个偏差值不相等，则取偏差值较小的两变送器进行控制；如两个偏差值相等，则取在线值较大的两变送器再进行控制。当"三取二"后的任意一台变送器检测值高于高设定值时，阀冷控制系统发出"进阀压力高"报警。

6）冷却水进阀温度、进阀压力变送器故障后选取原则：

a．当一台变送器故障，按正常两台变送器的有效值进行逻辑判断。

b．当两台变送器故障，按正常一台变送器的有效值进行逻辑判断。

c．当三台变送器故障，报"三台 ×× 变送器均故障"信号，不启动跳闸逻辑。

7）当有两台流量变送器检测值同时低于流量超低设定值，并且有任意一台进阀压力变送器检测值低于压力低设定值时，阀冷控制系统发出跳闸（闭锁阀），并请求停阀冷。

8）当有两台流量变送器检测值同时低于流量超低设定值，并且有任意一台进阀压力变送器检测值高于压力高设定值时，阀冷控制系统发出跳闸（闭锁阀），并请求停阀冷。

9）当一台流量变送器故障，另两台流量变送器检测值低于流量超低设定值，并且有任意一台进阀压力变送器检测值低于压力低设定值时，阀冷控制系统发出跳闸（闭锁阀），并请求停阀冷。

10）当一台流量变送器故障，另两台流量变送器检测值低于流量超低设定值，并且有任意一台进阀压力变送器检测值高于压力高设定值时，阀冷控制系统发出跳闸（闭锁阀），并请求停阀冷。

11）当有两台流量变送器故障，另一台流量变送器检测值低于流量超低设定值，并且有任意一台进阀压力变送器检测值低于压力低设定值时，阀冷控制系统发出跳闸（闭锁阀），并请求停阀冷。

12）当有两台流量变送器故障，另一台流量变送器检测值低于流量超低设定值，并且有任意一台进阀压力变送器检测值高于压力高设定值时，阀冷控制系统发出跳闸（闭锁阀），并请求停阀冷。

13）当两台进阀压力变送器检测值同时低于进阀压力超低设定值，并且有任意一台流量变送器检测值低于流量低设定值时，阀冷控制系统发出跳闸（闭锁阀），并请求停阀冷。

14）当有一台进阀压力变送器故障，另两台进阀压力变送器检测值低于压力超低设定值时，并且有任意一台流量变送器检测值低于流量低设定值时，阀冷控制系统发出跳闸（闭锁阀），并请求停阀冷。

15）当有两台进阀压力变送器故障，另一台进阀压力变送器检测值低于压力超低设定值时，并且有任意一台流量变送器检测值低于流量低设定值时，阀冷控制系统发出跳闸（闭锁阀），并请求停阀冷。

（5）逻辑框图。

1）阀冷系统冷却水流量超低产生条件。

a．阀冷系统冷却水流量变送器正常时超低产生条件如图10-37所示。

b．阀冷系统冷却水流量变送器故障时超低产生条件如图10-38所示。

2）阀冷系统冷却水进阀压力超低产生条件。

a．阀冷系统冷却水进阀压力变送器正常时超低产生条件如图10-39所示。

b．阀冷系统冷却水进阀压力变送器故障时超低产生条件如图10-40所示。

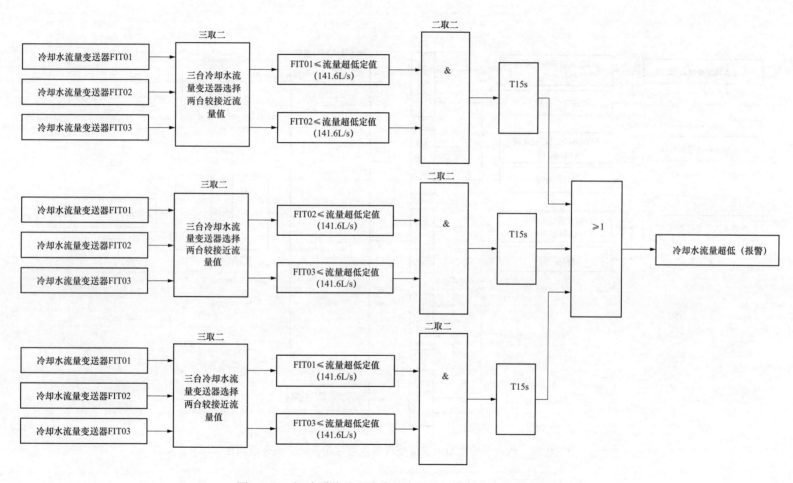

图 10-37　阀冷系统冷却水流量变送器正常时产生条件逻辑图

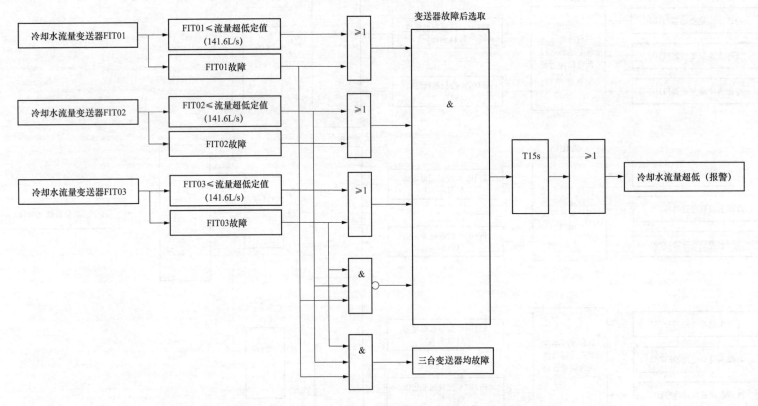

图 10-38　阀冷系统冷却水流量变送器故障时超低产生条件逻辑图

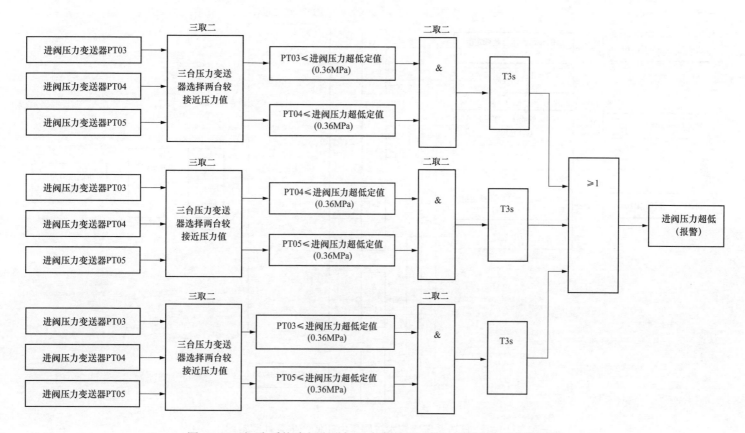

图 10-39　阀冷系统冷却水进阀压力变送器正常时超低产生条件逻辑图

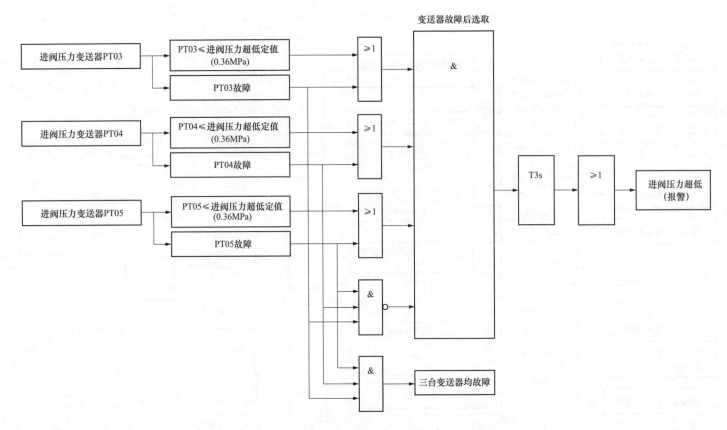

图 10-40　阀冷系统冷却水进阀压力超低产生条件逻辑图

3）阀冷系统冷却水流量超低与进阀压力低输出跳闸保护逻辑如图 10-41 所示。

4）阀冷系统冷却水流量超低与进阀压力高输出跳闸保护逻辑如图 10-42 所示。

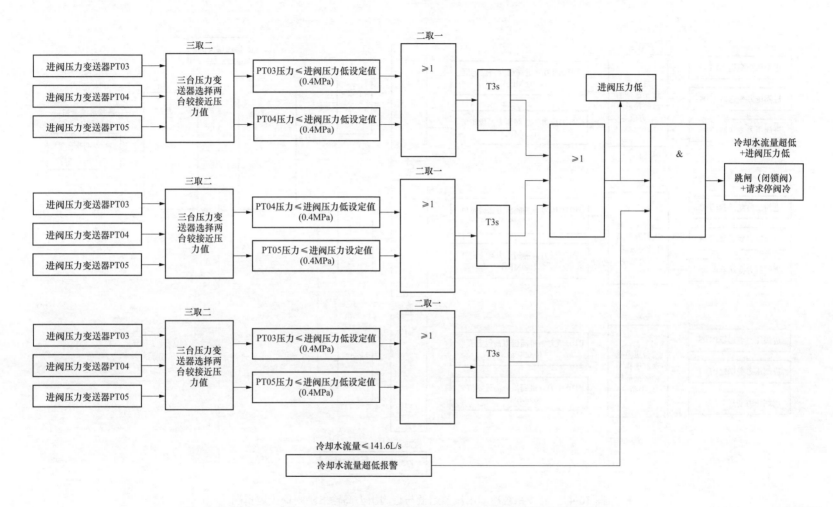

图 10-41　阀冷系统冷却水流量超低与进阀压力低输出跳闸保护逻辑图

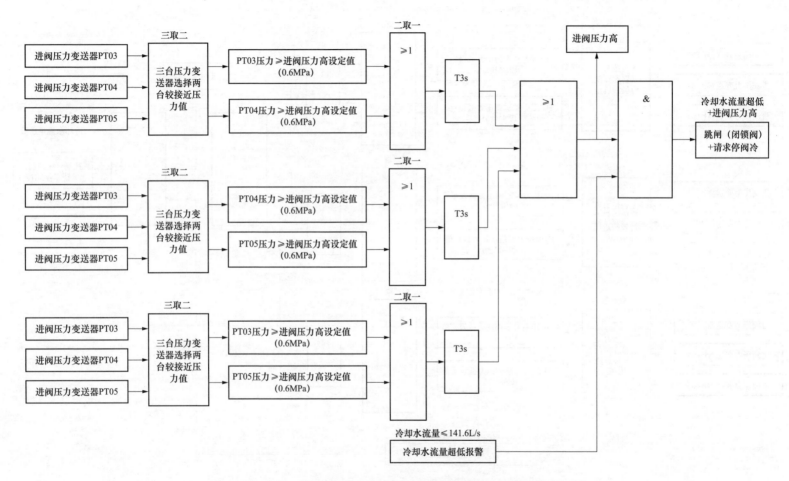

图 10-42 阀冷系统冷却水流量超低与进阀压力高输出跳闸保护逻辑图

5）阀冷系统冷却水流量低与进阀压力超低输出跳闸保护逻辑如图 10-43 所示。

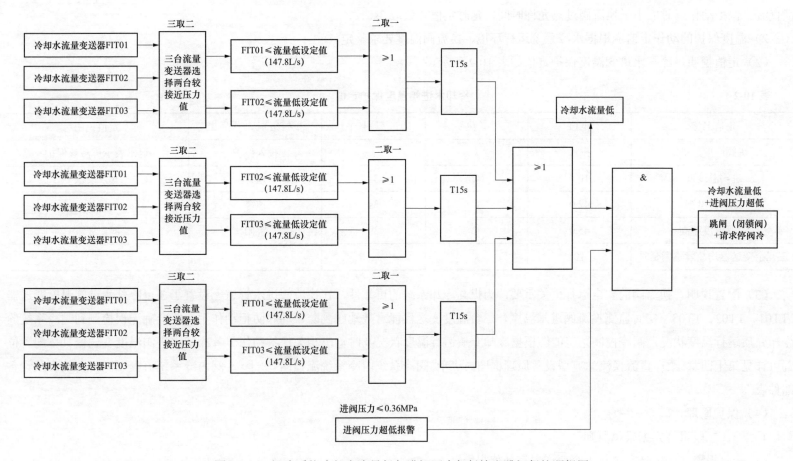

图 10-43　阀冷系统冷却水流量低与进阀压力超低输出跳闸保护逻辑图

2. 阀冷系统冷却水进阀温度保护

（1）定值依据。

1）内水冷系统宜装设三个冷却水进阀温度变送器，在每套水冷保护内，冷却水进阀温度保护按"三取二"原则出口，动作后闭锁直流。保护动作延时应小于换流阀过热允许时间，延时定值建议取 3s。

2）温度保护的动作定值应根据水冷系统运行环境、换流阀温度要求整定。

（2）定值说明。冷却水进阀温度保护定值如表 10-2 所示。

表 10-2　　　　　　　　　　　　　　　　　　冷却水进阀温度保护定值

定值名称	定值	单位	延时	报警级别/动作后果	定值说明
进阀温度保护	投入	/	/	投入保护	退出表示屏蔽该保护
进阀温度低	10.0	℃	3s	预警	阀厂要求
进阀温度高	42.0	℃	3s	预警	阀厂要求
进阀温度超高	45.0	℃	3s	跳闸	阀厂要求
三冗余变送器均故障跳闸延时	10	s			/

（3）配置说明。换流阀的安全运行至关重要，为提高冷却系统的可靠性，在换流阀进水管道上设置了 3 台冷却水进阀温度变送器（TT01、TT02、TT03）实时监测换流阀进水温度，三台温度变送器能有效地起到防误动和防拒动作用，能准确无误检测到阀冷系统的冷却介质运行温度状况，阀冷控制系统能够根据冷却介质运行温度状况及时输出相关保护动作。各冷却水进阀温度变送器具体配置位置可详见第十四章 柔性直流换流站典型设备原理框图内"十 阀冷系统内冷系统流程图""十一 阀内冷系统流程图阀门、仪表及设备部件表"。

（4）保护原理。

1）一、二段报警判据采集原则：

a. 一段报警（低、高）：按 1 个变送器有效值报警；

b. 二段报警（超低、超高）：变送器数量不少于 2 个时，按 2 个变送器有效值报警。

2）冷却水进阀温度超高逻辑的"三取二后二取二"原则：计算三台冷却水进阀温度变送器两两比较差值（即绝对值）后取差值小的其中两个，如两个偏差值不相等，则取偏差值较小的两变送器进行控制；如两个偏差值相等，则取在线值较大的两变送器再进行控制。当"三取二"后的二台变送器检测值同时高于超高设定值时，阀冷控制系统发出"冷却水进阀温度超高"报警，跳闸（闭锁阀）。

3）冷却水进阀温度低逻辑的"三取二后二取一"原则：计算三台冷却水进阀温度变送器两两比较差值（即绝对值）后取差值小的其中两个，如两个偏差值不相等，则取偏差值较小的两变送器进行控制；如两个偏差值相等，则取在线值较小的两变送器再进行控制。当"三取二"后的任意一台变送器检测值低于低设定值时，阀冷控制系统发出"冷却水进阀温度低"报警。

4）冷却水进阀温度高逻辑的"三取二后二取一"原则：计算三台冷却水进阀温度变送器两两比较差值（即绝对值）后取差值小的其中两个，如两个偏差值不相等，则取偏差值较小的两变送器进行控制；如两个偏差值相等，则取在线值较大的两变送器再进行控制。当"三取二"后的任意一台变送器检测值高于高设定值时，阀冷控制系统发出"冷却水进阀温度高"报警。

5）冷却水进阀温度变送器故障后选取原则：

a．当一台进阀温度变送器故障，同时两台进阀温度变送器检测值超过进阀温度超高设定值时，阀冷控制系统发出跳闸（闭锁阀）。

b．当二台进阀温度变送器故障，同时第三台进阀温度变送器检测值超过进阀温度超高设定值时，阀冷控制系统发出跳闸（闭锁阀）。

c．当三台冷却水进阀温度变送器故障，报"三台冷却水进阀温度变送器均故障"信号，且阀冷控制系统发出跳闸（闭锁阀）。

（5）逻辑框图。

1）阀冷系统冷却水进阀温度变送器正常保护逻辑如图 10-44 所示。

2）阀冷系统冷却水进阀温度变送器故障时保护逻辑如图 10-45 所示。

3. 阀冷系统功率回降保护

（1）定值依据。

1）内水冷系统应装设三个冷却水出阀温度变送器，在每套水冷保护内，冷却水出阀温度保护按"三取二"原则出口，保护动作后执行功率回降命令，不闭锁直流。保护动作延时应小于换流阀过热允许时间，延时定值建议取 3s。

2）冷却水进出阀温差超过换流阀厂家规定值时应进行功率回降。

3）温度保护的动作定值应根据水冷系统运行环境、换流阀温度要求整定。

（2）定值说明。阀冷系统功率回降保护定值说明如表 10-3 所示。

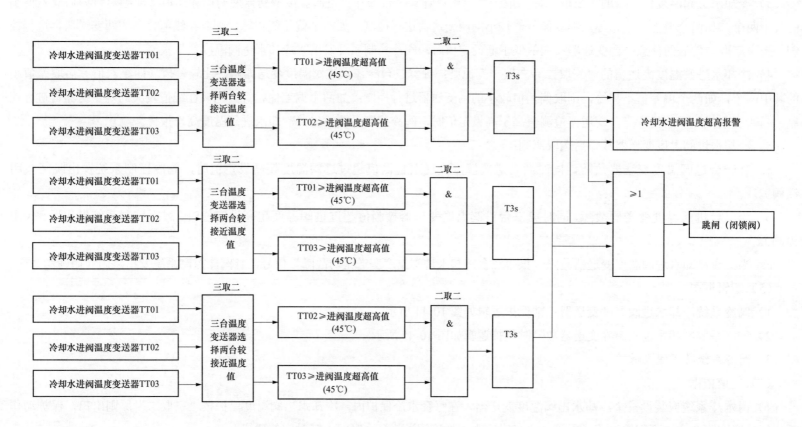

图 10-44   阀冷系统冷却水进阀温度变送器正常时保护逻辑图

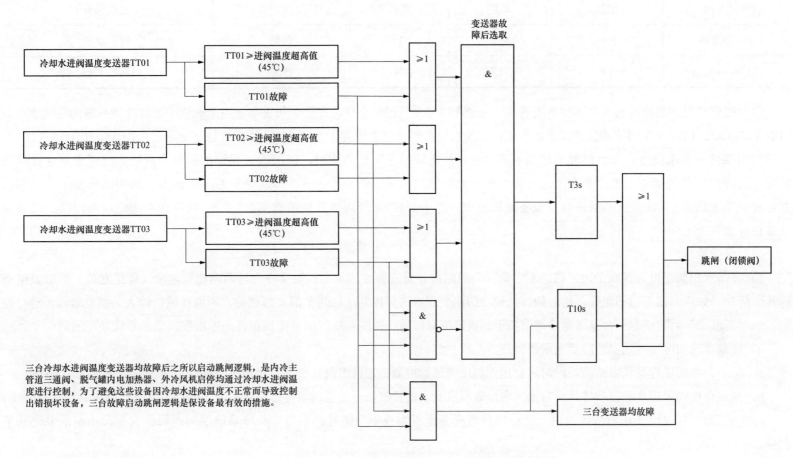

变送器故障后选取

冷却水进阀温度变送器TT01 → TT01≥进阀温度超高值（45℃）

TT01故障

冷却水进阀温度变送器TT02 → TT02≥进阀温度超高值（45℃）

TT02故障

冷却水进阀温度变送器TT03 → TT03≥进阀温度超高值（45℃）

TT03故障

≥1

≥1

≥1

&

&

&

T3s

T10s

≥1

跳闸（闭锁阀）

三台变送器均故障

三台冷却水进阀温度变送器均故障后之所以启动跳闸逻辑，是内冷主管道三通阀、脱气罐内电加热器、外冷风机启停均通过冷却水进阀温度进行控制，为了避免这些设备因冷却水进阀温度不正常而导致控制出错损坏设备，三台故障启动跳闸逻辑是保设备最有效的措施。

图 10-45　阀冷系统冷却水进阀温度变送器故障时保护逻辑图

表 10-3 　　　　　　　　　　　　　　　功 率 回 降 保 护 定 值

定值名称	定值	单位	延时	报警级别/动作后果	定值说明
出阀温度高	50.0	℃	3s	预警	阀厂要求
进出阀温差高	8.0	℃	3s	预警	阀厂要求

（3）配置说明。换流阀的安全运行至关重要，为提高冷却系统的可靠性，在换流阀进水管道上设置了 3 台冷却水进阀温度变送器（TT01、TT02、TT03）实时监测换流阀进水温度，在换流阀出水管道上设置了 3 台冷却水出阀温度变送器（TT04、TT05、TT06）实时监测换流阀出水温度，三台温度变送器能有效的起到防误动和防拒动作用，能准确无误检测到阀冷系统的冷却介质运行温度状况，阀冷控制系统能够根据冷却介质运行温度状况及时输出相关保护动作。各冷却水进阀温度变送器、出阀温度变送器具体设置可详见第十四章 柔性直流换流站典型设备原理框图内"十 阀冷系统内冷系统流程图""十一 阀内冷系统流程图阀门、仪表及设备部件表"。

（4）保护原理。

1）冷却水出阀温度高逻辑的"三取二后二取一"原则：计算三台冷却水出阀温度变送器两两比较差值（即绝对值）后取差值小的其中两个，如两个偏差值不相等，则取偏差值较小的两变送器进行控制；如两个偏差值相等，则取在线值较大的两变送器再进行控制。当"三取二"后的任意一台变送器检测值高于高设定值时，阀冷控制系统发出"出阀温度高"报警，请求系统功率回降。

2）冷却水出阀温度变送器故障后选取原则：

a．当一台出阀温度变送器故障，同时两台出阀温度变送器检测值超过出阀温度高设定值时，阀冷系统发出请求系统功率回降。

b．当二台出阀温度变送器故障，同时第三台出阀温度变送器检测值超过出阀温度高设定值时，阀冷系统发出请求系统功率回降。

c．当三台出阀温度变送器故障，报"三台出阀温度变送器均故障"信号，不启动阀冷系统跳闸逻辑，也不发出请求系统功率回降。

（5）逻辑框图。

1）变送器正常时阀冷系统功率回降保护逻辑如图 10-46 所示。

2）变送器故障时阀冷系统功率回降保护逻辑如图 10-47 所示。

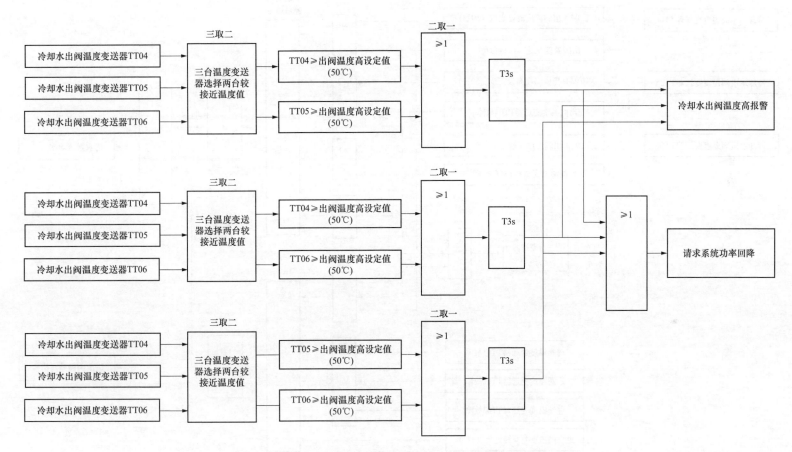

图 10-46 变送器正常时阀冷系统功率回降保护逻辑图

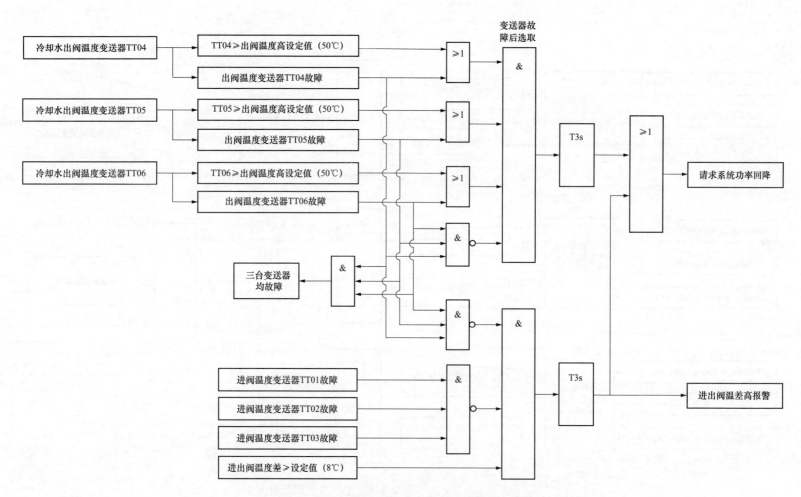

图 10-47　变送器故障时阀冷系统功率回降保护逻辑图

四、阀冷系统膨胀罐液位保护

（1）定值依据。

1）根据膨胀罐机械设计要求，液位变送器零点设于罐体直段上 100mm 处。超低液位为 100mm（膨胀罐高度 2000mm×5%=100mm），当液位低于超低液位时，氮气易进入密闭式管道系统，造成水泵汽蚀，导致流量、压力等急剧下降而影响换流阀正常运行。故膨胀罐应设置用于液位保护和泄漏保护的电容式液位变送器、可视的磁翻板液位变送器（便于巡视）。

2）当液位变送器测量的液位低于 15%时液位保护延时 5s 报警，低于 5%时液位保护延时 10s 跳闸。

（2）定值说明。阀冷系统膨胀罐液位保护定值说明如表 10-4 所示。

表 10-4　　　　　　　　　　　　　　阀冷系统膨胀罐液位保护定值

定值名称	定值	单位	延时	报警级别/动作后果	定值说明
液位保护	投入	/	/	投入保护	退出表示屏蔽该保护
膨胀罐液位低	15%	/	5s	预警	/
膨胀罐液位超低	5%	/	10s	跳闸	/
膨胀罐液位高	90%	/	5s	预警	/
内冷水液位变送器超差	20%	/	/	预警	/

（3）配置说明。在膨胀罐设置了两台电容式液位变送器（LT11、LT12）、1 台磁翻板液位变送器 LIT13，其中磁翻板液位变送器 LIT13 可就地显示在线液位值，各液位变送器具体配置位置可详见：第十四章 柔性直流换流站典型设备原理框图内"十 阀冷系统内冷系统流程图""十一 阀内冷系统流程图阀门、仪表及设备部件表"。

（4）保护原理。

1）一、二段报警判据采集原则：

a．一段报警（低、高）：按 1 个变送器有效值报警；

b．二段报警（超低、超高）：变送器数量不少于 2 个时，按 2 个变送器有效值报警。

2）膨胀罐液位超低逻辑的"三取二后二取二"原则。计算三台膨胀罐液位变送器两两比较差值（即绝对值）后取差值小的其中两个，如两个偏差值不相等，则取偏差值较小的两变送器进行控制；如两个偏差值相等，则取在线值较小的两变送器再进行控制。当"三取二"后的二台变送器检测值同时低于超低设定值时，阀冷控制系统发出"膨胀罐液位超低"报警，阀冷控制系统发出跳闸（闭锁阀），并请求停阀冷。

3）膨胀罐液位低逻辑的"三取二后二取一"原则。计算三台膨胀罐液位变送器两两比较差值（即绝对值）后取差值小的其中两个，如两个偏差值不相等，则取偏差值较小的两变送器进行控制；如两个偏差值相等，则取在线值较小的两变送器再进行控制。当"三取二"后的任意一台变送器检测值低于低设定值时，阀冷控制系统发出"膨胀罐液位低"报警。

4）膨胀罐液位高逻辑的"三取二后二取一"原则。计算三台膨胀罐液位变送器两两比较差值（即绝对值）后取差值小的其中两个，如两个偏差值不相等，则取偏差值较小的两变送器进行控制；如两个偏差值相等，则取在线值较大的两变送器再进行控制。当"三取二"后的任意一台变送器检测值高于高设定值时，阀冷控制系统发出"膨胀罐液位高"报警。

5）膨胀罐液位变送器故障后选取原则：

a．一台膨胀罐液位变送器故障，且两台膨胀罐液位变送器检测值低于超低液位设定值，阀冷控制系统发出跳闸，并请求停阀冷。

b．二台膨胀罐液位变送器故障，且第三台膨胀罐液位变送器检测值低于超低液位设定值，阀冷控制系统发出跳闸，并请求停阀冷。

c．三台膨胀罐液位变送器故障，报"三台膨胀罐液位变送器均故障"信号，不启动阀冷控制系统跳闸及请求停阀冷逻辑。

（5）逻辑框图。阀冷系统膨胀罐液位保护逻辑如图 10-48 所示。

五、阀冷系统泄漏保护

（1）定值依据。

1）按换流阀湿态运行时的泄漏保护流量少于 15L/min，而系统中膨胀罐共设置 2 台并联，内径 D 为 610mm，总截面积 S 为 584493mm^2，即 15L/min 相当于每 10s 液位下降 4.27mm，为防止液位正常波动而引起的误动。冷却系统对膨胀罐液位连续监测，每个扫描周期都对当前值进行计算和判断。扫描周期为 2s，液位比较周期为 10s，比较周期内泄漏量为 6mm，延时 30s 后泄漏保护动作，闭锁直流并停运主泵。

2）微分泄漏保护定值应考虑阀进水温度和阀出水温度对膨胀罐液位的影响，避免保护误动，如阀进水温度变化下降较快时，可以适当提高泄漏保护定值。

（2）定值说明。阀冷系统泄漏保护定值说明如表 10-5 所示。

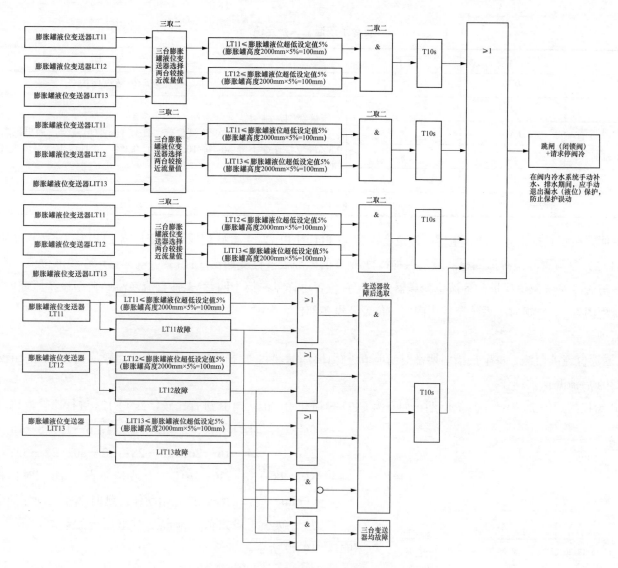

图 10-48 阀冷系统膨胀罐液位保护逻辑图

表 10-5 阀冷系统泄漏保护定值

定值名称	定值	单位	定 值 说 明
泄漏保护	投入	/	退出表示屏蔽该保护
泄漏采样周期	2	s	报警级别：跳闸。
泄漏采样周期内泄漏量	0.3%	/	控制系统每隔 2s 采样一次液位值，比较 10s 前后液位，如果每隔 10s 下降量大于
泄漏保护动作延时	30	s	0.3% 液位，连续下降 30s 每 10s 均大于 0.3%，并且进出阀温度变化小于 0.2℃，泄
泄漏 Δt	0.2	℃	漏保护跳闸输出
阀冷系统泄漏			跳闸

（3）配置说明。在膨胀罐设置了两台电容式液位变送器（LT11、LT12）、1 台磁翻板液位变送器 LIT13。0.5% 精度的电容式液位变送器（LT11、LT12）参与阀冷系统泄漏检测跳闸保护；1% 精度的磁翻板液位变送器 LIT13 可就地显示在线液位值，不参与阀冷系统泄漏保护，但参与阀冷系统液位保护。各液位变送器具体配置位置可详见：第十四章 柔性直流换流站典型设备原理框图内 "十 阀冷系统内冷系统流程图" "十一阀内冷系统流程图阀门、仪表及设备部件表"。

（4）保护原理。

1）对膨胀罐液位连续监测，每个扫描周期都对当前值进行计算和判断。扫描周期为 2s，液位比较周期为 10s，比较周期内泄漏量为 6mm，延时 30s 后泄漏保护动作。

2）CPU 开始扫描后每 2s 为一个扫描周期。如 0 为 CPU 扫描开始，0s 与 10s 进行比较，2s 与 12s 进行比较，每隔 10s 为一次液位比较。如 "0→10；2→12；4→14；6→16；8→18；10→20；12→22；14→24；16→26；18→28；20→30；22→32；24→34；26→36；28→38；30→40"；当液位下降在任一时间段大于设定值（6mm）时，泄漏保护开始动作，延时 30s 泄漏保护出口，30s 内任意一次小于设定值，泄漏延时重新开始计算。液位比较原理如图 10-49 所示。

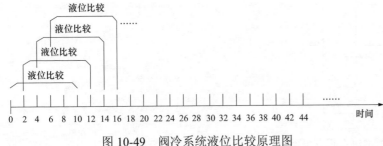

图 10-49 阀冷系统液位比较原理图

3）如果在时间段 "0→10" 之间液位扫描下降大于设定值（6mm）

时，之后的 30s 时间段内所有液位下降均大于设定值（6mm）时，到了时间段"40"处时，泄漏保护动作出口，阀冷控制系统发出跳闸（闭锁阀），并请求停阀冷。

4）两台液位变送器同时检测液位。当一台液位变送器的液位变化满足跳闸逻辑时，泄漏保护只报警。当两台液位变送器的液位变化均满足跳闸逻辑时，泄漏保护动作出口，阀冷控制系统发出跳闸（闭锁阀），并请求停阀冷。

5）两台液位变送器同时故障时，不再输出泄漏保护。

6）检漏自动屏蔽。

a. 主泵启动时，检漏自动屏蔽 3min；

b. 换流阀投运，检漏自动屏蔽 10min；

c. 换流阀停运，检漏自动屏蔽 120min；

d. 第一组风机起动，检漏自动屏蔽 30min；

e. 第二组风机起动，检漏自动屏蔽 30min；

f. 三台膨胀罐液位变送器均故障，检漏自动屏蔽；

g. 检漏比较周期 30s 内进出阀温度变化梯度超过 0.2℃时，检漏自动屏蔽，泄漏延时重新开始计算；

h. 阀冷系统启停时，检漏自动屏蔽；

i. 主循环泵切换时，检漏自动屏蔽；

j. 电动三通阀工作时，检漏自动屏蔽。

（5）逻辑框图。阀冷系统泄漏保护逻辑如图 10-50 所示。

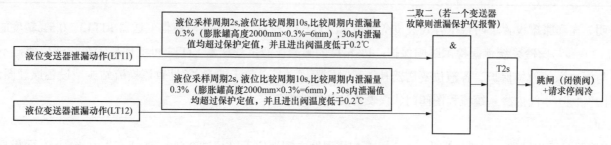

图 10-50 阀冷系统泄漏保护逻辑图

六、渗漏保护

（1）定值依据。按换流阀湿态运行时的泄漏保护流量低于 15 L/min，而系统中膨胀罐共设置 2 台并联，内径 D 为 610mm，总截面积 S 为 584493mm²，即 15L/min 相当于每 10s 液位下降 4.27mm，为防止液位正常波动而引起的误动。冷却系统对膨胀罐液位连续监测，每个扫描周期都对当前值进行计算和判断。扫描周期为 60min，比较周期内渗漏量为 12mm，连续 6 次比较每次下降均满足 12mm下降量后发出渗漏告警信号。

（2）定值说明。渗漏保护定值如表 10-6 所示。

表 10-6   渗 漏 保 护 定 值

定值名称	定值	单位	定 值 说 明
渗漏采样周期	60	min	报警级别：预警。
渗漏采样周期内渗漏量	0.6%		控制系统每隔 60min 比较前后液位之间的差值，连续 6 次比较每次下降均满足 0.6%下降量，并且进出阀温度变化小于 0.5℃，渗漏保护预警输出
渗漏检测次数	6		
渗漏△t	0.5	℃	
补水次数检漏			报警级别：预警。
补水检漏周期	1440	min	24h 内自动补水 2 次
检漏周期内补水次数	2		
换流阀停运延时检漏时间	120	min	/

（3）配置说明。在膨胀罐设置了两台电容式液位变送器（LT11、LT12）、1 台磁翻板液位变送器 LIT13。0.5%精度的电容式液位变送器（LT11、LT12）参与阀冷系统泄漏检测跳闸保护；1%精度的磁翻板液位变送器 LIT13 可就地显示在线液位值，不参与阀冷系统泄漏保护，但参与阀冷系统液位保护。各液位变送器具体配置位置可详见：第十四章 柔性直流换流站典型设备原理图内"十 阀冷系统内冷系统流程图""十一 阀内冷系统流程图阀门、仪表及设备部件表"。

（4）保护原理。

1）阀冷系统渗漏时发出预警。扫描周期为 60min，在扫描周期之间液位下降超过 0.6%，连续产生 6 次，MP 面板显示阀冷系统渗漏报警信息并上传。任意一次采样值间下降量小于设定值，则将累计次数清零、报警复位，重新开始计数。液位比较原理，如图 10-51 所示。

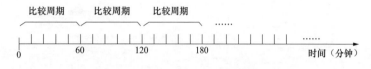

图 10-51　阀冷系统渗漏比较周期说明图

2）补水泵在 1440min 内，连续补水 2 次（由启动液位补到停止液位），发出渗漏报警。

七、阀冷系统冷却水电导率保护

（1）定值依据。冷却水电导率保护一方面考虑阀水冷却系统管道在高电压下的均压要求，避免在管道上由于电压差不均匀导致绝缘击穿；另一方面考虑泄漏后换流阀元器件表面绝缘要求。阀水冷系统电导率保护设置 2 级预警（电导率高和电导率超高），不设置跳闸，不停运直流系统。

（2）定值说明。阀冷系统冷却水电导率保护定值说明如表 10-7 所示。

表 10-7　　　　　　　　　　　　　　　　阀冷系统冷却水电导率保护定值

定值名称	定值	单位	延时	报警级别/动作后果	定值说明
冷却水电导率高	0.50	μS/cm	6s	预警	阀厂要求
冷却水电导率超高	0.70	μS/cm	6s	预警	阀厂要求
冷却水电导率不符合直流投运条件	0.30	μS/cm	6s	预警	阀厂要求（阀投运前对冷却水电导率要求）
去离子水电导率高	0.20	μS/cm	6s	预警	阀厂要求
内冷水电导率变送器超差	90%		/	预警	/

（3）配置说明。换流阀的安全运行至关重要，为提高冷却系统的可靠性，在换流阀出水管道上设置了 2 台冷却水电导率变送器

（QIT01、QIT02）实时监测阀冷系统的冷却介质水质状况，阀冷控制系统能够根据冷却介质水质状况及时发出预警。各冷却水冷却水电导率变送器具体设置可详见：第十四章 柔性直流换流站典型设备原理框图内"十 阀冷系统内冷系统流程图""十一 阀内冷系统流程图阀门、仪表及设备部件表"。

（4）保护原理。

1）一、二段报警判据采集原则：

a．一段报警（低、高）：按 1 个变送器有效值报警；

b．二段报警（超低、超高）：变送器数量不少于 2 个时，按 2 个变送器有效值报警。

2）当两台冷却水电导率变送器检测值同时高于超高设定值时，阀冷控制系统发出"冷却水电导率超高"报警。

3）当两台冷却水电导率变送器中任意一台检测值高于高设定值时，阀冷控制系统发出"冷却水电导率高"报警。

4）冷却水电导率变送器故障后选取原则：

a．当一台冷却水电导率变送器故障，另一台冷却水电导率变送器检测值超过电导率超高设定值时，阀冷控制系统发出"冷却水电导率超高"报警。

b．当一台冷却水电导率变送器故障，另一台冷却水电导率变送器检测值超过电导率高设定值时，阀冷控制系统发出"冷却水电导率高"报警。

（5）逻辑框图。

1）阀冷系统冷却水电导率高产生条件逻辑如图 10-52 所示。

2）阀冷系统冷却水电导率超高产生条件逻辑如图 10-53 所示。

八、阀冷系统 CPU 双故障跳闸保护

（1）定值依据。当阀冷控制系统 A 与阀冷控制系统 B 的 CPU 均故障时，阀冷系统发出"跳闸"硬接点信号。

（2）配置说明。阀冷控制系统 A 柜内设置有常励磁的"A 柜控制系统无故障"KC88A、KC88Aa 两继电器，阀冷控制系统 B 柜内设置有常励磁的"B 柜控制系统无故障"KC88B、KC88Bb 两继电器，任何一个 CPU 正常时，检测继电器励磁；当两个 CPU 均故障时，检测继电器失磁。

（3）保护原理。利用阀冷控制系统 A、B 柜内"A 柜控制系统无故障""B 柜控制系统无故障"检测继电器的常闭点串联，当检测继电器同时失磁时，阀冷系统报出"跳闸"硬接点信号。阀冷控制系统无故障检测继电器及其跳闸回路二次原理接线，如图 10-54

所示。

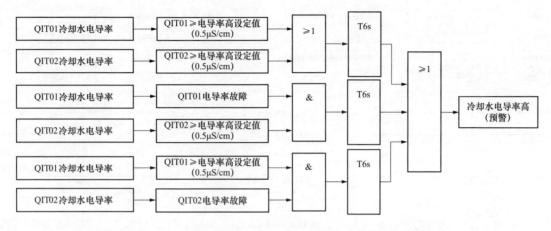

图 10-52　阀冷系统冷却水电导率高产生条件逻辑图

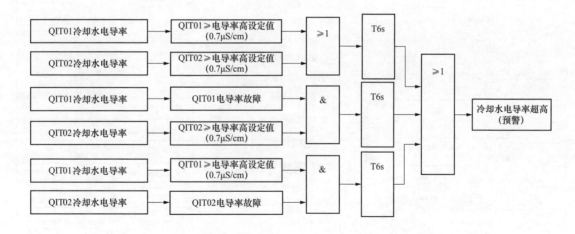

图 10-53　阀冷系统冷却水电导率超高产生条件逻辑图

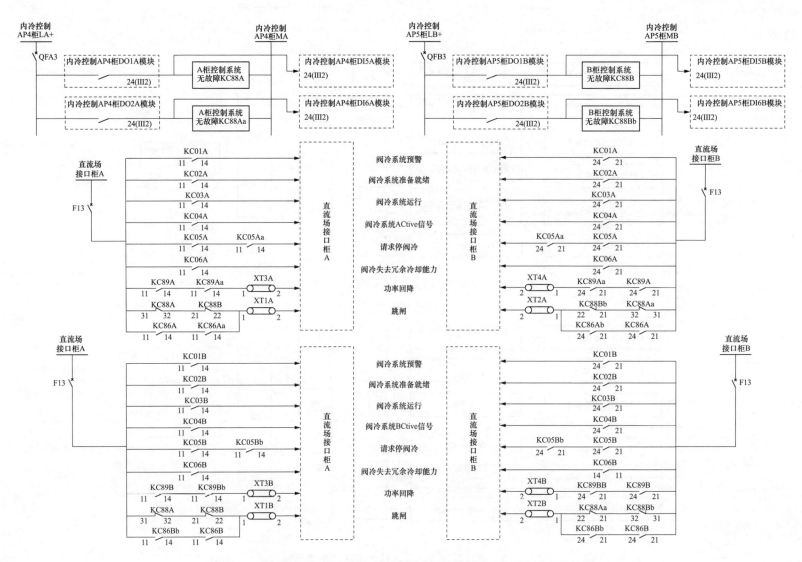

图 10-54 阀冷控制系统无故障检测继电器及其跳闸回路二次原理接线图

（4）逻辑框图。阀冷系统 CPU 双故障跳闸保护逻辑如图 10-55 所示。

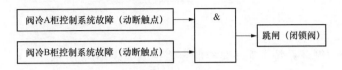

图 10-55　阀冷系统 CPU 双故障跳闸保护逻辑图

第七节　高澜阀冷系统设备控制逻辑及其说明

一、高澜阀冷控制系统与直流控制保护系统下行信号沟通示意图

阀冷控制系统与直流控制保护系统下行信号沟通示意如图 10-56 所示。

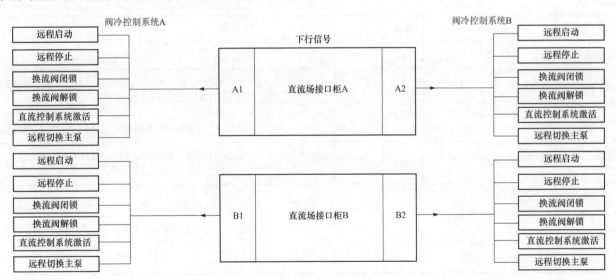

图 10-56　阀冷控制系统与直流控制保护系统下行信号沟通示意图

二、高澜阀冷控制系统设备控制逻辑及其说明

1. 内冷主循环系统主循环泵控制

（1）定值说明。

1）主循环泵控制定值说明。内冷主循环系统主循环泵控制定值说明如表 10-8 所示。

表 10-8 内冷主循环泵控制定值

定值名称	定值	单位	延时	报警级别	定值说明
主泵出水压力低	0.55	MPa	3s	预警	根据流量低定值得出
进阀压力低	0.40	MPa	3s	预警	根据流量低定值得出
P01 主泵电机温度高	95.0	℃	3s	预警	电机过热要求
P02 主泵电机温度高	95.0	℃	3s	预警	电机过热要求
主循环泵自动切换周期	10080	min	/	/	泵切换
主泵电源故障切换延时	1	s	/	/	泵切换
主泵（160kW/290A）断路器 QFP01R、QFP01G、QFP02R、QFP02G	（L: $I_1=1I_n$, $t_1=12s$） $S/I:=I$, $I_3=9I_n$, （$t_2=0.25s$） N: =OFF, 50%	/	/	/	1. 断路器规格 T5N630 PR221DS-LS/IR630 3P 2. 短路保护 （630A×9=5670A）≥18 倍主泵额定电流（290A×18=5220A）
主泵热继电器 FRP01、FRP02	320	A	/	/	热继电器规格：EF370-380 115-380A 主泵额定电流 290×1.1=319A
电源监视继电器 KR1、KR2	ASYM: 10%; MAX: +20%; MIN: −20%; SEQ: 0S; REL: WS	/	/	/	电源监视继电器规格：EMD-FL-3V-400（280-520VAC）

2）阀冷系统主泵（160kW/290A）软启动器（ABB PSTB370-600-70）定值说明。内冷主泵软启动器定值说明，如表 10-9 所示。

表 10-9 内冷主泵软启动器定值

参数号	功能	整定范围	定值	参数说明
1	设定电流（I_e 设置）	0～1207A	290A	参考主泵电机
2	升压时间	1～30s	3s	/
3	降压时间	0～30s	3s	/
51	编程继电器 K4	运行，起动完毕，事件	全电压	/
52	编程继电器 K5	运行，起动完毕，事件	事件	/
56（1）	K5 表示的故障事件（任何故障）	是，否	是	/
75	语言	CN，DE，ES	CN	/

（2）控制说明。

1）正常切泵逻辑。运行主循环泵工频运行时，当阀冷系统出现以下情况时，系统切换到备用泵软启动转工频运行，同时当前泵停止。情况包括：

a. 两台主循环泵可通过主循环泵切换周期（时间可设定，一般是 168h）实现主泵周期切换功能。如 P01 连续无故障工频运行 168 小时后，启动主循环泵正常切换逻辑，P02 投入软启动转工频运行的同时 P01 停止。

b. 两台主循环泵可通过水冷就地操作面板实现主循环泵本地切换功能。

c. 两台主循环泵可通过主控系统操作面板实现主循环泵远程切换功能。

2）故障切泵。运行主循环泵工频运行时，当阀冷系统出现以下故障时，系统均自动切换到备用泵软启动转工频运行，同时当前泵停止。故障情况包括：

a. 主循环泵过热报警：运行主循环泵电机设置 PT100 热敏电阻实时进行电机温度检测，当温度传感器检测到运行主循环泵电机温度值超过 95℃时，控制系统报出相应"主循环泵过热"。

b. 主循环泵工频故障报警：主循环泵工频回路设置断路器保护（短路速断和过负荷保护），当断路器保护动作使空开脱扣时，控制系统报出相应"主循环泵工频故障"。

c．站用电 400V 电源故障：主循环泵 P01 接在 I 段母线上，主循环泵 P02 接在 II 段母线上，如：P01 运行时，I 段母线电源过压、欠压、三相不平衡、相序等异常，控制系统报出"AP1 柜#1 交流动力电源故障"，延时 1s 后，P01 切换至 P02 运行。

3）压力低切泵。阀冷系统主循环泵出口设置两台出水压力变送器（PT01、PT02），换流阀进水侧设置 3 台进阀压力变送器（PT03、PT04、PT05），当任意一台主循环泵出水压力变送器测量值低于保护定值与任意一台进阀压力变送器测量值低于保护定值时，延 3s 后，切换备用泵工频直接运行，同时控制系统报出"阀冷系统压力低切换主泵，请检查并确认"报警。此报警存在时，系统压力低主泵不再执行切换。

4）切泵失败回切。当前运行主循环泵正常切换至备用泵运行失败时，控制系统检测出相关报警后回切到原运行主循环泵运行。回切情况包括：当前运行主泵过热报警、主循环泵工频故障报警、站用电 400V 电源故障、"主泵出水压力低+进阀压力低"报警。

（3）控制逻辑图。

1）内冷主循环系统主循环泵自动控制逻辑如图 10-57 所示。

2）内冷主循环系统主循环泵手动控制逻辑如图 10-58 所示。

3）内冷主循环系统主循环泵故障切泵逻辑如图 10-59 所示。

4）内冷主循环系统主循环泵切泵失败回切逻辑如图 10-60 所示。

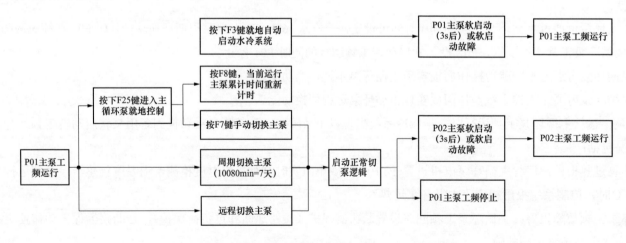

图 10-57　内冷主循环系统主循环泵自动控制逻辑图

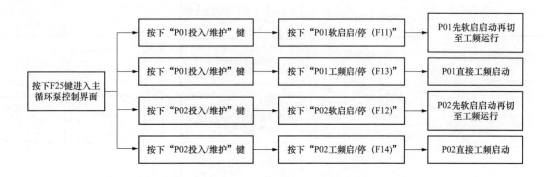

图 10-58　内冷主循环系统主循环泵手动控制逻辑图

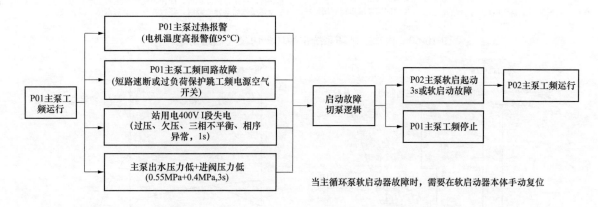

图 10-59　内冷主循环系统主循环泵故障切泵逻辑图

（4）软启动器说明。主循环泵选用软启动器进行降压启动，同时设工频回路。软启回路用于主循环泵启动，启动完成后切换到工频运行。通过软启动器控制主循环泵的启动，使电机启动电压以恒定的斜率平稳上升，启动电流小，减小主循环水泵对站用电的冲击，减小对阀冷系统管路和主循环主泵的机械冲击，并且启动电压上升斜率可调，保证了启动过程的平滑性。由于起始电压较小，有效地限制了启动电流。电动机不同启动方式下的电压电流图，如图 10-61 所示。

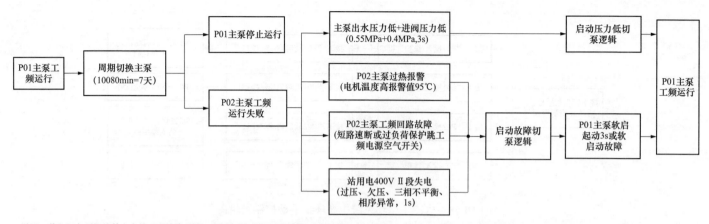

说明：若备用主泵切换前本身就已有故障反馈，运行主泵不会进行周期自动切换逻辑，仍然保持运行主泵继续运行，即使出现运行主泵工频故障，也不会启动切泵失败回切逻辑，直接转至原运行主泵软启运行，而不是经切泵失败回切逻辑实现回切运行。当主循环泵软启动器故障时，需要在软启动器本体手动复位。

图 10-60   内冷主循环系统主循环泵切泵失败回切逻辑图

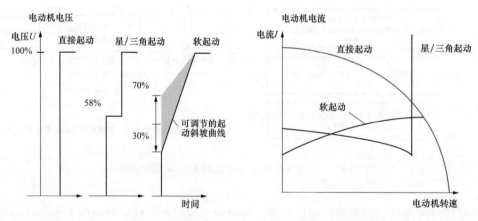

图 10-61   电动机不同启动方式下的电压电流图

2. 内冷补水系统补水泵、原水泵、补水电动阀控制

（1）定值说明。内冷补水系统补水泵、原水泵、补水电动阀控制定值说明如表 10-10 所示。

— 436 —

表 10-10　　　　　　　　　　　　　　　　补水泵、原水泵、补水电动阀控制定值

定值名称	定值	延时	定值说明
自动补水启动膨胀罐液位	30.0%	/	以膨胀罐液位进行控制
自动补水停止膨胀罐液位	50.0%	/	
原水罐液位高	90%	5s	强制停原水泵及电动阀 V136
原水罐液位低	15%	5s	强制停补水泵及电动阀 V136
进阀压力高	0.60 MPa	3s	
自动补水失败次数	18 次	/	
补水泵　（0.75kW/1.65A）断路器 QFP11、QFP12	2.0A	/	1. 断路器规格：140MX-C2E-B25A（1.6～2.5A） 2. 过载电流 1.65A×1.2=1.98A
原水泵（0.37kW/0.95A）断路器 QFP21	1.6A	/	1. 断路器规格：140MX-C2E-B25A（1.6～2.5A） 2. 过载电流 0.95A×1.2=1.14A
电源监视继电器 KR31～KR33	ASYM：10%； MAX：+20%； MIN：−20%； SEQ：2S； REL：WS	/	电源监视继电器规格：EMD-FL-3V-400（280～520V AC）

（2）控制说明。

1）补水泵采用一用一备的配置方式，互为备用。工作泵故障时自动切换至备用泵运行。

2）手动补水方式：可以通过 OP 操作面板手动补水，两台补水泵可同时启动，补水泵到达停补水泵液位时强制停止。补水阀 V136 可通过 OP 面板上的按键手动启动补水电动阀至开限位；可通过 OP 面板上的按键手动停止补水电动阀至关限位。

3）自动补水方式：阀冷系统自动运行中补水泵能根据膨胀罐液位自动补水。膨胀罐液位低于设定值时补水泵启动自动补水，同时补水电动阀自动打开，直到开限位；一直到膨胀罐液位到达停泵液位时停止补水，同时补水电动阀自动关闭，直到关限位。补水泵运行方式为间断式补水。

4）当系统检测到膨胀罐液位下降至低报警液位时，发出液位低报警信号。膨胀罐液位继续下降至超低报警液位时，发出跳闸信号。

5）不论是手动补水还是自动补水，原水罐液位低报警时均强制停补水泵，防止将大量空气吸入阀冷系统。

6）补水泵或原水泵启动时，原水罐电磁阀开启。

7）原水泵只有手动启动功能，任何液位可以启动，高液位停。

（3）控制逻辑图。

1）内冷补水系统自动模式下原水泵、补水泵手动补水流程图如图10-62所示。

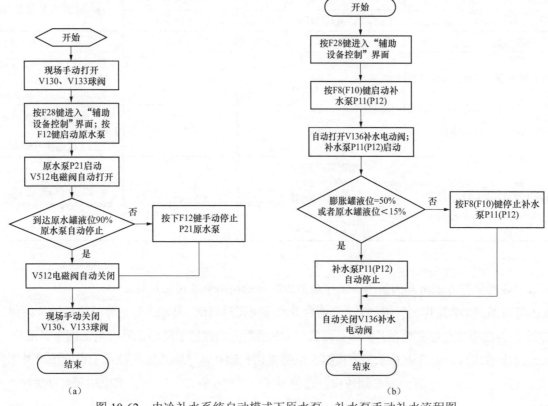

图 10-62　内冷补水系统自动模式下原水泵、补水泵手动补水流程图

（a）原水泵补水流程图；（b）补水泵手动补水流程图

2）内冷补水系统补水电动阀逻辑图如图 10-63 所示。

3）内冷补水系统工艺流程图如图 10-64 所示。

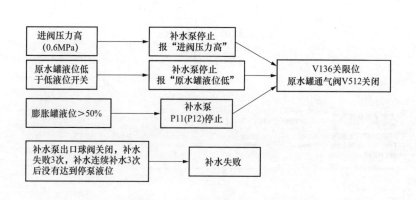
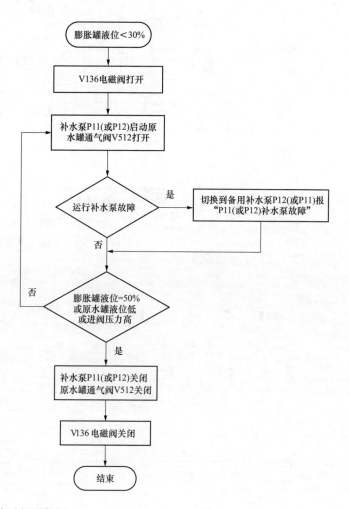

图 10-63　内冷补水系统补水电动阀逻辑图

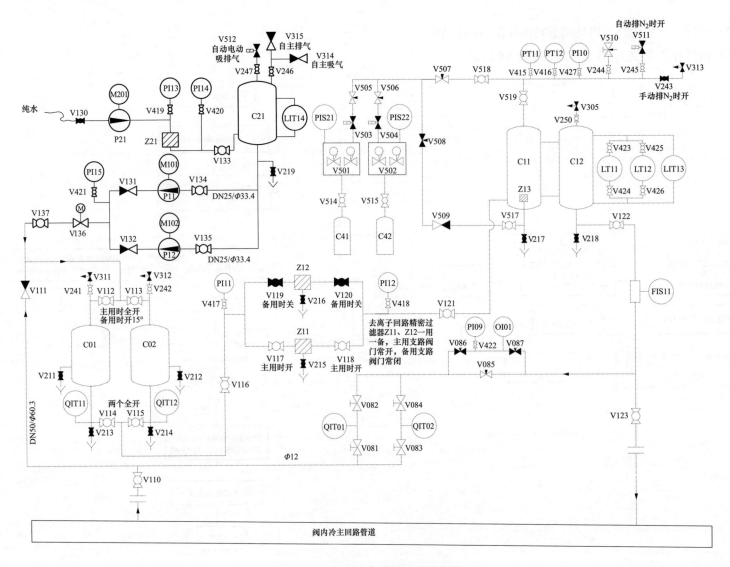

图 10-64　内冷补水系统工艺流程图

3. 内冷系统脱气罐内电加热器控制

（1）定值说明。内冷系统脱水罐内电加热器控制定值说明如表 10-11 所示。

表 10-11 电 加 热 器 控 制 定 值

定值名称	定值	单位	定值说明
H01/H02 电加热器启动进阀温度	14.0	℃	
H01/H02 电加热器停止进阀温度	16.0	℃	
H03/H04 电加热器启动进阀温度	15.0	℃	以进阀温度进行控制
H03/H04 电加热器停止进阀温度	17.0	℃	
电加热失败延时	120	min	

1）低温段：冬天室外环境温度较低，换流阀低负荷运行，冷却水进阀温度处于低温段时，此时电动三通阀全关（保留设定的小关限位），切除阀冷设备回路，使系统散热量小。如此时冷却水进阀温度继续下降，下降至设定值时，启动电加热器，防止冷却水进阀温度过低导致沿程管路及换流阀损伤；或冷却水进阀温度下降至接近露点时，启动电加器，防止换流阀散热器或管路表面结露影响绝缘。

2）中温段：冷却水进阀温度处于中温段时，通过开/关电动三通阀改变冷却介质流经阀外冷设备流量，从而改变系统散热量，终使冷却水进阀温度稳定在电动三通阀工作温度范围内。

3）高温段：夏天室外环境温度较高，换流阀满负荷运行，冷却水进阀温度处于高温段时，电动三通阀全开，冷却介质全部流经室外冷却回路。

（2）控制说明。

1）当冬天室外环境温度极低而换流阀又处于低负荷运行时，电加热器（H01/H02）将启动以避免冷却水进阀温度过低。

2）冷却水进阀温度≤14℃时，电加热器 H01 和 H02 启动；冷却水进阀温度≥16℃时，电加热器 H01 和 H02 停止。

3）冷却水进阀温度≤15℃时，电加热器 H03 和 H04 启动；冷却水进阀温度≥17℃时，电加热器 H03 和 H04 停止。

4）冷却水进阀温度低于/接近阀厅露点 1℃时，4 台电加热器强制启动，高于露点温度 4 度时，4 台电加热器停止。如果高于（冷却水进阀温度高定值–5℃），4 台电加热器强制停止，防止超温，此逻辑优先。

5）电加热器的启动与主循环泵运行及冷却水流量超低值互锁，主循环泵停运或冷却水流量超低时电加热器禁止运行。

6）电加热器断路器未合时，发出电加热器报警信号。

7）电加热器连续工作 120min 后，阀冷系统仍存在"进阀温度低"或"进阀温度低于露点"时，报出"阀冷电加热失败-请检查"。

（3）控制逻辑图。内冷系统脱气罐内电加热器控制逻辑如图 10-65 所示。

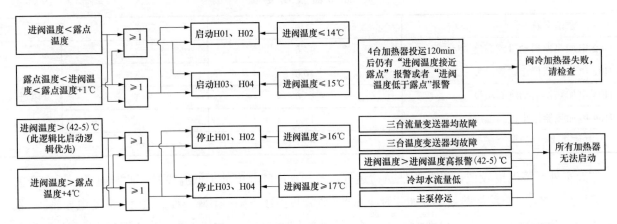

图 10-65　内冷系统脱气罐内电加热器控制逻辑图

4. 内冷主循环系统电动三通阀及其电动蝶阀控制

（1）定值说明。内冷主循环系统电动三通阀及其电动蝶阀控制定值说明如表 10-12 所示。

表 10-12　　　　　　　　　　　　　　电动三通阀及其电动蝶阀控制定值

定值名称	定值	单位	定值说明
电动三通阀开启进阀温度	25.0	℃	以进阀温度进行控制
电动三通阀关闭进阀温度	20.0	℃	

1）低温段：冬天室外环境温度较低，换流阀低负荷运行，冷却水进阀温度处于低温段时，此时电动三通阀全关（保留设定的小关限位），切除阀外冷设备回路，使系统散热量小。如此时冷却水进阀温度继续下降，下降至设定值时，启动电加热器，防止冷却水进阀温度过低导致沿程管路及换流阀损伤；或冷却水进阀温度下降至接近露点时，启动电加器，防止换流阀散热器或管路表面结露影响绝缘。

2）中温段：冷却水进阀温度处于中温段时，通过开/关电动三通阀改变冷却介质流经阀外冷设备流量，从而改变系统散热量，终使冷却水进阀温度稳定在电动三通阀工作温度范围内。

3）高温段：夏天室外环境温度较高，换流阀满负荷运行，冷却水进阀温度处于高温段时，电动三通阀全开，冷却介质全部流经室外冷却回路。

（2）控制说明。

1）电动三通阀控制说明。

a. 冷却水进阀温度高于 25℃时，两台电动三通阀脉冲式开启，直至开限位，保证全部冷却水通过室外冷却系统。

b. 冷却水进阀温度为 23～25℃时，进阀温度升高，两台电动三通阀开度脉冲式加大，阀门开度由 PLC 控制，通过控制电动三通阀的阀门开度大小来调节室外回路和室内旁路的流量比例，使冷却水进阀温度保持在 23～25℃。

c. 冷却水进阀温度为 22～23℃（不包含 22℃和 23℃）时，两台电动三通阀阀位不变。

d. 冷却水进阀温度为 20～22℃（不包含 20℃和 22℃）时，进阀温度降低，两台电动三通阀开度脉冲式缩小，阀门开度由 PLC 控制，通过控制电动三通阀的阀门开度大小来调节室外回路和室内旁路的流量比例，避免进阀水温太低。

e. 冷却水进阀温度低于 20℃时，两台电动三通阀处于关闭状态（保留设定的小关限位）。保证绝大部分冷却水流量通过室内旁路，水流不通过室外冷却系统，避免进阀水温太低。

f. 电动三通阀的开启及关闭说明：电动三通阀的开闭是通过电动阀的设定温度工作范围来控制，其开关方式是脉冲式。

g. 电动三通阀故障发出报警信号。

2）电动碟阀控制说明。

a. 阀冷系统处于手动/自动模式下均可在 OP 操作面板上可以手动“开”和“关”电动蝶阀。

b. 两个电动蝶阀开/关切换时，其中任意一个电动蝶阀处于开状态，另外一个处于关状态。

c. 阀冷系统处于自动运行状态时，如果全开的电动蝶阀回路对应的电动三通阀故障，则处于热备用的电动三通阀所对应的电动蝶阀自动开启，已故障的电动三通阀所对应的电动蝶阀自动关闭。

d. 电动蝶阀故障时，在 OP 操作面板上可以手动对故障进行复位。

e. 阀冷系统处于停止位：电动蝶阀不接受任何指令。

注：V006 电动蝶阀与 V007 电动蝶阀保证有任意一个在全开，另一个才允许关闭。

（3）控制逻辑图。

1）内冷主循环系统电动三通阀控制逻辑图如图 10-66 所示。

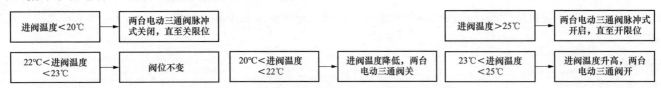

图 10-66　内冷主循环系统电动三通阀控制逻辑图

2）内冷主循环系统电动碟阀控制逻辑图如图 10-67 所示。

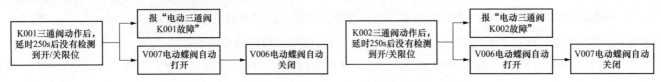

图 10-67　内冷主循环系统电动蝶阀控制逻辑图

3）内冷主循环系统电动三通阀及其电动蝶阀工艺流程图如图 10-68 所示。

5. 内冷氮气稳压系统补气、排气电磁阀控制

（1）定值说明。内冷氮气稳压系统补气、排气电磁阀控制定值说明如表 10-13 所示。

表 10-13　　　　　　　　　　　　　　　　　补气、排气电磁阀控制定值

定值名称	定值	单位	定值说明
补气电磁阀启动膨胀罐压力	0.18	MPa	以膨胀罐压力进行控制
补气电磁阀停止膨胀罐压力	0.19	MPa	
补气电磁阀故障延时	25	min	
排气电磁阀启动膨胀罐压力	0.22	MPa	以膨胀罐压力进行控制
排气电磁阀停止膨胀罐压力	0.20	MPa	
排气电磁阀故障延时	20	min	

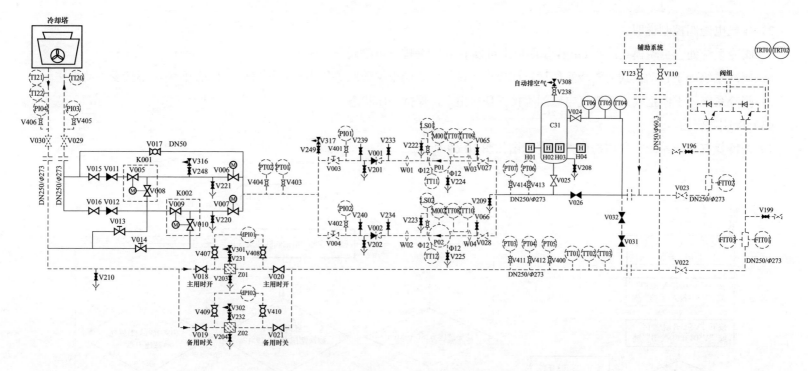

图 10-68　内冷主循环系统电动三通阀及其电动蝶阀工艺流程图

（2）控制说明。

1）补气电磁阀控制说明。

a．阀冷系统处于手动模式：在 OP 操作面板上可以手动开/关每一个电磁阀。

b．阀冷系统处于自动模式：阀冷系统运行或停运，电磁阀根据膨胀罐压力设定值，自动开/关。

c．阀冷系统处于停止模式：电磁阀不接受任何指令，保持关闭状态。

d．如果一个电磁阀报故障，则自动切换到另一电磁阀运行。

e．电磁阀自动切换的条件是：补气电磁阀连续动作 25 min 后膨胀罐压力仍未到达停止补气压力值。

2）排气电磁阀控制说明。

a. 阀冷系统处于手动模式：在 OP 操作面板上可以手动开/关排气电磁阀。

b. 阀冷系统处于自动模式：阀冷系统运行或停运，排气电磁阀根据膨胀罐压力设定排气值，自动开/关，不接受手动操作。

c. 阀冷系统处于停止模式：排气电磁阀不接受任何指令，保持关闭状态。

（3）控制逻辑图。

1）内冷氮气稳压系统补气电磁阀控制逻辑图如图 10-69 所示。

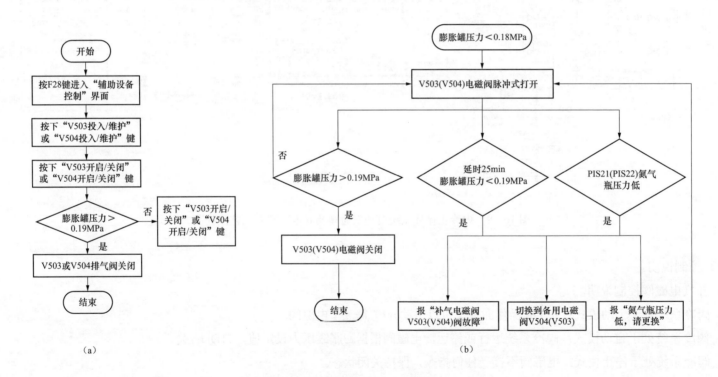

图 10-69　内冷氮气稳压系统补气电磁阀控制逻辑图

（a）手动补气流程图；（b）自动补气流程图

2）内冷氮气稳压系统排气电磁阀控制逻辑图如图 10-70 所示。

3）内冷氮气稳压系统工艺流程图如图 10-71 所示。

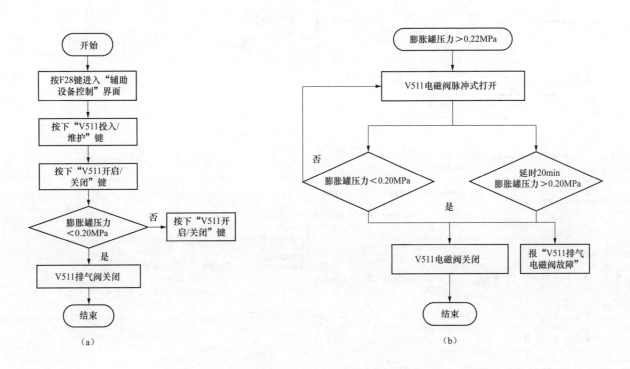

图 10-70　内冷氮气稳压系统排气电磁阀控制逻辑图

（a）手动排气流程图；（b）自动排气流程图

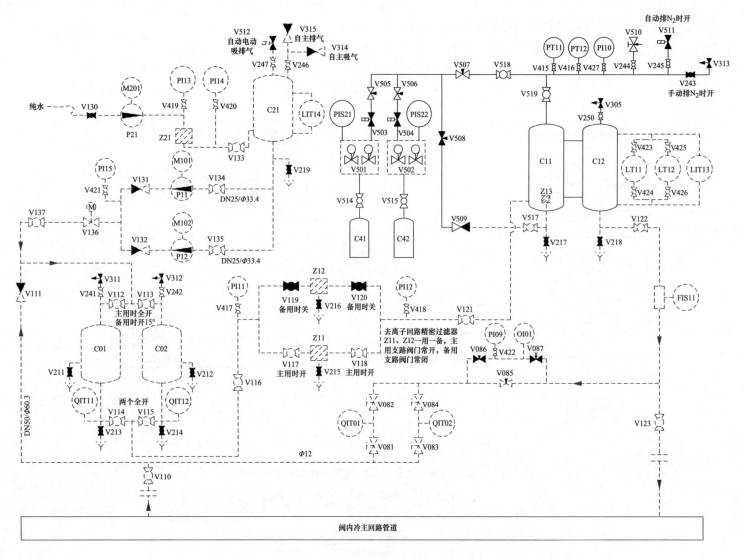

图 10-71 内冷氮气稳压系统工艺流程图

6. 外冷喷淋泵控制

（1）定值说明。外冷喷淋泵控制定值说明，如表 10-14 所示。

表 10-14   外冷喷淋泵控制定值

定值名称	定值	单位	延时	报警级别/动作后果	定值说明
喷淋泵出水压力低	0.08	MPa	3s	预警	/
喷淋泵组自动切换时间	10080	min			泵切换
喷淋泵（15KW/29.5A）热继电器 FRP31～FRP36	35.4A				1．断路器规格：193-TX1BC36（29～36A） 2．短路保护：额定电流 29.5×1.2=35.4A
电源监视继电器 KR61～KR63、KR71～KR73、KR81～KR83、KR111～KR114	ASYM：10%； MAX：+20%； MIN：−20%； SEQ：2S； REL：WS				电源监视继电器规格：EMD-FL-3V-400（280-520VAC）

（2）控制说明。

1）当前工作泵发生故障时，自动切换至备用水泵。运行与备用水泵之间周期性轮换。

2）当前工作泵压力低于设定值时，自动切换至备用水泵。

（3）控制逻辑图。

1）外冷喷淋泵正常切泵控制逻辑图。外冷喷淋泵正常切泵控制逻辑如图 10-72 所示。P31、P32 喷淋泵互为备用；P33、P34 喷淋泵互为备用；P35、P36 喷淋泵互为备用。正常时，喷淋泵随阀冷系统启动而启动，阀冷停运后，喷淋泵自动停泵。

2）外冷喷淋泵故障切泵控制逻辑图。外冷喷淋泵故障切泵控制逻辑如图 10-73 所示。喷淋泵过热反馈由热继电器辅助触点反馈，启动故障切泵逻辑，即与内冷主泵过热报警（即循环主泵电机温度高）启动故障切泵逻辑不同。

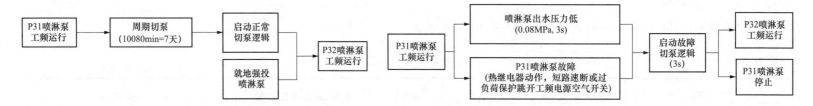

图 10-72　外冷喷淋泵正常切泵控制逻辑图　　　　　　图 10-73　外冷喷淋泵故障切泵控制逻辑图

7. 外冷风机控制

（1）定值说明。

1）外冷风机控制定值说明如表 10-15 所示。

表 10-15　　　　　　　　　　　　　　　　　外冷风机控制定值

定值名称	定值	单位	定值说明
1 组冷却塔风机启动进阀温度	30	℃	以进阀温度进行控制
2 组冷却塔风机启动进阀温度	33	℃	
变频风机下限频率	20	Hz	
冷却塔风机自动切换周期	10080	min	
风机变工频互锁延时	10	s	

2）外冷风机（5.5kW/10.8A）变频器（ABB ACS510-01-017A-4）定值说明如表 10-16 所示。

表 10-16　　　　　　　　　　　　　　　　　外冷风机变频器定值

参数号	功能定义	缺省值	设定值	备注
9901	语言	0	1	中文
9902	应用宏	1	1	ABB 标准宏

参数号	功能定义	缺省值	设定值	备注
9905	电机额定电压	400V	380V	参考电机铭牌值
9906	电机额定电流	17A	10.8A	参考电机铭牌值
9907	电机额定频率	50Hz	50Hz	参考电机铭牌值
9908	电机额定转速	1460	1455	参考电机铭牌值
9909	电机额定功率	7kW	5.5kW	参考电机铭牌值
1003	转向	双向	1	正转
1103	给定值 1 选择	AI1	AI2	选择频率给定通道
1104	给定值 1 下限	0Hz	0Hz	外部给定值的最小
1105	给定值 1 上限	50Hz	50Hz	外部给定值的最大
1304	AI2 低限	0	0	设置 AI1 的低限
1305	AI2 高限	100	100	设置 AI1 的高限
1401	继电器输出 1	1	1	变频器准备就绪
1402	继电器输出 2	2	2	变频器运行
1403	继电器输出 3	3	3	变频器故障（-1）
1606	本地锁定	0	7	锁定
2003	最大电流	68.4	13.0	1.2 倍电机额定电流
2007	最小频率	0	10	单位：Hz
2201	加减速曲线选择	5	1	DI1
2202	加速时间	30	60	单位：s
2203	减速时间	30	60	单位：s
3001	AI 故障	0	3	尾速运行
3002	控制盘丢失动作	1	3	尾速运行
3017	接地故障	1	0	禁止

参数号	功能定义	缺省值	设定值	备注
3022	AI2 故障极限	0%	0%	信号故障低限
3023	接地	1	0	禁止

（2）控制说明。冷却塔风机共 6 台分为 2 组，共中 G01、G03、G05 为一组，G02、G04、G06 为一组；当进阀温度超过 30℃时，轮换启动一组风机变频，根据进阀温度变化进行 PID 调节；当进阀温度超过 33℃时，追加启动另外一组风机变频，根据进阀温度的变化进行 PID 调节。当进阀温度持续低于 32℃且风机频率低于（变频风机下限频率 20HZ）20Hz，则延时 5min 停运一组风机，另一组风机继续 PID 调节；当进阀温度持续低于 29℃且风机频率低于 20Hz，风机延时 5min 停运。此时两组风机均停运，根据进阀温度的变化控制启停。单台风机变频故障自动切换至工频运行。

每台风机配置变频回路和工频回路，当前运行风机变频故障时，切换至该台风机工频运行，同时控制系统报出相应"风机变频故障切换至工频，请就地确认"报警。此报警存在时，该台风机故障不再执行切换。

当出现相应"风机变频故障切换至工频，请就地确认"时，该台风机故障不再执行变频、工频切换。需要在阀冷控制系统就地操作面板进行手动确认。

（3）控制逻辑图。

1）外冷风机正常切换控制逻辑如图 10-74 所示。

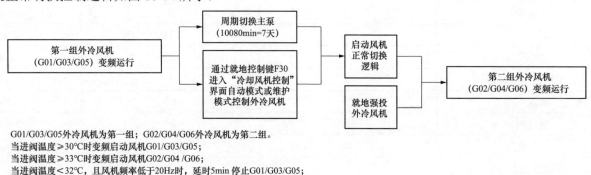

G01/G03/G05外冷风机为第一组；G02/G04/G06外冷风机为第二组。
当进阀温度≥30℃时变频启动风机G01/G03/G05；
当进阀温度≥33℃时变频启动风机G02/G04 /G06；
当进阀温度<32℃，且风机频率低于20Hz时，延时5min停止G01/G03/G05；
当进阀温度<29℃，且风机频率低于20Hz时，延时5min停止G02/G04 /G06。

图 10-74　外冷风机正常切换控制逻辑图

2）外冷风机故障切泵控制逻辑如图 10-75 所示。

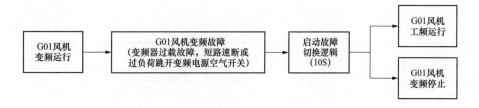

图 10-75　外冷风机故障切泵控制逻辑图

（4）外冷风机变频器控制原理说明。阀冷设备控制系统负责风机的自动启停控制及温度调节逻辑，对冷却风机的转速进行 PID 调节并负责风机转速控制（变频器调节）和保护。控制系统根据冷却水进阀温度与设定目标温度间的偏差变化自动调节风机的转速。

风机的变频调速控制：风机的转速通过目标温度设定值及当前冷却水进阀温度来控制，目标温度可在阀冷设备控制系统的人机界面设定，控制器根据当前冷却水进阀温度与目标温度间偏差变化，进行 PID 运算后，输出一模拟量信号给变频器，变频器根据此信号的增大/减小来升频/降频，控制风机转速，从而改变系统散热量，使冷却水进阀温度逐渐逼近目标温度并最终稳定在目标温度附近，达到准确控制冷却水进阀温度的目的，如图 10-76 所示。

图 10-76　外冷风机变频器控制原理框图

风机的自动启停控制：风机的启动通过设定目标温度来控制，当冷却水进阀温度高于目标温度时，风机全部启动，转速经 PID 运算确定。当风机频率降至最低运行频率后，如冷却水进阀温度仍然低于设定目标温度，风机以最低频率继续运行 20s 后全部停止运行。能有效防止进阀温度的骤升骤降，可保证温度波动在每分钟 2℃ 以内。

8. 外冷补水控制

（1）定值说明。外冷补水控制定值说明如表 10-17 所示。

表 10-17 外冷补水控制定值

定值名称	定值	延时	定值说明
喷淋水池补水启动液位	65.0%		/
喷淋水池补水停止液位	75.0%		/
喷淋水池液位低	20%	5s	预警
喷淋水池液位超低	10%	5s	预警
喷淋水池液位高	120%	5s	预警

（2）控制说明。外水冷喷淋水池应配置至少双重化的接点式液位开关和一个电容式液位传感器。喷淋水池水位低时启动自动补水，水位高时停止自动补水，并向远方发送报警信号，提醒运行人员检查处理。当喷淋水池水位过低时，向远方发送严重告警。

（3）控制逻辑图。

1）外冷喷淋水池自动补水控制逻辑如图 10-77 所示。

2）外冷喷淋水池手动补水流程图如图 10-78 所示。

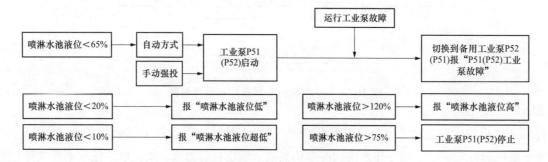

图 10-77 喷淋水池自动补水控制逻辑图

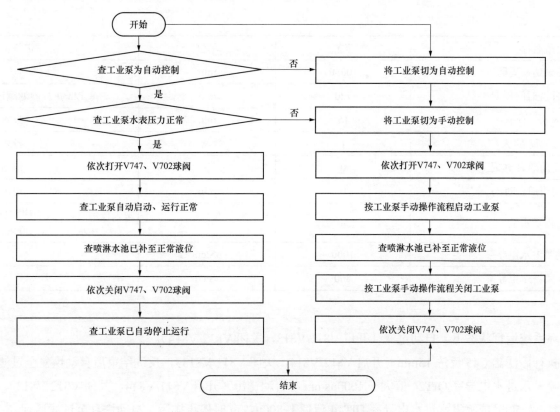

图 10-78　喷淋水池手动补水流程图

9. 外冷喷淋水池自循环泵及砂滤罐控制

（1）定值说明。外冷喷淋水池自循环泵及砂滤罐控制定值说明如表 10-18 所示。

表 10-18　　　　　　　　　　　　　　　　自循环泵及砂滤罐控制定值

定值名称	定值	单位	定值说明
自循环泵出水压力	0.10	MPa	延时 60s 预警

定值名称	定值	单位	定值说明
自循环泵切换周期	10080	min	/
砂滤器冲洗时间周期	720	min	每12h执行砂滤罐过滤器冲洗一次
砂滤器反洗时长	15	min	投入
排污时间周期-天	1	天	投入
排污时间周期启动-时	0	h	退出
排污时间周期启动-分	0	min	退出
排污停止水量	50	m³	每天排污时，PLC根据FIT22排污流量计算排污水量，达定值后自动停止排污
排污启动喷淋水电导率	1000	μS/cm	/
排污停止喷淋水电导率	800	μS/cm	/

（2）控制说明。

1）喷淋水自循环系统运行状态下，自动过滤（开启V811/V813，关闭V812/V814）。

2）过滤12h后执行砂滤罐C45反洗15min（开启V812/V814，关闭V811/V813），反洗结束后自动恢复至过滤运行。

3）设定每天或喷淋水进水电导率QIT24值大于1000μs/cm时自动排污（开启V811/V814，关闭V812/V813），PLC根据FIT22排污流量计算排污水量，达50m³或喷淋水进水电导率QIT24值低于800μs/cm时停止排污，自动恢复至过滤运行。

（3）控制逻辑图。

1）外冷喷淋水池自循环泵正常切泵控制逻辑图（以P41为例）。P41、P42自循环泵互为备用；正常时，自循环泵随阀冷系统启动而启动，阀冷停运后，自循环泵自动停泵控制逻辑如图10-79所示。

图10-79 外冷喷淋水池自循环泵正常切泵控制逻辑图

2）外冷喷淋水池自循环泵故障切泵控制逻辑（以 P41 为例）如图 10-80 所示。

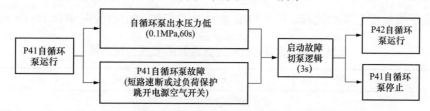

图 10-80　外冷喷淋水池自循环泵故障切泵控制逻辑图

3）外冷喷淋水池自循环系统及其砂滤罐工艺流程如图 10-81 所示。

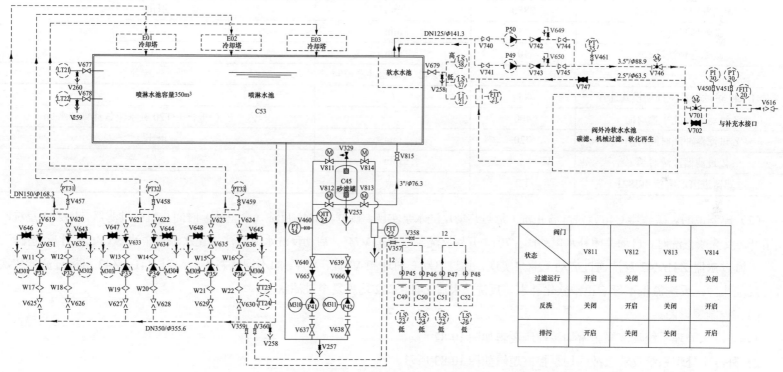

图 10-81　外冷喷淋水池自循环系统工艺流程图及其砂滤罐工作模式

10. 外冷水处理系统反洗泵及碳滤罐、机械过滤器的正/反洗控制

（1）定值说明。外冷水处理系统反洗泵及碳滤罐、机械过滤器的正/反洗控制定值说明如表 10-19 所示。

表 10-19 　　　　　　　　　　　　反洗泵及碳滤罐、机械过滤器的正/反洗控制定值

定值名称	定值	单位	定值说明
碳滤器冲洗控制			
碳滤器冲洗周期模式选择	水量	/	/
碳滤器冲洗水量周期	400	m³	投入，PLC 根据 FIT20 补水流量计算补水量
碳滤器冲洗时间周期	2880	min	退出
碳滤器反洗时长	15	min	/
碳滤器正洗时长	10	min	/
Z41/Z42 过滤器冲洗控制			
Z41/Z42 过滤器冲洗周期模式选择	水量	/	/
Z 过滤器冲洗水量周期	400	m³	投入，PLC 根据 FIT20 补水流量计算补水量
Z 过滤器冲洗时间周期	720	min	退出
Z 过滤器冲洗时长	3	min	/
过滤器进出水压差 dPIS21	1.2	bar	/

（2）控制说明。碳滤器 C46 反洗（含正洗）通过启动反洗水泵实现，碳滤器 C46 反洗（含正洗）时间与机械过滤器 Z41/Z42 反洗时间错开。反洗或正洗时，自动关闭补水电动阀 V701、开启反洗泵电动阀 V746，启动反洗水泵强注软化水源对碳滤器 C46 进行反洗排污。

机械过滤器 Z41/Z42 反洗通过启动工业泵实现，通过电动三通球阀 V711、V712 的不同状态组合，对 Z41、Z42 机械过滤器依次进行反洗排污，反洗流量不影响正常软化补水，反洗结束后 Z41、Z42 均恢复至过滤状态。

（3）控制逻辑图。

1）外冷水处理系统反洗泵正常切泵控制逻辑如图 10-82 所示。

2）外冷水处理系统反洗泵故障切泵控制逻辑如图 10-83 所示。

3）外冷水处理系统碳滤罐过滤、反洗、正洗时阀门状态如表 10-20 所示。正反洗水源采用软化水源，通过启动反洗水泵实现。正

反洗时，补水电动阀 V701 关闭，反洗水泵启动运行。

4）外冷水处理系统机械过滤器过滤、反洗时阀门状态，如表 10-21 所示。反洗控制为一台运行一台反洗，反洗水源采用工业水源，通过启动工业泵实现，反洗时间与碳滤反洗时间错开。

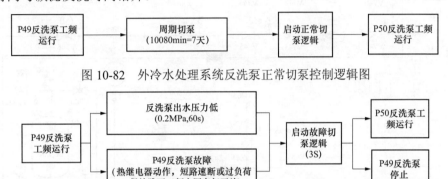

图 10-82　外冷水处理系统反洗泵正常切泵控制逻辑图

图 10-83　外冷水处理系统反洗泵故障切泵控制逻辑图

表 10-20　　　　　　　　　　　　　　外冷水处理系统碳滤罐过滤、反洗、正洗时阀门状态图

状态 \ 阀门	V701	V746	V703	V704	V705	V706	V707	P49/P50
正常运行	开启	关闭	开启	开启	关闭	关闭	关闭	停止
反洗	关闭	开启	关闭	关闭	开启	开启	关闭	启动
正洗	关闭	开启	开启	关闭	关闭	关闭	开启	启动

表 10-21　　　　　　　　　　　　　　外冷水处理系统机械过滤器过滤、反洗时阀门状态图

状态 \ 阀门	V701	V703	V704	V705	V706	V707	V711	V712	P51/P52
正常运行	开启	开启	开启	关闭	关闭	关闭	开启	关闭	启动
Z41 反洗	开启	开启	开启	关闭	关闭	关闭	关闭	关闭	启动
Z42 反洗	开启	开启	开启	关闭	关闭	关闭	开启	开启	启动

5）外冷水处理系统反洗泵、碳滤罐、机械过滤器工艺流程如图 10-84 所示。

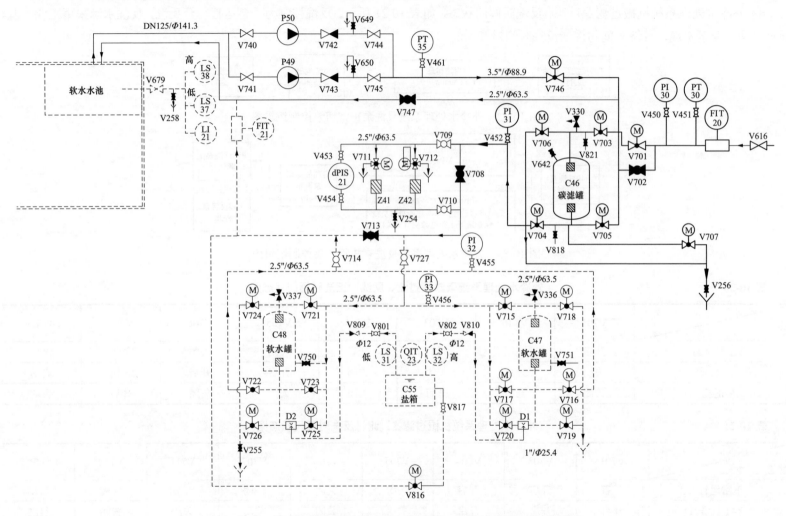

图 10-84　外冷水处理系统反洗泵、碳滤罐、机械过滤器工艺流程图

11. 外冷水处理系统树脂软化器控制

（1）定值说明。外冷水处理系统树脂软化器控制定值说明如表 10-22 所示。

表 10-22   外冷水处理系统树脂软化器控制定值

定值名称	定值	单位	定值说明
软化器冲洗周期模式选择	水量	/	/
软化器再生水量周期	120	m³	投入，PLC 根据 FIT21 软化水流量计算软化水处理量
软化器再生时间周期	720	min	退出
软化器反洗时长	15	min	/
软化器再生时长	30	min	/
软化器慢洗时长	20	min	/
软化器正洗时长	10	min	/

（2）控制说明。

1）软化器 C47 运行 C48 备用状态下，PLC 根据 FIT21 软化水流量计算软化水处理量，达 120m³ 时，自动启动软化器 C47 反洗、再生、慢洗、正洗控制逻辑：C47 反洗 15min（开启 V717/V718，关 V715/V716/V719/V720，C47 反洗时自动开启 V721/V722，将备用的 C48 转入运行）－C47 再生 30min（开启 V718/V720，关 V715/V716/V717/V719）－C47 慢洗 20min（开 V717 开度 20%/V718 开度 20%，关 V715/V716/V719/V720）－C47 正洗 10min（开启 V715/V719，关 V716/V717/V718/V720）－C47 转入备用。

2）软化器 C48 运行 C47 备用状态下，PLC 根据 FIT21 软化水流量计算软化水处理量，达 120m³ 时，自动启动软化器 C48 反洗、再生、慢洗、正洗控制逻辑：C48 反洗 15min（开 V723/V724，关 V721/V722/V725/V726，C48 反洗时自动开启 V715/V716，将备用的 C47 转入运行）—C48 再生 30min（开 V724/V725，关 V721/V722/V723/V726）—C48 慢洗 20min（开 V723 开度 20%/V724 开度 20%，关 V721/V722/V725/V726）—C48 正洗 10min（开 V721/V726，关 V722/V723/V724/V725）—C48 转入备用。

3）盐箱内水位低于盐箱低液位开关 LS31 时，开启电动阀 V816 对盐箱自动补水；当盐箱低液位信号消失时，关闭电动阀 V816；盐箱内水位高盐箱高液位开关 LS32 仅用于盐箱液位高报警；盐箱电导率变送器 QIT23 监测到盐箱电导率低时（≤120mS/cm，60s），提示加盐。

（3）控制逻辑图。

1）外冷水处理系统树脂软化器过滤、反洗、再生、慢洗、正洗时阀门状态如表 10-23 所示。

表 10-23　　　　　　　　外冷水处理系统树脂软化器过滤、反洗、再生、慢洗、正洗时阀门状态图

状态 \ 阀门	V715/V721	V716/V722	V717/V723	V718/V724	V720/V725	V719/V726
过滤运行	开启	开启	关闭	关闭	关闭	关闭
反洗	关闭	关闭	开启	开启	关闭	关闭
再生	关闭	关闭	关闭	开启	开启	关闭
慢洗	关闭	关闭	开启（20%）	开启（20%）	关闭	关闭
正洗	开启	关闭	关闭	开启	关闭	开启

反洗再生过程中执行补水优先，反洗水源采用工业自来水补充水源，反洗时间与炭滤、过滤器反洗时间错开。两台软化器互为备用，当一台软化器故障或需要反洗时，另一台自动投入运行，逻辑控制相同。

2）外冷水处理系统树脂软化器及盐箱工艺流程如图 10-85 所示。

12. 外冷喷淋水系统加药装置控制

（1）定值说明。外冷喷淋水系统加药装置控制定值说明如表 10-24 所示。

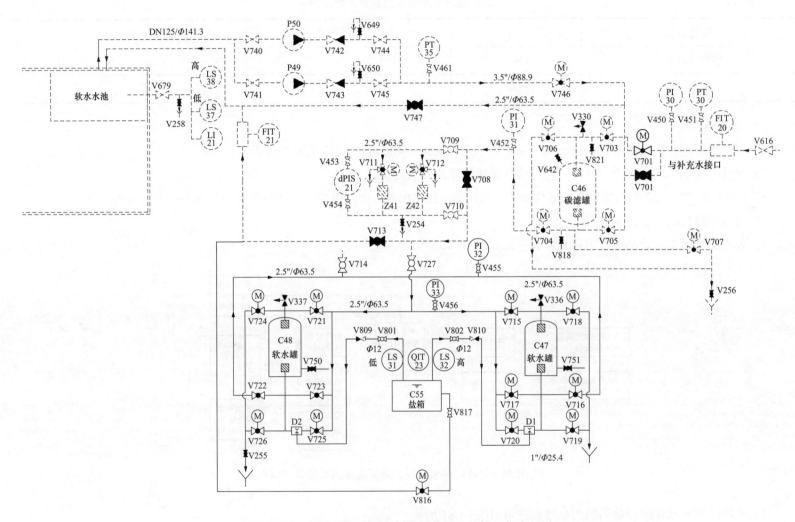

图 10-85　外冷水处理系统树脂软化器及盐箱工艺流程图

表 10-24   外冷喷淋水系统加药装置控制定值

定值名称	定值	单位	定 值 说 明
加药时间周期	14400	min	/
加药时长	420	min	/

（2）控制说明。

1）杀菌灭藻剂加药泵 P45/P46 （一用一备）依加药周期为 14400min，启动加药 420min。

2）缓蚀阻垢剂加药泵 P47/P48 （一用一备）随喷淋水池补水启动。

3）C49/C50/C51/C52 加药桶配置低液位检测开关，液位低时控制系统报出相应"加药装置液位低"报警，并停止加药。

（3）控制逻辑图。

1）外冷喷淋水系统杀菌灭藻加药泵控制逻辑如图 10-86 所示。

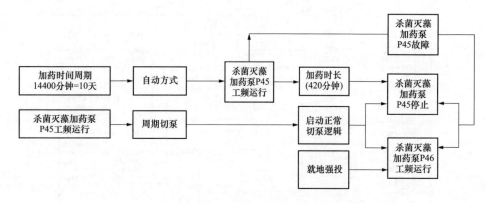

图 10-86　外冷喷淋水系统杀菌灭藻加药泵控制逻辑图

2）外冷喷淋水系统缓蚀除垢加药泵控制逻辑如图 10-87 所示。

3）外冷喷淋水系统加药装置工艺流程如图 10-88 所示。

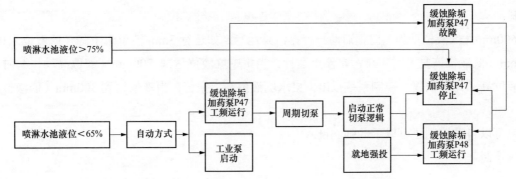

图 10-87　外冷喷淋水系统缓蚀除垢加药泵控制逻辑图

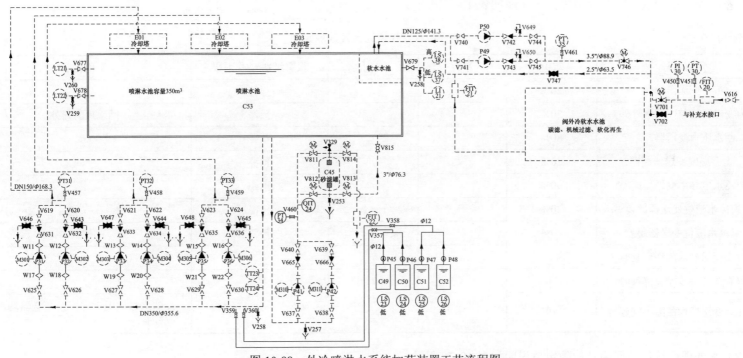

图 10-88　外冷喷淋水系统加药装置工艺流程图

13. 潜水排污泵控制

当集中坑液位达到 600mm（低液位动作）时，启动一台排污泵运行，如运行 3min 液位未下降（低液位未恢复），则切换至备用泵运行，当液位达到 300mm（低液位恢复）时，排污泵停止运行。当集中坑液位达到 800mm（液位高动作）时同启两台排污泵，排污泵启动排水 10min 后，液位高动作未恢复，控制系统报出"集水坑液位高"报警，当液位达到 300mm（低液位恢复）液位低恢复时同停两台排污泵。

工作泵和备用泵不但可以自动控制还可以手动强制投入。

14. 仪表冗余及故障控制

（1）定值说明。

1）内外冷系统仪表冗余及故障定值说明如表 10-25 所示。

表 10-25   内外冷系统仪表冗余及故障定值

定值名称	定值	单位	延时	报警级别/动作后果	定值说明
流量变送器超差	20%		/	预警	/
压力变送器超差（回水除外）	20%		/	预警	回水压力除外
回水压力变送器超差	80%		/	预警	/
温度/湿度变送器超差	20%		/	预警	/
内冷水电导率变送器超差	90%		/	预警	/
内冷水液位变送器超差	20%		/	预警	/
喷淋水液位变送器超差	20%		/	预警	/
仪表变送器故障动作延时	1	s	/	/	/
仪表变送器故障复位延时	5	s	/	/	/
三冗余变送器均故障跳闸延时	10	s	/	/	冷却水进阀温度三冗余变送器均故障跳闸延时

2）水处理系统仪表冗余及故障定值说明如表 10-26 所示。

表 10-26 水处理系统仪表冗余及故障定值

定值名称	定值	单位	延时	报警级别/动作后果	定值说明
变送器故障动作延时	10	s	/	/	/
变送器故障复归延时	5	s	/	/	/

（2）取值控制原则。

1）仪表示值取值原则。

a. 冗余仪表取值显示（工艺流程主画面示值）按不利为主原则。

b. 三冗余仪表：计算三台变送器两两比较差值（即绝对值）后取差值小的其中两个，如两个偏差值不相等，则取偏差值较小的两变送器中的较不利值；如两个偏差相等，则取变送器中在线值较不利值（如高报警的出阀温度变送器，取在线值最高的那个显示；如低报警的出阀温度变送器，取在线值最低的那个显示）；一个故障时，另两个比较，取不利值；两个故障时，取正常的另一个仪表值。

c. 二冗余仪表：取不利值；一个故障时，取正常的另一个仪表值。

d. 所有仪表变送器均通过阀冷 PLC 控制系统的 AI 模块开入，由 PLC 计算出最不利的有效值。其中除"进阀温度、出阀温度、阀厅湿度、室外温度、冷却水流量"这 5 种仪表变送器的有效值须由阀冷 PLC 控制系统的 AO 模块开出 4～20mA 模拟量并经直流控保系统输出外，其余仪表变送器的有效值由阀冷控制系统通讯上送。

2）阀冷控制保护逻辑的仪表取值原则。

a. 一、二段报警判据采集原则。一段报警（低、高）：按 1 个变送器有效值报警；二段报警（超低、超高）：变送器数量不少于 2 个时，按 2 个变送器有效值报警。

b. 超低逻辑的"三取二后二取二"原则。计算三台变送器两两比较差值（即绝对值）后取差值小的其中两个，如两个偏差值不相等，则取偏差值较小的两变送器进行控制；如两个偏差相等，则取在线值较小的两变送器再进行控制。当"三取二"后的两台变送器检测值同时低于超低设定值时，阀冷控制系统发出"××超低"报警。

c. 超高逻辑的"三取二后二取二"原则。计算三台变送器两两比较差值（即绝对值）后取差值小的其中两个，如两个偏差值不相等，则取偏差值较小的两变送器进行控制；如两个偏差值相等，则取在线值较大的两变送器再进行控制。当"三取二"后的两台变送器检测值同时高于超高设定值时，阀冷控制系统发出"××超高"报警。

d. 低逻辑的"三取二后二取一"原则。计算三台变送器两两比较差值（即绝对值）后取差值小的其中两个，如两个偏差值不相等，则取偏差值较小的两变送器进行控制；如两个偏差值相等，则取在线值较小的两变送器再进行控制。当"三取二"后的任意一台变送器检测值低于低设定值时，阀冷控制系统发出"××低"报警。

e. 高逻辑的"三取二后二取一"原则。计算三台变送器两两比较差值（即绝对值）后取差值小的其中两个，如两个偏差值不相等，则取偏差值较小的两变送器进行控制；如两个偏差值相等，则取在线值较大的两变送器再进行控制。当"三取二"后的任意一台变送器检测值高于高设定值时，阀冷控制系统发出"××高"报警。

（3）控制说明。

1）PLC 接收各在线变送器信号并显示其在线值。对于流量、温度、压力、电导率变送器冗余，PLC 判断两路输入并选择不利值上传。

2）PLC 接收处理温度变送器信号并根据设定的温度上下限，输出低温预警、高温预警和超低、超高温跳闸信号；PLC 接收并处理有关其他变送器信号，并根据设定限值输出预警及跳闸信号。

3）冗余仪表中任意一只仪表显示值超过预警限值时即发预警信号，提醒运行人员及时处理；冗余仪表中两只仪表示值均超过跳闸限值时才发跳闸信号，防止误动。

4）仪表故障逻辑说明：变送器超过量程，发出报警信号。故障仪表恢复正常后，相关冗余和控制功能恢复正常。变送器故障，操作面板上均显示具体变送器故障报警信息，并发出报警信号，同时向主控上传具体变送器报文。

5）每个系统的内冷水保护对传感器采集量按照"三取二"原则出口；当一套传感器故障时，出口采用"二取二"逻辑；当两套传感器故障时，出口采用"一取一"逻辑出口；当三套传感器故障时，应发闭锁直流指令。

15. 电源控制

（1）定值说明。电源控制定值说明如表 10-27 所示。

表 10-27 电 源 控 制 定 值

定值名称	定值	单位	定值说明
内冷交流电源故障延时	3	s	双电源切换
外冷交流电源故障延时	3	s	双电源切换

定值名称	定值	单位	定值说明
水处理交流电源故障切换延时	3	s	双电源切换
主泵电源故障切换延时	1	s	泵切换

（2）控制说明。

1）交流电源控制。

a. 阀冷系统检测到工作动力电源故障，立即切换至备用电源。

b. 为避免 PLC 双故障后无法开出交流电源控制输出，在交流电源交流控制回路内采用了 PLC 控制输出常闭点自动强制投入第二路交流电源的设计回路。

2）直流电源控制。

a. 任一路直流电源掉电，系统控制回路供电无扰动。

b. 直流控制电源全部掉电时，发出阀冷控制系统故障（闭锁阀）信号。

16. PLC 站控制

（1）双 PLC 站同时采样，同时工作；如果工作中的 PLC 站发生故障，则切换至另一站。

（2）双 PLC 站均故障时，发出阀冷控制系统故障（闭锁阀）信号。

（3）为避免 CPU 双故障后无法开出交流电源开出控制触点，从而导致补水泵、原水泵、V136 补水电动阀、膨胀罐 V511 排气电磁阀、原水罐 V512 通气电磁阀、V006/V007 电动蝶阀、12 个阀冷控制柜照明及风扇、外冷喷淋泵、外冷风扇、外冷水处理系统失去交流电源，使内冷主泵、外冷喷淋泵及风扇被迫停役，影响换流阀设备的冷却，高澜在第二路交流电源投入接触器回路、外冷喷淋泵投入接触器、外冷风扇工频投入接触器回路设计上均采用了 PLC 开出控制的常闭触点去触发接触器励磁，在内冷主泵接触器回路设计上采用了双 CPU 故障后触发运转主泵工频自保持接触器励磁，以达到双 CPU 故障后内外冷系统均自动强投的目的。

17. 密码控制

进入参数设定页面需要密码。"换流阀冷系统准备就绪"及"复位阀冷就绪"按键均设密码，防止误操作。泄漏屏蔽和复位泄漏屏蔽按键均设密码，防止误操作。

18. 开机通行逻辑控制

只有确认换流阀冷系统运行稳定，完全准备就绪后，换流阀才允许投入运行。阀冷系统自动启动后，PLC 自动检测电源、设备、变送器运行状态及系统参数，如没有任何报警信号，延时 8s 后，向上位机发出"阀冷系统准备就绪"通行信号指令，如无此信号，换流阀无法投入。

19. 报警屏蔽

换流阀冷系统存在非关键的预警信号时，为保证能使换流阀紧急投运，操作面板上设置"阀冷系统准备就绪"和"复位阀冷就绪"按键。水泵等在线检修后，为防止系统因水量减少产生的泄漏跳闸，在操作面板上设置泄漏屏蔽和泄漏屏蔽解除按键。

第八节　高澜阀冷却系统现场运行操作规定及其注意事项

一、高澜阀冷却系统现场运行规定

1. 阀冷却系统运行规定

（1）换流站的阀冷却系统冷却容量为 5000kW，额定流量为 155.6L/s，进阀水温低报警值为 10℃，进阀水温高报警值为 42℃，进阀水温超高跳闸值为 45℃，出阀温度高报警值为 50℃，冷却水流量低报警值为 147.8L/s，冷却水流量超低报警值为 141.6 L/s。

（2）阀冷控制与保护按完全双重化配置，正常情况下，双重化配置的水冷保护均处于工作状态，但只有一个在激活状态，允许短时退出一套保护。从一个系统转换到另一个控制系统时，不会引起输送功率的降低。当一套系统保持在运行状态时，能对另一套系统进行维修和改进。

（3）阀冷系统的硬件单套配置，软件控制系统双套配置。双套的阀冷控制系统与双套直流控制系统采用交差冗余方式连接。

（4）阀冷系统的所有传感器（流量变送器除外）、主泵、喷淋泵均能在线更换。

（5）阀冷系统具备自动排气功能，一般因管路检修的少量进气不需手动排气。只要保证膨胀罐压力，即使长期停机后系统重新启动，不需手动排气。阀冷系统管路设置自动排气阀，自动排气阀起主要排气作用。

（6）阀冷系统存在以下故障之一时，向上位机发送请求停阀冷信号，此时阀冷系统输出跳闸信号至上位机。

1）膨胀罐液位超低。

2）冷却水流量超低与进阀压力低。

3）冷却水流量超低与进阀压力高。

4）阀冷系统泄漏。

5）进阀压力超低与冷却水流量低。

（7）阀冷系统的报警信号分成预警和跳闸信号。当阀冷系统发生轻微故障，但不影响换流阀运行，此时阀冷系统发出预警信号，提醒运维人员及时排除故障。当阀冷系统运行不正常或阀冷控制电源掉电、阀冷双 CPU 故障时，换流阀继续运行有损害危险，换流阀需立即停运，阀冷系统发出跳闸信号。

（8）出现以下情况阀冷系统会发跳闸信号：

1）有请求停阀冷信号。

2）进阀温度超高。

3）三台进阀温度变送器故障。

4）阀冷系统因故障，向直流控制保护系统发送请求停阀冷信号，如此时换流阀已退出运行，无需阀冷继续运行，则控保系统应向阀冷系统发停止运行信号，使阀冷系统退出运行。以免阀冷系统在此故障状态下继续运行导致阀冷系统的损坏。

（9）出现以下信号阀冷会发请求停阀冷信号，也同时发跳闸信号：

1）冷却水流量低+进阀压力超低。

2）冷却水流量超低+进阀压力低。

3）冷却水流量超低+进阀压力超高。

4）进阀温度超高。

5）膨胀罐液位超低。

6）阀冷系统泄漏。

7）有请求停阀冷信号时，阀冷系统停运后，应检查阀冷系统管道各连接处及阀体配水接口处是否有渗漏。

（10）泄漏及渗漏。

1）换流阀冷却系统泄漏时发出跳闸信号。

2）换流阀冷却系统渗漏时发出预警。

3）补水泵连续启动 N 次，发出渗漏报警。

4）泄漏报警可以排除温度变化导致液位变化的影响。

2. 内冷系统运行规定

（1）主循环泵运行规定。

1）主循环泵采用一用一备的配置方式，互为备用，正常工作时，其流量是恒定不变的。即使换流阀退出运行，主循环泵也不切除，换流阀冷却系统保持运行，除非产生泄漏或膨胀罐液位超低等请求停水冷报警。

2）两台主泵电源分别取自站用电不同母线。如果运行泵故障或不能提供额定压力或流量，马上切换至备用泵，并发出报警信号。

3）主循环泵切换规定。

a. 当系统检测到主泵出水压力低发出报警信号时，切换至备用泵运行。

b. 当系统检测到工作泵过载时，切换至备用泵运行。

c. 当系统检测到工作泵过热时，切换至备用泵运行。

d. 当系统检测到动力电源故障时，切换至备用泵运行。

e. 主泵切换后，仍然有压力低、主泵过热报警，不再切换。

f. 当系统检测到两台主泵同时故障，同时有进阀压力低或冷却水流量低时，发出跳闸信号。

g. 工作泵连续运行 168h，自动切换至备用泵运行，当工作泵切换失败时，具备回切功能。

h. 手动操作模式下，可通过面板按键手动切换工作泵与备用泵。

（2）主循环泵的启动。

1）水泵泵体无水时，不能启动水泵。

2）水泵启动后，应检查电机转向与指示转向是否相同。

3）系统加水初次启动前后应进行排气，并保证泵运行过程中入口具有一定的静压（≥1.0bar）。

4）水泵启动后，及时观察水泵运行电流、流量、压力，使水泵在额定工作点上运行。

5）初次启动后若有轻微的泄漏现象，应观察一段时间，若连续运行 4h，泄漏量仍不减小，应停泵检查。

（3）主循环泵的运行。

1）水泵运行过程中，不宜频繁切换。如工作泵故障，控制系统会自动切换至备用泵运行。

2）每周要监测主泵电机电源的三相电流，三相电流相差应小于 10%。

3）水泵正常运行噪声低于85dB，当噪声增大或异常时，应手动切换至备用泵，并通知检修人员到现场排除故障。

（4）主循环在线检修需停运水泵时，应断开水泵安全开关电源。如泵长期处于停运状态，应尽量将泵体内介质排空。

（5）主循环泵的维护。

1）电机应该按照电机铭牌上的数据进行润滑。在运行过程中润滑油可能会溢出。

2）每台主循环泵下方设置有机封漏水检测装置，当主循环水泵机封出现漏水时，流入检测装置内，达到一定量时发预警信号，提示主循环泵需安排检修。

3）当出现机械密封漏水报警时，可手动切换至备用泵运行，如漏水量较大，可关闭该泵电源及前后阀门，由无故障泵长期运行，并通知检修人员对故障泵进行维修。

4）单台主循环水泵可在线检修。水泵在进行在线检修时，需先通过操作面板中的控制键屏蔽阀冷系统泄漏保护，在检修完成、水泵正常运行30min后，通过操作面板中的控制键解除阀冷系统泄漏屏蔽。

（6）喷淋水泵的维护工作参照主循环水泵进行。

（7）水泵启动前的准备工作及注意事项：

1）全面检查机械密封以及附属装置和管线安装是否齐全，是否符合技术要求。

2）检查机械密封是否有泄漏现象。若泄漏较多，应查清原因设法消除。如仍无效，则应拆卸检查并重新安装。

3）调节电机与水泵的同心度，使之满足技术要求。

4）按泵旋转方向手动转动轴，检查旋转是否轻快均匀。如旋转吃力或不动时，则应检查装配尺寸是否错误，安装是否合理，直至故障排查完成。

5）水泵启动前密封腔内应充满介质，严禁缺水运行，系统静压是否满足要求，相关阀门阀位是否正确。

（8）机械密封：

1）机械密封的使用寿命一般为6个月到1年，需定期对机械密封进行更换。

2）每台主循泵下方设置有机封漏水检测装置，当主循环水泵机封出现漏水时，流入检测装置内，达到一定量时发预警信号。

3）当出现机械密封漏水报警时，可手动切换至备用泵运行，如漏水量较大，可关闭该泵电源及前后阀门，由运行泵长期运行，并上报缺陷。

4）单台主循环水泵可在线检修。水泵在进行在线检修时，需先通过操作面板中的控制键屏蔽阀冷系统泄漏保护，在检修完成、水泵正常运行 30min 后，通过操作面板中的控制键解除阀冷系统泄漏屏蔽。

（9）补水泵、原水泵运行规定。

1）原水泵有一台，为手动操作。补水泵有两台，自动运行或手动操作均可，补水时互为备用。

2）原水泵、补水泵故障虽不会造成阀冷系统跳闸等严重信号，但当系统急需补水时如补水泵无法工作，则将会导致阀冷系统跳闸等严重后果，因此，应定期对原水泵、补水泵进行检查。

3）补水方式。

a. 手动补水方式：手动模式与自动模式均能通过控制柜面板按钮启停补水泵。两台可同时启动。

b. 自动补水方式：自动运行中补水泵能根据膨胀罐液位自动补水。不论是手动补水还是自动补水，原水罐液位低报警时均强制停补水泵，防止将大量空气吸入阀冷系统。

4）补水泵及原水泵可在线检修。

5）每周应检查补水泵管路阀门是否有非正常的关闭。

6）每周应对补水泵的运行次数进行记录，以便了解阀冷系统的综合运行情况。

7）补水泵为立式水泵，机械密封的冷却完全依赖泵体内的液体介质的浸泡，由于机械密封处于泵体的最高位，在首次运行或水泵维护后投入使用时必须松开泵体上部的排气阀对泵体内进行排气，直到有水溢出为止。

8）原水泵为卧式水泵，在往原水罐进行补水时应尽量避免吸入大量空气。

9）原水泵、补水泵运行时的噪声应低于 72dB，当噪声增大或异常时应立即停止运行。

10）每年年检期间，应检查补水泵接线是否有松动、运行电流是否正常。启动原水泵、补水泵进行补水，检查原水泵、补水泵是否有异常振动、噪声，压力、流量是否正常。

11）每 2 年应清洗水泵电机风叶一次。

（10）离子交换器运行规定。

1）系统正常运行时去离子水量为设定值。当电导率传感器检测到高值时，发出报警信号，提示运维人员更换离子交换树脂。

2）离子交换器设 1 用 1 备，当其中一台的树脂失效时，手动切换至另一台运行，同时更换失效树脂，更换时不影响系统运行。如无特殊污染源，系统更换单台树脂的周期为 3 年。接触树脂要小心，眼睛或皮肤接触到树脂会引起轻微的发炎，更换树脂应穿戴橡胶手套及安全眼镜，更换树脂前后应对去离子流量及电导率进行记录。维护过程中应尽可能回收冷却介质并保持其洁净，便于重复利用。

3）两台离子交换器应一台在使用，另一台为备用，备用的离子交换器应确保有少量流量通过，以防树脂干涸而失效。

4）每套水处理设备离子交换器设 2 台（C01、C02），可对单台离子交换器进行在线检修。

（11）膨胀罐、原水罐运行规定。

1）膨胀罐置设置 2 套独立的电容式液位传感器和 1 套磁翻板式液位传感器，装在膨胀罐外侧，可显示膨胀罐中的液位，采用"三取二"原则出口。传感器具有自检功能，当传感器故障或测量值超范围时能自动提前退出运行，不会导致保护误动。

2）当液位低于 15%时，传感器发出报警信号，在报警值前进行自动补水。当液位低于 5%时，发跳闸信号，由极控远程停运阀冷系统。

3）膨胀罐的液位传感器传输线性连续信号，当液位传感器检测到膨胀罐液位下降速率超过整定值，则判断系统管路或阀体可能有泄漏，并根据液位下降速率，分别发出小泄漏报警（24h 泄漏报警）或大漏水跳闸信号。

4）在阀内冷系统手动补水、排水期间，要退出漏水保护，防止保护误动。

5）膨胀罐液位高于停补水液位时或原水罐液位到达低液位时，补水泵无法手动启动。

6）原水罐到达高液位时，原水泵会强制停止。

7）原水罐设置自动开关的电磁阀，平时关闭，在补水泵和原水泵启动时自动打开，以保持原水的纯净度。

（12）过滤器运行规定。

1）阀冷系统设置有主过滤器、精密过滤器、补水管路过滤器，在日常巡检过程中，如发现正在运行的主过滤器、精密过滤器等压差大于正常运行值，则要对其进行清洗和维护，维护前应切换至备用过滤器运行。过滤器压差值的大小可以根据对应过滤器的压差表、压力表等得出。

2）过滤器的维护可在线进行，维护前要在操作面板中的控制键屏蔽阀冷系统泄漏保护。维护后，待系统稳定运行 30min 后，通过操作面板中的控制键解除阀冷系统泄漏屏蔽。

（13）电动三通阀、电动蝶阀运行规定。

1）每月巡检中对三通阀执行机构的连杆销轴进行检查。

2）每年停机检修时，手动进行三通阀、电动蝶阀执行机构的开关动作，检查开关反馈信号是否正常。

3）每年停机检修时，检查电动三通阀、电动蝶阀的逻辑动作是否正常，在自动运行状态下，两套电动三通阀应是同时开或关动作，电动蝶阀应是一个开启一个关闭。三通阀全开是指冷却水全部进入室外空气冷却器，全关是指冷却水全部进入旁路。

4）阀冷系统电动三通阀设 2 套，电动蝶阀设 2 套，可对单个故障电动执行器进行在线更换。新的电动执行器在更换前需通电进行动作测试，确保备件完好。

（14）止回阀运行规定。

1）每台主循环泵出口设置一件止回阀，防止介质回流。止回阀采用机械密封，当阀板或弹簧损坏时会导致运行泵的介质回流，造成当前工作泵流量、压力无法满足要求。两套电动三通阀出口进室外空冷器处安装有两件旋启式止回阀，当阀板故障或法兰密封失效时需进行更换，止回阀内部是采用机械密封，无需使用密封圈。

2）止回阀可以在线进行更换。

3）更换止回阀前要通过操作面板中的控制键屏蔽阀冷系统泄漏。应断开故障止回阀对应的主循环泵电源，如该主泵正在运行，则切换至备用泵。更换完成后，应检查止回阀两端法兰应无水渗漏，工作泵的压力和流量应正常，再合上对应的主循环水泵电源，手动切换至该止回阀对应的水泵，检查阀门开闭是否正常。待系统稳定运行 30min 后，再通过操作面板中的控制键解除阀冷系统泄漏屏蔽。

（15）蝶阀运行规定。

1）蝶阀的更换应在系统停运时进行。

2）需排空待检修蝶阀管段内的冷却介质，并要注意回收介质。

3）更换前要置蝶阀为全关闭状态。更换后要恢复蝶阀正常运行时初始阀位。

4）外冷系统蝶阀运行规定与内冷系统蝶阀相同。

（16）阀冷系统电磁阀分为补气电磁阀和排气电磁阀，补气电磁阀设 2 件，排气电磁阀设 2 件。电磁阀可在线更换。

（17）阀冷系统氮气回路设 2 路，其中一路冗余。每一路设置 1 件氮气瓶，再设一件备用氮气瓶。当氮气瓶压力低于 1.5MPa 时，会发出报警信号，提示更换氮气瓶。

（18）法兰密封圈的更换需在阀冷系统停运时进行。

（19）电加热器维护。

1）阀内冷系统共设有 4 台电加热器，功率 15kW/台，电加热器运行时阀冷系统不能停运，必须保持管路内冷却水的流动，即使此时换流阀已经退出运行。

2）电加热器控制。

3）当冬天室外环境温度极低而换流阀又处于低负荷运行时，电加热器将启动以避免冷却水进阀温度过低。

4）冷却水进阀温度不高于 15℃时，电加热器 H03 和 H04 启动；冷却水进阀温度不低于 17℃时，电加热器 H03 和 H04 停止。

5）冷却水进阀温度不高于 14℃时，电加热器 H01 和 H02 启动；冷却水进阀温度不低于 16℃时，电加热器 H01 和 H02 停止。

6）冷却水进阀温度接近阀厅露点时，4 台电加热器强制启动。

7）电加热器的启动与主泵运行及冷却水流量超低值互锁。

8）电加热器故障发出报警信号。

9）加热失败发出"电加热失败"报警信息。

10）电加热器的更换可在线进行。更换前要断开故障电加热器电源，并确保不会被外闭合。

11）更换加热器前，应通过操作面板中的控制键屏蔽阀冷系统泄漏保护。更换后，待系统稳定运行 30 分钟后，通过操作面板中的控制键解除阀冷系统泄漏保护屏蔽。

3. 外冷系统运行规定

（1）喷淋泵运行规定。

1）在设定的供水温度范围下，喷淋泵强制启动，即使当室外气温较低，风机停运后，喷淋泵仍单独运行，这有利于保持冷却水温度的稳定，可防止冬天管道系统结冻。

2）为防止喷淋水池水位测量系统故障等原因误停喷淋泵及风机，引起内冷水温度升高跳闸，喷淋水池水位低仅发告警信号；同时加装喷淋泵及风机手动启动功能。

3）当前工作泵发生故障时，自动切换至备用水泵。运行与备用水泵之间周期性轮换（时间可调）。

4）当前工作泵压力低于设定值时，自动切换至备用水泵。

（2）冷却塔运行规定。

1）初次启动时，应注意：

a. 将所有杂物清除掉，比如进风格栅上的树叶和垃圾。

b. 冲洗冷水盘（过滤网仍保持在原位），冲掉沉积物和污垢。

c. 拆下过滤网，冲洗干净后重新装上。

d. 检查机械浮球阀是否运行灵活。

e. 检查并确保挡水板安全就位。

f．调整通风机皮带的松紧。

g．在季节性启动前先润滑通风机轴承。

h．用手转动风叶，确保风叶转动正常无阻碍。

i．目测通风机叶片。从叶片尖端到通风机轮毂之间的剪刀间隙应近似 10mm（最小 6mm）。叶片应被安全地紧紧固定在通风机轮毂上。

2）设备电源接通后，检查以下内容：

a．检查并确认通风机转动方向正确。

b．测量所有三相供电的电压和电流。

3）每月维护。

a．清洁水盘滤网。

b．检查排污阀，确认其开启。

c．检查水喷淋系统和喷淋状况。

d．润滑通风机轴承。

e．检查皮带松紧度并调节。

f．检查通风机网罩，进风格栅，通风机和干式盘管。

4）每季度维护。

a．清洗冲刷水盘。

b．检查脱水器（挡水板）。

c．检查风叶有无裂缝，是否平衡及震动情况。

5）停机期间应注意：

a．几周：齿轮减速器加满油，运行时再将油排至正常油位。

b．一个月或更长：旋转电动机轴/通风机 10 圈。

c．一个月或更长：用高阻表测量电动机绕组。

6）当系统长期停机时，应进行下列操作。

a．闭式冷却塔里的水应被排空。

b．将冷水盘冲洗干净，同时吸入口滤网仍保持在原位。

c．吸入口滤网应拆下冲洗干净，然后再安装上去。

d．冷水盘的排水应保持在打开状态。

e．应润滑通风机轴承和电动机底座的调节螺栓。设备放置一段时间后初次启动时也应检查该项。

f．检查机组的防腐保护层是否完整。必要的话进行清洁并重新喷涂。

g．通风机轴承和电动机轴承需要每月至少手动转动一次。确定机组的切断开关已被锁上并加以标识以后，用手抓住通风机叶片转动几周，检查有无异常情况。

（3）循环水系统维护规定。

1）水盘滤网应每月或必要时经常清理。

2）冷水盘应当每季度彻底清洗，并且每月或必要时经常检查，清除容易在水盘中积累的污垢或沉积物。沉积物会腐蚀水盘，导致水盘材料损坏。当清洗水盘时，很重要的一点是将吸入口滤网固定在原位，以防止沉积物进入系统。

3）水分配系统应每月进行检查，确保其运行正常。通常可在水泵开启、通风机关闭（锁住并做出标识）的情况下检查喷淋系统。对于强风式机组，从机组顶部拆去 1～2 块挡水板，观察水分配系统的运行。

4）如果喷淋嘴工作不正常，这是水盘中的过滤器不工作和水分布管道中积聚了污垢或杂物的一个信号。可用一小型尖头探针插入喷淋孔口来回捅动，取出堵塞在喷淋嘴中的脏物。污垢或杂物积累特别严重时，可拆去每根支管的端帽，将脏物从总管中冲刷出去。

5）只有在绝对必要时，才把喷淋支管或连接管拆下清理。检查水盘中的滤网，确保其处于良好状态，并放置正确，以免产生气穴或裹进空气。

（4）喷淋水处理装置运行规定。

1）活性炭过滤器采用多个电动阀配合使用，可根据工艺要求实现多种组合方式，自动化程度高，可通过累计运行时间和累计运行流量来执行反洗操作。

2）反洗时各步骤的设置时间如下：反洗：5～10min；正洗：5～10min。

3）活性炭过滤器各步骤阀门开关说明如表 10-28 所示。

表 10-28　　　　　　　　　　　　　　　　活性炭过滤器各步骤阀门开关说明

步骤名称	V701	V746	V703	V704	V705	V706	V707
正常运行	开启	关闭	开启	开启	关闭	关闭	关闭
反洗	关闭	开启	关闭	关闭	开启	开启	关闭
正洗	关闭	开启	开启	关闭	关闭	关闭	开启

（5）机械式过滤器运行规定。

1）每周维护。

a. 检查有无泄漏。

b. 检查进水压力是否在设计范围内。

c. 检查压差设置是否正确，控制器运行是否正常，所有参数设置是否正确。

d. 手动启动一次反冲洗，观察反冲洗出水压力和出水是否正确，反冲洗结束后，计算进出水压力差是否在设计范围内。

2）每月维护。

a. 运行并检查压差启动反洗是否正确。

b. 检查并维护反洗阀。

c. 清洗结束后，打开一个过滤头的盖子检查叠片是否清洗干净。

3）每季维护。

a. 手动启动反冲洗，打开过滤单元，检查叠片的清洁状态。

b. 叠片拆装和清洗步骤。

c. 拧开过滤芯上蝴蝶盘。

d. 拆去芯上压盖。

e. 撤去叠片组，放在清洗液中清洗，建议用绳子把每组叠片栓起来，防止混乱。

f. 清水冲洗叠片，然后重新装在过滤芯支架上。

（6）钠型树脂软化装置运行规定。

1）当盐箱电导率低时，应及时检查盐箱是否缺盐。

2）应定期检查盐箱液位和盐池液位是否正常。

3）钠离子软化器各步骤阀门开关说明如表 10-29 所示。

表 10-29   钠离子软化器各步骤阀门开关说明

步骤名称	V721/V715	V722/V716	V723/V717	V724/V718	V725/V720	V726/V719
正常运行	开启	开启	关闭	关闭	关闭	关闭
反洗	关闭	关闭	开启	开启	关闭	关闭
再生	关闭	关闭	关闭	开启	开启	关闭
慢洗	关闭	关闭	开启	开启	关闭	开启
正洗	开启	关闭	关闭	关闭	关闭	关闭

4）为了防止水中各种杂质对辅助喷淋装置的腐蚀，保证系统长期稳定的运行，还应定时向喷淋水池中投加缓蚀阻垢剂和杀菌灭藻剂。

5）缓蚀阻垢剂投加后的浓度宜为 30ppm，每天投加一次；杀菌灭藻剂投加后的浓度宜为 100ppm，每月投加 3 次。

6）应定期检查药箱药剂的容量，当不足时应添加。

7）每年年检期间应对水池的水进行抽样检查。

（7）自循环过滤装置运行规定。

1）停机程序。

a. 关闭过滤器出口处的阀门。

b. 按上述试运行中的手动程序启动一次手动清洗排污程序，以清洁过滤网。

c. 关闭过滤器的入口阀门。

d. 再启动一次，以释放过滤器内的压力。

e. 切断电源。

f. 如果过滤器需检修或停用一段时间，需放空过滤器内的水。

2）过滤器在长期运行时，定期对其进行检查。

a. 启动一次，检查过滤器在冲洗周期内是否运转正常，在手动清洗前后检查过滤器的压差是否有明显变化。

b. 用户可根据过滤器的使用情况和水质情况决定过滤器维护保养的周期。

（8）反洗装置运行规定。

1）反洗水泵初次运行时注意排气。

2）年检期间检查泵的运行情况；电动阀运行是否正常；止回阀是否正常；反洗功能运行是否正常。

（9）排污装置运行规定。

1）排污装置由两个排污泵、止回阀、液位开关等组成。排污泵通过液位开关控制启停，对泵坑进行排水。

2）应定期检查泵坑积水情况。年检期间检查泵的运行情况；液位开关位置及信号输出是否正常；止回阀是否正常。

4. 阀冷其他运行规定

（1）阀冷却系统冷却介质成分维护。

1）每周巡检时，应仔细巡检整个管路系统的密封性，以免空气与冷却介质接触或渗漏，造成冷却介质的污染。

2）系统第一次添加冷却介质，应确保管路系统、阀体、闭式冷却塔与冷却介质接触的部分应洁净。

3）阀冷设备间应备有纯水，可以随时进行补水操作。补充水的电导率应满足阀冷系统的使用要求。

4）在更换相关部件时，应确保部件的洁净度。

5）冷却介质在无污染时，无需更换，可以长期保持运行。

（2）仪表维护。

1）压力表维护。

a. 压力表的检修与维护可以在线进行。

b. 压力表节流阀阀位不宜全部开启，开度约为30%。

c. 压力表严禁用水冲洗表面灰尘。

d. 每月巡检时，应检查充油压力表是否漏油或渗油。

2）压差表（压差开关）维护。

a．压差表（压差开关）的检修与维护可以在线进行。

b．压差表（压差开关）节流阀阀位不宜全部开启，开度约为30%。

c．压差表（压差开关）严禁用水冲洗表面灰尘。

3）压力变送器维护。

a．压力变送器的检修与维护可以在线进行。

b．有节流阀的压力变送器，节流阀阀位不宜全部开启，开度约为30%。

c．年检时应检查接线是否松动。

4）流量变送器维护。

a．年检时应检查接线是否松动。

b．变送器及安装件的更换可在线进行。传感器及安装件的更换在大修的时候停机进行。

c．每次巡检，应检查就地显示读数与操作面板显示读数是否一致、安装件部分有无渗漏。

d．设定完成的参数，不能随便更改。

e．流量变送器的更换应由阀冷厂家或仪表供应商进行现场指导，更换完新的流量表后要对表的参数进行设置。

5）流量传感器维护。

a．年检时应检查接线是否松动。

b．每次巡检，应检查安装件部分有无渗漏。

c．设定完成的参数，不能随便更改。

d．流量传感器的更换应在系统大修期间由阀冷厂家或仪表供应商进行现场指导进行。更换完新的流量表后要对表的参数进行设置。

6）温度传感器维护。

a．温度传感器的检修与维护可以在线进行。

b．年检时应检查接线是否松动。

c．断开控制柜内该故障仪表接线端子（过程中会有故障预警）。

7）电导率变送器维护。

a. 电导率变送器的检修与维护可以在线进行。

b. 年检时应检查接线是否松动。

c. 每次巡检，应检查就地显示读数、操作面板显示读数是否一致。

d. 设定完成的参数，不能随便更改。

（3）电气维护。

1）阀冷系统是依靠 PLC 控制的自动系统，PLC 开关量输出模块的指示灯亮表示对应该点的开关量输出有效。PLC 开关量输入模块的指示灯亮表示对应该点的输入开关闭合。PLC 输出控制中间继电器通断，再由中间继电器触点去控制相关设备，防止涌流使 PLC 输出点损坏。

2）主循环泵、喷淋泵过载时，主循环泵相应断路器会跳断或对应热继电器脱扣，同时操作面板会有相应报警显示。

3）补水泵过载时，相对应断路器会跳断。同时操作面板会有相应报警显示。

4）电加热器过载时，相对应热磁断路器会动作。同时操作面板会有相应报警显示。

5）泵和风机过载时，应及时检查过载原因，看泵和风机对应的电机有无异常高温现象，电源电压有无过高或过低甚至摆动剧烈的情况，泵三相直流电阻是否平衡，相间及相对地绝缘是否异常。在一切检查均无异常情况，方能复位跳断的空开、热继电器或更换熔丝重新投入运行。

6）CPU 有内部故障时，CPU 故障状态"SF"指示灯（红色）会亮，单台故障时会自动切换，不会影响阀冷系统正常运行，2 台均故障时主机停运，且阀冷系统也会停运。在此情况下，应停止对阀冷系统的操作，立即上报缺陷。

7）应定期检查电控柜散热风扇及过滤器，防止风扇及过滤器内滤芯因积灰封堵，使电控柜散热通风量减小而致柜内温度升高，影响柜内电气元件使用寿命；应定期对所有电控柜的电气元件与动力线路进行温度检测，防止动力回路温度过高，引起电气元件烧坏。

8）现场检修泵及电加热器时，应断开相对应的断路器，保障检修人员安全，检修完成后合上安全开关。

9）禁止在通电运行情况下，对柜内电气元件进行检查维护。如需通电检修仪表，必须将该通道隔离模块切除，隔离模块的短路将导致其烧毁。

二、高澜阀冷却系统操作及其注意事项

1. 操作规定

（1）PLC 站。

1）双 PLC 站同时采样，同时工作。

2）如果工作中的 PLC 站发生故障，则切换至另一站。

3）双 PLC 站均故障时，发出阀冷控制系统故障（停运直流系统）信号。

（2）密码。

1）按下 HMI 操作面板上的 F14 "操作密码退出" 键，立即注消已登录的用户权限，密码保护即时生效，防止后续未自动注销时间内的人为误操作控制。

2）权限用户登录后，若 10min 内没有对 HMI 进行操作，HMI 也会自动注销已登录的用户权限，使密码保护生效。

3）在执行完有密码保护的相关操作后，即时用 F14 键使密码保护即时生效。

4）换流阀冷 "系统准备就绪" 及 "复位阀冷就绪" 按键均设密码，防止误操作。

5）泄漏屏蔽和复位泄漏屏蔽按键均设密码，防止误操作。

（3）开机通行逻辑。

1）只有确认换流阀冷系统运行稳定，完全准备就绪后，换流阀才允许投入运行。

2）阀冷系统自动启动后，PLC 自动检测电源、设备、变送器运行状态及系统参数，如没有任何报警信号，延时 8s 后，向上位机发出 "阀冷系统准备就绪" 通行信号指令，如无此信号，换流阀无法投入。

HMI 的 F16 "设备状态" 按键，能对阀冷系统状态按控制柜体进行分类状态显示，显示各机电设备的控制与状态信息。其中 "控制" 显示为 CPU 控制输出信号，"状态" 显示为设备状态反馈信号，两个信号一致表示控制正常，若不一致可用于排障指引。

（4）报警屏蔽。

1）换流阀冷系统存在非关键的预警信号时，为保证能使换流阀紧急投运，操作面板上设置 "阀冷系统准备就绪" 和 "复位阀冷就绪" 按键。

2）水泵等在线检修后，为防止系统因水量减少产生的泄漏跳闸，在操作面板上设置泄漏屏蔽和泄漏屏蔽解除按键。

（5）操作模式。

1）手动模式：主循环泵、补水泵、电加热器（主泵运行时）能通过控制柜面板进行，电磁阀能在控制面板上操作。电加热器只能在主循环泵运行的条件下才能启动。

2）自动模式：自动操作模式下，阀冷系统既可以接受 KP 就地启停指令，也可接受上位机远程启停水冷指令和控制室触摸屏控制指令。远程启停指令优先，通过控制室触摸屏下发，即上位机通过远程启停指令可接管对阀冷系统的控制，远程启动水冷后 KP 就地停水冷命令失效。自动启动后，水冷控制系统根据控制室触摸屏整定参数，监控阀冷系统的运行状况并检测系统故障。

3）PLC 自动控制冷却水温，流量、压力、电导率、水位、漏水检测等，对阀冷系统参数的超标及时的发出报警或跳闸警报。自动运行模式下，主循环泵、冷却塔、冷却塔喷淋水泵、电加热器、自动补水泵等由 PLC 根据实际工作条件进行自动控制。此时各设备控制柜面板按钮手动操作无效。

（6）阀冷却系统的启动和停止。

1）阀冷系统设置就地自动启动功能。

2）正常投运情况下必须选择"自动启动"方式来运行阀冷系统，如选择手动启动阀冷系统，阀冷系统就绪信号将不发出，换流阀就无法投运。

3）阀冷系统启动前应先核对参数设定是否正确，参数核对完成后应按"密码退出"按键，防止他人对系统保护参数的误动。

4）阀冷系统就地自动启动，可通过 HMI 操作面板 F1 按键选择自动模式，再按 F3 键（阀冷启动），5s 后系统进入就地自动运行状态，运行画面工艺流程图上显示当前各运行数据，控制室操作员工作站也可通过阀冷监视画面查看运行参数。

5）阀冷系统启动后观察在线参数是否正常，除电导率和温度报警外，无其他报警信息，则系统已正常启动（如系统重新补水后初次运行，阀冷系统启动后可能会出现"冷却水电导率高""冷却水电导率超高""去离子水电导率高"等报警信息，系统运行约 2h 后故障会自动消除）。

6）阀冷系统连续运行一段时间（约 2h）后，各参数达到正常工作指标，无报警信息，各连接处无渗漏，则阀冷系统已正常运行，换流阀可投运。

7）阀冷系统为就地自动启动方式时，可在控制室操作员工作站或就地 HMI 操作面板 F2 键（阀冷停止）进行停运操作。

8）阀冷系统自动运行时，按 F2 就停止运行。

9）阀冷系统停止只适用于换流阀停运状态下操作，如换流阀投入运行时，阀冷系统停止按键失效。

（7）补水。

1）自动补水。

a. 阀冷系统自动运行时可实现自动补水控制，自动补水为间断式补水，防止因补水速度过快而导致系统压力迅速增高，间断式补水方式为自动补水 2min 再停止 3min 循环进行，直到膨胀罐液位到达停泵液位。自动补水时应确保补水回路阀门在正确位置，去离子水回路阀门应正确开启。原水罐通气回路相关阀门应处于开启状态。

b. 当膨胀罐液位接近自动补水液位时，运维人员应事先检查原水罐液位是否能满足系统的补水需求，做好准备以防原水罐储水不足。

c. 自动补水时当原水罐液位到达低液位时，系统会强制停止补水泵。

d. 自动补水时，膨胀罐压力因液位的上升而引起的压力增大时，系统会根据膨胀罐压力的大小自动进行排气。如果出现排气故障导致压力高报警，应进行手动排气。

2）手动补水。

a. 阀冷系统在自动模式或手动模式下运行，均可以通过 HMI 操作面板进行手动补水，但膨胀罐液位必须小于补水停泵液位。

b. 补水前应检查原水罐液位是否能满足系统的补水需求，检查相应阀门状态是否开启正确。手动启动补水泵时补水泵会连续运行直到停泵液位才会自动停止，因此手动补水应时刻关注系统压力的变化，建议手动补水也采用间断式手动控制，让系统有压力缓解过程。

c. 手动补水时当原水罐液位到达低液位时会强制停补水泵。

d. 手动补水时两台补水泵可以同时启动，在换流阀投运状态下补水时应使用一台补水泵进行补水，避免补水速度过快引起压力迅速增加。

3）原水罐补水。

a. 原水罐下降到低液位时，系统会报警，发出"原水罐液位低"信息，原水罐补液方式为手动补水，补充的冷却介质为超纯水+乙二醇。

b. 运维人员应定期检查原水罐液位下降情况，防止系统需要补水时而储水量不足的情况。

c. 补水管路球阀应完全开启。

d. 在"手动模式"下通过 HMI 操作面板手动启动原水泵。

e. 原水泵补水时应注意排气，可以从原水泵泵体排气阀进行排气，确保原水泵管路无空气。

f. 原水泵补水时通气电磁阀会自动打开。

g. 随着原水罐液位的上升，当液位到达高液位时原水泵自动停止。

2. 注意事项

（1）阀冷设备停役，在 OWS 界面上远方停止阀冷设备后，应断开停役极阀冷设备的两台主泵电源，并写入操作票。

（2）若有一套阀冷控制系统有异常需要重新启动时，应先确认另一套阀冷控制系统正常且处于激活状态，再退出有异常的阀冷控制系统的跳闸出口压板。阀冷控制系统重启正常后，应将告警信号复归后，再投入该套阀冷控制系统的跳闸出口压板。

（3）外冷系统与内冷系统失去通信后，阀冷控制系统将自动启动所有阀外冷设备，同时自动闭锁阀冷系统泄漏保护，防止制冷量突变引起阀冷系统水位突变，导致泄漏保护误动作。若阀外冷设备不能自动启动，现场可以手动启动一次，并立即报缺陷通知检修人员处理。

（4）阀冷系统的微分泄漏保护投报警和跳闸，24h 泄漏保护仅投报警。

（5）在内外循环方式切换时应退出泄漏保护，并设置适当延时，防止膨胀罐水位在内外循环切换时发生变化导致泄漏保护误动。

（6）在阀内冷水系统手动补水和排水期间，应退出泄漏保护，防止保护误动。

（7）以下几种情况，阀冷系统会自动屏蔽泄漏保护一段时间。

1）主循环泵启动。

2）电动三通阀动作。

3）换流阀投运。

4）换流阀停运。

5）风机启动。

6）三台膨胀罐液位变送器均故障。

（8）如果阀冷设备发生故障，为防止机械和设备处于危险状态，需在设备的电源侧断开电源。若持续地流过大电流，会导致火灾。

（9）保护功能启动时，应采取相应的措施，恢复正常后，才能重新启动阀冷系统运行。

（10）在拆开接线盒盖和对泵执行任可拆卸工作前，先确保电源供应已切断。必须保证电源供应不会被意外接通。

（11）设备首次运转后应注意：

1）泵启动后若有轻微泄漏现象，应观察一段时间。如连续运行 4h，泄漏量仍不减小，则应停泵检查。

2）水泵启前后应进行排气。

3）泵的出口压力应平稳，泵入口应无进气现象。

4）泵在运转时，应避免发生抽空现象，以免造成密封面干摩擦及密封破坏。

5）泵启动后，应检查机械密封运转是否正常，是否有异响等，测量水泵电机电流是否正常，压力、流量是否在水泵性能曲线上。

6）水泵启动后，应避免水泵的频繁启/停，频繁启/停会使密封件受冲击，造成密封件摩擦条件恶劣，减少使用寿命。

（12）站用 380V 母线停电前，应先将阀冷系统的主泵进行切换，切换至未停电的主泵，确保正常后，再进行停母线操作。

（13）阀冷系统故障时宜闭锁功率调节；并应明确阀冷系统故障时的功率调整速率，防止对系统造成冲击。

（14）若换流阀预计停役时间超过 3 天的，应在换流阀停运操作后停运相应极阀冷系统，并在送电前 24 小时恢复运行。

第九节　高澜阀冷却系异常及故障处理

一、阀内冷却系统异常及故障处理

阀内冷却系统异常及故障处理如表 10-30 所示。

表 10-30　　　　　　　　　　　　　　　　阀内冷却系统异常及故障处理

主循环泵故障处理	现象	OWS 报："P01 主循环泵软启动器故障""P01 主循环泵工频回路故障""P01 主循环泵过载""P01 主循环泵 QFK01A 断路器未合""P01 主循环泵 QFK01B 断路器未合""P01 主循环泵安全开关未合"； 现场相应主循环泵停泵，另一台主泵运行
	处理	（1）在自动启动运行状态下，当运行中主循环泵主回路断路器跳开或热继电器过热脱扣、软启动器故障、控制回路空气开关跳闸时，该泵停止运行，HMI 面板当前故障画面显示该信息，同时另一台备用泵自动投入运行； （2）加强对正常运行泵的监视； （3）上报严重缺陷，通知检修人员检查主泵故障原因，并予以排除； （4）打开控制柜门，将对应主泵断路器、热继电器或者软启动器复位
	现象	OWS 报："两台主循环泵软启动器与工频回路均故障""水冷控制保护系统永久闭锁命令""保护出口闭锁换流阀""A/B 套阀冷系统跳闸信号出现"； 现场两台主泵都停泵
	处理	（1）检查故障极负荷是否转移到运行极，实时监控另一极运行状态； （2）现场检查故障极阀冷系统确已停泵； （3）向调度汇报两台主泵均故障，申请故障极转冷备用，上报危急缺陷，并通知检修人员处理

主循环泵运行噪声过大	现象	泵运行噪声过大，水泵运行不稳定并出现振动
	处理	（1）排查故障原因：入口管路及泵内吸入空气，则可加水、排气；叶轮失去平衡；内部零件磨损；泵受到管路的张力牵引；轴承磨损；电机风扇损坏；联轴器故障；泵内有异物，则清洁水泵； （2）在 OWS 界面进行人工切换主循环泵； （3）上报严重缺陷，通知检修人员处理
泵接口处出现渗漏机械密封渗漏	现象	OWS 报"P01 主循环泵渗漏-请检查"； 现场泵接口处出现渗漏、机械密封渗漏
	处理	（1）到现场检查主泵接口情况，若主泵接口处出现渗漏、机械密封渗漏，立刻切换到另一台主循环泵； （2）将故障泵停役，并关闭渗漏主泵的进水阀门 V027/V028； （3）上报严重缺陷，通知检修人员处理； （4）排查故障原因：接头密封渗漏、泵壳垫圈和接头垫密封不严、机械密封损坏
泵未运行时，泵反转	现象	泵未运行时，泵反转
	处理	（1）应该是水泵出口止回阀回流，此时应关闭主泵的进水阀门和出水阀门，更换止回阀； （2）上报缺陷，通知检修人员处理
主泵温度过高	现象	OWS 报："P01 主循环泵过热""P01 主泵电机端轴承温度高""P01 主泵泵端轴承温度高"
	处理	（1）检查主泵电机温度是否大于 95°，主泵轴承是否大于 90°，并检查主循环泵切换情况，若未切换，则应在 OWS 界面进行人工切换主循环泵； （2）现场检查主泵是否冒烟； （3）上报严重缺陷，通知检修人员处理
阀冷系统泄漏跳闸	现象	OWS 报"阀冷系统泄漏跳闸""水冷控制保护系统永久闭锁命令""保护出口闭锁换流阀""A/B 套阀冷系统跳闸信号出现"； 视频巡视发现换流阀塔漏水、现场巡视发现内冷管道漏水
	处理（2 人值班）	（1）在值班负责人 OWS 界面查看相应故障极阀冷系统是否自动停泵； （2）若不能自动停泵，值班负责人应立即人工停泵； （3）值班员现场检查故障极阀冷系统确已停泵； （4）值班员到阀冷装置室关闭阀门 V122； （5）值班负责人向调度申请将故障极转检修，上报危急缺陷，并通知检修人员处理

阀冷系统泄漏跳闸	处理（3人值班）	（1）在值班负责人 OWS 界面查看相应故障极阀冷系统是否自动停泵； （2）若不能自动停泵，值班员 A 应立即人工停泵； （3）值班员 B 现场检查故障极阀冷系统确已停泵； （4）值班员 B 到阀冷装置室关闭阀门 V122； （5）值班负责人向调度申请将故障极转检修，上报危急缺陷，并通知检修人员处理
阀冷系统渗漏	现象	OWS 报"阀冷系统渗漏"
	处理	（1）视频检查阀塔是否有渗漏点； （2）现场检查阀冷装置室是否有渗漏点； （3）调用膨胀罐液位的历史数据，查看渗漏速度，实时监控膨胀罐液位和原水罐液位，若原水罐液位低要人工进行补水； （4）若是阀塔漏水，向省调申请停运故障极，上报危急缺陷，通知检修人员进站处理； （5）若是阀冷装置室管道渗漏，能带电处理的话，上报危急缺陷，通知检修人员进站处理；不能带电处理，向省调申请停运故障极，上报危急缺陷，通知检修人员进站处理
流量报警	现象	"冷却水流量低！"
	处理	（1）检查 PLC 控制面板上循环冷却水流量、压力表计显示，排除误报可能； （2）检查主管路沿程阀门阀位及主过滤器，查看相关阀门位置是否正确，过滤器堵塞是否阻塞； （3）若主水管道漏水，视情况汇报部门领导，向省调申请，将相应极直流系统停运，内冷水转检修处理； （4）若主过滤器堵塞，立即通知检修人员处理； （5）主水回路流量低，检查主泵运行情况，若主泵异常，则切换主泵运行； （6）上报缺陷，通知检修人员检查处理
	现象	"冷却水流量超低！"
	处理	（1）流量已达到临界值，此时应检查 PLC 控制面板上循环冷却水流量、压力表计显示，如压力与流量均不正常时应汇报省调及部门领导，申请将相应极直流系统停运； （2）检查主循环泵工作是否正常； （3）查看主循环管路沿程阀门阀位是否开启、是否有泄漏、主过滤器是否堵塞； （4）上报缺陷，通知检修人员检查处理
	现象	"去离子水流量低！"
	处理	（1）检查 PLC 控制面板上循环冷却水流量表计显示，排除误报可能； （2）确认去离子水管路球阀（V112、V114 或 V113、V115）开启，（V117、V118 或 V119、V120）开启，V116 和 V121 开启； （3）上报缺陷，通知检修人员检查处理

压力告警	现象	OWS 报"系统压力低切换主泵，请检查并确认""主泵出水压力低"
	处理	（1）在自动启动运行状态下，当运行中发生时，系统会自动切除运行中主循环泵，将另一台主循环泵投入运行，同时 HMI 面板当前故障画面显示该信息； （2）加强对正常运行泵的监视； （3）上报缺陷，通知检修人员检查压力低产生的原因，并予以排除； （4）故障排除后，按 HMI 面板 F25 键，进入界面确认，"系统压力低切换主泵，请检查并确认"信号复归（注：此信息保持时，主泵不再切换）
	现象	OWS 报"进阀压力低！"
	处理	（1）检查 PLC 控制面板上循环冷却水压力、流量表计显示，排除误报可能； （2）可能去离子水流量过高，检查去离子水管路相关阀门位置是否正确； （3）若主管道过滤器 Z01 或 Z02 堵塞引起，检查手动调节阀 V003、V004 是否没开到阀位； （4）上报缺陷，通知检修人员检查处理
	现象	OWS 报"进阀压力超低"
	处理	（1）检查 PLC 控制面板上循环冷却水压力、流量表计显示，排除误报可能； （2）出现此信息，可能管路有泄漏，检查主循环沿程管路阀门是否没开到阀位； （3）检查主过滤器 Z01 或 Z02 是否可能严重堵塞； （4）上报缺陷，通知检修人员检查处理
	现象	OWS 报"进阀压力高！"
	处理	（1）检查 PLC 控制面板上循环冷却水压力、流量表计显示，排除误报可能； （2）管路承压过高，可能是主管路堵塞或膨胀罐压力过高，若膨胀罐压力过高，检查排气电磁阀是否运行正常； （3）上报缺陷，通知检修人员检查处理
	现象	OWS 报"进阀压力超高！"
	处理	（1）检查 PLC 控制面板上循环冷却水压力、流量表计显示，排除误报可能； （2）此信号说明压力已达临界值，管路承压过高，可能是主管路堵塞或系统压力过高，膨胀罐压力过高，检查排气电磁阀是否运行正常； （3）上报缺陷，通知检修人员检查处理

压力告警	现象	OWS 报"回水压力低！"
	处理	（1）检查 PLC 控制面板上循环冷却水压力、流量表计显示，排除误报可能； （2）可能是回水管路堵塞，或发生泄漏； （3）膨胀罐压力过低； （4）上报缺陷，通知检修人员检查处理
	现象	OWS 报"回水压力超低！"
	处理	（1）检查 PLC 控制面板上循环冷却水压力、流量表计显示，排除误报可能； （2）可能是回水管路堵塞，或发生泄漏； （3）若是膨胀罐压力过低引起，则检查补气电磁阀是否工作正常，检查气路是否正常； （4）上报缺陷，通知检修人员检查处理； （5）若需检修回水管路，则需经省调及部门领导同意：阀内冷主回路检修，需将相应极直流系统停运
	现象	OWS 报"回水压力超低！""进阀压力超低"两条报警信息同时报出
	处理	（1）检查 PLC 控制面板上循环冷却水压力、流量表计显示，排除误报可能； （2）可能是管路有泄漏，应检查泄漏点； （3）可能是两台主循环泵均故障； （4）可能是两路交流动力电源均丢失； （5）主管道过滤器 Z01 或 Z02 可能严重堵塞； （6）根据查明的原因上报缺陷，通知检修人员作相应处理； （7）若需检修回水管路，则需经省调及部门领导同意：阀内冷主回路检修，需将相应极直流系统停运
	现象	OWS 报"主泵出水压力低！"
	处理	（1）出现此报警循环泵会马上切换，如泵切换后此信息消除，可判断是主循环泵故障； （2）检查 PLC 控制面板上循环冷却水压力、流量表计显示，排除误报可能； （3）可能是阀体或回水管路堵塞，或发生泄漏； （4）根据查找的原因及现象，上报缺陷，通知检修人员作相应处理
	现象	OWS 报"主泵出水压力高！"
	处理	（1）检查 PLC 控制面板上循环冷却水压力、流量表计显示，排除误报可能； （2）在 OWS 界面人工切换主循环泵； （3）主泵出水管路中阀门未开或故障卡死； （4）上报缺陷，通知检修人员处理

压力告警	现象	OWS 报"阀冷系统主循环泵低速运行主泵出水压力低！"
	处理	（1）检查 PLC 控制面板上循环冷却水压力、流量表计显示，排除误报可能； （2）在 OWS 界面人工切换主循环泵； （3）可能是主泵出现故障、主泵气蚀、回水管路发生泄漏或堵塞； （4）上报缺陷，通知检修人员检修相关管路
温度	现象	OWS 报"冷却水进阀温度高！"
	处理	（1）检查 PLC 控制面板上温度指示是否正常、循环冷却水压力、流量表计正常； （2）检查主循环泵运行是否正常，流量指示是否正常，若主循环泵运行异常，则按照主循环泵故障处理； （3）外冷系统所有风扇均已启动并在最大功率运行； （4）检查电动三通阀是否故障； （5）若温度持续上升，汇报部门领导，并向省调申请降低直流负荷操作，降功率时采用阶梯式，并时刻关注内冷水温度的变化以及另一极是否过负荷； （6）上报缺陷，通知检修人员处理
	现象	OWS 报"冷却水进阀温度超高！"
	处理	（1）检查确认相应极是否已跳闸； （2）检查 PLC 控制面板上温度指示是否正常、循环冷却水压力、流量表计正常； （3）上报缺陷，通知检修人员处理
	现象	OWS 报"冷却水进阀温度低！"
	处理	（1）有可能是以下原因：电加热器故障；阀冷系统刚启动，运行时间不长；电动三通阀故障；阀外冷系统故障； （2）上报缺陷，通知检修人员处理
	现象	OWS 报"冷却水出阀温度高！"
	处理	（1）检查现场温度表指示是否正确； （2）检查循环泵运行是否正常； （3）检查阀塔工作是否正常，并用红外成像仪测温，查是否有相关报警； （4）若温度继续上升，有可能是阀外冷系统故障或阀体异常发热引起，应申请省调降低直流负荷，必要时领导同意向省调申请停用该极直流系统； （5）上报缺陷，通知检修人员处理

温度	现象	OWS 报 "阀厅室内温度高"或"阀厅室内湿度高"
	处理	（1）检查辅助系统、暖通系统阀厅温湿度指示是否异常，排除误报可能性； （2）阀厅室内温度过高或湿度高，应检查阀厅空调系统运行正常； （3）密切监视阀厅室内温度、湿度； （4）上报缺陷，通知检修人员处理
电导率	现象	OWS 报 "冷却水电导率高！"
	处理	（1）查找故障原因：管路系统可能有特殊污染源或电极污染；去离子水流量不足或采样管路堵塞；树脂正常耗净； （2）上报缺陷，通知检修人员处理
	现象	OWS 报 "冷却水电导率超高！"
	处理	（1）查找故障原因：管路系统可能有特殊污染源或电极污染；去离子水流量不足或采样管路堵塞；树脂正常耗净； （2）上报缺陷，通知检修人员处理
	现象	OWS 报 "去离子水电导率高！"
	处理	（1）联系检修人员对内冷水电导率进行检查，确认是否误报警； （2）核查是否因为去离子水处理管路系统可能有特殊污染源或电极污染； （3）核查是否是因为去离子管路堵塞； （4）排除以上可能原因，若电导率确实高，则是树脂正常耗净，联系检修人员检查更换树脂
	现象	OWS 报 "冷却水电导率高，不符合直流投运条件！"
	处理	（1）查找故障原因：管路系统可能有特殊污染源或电极污染；去离子水流量不足；树脂正常耗净； （2）上报缺陷，通知检修人员处理
液位	现象	OWS 报 "膨胀罐液位低，请补液！"
	处理	（1）检查 P11、P12 两台补水泵是否故障； （2）检查补水管路阀门（V134、V135、V136、V137）是否正常； （3）若是原水罐没液，通知检修人员对原水灌补水； （4）检查原水罐通气电磁阀（V512）是否故障； （5）若是阀冷系统泄漏，上报危急缺陷，并根据省调指令将相应极直流系统转冷备用，立即通知检修人员进行相应处理
	现象	OWS 报 "膨胀罐液位超低"

液位	处理	（1）说明水位已达到临界值，膨胀罐液位超低系统会发请求跳闸信号； （2）若此时换流阀系统已停运，应立即汇报省调及部门领导； （3）现场检查可能的原因：P11、P12 两台补水泵均故障；补水管路阀门（V134、V135、V136、V137）非正常关闭；原水罐没液；原水罐通气电磁阀（V512）故障，阀冷系统渗漏或泄漏； （4）根据故障原因，上报危急缺陷，并根据省调指令将相应极直流系统转冷备用，立即通知检修人员进行相应处理
	现象	OWS 报"膨胀罐液位高"
	处理	（1）检查 PLC 控制面板上温度指示是否正常、循环冷却水压力、流量表计正常； （2）此信号说明水位已达高值，可能是温度异常变化或补水泵异常故障引起； （3）检查补水泵是否异常； （4）上报缺陷，通知检修人员进行处理
	现象	OWS 报"原水罐液位低，请补液"
	处理	原水罐液体已到低位，通知检修人员及时补液
	现象	OWS 报"阀冷系统渗漏"
	处理	（1）检查检查系统管路沿程阀门、法兰连接处，特别是不同材质管道连接处以及阀体配水软管接头是否有明显泄漏点； （2）若未发现漏水情况，则联系检修检查渗漏报警回路； （3）监视液位变化情况，并加强液位、温度、循环泵的运行情况监视； （4）若补水泵频繁启动，但未发现明显漏水点或虽发现明显漏水点且无法有效隔离，则立即汇报省调及有关领导，向省调申请停运相应极的直流系统以检修阀冷； （5）上报缺陷，通知检修人员进行处理
	现象	OWS 报"阀冷系统泄漏"
	处理	（1）此信号说明阀冷管道可能有爆裂、法兰或接头处松脱等引起内冷水大量泄漏问题，"阀冷系统泄漏"信号报出，阀冷会同时发直流系统跳闸请求和阀冷停机请求； （2）此时应立即汇报省调及部门领导，同时到现场检查确认； （3）检查阀冷系统管路沿程阀门、法兰连接处，特别是不同材质管道连接处以及阀体配水管接头是否有明显泄漏点，阀厅地面是否有明显水迹； （4）现场检查补水泵是否频繁启动； （5）立即上报危急缺陷，并通知检修人员处理

加热器故障	现象	OWS 报"H01 电加热器故障""H02 电加热器故障""H03 电加热器故障""H04 电加热器故障"
	处理	（1）上报缺陷，通知检修人员检查处理； （2）打开控制柜门，检查电加热器控制回路元件及接线是否正常； （3）故障排除后，将对应电加热器断路器复位
	现象	OWS 报"电加热失败"
	处理	（1）检查阀冷系统是否正常运行； （2）检查电动三通阀阀位是否正确，电加热器运行时三通阀应处于关闭状态； （3）上报缺陷，通知检修人员检查处理
补水电动阀故障	现象	OWS 报"V136 补水电动阀故障"
	处理	（1）PLC 发出补水电动阀开/关指令而补水电动阀却不响应该指令进行相关动作时系统发出该报警信息。故障消除后报警信息自动消失； （2）故障原因：可能是补水电动阀电源跳断；可能是补水电动阀 V136 开/关中继损坏；可能是补水电动阀 V136 限位开/关中继损坏；可能是电动球阀开/关接触器损坏； （3）根据原因上报缺陷，通知检修人员处理
补水泵故障	现象	OWS 报"P11 补水泵故障""P12 补水泵故障"
	处理	（1）PLC 发出补水泵开/关指令而补水泵却不响应该指令进行相关动作时系统发出该报警信息。故障消除后报警信息自动消失； （2）故障原因：可能是补水泵电源跳断、P11 补水泵开/关中继（中间继电器）损坏、P12 补水泵开/关中继损坏、补水泵开/关接触器损坏，若是泵本身故障，可在线检修或更换； （3）根据原因上报缺陷，通知检修人员处理
原水泵故障	现象	OWS 报"P21 原水泵故障"
	处理	（1）PLC 发出原水泵开/关指令而原水泵却不响应该指令进行相关动作时系统发出该报警信息。故障消除后报警信息自动消失； （2）故障原因：可能是原水泵电源跳断、原水泵开/关中继损坏、原水泵开/关接触器损坏，若是泵本身故障，可在线检修或更换； （3）根据原因上报缺陷，通知检修人员处理

通气阀故障	现象	OWS 报"V512 通气电磁阀故障"
	处理	（1）故障原因：可能是通气电磁阀 V512 电源跳断、通气电磁阀 V512 开/关中继损坏； （2）根据原因上报缺陷，通知检修人员处理
补气电磁阀、排气 电磁阀故障	现象	OWS 报"V503 补气电磁阀故障""V504 补气电磁阀故障""V511 排气电磁阀故障"
	处理	（1）PLC 发出补气电磁阀开指令延时 25min 后，膨胀罐的压力还未达到 0.19MPa 时，系统发出该报警信息；PLC 发出排气电磁阀开指令延时 20min 后，膨胀罐的压力还未小于 0.22MPa 时，系统发出该报警信息；故障消除后报警 信息自动消失； （2）补气阀故障应该检查是否氮气瓶压力低，或者电磁阀电源跳断，或者电磁阀开启中间继电器故障；排气阀故 障应该检查是否电磁阀电源跳断，或者电磁阀开启中间继电器故障； （3）根据原因上报缺陷，通知检修人员处理
供电电源	现象	OWS 同时出现以下两条报文："AP1 柜交流动力电源故障""AP2 柜交流动力电源故障"并伴随其他信号
	处理	（1）两路电源都丢失，主泵会停运，会引起系统跳闸，立即汇报省调及部门领导，根据省调指令将相应极直流系 统转冷备用； （2）站用动力电源切换不正常；两路交流动力电源都丢失；双电源切换故障；可能是电源监控继电器有故障； （3）上报危急缺陷，立即通知检修人员处理
	现象	OWS 报"阀冷系统 1#交流动力电源故障"或"阀冷系统 2#交流动力电源故障"
	处理	（1）故障原因：可能是相对应的交流动力电源丢失；可能是交流电源监控继电器故；可能相对应的动力电源缺相 或欠压； （2）根据原因上报缺陷，通知检修人员处理
	现象	OWS 出现以下一个或多个报文： "外冷 AP12 柜 QFC121 断路器未合" "外冷 AP12 柜 QFC122 断路器未合" "外冷 AP3（AP6/AP7/AP8）柜 1#交流电源故障" "外冷 AP3（AP6/AP7/AP8）柜 2#交流电源故障" "外冷 AP3（AP6/AP7/AP8）柜切换交流电源故障" "水处理柜 1#交流电源故障" "水处理柜 2#交流电源故障" "水处理柜第一组双电源切换双电源切换故障" "水处理柜第二组双电源切换双电源切换故障"

供电电源	处理	（1）故障原因：可能是交流电源监控继电器故障；可能两路动力电源切换后的电源缺相或欠压；可能两路动力电源缺相或欠压； （2）根据原因上报缺陷，通知检修人员处理
	现象	OWS 出现以下一个或者多个信号："内冷 P1A 直流控制电源故障""内冷 P2A 直流控制电源故障""内冷 P1B 直流控制电源故障""内冷 P2B 直流控制电源故障""内冷 P1C 直流控制电源故障""内冷 P2C 直流控制电源故障""水处理柜 1#直流控制电源故障""水处理柜 2#直流控制电源故障"
	处理	可能的故障原因：开关电源 P1A、P2A、P1B、P2B、P1C、P2C 损坏；AP4/AP5/AP11 柜的直流电源进线空开是否跳闸，复位前应查清故障原因、排除故障；AP4/AP5/AP11 柜直流电源对应的直流主柜上空开是否跳闸
CPU 及仪表	现象	OWS 报"PLC 站 A 故障"或"PLC 站 B 故障"
	处理	（1）单台 CPU 故障，自动切换至另一台运行； （2）上报缺陷，通知检修人员处理
	现象	OWS 报"阀冷 AP4 控制柜 DP1A 通信模块与上位机通信故障""阀冷 AP4 控制柜 DP2A 通信模块与上位机通信故障""阀冷 AP5 控制柜 DP1B 通信模块与上位机通信故障""阀冷 AP5 控制柜 DP2B 通信模块与上位机通信故障"（信号之一出现）
	处理	（1）检查阀冷系统对应的模块是否亮红灯报故障；是否极控与阀冷通讯管理机故障；检查阀冷故障模块 SF1 是否亮红灯，如果 SF1 亮红灯就是阀冷系统控制总线出现故障；检查阀冷故障模块 SF2 是否亮红灯，如果 SF2 亮红灯就是极控与阀冷通讯管理机故障； （2）若无法排除故障，则上报缺陷，通知检修人员处理
	现象	OWS 报"冗余 CPU 运行状态异常，请检查 报警"； 现场查 CPU 电源模块电池耗尽指示灯亮，CPU 外部故障指示灯亮
	处理	（1）检查阀冷系统运行是否正常，上报严重缺陷，通知检修人员进站处理； （2）加强阀冷系统的监视
主过滤器压差异常处理	现象	主过滤器其中一个压差表压差值大于 60kPa
	处理	（1）退出流量、压力、泄漏、液位保护； （2）缓慢打开备用主过滤器进出水蝶阀； （3）关闭压差值过大的过滤器阀门； （4）观察流量、压力均无报警，系统运行正常后投入流量、压力及泄漏保护； （5）上报缺陷，通知检修人员处理

二、阀外冷却系统异常及故障处理

阀外冷却系统异常及故障处理如表 10-31 所示。

表 10-31 阀外冷却系统异常及故障处理

阀外冷水系统喷淋泵故障	现象	OWS 报 "P××喷淋泵故障" "第×组喷淋泵出水压力低已切换，请检修并确认！"
	处理	（1）检查喷淋泵出水压力是否正常，现场检查故障泵已退出运行，备用泵运行正常； （2）检查故障泵情况，若电机故障，将其退出检修； （3）若检查外观无异常，控制回路无异常，电源开关跳闸，则合上电源开关，复归故障信号，检查泵切换运行正常； （4）无法排除故障，上报缺陷，通知检修人员处理
阀外水冷系统风机故障或变频器故障	现象	OWS 报 "G01 风机变频故障" "G01 风机工频故障" "G01 风机变频故障切至工频，请就地确认"
	处理	（1）立即到现场检查风扇故障情况，若电机故障，则将其检修； （2）若开关跳闸，检查风扇外观、控制回路无异常，合上开关检查风扇运行情况，若开关又跳闸，则将其退出检修； （3）若变频器故障，则可对变频器进行一次断电重启，若未恢复则通知检修处理
阀外冷系统双通信故障		极Ⅰ（或极Ⅱ）阀冷-外冷系统双通信故障
		（1）立即在 OWS 后台界面及现场检查外冷所有喷淋泵、风机是否自动全启； （2）若未自动全启，则运维人员到阀冷控制室将喷淋泵、风机开关由 "自动" 位 置切换至 "强投" 位置； （3）再次检查外冷所有喷淋泵、风机是否正常全启； （4）上报缺陷，通知检修人员处理
阀冷电源柜交流电源丢失	现象	交流电源故障
	处理	（1）若是运行主泵电源丢失，应先查看备用主泵自动投入运行正常，并加强对运行泵的监视； （2）现场检查电源情况，发现开关跳开可试合一次；不成功，通知检修人员处理； （3）若备用主泵电源丢失，是开关跳开，可试合一次，不成功，通知检修人员处理； （4）上报缺陷，通知检修人员处理

外冷水主水流量低 报警处理	现象	OWS 报"补充水流量低"
	处理	（1）检查工业水泵运行情况； （2）若工业水泵故障致主水流量低，则检查是否自动切换至备用工业水泵运行； （3）检查主回路阀门位置是否正确； （4）上报缺陷，通知检修人员对主水回路进行检查
外冷水喷淋水池水位 低报警处理	现象	OWS 报"喷淋水池液位低""喷淋水池液位超低"
	处理	（1）检查喷淋水池水位； （2）检查工业泵是否启动，未启动应手动启动； （3）若工业泵无法启动，手动切换至备用工业泵运行； （4）上报缺陷，通知检修人员处理相应故障

第十一章　换流站换流变压器冷却器系统及其有载开关、滤油机二次控制回路辨识

第一节　换流变压器冷却器系统

一、换流变压器冷却系统技术规范要求

（1）冷却系统电动机的电源电压采用三相交流 380/220V，控制电源电压为直流 220V。冷却器控制回路中每台潜油泵和风扇电机应装设独立的电源开关。

（2）冷却装置采用低噪声、向外吹风式的风扇，不接受变频方式的电机，运行中油泵发生故障时应接通报警接点报警。

（3）冷却装置进出油管应装有蝶阀，应在靠近油泵的管路上装设油流继电器。

（4）风扇电机和油泵电机三相均应装有过载、短路和断相保护。

（5）换流变压器压器的冷却装置应按负载和顶层油温情况，自动逐台投切相应数量的整机和风扇，且该装置可在换流变压器旁就地手动操作，也可在控制室中遥控（厦门柔直未接入遥控功能）。当切除故障冷却装置时，备用冷却装置应自动投入运行。

（6）冷却装置有使两组相互备用的供电电源彼此切换的装置。当冷却装置电源发生故障或电压降低时，自动投入备用电源。

（7）当投入备用电源、备用冷却装置，切除冷却器和损坏电动机时，均应发出信号，并提供接口。

二、换流变压器冷却系统反措的现场响应

（1）换流变压器内部故障跳闸后，应自动切除油泵。现场响应：换流变压器保护动作后，通过极×直流保护柜 A/B 上"三取二"装置开出的换流变压器保护动作节点经"LK19 换流变压器保护强切# n 换流变压器冷却器"压板，重动极×三相汇总端了箱内的"换流变压器保护强切冷却器重动继电器 K1"扩展三对接点，分别沟通各相风冷控制箱内的"换流变压器保护强切冷却器 K18"，并通过 K18 接点开入各相风冷控制箱内的 PLC，实现换流变压器故障跳闸后自动切除油泵及风扇。需要注意的是厦门柔直的换流变压器保护既含换流变压器电量保护又含非电量保护。

（2）强油循环结构的潜油泵启动应逐台启用，延时间隔应在30s以上，以防止气体继电器误动。

现场响应：现场换流变压器共有三组冷却器，即1号冷却器、2号冷却器、3号冷却器。其中PLC程序通过对3组冷却器分别按0s、30s、60s的时间延时固化冷却器的间隔启动，避免油泵同时启动导致油流过大冲击瓦斯继电器误动。具体设置延时如下：

1）1号冷却器启动时无延时（固化）；

2）2号冷却器在作为工作组、辅助一组、辅助二组（备用）时启动延时均为30s（固化）；

3）3号冷却器在作为工作组、辅助一组、辅助二组（备用）时其启动延时均为60s（固化）。

需要注意的是各冷却器的延时启动，仅跟冷却器的序号有关，跟PLC逻辑轮换定义的工作组、辅助一组、辅助二组（备用）无关。

（3）强油循环的冷却系统必须配置两个相互独立的电源，并采用自动切换装置。变压器冷却系统的工作电源应有三相电压监测，任一相故障失电时，应保证自动切换至备用电源供电。

现场响应：

1）供油泵、风扇、有载开关、滤油机、柜用加热器、柜用照明电源公用小母线为交流切换后电源。

2）PLC工作电源采用DP1、DP2电源模块RM冗余配置。

（4）运行中的变压器的冷却器油回路或通向储油柜各阀门由关闭位置旋转至开启位置时，以及当油位计的油面异常升高或呼吸系统有异常现象，需要打开放油或放气阀门时，均应先将变压器重瓦斯保护停用。

现场响应：作为管理规定列入运行规程。

（5）为保证冷却效果，管状结构变压器冷却器每年应进行1～2次冲洗，并宜安排在大负荷来临前进行。

现场响应：作为运维一体项目列入自维护计划。

三、换流变压器强油循环冷却系统组成及工作原理

1. 强油循环冷却器组成

强油循环冷却器包括电源箱、汇总端子箱、PLC风冷控制箱、冷却器接线箱、油泵及油流继电器、风扇及散热器、油管道及蝶阀。强油循环冷却器组成如图11-1所示，强油循环冷却装置组成如图11-2所示。

（1）电源箱。辐射接出换流变压器保护强切冷却器重动继电器K1电源、各相PLC风冷控制箱交流电源、各相PLC风冷控制箱直流电源、各相换流变压器在线监测电源、自身端子箱温湿度装置。

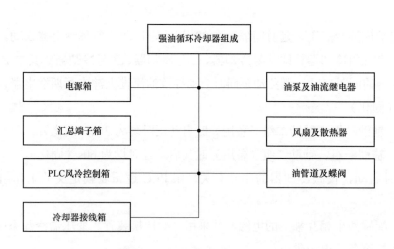

图 11-1　强油循环冷却器组成

图 11-2　强油循环冷却装置组成

（2）汇总端子箱。将各相 PLC 风冷控制箱继电器信号、换流变压器本体端子箱继电器信号、本体油温/网侧绕组温度/阀侧绕组温度/本体油位模拟量、网侧绕组 TA/阀侧绕组 TA 电气量等接入交流场测控柜，将本体重瓦斯、有载开关重瓦斯或压力继电器跳闸接点接入换流变压器非电量保护，将换流变压器保护动作重动后沟通各相风冷控制箱强切冷却器，以及控制自身端子箱温湿度装置。

（3）PLC 风冷控制箱。配置有换流变压器冷却系统相关的电源空气开关、继电器、转换开关、PLC 控制装置、自身端子箱温湿度装置等，完成交流电源切换、冷却器 PLC 控制、冷却系统继电器信号扩展等功能。

（4）冷却器接线箱。供冷却器油泵、风扇电机电源、油流继电器接点接入。

（5）油泵及油流继电器。

1）油泵：将变压器本体中的热油强行抽离并输送至散热器进行冷却，再将冷却后的油输送回变压器本体，循环冷却变压器内部的绕组及铁芯。

2）油流继电器：指示油泵运转过程中油流畅通情况。

（6）风扇及散热器。

1）风扇：将外部空气抽入散热器，加速表面空气的流动，使散热器冷却，从而使散热器内油管的油冷却。

2）散热器：与风扇封装成一个整体，通过冷却油管道与换流变压器本体油室相连，增大散热面积。

（7）管道及蝶阀。

1）管道：连通换流变压器本体、散热器、油泵。

2）蝶阀：隔离和导通换流变压器本体、散热器、油泵，便于散热器、油泵故障隔离和检修。

2. 强油循环冷却装置工作原理

（1）强迫油循环风冷装置工作原理。利用潜油泵将换流变压器顶部的热油抽出，通过上部的油管管道经油箱外独立支架上的散热器风扇冷却后，回到换流变压器油箱底部，从而依靠对流使换流变压器的铁芯和绕组得到冷却。这时，油的温度又重新升高，靠潜油泵的作用，热油再次上升到换流变压器的顶部。重复着上述的循环过程，使热油得到有效的冷却。

（2）强迫油循环导向冷却的工作原理。导向冷却方式属于强迫油循环类型，其主要区别在于器身部分的油路不同。普通的油冷却变压器油箱内油路较乱，油沿着线圈和铁芯、线圈和线圈间的纵向油道逐渐上升，而线圈段间油的流速不大，局部地方可能没有冷却到，线圈的某些线段和线匝局部温度很高。导向冷却的变压器，在结构上采用了一定的措施（如加挡油纸板、纸筒）后，通过潜油泵使油按一定的路径流动，在一定压力下被送入线圈间的油道和铁芯的油道中，使铁芯和绕组中的热量直接由一定流速的冷油带走，提高冷却效能。

四、换流变压器冷却系统 PLC 控制说明

各相换流变压器均配置 3 组冷却器，按照不同条件投入可分为三种类型：工作组、NO.1 组冷却器（由油面温度 1 /网侧绕组温度/阀侧负荷 1 启动）、NO.2 组/备用组冷却器（由油面温度 2 /阀侧绕组温度/阀侧负荷 2 启动）。

1. 冷却器的投入、切除条件

当冷却器都处于就近自动运行模式下，将按照一定条件自动投入冷却器，不同类型冷却器的投入条件如表 11-1 所示。

表 11-1 冷却器的投入、切除条件

冷却器类型	投入条件	切除条件
工作组	一、二电源投入	一、二电源切除
NO.1 组	POP≥55℃或 PWI1≥65℃或负荷 KC2≥70%	POP＜45℃或 PWI1＜55℃或 KC2＜63%
NO.1 组	NO.2 组/备用组冷却器出现故障	NO.2 组/备用组冷却器故障消除，该组冷却器自动切除
NO.2 组/备用组	POP≥65℃或 PWI2≥80℃或负荷 KC3≥90%	POP＜55℃或 PWI2＜70℃或 KC3＜81%
NO.2 组/备用组	工作组、NO.1 组中任何一个冷却器出现故障	当故障冷却器故障恢复后，备用冷却器自动切除

POP 为油面温度，PWI1、PWI2 为网侧绕组温度、阀侧绕组温度，KC2、KC3 分别为阀侧负荷 1、2 启动电流继电器

2. 冷却器的循环周期

冷却器会按照 10 天的循环时间变换类型，不同循环周期每组冷却器具备不同的类型（注：当冷却器箱内 1、2 号动力电源同时失电时，恢复循环 1），以达到合理分配各个冷却器运行时间及延长冷却器使用寿命的要求，其冷却器类型分配及循环次数如表 11-2 所示。

表 11-2 冷 却 器 的 循 环 周 期

循环	工作组冷却器	NO.1 组冷却器	NO.2 组/备用组冷却器
循环 1	1	2	3
循环 2	2	3	1
循环 3	3	1	2

3. 冷却器投切说明

在就近控制模式下，冷却器可以使用本身的控制开关自动启动、停止冷却器。正常运行情况下，冷却器在就近自动模式下运行，按照温度及负荷自动投切冷却器，如果运行中的冷却器出现故障，则切除该冷却器故障风扇或油泵，启动备用冷却器；若此时备用组也出现故障且当前 NO.1 组冷却器未投入，则启动 NO.1 组冷却器，当故障冷却器故障消除后，会自动重新投入，备用冷却器自动切除。若运行中的冷却器组出现油流故障，则切除该组油泵，启动备用冷却器组，当油流故障消除后，需手动投入该组冷却器进行复位，该组冷却器方能正常自动投入运行。

4. 冷却器投切框图

换流变压器冷却器投切框图如图 11-3 所示。

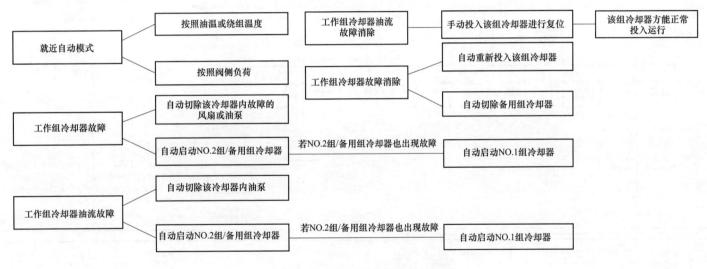

图 11-3　换流变压器冷却器投切框图

五、换流变压器冷却系统控制接线原理图及其思考

1. 换流变压器冷却系统控制接线原理图

（1）换流变压器冷却系统交直流电源联系如图 11-4 所示。

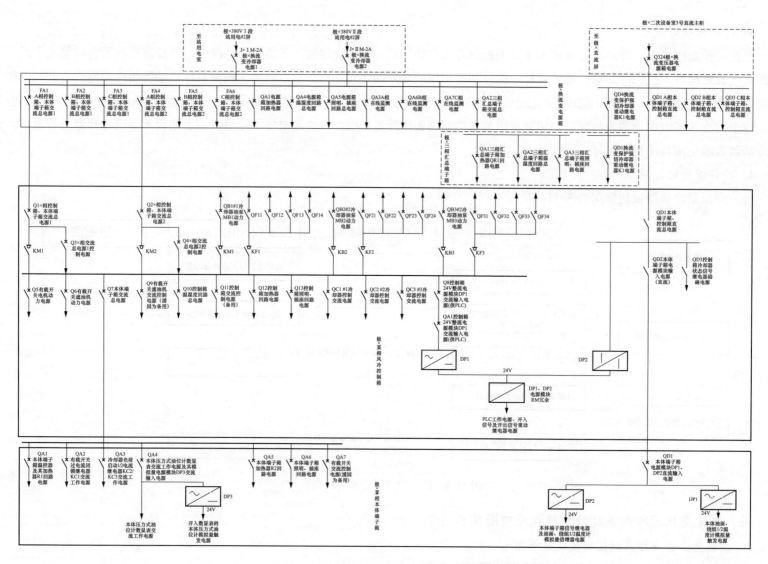

图 11-4　换流变压器冷却系统交直流电源联系图

（2）换流变压器冷却系统交直流电源联系如图 11-5 所示。

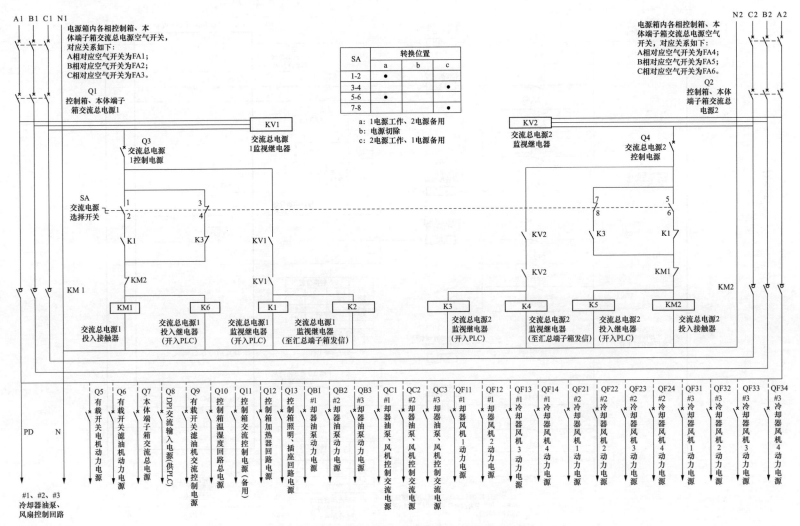

图 11-5　换流变压器冷却系统交直流电源联系图

（3）换流变压器冷却系统 1 号、2 号、3 号冷却器油泵风扇控制回路如图 11-6 所示。

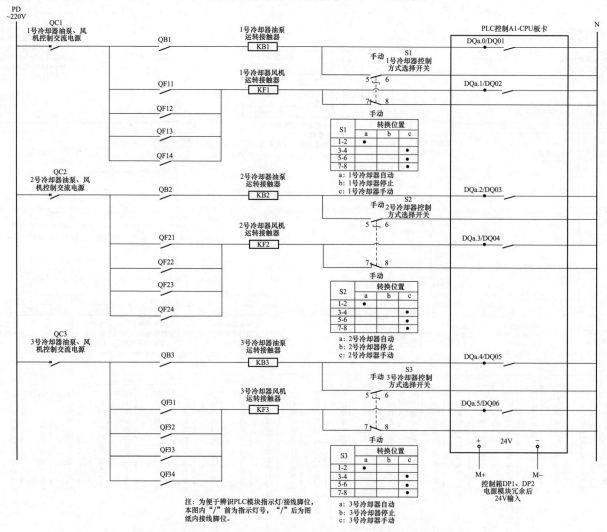

图 11-6　冷却系统 1 号、2 号、3 号冷却器油泵风扇控制回路图

（4）换流变压器冷却系统 PLC 开入信号及开出信号重动继电器回路如图 11-7 所示。

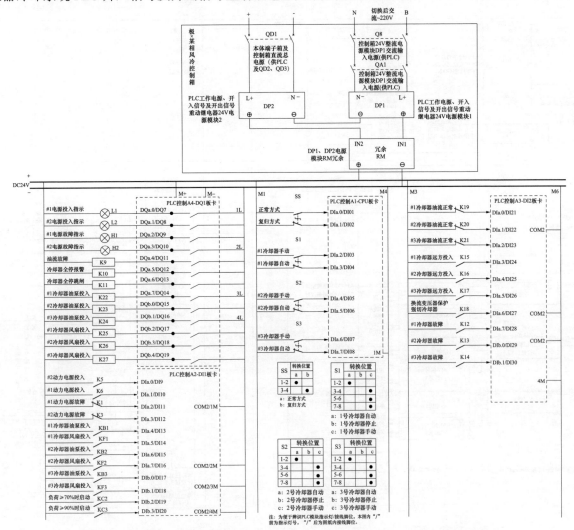

图 11-7　换流变压器冷却系统 PLC 开入信号及开出信号重动继电器回路图

（5）换流变压器油温、绕温模拟量及负荷开入冷却系统 PLC 回路如图 11-8 所示。

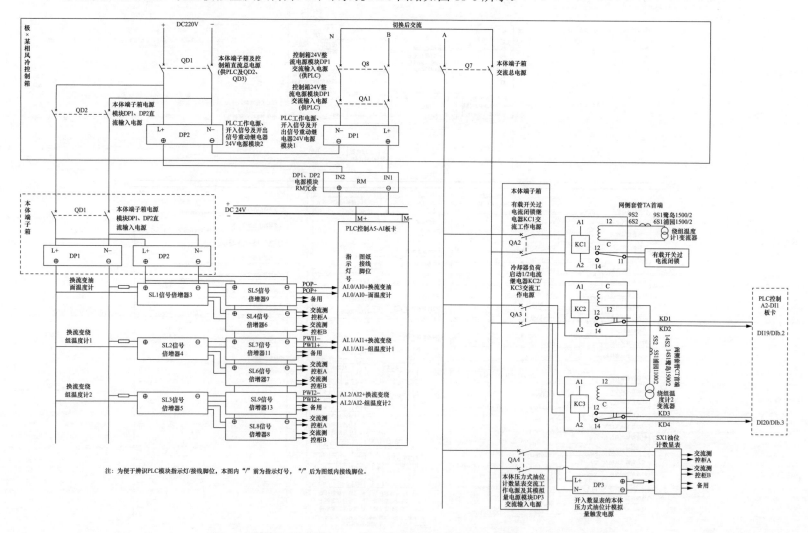

图 11-8　换流变压器油温、绕温模拟量及负荷开入冷却系统 PLC 回路图

（6）换流变压器冷却系统冷却器状态信号继电器回路如图11-9所示。

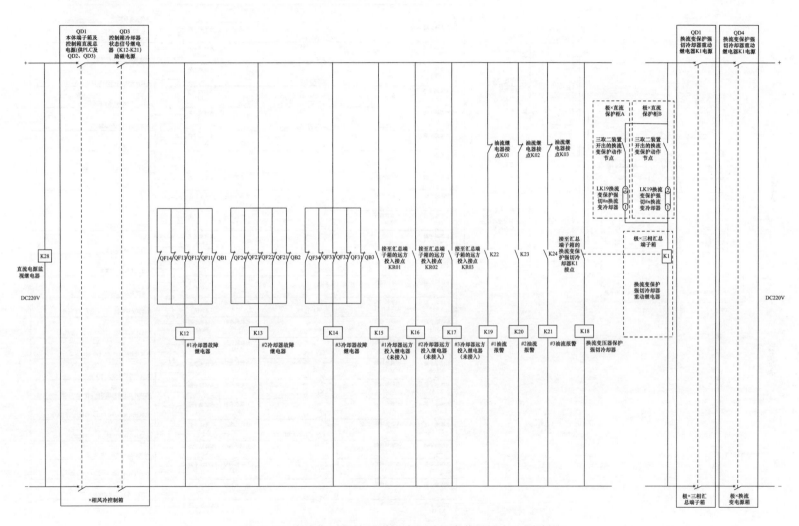

图11-9 换流变压器冷却系统冷却器状态信号继电器回路图

（7）换流变压器本体端子箱信号继电器回路如图 11-10 所示。

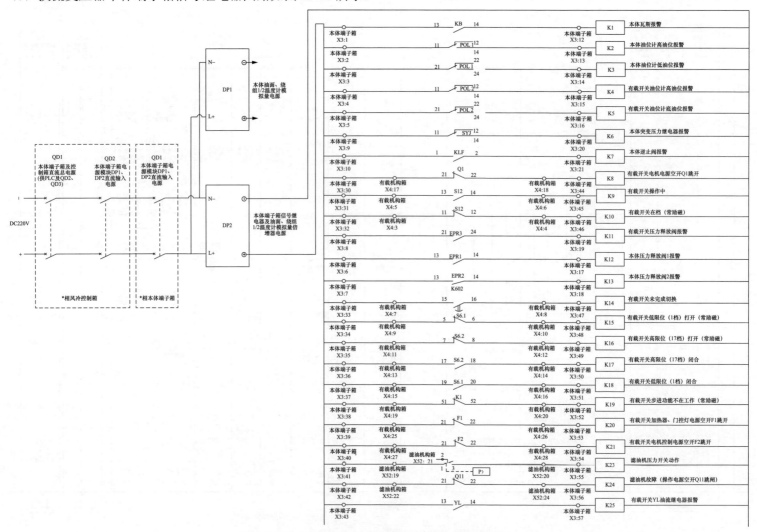

图 11-10　换流变压器本体端子箱信号继电器回路

（8）换流变压器冷却全停报警、跳闸、故障信号逻辑如图 11-11 所示。

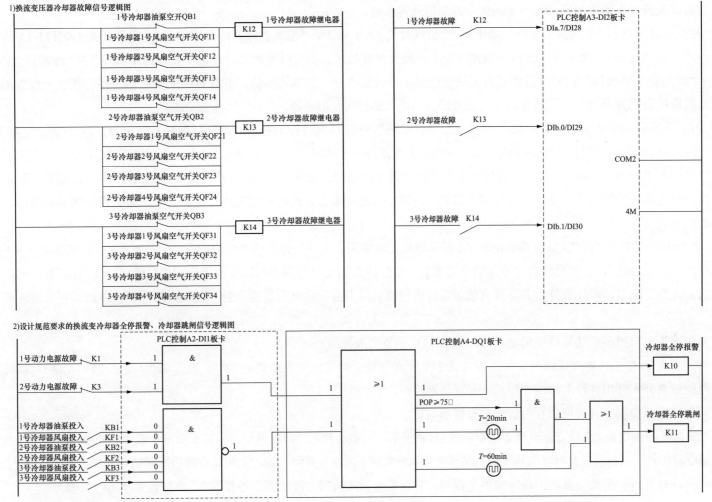

1)换流变压器冷却器故障信号逻辑图

2)设计规范要求的换流变冷却器全停报警、冷却器跳闸信号逻辑图

注：为便于辨识PLC模块指示灯/接线脚位，本图内"/"前为指示灯号，"/"后为图纸内接线脚位。

图 11-11　换流变压器冷却全停报警、跳闸、故障信号逻辑图

2. 换流变压器冷却系统控制接线原理图思考

（1）造成换流变压器冷却器交流双电源失电的原因及其影响。

1）源头端站用电室"极×换流变冷却器电源1"空气开关J×ⅠM-2A、"极×换流变冷却器电源2"空气开关J×ⅡM-2A均跳开；或特殊方式下带两站变的10kV单电源线路跳闸……。一般会伴有极×三相同时发出"冷却器交流电源1故障"+"冷却器交流电源2故障"+"冷却器全停报警"信号，监控后台无法正确显示换流变压器三相本体油位，并导致换流变压器三相有载调压过流闭锁功能失去。此时应检查跳开空气开关下级负荷无明显故障后，进行试合跳开的电源。

2）PLC风冷控制箱内KM1或KM2接触器上小动物短路造成PLC风冷控制箱内"交流总电源1空开"Q1、"交流总电源2空开"Q2均跳开；或电源箱内相应相的两路交流总电源空气开关均跳开（A相对应空开为FA1及FA4；B相对应空开为FA2及FA5；C相对应空气开关为FA3及FA6）。一般会伴有极×某相"冷却器交流电源1故障"+"冷却器交流电源2故障"+"冷却器全停报警"信号，监控后台无法正确显示本体油位，并导致有载调压过流闭锁功能失去。此时应检查跳开空气开关下级负荷无明显故障后，进行试合跳开的电源。

3）"交流电源1工作时失电+监视继电器K1损坏导致交流电源2无法自投"或"交流电源2工作时失电+监视继电器K3损坏导致交流电源1无法自投"，一般会伴有"冷却器全停报警"+【"冷却器交流电源1故障"或"冷却器交流电源2故障"】信号，还将引起监控后台无法正确显示本体油位，并导致有载调压过流闭锁功能失去。此时应切换"SA电源选择开关"，冷却器正常运转后再做细致排查。

（2）交流失电自投不成功导致全失电，冷却器的PLC装置会失控吗？

不会，因为PLC工作电源采用的是冗余后直流24V电源（即采用交流切换后整流24V、直流220V变压24V冗余），以确保冷却系统信号能正常开入开出并经汇总端子箱接入交流场测控柜。

（3）交流电源控制空开失电后有何信号，有何影响？

交流电源1控制电源Q3或交流电源2控制电源Q4跳开后，一般会伴有"冷却器交流电源1故障"或"冷却器交流电源2故障"信号，交流电源仍然可以自投，此时可以从容检查跳开的空气开关以下回路及其继电器，无明显故障后即可试合一次，不成功则上报缺陷。

（4）冷却器处近控手动位置，出现冷却器全停时，后台是否无法报出"冷却器全停报警""冷却器全停跳闸"信号？

可以报出。从"冷却器全停报警""冷却器全停跳闸"信号的逻辑草图可以看出，信号的发出是由PLC装置根据【"冷却器交流电源1故障"+"冷却器交流电源2故障"】或【"换流变所有油泵、风扇接触器接点"】逻辑判断后重动开出的，跟冷却器手自动把手位置没有必然关系。

（5）冷却器油泵×号油流报警时会不会报冷却器故障信号？

不会。冷却器油泵×号油流报警时，PLC 逻辑判断后会重动"油流故障继电器 K9"并保持（注：油流报警继电器 K19、K20、K21 在冷却器自动切除后会返回），×号冷却器故障信号只跟冷却器的油泵或电源空开跳开有关。

（6）冷却器除了 PLC 风冷控制箱就地自动或手动启动外，可以远方启动吗？

不行。PLC 风冷控制箱内的"SS 冷却器远控/近控选择开关"正常情况只能置于近控位置。切至远控位置后（换流变压器保护强切冷却器回路完善后，远控位置为改为复归位置），换流变压器冷却器将被迫停止。

（7）单电源设置的直流电源空开跳开后有何影响？

1）源头端极×二次设备室 3 号直流主柜上的"极×换流变电源箱电源空开"Q324 跳开后，极×三相一般均会伴有"直流电源故障"信号，各相本体端子箱内所有继电器均无法励磁，冷却器故障继电器及冷却器油流报警继电器也无法励磁，监控后台换流变压器三相均无法正确显示本体上层油温、网侧绕组温度、阀侧绕组温度（注：可以正确显示本体油位），故在直流电源失电期间，PLC 逻辑是无法判断油温、绕温、冷却器故障、冷却器油流故障，实现工作组冷却器故障后的 NO.2/备用组冷却器的启停或冷却器的温度启停（注：负荷控制仍然可实现）。

2）换流变压器电源箱内的某相直流电源空气开关（QD1、QD2、QD3 中任一个）时，信号及影响同上，只是影响的是某相，而不是三相。

3）PLC 风冷控制箱内的直流电源空气开关 QD1 跳开时，监控后台感受不到"直流电源故障"信号，但影响同上，只是影响的是某相，而不是三相。

4）PLC 风冷控制箱内的直流电源空气开关 QD2 或本体端子箱内直流电源空开 QD1 跳开时，监控后台除了感受不到"直流电源故障"信号及无法正确显示该相换流变压器本体上层油温、网侧绕组温度、阀侧绕组温度（注：可以正确显示本体油位）外，PLC 逻辑也因无法判断油温、绕温，散失实现除工作组外冷却器的温度启停功能；另外，由于此时该相本体端子箱内所有继电器均失去励磁电源，从而影响本体、有载开关、滤油机内所有非电量及其他信号重动告警（如瓦斯报警、油位报警、突变压力继电器报警等），故在监控后台同时发现某相换流变压器本体上层油温、网侧绕组温度、阀侧绕组温度无法正确显示时（注：可以正确显示本体油位），应及时现场检查直流电源情况，避免非电量异常告警时无法励磁重动，导致异常扩大。

5）PLC 风冷控制箱内的直流电源空气开关 QD3 跳开时，监控后台感受不到"直流电源故障"信号，冷却器故障继电器及冷却油流报警继电器无法励磁，故在直流电源失电期间，PLC 逻辑是无法判断冷却器故障、冷却器油流故障，实现除工作组冷却器故障后的 NO.2/备用组冷却器的启停。

（8）换流变压器冷却系统信号、本体非电量信号为什么要经 PLC 风冷控制箱、本体端子箱内的继电器重动后发出？

由于本体内的非电量附件为通用的工业设计产品，接点数一般仅设置一对或两对，但应用于双套配置的交流场测控发信时，为增加备用裕度，设计时一般需重动扩展接点。但需要注意的是，反措明确要求，作用于非电量保护装置跳闸用的本体重瓦斯、有载重瓦斯（或有载压力继电器）是不能重动的。

（9）换流变压器本体、有载开关、滤油机、冷却器系统重动后的信号、模拟量，开入开出哪些屏柜？

1）换流变压器本体非电量保护重动后的信号、油温/网侧绕温/阀侧绕温/本体油位模拟量，经三相汇总端子箱转接后开入交流场测控柜 A、B。

2）冷却器系统重动后的信号，经三相汇总端子箱转接后开入交流场测控柜 A、B。

3）有载开关非电量保护重动后的信号，经三相汇总端子箱转接后开入交流场测控柜 A、B。

4）有载开关电机故障、未完成切换、加热器照明跳开、控制回路故障、就地控制、开关档位经三相汇总端子箱转接后开入极控柜 A、B。

5）直流场接口柜下发的远方有载开关升档、降档、急停命令经三相汇总端子箱转接后接入有载开关机构箱。

6）滤油机故障、压力开关动作经三相汇总端子箱转接后开入极控柜 A、B。

7）换流变压器三相汇总端子箱内"换流变压器保护强切冷却器重动继电器 K1 电源"跳开接点经三相汇总端子箱转接后开入交流场测控柜 A、B。

（10）换流变压器三相汇总端子箱内"换流变压器保护强切冷却器重动继电器 K1 电源"跳开后会发信吗？

换流变压器三相汇总端子箱内"换流变保护强切冷却器重动继电器 K1 电源"跳开接点经三相汇总端子箱转接后开入交流场测控柜 A、B 发信。保证重动继电器 K1 回路电源可监视。

六、换流变压器冷却系统定期试验轮换项目及其步骤要点

1. 冷却系统定期试验轮换项目

（1）换流变压器双电源自投功能试验。切换试验应每季度进行一次，检查互为备用的电源能否正常切换，提供稳定良好的电源。

（2）换流变压器双电源定期轮换。定期轮换应每季度进行一次，通过"电源选择开关"将工作电源人为轮换至另一路电源上运行。

2. 冷却系统定期试验轮换步骤要点

（1）换流变压器双电源自投功能试验步骤要点。

1）根据 PLC 风冷控制箱内转换开关、电源指示灯前板上"1 号电源投入""2 号电源投入"指示绿灯及"SA 交流电源选择开关"位置（3 个位置："1 电源工作、2 电源备用""电源解除""2 电源工作、1 电源备用"）确定工作电源。

2）根据上述检查结果，断开 PLC 风冷控制箱内相应的冷却器工作电源（注：1 号电源空气开关为"Q1 交流总电源 1"，2 号电源空气开关为"Q2 交流总电源 2"）。

3）冷却器电源自动切换到完好的另一组电源。

4）观察冷却器，运行正常。

（2）换流变压器双电源定期轮换步骤要点。

1）根据 PLC 风冷控制箱内转换开关、电源指示灯前板上"1 号电源投入""2 号电源投入"指示绿灯及"SA 交流电源选择开关"位置（3 个位置："1 电源工作、2 电源备用""电源解除""2 电源工作、1 电源备用"）确定工作电源。

2）根据上述检查结果，通过"SA 电源选择开关"将工作电源人为轮换至另一路电源上运行。

3）观察冷却器运行正常。

七、换流变压器冷却系统常见故障、缺陷

1. 故障、缺陷分类

（1）PLC 风冷控制箱常见故障有：PLC 板卡故障、继电器故障、转换开关接触不良、温湿度装置故障、电源故障。

（2）油泵、油流继电器常见故障有油泵故障、油流继电器卡涩、渗漏油等缺陷。

（3）风扇常见故障为风机故障。

（4）散热器、管道、蝶阀常见故障为渗漏油。

2. 换流变压器冷却系统常见故障、缺陷

（1）冷却器工作电源故障。

1）换流站 OWS 后台报×相工作电源故障（如"×相 1 号电源故障"或"×相 2 号电源故障"）。

2）PLC 风冷控制箱内转换开关、电源指示灯前板上相应的"1 号电源故障""2 号电源故障"红灯亮。

3）若该段电源为备用电源，除电源故障信号无法消除外，无其他任何信号。

4）若该段电源为正常运行时的工作电源，则经一定延时后，电源自动切换至另一组电源运行，除电源故障信号无法消除外，其余信号均恢复，冷却器在电源切换过程中先停再自行恢复运行。

（2）油流继电器故障。

1）换流站 OWS 后台报油流故障（如"×相油流故障"+"×相 1 号油流报警"或"×相 2 号油流报警"或" ×相 3 号油流报警"）；故障组"冷却器油泵投入　消失"；NO.2 组/备用组"冷却器油泵投入　出现"。

2）若运行中的冷却器组出现油流故障，则 PLC 逻辑自动切除该组油泵，并自动投入 NO.2 组/备用组冷却器。

3）PLC 板卡 A4-DQ1 内原本灭的绿色指示灯 DQa.4 亮（油流故障状态开出重动），油流故障继电器 K9 动作红灯亮。

4）断开油流故障组冷却器的油泵电源及风扇电源、油流故障组冷却器控制电源。

5）当油流故障消除后，需重新合上上述人为断开的油泵电源及风扇电源、油流故障组冷却器控制电源，再手动投入该组冷却器进行复位，该组冷却器方能投入自动控制方式运行（注：非油流故障的工作组冷却器出现故障，则自动切除该冷却器，自动投入 NO.2 组/备用组冷却器，当故障冷却器故障消除后，无需手动投入复位即可通过 PLC 逻辑自动重新投入该组冷却器，自动切除 NO.2 组/备用组冷却器）。

（3）油泵电源故障。

1）换流站 OWS 后台报油流故障（如"×相×号冷却器故障""×相油流故障"+对应相相应号"油流报警"）；故障组"冷却器油泵投入　消失"；NO.2 组/备用组"冷却器油泵投入　出现"。

2）若运行中的冷却器组出现油流故障，则 PLC 逻辑自动切除该组油泵，并自动投入 NO.2 组/备用组冷却器。

3）检查相应组冷却器的油泵电源空开是否跳开；若跳开，可试合一次，试合成功后，手动投入该组冷却器进行复位，该组冷却器方能投入自动控制方式运行。

4）试合不成功，此时：PLC 板卡 A4-DQ1 内原本灭的绿色指示灯 DQa.4 亮（油流故障状态开出重动）；PLC 板卡 A3-DI2 内原本灭的绿色指示灯 DIa.7（1 号冷却器故障状态开入）、DIa.8（2 号冷却器故障状态开入）、DIa.9（3 号冷却器故障状态开入）中任一指示灯亮；油流故障继电器 K9 动作红灯亮；1 号冷却器故障 K12、2 号冷却器故障 K13、3 号冷却器故障 K14 中任一继电器动作红灯亮。

5）断开油流故障组冷却器的油泵电源及风扇电源、油流故障组冷却器控制电源。

6）当油泵电源故障消除后，需重新合上上述人为断开的油泵电源及风扇电源、故障组冷却器控制电源，再手动投入该组冷却器进行复位，该组冷却器方能正常自动投入运行。

（4）风扇电源故障。

1）换流站 OWS 后台报"×相×号冷却器故障"，且无"×相油流故障"等其他油流报警类信号）；故障组"冷却器风扇投入　消失"；NO.2 组/备用组"冷却器油泵投入　出现""冷却器风扇投入　出现"；

2）若运行中的冷却器组出现故障，则 PLC 逻辑自动切除该组油泵和风机，并自动投入 NO.2 组/备用组冷却器；此时 PLC 板卡 A3-DI2 内原本灭的绿色指示灯 DIa.7（1 号冷却器故障状态开入）、DIa.8（2 号冷却器故障状态开入）、DIa.9（3 号冷却器故障状态开入）中任一指示灯亮；1 号冷却器故障 K12、2 号冷却器故障 K13、3 号冷却器故障 K14 中任一继电器动作红灯亮；

3）检查相应组冷却器的风扇电源空气开关是否跳开；若跳开，可试合一次，试合成功后，PLC 逻辑自动重新投入该组冷却器，自动切除 NO.2 组/备用组冷却器；

4）试合不成功，则应断开故障组冷却器的油泵电源及风扇电源、故障组冷却器控制电源；

5）当故障冷却器故障消除后，需重新合上上述人为断开的油泵电源及风扇电源、油流故障组冷却器控制电源，无需手动投入复位即可通过 PLC 逻辑自动重新投入该组冷却器，自动切除 NO.2 组/备用组冷却器。

（5）渗漏油故障。渗漏油故障一般常见于散热器、管道、蝶阀连接处，发现轻微渗漏油时，应及时通知检修专业进站打胶处理。

第二节　ABB 有载开关机构及滤油机二次控制回路辨识

一、ABB 有载开关的控制特点

（1）升降方向对应档位数高低走向。ABB 有载开关共分为 17 档，每档压差 2.875kV，1 档电压最高（253 kV），17 档电压最低（207kV），9B 档中间档电压为额定电压（230kV），每档圈数 25 圈。9A 至 9C 档为触头换向时滑过的档位，中间档只停留在 9B 档而不会停留在 9A 和 9C 档。ABB 将从 1 档滑行向 17 档称为升档（电机顺时针正转，网侧线圈匝数减少，电压降），反之，称为降档（电机逆时针反转，网侧线圈匝数增加，电压升）。

（2）电机保护电源空开 Q1 脱扣功能。有载开关电机电源空开 Q1 配有脱扣线圈，触发 Q1 脱扣线圈有三种方式：就地急停按钮 S8、监控系统经直流场接口柜发出的远方急停命令、超时急停接触器 K601 延合触点，只要三种方式中任何一种触发，Q1 的脱扣线圈均会使电机保护电源空开 Q1 跳开，从而切断电机电动回路，但不切断调档的控制回路。

（3）升降两个方向互斥功能。有载开关不允许同时接受升降两个方向的调档任务，因为这种情况将有可能造成电机动力回路的相间短路。调档控制回路中设计有升/降档接触器 K2/K3 的互排斥接点、以及有载开关升降档过程中凸轮式行程开关 S12 的全导通联锁触点。

（4）防滑档及升降互斥的步控操作功能。为防止就地调档把手 S2 的意外粘死或直流场接口柜发出的调档命令未返回造成的连续误调档，导致电压过调节。有载开关控制回路内通过凸轮开关 S12 的行程接点触发步控接触器 K1 去实现有载开关启动回路的断开（此过程中，升/降档接触器 K2/K3 的励磁电源经凸轮开关 S12 的行程接点切换至保持回路），直到升降档行程结束，K1 返回才允许接受下一次启动，确保调档的逐级进行。

（5）换流变压器过负荷闭锁有载调压功能。闭锁接点取自换流变压器本体端子箱内的过负荷闭锁有载开关继电器 KC1 的常闭点 11-12。该闭锁接点只闭锁调档的启动回路，即闭锁远方及就地调档，而不会去闭锁调档的保持回路。

（6）机械保持凸轮开关保证升降到位功能。有载开关档位触头滑行时不希望停留在两档中间，ABB 图纸将这种情况称为滑档不到位（滑档运转中），并通过凸轮开关 S12 的行程接点识别有载开关处于哪种状态：滑档运转中（分接开关操作中）或滑档到位（分接开关在档）。有载开关允许由于某种原因（如手动不到位或滑档过程失电）暂时停留在滑档运转中（分接开关操作中）的状态，当处于滑档不到位有载调压开关重新获取电源时，电动机构将向着到位的方向自保持进行滑档，这种自保持的驱动力来自凸轮开关 S12 的行程接点，可以不依赖于电磁的自保持。

二、ABB 有载开关二次控制回路原理辨识

1. 升降档启动回路

升档接触器 K2 的线圈或降档接触器 K3（A1-A2）受电励磁后将驱动电机回路的 K2、K3 相应接点改变电机电源的相序使电机正转或反转，从而实现升降档的功能。升降档的启动有就地手动和远方控制两种方式。启动电源经控制电源空气开关 F2 的（4-3）、过负荷闭锁有载开关继电器 KC1 常开触点（端子 X3-9、X3-10）后，由把手 S1 进行远方就地选择，然后切至相应的远方或就地启动回路。就地启动时，由控制把手 S2 将电源切至升档或降档回路；远方启动时，由监控系统 OWS 经直流场接口柜下发的遥控接点将启动电源切至升档或降档启动回路。

2. 升降档机械行程接点自保持回路

控制电源空开 F2 的（2-1）向控制回路提供自保持电源。自保持电源通过凸轮开关行程触点 S12 的（1-2）触点保持降档回路、S12 的（3-4）触点保持升档回路。该自保持行程不是全程的，但可以经 S11 的（1-2）启动触点引入保持回路电源实现升/降档接触器 K3/K2

自保持，使得调档时升降到位，保证无死区实现因有载开关凸轮式行程开关 S12 的升降保持触点（1-2）、（3-4）在开始结束时不通而可能出现的滑档不到位情况的发生。由于该自保持是纯机械行程的而非电磁保持，所以在任何滑档不到位的位置一旦电气回路重新接通或闭锁解除，机构将继续进行滑档直至到位。例如，手动升档的过程中升降档回路是被闭锁的，手动摇把一旦抽出，机构将自动继续升档而无须重新在远方或就地启动升档。因为调压开关手动调档不像隔离开关手动分合那么容易而明显地判断是否到位，所以这种手动不到位时自启动电动调档是很必要的。

3. 升降档闭锁回路

（1）升降档互排斥闭锁。互斥有两种，一种是升档接触器 K2 的接点（21X-22X）和降档接触器 K3 的接点（21-22）的互斥，另一种是凸轮式行程开关 S12 的闭锁触点（5-6）、（7-8）的互斥。升降档接触器的互斥是依赖于电磁的，凸轮式行程开关 S12 的闭锁触点的互斥是纯粹机械行程的，是不依赖电磁保持的。当升降档接触器受电励磁后，只要励磁不消失，其接点的互斥是全程可靠的。缺点是当自保持电源中断然后重新恢复时，互斥接点的重新投入需要经过接触器本身的动作延时，而就地升降控制把手 S2 或直流场接口柜发出的远方遥控接点很可能在这段延时内突然闭合从而破坏原有互斥进而造成反向动作。所以除了接触器接点的电磁互斥外，还需要引入凸轮式行程开关的机械行程互斥。但是，行程互斥也是有缺点的。为了保证凸轮式行程开关的导通行程的可靠，必须向不导通行程展延一定的预度。例如降档时行程开关 S12 完全导通的（5-6）为了保证降档的可靠性，必须展延升档行程的预度，使得该接点在降档的刚开始和降档即将结束时也接通，这样，纯机械行程是不可能在 100%行程内实现互斥的。所以，需要两种互斥方法进行互补以保证互斥的全程可靠性和非电磁依赖性。

（2）手动联锁。当手动操作升降档时，手动操作切断电动联锁开关 S5 的接点（21-22）、（11-12）打开，从而断开升降档励磁回路。

（3）极限档位行程闭锁。降档的极限档位是 1 档，此时末档行程开关 S6.1 的接点（1-2）打开，从而闭锁降档励磁回路及其驱动回路；升档的极限档位是 17 档，此时末档行程开关 S6.2 的接点（3-4）打开，从而闭锁升档励磁回路及其驱动回路。

4. 步控回路

步控回路类似断路器的防跳回路。步控接触器 K1 的目的是为了保证调档能够一档一档的进行，防止因直流场接口柜下发的遥控接点或就地升降转换开关 S2 的升降接点粘死而造成的连续误调档。在调档过程中，凸轮式行程开关 S12 的辅助触点（9-10）触发步控接触器 K1 励磁，K1 励磁后其动断触点断开升/降档励磁继电器的启动电源回路（此过程中，升/降档接触器 K2/K3 的励磁电源经凸轮开关 S12 的行程接点切换至保持回路），升降档行程结束时，凸轮式行程开关 S12 的辅助触点（9-10）自动断开，K1 随之自动失磁，从而确保调档逐级进行的要求。当调档行程结束时，如果启动回路仍有就地或遥控的调档触点命令，调档触点将把启动电源通过 K1

自身的接点（6-5，降档命令存续时）或（4-3，升档命令存续时）使得 K1 自保持以持续切断启动电源回路。

5. 急停回路

急停有三种方式：①就地手动急停按钮 S8 的（13-14）；②直流场接口柜下发的远方遥控急停令（X3：8）；③运转超时急停接触器 K601 的（18-15）。急停原理是将自保持电源给到电机电源开关脱扣线圈 Q1 的（C1 -C2）励磁，脱扣后断开电机保护电源 Q1 从而停止调档。超时急停的时间由运转时间继电器 K601 控制，ABB 固定整定为 16s（每档 5～10s，按经中间档的最大滑档 3 档的时间裕度考虑），在升降档中，降档接触器 K3 的电磁接点（34-33）或升档接触器 K2 的电磁接点（14-13）闭合，K601 开始计时，当升降档结束，K601 随着上述电磁接点返回而返回。正常的一次调档均应在 5～10s 内完成，超出时间则自动急停。用电磁接点而不用凸轮行程接点来启动 K601 是考虑了手动调档不到位时自启动电动调档的需求。所以 K601 的起算时间是从电动调档开始。

6. 接力延续启动回路

当档位滑行到 9A 或 9C 时，接力延续触点 S15 的（1-2）接通，自保持电源经过升档接触器 K2 的常闭触点（22-21）保持降档回路或 K2 的常开触点（44-43）保持升档回路，给以升降档再次按着原来的升降方向启动升降档的启动力，确保档位不会停留在 9A、9C 档。

三、ABB 有载开关机构箱二次元件名称编号

B2：温湿度控制器。

E1：常投加热器。

E2：温湿度控制加热器。

E3：机构箱门控灯。

F1：加热器、门控灯电源开关。

F2：电机控制电源开关，可切断控制回路远方/就地启动电源、零线端及自保持电源（注：启动电源和自保持电源可以是不同来源的交流电源）。

K1：步控接触器（调档过程切断升降档启动电源回路）。控制档位调节时一档一档的进行，防止因就地或远方的接点粘死而造成有载开关连续误调档。当控制回路启动电源和自保持电源不是同一来源时，K1 还可防止因就地或远方的接点粘死而造成的两路电源串电。

K2：升档接触器（1-17 档），用于从 1 档滑行向 17 档的上升操作。

K3：降档接触器（17-1 档），用于从 17 档滑行向 1 档的下降操作。

K601：运转时间继电器（超 16s 时沟通 Q1 脱扣线圈）。马达运转时间过长将沟通急停回路。ABB 将该时间继电器时间整定为 16s（每档 5～10s，按经中间档的最大滑档 3 档的时间裕度考虑）。

K602：有载开关未完成时间继电器（延时 9s，用于信号），与分接开关操作中的沟通接点状态类似（凸轮开关 S12 的行程接点），但继电器有一定延时。ABB 将该时间继电器时间整定为 9s。

M1：有载开关电机。

Q1：电机保护开关。该空气开关带有辅助触点和脱扣线圈（C1-C2），紧急停止是通过让其脱扣线圈（C1-C2）励磁而实现的。

S1：远方/就地控制转换开关（就地/自动/远方）。

S2：就地升降转换开关（降档/升档）。

S5：手摇把插入切断电动联锁开关（用于切断调档励磁回路）。手摇把插入时 S5 联锁开关可靠切断升降档启动及自保持回路，防止电机转动带手柄伤人。

S6：有载开关凸轮式末档限位开关（用于切断调档励磁及其驱动回路）。S6.1 为降档凸轮式末档限位开关，极限终点是 1 档，17-2 档时其常闭触点闭合，到达极限终点 1 档后其常开触点闭合；S6.2 为升档凸轮式末档限位开关，极限终点是 17 档，1-16 档时其常闭触点闭合，到达极限终点 17 档后其常开触点闭合。

S8：就地急停按钮。

S9：门控灯开关。

S10：温湿度控制加热器投退开关（退/投）。

S11：有载开关凸轮式行程开关（开始、结束通，确保调档到位）。S11 的（1，2）为启动触点（该触点在调档的开始和即将结束时接通，但调档过程接通有间断），为了保证升降档的可靠性，就地升降转换开关 S8 或直流场接口柜发出的远方调档命令短时启动升\降档接触器 K3\K2 励磁后，需经 S11 的（1，2）启动触点引入保持回路电源实现升\降档接触器 K2\K3 自保持，使得调档时升降到位，保证无死区实现因 S12 有载开关凸轮式行程开关升降保持触点（1，2）（3，4）在开始结束时不通而可能出现的滑档不到位情况的发生。

S12：有载开关凸轮式行程开关（用于机械保持、步控、过程信号）。（3，4）、（1，2）分别为升降档机械保持触点，用于接力短时返回的就地升降转换开关 S8 调档指令或直流场接口柜发出的远方调档命令，保证升\降档接触器 K3\K2 在调档令恢复后仍然励磁，电动机构向着到位的方向自保持进行滑档。(7，8)、(5，6)分别为升降档过程的全导通联锁触点，用于避免当自保持电源中断然后重新恢复时，升降档接触器 K2\K3 的电气互斥接点的重新投入需要经过接触器本身的动作延时，而控制把手 S2 或远方遥控接点很可能在这段延时内突然闭合从而破坏原有互斥进而造成反向动作。(9，10)辅助触点用于触发步控接触器 K1 去实现有载开关启动回路的断开（此过程中，升\降档接触器 K2\K3 的励磁电源经凸轮开关 S12 的行程接点切换至保持回路），直到升降档行程结束，K1 返回才允许接受下一次启动，确保调档的逐级进行。(11，12)、(13，14)辅助触点分别用于分接沟通换流变压器本体端子箱内"分接开关在档"信号继电器 K10、"分接开关操作中"信号继电器 K9。(15，16)辅助触点接通状态与(13，14)辅助触点一样，用于沟通"有载开关未完成切换"时间继电器 K602，K602 触点用于"有载开关未完成切换"信号开入。

S14：档位变送器（电位计式，不用）。经测量变送器 U1 转换输出 20mA 的模拟量后，可接进远方档位指示器，本工程未设置远方档位指示器。

S15：接力延续触点（确保不停留在 9A、9C 档）。当档位滑行到 9A 或 9C 时，S15 接点接通，再次按着原来的升降方向启动升降档。确保档位不会停留在 9A、9C 档。

S41/U4：BCD 码编码装置（用于开出 BCD 码位置信息给极控 A 柜）。S41 为多触点开关，U4 为二极管单元。触点开关经 U4 为二极管单元编译成 5 端的 BCD 码后开入至极控 A 柜。

S42/U5：BCD 码编码装置（用于开出 BCD 码位置信息给极控 B 柜）。S42 为多触点开关，U5 为二极管单元。触点开关经 U5 为二极管单元编译成 5 端的 BCD 码后开入至极控 B 柜。

四、ABB 有载开关机构及滤油机二次回路控制原理接线图

1. ABB 有载开关机构控制及其驱动电气回路图

ABB 有载开关机构控制及其驱动电气回路如图 11-12 所示。

2. ABB 有载开关机构信号回路图

ABB 有载开关机构信号回路如图 11-13 所示。

3. ABB 有载开关机构凸轮式行程开关 S11、S12、S14、S15、S41、S42、S6.1、S6.2 通断示意图

ABB 有载开关机构凸轮式行程开关 S11、S12、S14、S15、S41、S42、S6.1、S6.2 通断示意如图 11-14 所示。

4. ABB 有载开关滤油机电气原理图

ABB 有载开关滤油机电气原理如图 11-15 所示。

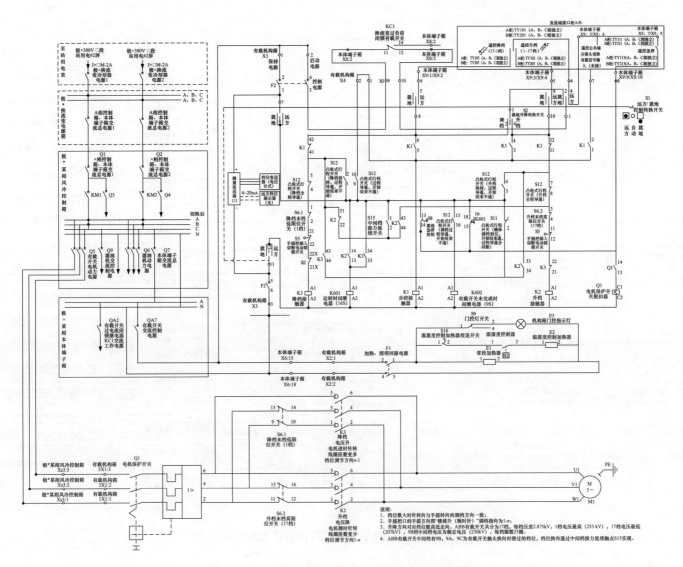

图 11-12 ABB 有载开关机构控制及其驱动回路图

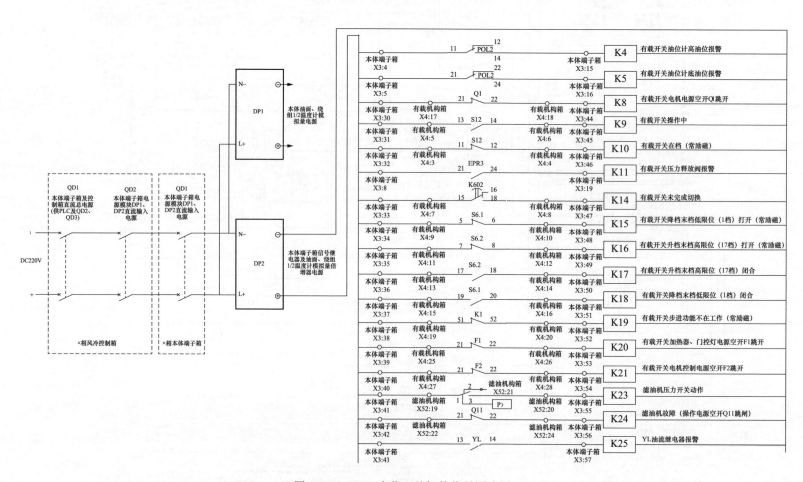

图 11-13 ABB 有载开关机构信号回路图

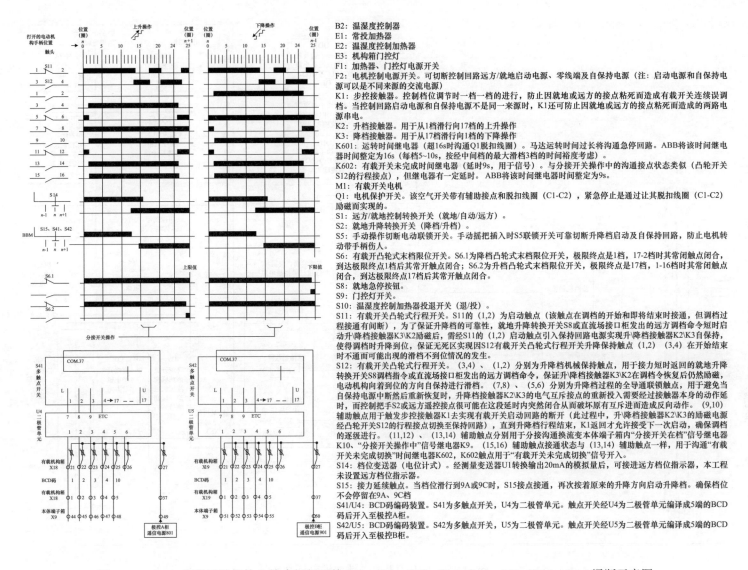

B2: 温湿度控制器
E1: 常投加热器
E2: 温湿度控制加热器
E3: 机构箱门控灯
F1: 加热器、门控灯电源开关
F2: 电机控制电源开关。可切断控制回路远方/就地启动电源、零线端及自保持电源（注：启动电源和自保持电源可以是不同来源的交流电源）
K1: 步控接触器。控制档位调节时一档一档的进行，防止因就地或远方的接点粘死而造成有载开关连续误调档。当控制回路启动电源和自保持电源不是同一来源时，K1还可防止因就地或远方的接点粘死而造成的两路电源串电。
K2: 升档接触器。用于从1档滑行向17档的上升操作
K3: 降档接触器。用于从17档滑行向1档的下降操作
K601: 运转时间继电器（超16s时沟通Q1脱扣线圈）。马达运转时间过长将沟通急停回路。ABB将该时间继电器时间整定为16s（每档5~10s，按经中间档的最大滑档3档的时间裕度考虑）。
K602: 有载开关未完成时间继电器（延时9s，用于信号）。与分接开关操作中的沟通接点状态类似（凸轮开关S12的行程接点），但继电器有一定延时。ABB将该时间继电器时间整定为9s。
M1: 有载开关电机
Q1: 电机保护开关。该空气开关带有辅助接点和脱扣线圈（C1-C2），紧急停止是通过让其脱扣线圈（C1-C2）励磁而实现的。
S1: 远方/就地控制转换开关（就地/自动/远方）。
S2: 就地升降转换开关（降档/升档）。
S5: 手动操作切断电动联锁开关。手动摇把插入时S5联锁开关可靠切断升降档启动及自保持回路，防止电机转动带手柄伤人。
S6: 有载凸轮式末档限位开关。S6.1为降档凸轮式末档限位开关，极限终点是1档，17-2档时其常闭触点闭合，到达极限终点1档后其常开触点闭合；S6.2为升档凸轮式末档限位开关，极限终点是17档，1-16档时其常闭触点闭合，到达极限终点17档后其常开触点闭合。
S8: 就地急停按钮。
S9: 门控灯开关。
S10: 温湿度控制加热器投退开关（退/投）。
S11: 有载开关凸轮式行程开关。S11的（1,2）为启动触点（该触点在调档的开始和即将结束时接通，但调档过程接通有间断），为了保证升降档的可靠性，就地升降转换开关S8或直流场接口柜发出的远方调档命令短启动升\降档接触器K3\K2励磁后，需经S11的（1,2）启动触点引入保持回路电源实现升降档接触器K2\K3自保持，使得调档时档滑行到位，保证无死区实现因S12有载开关凸轮式行程开关升降保持触点（1,2）（3,4）在开始结束时不通而可能出现的滑档不到位情况的发生。
S12: 有载开关凸轮式行程开关。（3,4）、（1,2）分别为升降档机械保持触点，用于接力短时返回的就地升降转换开关S8调档指令或直流场接口柜发出的远方调档命令，保证无论升降档接触器K3\K2在调档令恢复后仍然励磁，电动机构向着到位的方向自保持进行滑档。（7,8）、（5,6）分别为升降档过程的全导通联锁触点，用于避免当自保持电源中断然后重新恢复时，升降档接触器K2\K3的电气互斥接点的重新投入需要经过接触器本身的动作延时，而控制把手S2或远方遥控信号很可能在这段延时内突然闭合从而破坏原有互斥进而造成反向动作。（9,10）辅助触点用于触发步控接触器K1去实现有载开关启动回路的断开（此过程中，升\降档接触器K2\K3的励磁经凸轮开关S12的行程接点切换至保持回路），直到升降档行程结束，K1返回才允许接受下一次启动，确保调档的逐级进行。（11,12）、（13,14）辅助触点分别用于分接沟通换流变本体端子箱内"分接开关在档"信号继电器K10、"分接开关操作中"信号继电器K9。（15,16）辅助触点接通状态为（13,14）信号，与（13,14）辅助触点一样，用于沟通"有载开关未完成切换"时间继电器K602，K602触点用于"有载开关未完成切换"信号引入。
S14: 档位变送器（电位计式）。经测量变送器U1转换输出20mA的模拟量后，可接往远方档位指示器，本工程未设置远方档位指示器。
S15: 接力延续触点。当档位滑行到9A或9C时，S15接点接通，再次按着原来的升降方向启动升降档。确保档位不会停留在9A、9C档
S41/U4: BCD码编码装置。S41为多触点开关，U4为二极管单元。触点开关经U4为二极管单元编译成5端的BCD码后开入至极控A柜。
S42/U5: BCD码编码装置。S42为多触点开关，U5为二极管单元。触点开关经U5为二极管单元编译成5端的BCD码后开入至极控B柜。

图 11-14　ABB 有载开关机构凸轮式行程开关 S11、S12、S14、S15、S41、S42、S6.1、S6.2 通断示意图

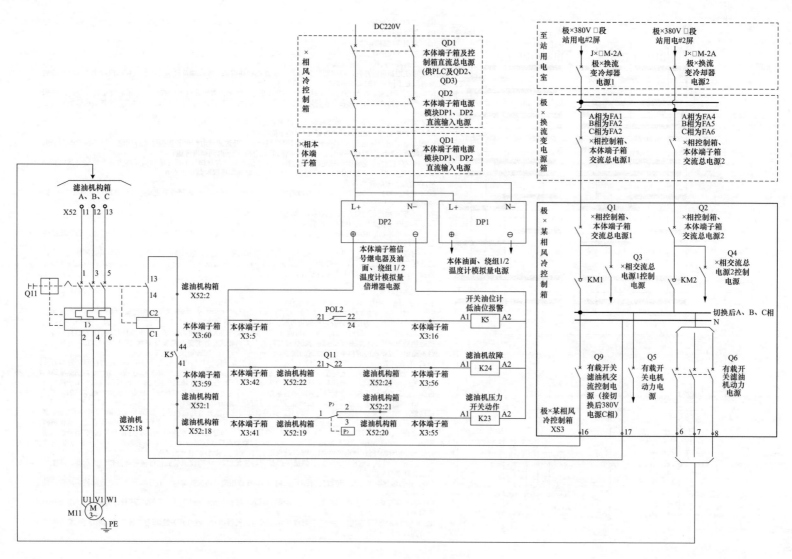

图 11-15 ABB 有载开关滤油机电气原理图

第三节 MR 有载开关机构及滤油机二次控制回路辨识

一、MR 有载开关的控制特点

（1）升降方向对应档位数高低走向。MR 有载开关共分为 17 档，每档压差 2.875kV，1 档电压最高（253 kV），17 档电压最低（207kV），9 档中间档（无 9A、9C）电压为额定电压（230kV），每档圈数 33 圈。MR 将从 1 档滑行向 17 档称为升档（电机及大时针顺时针正转，小时针逆时针转，网侧线圈匝数减少，电压降），反之，称为降档（电机及大时针逆时针反转，小时针顺时针转，网侧线圈匝数增加，电压升）。

（2）电机保护电源空开 Q1 脱扣功能。有载开关电机电源空开 Q1 配有脱扣线圈，监控系统可经直流场接口柜发出的远方急停命令触发电机保护电源空开 Q1 的脱扣线圈使其脱扣（无就地急停按钮，ABB 有载开关有就地急停按钮），从而切断有载开关的电机驱动及其控制回路（MR 有载开关、滤油机动力电源均独立；MR 有载开关及滤油机控制电源无独立空开，MR 有载开关控制电源接入受控于有载开关动力电源 Q1 的辅助触点控制。ABB 有载开关、滤油机动力、控制电源均独立）。

（3）回路自检异常跳闸功能（ABB 有载开关无此自检跳闸回路）。通过凸轮开关 S1 与 S2、继电器 K1、K2、K20 的接点来实现自检控制。当回路自检发现手摇操作 3 圈、电机相序接反运转 3 圈、运转 3 圈后存在升/降档接触器 K1/K2 接点粘连导致不该闭合却闭合、电机正常运转至 29 圈后逐级操作接触器 K20 却因故未励磁（如沟通 K20 励磁的定向机械凸轮开关 K13A、K13B 由于机械故障未接通，或者 K20 自身缘故无法励磁）等情况时，均会沟通电机保护电源空开 Q1 脱扣线圈，跳开 Q1，保护人身或有载开关的安全。由于该回路本身就具备了就地急停功能，故无需设置就地急停按钮。

（4）相序保护功能。当发生错相时（不是顺序 L1、L2、L3，而是 L1、L3、L2），电机将会在指针动作第三格后停止。Q1 跳闸停在错位，等相序正确后，Q1 合闸后指针随原方向继续转动一直到完成切换。假如进行升档操作，分接变换操作经 S3 的就地升档接点（1-2）或远方开关升档命令沟通升档接触器 K1 励磁并闭合 K1 的 53-54（自保持），有载开关电动机启动，虽然启动了 K1（1-17）方向，但是由于电机的电源相序是反的，所以电机反转，ED 电动机构向（17-1）方向动作到第三圈后，自检回路内通过凸轮开关 S1 的（C-NO）、S2 的（C-NC）、K2 的（61-62）、K20 的（61-62）接点接通了 Q1 跳闸线圈，使 Q1 跳闸，电机停止工作。反之启动 K2（17-1）方向一样的原理。

（5）升降两个方向互斥功能。有载开关不允许同时接受升降两个方向的调档任务，因为这种情况将有可能造成电机动力回路的相间短路。调档控制回路中设计有升/降档接触器 K1/K2 的互排斥接点、逐级操作接触器 K20 的互排斥接点（ABB 有载开关受有载开关升降档过程中凸轮式行程开关 S12 的全导通联锁触点互排斥）。

（6）防滑档及升降互斥的逐级操作功能。为防止就地调档把手 S3 或相应的电机接触器（升档接触器 K1，降档接触器 K2）常开点 53-54 的意外粘死或直流场接口柜发出的调档命令未返回造成的连续误调档，导致电压过调节。有载开关控制回路内通过升降过程闭合的凸轮开关行程接点 S13A（升）或 S13B（降）触发逐级操作接触器 K20 去实现有载开关启动回路的断开 [此过程中，升/降档接触器 K1/K2 的励磁电源经升降过程闭合的凸轮开关行程接点 S14（升）或 S12（降）切换至机械保持回路]，直到升降档即将结束前 2 圈，升降接触器的机械保持定向凸轮开关接点返回，K20 返回才允许接受下一次启动，确保调档的逐级进行。

（7）换流变压器过负荷闭锁有载调压功能。闭锁接点取自换流变压器本体端子箱内的过负荷闭锁有载开关继电器 KC1 的常闭点 11-12。该闭锁接点闭锁会闭锁有载开关控制（ABB 只闭锁调档的启动回路，即闭锁远方及就地调档，而不会去闭锁调档的保持回路）。

（8）分接开关超温（120℃）闭锁有载调压功能（ABB 有载开关控制无分接开关超温闭锁回路）。闭锁回路取用换流变压器有载机构箱内分接开关超温闭锁有载开关温度放大器 B7 输出的动断触点+B7 运行输出 Run 动合触点（注：分接开关温度放大器 B7 采集有载开关本体分接开关头温度传感器 PT100 后输出。超温 120℃时，接于有载开关控制回路的 B7 动断触点断开，闭锁有载开关控制），B7 运行输出 Run 动合触点在回路中还起着有载开关及滤油机控制回路电压监视作用，分接开关温度放大器 B7 故障将引起有载开关无法调压及急停控制，监视到电源失压或会造成滤油机无法滤油。

（9）机械保持凸轮开关保证升降到位功能。有载开关档位触头滑行时不希望停留在两档中间，MR 图纸将这种情况称为滑档不到位（分接开关操作中），并通过凸轮开关 S15 或 S16 的行程接点识别有载开关处于哪种状态：滑档不到位（分接开关操作中）或滑档到位（分接开关在档，设计未接入此信号，鹭岛换流站的 ABB 有载开关有接入此信号）。有载开关允许由于某种原因（如手动不到位或滑档过程失电）暂时停留在滑档运转中（分接开关操作中）的状态，当处于滑档不到位的有载调压开关重新获取电源时，电动机构将向着到位的方向自保持进行滑档，这种自保持的驱动力来自升降过程闭合的凸轮开关行程接点 S14（升）或 S12（降），可以不依赖于电磁的自保持。

二、MR 有载开关调压过程的原理

1. 升档过程

电源经过调压公共回路 [开关超温闭锁有载开关放大器 B7 输出的动断触点（超温 120℃时断开）+B7 运行输出 Run 动合触点、换流变压器过负荷闭锁接点、有载开关电机保护电源空开 Q1 的辅助触点]，到达远方/就地/自动切换把手 S132。以就地手动升档为例，调压时电源经调压公共回路至 S132 的 2-1、升/降档手动控制把手 S3 就地升档接点 2-1、逐级操作接触器 K20 的动断触点 21-22、超前终端档位凸轮限位开关 S4 的 C-NC、K2 的升档联锁互斥动断触点 22-21，沟通升档接触器 K1 励磁，K1 励磁后，带动电机顺时针转动，开始进行调压；同时，励磁后 K1 的动合触点 53-54 闭合，形成 K1 自保持回路，保证升/降档手动控制把手 S3 返回后电机仍能继续运转。电机转动后带动定向凸轮旋转，当电机转动 4 圈后（机构箱上小时针逆时针转 4 格），升档机械保持 S14 由 C-NC 位变 C-NO 位。此时，电流可直接通过升档机械保持凸轮开关 S14 的 C-NO、K2 的 22-21、将 K1 励磁，使电机转动。直到电机转动 31 圈后（机构箱上小时针顺时针转 31 格），此时 S14 由 C-NO 位变 C-NC 位，虽 S13A 已经回到 C-NC 位，但 K20 仍通过 K20 的 13-14 励磁，致使 K20 的常闭点 21-22 断开后切断 K1 启动回路，避免因 K1 的 53-54 在 K1 动作后一直闭合或调压命令发出后出现粘连未返回从而持续的电气启动保持 K1 励磁，导致电机往同方向发生滑档。升档机械保持凸轮开关 S14 切断 K1 接触器后，电动机依靠惯性继续走约 2 格后，操作结束，凸轮回到初始位置，等待新的操作开始。

2. 降档过程

电源经过调压公共回路［开关超温闭锁有载开关放大器 B7 输出的动断触点（超温 120℃时断开）+B7 运行输出 Run 动合触点、换流变压器过负荷闭锁接点、有载开关电机保护电源空开 Q1 的辅助触点］，到达远方/就地/自动切换把手 S132。以就地手动降档为例，调压时电源经调压公共回路至 S132 的 2-1、升/降档手动控制把手 S3 就地降档接点 4-3、逐级操作接触器 K20 的动断触点 31-32、超前终端档位凸轮限位开关 S5 的 C-NC、K1 的降档联锁互斥动断触点 22-21，沟通降档接触器 K2 励磁，K2 励磁后，带动电机逆时针转动，开始进行调压；同时，励磁后 K2 的动合触点 53-54 闭合，形成 K2 自保持回路，保证升/降档手动控制把手 S3 返回后电机仍能继续运转。电机转动后带动定向凸轮旋转，当电机转动 4 圈后（机构箱上小时针顺时针转 4 格），升档机械保持 S12 由 C-NC 位变 C-NO 位。此时，电流可直接通过降档机械保持凸轮开关 S12 的 C-NO、K1 的 22-21、将 K2 励磁，使电机转动。直到电机转动 31 圈后（机构箱上小时针顺时针转 31 格），此时 S12 由 C-NO 位变 C-NC 位，虽 S13B 已经回到 C-NC 位，但 K20 仍通过 K20 的 43-44 励磁，致使 K20 的常闭点 31-32 断开后切断 K2 启动回路，避免因 K2 的 53-54 在 K2 动作后一直闭合或调压命令发出后出现粘连未返回从而持续的电气启动保持 K2 励磁，导致电机往同方向发生滑档。降档机械保持凸轮开关 S12 切断 K2 接触器后，电动机依靠惯性继续走约 2 格后，操作结束，凸轮回到初始位置，等待新的操作开始。

三、MR 有载开关二次回路原理辨识

1. 升降回路

（1）升降档分接头超温、换流变压器过负荷联锁公共回路。启动电源经冷控柜内有载开关/滤油机交流电源空开 Q5 的 A 相、分接开关超温闭锁有载开关温度放大器 B7 动断触点（25-26）、B7 运行输出 Run 动合触点（33-34）、过负荷闭锁有载开关继电器 KC1 动合触点（端子 X1-29、X1-30）、有载开关电机保护开关 Q1 的合后辅助触点（33-34）后，由把手 S132 进行远方就地选择，然后切至相应的远方或就地启动回路。

（2）升降档启动回路。升档接触器 K1 的线圈或降档接触器 K2（A1-A2）受电励磁后将驱动电机回路的 K1、K2 相应接点改变电机电源的相序使电机正转或反转，从而实现升降档的功能。升降档的启动有就地手动和远方控制两种方式。就地启动时，经升降档分接头超温、换流变压器过负荷联锁公共回路后，由控制把手 S3 将电源切至升档或降档回路；远方启动时，经升降档分接头超温、换流变压器过负荷联锁公共回路后，由监控系统 OWS 经直流场接口柜下发的遥控接点将启动电源切至升档或降档启动回路。

（3）升降档机械行程接点自保持回路。升降档分接头超温、换流变压器过负荷联锁公共回路不仅为升降档启动回路提供电源，还为机械行程接点自保持回路提供电源。升降过程中，机械行程接点自保持回路通过凸轮开关行程接点 S14 的 C-NO 触点保持升档回路、S12 的 C-NO 触点保持降档回路。该自保持行程不是全程的，但可通过电机的惯性保证升降到位。由于该自保持是纯机械行程的而非电磁保持，所以在任何滑档不到位的位置一旦电气回路重新接通或闭锁解除，机构将继续进行滑档直至到位。例如，手动升档的过程中升降档驱动回路是被闭锁的，且手摇 3 圈自动脱扣有载开关电机空开 Q1，当手动摇把一旦抽出，因为调压开关手动调档不像隔离开关手动分合那么容易而明显的判断是否到位，只要手动摇把抽出且重新合上 Q1 空开后，机构将自动继续升档而无须重新在远方或就地启动升档。所以这种手动不到位时自启动电动调档是很必要的。

2. 升降档闭锁回路

（1）升降档互排斥闭锁。

1）就地升降启动回路内，有载开关使用就地升降互斥转换开关 S3 代替按钮，有效避免了就地同时发生升和降的的误操作。

2）如果在分接变换操作期间发生电源消失，而在电源恢复的同时又收到反方向的遥调控制脉冲，则 K1 和 K2 两个接触器将同时被励磁。这时由于不能确定哪一个接触器先吸合，因而可能发生相反方向的操作。为了防止这种情况发生，在控制回路中加入了逐级步控回路，即通过定向凸轮行程 S13A 的触点 C-NC 和 S13B 的触点 C-NC 沟通逐级步控接触器 K20，实现升降档回路的电气排斥互锁。

3）除了上述就地升降转换开关位置互斥外，MR 有载开关在电气升降回路内设置有升档接触器 K1 的接点（21-22）和降档接触器 K2 的接点（21-22）的互斥 [ABB 有载还有凸轮式行程开关 S12 的闭锁触点（5-6）、（7-8）的互斥]。升降档接触器的互斥是依赖于电磁的，当升降档接触器受电励磁后，只要励磁不消失，其接点的互斥是全程可靠的。

（2）手动联锁。当手摇把插入时，手摇把闭锁开关 S8A、S8B 的接点（C-NC）、（C-NC）打开，分别切断有载开关电机驱动回路

U1、W1 相的接入电源，从而断开升降档驱动回路；手摇过程中，当自检跳闸回路发现手摇操作 3 圈时，自动沟通控制回路内电机保护电源空开 Q1 脱扣线圈，跳开 Q1，保护人身安全。

（3）终端档位限位闭锁。降档的极限档位是 1 档，升档的极限档位是 17 档，MR 有载开关设置了三种终端档位限位开关：

1）是升降至终端档位前第 23 圈处断开相应的升降启动回路的超前终端档位限位开关［S4 的（C-NC）接点在 16 档升 17 档过程中的第 10 圈后断开启动回路，其继续 17 档的后续电机运转通过机械保持定向凸轮开关 S14 的 C-NO 沟通 K1 励磁保持；S5 的（C-NC）接点在 2 档降 1 档过程中的第 10 圈后断开启动回路，其继续 1 档的后续电机运转通过机械保持定向凸轮开关 S12 的 C-NO 沟通 K2 励磁保持］；

2）是升降至终端档位并越位 3 圈后，打开 S6A、S6B 的接点（C-NC）、（C-NC）切断有载开关电机驱动回路 U1、W1 相的接入电源，从而断开升降档驱动回路（在有载开关电机驱动回路中设置终端档位限位开关 S6A、S6B 的目的是为了防止如果到达了一个终端档位位置后，升降档控制回路中的超前终端档位限位开关失灵或人为误碰有载开关电机升降档接触器，导致有载开关打坏）；

3）是机械终端档位限位开关，通过机械卡住电机运转，直至 Q1 过载跳闸。第二、第三种的终端越位，确认无伤机械后，应通过人工摇回至机构箱右上侧小时针至黑斜线区的中央标志线，电机电动控制、驱动回路才可复原。

3. 逐级操作回路

逐级操作回路类似断路器的防跳回路。逐级操作接触器 K20 的目的是为了保证调档能够一档一档地进行，为防止就地调档把手 S3 或相应的电机接触器（升档接触器 K1，降档接触器 K2）常开点 53-54 的意外粘死或直流场接口柜发出的调档命令未返回而造成的连续误调档。在电机调档至第 4.5 圈后，定向逐级操作凸轮开关 S13A 的接点（C-NO，升档时）或 S13B 的接点（C-NO，降档时）触发逐级操作接触器 K20 励磁，K20 励磁后其动断触点断开升/降档励磁继电器的启动回路［此过程中，升/降档接触器 K1/K2 的励磁分别经定向机械保持凸轮开关 S14/S12 的接点（C-NO）保持］，升降档行程即将结束时（机构箱右上侧小时针运转至黑斜线区的中央标志线前 2.5 格），回路内的定向机械保持凸轮开关 S13A（升档时）/S13B（降档时）的接点（C-NO）自动断开，K20 随之自动失磁，从而确保调档逐级进行的要求。当调档行程结束时，如果启动回路仍有就地或遥控的调档命令，K20 将经自身的接点（13-14，升档命令存续时；43-44，降档命令存续时）使得 K20 自保持以持续切断启动回路。

4. 自检异常跳闸回路（ABB 有载开关无此自检异常跳闸回路）

通过凸轮开关 S1 与 S2、继电器 K1、K2、K20 的接点来实现自检控制。当回路自检发现手摇操作 3 圈、电机相序接反运转 3 圈、运转 3 圈后存在升/降档接触器 K1/K2 接点粘连导致不该闭合却闭合、电机正常运转至 29 圈后逐级操作接触器 K20 却因故未励磁（如沟通 K20 励磁的定向机械凸轮开关 K13A、K13B 由于机械故障未接通，或者 K20 自身缘故无法励磁）等情况时，均会沟通电机保护电源空开 Q1 脱扣线圈，跳开 Q1，保护人身及有载开关的安全。由于该回路本身就具备了就地急停功能，故无需设置就地急停按钮。MR 有载开关自检异常跳闸回路如图 11-16 所示。

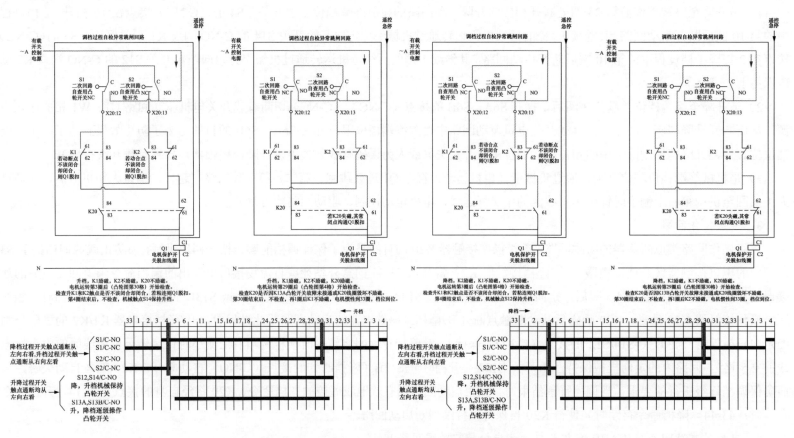

图 11-16　MR 有载开关自检异常跳闸回路

5. 急停回路

控制回路内设置了直流场接口柜下发的远方遥控急停令（X1：15），有载开关机构箱未设置就地急停按钮（由于自检回路具备发现回路异常自动跳闸 Q1 功能，当发现手摇操作 3 圈后、电机相序接反运转 3 圈后、升/降运转 3 圈后 K1/K2 接点有不该闭合却闭合的粘连、电机正常运转至 29 圈后逐级操作接触器 K20 却因故未励磁等情况时，均会沟通电机保护电源空开 Q1 脱扣线圈，跳开 Q1）。急停原理是将自保持电源给到电机电源开关脱扣线圈 Q1 的（C1 -C2）励磁，脱扣后断开电机保护电源 Q1 从而停止调档。

四、MR 有载开关机构箱二次元件名称编号

B10：滤油机压力开关，压力达到 3.5ba 时报警（现场未外接）。

B7：有载开关超温闭锁有载调压温度放大器 B7（超温 120℃时输出的动断触点断开，闭锁调压）。

E1：有载开关机构箱可手提灯管。

K1：升档接触器，用于从 1 档滑行向 17 档的上升操作。

K2：降档接触器，用于从 17 档滑行向 1 档的下降操作。

K20：逐级操作接触器。控制档位调节时一档一档地进行，防止就地调档把手 S3 或相应的电机接触器（升档接触器 K1，降档接触器 K2）常开点 53-54 的意外粘死或直流场接口柜发出的调档命令未返回而造成的连续误调档。

K29：有载开关调档联动滤油机运转及延时停滤时间继电器。调压电机运转 4 圈后经 S116 触发沟通，K29 励磁后其瞬动闭合延时断开（1h）接点自动沟通滤油机接触器 K7 励磁，K7 动作后启动滤油机运转，滤油 1h 后，K29 瞬动闭合延时断开（1h）接点自动返回停止滤油。

K7：有载开关滤油机运转接触器。由时间继电器 K29 的瞬动闭合延时断开（1h）接点自动沟通，K7 动作后启动滤油机运转，滤油 1h 后，K29 瞬动闭合延时断开（1h）接点自动返回停止滤油。

M1：有载开关电机，顺时针运转时升档，逆时针运转时降档。

M4：滤油机电机。

Q1：电机保护开关。该空气开关带有辅助触点和脱扣线圈（C1-C2），遥停及回路异常自检跳闸是通过让其脱扣线圈（C1-C2）励磁而实现的。

Q4：滤油机电机保护开关。

R1：长投加热器。

S1：有载开关二次回路自查用凸轮开关。S1 的（C-NO）触点与 S2 的（C-NC）触点均通时用于自动检查电机升档运转第 29 圈后逐级操作接触器 K20 应励磁防滑档或用于自动检查电机降档运转第 3 圈后 K1 和 K2 有不该闭合却闭合的粘连接点防电机驱动电源相间短路；S1 的（C-NC）触点与 S2 的（C-NO）触点均通时用于自动检查电机升档运转第 3 圈后 K1 和 K2 有不该闭合却闭合的粘连接点防电机驱动电源相间短路或用于自动检查电机降档运转第 29 圈后逐级操作接触器 K20 应励磁防滑档。

S2：有载开关二次回路自查用凸轮开关。S1 的（C-NO）触点与 S2 的（C-NC）触点均通时用于自动检查电机升档运转第 29 圈后逐级操作接触器 K20 应励磁防滑档或用于自动检查电机降档运转第 3 圈后 K1 和 K2 有不该闭合却闭合的粘连接点防电机驱动电源相间短路；S1 的（C-NC）触点与 S2 的（C-NO）触点均通时用于自动检查电机升档运转第 3 圈后 K1 和 K2 有不该闭合却闭合的粘连接点防电机驱动电源相间短路或用于自动检查电机降档运转第 29 圈后逐级操作接触器 K20 应励磁防滑档。

S10：有载开关机构箱可手提灯管门控压键开关。

S116：有载开关调档联动滤油机用凸轮开关。调压电机运转 4 圈后经 S116 触发沟通，K29 励磁后其瞬动闭合延时断开（1h）接点自动沟通滤油机接触器 K7 励磁，K7 动作后启动滤油机运转，滤油 1h 后，K29 瞬动闭合延时断开（1h）接点自动返回停止滤油。

S12：降档机械保持凸轮开关。当启动回路自检正常且电机降档运转 4.5 圈切断降档启动回路后，电机降档接触器 K2 自动切换至机械保持凸轮开关 S12 回路，保证调档过程中因闭锁或电源丢失而出现任何滑档不到位时，一旦电气回路重新接通或闭锁解除，机构仍然可在无人工干预情况下自动滑档至到位。

S14：升档机械保持凸轮开关。当启动回路自检正常且电机升档运转 4.5 圈切断升档启动回路后，电机升档接触器 K1 自动切换至机械保持凸轮开关 S14 回路，保证调档过程中因闭锁或电源丢失而出现任何滑档不到位时，一旦电气回路重新接通或闭锁解除，机构仍然可在无人工干预情况下自动滑档至到位。

S132：远方/就地控制转换开关（就地/远方/自动）。本期自动功能未外接。

S132A：远方/就地控制转换开关（就地/远方/自动）。用于有载开关控制位置"就地"信号上送。

S13A：升档逐级操作凸轮开关。用于沟通逐级操作接触器 K20，目的是为了保证调档能够一档一档地进行，防止就地调档把手 S3 或升档接触器 K1 的常开点 53-54 意外粘死或直流场接口柜发出的调档命令未返回而造成的连续误调档。

S13B：降档逐级操作凸轮开关。用于沟通逐级操作接触器 K20，目的是为了保证调档能够一档一档地进行，防止就地调档把手 S3 或降档接触器 K2 的常开点 53-54 意外粘死或直流场接口柜发出的调档命令未返回而造成的连续误调档。

S15：有载开关操作中凸轮开关，其（C，NO）辅助触点直接用于上送"分接开关操作中"信号。

S16：有载开关操作中凸轮开关，其（C，NO）辅助触点直接用于上送"分接开关操作中"信号。

S3：就地升降转换开关（升档/降档）。使用非此即彼的就地升降转换开关 S3 代替按钮，尤其避免了就地同时发生升和降的误操作。

S30：滤油机手自动转换开关（自动/试验）。正常时，投自动位置，有载开关调档开始后联动开启滤油机滤油，厂家通过 K29 延时返回时间继电器保证有载开关调压后油灭弧室内产生的杂充分滤除（R 型有载开关为 1h，V 型有载开关为 30min）。

S4：超前升档终端档位凸轮限位开关。S4 的（C-NC）接点在 16 档升 17 档过程中的第 10 圈后断开启动回路，其继续 17 档的后续电机运转通过机械保持定向凸轮开关 S14 的 C-NO 沟通 K1 励磁保持。

S5：超前降档终端档位凸轮限位开关。S5 的（C-NC）接点在 2 档降 1 档过程中的第 10 圈后断开启动回路，其继续 1 档的后续电机运转通过机械保持定向凸轮开关 S12 的 C-NO 沟通 K2 励磁保持。

S6A、S6B：终端档位凸轮限位开关。升降至终端档位并越位 3 圈后，打开 S6A、S6B 的接点（C-NC）、（C-NC）切断有载开关电机驱动回路 U1、W1 相的接入电源，从而断开升降档驱动回路，防止了终端档位位置后出现升降档控制回路中的超前终端档位限位开关失灵或人为误碰有载开关电机升降档接触器导致的有载开关损坏。由于 S6A、S6B 的接点（C-NC）、（C-NC）断开后直接锁止了有载开关下一次的升降档驱动操作，这时只能借助手摇把人工恢复越位后，方能进行下一次电气操作。

S8A、S8B：手摇把插入闭锁开关。当手摇把插入时，手摇把闭锁开关 S8A、S8B 的接点（C-NC）、（C-NC）打开，分别切断有载开关电机驱动回路 U1、W1 相的接入电源，从而断开升降档驱动回路，防止电机转动带手柄伤人。

S40M：档位显示常开触点盘。与位置传输模块 S40P 组合后可接进远方档位指示器，本工程未设置远方档位指示器。

S40P：位置传输模块。与档位显示动合触点盘 S40M 组合后可接进远方档位指示器，本工程未设置远方档位指示器。

S61M：二极管矩阵模块。位置传输模块 S61P 经二极管矩阵模块 S61M 编译成 5 端的 BCD 码后开入至极控 A 柜。

S61P：位置传输模块。位置传输模块 S61P 经二极管矩阵模块 S61M 编译成 5 端的 BCD 码后开入至极控 A 控。

S62M：二极管矩阵模块。位置传输模块 S62P 经二极管矩阵模块 S62M 编译成 5 端的 BCD 码后开入至极控 B 柜。

S62P：位置传输模块。位置传输模块 S62P 经二极管矩阵模块 S62M 编译成 5 端的 BCD 码后开入至极控 B 柜。

五、MR 有载开关机构及滤油机二次回路控制原理接线图

1. MR 有载开关机构控制及其驱动电气原理图

MR 有载开关机构控制及其驱动电气原理如图 11-17 所示。

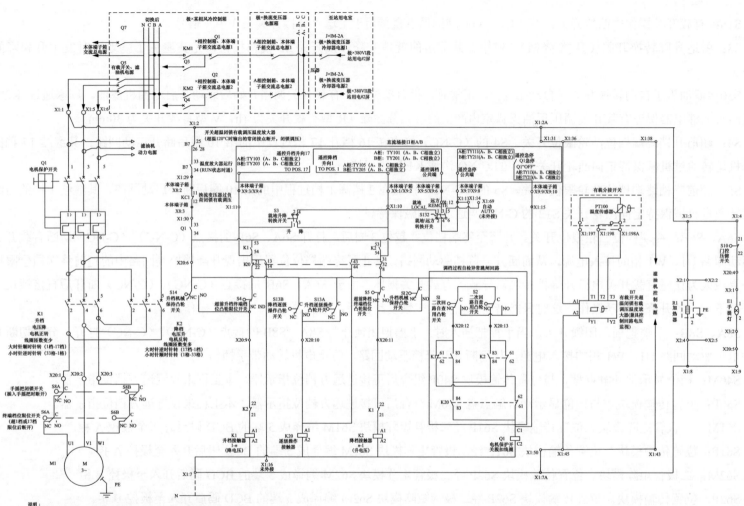

图 11-17　MR 有载开关机构控制及其驱动电气原理图

2. MR 有载开关机构信号回路图

MR 有载开关机构信号回路如图 11-18 所示。

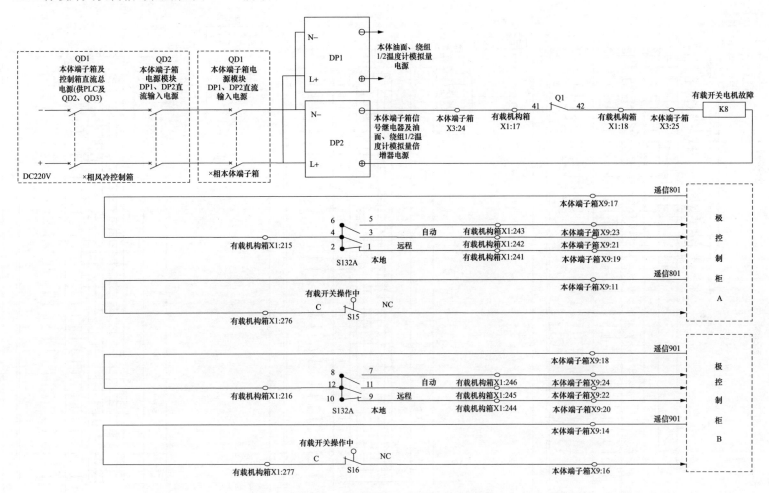

图 11-18　MR 有载开关机构信号回路图

3. MR 有载开关档位信号开入开出回路图

MR 有载开关档位信号开入开出回路如图 11-19 所示。

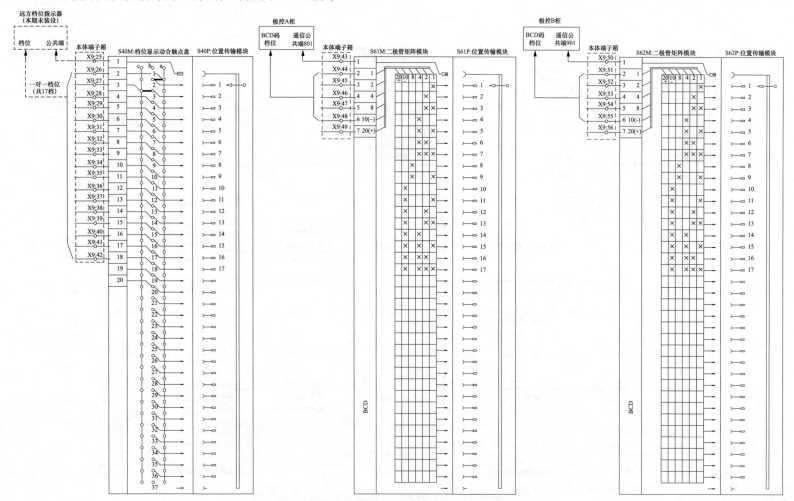

图 11-19　MR 有载开关档位信号开入开出回路图

4. MR 有载开关机构凸轮式行程开关 S1、S2、S4、S5、S6A、S6B、S12、S13A、S13B、S14、S15、S16、S116 通断示意图

MR 有载开关机构凸轮式行程开关 S1、S2、S4、S5、S6A、S6B、S12、S13A、S13B、S14、S15、S16、S116 通断示意如图 11-20 所示。

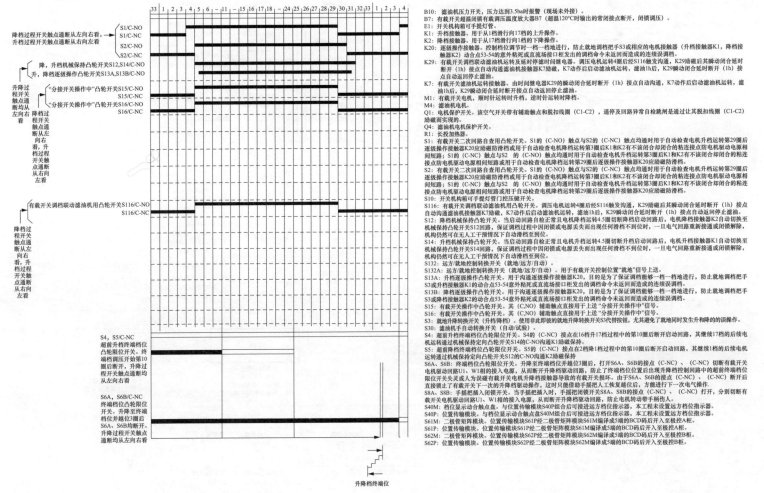

图 11-20　MR 有载开关机构凸轮式行程开关 S1、S2、S4、S5、S6A、S6B、S12、S13A、S13B、S14、S15、S16、S116 通断示意图

5. MR 滤油机电气原理图

MR 滤油机电气原理如图 11-21 所示。

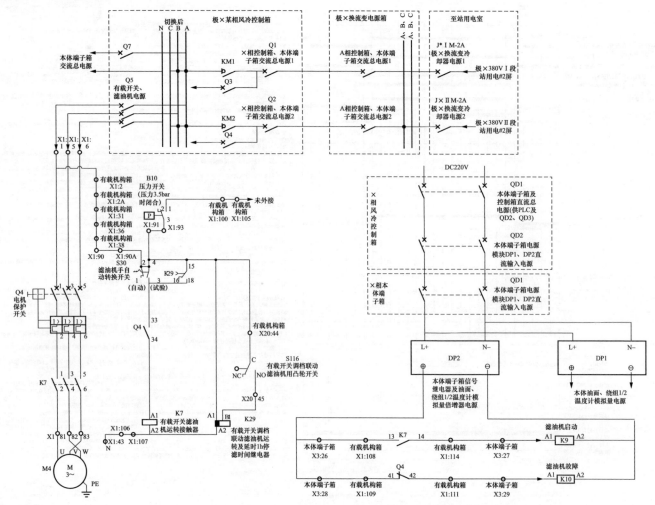

图 11-21 MR 滤油机电气原理图

第十二章　换流站消防系统

第一节　换流站消防系统组成

换流站消防系统由水消防系统、阀厅极早期烟雾探测报警系统、阀厅紫外探测系统、控制楼火灾报警系统、消防栓、移动式灭火器等辅助消防设施组成。

一、水消防系统

水消防系统主要由 2 个工业消防水池、吸水井、2 台电动消防泵、消防水管网和消火栓组成，主要用于直流场设备、换流变压器区域、备品备件库、阀厅、桥臂电抗器室、主控楼等位置灭火。

当水消防启动时，消防泵将工业水池的水通过消防管网送至各消火栓以提供消防用水。主控楼联合楼顶设有消防水箱，共 $12m^3$，可提供 10min 的消火栓用水需求。

二、极早期烟雾探测系统

每极阀厅安装 4 套极早期烟雾探测系统，每套系统有 200m 长的采样管。极早期烟雾探测系统主机输出四个级别的信号，分别为警告、行动、火警 1、火警 2。极早期烟雾探测系统主机输出的警告、行动、火警 1 信号直接开入 8613 消防模块（4 开入 2 开出）经信号回路上送主控二楼消防主机；输出的火警 2 经就地跳闸重动继电器重动后开出 3 对触点，其中 1 对触点开入 8613 消防模块（4 开入 2 开出）经信号回路上送主控二楼消防主机，另外 2 对触点引到相应极直流场接口柜 A、B，供直流控保系统内消防跳闸逻辑判别，满足条件后跳开对应极高压直流系统。

三、紫外火焰探测系统

每极阀厅设有 8 个紫外火焰探测器的动作信号。每个紫外火焰探测器输出的一个火灾硬接点经信号扩展继电器各扩展出 3 路接点，分别接入双重化的控制保护系统和火灾报警系统。

四、火灾报警系统

换流站配置一套火灾报警系统，包括火灾自动报警系统、消防联动系统以及阀厅专用的极早期烟雾探测系统。

换流站火灾报警系统采用集中报警系统、系统由火灾探测器、手动火灾报警按钮、火灾声光警报器、消防应急广播、消防专用电话、火灾报警控制器、消防联动控制器等组成。系统中的火灾报警控制器、消防联动控制器、消防应急广播的控制装置、消防应急专用电话总机起集中控制作用的消防设备，设置在消防控制火灾报警控制柜内。火灾报警主机通过 RS485 接口与变电站辅助监控系统通信，与站内辅助控制系统通信，通过智能辅助控制系统将信息上传到远方调控中心。

五、主要监视区域及监视对象

本报警系统探测区域包括换流站联合楼、控制层一楼、控制层二楼、控制层三楼、备品备件库、综合泵房、警传室；其中联合楼阀厅内设置火灾探测器，分布在各阀塔上部周围区域，阀厅主要送、回风口设置吸气式感烟探测器。

六、火灾探测器和火灾报警主机

火灾探测报警系统由现场探测器和火灾系统报警主机组成。

现场探测器包括各种智能型感温及感烟探测器、吸气式感烟探测器、红外对射探测器、火焰探测器、手动报警按钮、声光报警器。

探测器内置智能处理器，可对其保护区域连续自动监测、火灾报警系统配有备用电池，主机正常工作电源由变电站 UPS 电源供电。

火灾报警主机具有对火灾信息分析、处理、显示和储存以往发生的事件记录、搜寻回路内各探测器、报警消音等功能。

火灾自动报警系统及联动控制系统包括：干粉灭火系统、防烟排烟系统、消防电梯、消防应急广播、消防应急照明和疏散指示系统、消防电源、照明及空调设备切非。

七、消防联动控制

火灾报警主机在确认某处发生火灾后，通过输出模块联动切除相应区域的通风、空调、照明电源灯等非消防设备的电源；控制楼走道上和楼梯间及前室设置排烟、防烟风机和阀，火灾联动开启风机和阀，并反馈信号；主变压器区域火灾时，联动开启主变水喷雾灭火系统和消防泵等消防设备，并反馈信号。

八、防火区域的划分情况

1. 消防安全重点部位（见表 12-1）

表 12-1 消防安全重点部位

序号	位　置	序号	位　置
1	公用蓄电池室（一）	9	1号换流变压器 C 相
2	公用蓄电池室（二）	10	2号换流变压器 A 相
3	极Ⅱ蓄电池室（一）	11	2号换流变压器 B 相
4	极Ⅱ蓄电池室（二）	12	2号换流变压器 C 相
5	极Ⅰ蓄电池室（一）	13	极 2 阀厅
6	极Ⅰ蓄电池室（二）	14	极 1 阀厅
7	1号换流变压器 A 相	15	柴油消防泵
8	1号换流变压器 B 相		

2. 一级动火区（见表 12-2）

表 12-2 一 级 动 火 区

序号	位　置	序号	位　置
1	公用蓄电池室（一）	8	1号换流变压器 B 相
2	公用蓄电池室（二）	9	1号换流变压器 C 相
3	极Ⅱ蓄电池室（一）	10	2号换流变压器 A 相
4	极Ⅱ蓄电池室（二）	11	2号换流变压器 B 相
5	极Ⅰ蓄电池室（一）	12	2号换流变压器 C 相
6	极Ⅰ蓄电池室（二）	13	柴油消防泵
7	1号换流变压器 A 相		

3. 二级动火区（见表 12-3）

表 12-3 二级动火区

序号	位　　置	序号	位　　置
1	极 I 阀冷装置室	12	极 I 直流场
2	极 II 阀冷装置室	13	主控室
3	极 I 阀冷控制设备室	14	站控及通信设备室
4	极 II 阀冷控制设备室	15	极 II 二次设备室
5	10kV 开关室	16	极 I 二次设备室
6	站用电室（一）	17	中性线区平台
7	站用电室（二）	18	极 II 阀厅
8	电缆竖井	19	极 I 阀厅
9	极 II 直流场	20	极 I 空调设备室
10	极 II 桥臂电抗器室	21	极 II 空调设备室
11	极 I 桥臂电抗器室		

第二节　换流站消防系统现场运行操作规定及其注意事项

一、运行规定

（1）火灾探测区域按独立房（套）间划分。换流站火灾探测区域有控制楼内各房间含主控室、站控及通信设备室、极 I 二次设备室、极 II 二次设备室、公用蓄电池室、极 I 蓄电池室、极 II 蓄电池室、阀厅、换流变压器区域、电缆竖井等。

（2）火灾报警联动的区域划分：

1）换流变压器每一相区域都单独一个区；

2）主控楼一、二、三楼全部算一个区；

3）极Ⅰ阀厅一个区；

4）极Ⅱ阀厅一个区；

5）极Ⅰ桥臂电抗器室和极Ⅰ直流场一个区；

6）极Ⅱ桥臂电抗器室和极Ⅱ直流场一个区；

7）金属回线直流场公共部分一个区；

8）警传室一个区；

9）综合泵房一个区；

10）备品备件库一个区。

（3）消防系统的切非回路（仅切室内照明、通风、电梯和空调）和联动。

1）主控楼一、二、三楼全部算一个区，这区内有两个探测点预警时会报火警，切非动作切除主控楼内所有的照明、通风、空调和电梯电源，反馈信号给火灾报警系统，并启动主控楼内各走廊的消防排烟风机和防烟风机。在火警信号复归后，需要到现场手动合上所有被切除的空气开关，并开启控制楼内所有的空调内机。

a．切除主控楼一、二、三楼的照明箱内总电源，切除主控楼一楼隧道照明箱内总电源。

b．切除主控楼一、二、三楼的通风电源配电箱内总电源。

c．切除主控楼内空调的电源回路：站用电室内6号配电屏上12个空调外机电源；阀厅公用段配电屏上的K1-K12的空调内机电源。

d．延时切除站用电室（二）内5号配电屏上的电梯电源，并使电梯迫降到一楼。

2）极Ⅰ阀厅一个区，这区内有两个探测点预警时会报火警。该区域报火警后，切非动作切除极Ⅰ阀厅的空调电源，切除所有极Ⅰ的照明和通风电源（不含空调），并反馈信号给火灾报警系统。在火警信号复归后，需要到现场手动合上所有被切除的空气开关。

a．延时20s，切除站用电室（一）内5个阀厅空调电源空气开关。延时20s是为了给空调系统自身关闭阀厅送风阀、回风阀及其新风管防火阀的时间。

b．切主控室墙上极Ⅰ照明配电箱总电源（含1号换流变压器区、极Ⅰ阀厅、极Ⅰ桥臂电抗器室、极Ⅰ直流场和金属回线直流场）。

c．切主控室墙上极Ⅰ通风空调电源配电箱总电源（含极Ⅰ阀厅、极Ⅰ桥臂电抗器室和极Ⅰ直流场）。

3）极Ⅱ阀厅一个区，这区内有两个探测点预警时会报火警。该区域报火警后，切非动作切除极Ⅱ阀厅的空调电源，切除所有极Ⅱ的照明和通风电源（不含空调），并反馈信号给火灾报警系统。在火警信号复归后，需要到现场手动合上所有被切除的空气开关。

a．延时 20s，切除站用电室（二）内 5 个阀厅空调电源空气开关。延时 20s 是为了给空调系统自身关闭阀厅送风阀、回风阀及其新风管防火阀）的时间。

b．切主控室墙上极Ⅱ照明配电箱总电源（含 2 号换流变压器区、极Ⅱ阀厅、极Ⅱ桥臂电抗器室、极Ⅱ直流场和金属回线直流场）。

c．切主控室墙上极Ⅱ通风电源配电箱总电源（含极Ⅱ阀厅、极Ⅱ桥臂电抗器室和极Ⅱ直流场）。

4）极Ⅰ桥臂电抗器室和极Ⅰ直流场一个区，极Ⅰ直流场区内有一个探测点预警时会报火警；极Ⅰ桥臂电抗器室区内有两个探测点预警时会报火警。该区域报火警后，切非动作切除极Ⅰ桥臂和极Ⅰ直流场的空调电源，切除所有极Ⅰ的照明和通风电源，并反馈信号给火灾报警系统。在火警信号复归后，需要到现场手动合上所有被切除的空开。

a．切除站用电室（一）内 4 个极Ⅰ桥臂电抗器室和极Ⅰ直流场空调电源空开。

b．切主控室墙上极Ⅰ照明配电箱总电源（含极Ⅰ阀厅、极Ⅰ桥臂电抗器室、极Ⅰ直流场和金属回线直流场）。

c．切主控室墙上极Ⅰ通风空调电源配电箱总电源（含极Ⅰ阀厅、极Ⅰ桥臂电抗器室和极Ⅰ直流场）。

5）极Ⅱ桥臂电抗器室和极Ⅱ直流场一个区，极Ⅱ直流场区内有一个探测点预警时会报火警；极Ⅱ桥臂电抗器室区内有两个探测点预警时会报火警。该区域报火警后，切非动作切除极Ⅱ桥臂极Ⅱ直流场和的空调电源，切除所有极Ⅱ的照明和通风电源，并反馈信号给火灾报警系统。在火警信号复归后，需要到现场手动合上所有被切除的空开。

a．切除站用电室（二）内 4 个极Ⅱ桥臂电抗器室和极Ⅱ直流场空调电源空开。

b．切主控室墙上极Ⅱ照明配电箱总电源（含极Ⅱ阀厅、极Ⅱ桥臂电抗器室、极Ⅱ直流场和金属回线直流场）。

c．切主控室墙上极Ⅱ通风空调电源配电箱总电源（含极Ⅱ阀厅、极Ⅱ桥臂电抗器室和极Ⅱ直流场）。

6）金属回线直流场一个区，这区内有一个探测点预警时会报火警。该区域报火警后，切非动作切除上述 4）和 5）的内容。

7）警传室一个区，综合泵房一个区，备品备件库一个区。这些区内有两个探测点预警时会报火警。该区域报火警后，切非动作切除室内照明配电箱和通风电源箱内的总电源。

（4）每个阀厅内配有 8 个火焰探测器和 4 个空气采样探测器（极早期）。任一紫外探测器动作加空气采样探测器（极Ⅰ、极Ⅱ进气口空气采样探测器除外）动作会导致相应极的换流阀闭锁跳闸。极Ⅰ、极Ⅱ进气口空气采样探测器靠近送风口，为防止该模块探测到外部火灾而误动，需要任意两个紫外探测器动作加该空气采样探测器模块动作，才会导致相应极的换流阀闭锁跳闸。仅紫外探测器动作而没有空气采样探测器动作时，不会导致相应极的换流阀闭锁跳闸。

（5）阀厅火灾报警系统投跳闸，具体要求为：

1）极早期烟雾探测系统对烟雾敏感，紫外（红外）探测系统对明火及电弧敏感。采用极早期烟雾报警和紫外（红外）探测两类报警信号同时发生作为闭锁直流的判据，既可以防止误动，也可以防止拒动。

2）在阀厅暖通进风口处装设烟雾探测探头，并启动周边环境背景烟雾浓度参考值设定功能，防止外部烧秸秆等产生的烟雾引起阀厅极早期烟雾探测系统误动。

3）极早期烟雾探测系统分为 4 级报警，分别是警告、行动、火警 1 和火警2，采用火警 2（最高级别报警）作为跳闸信号。

4）阀厅紫外探测系统的探头布置完全覆盖阀厅面积，阀塔中有火焰产生时，发出的明火或弧光能够至少被 2 个探测器检测到。

5）极早期烟雾探测系统和紫外发出的跳闸信号直接送到冗余的直流控保系统（不经过火灾中央报警器），由直流控保系统执行闭锁命令。

6）任意探头监测到异常时应能够及时发出报警信息。

（6）当控制室消防主机、运行人员监控系统报阀厅极早期"空气采样模块××总故障"或阀厅紫外火焰"火焰探测器××模块故障"信号并频繁刷屏时，运维人员应立即上报缺陷，经换流站技术人员批准同意后可对故障点进行屏蔽处理，但在屏蔽期间若发生换流阀旁路信息、直流系统故障、本极接近满负荷时，应立即启用相应极的阀厅红外视频监控系统对阀厅换流阀进行巡查。

（7）进行消防系统维护或消防系统消缺时，经换流站技术人员批准后，运维人员可临时退出消防主机联动功能，若维护消缺工作涉及阀厅消防时，还应退出阀厅消防报警跳闸功能。恢复阀厅联动功能前，应先复归相关信号，否则，拨键一旦切换至自动状态，将立即联动切非、跳闸。

（8）运行过程中换流变压器水喷雾多线盘拨键应处于以下位置：

1）"联动功能手自动"拨键处于"投自动"状态。

2）"#1 换流变压器 A 相联动功能手自动""#1 换流变压器 B 相联动功能手自动""#1 换流变压器 C 相联动功能手自动""#2 换流变压器 A 相联动功能手自动""#2 换流变压器 B 相联动功能手自动""#2 换流变压器 C 相联动功能手自动"拨键均处于"投自动"状态。

（9）当换流变压器处于以下情况时，对应换流变压器 A、B、C 三相联动功能手自动"拨键应处于"投手动"状态，保证水喷雾系统不会误动作：

1）处于检修状态。

2）消防回路进行维护工作。

3）雨淋阀、消防管道漏水造成建压阀无法建压。

4）消防感温电缆故障、感温探头超温等导致感温电缆节点误动作的情况。

5）对站开关位置开入信号不正确、对站开关二次回路改造维护等导致开关节点误动的情况。

（10）正常运行时，"极Ⅰ阀厅联动功能手自动""极Ⅱ阀厅联动功能手自动"拨键应拨"投自动"位置，此时，阀厅联动切非、阀厅火灾跳闸正常投入。当阀厅联动功能手自动拨键拨至"投手动"位置时，紫外火焰报警信号将不会接入 OWS 系统，极早期火灾报警系统不受影响，联动切非、阀厅火灾跳闸不会动作。

（11）运行过程中为保证阀厅联动切非及阀厅火灾报警跳闸可靠动作，多线盘拨键应处于以下位置：

1）联动功能手自动"拨键处于"投自动"状态；

2）"极Ⅰ阀厅联动功能手自动""极Ⅱ阀厅联动功能手自动"拨键处于"投自动"状态。

（12）涉及阀厅的消防维护及消缺工作，需将相应极阀厅联动功能手自动拨键切至"投手动"状态，并退出相应极阀厅消防报警跳闸功能。

（13）换流变压器联动功能投入时，感温线缆和对侧开关节点信号为火灾报警联动水喷雾的触发信号。当两个条件同时满足时，水喷雾系统动作。

（14）站用电供电回路中的供给电梯的电源延时 20s 切，用于电梯迫降到一楼。

（15）消防系统的电源故障、装置故障、管网压力低（变压器消防水喷雾系统）、火警、装置动作等告警信号应通过综合自动化系统或者辅助综合监控系统上传至监控后台。

（16）运维人员应熟悉本站消防系统的投运方式，按照巡视周期开展消防系统日常巡视，做好巡视记录，巡视过程中发现的缺陷应按缺陷管理规定做好闭环管理。变压器消防水管网系统的各管道、气压罐压力值每月抄录一次。

（17）1 号、2 号换流变压器水喷雾联动功能处于投入状态。因故障维修需要临时停用消防系统或由于消防感温电缆故障、感温探头超温、漏水造成消防水系统无法建压、对站开关位置开入信号不正确等原因需将对应换流变压器联动功能退出，运维人员应向运维管理部门申请，同时上报缺陷。

（18）消防主机故障或异常时，列入危急缺陷处理，现场运维人员与门卫应加强巡视，尤其是消防重点场所与部位，还要通过视频系统加强巡检。

（19）报警探头损坏或异常时，列入危急缺陷处理，有误报引发火灾报警系统告警的，应屏蔽误报的探头；现场运维人员与门卫对因探头问题被隔离告警的区域加强巡视或通过视频系统加强被隔离区域的巡检。

（20）消防设备有两路电源，一用一备。主电源由 UPS 经过消防控制屏后供电，备用电源为系统自带电池，可以供电 2h。当"主电故障"和"备电故障"灯同时亮时，应上报缺陷。

（21）综合泵房内的消防泵控制开关运行时在"自动"位置，此时控制箱内的就地控制按钮无效。当一台消防泵故障停运时，另一台消防泵会自动停运，同时启动柴油机泵。

（22）消防系统配有两个稳压泵，一用一备，当压力＜0.7MPa 时，启动稳压泵；当压力＞0.9MPa 时自动将泵停止，确保水管压力保持在 0.7MPa 以上。

（23）消防主机、消防控制柜内的电源正常由 UPS 供电，UPS 异常丢失后由消防主机自备的 2 组 12V/12Ah 的蓄电池、消防控制柜电源自备的 2 组 12V/24Ah 蓄电池供电。

（24）换流站每极阀厅消防系统由紫外火焰探测器（简称紫外探头）、VESDA 极早期空气采样探测器（简称 VESDA）组成。在 OWS 主机上有极Ⅰ和极Ⅱ"阀厅消防报警跳闸投退"功能按钮，用于开放或关闭阀厅消防系统跳闸出口。

（25）火灾报警系统提供两个火警信号给 3 楼每间空调设备室内空调设备控制系统，关闭阀厅的送、回风管上的防火阀。

（26）换流变压器水喷雾"感温电缆动作+电源侧开关断开"同时满足时，自动启动感温电缆动作相的换流变压器水喷雾喷淋灭火。

（27）安舍（ESSER）消防报警主机运行规定。

1）钥匙开关处于水平位置时，显示菜单被启动，键盘功能恢复，能对本机进行操作。

2）钥匙开关处于垂直位置时，能够取出钥匙，键盘功能取消，但"其他信息"和"蜂鸣器消音"键仍能使用。

二、操作规定

（1）电动消防泵及柴油消防泵应每月进行一次检查、试验。

（2）出现消防系统预警或告警信号的操作规定。

1）消防系统的两个探测器检测到火警，报"火警"信号，并触发切非动作。

2）消防系统的一个探测器检测到火警，报"预警"信号，此时应将消防报警主机面板上的钥匙拨至"开锁"位置，再按下"蜂鸣器消音"按键。需在一分钟之内将蜂鸣器消音或将故障点隔离，否则会引起切非动作。

3）出现消防系统预警信号或告警信号后，可按"▼""▲"键，查询预警信息或故障信息，查询到当前预警信号或告警信号并经现场检查确认预警或告警已消失后，可按"探测器"键，再按"恢复"键，最后将消防报警主机面板上的钥匙拨至"上锁"位置。

4）若现场检查发现预警信号或告警信号无法恢复时，可按"探测器"键，再按"隔离"键，将故障探测器隔离，最后将消防报警主机面板上的钥匙拨至"上锁"位置。

5）凡是红外对射、感温电缆、蓄电池防爆装置、紫外火焰的预警或告警信号出现后，需拨动多线盘上的"可复位"拨键进行复位。极早期空气采样机的预警或告警信号出现后，需在空气采样机本体上"复位"按钮进行复位，极早期空气采样机误报，阀厅无法进入时，则只能通过站控及通讯设备室内 UPS 电源屏 1 的"极 I 阀厅极早期烟雾探测系统电源盘 1 1QN12 空开、极 II 阀厅极早期烟雾探测系统电源盘 1 1QN12 空开"，将其相应的空开断开复位（注意：此空开断开本阀厅的所有极早期空气采样机均失电）。若是其余的预警或告警信号可以通过上述的恢复或隔离操作进行处理。

（3）安舍火灾报警主机控制面板及其说明。

1）安舍火灾报警主机控制面板图如图 12-1 所示。

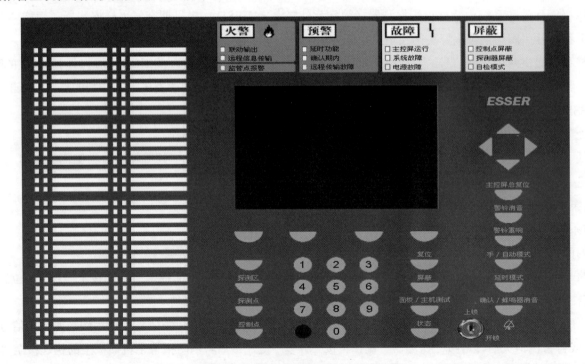

图 12-1　安舍火灾报警主机控制面板图

2）安舍火灾报警主机控制面板说明如表 12-4 所示。

表 12-4   安舍火灾报警主机控制面板说明

序号	按 键		状 态
1	火警	联动输出	不亮
		远程信息输出	不亮
		监管点报警	不亮
2	预警	延时功能	—
		确认期内	—
		远程传输故障	亮
3	故障	主控屏运行	不亮
		系统故障	不亮
		电源故障	不亮
4	屏蔽	控制点屏蔽	不亮
		探测器屏蔽	不亮
		自检模式	不亮
5	/	主控屏总复位	不亮
6	/	警铃消音	不亮
7	/	警铃重响	—
8	/	手/自动模式	—
9	/	延时模式	—
10	/	确认/蜂鸣消音	—
11	/	复位	—
12	/	屏蔽	—

序号		按　　键	状　　态
13	/	面板/主机	—
14	/	状态	—
15	/	探测区	—
16	/	探测点	—
17	/	控制点	—

（4）消防系统多线盘操作规定。

1）多线盘上的"手动/自动"拨键正常时在"自动"位置，此时消防系统自动投入。

2）若将"手动/自动"拨键至"手动强投"位置，消防系统的消防泵、雨淋阀、排烟机、楼梯间前室加压送风机等不会自动投入，可由多线盘上的"手动/自动"拨键启动或停止。

3）多线盘上主机的"手动/自动"拨键正常时在"自动"位置时，会在"技术报警"中显示"手自动开关"报文，若在"手动"位置时，则无报文显示。

4）在多线盘上手动操作电动机消防泵，可同时启动两台电动机消防泵，当一台电动机消防泵故障时，会自动启动柴油机消防泵。

5）在多线盘上手动操作雨淋阀，会直接启动换流变压器对应相的雨淋阀。

6）多线盘上"#1换流变压器联动功能""#2换流变压器联动功能"拨键均处于"投自动"状态时，会在"技术报警"中显示"# *换流变*相手自动"报文，若在"手动"位置时，则无报文显示。

7）当换流变压器检修期间，相应极对侧交流开关断开时，会在"技术报警"中显示"2××开关节点"报文，若开关合位时，则无报文显示。

（5）消防电话操作规定。

1）消防电话响起后，应将电话接起，并按下"确认"键，方可进行通话。

2）拨打消防电话时，先按分机对应的数字，再按"通话"键，方可接通。

3）消防电话会自动录音，录音满20min后，故障"灯会亮，删除录音记录后可恢复正常。

4）删除录音记录：选择"记录录音删除"，按"确认"键，输入密码（安舍消防主机初始二级密码一般设置为2222，初始三级密码一般设置为 3333），按"复位"键。

（6）消防广播操作规定：拿起话筒后，常按话筒上的按键两秒，话筒灯亮，可以进行广播。

（7）柴油泵手动启停方法：按下"启动"按钮，15s 后，按下"手动加速"按钮。停运时先按"手动减速"按钮，15 秒后，按下"停止"按钮。

（8）雨淋阀手动启动方法：在雨淋阀间将泄压阀打开，即启动喷淋。关闭时，先将建压阀打开，再将泄压阀关闭，最后关闭建压阀。

（9）换流变压器联动功能操作规定。

1）1 号、2 号换流变压器联动功能的投入与退出均要以操作票的形式进行操作，以#1 换流变压器联动功能投入操作为例：

a．将（HZBJ）火灾报警控制柜"#1 换流变压器 A 相联动功能手自动"拨键由"投手动"切至"投自动"；

b．将（HZBJ）火灾报警控制柜"#1 换流变压器 B 相联动功能手自动"拨键由"投手动"切至"投自动"；

c．将（HZBJ）火灾报警控制柜"#1 换流变压器 C 相联动功能手自动"拨键由"投手动"切至"投自动"。

2）由于 1 号、2 号换流变压器联动功能未与强投功能关联，无论换流变压器联动功能是否投入，若现场有火情发生，且对侧开关未跳开，水喷雾无法动作时，应采取紧急措施，以下以 1 号换流变压器操作为例：

a．将 1 号换流变压器水喷雾系统拨键由"正常位"切换至"手动强投"，使水喷雾动作；

b．将 1 号换流变压器雨淋阀间泄压阀打开，使水喷雾动作。

3）操作对应的联动功能拨键时，应将多线盘上的"拨键锁定钥匙"先切至绿点位后，再进行操作才能有效执行拨键操作。

4）多线盘上的"拨键锁定钥匙"操作后应立即切回红点位，防止运行中的误操作。

（10）阀厅联动功能操作规定。阀厅联动功能的投入与退出均要以操作票的形式进行操作，以下以极 I 阀厅联动功能投入操作为例：将（HZBJ）火灾报警控制柜"极 I 阀厅联动功能手自动"拨键由"投手动"切至"投自动"。

三、注意事项

（1）安舍（ESSER）消防报警主机注意事项。

1）探测区的输出输入点有故障不能正常工作时，应联系厂家尽快修复。

2）处理器故障时，控制屏的综合功能消失，应联系厂家尽快修复。

3）探测区、探测器、输出点被隔离后将不能正常工作。

4）在测试模式中的探测区不能正常报警。

5）对于某一回路而言，一般只能执行一次隔离功能，当某一探测区中的某些感应元件已经被隔离时，这一探测区本身将不能再被隔离，但对于回路中其他探测区，只要其中的感应元件或探测器没有被告警，则仍可执行区域告警功能。以上情况若要执行隔离功能，首先要用感应元件恢复命令把所有已隔离的感应元件重新打开，之后才能执行进一步的区域隔离功能。

（2）火灾情况下，室内消火栓必须人工手动开启。而在运行情况下，阀厅不允许进人。设计建议运行工况下，可以先将联合楼室内消火栓的总阀关闭，一旦发生火灾，值班人员应先开启总闸，在运用楼内的室内消火栓灭火。

（3）换流变压器的感温电缆告警的同时对站开关跳开，自动启动雨淋阀的喷淋。故障排除后，按下"复位"键，将雨淋阀的喷淋停止。

（4）利用视频探头巡视阀厅时，应注意巡视阀厅消防水管的渗漏情况。

（5）消防器材不得挪作他用。

第三节　换流站消防系统异常及故障处理

一、消防泵及其管路系统故障处理

消防泵及其管路系统故障处理如表 12-5 所示。

表 12-5　　　　　　　　　　　　　　　　消防泵及其管路系统故障处理

消防主泵故障	现象	消防主泵故障
	处理	（1）检查柴油泵运行正常； （2）断开故障消防主泵的电源开关； （3）关闭故障消防主泵两侧进出水阀门； （4）等待消防管路压力恢复至正常值后，将柴油泵控制方式打至手动位置，停止主泵运行，通知消防厂家处理
消防稳压泵故障	现象	消防稳压泵故障
	处理	（1）检查火灾报警控制柜有无其他信号； （2）现场检查消防稳压泵是否正常，检查消防管路压力是否正常； （3）若现场检查消防稳压泵一直打压，应手动断开故障稳压泵电源； （4）检查备用消防稳压泵是否正常工作； （5）若所有消防稳压泵均不能自动启动，应手动启动稳压泵确保消防管路压力正常； （6）上报缺陷，联系消防厂家处理

消防管路压力减低	现象	消防管路压力降低
	处理	（1）现场检查消防管路压力是否低于正常值； （2）检查消防稳压泵是否正常工作，若消防稳压泵故障则按照"消防稳压泵故障"步骤处置； （3）现场检查消防管路是否渗漏水，若有渗漏水，则应立即关闭消防泵管路出水阀门； （4）上报缺陷，联系消防厂家处理
消防管路压力过低引起消防主泵启动	现象	消防管路压力低报警，消防主泵启动，现场消防管路压力上升较快
	处理	（1）现场检查消防管路压力是否低于启泵值； （2）若低于启泵值，等待消防管路压力恢复至正常值后，将消防主泵控制方式打至手动位置，停止主泵运行； （3）若未低于启泵值，将消防主泵控制方式打至手动位置，立即停止主泵运行； （4）上报缺陷，联系消防厂家处理

二、换流变压器水喷雾系统故障处理

换流变压器水喷雾系统故障处理如表 12-6 所示。

表 12-6   换流变压器水喷雾系统故障处理

换流变压器水喷雾系统误喷水	现象	换流变压器水喷雾系统误喷水
	处理	（1）检查相应换流变压器运行正常无火灾现象； （2）立即到水泵房检查动作情况； （3）若确认是误喷，应立即停泵，并关闭雨淋阀阀门； （4）汇报部门领导，上报缺陷，联系厂家及检修人员处理
水喷雾消防灭火系统无法远方自动启动	现象	水喷雾消防灭火系统无法远方自动启动

续表

水喷雾消防灭火系统无法远方自动启动	处理	（1）打开火灾报警控制柜上对应设备的消防泵及雨淋阀强投开关； （2）打开手动阀门启动水喷雾喷水，对其灭火； （3）汇报部门领导，上报缺陷，联系厂家及检修人员处理

三、阀厅消防报警处理

阀厅消防报警处理原则：当发生消防报警时，消防系统工作站自动提示报警信号发生的位置和告警等级，现场检查后运行人员根据情况对报警进行信号复归或消音。若发现消防系统运行异常且无法处理时，应及时汇报部门领导并上报缺陷，通知检修人员。

阀厅消防报警处理如表12-7所示。

表 12-7   **阀 厅 消 防 报 警 处 理**

阀厅紫外报警	现象	OWS报"模块×（×××）极×阀厅紫外火焰报警"
	处理	（1）确认火灾报警控制柜音响，并检查消防报警系统主机相应报警信号； （2）通过视频检查阀厅阀塔设备是否有明火，烟雾等情况； （3）若未发现异常情况，检查报警是否自动复归，恢复正常运行； （4）若阀厅紫外探测器出现故障，则先手动复归相应紫外探测器报警，恢复正常运行；如果不能复归则断开其电源，汇报调度，通知检查人员处理； （5）通过视频若确认阀厅设备确已出现火情，则立即将相应极停运，并按"阀厅失火"处置方案组织有关人员开展灭火工作
极早期烟雾探测系统报警	现象	OWS报"模块××吸气式感烟探测器火警2跳闸"
	处理	（1）确认火灾报警控制柜音响，并检查消防报警系统主机相应报警信号； （2）通过视频检查阀厅阀塔设备是否有明火，烟雾等情况； （3）若未发现异常情况，检查报警是否自动复归，恢复正常运行； （4）若阀厅极早期烟雾探测器出现故障，则先手动复归相应极早期烟雾探测器报警，恢复正常运行；如果不能复归则断开其电源，汇报调度，通知检查人员处理； （5）通过视频若确认阀厅设备确已出现火情，则立即将相应极停运，并按"阀厅失火"处置方案组织有关人员开展灭火工作

第四节 换流站消防系统现场应用框图

一、安舍消防系统 8613 模块原理接线图

安舍消防系统 8613 模块原理接线如图 12-2 所示。

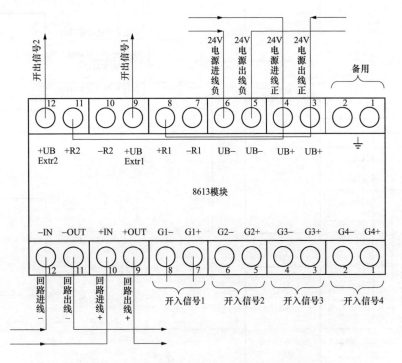

图 12-2 安舍消防系统 8613 模块原理接线图

二、阀厅消防跳闸逻辑图

阀厅消防跳闸逻辑如图 12-3 所示。

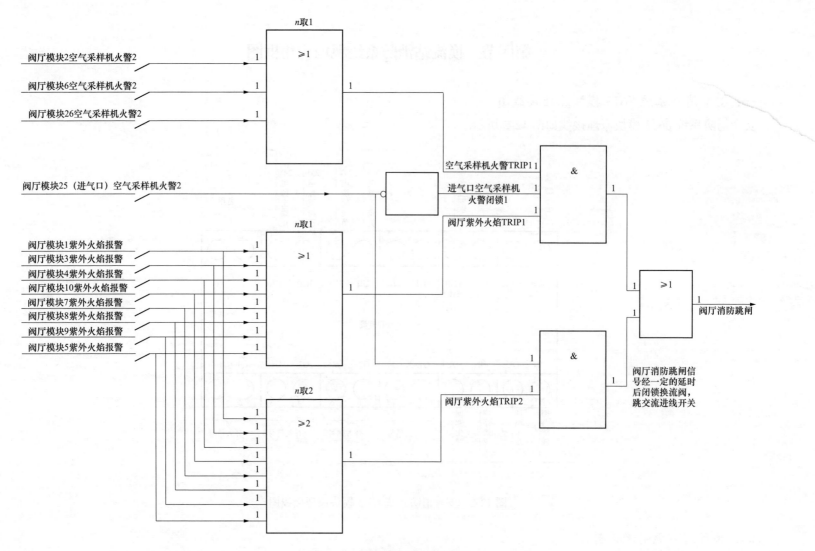

图 12-3　阀厅消防跳闸逻辑图

三、阀厅消防系统联动逻辑图

阀厅消防系统联动逻辑如图 12-4 所示。

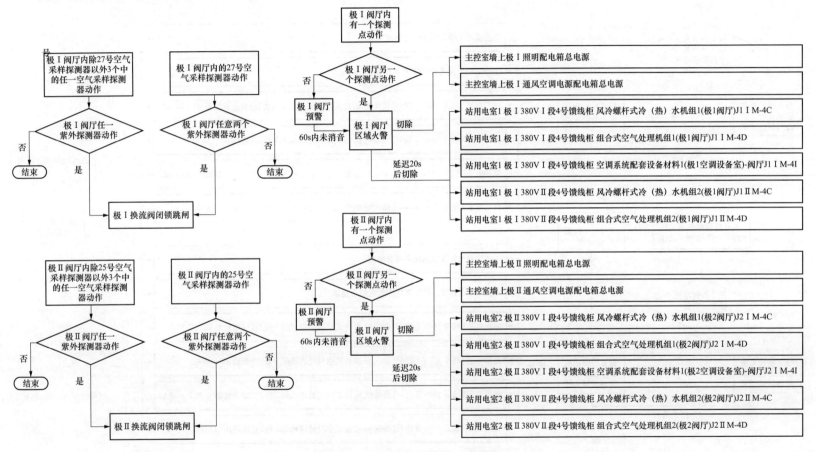

图 12-4　阀厅消防系统联动逻辑图

四、桥臂电抗器室、直流场消防系统切非逻辑图

桥臂电抗器室、直流场消防系统切非逻辑如图 12-5 所示。

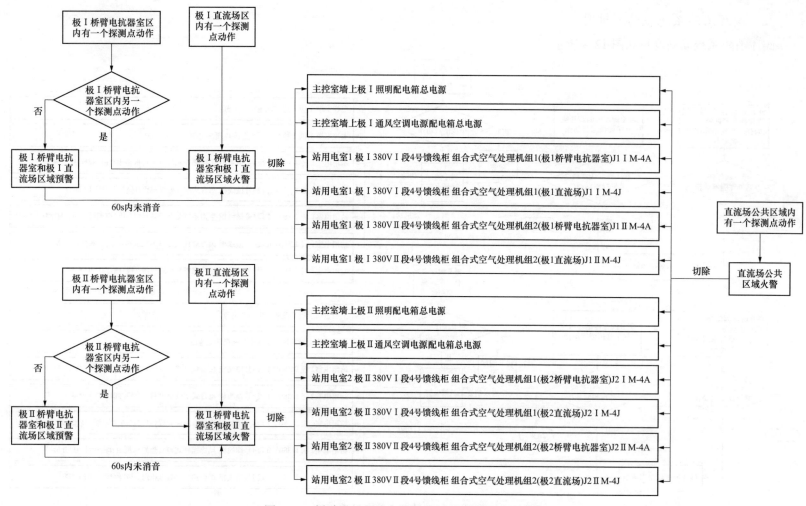

图 12-5　桥臂电抗器室、直流场消防系统切非逻辑图

五、主控楼消防系统切非逻辑图

主控楼消防系统切非逻辑如图 12-6 所示。

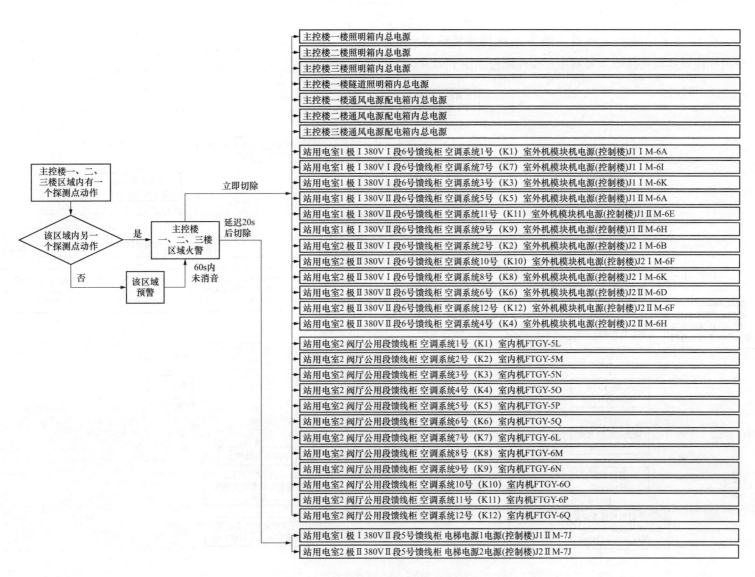

图 12-6　主控楼消防系统切非逻辑图

六、受端换流站换流变压器水喷雾系统操作流程图

受端换流站换流变压器水喷雾系统操作流程如图 12-7 所示。

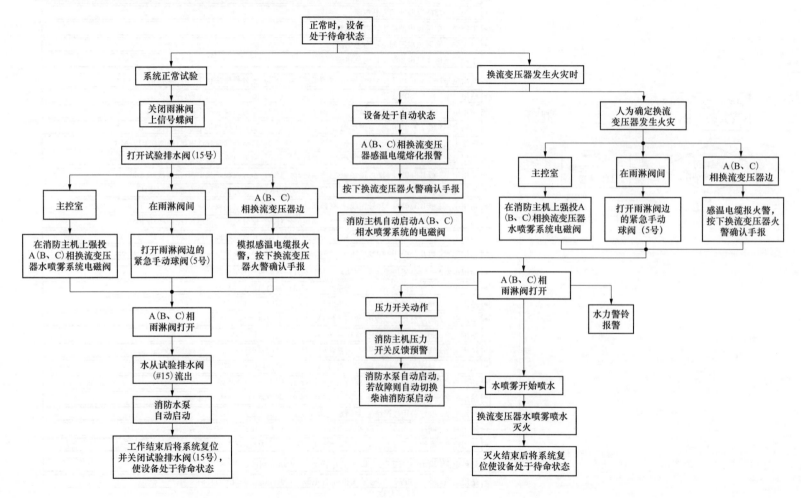

图 12-7　受端换流站换流变压器水喷雾系统操作流程图

七、送端换流站换流变压器水喷雾系统操作流程图

送端换流站换流变压器水喷雾系统操作流程如图 12-8 所示。

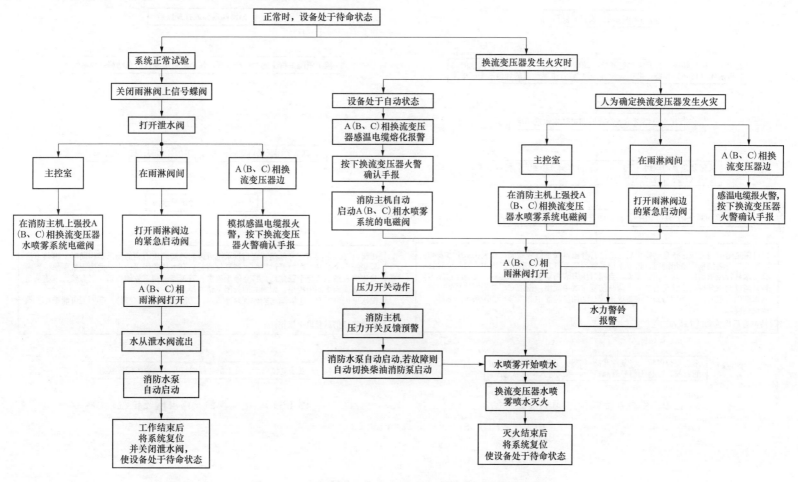

图 12-8　送端换流站换流变压器水喷雾系统操作流程图

八、换流站雨淋阀复位流程图

受端、送端换流站雨淋阀复位流程如图 12-9 和图 12-10 所示。

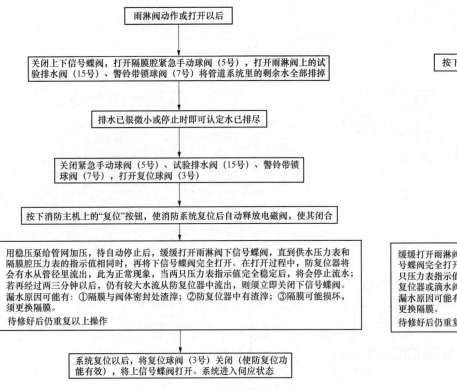

图 12-9　受端换流站雨淋阀复位流程图

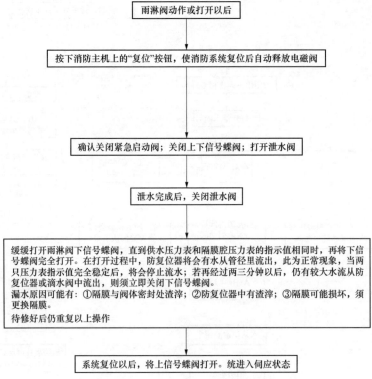

图 12-10　送端换流站雨淋阀复位流程图

第十三章　换流站暖通空调系统

第一节　换流站暖通空调系统组成

换流站暖通空调系统由阀厅空调系统、换流站联合楼通风空调系统（桥臂室空气处理单元、直流场空气处理单元、控制楼变频多联式中央空调系统）、综合泵房及警传室通风空调组成。

一、阀厅空调系统

（1）阀厅暖通系统由 3 个部分构成：分别为位于 3 楼空调设备室的 ZK40 组合式空气处理机组、楼顶的冷水机组、以及阀厅正面及背面的排风机。每个阀厅空调系统设置成一个独立的系统，采用风冷螺杆式冷（热）水机组+组合式空气处理机组+排风机+风管送回风的系统形式。风冷螺杆式冷（热）水机组和组合式空气处理机组为一运一备。当运行机组发生故障时，备用机组可自动投入运行。另外备用机组与运行机组也可定期切换。空调系统采用一台补水定压补水装置用于冷冻水管的补水和定压。

（2）阀厅暖通系统主要实现三大功能：控制阀厅的温度、控制阀厅的湿度、维持阀厅的微正压。

1）阀厅的温度控制原理为：制冷模式下风冷螺杆式冷（热）水机组提供给组合式空气处理机组冷冻水，回水温度为 7～12℃，冷水机冷却水后，流经位于组合机组表面冷却段的盘管对流过的空气进行制冷；制热模式下提供给组合式空气处理机组热水，回水温度为 40～45℃。

2）阀厅的湿度控制原理分为夏季和冬季两个部分，夏季：冷水机组冷却水后，经过位于组合机组表面冷却段的盘管对流过的空气进行制冷，从而将空气中的水冷凝。冬季：由于冬季气温低，水冷机组可能达不到启动条件，则通过组合机组内的加热器来除湿。阀厅冷水机 LSRF300H 机组流程，如图 13-1 所示。

3）阀厅微正压原理：通过调节组合机组新风阀开度以及排风机开启数量进行调节，为保证阀厅温湿度不受室外新风空气影响，目前阀厅新风阀开度为 0，阀厅送风、回风内循环运行。阀厅温度为 10～40℃，相对湿度为（50±5）%，正压值为 10Pa。通过调节空气处理机组新风阀开度和投入运行的排风机数量（共 4 台），可以使阀厅内正压值保持在 10Pa 左右，以防止灰尘通过维护结构缝隙进入阀厅。

（3）阀厅组合式空气处理机由回风/新风调节段、初效过滤段、盐雾过滤段、中效过滤段、亚高效过滤段、表冷段、辅助电加热段、加湿段、消声段、送风机段等功能段组成。阀厅组合机 ZK40 机组流程，如图 13-2 所示。

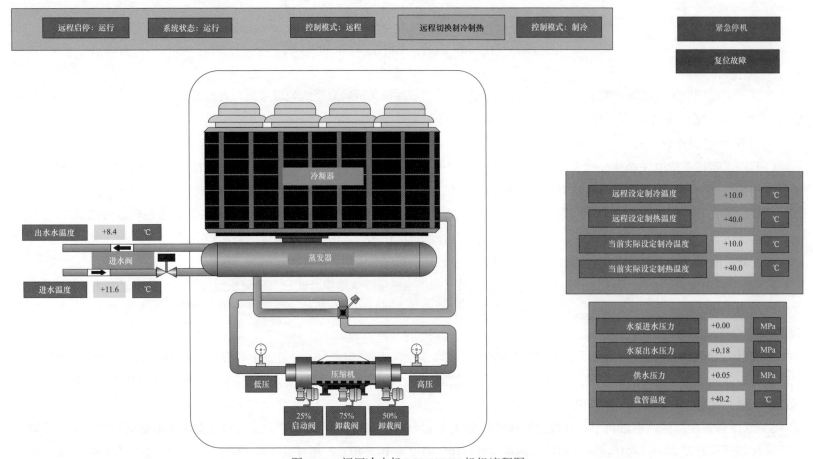

图 13-1　阀厅冷水机 LSRF300H 机组流程图

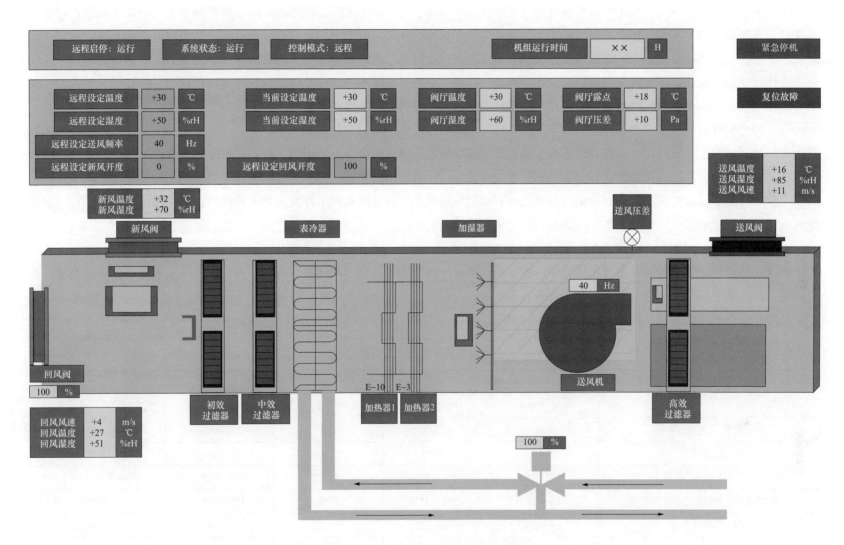

图 13-2 阀厅组合机 ZK40 机组流程图

（4）空调自动控制系统。阀厅空调系统均为全年运行，每个阀厅设一套自动控制系统，含 PLC 的控制系统具有如下功能：对空调系统的主要参数，如冷冻水（热水）温度，压力、阀厅温度和湿度、送风温度和湿度、室内外压差等进行自动监测和调节，对设备状态进行显示、电加热器温度超限、过滤器压差超限、阀厅温湿度超限以及故障进行报警，运行设备与备用设备定期和故障切换，系统数据统计和管理等功能。阀厅集中控制柜设置在主控楼三楼极 1 空调设备室内，阀厅空调组合机控制柜各设置 2 柜位于主控楼三楼极Ⅰ、极Ⅱ空调设备室内，微机操作员站设置在二楼主控室内。阀厅空调设备可以在就地控制柜上控制空调的启停。

（5）每个阀厅设有灾后排烟系统，排烟风机（4 台）设置在阀厅外墙顶部和控制楼屋面，每台风机进口处设置 280℃熔断的排烟防火阀。当阀厅发生火灾时，火灾报警信号将联动关闭空气处理机及送、回风总管上的防火阀。风管上防火阀遇火关闭时，也将输出信号关闭空气处理机组，以防止火灾蔓延。当阀厅发生火灾后，经人工确认火灾已扑灭的情况下，电动或手动打开排烟风机和排烟防火阀（常闭并带手动操作机构）进行排烟，另外还可开启空气处理机组内送风机将室外新风送入阀厅内。阀厅温度超过 280℃，则排烟风机进口处的排烟防火阀将熔断关闭，并发出信号关闭排烟风机。

二、换流站联合楼通风空调系统

换流站联合楼空调系统包括桥臂电抗器室、直流场、主控室、二次设备室、站控及通信设备室、阀冷控制设备室、站用电室、蓄电池室、阀冷装置室、空调设备室、二次设备备品备件室、会议室、资料室、办公室、交接班室、活动室。

换流站联合楼主要房间室内设计参数如表 13-1 所示。

表 13-1　　　　　　　　　　　　　　　　　主要房间室内设计参数表

房间名称	夏季		冬季		换气次数
	温度（℃）	相对湿度	温度（℃）	相对湿度	
桥臂电抗器室	≤40	≤70%	≥5	≤70%	
直流场	≤40	≤70%	≥5	≤70%	≥4 次/h
主控室	18～25	45%～75%	18～25	45%～75%	30m³/（h·人）
二次设备室、站控及通信设备室	18～25	45%～75%	18～25	45%～75%	≥6 次/h
阀冷控制设备室	18～25	45%～75%	18～25	45%～75%	≥6 次/h
站用电室	≤35		≥5		≥12 次/h

房间名称	夏季		冬季		换气次数
	温度（℃）	相对湿度	温度（℃）	相对湿度	
蓄电池室	15～30	40%～70%	15～30	40%～70%	≥12 次/h
阀冷装置室、空调设备室	25～27	45%～75%	≥18	45%～75%	≥6 次/h
二次设备备品备件间	25～27	45%～75%	≥18	45%～75%	
会议室、资料室、办公室、交接班室	26～28		18		30m³/（h·人）
候班室、活动室	26～28		18		30m³/（h·人）
卫生间					≥8 次/h

1. 桥臂电抗器室空气处理单元

桥臂电抗器暖通系统由 2 个部分构成：分别为位于控制楼楼顶的 ZK160 组合式空气处理机组、桥臂电抗器室屋面的大功率轴流风机。屋面的轴流风机共 2 组，每组 3 台，6 台轴流风机均由 ZK160 组合式空气处理机组联动启动，变频控制。通过楼顶的组合式空气处理机组进风并导流至位于桥臂电抗器底部的地下通风道内，再由底部地下风道流经电抗器经屋面轴流风机机械排风排出屋外，实现一个循环。组合式空气处理机组设初、中效过滤及盐雾过滤。通风量满足夏季排风温度不超过 40℃的要求。通过调节送风量与排风量的差值，维持室内 5～10Pa 微正压。

桥臂电抗器室组合机 ZK160 机组流程，如图 13-3 所示。

2. 直流场空气处理单元

直流场暖通系统由 2 个部分构成：分别为位于控制楼楼顶的的 ZK30 组合式空气处理机组和直流场外侧的排风机。直流场外侧的排风机共 5 组，均由 ZK30 组合式空气处理机组联动启动。直流场采用组合式空气处理机组机械进风、下部轴流风机机械排风之通风方式，组合式空气处理机组设初、中效过滤及盐雾过滤。通风量满足夏季排风温度不超过 40℃的要求，电气设备正常运行时通风换气次数不少于 2 次/h，室内空气不允许再循环，事故排风由下部排风系统和上部排风系统共同保证，换气次数不少于 4 次/h。

直流场组合机 ZK30 机组流程，如图 13-4 所示。

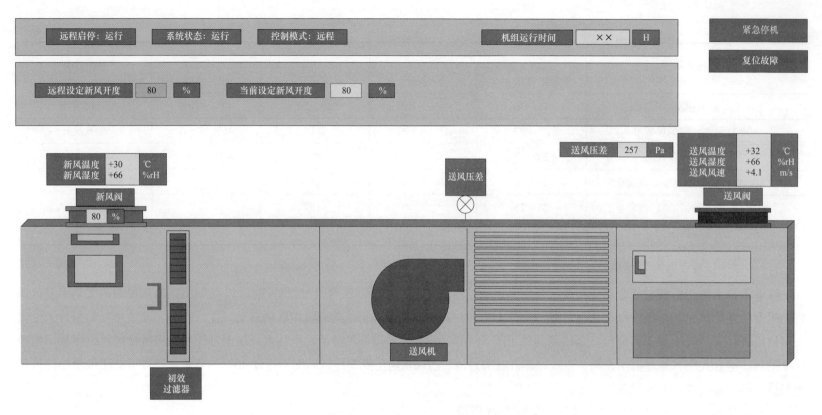

图 13-3 桥臂电抗器室组合机 ZK160 机组流程图

3. 控制楼变频多联式中央空调系统

换流站控制楼采用变频多联式中央空调系统，各分系统划分如下：一层阀冷装置室、阀冷控制设备室采用 2 套相互独立的变频多联空调系统，一运一备；站用电室 1、2 设置 2 套相互独立的变频多联空调系统，一运一备；二层主控室、站控及通信设备室设置 2 套相互独立变频多联空调系统、一运一备；极Ⅰ二次设备室、极Ⅱ二次设备室设置 2 套相互独立变频多联空调系统、一运一备；蓄电池室设置 2 套相互独立的防爆式多联空调系统，一运一备；三层空调设备室设一套变频多联空调系统；交接班室、二次备品备件室、办公室、会议室、休息室设一套变频多联空调系统。

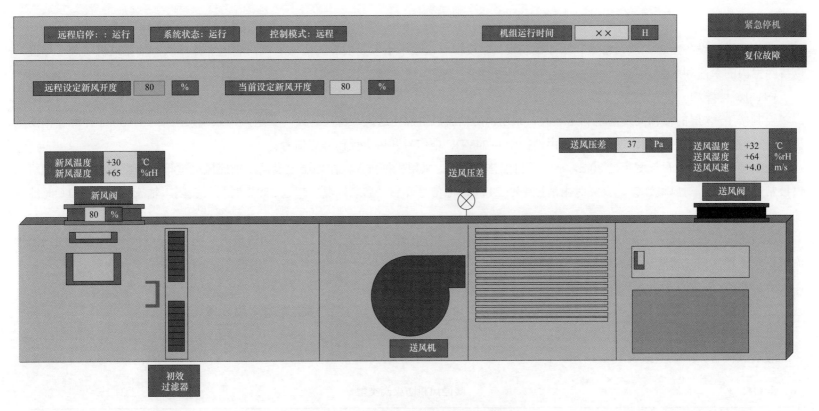

图 13-4　直流场组合机 ZK30 机组流程图

三、控制楼通风

站用电室换气次数不小于 12 次/时的事故通风系统，利用通风竖井进行排风，轴流风机安装于屋面。当夏季通风不能满足室内温度要求时，关闭风机及阀门，开启空调降温。风机和空调不宜同时开启，以防止冷量泄漏。

蓄电池室换气次数不小于 6 次/时的事故通风系统，利用竖井排风，选用防爆轴流风机安装于屋面。风机和空调不宜同时开启，以防止冷量泄漏。

阀冷装置室、空调设备室利用通风竖井，采用自然进风、轴流风机机械排风的通风方式，换气次数不低于 6 次/时，以排除室内的余热和余湿。

站控及通信设备室、二次设备室、阀冷控制设备室设换气次数不小于 6 次/h 的检修通风，利用竖井排风，轴流风机安装于屋面，以排除室内的余热和余湿。

四、防火排烟

控制楼 1～3 层的楼梯间及前室利用竖井，采用消防轴流风机加压送风，每层各设一个送风口系统余压按 25～30Pa 计算。消防风机与送风口连锁，平时关闭。发生火灾时由消控中心 24VDC 电信号开启，反馈开启信号。

控制楼 1～3 层走廊长度超过 20m，不满足自然排烟条件，采用机械排烟。在外墙上设消防轴流风机进行内走道机械排烟。风机入口设常闭防火阀，与风机连锁，火灾时由消控中心 24VDC 电信号开启，当烟气温度超过 280℃时自行关闭。轴流风机在 280℃时能连续工作 30min.

其他房间发生火灾时，切断全部通风空调设备电源并关闭防火阀以防止火灾蔓延，待确认火灾扑灭后，开启外窗和各房间内的轴流风机及连锁阀门，排除火灾后产生的不良气体。

五、综合泵房及警传室通风空调

综合泵房采用百叶自然进风、墙上轴流风机机械排风通风方式。警传室、活动室及餐厅采用分体式空调。

六、暖通风机防火阀

暖通风机防火阀类型如表 13-2 所示。

表 13-2   暖通风机防火阀类型

防火阀类型	排烟防火阀	灾后排烟阀	风管防火阀	排风阀	送风阀
熔断温度	烟气温度超过 280℃时关闭	烟气温度超过 280℃时关闭	烟气温度超过 70℃熔断关闭	烟气温度超过 70℃熔断关闭	烟气温度超过 280℃熔断关闭
配置场所	控制楼一、二、三楼走廊排烟风机	阀厅顶部消防轴流排烟风机	阀厅新风管、回风管、送风管，桥臂送风管	各设备小室排风机	楼梯间送风机、楼梯前室送风机、楼梯间各层送风口、楼梯前室各层送风口
常态位置	常闭	常闭	常开	常闭	常闭

防火阀类型	排烟防火阀	灾后排烟阀	风管防火阀	排风阀	送风阀
开启方式	火灾时随风机自动开启	火灾后进阀厅前，在阀厅门口就地电动开启消防排烟风机时与电动阀一起随风机开启	暖通主机上进行复位防火阀时	设备室门口控制箱就地电动开启（防火阀后风机才开）	火灾时随风机自动开启
关闭方式	温度熔断或消防主机上火警复位后	温度熔断；或火灾后无需排烟时，在阀厅门口就地停消防排烟风机时随风机一起关闭	温度熔断；或火灾时自动关闭（桥臂室火灾时不自动关闭）	温度熔断或设备室门口控制箱就地电动关闭	温度熔断或消防主机上火警复位后

七、暖通风机电动阀

暖通风机电动阀类型如表 13-3 所示。

表 13-3 暖通风机电动阀类型

电动阀类型	SF$_6$排风阀	排风阀	排风阀	送风阀	新风阀	回风阀
熔断温度	无	无	无	无	无	无
配置场所	阀厅 SF$_6$排风机电动阀	阀厅顶部排风机电动阀	阀厅顶部消防轴流排烟风机电动阀	阀厅组合机柜送风段（1 个阀，1 个执行器/阀）、桥臂组合机柜送风段（1 个阀，3 个执行器/阀）、直流场组合机柜送风段（1 个阀，1 个执行器/阀）	阀厅组合机柜新风段（1 个阀，1 个执行器/阀）、桥臂组合机柜新风段（2 个阀，2 个执行器/阀）、直流场组合机柜新风段（1 个阀，1 个执行器/阀）	阀厅组合机柜回风段（1 个阀，1 个执行器/阀）
常态位置	常闭	常闭	常闭	运行时开，停机时关	运行时按设定开度调节，停机时关	运行时按设定开度调节，停机时关
开启方式	阀厅穿墙套管 SF$_6$泄漏时自动开启或送上控制楼阀厅 SF$_6$风机电源或阀厅内 SF$_6$风机箱就地电动开启	三楼暖通设备室配电柜上风机自动位置时随阀厅组合机开启或手动位置且电动开启风机时随风机开启	火灾后进阀厅前，在阀厅门口就地电动开启消防排烟风机时与防火阀一起随风机开启	组合机柜启动时先开阀再开机（阀厅、桥臂风阀开不到位，无法开机；直流场可以）	组合机柜启动时先开阀再开机（阀厅、桥臂风阀开不到位，无法开机；直流场可以）	组合机柜启动时先开阀再开机（阀厅风阀开不到位，无法开机）

电动阀类型	SF₆排风阀	排风阀	排风阀	送风阀	新风阀	回风阀
关闭方式	阀厅穿墙套管 SF₆ 泄漏传感器返回时自动关闭或断开控制楼阀厅 SF₆ 风机电源或阀厅内 SF₆ 风机箱就地电动关闭	三楼暖通设备室配电柜上风机手动位置且电动关闭风机时随风机关闭	火灾后无需排烟时，在阀厅门口就地电动停消防排烟风机时随风机一起关闭	组合机柜停止时先关机再关风阀	组合机柜停止时先关机再关风阀	组合机柜停止时先关机再关风阀

第二节　换流站暖通空调系统现场运行操作规定及其注意事项

一、运行规定

（1）换流站采用风冷螺杆式冷（热）水机组为阀厅空调系统提供冷热水，采用智能变频多联式空调机组作为控制楼内各电气房间及生活房间的冷热源。换流站暖通空调系统包括阀厅通风空调系统，直流场通风系统，桥臂电抗器室通风系统，控制楼通风、空调及防火排烟系统和运行控制系统。

（2）阀厅正常运行环境温度为 10～40℃，相对湿度为 10%～60%RH，为了防止室外灰尘进入阀厅，阀厅内还需要维持 5～10Pa 的微正压值。阀厅所有空调设备及附件均一用一备，严禁将同一阀厅内两套空调系统同时停运。

（3）阀厅的两套空调系统同时故障停运时，要加强巡视和测温，监视阀厅温度不超过 45℃。

（4）阀厅暖通系统正常温度设定值为 25℃，相对湿度设定值为 30%RH。阀厅运行相对湿度如超过 60% RH 并且冷水机组或者加热器未全功率投入时，运维人员可以通过调整阀厅暖通系统温度设定值使冷水机加大功率或者加热器投入运行，降低阀厅湿度值。温度设定值的调节每次幅度不得超过 5℃，每次调整后应观察湿度是否降低，温度设定值应保持 15～30℃，但不得高于阀冷系统冷却水进阀温度。

（5）桥臂电抗器室的两套空调系统同时故障停运时，要加强巡视和测温，监视室内温度和桥臂电抗器温度不超过厂家要求。

（6）巡视时，应通过观察直流场、桥臂电抗器室压差表监视暖通系统压差在 5～10Pa 范围。新更换的过滤器需要调变频器的频率，加大排风量。随着过滤器使用时间的加长，需要适时减小变频器频率，以维持微正压。正压过大，将加大室外未经湿度处理的新风向阀厅和主控楼渗透；正压过低，将造成需要频繁的调节变频器或因末及时调节变频器而形成负压。当压差表低于 2Pa 应进行调整，每次调节应保持压差在 8～10Pa 之间。

（7）直流场、桥臂电抗器室暖通系统当报盐雾报警时需要更换或清洗过滤器。原有的初效过滤器在新风阀打不开时会报警。

（8）手动启动暖通系统 SF_6 排风机时，可能造成负压。SF_6 排风机试验启动时间不宜超过 5min，负压将造成室外大气进入到室内，引起空气劣化。雨雾天气不应进行阀厅 SF_6 排风机试验。

（9）阀厅空调系统送回风管及新风管在穿越防火墙及屋面处设置防火阀。当发生火灾时，防火阀能够熔断关闭或者根据火灾报警信号自动关闭，并输出联动信号，断开组合式空气处理机的电源，使整个空调系统停止运行，隔断空调系统与空调房间的空气流通，防止送风助燃和火势蔓延。阀厅设排烟风机，风机与室内的火灾报警系统联锁。火灾报警时，火灾控制系统自动关闭通风空调设备及相关防火阀，当火灾扑灭后，开启排烟风机机械排烟。排烟风机与排烟阀的动作信号需反馈至消防中心。

（10）直流场室内下部设排风口，电气设备正常运行时通风换气次数不少于 2 次/h，室内空气不允许再循环，夏季排风温度不超过 40℃。事故排风换气次数不少于 4 次/h。

（11）桥臂电抗器室利用地下通风道，夏季排风温度不超过 40℃。

（12）站用电室设换气次数不少于 12 次/h 的事故通风装置，蓄电池室设换气次数不少于 6 次/h 的事故通风装置室内温度为 15～30℃，当夏季通风不能满足室内温度要求时，采用空调降温，空调具有来电自启功能。

（13）当空调系统提示过滤器压差报警时，应及时切换备用机组并清洗滤网。

（14）空调系统设有四种防火阀：排烟防火阀、排烟阀、风管防火阀、风机防火阀。排烟防火阀设置在控制楼内走廊，常闭，火灾时开启，当烟气温度超过 280℃时关闭；排烟阀设置在阀厅，常闭，火灾时开启，当烟气温度超过 280℃时关闭；风管防火阀设置在风管穿防火墙及屋面处，常开，70℃熔断关闭或通过火灾报警系统关闭，火灾后手动复位；风机防火阀设置在阀厅轴流风机内侧，常开，70℃熔断关闭或通过火灾报警系统关闭，火灾后手动复位。

（15）控制楼 1～3 层的楼梯间及前室利用竖井，采用消防轴流风机加压送风，每层各设一个送风口。消防风机与送风口连锁，平时关闭。发生火灾时由消控中心 24VDC 电信号开启，反馈开启信号。

（16）控制楼一至三层走廊长度超过 20m，不满足自然排烟条件，采用机械排烟。在外墙上设消防轴流风机进行内走道机械排烟。风机入口设常闭防火阀，与风机联锁，火灾时由消控中心 24VDC 电信号开启，当烟气温度超过 280℃时自行关闭。轴流风机在 280℃时能连续工作 30min。

（17）其他房间发生火灾时，切断全部通风空调设备电源并关闭连锁的防火阀以防止火灾蔓延，待确认火灾扑灭后，开启外窗和各房间内的轴流风机及连锁阀门，排除火灾后产生的不良气体。

二、操作规定

（1）若换流阀预计停役时间超过 3 天的，应在换流阀停运操作后停运相应极的桥臂电抗器室及直流场的暖通系统，送电前一天恢复运行。

（2）桥臂室压差取样管穿入到桥臂室内，巡视时可通过观察排风箱上的压差表来调节桥臂室的压差，通常的规律是刚更换的过滤器需要调大桥臂室轴流排风机变频器的频率，加大排风量，随着过滤器使用时间的加长，需要适时减小桥臂室轴流风机变频器频率，以维持微正压。桥臂室正压过大会导致室外空气经无湿度处理的桥臂室空气组合机组向阀厅和主控楼渗透；桥臂室正压过低，又会造成需要频繁的调节桥臂室排风控制箱内的变频器或因未及时调节变频器而形成负压，所以定为每次调节到压差表 8～10Pa 为宜。每次巡视时，当压差表低于 2Pa 作为建议调整的窗口。

（3）当空调系统提示过滤器压差报警时，一般会切换至备用机组，运维人员应安排及时清洗滤网。

（4）阀厅空调系统送回风管及新风管在穿越防火墙及屋面处设置防火阀。当发生火灾时，防火阀能够熔断关闭或者根据火灾报警信号自动关闭，并输出联动信号，断开组合式空气处理机的电源，使整个空调系统停止运行，隔断空调系统与空调房间的空气流通，防止送风助燃和火势蔓延，当火灾扑灭后，运维人员应就地开启阀厅排烟风机，机械排烟。

（5）控制楼发生火灾时，消防系统会切除主控楼一、二、三楼的照明箱内总电源及通风电源配电箱内总电源；切除站用电室内 6 号配电屏上 12 个空调外机电源及阀厅公用段配电屏上的 K1-K12 的空调内机电源；使电梯迫降到一楼并延时 20s 切除站用电室（二）内 5 号配电屏上的电梯电源。联动启动主控楼 1～3 楼走廊的排烟风机；联动启动控制楼四楼楼梯前室、楼梯间强送风机对各楼层楼梯前室、楼梯间进行送风。

（6）其他房间发生火灾时，切断全部通风空调设备电源并关闭连锁的防火阀以防止火灾蔓延，待确认火灾扑灭后，开启外窗或就地开启各房间内的排风机，排除火灾后产生的不良气体。

（7）当阀厅空调系统报水流开关报警、进出水温差过大报警时，应检查冷冻水泵是否运转，定压罐内是否水位低，若定压罐水位正常但冷冻水泵停运时，可通过三楼暖通设备室配电柜上水泵的手/自动把手切至手动位置时人工启动水泵。

三、注意事项

（1）桥臂电抗器室、阀厅、直流场的暖通系统在就地操作时，两台暖通系统不得同时投入。

（2）正常运行时，站用电室、蓄电池室的两组风机和空调只开启其中一组，以防止冷量泄漏。

（3）站用 380V 母线停电、或空调系统消防切非使空调系统停电，恢复送电后需人工检查并恢复暖通 UPS 柜内 UPS 电源，以防止组合机停机时风阀执行器无法关闭。

（4）阀厅的两套空调系统同时故障停运时，要加强巡视和测温，监视阀厅温度不超过 45℃。

（5）桥臂电抗器室的两套暖通通风系统同时故障停运时，要加强巡视和测温，监视室内温度和桥臂电抗器温度不超过厂家要求。

（6）站用电切换后，除了观察阀厅、直流场、桥臂室暖通自动切换正常外，还应到桥臂室屋顶上、直流场外巡视通道上观察排风机运行情况，并检查安装于控制楼屋顶的桥臂、直流场风机控制箱外的室内外压差情况，必要时调整桥臂室排风机变频频率或调整直流场新风阀开度，控制室内外压差在合理范围。

（7）站用电切换后，应观察一主一备配置的阀厅（含空气处理机组、冷水机、冷冻水泵）、直流场、桥臂室暖通自动切换正常；单电源供电的电子水处理系统、定压补水装置是否失电。

（8）定压补水装置触摸屏上圆形控制位正常时应为实心圆，若为空心圆，无法通过按键控制定压补水装置控制装置。

第三节　换流站暖通空调系统异常及故障处理

一、阀厅暖通风冷螺杆式冷（热）水机组 LSRF300H 异常及故障处理

阀厅暖通风冷螺杆式冷（热）水机组 LSRF300H 异常及故障处理如表 13-4 所示。

表 13-4　　　　　　　　　阀厅暖通风冷螺杆式冷（热）水机组 LSRF300H 异常及故障处理

冷冻水供水水泵过载	现象	控制屏面板显示冷冻水供水水泵过载
	处理	（1）产生原因：电源缺相；电机堵转；电机相间短路或水管道阻力过小，水流量过大而导致运行电流过大； （2）若是备用水泵故障，通知检修人员处理。若工作水泵故障，检查是否自动切换至备用水泵； （3）上报缺陷，通知检修人员处理
水流开关报警	现象	控制屏面板显示水流开关报警
	处理	（1）若是冷冻水供水水泵电机反转（此时可能是接线接反），水泵退出检修； （2）若是冷冻水供水水泵故障，则水泵退出检修；

水流开关报警	处理	（3）检查是否是水管阀门未打开引起； （4）若是冷冻水管内有气体，此时应在补水定压装置上的排气阀门手动进行排空气体、冷冻水管上的自动排气阀上进行放气； （5）若是水管路堵塞，此时整个暖通系统需退出检修； （6）上报缺陷，通知检修人员处理
高压保护	现象	控制屏面板显示高压保护动作
高压保护	处理	（1）此保护是防止压缩机损坏而设置的保护，此时应检查是否是压力保护开关损坏； （2）当机组处于制冷时环境温度过高（超过43℃），冷凝风机反转或故障，此时冷（热）水机组会停运； （3）冷凝器翅片积尘严重，此时应将冷（热）水机组停运，由专业人员清洗冷凝器翅片； （4）当机组处于制热时，水流量不足或断流，此时应检查各出水的阀门是否正常，补水系统是否有异常未及时补水，管路是否有泄漏，若是因为不能及时补水或管路泄漏，应将机组停运检修（需专业的制冷工程师进行检修）； （5）上报缺陷，通知检修人员处理
低压保护	现象	控制屏面板显示低压保护动作
低压保护	处理	（1）此保护是防止压缩机损坏而设置的保护； （2）此时应检查是否是压力保护开关损坏； （3）膨胀阀故障； （4）系统堵塞，当机组处于制冷时，水流量不足或断流，此时应检查各出水的阀门是否正常，补水系统是否有异常未及时补水，管路是否有泄漏，若是因为不能及时补水或管路泄漏，应将机组停运检修； （5）当机组处于制热时蒸发器风机反转或故障，此时应将冷（热）水机组停运，检修蒸发器风机； （6）冷凝器翅片积尘严重，积雪或结霜，此时应将冷（热）水机组停运，由专业人员清洗冷凝器翅片（需由专业的制冷工程师进行排查）； （7）上报缺陷，通知检修人员处理
压缩机过流或过载保护	现象	控制屏面板显示压缩机过流或过载保护动作
压缩机过流或过载保护	处理	（1）可能的原因：电源缺相，卡缸；电机相间短路；负载过大； （2）以上原因均应将冷（热）水机组停运检修； （3）上报缺陷，通知检修人员处理
压缩机内置温度保护	现象	控制屏面板显示压缩机内置温度保护动作

压缩机内置温度保护	处理	（1）此保护为其他保护均失去时压缩机的最后自我保护； （2）可能压缩机负载过大； （3）回气过热度过大； （4）制冷剂不足，此时压缩机会停机，碰触回气或装置外壳会发烫； （5）以上原因均应将冷（热）水机组停运，上报缺陷，需专业的制冷工程师检修机组
压缩机油压差保护	现象	控制屏面板显示压缩机油压差保护动作
	处理	（1）现场检查视液镜下的油位开关确认是否是压缩机缺油或油路堵塞； （2）此时应将冷（热）水机组停运； （3）上报缺陷，通知检修人员处理
相序保护	现象	控制屏面板显示相序保护动作
	处理	（1）电源相序接线顺序不对。此时冷（热）水机组无法启动； （2）应上报缺陷，通知检修人员处理

二、阀厅、桥臂室、直流场暖通组合式空气处理机组异常及故障处理

阀厅、桥臂室、直流场暖通组合式空气处理机组异常及故障处理如表 13-5 所示。

表 13-5　　　　　　　　阀厅、桥臂室、直流场暖通组合式空气处理机组异常及故障处理

送风机过载	现象	控制屏面板显示送风机过载
	处理	（1）可能的原因：电源缺相；电机堵转；电机相间短路或风管阻力过小，风量过大超标而导致运行电流过大； （2）需上报缺陷，由专业的制冷工程师进行检修（或整改）
送风机压差保护	现象	控制屏面板显示送风机压差保护动作
	处理	（1）电机烧坏（会出现电机不转，外观可能会出现有发热烧黑的现象）；需专业的制冷工程师进行检修； （2）皮带断裂或过松；需停机更换； （3）风管阻力太大或风阀未打开； （4）上报缺陷，通知检修人员处理

电加热器超温报警	现象	控制屏面板显示电加热器超温报警
	处理	（1）送风机电机反转；皮带过松导致风量太小； （2）过滤网堵塞； （3）需上报缺陷，请专业的制冷工程师检修
加湿器故障	现象	控制屏面板显示加湿器故障
	处理	（1）可能原因：水源中盐分太高或加湿器电极间短路导致加湿器过流； （2）加湿器缺水或电源缺相；加湿桶损坏； （3）需上报缺陷，由专业的制冷工程师检修
过滤网堵塞	现象	控制屏面板显示过滤网堵塞
	处理	（1）初效或中效过滤网积垢严重； （2）初效可清洗；中效只能更换； （3）需上报缺陷，通知检修人员或专业的制冷工程师处理
暖通系统全停	现象	（1）两组组合式空气处理机组均故障； （2）两台冷水机组同时故障（夏季或高温时）
	处理	（1）汇报省调并申请降功率运行； （2）确认阀厅的排风机均已开启，监视阀厅内的温湿度及阀冷系统的进阀温度； （3）若阀厅内的温度超过45℃或湿度超过60%或阀冷系统的进阀温度超过40℃，影响换流阀子模块的运行，则立即汇报省调并申请停运相应极； （4）上报缺陷，通知检修人员处理

三、暖通集中监控软件异常及故障处理

暖通集中监控软件异常及故障处理如表13-6所示。

表 13-6 　　　　　　　　　暖通集中监控软件异常及故障处理

Wincc 监控软件崩溃	现象	（1）突然断电导致 Wincc 运行的 SQL 数据库崩溃； （2）Wincc 软件没有完全关闭的情况，强制电脑重启导致 Wincc 运行的 SQL 数据库崩溃
	处理	（1）点运行→运行→cmd，进入命令模式； （2）输入"reset_wincc"回车； （3）所有和 Wincc 相关的进程就会全部复位，然后再打开 Wincc

第十四章　柔性直流换流站典型设备原理框图

一、IGBT 子模块电气原理图、结构俯视示意图及其结构实物剖面图

IGBT 子模块电气原理图、结构俯视示意图及其结构实物剖面如图 14-1 所示。

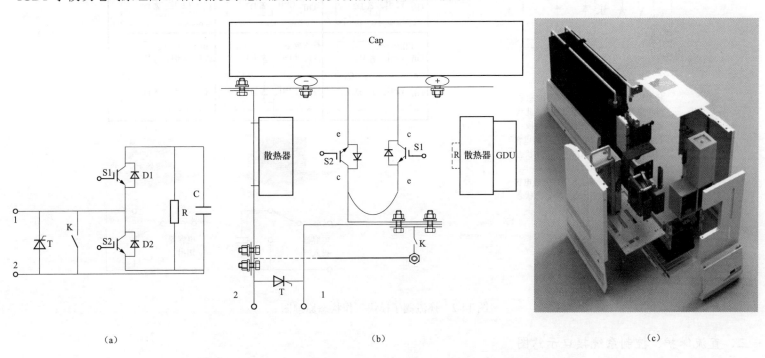

(a)　　　　　　　　　　　　　　(b)　　　　　　　　　　　　　　(c)

图 14-1　IGBT 子模块电气原理图、结构俯视示意图及其结构实物剖面图

(a) IGBT 子模块电气原理图；(b) IGBT 子模块结构示意图（俯视）；(c) IGBT 子模块结构实物剖面图

二、换流阀子模块工作状态原理图

换流阀子模块工作状态原理如图 14-2 所示。

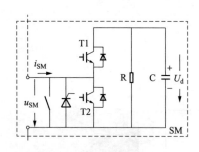

状态1：两个IGBT都处于关断状态子模块电容处于充电或切出状态，此状态出现于换流阀解锁前的充电阶段。

状态2：IGBT1开通，IGBT2关断电容器投入，子模块输出高电平，此状态出现于换流阀解锁运行阶段。

状态3：IGBT1关断，IGBT2开通电容器切出，子模块输出低电平，此状态出现于换流阀解锁运行阶段。

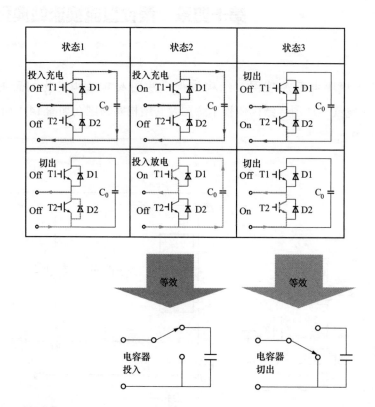

图 14-2　换流阀子模块工作状态原理图

三、直流保护、控制系统接口示意图

直流保护、控制系统接口示意如图 14-3 所示。

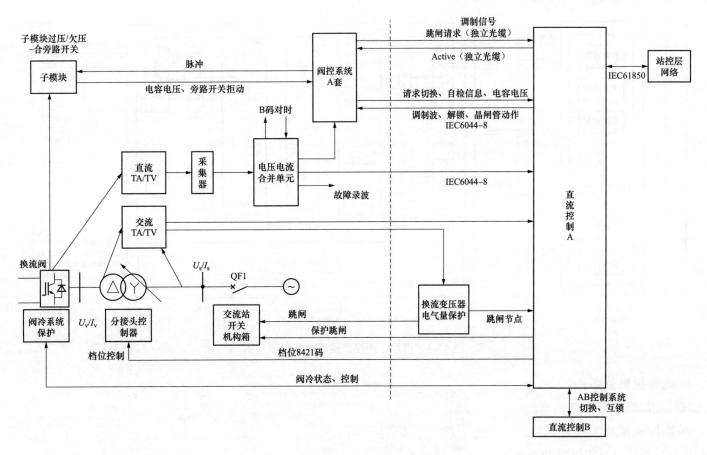

图 14-3　直流保护、控制系统接口示意图

四、极控、阀控、换流阀接口示意图

极控、阀控、换流阀接口示意如图 14-4 所示。

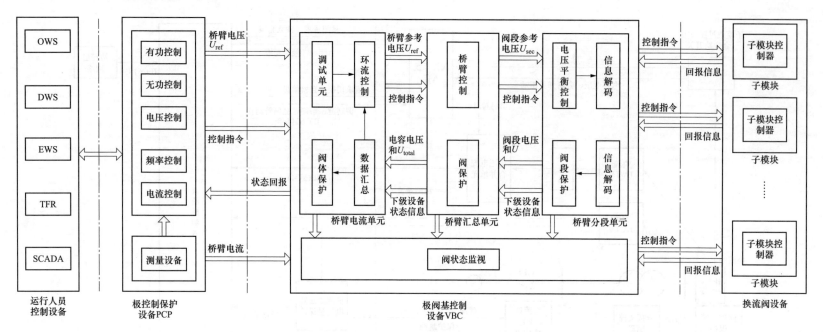

图 14-4　极控、阀控、换流阀接口示意图

五、换流阀控制策略图

换流阀控制策略如图 14-5 所示。

六、阀基控制系统冗余方式

阀基控制系统冗余方式如图 14-6 所示。

七、直流控制系统功率控制流程图

直流控制系统功率控制流程图如图 14-7 所示。

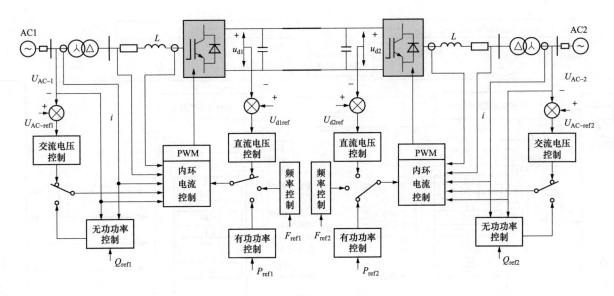

图 14-5 换流阀控制策略图

八、换流站极×交流测控柜 A、直流控制柜 A、直流保护柜 A 与交流站开关（含失灵启动）、直流开关、启动电阻旁路开关间的电气原理示意图

换流站极×交流测控柜 A、直流控制柜 A、直流保护柜 A 与交流站开关（含失灵启动）、直流开关、启动电阻旁路开关间的电气原理示意图如图 14-8 所示。

九、换流站极×交流测控柜 B、直流控制柜 B、直流保护柜 B 与交流站开关（含失灵启动）、直流开关、启动电阻旁路开关间的电气原理示意图

换流站极×交流测控柜 B、直流控制柜 B、直流保护柜 B 与交流站开关（含失灵启动）、直流开关、启动电阻旁路开关间的电气原理示意图如图 14-9 所示。

十、高澜阀内冷系统流程图

高澜阀内冷系统流程图如图 14-10 所示。

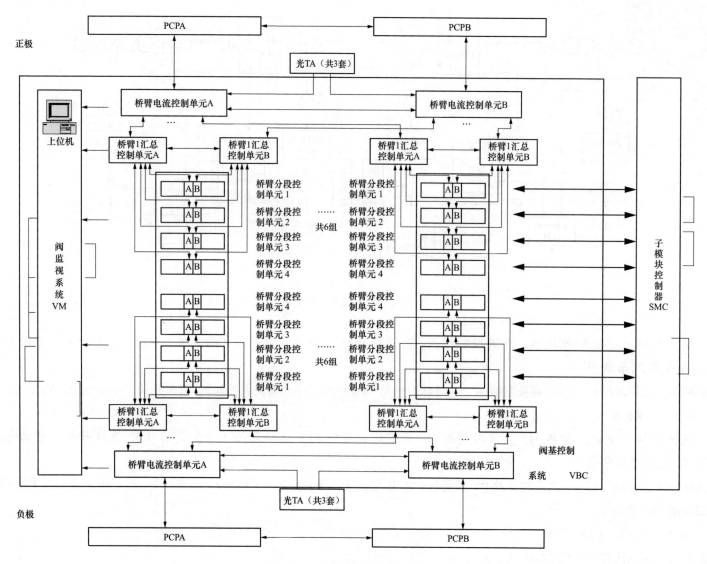

图 14-6　阀基控制系统冗余方式

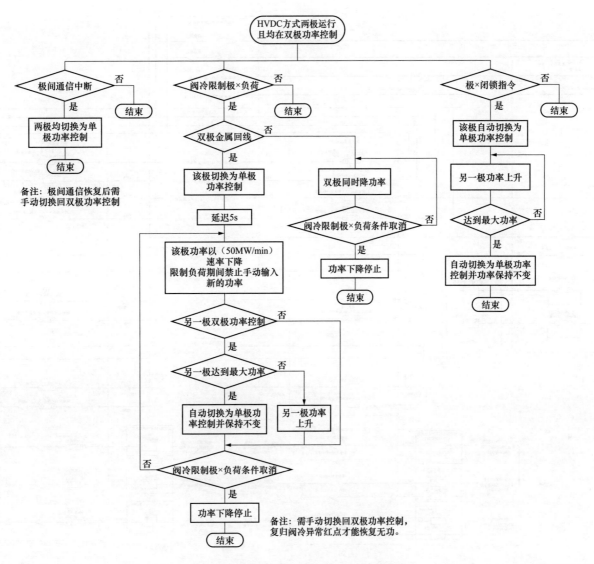

图 14-7　直流控制系统功率控制流程图

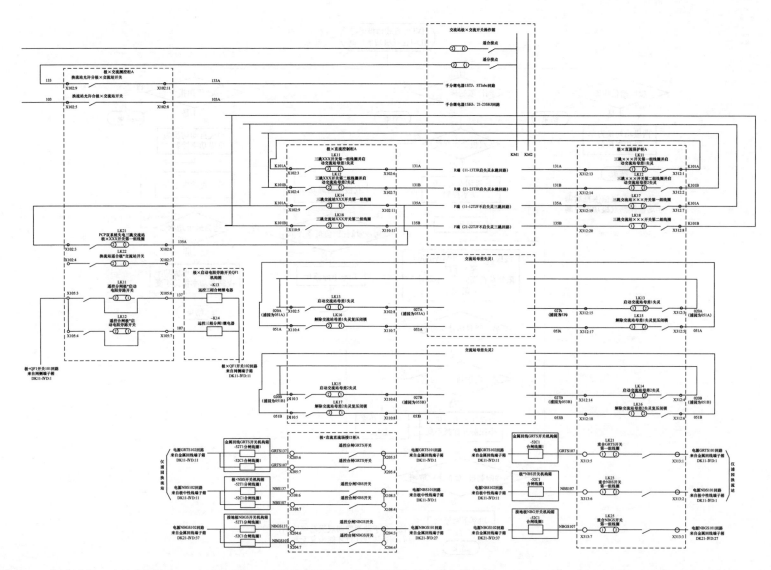

图 14-8　换流站极×交流测控柜 A、直流控制柜 A、直流保护柜 A 与交流站开关（含失灵启动）、直流开关、启动电阻旁路开关间的电气原理示意图

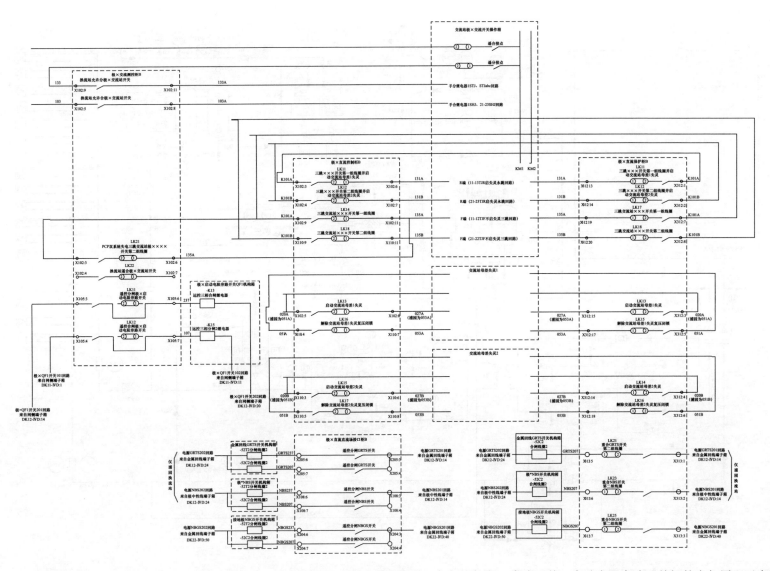

图 14-9　换流站极×交流测控柜 B、直流控制柜 B、直流保护柜 B 与交流站开关（含失灵启动）、直流开关、启动电阻旁路开关间的电气原理示意图

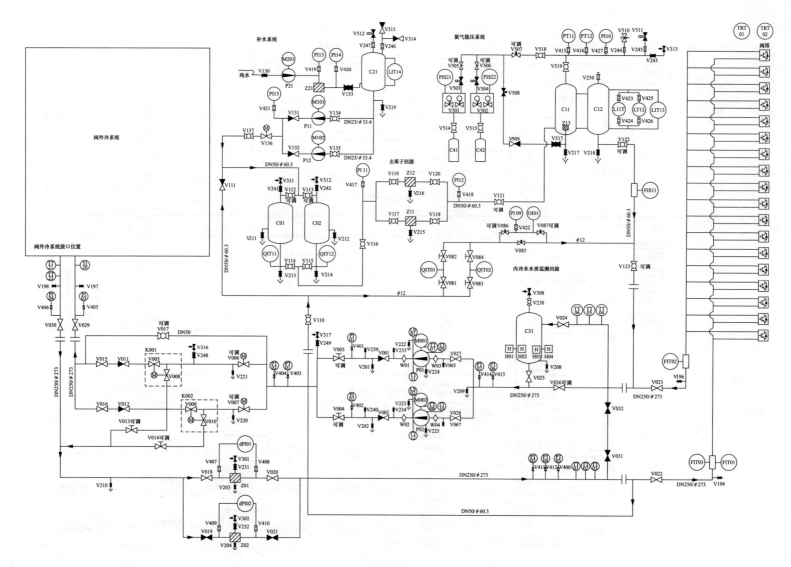

图 14-10　高澜阀冷系统内冷系统流程图

十一、高澜阀内冷系统流程图阀门、仪表及设备部件表

高澜阀内冷系统流程图阀门、仪表及设备部件如表 14-1 所示。

表 14-1　　　　　　　　　　　高澜阀内冷系统流程图阀门、仪表及设备部件表

序号	代号	名称	规格	备注
1	V001～V002	止回阀（对夹式）	DN250	自动
2	V003～V004	蝶阀（可调节）	DN250	可调
3	V006～V007	电动蝶阀	DN250，UNIC-40，开关量	可调
4	V005、V008～V010	蝶阀	DN250，UNIC-60	可调
5	K001，K002	电动执行器及连杆机构	UNIC-60，开关量	
6	V011～V012	止回阀（板式）	DN250	自动
7	V013～V014	蝶阀（可调节）	DN250	可调
8	V015～V016	蝶阀	DN250	动合
9	V017	球阀（可调节）	2″三片式	可调
10	V018、V020	蝶阀	DN250	动合（主用时）
11	V019、V021	蝶阀	DN250	动断（备用时）
12	V022～V025	蝶阀	DN250	动合
13	V026	蝶阀	DN250	动断
14	V027～V030	蝶阀	DN250	动合
15	V031～V032	蝶阀	DN125	动断
16	V065～V066	球阀	1/4″三片式	动断
17	V081～V084	针型阀	ϕ12，卡套式	动合
18	V085	针型阀	ϕ12，卡套式	动合
19	V086～V087	针型阀（动断）	ϕ6，卡套式	动断

序号	代号	名称	规格	备注
20	V110	球阀	2″，两端对焊	动合
21	V111	止回阀	2″，DN50，旋启式	自动
22	V112～V113	球阀	2″，两端对焊	主用时全开，备用时开 15°
23	V114～V116	球阀	2″，两端对焊	动合
24	V117～V118	球阀	2″，两端对焊	动合
25	V119～V120	球阀	2″，两端对焊	动合
26	V121～V123	球阀	2″，两端对焊	动合，可调
27	V130	球阀	1″三片式	动断
28	V131～V132	止回阀	1″	自动
29	V134～V135	球阀	1″三片式	动合
30	V136	电动球阀	1″，配 Unic-05	自动
31	V137	球阀	1″三片式	动断
32	V133	球阀	1″三片式	动断
33	V196～V199	球阀	3/4″三片式	动断
34	V201～V204	球阀（泄空用）	3/8″三片式	动断
35	V208～V210	球阀（泄空用）	3/8″三片式	动断
36	V211～V212	球阀（树脂泄空用）	3/8″三片式	动断
37	V215～V216	球阀（泄空用）	1/4″三片式	动断
38	V213～V221	球阀（泄空用）	3/8″三片式	动断
39	V222～V223	球阀（泄空用）	1/4″，三片式	动断
40	V224～V225	球阀（泄空用）	3/8″三片式	动断
41				

序号	代号	名称	规格	备注
42	V231～V232	球阀	1/4″三片式	动断
43	V233～V234	球阀	1/4″三片式	动断
44	V238	球阀	1/2″三片式	动合
45	V239～V240	球阀	1/4″三片式	动断
46	V241～V242	球阀	1/2″三片式	动合
47	V244～V245	球阀	1/4″三片式	动合
48	V243	球阀	3/8″三片式	动断
49	V246～V247	球阀	1/4″三片式	动合
50	V248～V249	球阀	1/4″三片式	动断
51	V250	球阀	3/8″三片式	动断
52	V301～V302	排气阀（手动）	G1/4″三片式	动断
53				
54	V305	排气阀（手动）	G1/4″三片式	动断
55	V308	排气阀（自动）	G3/4″三片式	动断
56	V311～V312	排气阀（自动）	G1/2″三片式	动断
57	V313	排气阀（手动）	G3/8″三片式	动断
58	V314～V315	单向阀	G1/4″三片式	自动
59	V316～V317	排气阀（手动）	G1/4″三片式	动断
60	V400～V416	球阀	1/4″三片式	动合
61	V417～V422	球阀	1/4″三片式	动合
62	V423～V426	球阀	1″三片式	动合
63	V427	球阀	1/4″三片式	动合

序号	代号	名称	规格	备注
64	V501～V502	减压阀	R21BQK-DIG-01-00-R	自动
65	V503～V504	电磁阀	2V025 G1/8″	动断
66	V505～V507	针型阀	$\phi6$，卡套式	可调
67	V508	针型阀（动断）	$\phi6$，卡套式	动断
68	V509	单向阀	G1/4″	自动
69	V510	安全阀	SMV G1/2″ 4bar	可调
70	V511～V512	电磁阀	2V025 G1/8″	动断
71	V514～V515	球阀	QF-2，WP15	动合
72	V517	球阀	1/4″ 三片式	动断
73	V518～V519	球阀	1/4″ 三片式	动合
74	C01～C02	离子交换器	$\phi408×1500$	
75	C11～C12	膨胀罐	$\phi608×2000$	
76	C21	原水罐	$\phi608×2000$	
77	C31	脱气罐	$\phi710×1300$	
78	C41～C42	氮气瓶	40L	
79	Z01～Z02	主管道过滤器	$\phi273×1160$，$100\mu m$	
80	Z11～Z12	精密过滤器	$\phi89×350$，$5\mu m$	
81	Z21	补水管道过滤器	1″，$200\mu m$	
82	Z13	过滤器		
83	P01～P02	主循环泵	NKG200-150	
84	P11～P12	补水泵	CRN1-12，Q=2.2m/h，H=52m	

序号	代号	名称	规格	备注
85	P21	原水泵	WB70，Q=4.0m/h，H=12m	
86	M001～M002	主循环泵电机	160kW	
87	M101～M102	补水泵电机	0.75kW	
88	M201	原水泵电机	0.37kW	
89	H01～H04	加热器	15kW	
90	W01～W04	波纹补偿器	DN250	
91	FIT01、FIT03	冷却水流量变送器	72F DN250	
92	FIT02	冷却水流量变送器	72F DN250	
93	FIS11	去离子水流量开关	3-9900-1，P525-2S	
94	PT01～PT02	主泵出水压力变送器	S-10	
95	PT03～PT05	进阀压力变送器	S-10	
96	PT06～PT07	回水压力变送器	S-10	
97	PT11～PT12	膨胀罐压力变送器	S-10	
98	PI01～PI02	主泵出水压力表	G1/4″	
99	PI03～PI04	阀外冷设备进水压力表	G1/4″	
100	PI09	溶解氧仪进水压力表	G1/4″	
101	PI10	压力表	G1/4″	
102	PI11	精密过滤器进水压力表	G1/4″	
103	PI12	精密过滤器出水压力表	G1/4″	
104	PI13	补水过滤器进水压力表	G1/4″	
105	PI14	补水过滤器出水压力表	G1/4″	

序号	代号	名称	规格	备注
106	PI15	补水系统压力表	G1/4″	
107	dPI01～dPI02	主过滤器压差表	700.01 量程 0～60kPa G1/4″	
108	PIS21～PIS22	氮气瓶压力开关	YXC-100	
109	TT01～TT03	冷却水进阀温度变送器	TR10	
110	TT04～TT06	冷却水出阀温度变送器	TR10	
111	TT07～TT08	主泵电机温度变送器	$-100℃～+200℃$	
112	TT09～TT10	主泵轴承箱电机端轴承温度变送器	$-100℃～+200℃$	
113	TT11～TT12	主泵轴承箱泵端轴承温度变送器	$-100℃～+200℃$	
114	TT21、TT22	外冷出水温度变送器	TR10	
115	OI01	溶解氧变送器	COS71-A0F+COM253-WX8005	
116	TI20	外冷进水温度表计	WSS-303 $-40～80℃$ G1/2	
117	TRT01、TRT02	阀厅温湿度变送器	EE210	
118	QIT01～QIT02	冷却水电导率变送器	202924+202565	
119	QIT11、QIT12	去离子水电导率变送器	202924+202565	
120	LT11～LT12	膨胀罐液位变送器	FMI51	
121	LIT13	膨胀罐磁翻板液位变送器	EFC31B1H-2 C=1800	
122	LIT14	原水罐磁翻板液位变送器	EFC31B1H-2 C=1800	
123	LS01	P01 主循环泵检漏开关	FD-MH50C	
124	LS02	P02 主循环泵检漏开关	FD-MH50C	

十二、高澜阀内冷系统阀门功能说明表

高澜阀内冷系统阀门功能说明如表 14-2 所示。

表 14-2　　　　　　　　　　　　　　高澜阀内冷系统阀门功能说明表

序号	代号	安装位置	阀门类型	规格	阀门状态	阀门功能说明
1	V001	内冷主机-主泵 P01 出水	止回阀（对夹式）	DN250	自动	防止主水系统内主泵 P01 停止时内冷水回流冲击主泵 P01
2	V002	内冷主机-主泵 P02 出水	止回阀（对夹式）	DN250	自动	防止主水系统内主泵 P02 停止时内冷水回流冲击主泵 P02
3	V003	内冷主机-主泵 P01 出水	蝶阀	DN250	可调（指定开度）	人工打开状态下用于调节主水系统内主泵 P01 至主水系统三通阀 K001/K002 的内冷水流量，人工关闭状态下用于检修主泵 P01
4	V004	内冷主机-主泵 P02 出水	蝶阀	DN250	可调（指定开度）	人工打开状态下用于调节主水系统内主泵 P02 至主水系统三通阀 K001/K002 的内冷水流量，人工关闭状态下用于检修主泵 P02
5	V006	内冷主机-电动三通 K001	电动蝶阀	DN250，UNIC-40	主用时开备用时关	自动打开后用于调节主水系统内主泵 P01/P02 至主水系统三通阀 K001 的内冷水流量，三通阀 K001 故障时自动关闭 V006 并开启 V007，V015、V006、V013 人工关闭后用于三通阀 K001 检修
6	V007	内冷主机-电动三通 K002	电动蝶阀	DN250，UNIC-40	主用时开备用时关	自动打开后用于调节关主水系统内主泵 P01/P02 至主水系统三通阀 K002 的内冷水流量，三通阀 K002 故障时自动关闭 V007 并开启 V006，V014、V007、V016 人工关闭后用于三通阀 K002 检修
7	V005	内冷主机-电动三通 K001	电动三通蝶阀	DN250，UNIC-60	经 K001 联动 V005/V008	随三通阀 K001 执行器联动后自动调节主水系统三通阀 K001 至外冷循环冷却塔的内冷水流量。PLC 通过进阀温度控制三通阀开度。 （1）≥25℃时，电动三通阀全开状态； （2）23℃～25℃时，进阀温度升高，两台电动三通阀开度脉冲式加大； （3）进阀温度为 22～23℃（不包括 22℃和 23℃）时，两台电动三通阀阀位不变； （4）进阀温度为 20～22℃（不包括 20℃和 22℃）时，进阀温度下降，两台电动三通阀开度脉冲式缩小； （5）≤20℃时，两台电动三通阀处于关闭状态

序号	代号	安装位置	阀门类型	规格	阀门状态	阀门功能说明
8	V008	内冷主机-电动三通 K001	电动三通蝶阀	DN250，UNIC-60	经 K001 联动 V005/V008	随三通阀 K001 执行器联动后自动调节主水系统三通阀 K001 至主水系统主过滤器 Z01/Z02 的内冷水流量。PLC 通过进阀温度控制三通阀开度。 （1）≥25℃时，电动三通阀全开状态； （2）23～25℃时，进阀温度上升，两台电动三通阀开度脉冲式加大； （3）进阀温度为 22～23℃（不包括 22℃和 23℃）时，两台电动三通阀阀位不变； （4）进阀温度 20～22℃（不包括 202℃和 22℃）时，进阀温度下降，两台电动三通阀开度脉冲式缩小； （5）≤20℃时，两台电动三通阀处于关闭状态
9	V009	内冷主机-电动三通 K002	电动三通蝶阀	DN250，UNIC-60	经 K002 联动 V009/V010	随三通阀 K002 执行器联动后自动调节主水系统三通阀 K002 至外冷循环冷却塔的内冷水流量。PLC 通过进阀温度控制三通阀开度。 （1）≥25℃时，电动三通阀全开状态； （2）23～25℃时，进阀温度上升，两台电动三通阀开度脉冲式加大； （3）进阀温度为 22～23℃（不包括 22℃和 23℃）时，两台电动三通阀阀位不变； （4）进阀温度为 20～22℃（不包括 20℃和 22℃）时，进阀温度下降，两台电动三通阀开度脉冲式缩小； （5）≤20℃时，两台电动三通阀处于关闭状态
10	V010	内冷主机-电动三通 K002	电动三通蝶阀	DN250，UNIC-60	经 K002 联动 V009/V010	随三通阀 K002 执行器联动后自动调节主水系统三通阀 K001 至水系统主过滤器 Z01/Z02 的内冷水流量。PLC 通过进阀温度控制三通阀开度。 （1）≥25℃时，电动三通阀全开状态； （2）23℃～25℃时，进阀温度上升，两台电动三通阀开度脉冲式加大； （3）进阀温度为 22～23℃（不包括 22℃和 23℃）时，两台电动三通阀阀位不变； （4）进阀温度为 20～22℃（不包括 20℃和 22℃）时，进阀温度下降，两台电动三通阀开度脉冲式缩小； （5）≤20℃时，两台电动三通阀处于关闭状态

序号	代号	安装位置	阀门类型	规格	阀门状态	阀门功能说明
11	V011	内冷主机-电动三通 K001	止回阀（板式）	DN250	自动	防止主水系统三通阀 K001 至外冷循环冷却塔的内冷水回流
12	V012	内冷主机-电动三通 K002	止回阀（板式）	DN250	自动	防止主水系统三通阀 K002 至外冷循环冷却塔的内冷水回流
13	V013	内冷主机-电动三通 K001	蝶阀	DN250	可调（指定开度）	人工打开状态下用于调节主水系统三通阀 K001 至主水系统主过滤器 Z01/Z02 的内冷水流量，V015、V006、V013 人工关闭后用于三通阀 K001 检修
14	V014	内冷主机-电动三通 K002	蝶阀	DN250	可调（指定开度）	人工打开状态下用于调节主水系统三通阀 K002 至主水系统主过滤器 Z01/Z02 的内冷水流量，V014、V007、V016 人工关闭后用于三通阀 K002 检修
15	V015	内冷主机-电动三通 K001	蝶阀	DN250	动合	人工打开状态下用于调节主水系统三通阀 K001 至外冷循环冷却塔的内冷水流量，V015、V006、V013 人工关闭后用于三通阀 K001 检修
16	V016	内冷主机-电动三通 K002	蝶阀	DN250	动合	人工打开状态下用于调节主水系统三通阀 K002 至外冷循环冷却塔的内冷水流量，V014、V007、V016 人工关闭后用于三通阀 K002 检修
17	V017	内冷主机-电动三通	球阀	2″三片式	可调（动合）	人工打开状态下用于调节主水系统三通阀回路上的旁路流量
18	V018	内冷主机-主过滤器 Z01	蝶阀	DN250	主用时开备用时关	人工打开后用于调节主过滤器 Z01 进水流量，人工关闭后用于检修、备用主过滤器 Z01
19	V019	内冷主机-主过滤器 Z02	蝶阀	DN250	主用时开备用时关	人工打开后用于调节主过滤器 Z02 进水流量，人工关闭后用于检修、备用主过滤器 Z02
20	V020	内冷主机-主过滤器 Z01	蝶阀	DN250	主用时开备用时关	人工打开后用于调节主过滤器 Z01 出水流量，人工关闭后用于检修、备用主过滤器 Z01
21	V021	内冷主机-主过滤器 Z02	蝶阀	DN250	主用时开备用时关	人工打开后用于调节主过滤器 Z02 出水流量，人工关闭后用于检修、备用主过滤器 Z02

序号	代号	安装位置	阀门类型	规格	阀门状态	阀门功能说明
22	V022	主水管道-进阀	蝶阀	DN250	动合	人工打开状态下用于调节主水回路的进阀流量
23	V023	主水管道-出阀	蝶阀	DN250	动合	人工打开状态下用于调节主水回路的出阀流量
24	V024	内冷主机-脱气罐 C31	蝶阀	DN250	动合	人工打开状态下用于调节脱气罐 C31 的进水流量
25	V025	内冷主机-脱气罐 C31	蝶阀	DN250	动合	人工打开状态下用于调节脱气罐 C31 的出水流量
26	V026	内冷主机-主泵进水	蝶阀	DN250	可调（动断）	人工打开后用于检修脱气罐 C31 时旁通调节流向主水系统内主泵 P01/P02 的进水流量
27	V027	内冷主机-主泵 P01 进水	蝶阀	DN250	动合	人工打开状态下用于调节主泵 P01 的进水流量，人工关闭状态下用于检修主泵 P01
28	V028	内冷主机-主泵 P02 进水	蝶阀	DN250	动合	人工打开状态下用于调节主泵 P02 的进水流量，人工关闭状态下用于检修主泵 P02
29	V029	主水管道-阀外冷进水	蝶阀	DN250	动合	人工打开状态下用于调节主水系统至外冷循环冷却塔的内冷水进水流量
30	V030	主水管道-阀外冷回水	蝶阀	DN250	动合	人工打开状态下用于调节经外冷循环冷却塔冷却后回主水系统的内冷水流量
31	V031	内冷主机-阀冷旁路	蝶阀	DN125	动断	与 V032 一起人工打开后用于检修换流阀时旁路通向阀厅的进出水管道，维持阀冷室至户外的管道循环
32	V032	内冷主机-阀冷旁路	蝶阀	DN125	动断	与 V031 一起人工打开后用于检修换流阀时旁路阀厅侧的进出水管道，维持阀冷室至户外的管道循环
33	V065	内冷主机-主泵 P01 进水	球阀	1/4″三片式	动断	人工打开后用于主水系统主泵 P01 机械轴封冲洗
34	V066	内冷主机-主泵 P02 进水	球阀	1/4″三片式	动断	人工打开后用于主水系统主泵 P02 机械轴封冲洗
35	V081	内冷辅机-电导率变送器 QIT01	针型阀	$\phi12$，卡套式	动合	人工关闭后用于冷却水电导率变送器 QIT01 检修

序号	代号	安装位置	阀门类型	规格	阀门状态	阀门功能说明
36	V082	内冷辅机-电导率变送器 QIT01	针型阀	$\phi 12$，卡套式	动合	人工关闭后用于冷却水电导率变送器 QIT01 检修
37	V083	内冷辅机-电导率变送器 QIT02	针型阀	$\phi 12$，卡套式	动合	人工关闭后用于冷却水电导率变送器 QIT02 检修
38	V084	内冷辅机-电导率变送器 QIT02	针型阀	$\phi 12$，卡套式	动合	人工关闭后用于冷却水电导率变送器 QIT02 检修
39	V085	内冷辅机-冷却水电导率	针型阀	$\phi 12$，卡套式	动合	人工打开状态下用于溶解氧测量回路检修或停用时旁通流回主水系统
40	V086	内冷辅机-溶解氧仪	针型阀	$\phi 6$，卡套式	可调（动断）	人工关闭状态下用于溶解氧测量回路检修或停用
41	V087	内冷辅机-溶解氧仪	针型阀	$\phi 6$，卡套式	可调（动断）	人工关闭状态下用于溶解氧测量回路检修或停用
42	V110	内冷辅机-进水	球阀	2″，两端对焊	动合（指定开度）	人工打开状态下用于调节主水系统至水处理系统的进水流量
43	V111	内冷辅机-进水	止回阀	2″，DN50，旋启式	自动	防止原水未经去离子水处理直接进入主水系统
44	V112	内冷辅机-离子交换器 C01	球阀	2″，两端对焊	主用时全开，备用时开 15°	人工打开后用于调节去离子水处理系统离子罐 C01 的进水流量，人工关闭后用于离子罐 C01 检修
45	V113	内冷辅机-离子交换器 C02	球阀	2″，两端对焊	主用时全开，备用时开 15°	人工打开后用于调节去离子水处理系统离子罐 C02 的进水流量，人工关闭后用于离子罐 C02 检修
46	V114	内冷辅机-离子交换器 C01	球阀	2″，两端对焊	动合	人工打开状态下用于调节去离子水处理系统离子罐 C01 的出水流量，人工关闭后用于离子罐 C01 检修
47	V115	内冷辅机-离子交换器 C02	球阀	2″，两端对焊	动合	人工打开状态下用于调节去离子水处理系统离子罐 C02 的出水流量，人工关闭后用于离子罐 C02 检修
48	V116	内冷辅机-精密过滤器	球阀	2″，两端对焊	动合	人工打开状态下用于调节去离子水处理系统离子罐 C01/C02 至精密过滤器 Z11/Z12 的进水流量

序号	代号	安装位置	阀门类型	规格	阀门状态	阀门功能说明
49	V117	内冷辅机-精密过滤器 Z01	球阀	2″，两端对焊	动合	人工打开后用于调节精密过滤器 Z11 进水流量，人工关闭后用于检修、备用精密过滤器 Z11
50	V118	内冷辅机-精密过滤器 Z02	球阀	2″，两端对焊	动合	人工打开后用于调节精密过滤器 Z11 出水流量，人工关闭后用于检修、备用精密过滤器 Z11
51	V119	内冷辅机-精密过滤器 Z01	球阀	2″，两端对焊	动合	人工打开后用于调节精密过滤器 Z12 进水流量，人工关闭后用于检修、备用精密过滤器 Z12
52	V120	内冷辅机-精密过滤器 Z02	球阀	2″，两端对焊	动合	人工打开后用于调节精密过滤器 Z12 出水流量，人工关闭后用于检修、备用精密过滤器 Z12
53	V121	内冷辅机-膨胀罐进水	球阀	2″，两端对焊	动合	人工打开状态下用于调节去离子水处理系统至膨胀罐的进水流量
54	V122	内冷辅机-膨胀罐出水	球阀	2″，两端对焊	动合（可调）	人工打开状态下用于调节氮气稳压系统内膨胀罐的出水流量
55	V123	内冷辅机-出水	球阀	2″，两端对焊	动合（可调）	人工打开状态下用于调节氮气稳压系统至主水系统的流量
56	V130	内冷辅机-补水系统	球阀	1″三片式	动断	与 V133 一起人工打开后可开启原水泵对原水罐人工补水
57	V131	内冷辅机-补水系统	止回阀	1″	自动	防止本应进入离子罐 C01/C02 的进行去离子处理的内冷水回流冲击补水泵 P11
58	V132	内冷辅机-补水系统	止回阀	1″	自动	防止本应进入离子罐 C01/C02 的进行去离子处理的内冷水回流冲击补水泵 P12
59	V133	内冷辅机-补水系统	球阀	1″三片式	动断	与 V130 一起人工打开后可开启原水泵对原水罐人工补水
60	V134	内冷辅机-补水系统	球阀	1″三片式	动合	人工打开状态下用于调节补水泵 P11 的进水流量，人工关闭状态下用于检修补水泵 P11
61	V135	内冷辅机-补水系统	球阀	1″三片式	动合	人工打开状态下用于调节补水泵 P12 的进水流量，人工关闭状态下用于检修补水泵 P12

序号	代号	安装位置	阀门类型	规格	阀门状态	阀门功能说明
62	V136	内冷辅机-补水系统	电动球阀	1″，UNIC-05	自动（未补水时动断）	自动打开后用于控制补水泵 P11/P12 至离子罐 C01/C02 的补水流量，未补水时自动关闭
63	V137	内冷辅机-补水系统	球阀	1″三片式	动合	人工打开状态下用于调节补水泵 P11/P12 至离子罐 C01/C02 的补水流量
64	V201	内冷主机-主泵 P01 出水	球阀（泄空用）	3/8″三片式	动断	人工打开后用于主水系统主泵 P01 出水截止阀 V001 至三通阀回路截止阀 V006/V007 间管道泄空
65	V202	内冷主机-主泵 P02 出水	球阀（泄空用）	3/8″三片式	动断	人工打开后用于主水系统主泵 P01 出水截止阀 V002 至三通阀回路截止阀 V006/V007 间管道泄空
66	V203	内冷主机-主过滤器 Z01	球阀（泄空用）	3/8″三片式	动断	人工打开后用于主水系统主过滤器 Z01 检修时泄空
67	V204	内冷主机-主过滤器 Z02	球阀（泄空用）	3/8″三片式	动断	人工打开后用于主水系统主过滤器 Z02 检修时泄空
68	V208	内冷主机-脱气罐 C31	球阀（泄空用）	3/8″三片式	动断	人工打开后用于脱气罐 C31 检修时泄空
69	V209	内冷主机-主泵进水	球阀（泄空用）	3/8″三片式	动断	人工打开后用于脱气罐 C31 至主水系统主泵 P01/P02 处水管道泄空
70	V210	内冷主机-外冷回水	球阀（泄空用）	3/8″三片式	动断	人工打开后用于冷却塔内内冷水盘管至过滤器处水管道泄空
71	V211	内冷辅机-离子交换器 C01	球阀（树脂泄空）	3/8″三片式	动断	人工打开后用于去离子水处理系统离子罐 C01 检修时泄空排树脂
72	V212	内冷辅机-离子交换器 C02	球阀（树脂泄空）	3/8″三片式	动断	人工打开后用于去离子水处理系统离子罐 C02 检修时泄空排树脂
73	V213	内冷辅机-离子交换器 C01	球阀（泄空用）	3/8″三片式	动断	人工打开后用于去离子水处理系统离子罐 C01 及去离子水电导率变送器 QIT11 处管道泄空
74	V214	内冷辅机-离子交换器 C02	球阀（泄空用）	3/8″三片式	动断	人工打开后用于去离子水处理系统离子罐 C02 及去离子水电导率变送器 QIT12 处管道泄空

序号	代号	安装位置	阀门类型	规格	阀门状态	阀门功能说明
75	V215	内冷辅机-精密过滤器 Z11	球阀（泄空用）	1/4″三片式	动断	人工打开后用于去离子水处理系统精密过滤器 Z11 检修时泄空
76	V216	内冷辅机-精密过滤器 Z12	球阀（泄空用）	1/4″三片式	动断	人工打开后用于去离子水处理系统精密过滤器 Z12 检修时泄空
77	V217	内冷辅机-膨胀罐 C11	球阀（泄空用）	3/8″三片式	动断	人工打开后用于氮气稳压系统膨胀罐 C11 检修时泄空
78	V218	内冷辅机-膨胀罐 C12	球阀（泄空用）	3/8″三片式	动断	人工打开后用于氮气稳压系统膨胀罐 C12 检修时泄空
79	V219	内冷辅机-原水罐 C21	球阀（泄空用）	3/8″三片式	动断	人工打开后用于补水系统原水罐 C21 检修时泄空
80	V220	内冷主机-电动三通 K002	球阀（泄空用）	3/8″三片式	动断	人工打开后用于主水系统三通阀 K002 检修时泄空其进水处管道
81	V221	内冷主机-电动三通 K001	球阀（泄空用）	3/8″三片式	动断	人工打开后用于主水系统三通阀 K001 检修时泄空其进水处管道
82	V222	内冷主机-P01 检漏开关	球阀（泄空用）	1/4″三片式	动断	人工打开后用于主水系统主泵 P01 检漏开关 LS01 处泄空
83	V223	内冷主机-P02 检漏开关	球阀（泄空用）	1/4″三片式	动断	人工打开后用于主水系统主泵 P02 检漏开关 LS02 处泄空
84	V224	内冷主机-主循环泵 P01	球阀（泄空用）	3/8″三片式	动断	人工打开后用于主水系统主泵 P01 检修时泄空
85	V225	内冷主机-主循环泵 P02	球阀（泄空用）	3/8″三片式	动断	人工打开后用于主水系统主泵 P02 检修时泄空
86	V231	内冷主机-主过滤器 Z01	球阀	1/4″三片式	动断	人工打开后用于主水系统主过滤器 Z01 排气，人工关闭状态下用于检修、备用排气阀 V301
87	V232	内冷主机-主过滤器 Z02	球阀	1/4″三片式	动断	人工打开后用于主水系统主过滤器 Z02 排气，人工关闭状态下用于检修、备用排气阀 V302

序号	代号	安装位置	阀门类型	规格	阀门状态	阀门功能说明
88	V233	内冷主机-主泵P01出水1	球阀	1/4″三片式	动断	人工打开后用于主水系统主泵P01出口处冷却水取样或必要时排气用
89	V234	内冷主机-主泵P02出水2	球阀	1/4″三片式	动断	人工打开后用于主水系统主泵P02出口处冷却水取样或必要时排气用
90	V196	主水管道出阀	球阀	3/4″三片式	动断	人工打开后用于出阀处主水管道排气
91	V197	主水管道去外冷	球阀	3/4″三片式	动断	正常运行时关闭,去冷却塔主管道检修后排气时打开
92	V198	主水管道外冷回水	球阀	3/4″三片式	动断	正常运行时关闭,自冷却塔回主管道检修后排气时打开
93	V199	主水管道进阀	球阀	3/4″三片式	动断	人工打开后用于进阀处主水管道排气
94	V238	内冷主机-脱气罐	球阀	1/2″三片式	动合	人工打开状态下用于脱气罐C31自动排气,人工关闭后用于检修排气阀V308
95	V239	内冷主机-主泵P01出水	球阀	1/4″三片式	动断	人工打开后用于主水系统主泵P01出口截止阀V001处冷却水取样或必要时排气用
96	V240	内冷主机-主泵P02出水	球阀	1/4″三片式	动断	人工打开后用于主水系统主泵P02出口截止阀V002处冷却水取样或必要时排气用
97	V241	内冷辅机-离子交换器C01	球阀	1/2″三片式	动合	人工打开状态下用于去离子水处理系统离子罐C01自动排气,人工关闭后用于检修排气阀V311
98	V242	内冷辅机-离子交换器C02	球阀	1/2″三片式	动合	人工打开状态下用于去离子水处理系统离子罐C02自动排气,人工关闭后用于检修排气阀V312
99	V243	内冷辅机-氮气稳压系统	球阀	3/8″三片式	动断	人工打开后用于氮气稳压系统管道人工排气,人工关闭状态下用于检修、备用排气阀V313
100	V244	内冷辅机-氮气稳压系统	球阀	1/4″三片式	动合	人工打开状态下用于氮气稳压系统管道安全阀V510自动泄压,人工关闭后用于检修安全阀V510
101	V245	内冷辅机-氮气稳压系统	球阀	1/4″三片式	动合	人工打开状态下用于氮气稳压系统气路功能管道电磁阀V511自动排氮气,人工关闭后用于检修电磁阀V511

序号	代号	安装位置	阀门类型	规格	阀门状态	阀门功能说明
102	V246	内冷辅机-原水罐 C21	球阀	1/4″三片式	动合	人工打开状态下用于补水系统原水罐 C21 内水位变化时单向阀 V315/V314 自动呼吸通气（V315 呼气，V314 吸气），人工关闭后用于检修单向阀 V314/V315
103	V247	内冷辅机-原水罐 C21	球阀	1/4″三片式	动合	人工打开状态下用于补水系统原水罐 C21 上电磁阀 V512 自动排气，人工关闭后用于检修电磁阀 V512
104	V248	内冷主机-电动三通 K001	球阀	1/4″三片式	动断	人工打开后用于主水系统三通阀管道人工排气，人工关闭状态下用于检修、备用排气阀 V316
105	V249	内冷主机-主泵出水	球阀	1/4″三片式	动断	人工打开后用于主水系统主泵 P01/P02 至三通阀回路截止阀 V006/V007 间管道人工排气，人工关闭状态下用于检修、备用排气阀 V317
106	V250	内冷辅机-膨胀罐	球阀	3/8″三片式	动断	人工打开后用于氮气稳压系统膨胀罐 C11/C12 人工排气，人工关闭状态下用于检修、备用排气阀 V305
107	V301	内冷主机-主过滤器 Z01	排气阀（手动）	G1/4″三片式	动断	在人工打开球阀 V231 后用于主水系统主过滤器 Z01 排气
108	V302	内冷主机-主过滤器 Z02	排气阀（手动）	G1/4″三片式	动断	在人工打开球阀 V232 后用于主水系统主过滤器 Z02 排气
109	V308	内冷主机-脱气罐 C31	排气阀（自动）	G3/4″三片式	动断	在球阀 V238 打开状态下用于脱气罐 C31 自动排气
110	V311	内冷辅机-离子交换器 C01	排气阀（自动）	G1/2″三片式	动断	在球阀 V241 打开状态下用于去离子水处理系统离子罐 C01 自动排气
111	V312	内冷辅机-离子交换器 C02	排气阀（自动）	G1/2″三片式	动断	在球阀 V242 打开状态下用于去离子水处理系统离子罐 C02 自动排气
112	V313	内冷辅机-氮气稳压系统	排气阀（手动）	G3/8″三片式	动断	在打开球阀 V243 后用于氮气稳压系统管道排气
113	V314	内冷辅机-原水罐 C21	单向阀	G1/4″三片式	自动	在球阀 V246 打开状态下用于补水系统原水罐 C21 水位下降时自动吸气

序号	代号	安装位置	阀门类型	规格	阀门状态	阀门功能说明
114	V315	内冷辅机-原水罐 C21	单向阀	G1/4″三片式	自动	在球阀 V246 打开状态下用于补水系统原水罐 C21 水位上升时自动排气
115	V316	内冷主机-电动三通 K001	排气阀（手动）	G1/4″三片式	动断	在打开球阀 V248 后用于主水系统三通阀管道排气
116	V317	内冷主机-主泵出水	排气阀（手动）	G1/4″三片式	动断	在打开球阀 V249 后用于主水系统主泵 P01/P02 至三通阀回路截止阀 V006/V007 间管道排气
117	V401	P01 主泵出水压力表	球阀	1/4″三片式	动合	打开状态下用于接入监测 P01 主泵出水压力的表计 PI01，关闭后用于在线检修 PI01
118	V402	P02 主泵出水压力表	球阀	1/4″三片式	动合	打开状态下用于接入监测 P02 主泵出水压力的表计 PI02，关闭后用于在线检修 PI02
119	V403	主泵出水压力变送器 PT01	球阀	1/4″三片式	动合	打开状态下用于接入监测主泵出水压力的变送器 PT01，关闭后用于在线检修 PT01
120	V404	主泵出水压力变送器 PT02	球阀	1/4″三片式	动合	打开状态下用于接入监测主泵出水压力的变送器 PT02，关闭后用于在线检修 PT02
121	V405	阀外冷进水压力表 PI03	球阀	1/4″三片式	动合	打开状态下用于接入监测进外冷却塔散热的内冷水压力变送器 PT03，关闭后用于在线检修 PI03
122	V406	阀外冷回水压力表 PI04	球阀	1/4″三片式	动合	打开状态下用于接入监测经外冷却塔冷却后的内冷水回水压力变送器 PI04，关闭后用于在线检修 PI04
123	V407	主过滤器压差表 dPI01	球阀	1/4″三片式	动合	打开状态下用于接入监测主过滤器 Z01 压差表 dPI01，关闭后用于在线检修 dPI01
124	V408	主过滤器压差表 dPI01	球阀	1/4″三片式	动合	打开状态下用于接入监测主过滤器 Z01 压差表 dPI01，关闭后用于在线检修 dPI01
125	V409	主过滤器压差表 dPI02	球阀	1/4″三片式	动合	打开状态下用于接入监测主过滤器 Z02 压差的表计 dPI02，关闭后用于在线检修 dPI02
126	V410	主过滤器压差表 dPI02	球阀	1/4″三片式	动合	打开状态下用于接入监测主过滤器 Z02 压差的表计 dPI02，关闭后用于在线检修 dPI02

序号	代号	安装位置	阀门类型	规格	阀门状态	阀门功能说明
127	V411	进阀压力变送器 PT03	球阀	1/4″三片式	动合	打开状态下用于接入监测进阀压力的变送器 PT03，关闭后用于在线检修 PT03
128	V412	进阀压力变送器 PT04	球阀	1/4″三片式	动合	打开状态下用于接入监测进阀压力的变送器 PT04，关闭后用于在线检修 PT04
129	V400	进阀压力变送器 PT05	球阀	1/4″三片式	动合	打开状态下用于接入监测进阀压力的变送器 PT05，关闭后用于在线检修 PT05
130	V413	出阀压力变送器 PT06	球阀	1/4″三片式	动合	打开状态下用于接入监测出阀压力的变送器 PT06，关闭后用于在线检修 PT06
131	V414	出阀压力变送器 PT07	球阀	1/4″三片式	动合	打开状态下用于接入监测出阀压力的变送器 PT07，关闭后用于在线检修 PT07
132	V415	膨胀罐压力变送器 PT11	球阀	1/4″三片式	动合	打开状态下用于接入监测膨胀罐 C11/C12 压力的变送器 PT11，关闭后用于在线检修 PT11
133	V416	膨胀罐压力变送器 PT12	球阀	1/4″三片式	动合	打开状态下用于接入监测膨胀罐 C11/C12 压力的变送器 PT12，关闭后用于在线检修 PT12
134	V417	精密过滤器进水压力表 PI11	球阀	1/4″三片式	动合	打开状态下用于接入监测精密过滤器 Z11/Z12 进水压力的表计 PI11，关闭后用于在线检修 PI11
135	V418	精密过滤器出水压力表 PI12	球阀	1/4″三片式	动合	打开状态下用于接入监测精密过滤器 Z11/Z12 出水压力的表计 PI12，关闭后用于在线检修 PI12
136	V419	补水过滤器进水压力表 PI13	球阀	1/4″三片式	动合	打开状态下用于接入监测补水过滤器 Z21 进水压力的表计 PI13，关闭后用于在线检修 PI13
137	V420	补水过滤器出水压力表 PI14	球阀	1/4″三片式	动合	打开状态下用于接入监测补水过滤器 Z21 出水压力的表计 PI14，关闭后用于在线检修 PI14
138	V421	补水系统压力表 PI15	球阀	1/4″三片式	动合	打开状态下用于接入监测补水系统压力的表计 PI15，关闭后用于在线检修 PI15
139	V422	溶解氧仪进水压力表 PI09	球阀	1/4″三片式	动合	打开状态下用于接入监测溶解氧仪进水压力的表计 PI09，关闭后用于在线检修 PI09

序号	代号	安装位置	阀门类型	规格	阀门状态	阀门功能说明
140	V423	膨胀罐液位变送器 LT11	球阀	1″三片式	动合	打开状态下用于接入监测膨胀罐 C11/C12 液位的电容式液位变送器 LT11，关闭后用于在线检修 LT11
141	V424	膨胀罐液位变送器 LT11	球阀	1″三片式	动合	打开状态下用于接入监测膨胀罐 C11/C12 液位的电容式液位变送器 LT11，关闭后用于在线检修 LT11
142	V425	膨胀罐液位变送器 LT12	球阀	1″三片式	动合	打开状态下用于接入监测膨胀罐 C11/C12 液位的电容式液位变送器 LT12，关闭后用于在线检修 LT12
143	V426	膨胀罐液位变送器 LT12	球阀	1″三片式	动合	打开状态下用于接入监测膨胀罐 C11/C12 液位的电容式液位变送器 LT12，关闭后用于在线检修 LT12
144	V427	膨胀罐压力表 PI10	球阀	1/4″三片式	动合	打开状态下用于接入监测膨胀罐 C11/C12 压力的表计 PI10，关闭后用于在线检修 PI10
145	V501	内冷辅机-氮气稳压系统	减压阀	R21BQK-DIG-01-00R	自动（动合）	打开后用于调节氮气瓶 C41 氮气出口压力（0.4MPa 左右）
146	V502	内冷辅机-氮气稳压系统	减压阀	R21BQK-DIG-01-00R	自动（动合）	打开后用于调节氮气瓶 C42 氮气出口压力（0.4MPa 左右）
147	V503	内冷辅机-氮气稳压系统	电磁阀	2V025 G1/8″	动断	当膨胀罐压力<0.18MPa，自动脉冲式打开调节氮气瓶 C41 氮气出口补气流速
148	V504	内冷辅机-氮气稳压系统	电磁阀	2V025 G1/8″	动断	当膨胀罐压力<0.18MPa，自动脉冲式打开调节氮气瓶 C42 氮气出口补气流速
149	V505	内冷辅机-氮气稳压系统	针型阀	$\phi6$，卡套式	可调（动合）	人工打开状态下用于调节氮气瓶 C41 氮气出口补气流速
150	V506	内冷辅机-氮气稳压系统	针型阀	$\phi6$，卡套式	可调（动合）	人工打开状态下用于调节氮气瓶 C42 氮气出口补气流速
151	V507	内冷辅机-氮气稳压系统	针型阀	$\phi6$，卡套式	可调（动合）	人工打开状态下用于调节流经膨胀罐 C11/C12 的氮气压力流速

序号	代号	安装位置	阀门类型	规格	阀门状态	阀门功能说明
152	V508	内冷辅机-氮气稳压系统	针型阀	$\phi6$，卡套式	动断	人工打开后与球阀 V517 构成旁路膨胀罐 C11/C12 回路，可快速调节流经膨胀罐 C11/C12 的氮气压力流速
153	V509	内冷辅机-氮气稳压系统	单向阀	G1/4″	自动（动断）	防止出现针型阀 V508 打开时膨胀罐水倒流至氮气系统
154	V510	内冷辅机-氮气稳压系统	安全阀	SMV G1/2″ 4bar	可调	超安全设定压力值 3.0bar 时自动泄压，防止氮气稳压系统管道压力过高
155	V511	内冷辅机-氮气稳压系统	电磁阀	2V025 G1/8″	动断	球阀 V245 打开状态下，膨胀罐压力＞0.22MPa 时，自动脉冲式打开排氮气，自动调节氮气稳压系统气路功能管道氮气流速压力
156	V512	内冷辅机-原水罐 C21	电磁阀	2V025 G1/8″	动断	球阀 V247 打开状态下，膨胀罐液位＜30%时启动补水泵补水并自动脉冲式打开排气，防止原水罐压力过高
157	V514	内冷辅机-氮气稳压系统	球阀	QF-2，WP15	动合	打开状态下用于调节氮气瓶 C41 内氮气流进氮气稳压系统气路功能管道的氮气流速压力
158	V515	内冷辅机-氮气稳压系统	球阀	QF-2，WP15	动合	打开状态下用于调节氮气瓶 C42 内氮气流进氮气稳压系统气路功能管道的氮气流速压力
159	V517	内冷辅机-氮气稳压系统	球阀	1/4″三片式	动断	打开状态下，再打开针型阀 V508 后构成旁路膨胀罐 C11/C12 回路，可快速调节流经膨胀罐 C11/C12 的氮气流速压力
160	V518	内冷辅机-氮气稳压系统	球阀	1/4″三片式	动合	人工打开状态下用于调节流经膨胀罐 C11/C12 的氮气压力流速
161	V519	内冷辅机-氮气稳压系统	球阀	1/4″三片式	动合	人工打开状态下用于调节流经膨胀罐 C11/C12 的氮气压力流速

十三、高澜阀外冷系统流程图

高澜阀外冷系统流程图如图 14-11 所示。

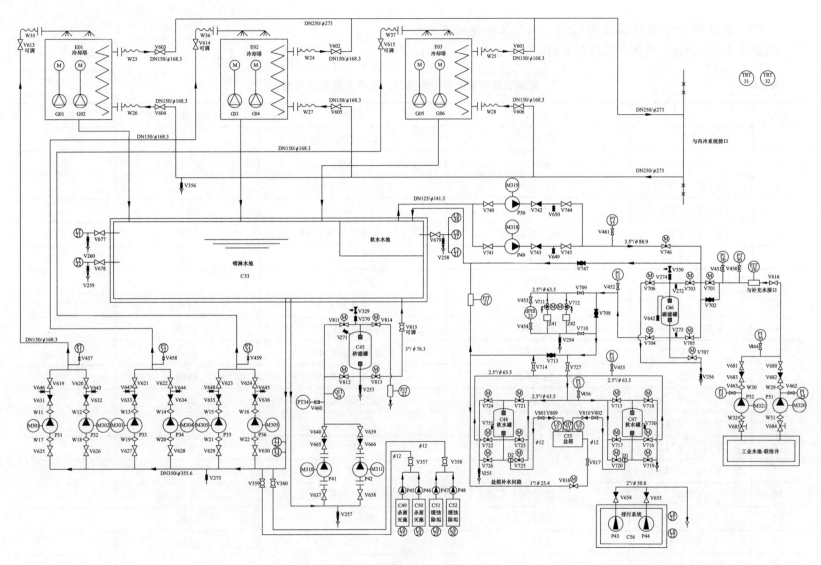

图 14-11　高澜阀外冷系统流程图

十四、高澜阀外冷系统流程图阀门、仪表及设备部件表

高澜阀外冷系统流程图阀门、仪表及设备部件如表 14-3 所示。

表 14-3　　　　　　　　　　　高澜阀外冷系统流程图阀门、仪表及设备部件表

序号	代号	名称	规格	阀门状态	备注
1	V701	电动阀	2″球阀+UNIC-05	自动	
2	V702、V708	球阀	2″三片式	动断	
3	V703～V707	电动阀	2″球阀+UNIC-05	自动	
4	V709～V710	球阀	2″三片式	动合	
5	V711～V712	电动三通球阀	2″三通球阀+UNIC-10	自动	
6	V713	球阀	2″三片式	动断	
7	V714	球阀	2″三片式	动合	
8	V715～V719	电动阀	2″球阀+UNIC-05	自动	
9	V721～V724	电动阀	1″球阀+UNIC-05	自动	
10	V720、V725	电动阀	1″球阀+UNIC-05	自动	
11	V726	电动阀	2″球阀+UNIC-05	自动	
12	V727	球阀	2″三片式	动合	
13	V740～V741	蝶阀	3″	动合	
14	V742～V743	止回阀	3″	自动	
15	V744～V745	蝶阀	3″	动合	
16	V746	电动阀	2″球阀+UNIC-05	自动	
17	V747	球阀	2″三片式	动断	
18	V750～751	球阀	1/2″三片式	动断	
19	V801～V802	球阀	DN25，PPH 三片式	动合	

序号	代号	名称	规格	阀门状态	备注
20	V809～V810	止回阀	DN25，PPH	自动	
21	V811～V814	电动蝶阀	DN80+UNIC-05	自动	
22	V815	蝶阀	3″	可调	
23	V816	电动阀	3/4″球阀+UNIC-05	自动	
24	V817	球阀	3/4″球阀	动合	
25	V818	球阀	1/4″球阀	动断	
26	V821	球阀	3/8″球阀	动断	
27	V601～V606	蝶阀	DN150	动合	
28	V613～V615	蝶阀	DN150	可调	
29	V616	蝶阀	DN80	可调	
30	V619～V624	蝶阀	DN125	动合	
31	V625～V630	蝶阀	DN150	动合	
32	V631～V636	止回阀	DN150	自动	
33	V637～V640	蝶阀	3″ 焊接	动合	
34	V642～V650	球阀	3/4″三片式	动断	
35	V654～V655	止回阀	2″	自动	
36	V665、V666	止回阀	3″	自动	
37	V677～V679	蝶阀	DN80	动合	
38	V680、V681	中线对夹手柄蝶阀	DN65	动合	
39	V682、V683	消声止回阀	DN65	自动	
40	V684、V685	闸阀	DN65	动合	

序号	代号	名称	规格	阀门状态	备注
41	V253～V258	球阀（卸空用）	3/8″三片式	动断	
42	V261、V262	球阀	3/4″三片式	动断	
43	V270～V274	球阀	3/8″三片式	动断	
44	V275	球阀	3/4″三片式	动断	
45	V329～V330	排气阀（手动）	3/8″三片式	动断	
46	V336～V337	排气阀（手动）	3/8″三片式	动断	
47	V354	球阀（泄空用）	3/8″三片式	动断	
48	V357～V360	球阀	3/8″三片式	动合	
49	V450～V461	球阀	1/4″三片式	动合	
50	C45	砂滤过滤罐	$\phi900\times1100$　装填高度500mm		
51	C46	活性炭过滤罐	$\phi1600\times1500$		
52	C47、C48	软化罐	$\phi900\times1500$		
53	C49～C50	杀菌灭藻装置	200L		
54	C51～C52	缓蚀阻垢装置	200L		
55	C53	喷淋水池			
56	C55	盐箱	1000L		
57	C56	排污泵坑			
58	E01～E03	闭式冷却塔			
59	Z41～Z42	机械过滤器	100μm		
60	P31～P36	喷淋泵	$Q=234m^3/h$，$H=15m$，15kW		
61	P41～P42	自循环泵	$Q=30m^3/h$，$H=15m$		

序号	代号	名称	规格	阀门状态	备注
62	P43～P44	潜水泵	Q=10m/h，H=15m，1.5kW		
63	P45～P46	计量泵	P066-368TI		
64	P47～P48	计量泵	P036-358TI		
65	P49～P50	反洗泵	Q=45m^3/h，H=30m		
66	M301～M306	喷淋泵电机	15kW		
67	M310、M311	自循环泵电机	3kW		
68	G01～G06	风机电机	5.5kW		
69	W11～W16	波纹补偿器	DN150		
70	W17～W22	波纹补偿器	DN125		
71	W23～W34	金属软管	DN150		
72	W35～W37	金属软管	DN80		
73	FIT20	补充水流量变送器	3-9900-1，P525-2S		
74	FIT21	软化水流量变送器	3-9900-1，P525-2S		
75	D1、D2	软化水射流器	1078		
76	FIT22	排污流量变送器	3-9900-1，P525-2S		
77	PT31～PT33	喷淋泵出水压力变送器	S-10		
78	PT34	自循环泵出水压力变送器	S-10		
79	PT35	反洗水泵出水压力变送器	S-10		
80	PI30	工业补水压力表	G1/4″		
81	PT30	工业补水压力变送器	S-10		
82	PI31	活性炭过滤器出水压力表	G1/4″		

序号	代号	名称	规格	阀门状态	备注
83	PI32、PI33	软化水处理设备进出水压力表	G1/4″		
84	dPIS21	Z41、Z42 过滤器压差开关	702.02-E-BBE		
85	TRT31、TRT32	室外温湿度变送器	EE210		
86	TT23、TT24	喷淋水温度变送器	TR10		
87	QIT23	盐箱电导率变送器	202755		
88	QIT24	喷淋水进水电导率变送器	202925+202565		
89	LS21	排污泵坑高液位开关	FACC03 浮球		
90	LS22	排污泵坑低液位开关	FACC03 浮球		
91	LS23~LS26	加药装置低液位开关	FACC03 浮球		
92	LS31	盐箱低液位开关	FACC03 浮球		
93	LS32	盐箱高液位开关	FACC03 浮球		
94	LT21~LT22	喷淋水池电容式液位计	FMI51		
95	LS37、LS38	软水水池低、高液位开关	EFB-1420		
96	LI21	软水水池磁翻板液位计	EFC31B1H-2-C-C=1800（不含远传液位变送器）		

十五、高澜阀外冷系统阀门功能说明表

高澜阀外冷系统阀门功能说明如表 14-4 所示。

表 14-4　　　　　　　　高澜阀外冷系统阀门功能说明表

序号	代号	安装位置	阀门类型	规格	阀门状态	阀门功能说明
1	V702	外冷水处理系统-补水阀 V701	球阀	2″三片式	动断	人工打开后用于电动补水阀 V701 检修时旁通，人工接通工业水进水与水处理系统

序号	代号	安装位置	阀门类型	规格	阀门状态	阀门功能说明
2	V701	外冷水处理系统-补水阀 V701	电动阀	2″球阀+UNIC-05	自动	
3	V703	外冷水处理系统-碳滤罐 C46	电动阀	2″球阀+UNIC-05	自动	活性炭过滤器缺省状态为过滤运行状态（开 V703/V704/V701，关 V705/V706/V707/V746），喷淋水池水位低于喷淋水池补水启动液位（65%）时，启动补水工业泵补水，PLC 根据 FIT20 补水流量计算补水量，达 400m³ 时自动启动碳滤罐 C46 反洗、正洗控制逻辑：C46 反洗 15min（开 V705/V706/V746，关 V701/V703/V704/V707）—C46 正洗 10min（开 V703/V707/V746，关 V701/V704/V705/V706）—C46 转入过滤运行（开 V703/V704/V701，关 V705/V706/V707/V746）
4	V704	外冷水处理系统-碳滤罐 C46	电动阀	2″球阀+UNIC-05	自动	
5	V705	外冷水处理系统-碳滤罐 C46	电动阀	2″球阀+UNIC-05	自动	
6	V706	外冷水处理系统-碳滤罐 C46	电动阀	2″球阀+UNIC-05	自动	
7	V707	外冷水处理系统-碳滤罐 C46	电动阀	2″球阀+UNIC-05	自动	
8	V708	外冷水处理系统-机械过滤器	球阀	2″三片式	动断	人工打开后用于机械过滤 Z41/Z42 检修时旁通，补充水碳滤后不经机械过滤直接流入软化装置
9	V709	外冷水处理系统-机械过滤器	球阀	2″三片式	动合	人工打开状态下用于调节机械过滤器 Z41/Z42 的进水流量
10	V710	外冷水处理系统-机械过滤器	球阀	2″三片式	动合	人工打开状态下用于调节机械过滤器 Z41/Z42 的出水流量
11	V711	外冷水处理系统-机械过滤器	电动三通球阀	2″三通球阀+UNIC-10	自动	Z41/Z42 过滤器缺省状态为过滤运行状态（开 V711，关 V712），喷淋水池水位低于喷淋水池补水启动液位（65%）时，启动补水工业泵补水，PLC 根据 FIT20 补水流量计算补水量，达 400m³ 或机械过滤器 Z41/Z42 进出水压差 dPIS21 大于 1.2bar 时自动启动 Z41/Z42 反洗控制逻辑，反洗时一台运行一台反洗：Z41 反洗 3min（关 V711/V712）—Z42 反洗 3min（开 V711/V712）—Z41/Z42 过滤（开 V711，关 V712）
12	V712	外冷水处理系统-机械过滤器	电动三通球阀	2″三通球阀+UNIC-10	自动	
13	V713	外冷水处理系统-软水罐	球阀	2″三片式	动断	人工打开后用于软化装置 C47/C48 检修时旁通，补充水碳滤、机械过滤后不经软化器直接流入软水池

序号	代号	安装位置	阀门类型	规格	阀门状态	阀门功能说明
14	V714	外冷水处理系统-软水罐	球阀	2″三片式	动合	人工打开状态下用于调节经碳滤、机械过滤、软化后流入软水池的软化水流量
15	V715	外冷水处理系统-软水罐 C47	电动阀	2″球阀+UNIC-05	自动	
16	V716	外冷水处理系统-软水罐 C47	电动阀	2″球阀+UNIC-05	自动	软化器 C47 运行 C48 备用状态下，PLC 根据 FIT21 软化水流量计算软化水处理量，达 120m³ 时，自动启动软化器 C47 反洗、再生、慢洗、正洗控制逻辑：C47 反洗 15min（开启 V717/V718，关 V715/V716/V719/V720，C47 反洗时自动开启 V721/V722，将备用的 C48 转入运行）—C47 再生 30min（开启 V718/V720，关 V715/V716/V717/V719）—C47 慢洗 20min（开 V717 开度 20%/V718 开度 20%，关 V715/V716/V719/V720）--C47 正洗 10min（开启 V715/V719，关 V716/V717/V718/V720）--C47 转入备用
17	V717	外冷水处理系统-软水罐 C47	电动阀	2″球阀+UNIC-05	自动	
18	V718	外冷水处理系统-软水罐 C47	电动阀	2″球阀+UNIC-05	自动	
19	V719	外冷水处理系统-软水罐 C47	电动阀	2″球阀+UNIC-05	自动	
20	V720	外冷水处理系统-软水罐 C47	电动阀	1″球阀+UNIC-05	自动	
21	V721	外冷水处理系统-软水罐 C48	电动阀	1″球阀+UNIC-05	自动	
22	V722	外冷水处理系统-软水罐 C48	电动阀	1″球阀+UNIC-05	自动	软化器 C48 运行 C47 备用状态下，PLC 根据 FIT21 软化水流量计算软化水处理量，达 120m³ 时，自动启动软化器 C48 反洗、再生、慢洗、正洗控制逻辑：C48 反洗 15min（开 V723/V724，关 V721/V722/V725/V726，C48 反洗时自动开启 V715/V716，将备用的 C47 转入运行）—C48 再生 30min（开 V724/V725，关 V721/V722/V723/V726）—C48 慢洗 20min（开 V723 开度 20%/V724 开度 20%，关 V721/V722/V725/V726）—C48 正洗 10min（开 V721/V726，关 V722/V723/V724/V725）—C48 转入备用
23	V723	外冷水处理系统-软水罐 C48	电动阀	1″球阀+UNIC-05	自动	
24	V724	外冷水处理系统-软水罐 C48	电动阀	1″球阀+UNIC-05	自动	
25	V725	外冷水处理系统-软水罐 C48	电动阀	1″球阀+UNIC-05	自动	
26	V726	外冷水处理系统-软水罐 C48	电动阀	2″球阀+UNIC-05	自动	

序号	代号	安装位置	阀门类型	规格	阀门状态	阀门功能说明
27	V727	外冷水处理系统-软水罐	球阀	2″三片式	动合	人工打开状态下用于调节经碳滤、机械过滤后流入软化器的水流量
28	V740	外冷水处理系统-反洗泵P50	蝶阀	3″	动合	人工打开状态下用于调节反洗泵P50进水流量（软化水源）
29	V741	外冷水处理系统-反洗泵P49	蝶阀	3″	动合	人工打开状态下用于调节反洗泵P49进水流量（软化水源）
30	V742	外冷水处理系统-反洗泵P50	止回阀	3″	自动	防止反洗泵P50停止时软化水回流冲击反洗泵P50
31	V743	外冷水处理系统-反洗泵P49	止回阀	3″	自动	防止反洗泵P49停止时软化水回流冲击反洗泵P49
32	V744	外冷水处理系统-反洗泵P50	蝶阀	3″	动合（指定开度）	人工打开状态下用于调节反洗泵P50出水流量（软化水源）
33	V745	外冷水处理系统-反洗泵P49	蝶阀	3″	动合（指定开度）	人工打开状态下用于调节反洗泵P49出水流量（软化水源）
34	V746	外冷水处理系统-反洗泵	电动阀	2″球阀+UNIC-05	自动	碳滤器C46反洗（含正洗）、机械过滤器Z41/Z42反洗通过启动反洗水泵实现，碳滤器C46反洗（含正洗）时间与机械过滤器Z41/Z42反洗时间错开。反洗或正洗时，自动关闭补水电动阀V701、开启反洗泵电动阀V746，启动反洗水泵强注软化水源对碳滤器C46或机械过滤器Z41/Z42进行反洗排污
35	V747	外冷水处理系统-反洗泵	球阀	2″三片式	动断	人工打开后用于水处理系统检修时直接补水至软水池
36	V801	外冷水处理系统-盐箱C55	球阀	DN25，PPH三片式	动合	人工打开状态下用于软化器C48再生时调节盐箱至软化器C48的盐水流量
37	V802	外冷水处理系统-盐箱C55	球阀	DN25，PPH三片式	动合	人工打开状态下用于软化器C47再生时调节盐箱C55至软化器C47的盐水流量
38	V809	外冷水处理系统-盐箱C55	止回阀	DN25，PPH	自动	防止软化器C48内的水或未经软化的水直接回流至盐箱C55

序号	代号	安装位置	阀门类型	规格	阀门状态	阀门功能说明
39	V810	外冷水处理系统-盐箱 C55	止回阀	DN25，PPH	自动	防止软化器 C47 内的水或未经软化的水直接回流至盐箱 C55
40	V811	外冷自循环系统-砂滤罐 C46	电动蝶阀	DN80+UNIC-05	自动	（1）喷淋水自循环系统运行状态下，自动过滤（开启 V811/V813，关闭 V812/V814）；（2）过滤 12h 后执行砂滤罐 C45 反洗 15min（开启 V812/V814，关闭 V811/V813），反洗结束后自动恢复至过滤运行；（3）设定每天或喷淋水进水电导率 QIT24 值大于 1000μS/cm 时自动排污（开启 V811/V814，关闭 V812/V813），PLC 根据 FIT22 排污流量计算排污水量，达 50m³ 或喷淋水进水电导率 QIT24 值低于 800μS/cm 时停止排污，自动恢复至过滤运行
41	V812	外冷自循环系统-砂滤罐 C46	电动蝶阀	DN80+UNIC-05	自动	
42	V813	外冷自循环系统-砂滤罐 C46	电动蝶阀	DN80+UNIC-05	自动	
43	V814	外冷自循环系统-砂滤罐 C46	电动蝶阀	DN80+UNIC-05	自动	
44	V815	外冷自循环系统-砂滤罐 C46	蝶阀	3″	可调（指定开度）	人工打开状态下用于调节喷淋水自循环系统砂滤罐 C45 过滤后管道至喷淋水池的流量（可根据自循环 P41/P42 出水压力 PT34 值人工调节开度）
45	V816	外冷水处理系统-盐箱 C55	电动阀	3/4″球阀+UNIC-05	自动	盐箱 C55 液位下降至 LS31 低液位时，自动开启 V816，对盐箱 C55 进行补水；盐箱 C55 液位上升至 LS32 高液位时，自动关闭 V816，停止对盐箱 C55 补水
46	V817	外冷水处理系统-盐箱 C55	球阀	3/4″球阀	动合（指定开度）	人工打开状态下不承担调节盐箱 C55 补充水功能，全开状态
47	V601	内冷系统-3 号冷却塔	蝶阀	DN150	动合	人工打开状态下用于调节内冷水流进 3 号冷却塔的进水流量
48	V602	内冷系统-2 号冷却塔	蝶阀	DN150	动合	人工打开状态下用于调节内冷水流进 2 号冷却塔的进水流量
49	V603	内冷系统-1 号冷却塔	蝶阀	DN150	动合	人工打开状态下用于调节内冷水流进 1 号冷却塔的进水流量
50	V604	内冷系统-1 号冷却塔	蝶阀	DN150	动合	人工打开状态下用于调节内冷水经 1 号冷却塔冷却后的出水流量

序号	代号	安装位置	阀门类型	规格	阀门状态	阀门功能说明
51	V605	内冷系统-2 号冷却塔	蝶阀	DN150	动合	人工打开状态下用于调节内冷水经 2 号冷却塔冷却后的出水流量
52	V606	内冷系统-3 号冷却塔	蝶阀	DN150	动合	人工打开状态下用于调节内冷水经 3 号冷却塔冷却后的出水流量
53	V613	外冷系统-1 号冷却塔	蝶阀	DN150	可调（指定开度）	人工打开状态下用于调节喷淋泵 P31/P32 的喷淋水出水流量（根据喷淋泵出水压力 PT31 值人工调节开度）
54	V614	外冷系统-2 号冷却塔	蝶阀	DN150	可调（指定开度）	人工打开状态下用于调节喷淋泵 P33/P34 的喷淋水出水流量（根据喷淋泵出水压力 PT32 值人工调节开度）
55	V615	外冷系统-3 号冷却塔	蝶阀	DN150	可调（指定开度）	人工打开状态下用于调节喷淋泵 P35/P36 的喷淋水出水流量（根据喷淋泵出水压力 PT33 值人工调节开度）
56	V616	外冷系统-补水阀	蝶阀	DN80	可调（动合）	人工打开状态下用于调节外冷水水处理系统的补充工业水进水流量
57	V619	外冷系统-喷淋泵 P31	蝶阀	DN125	动合	人工打开状态下用于调节喷淋泵 P31 的喷淋水出水流量，人工关闭后用于检修喷淋泵 P31
58	V620	外冷系统-喷淋泵 P32	蝶阀	DN125	动合	人工打开状态下用于调节喷淋泵 P32 的喷淋水出水流量，人工关闭后用于检修喷淋泵 P32
59	V621	外冷系统-喷淋泵 P33	蝶阀	DN125	动合	人工打开状态下用于调节喷淋泵 P33 的喷淋水出水流量，人工关闭后用于检修喷淋泵 P33
60	V622	外冷系统-喷淋泵 P34	蝶阀	DN125	动合	人工打开状态下用于调节喷淋泵 P34 的喷淋水出水流量，人工关闭后用于检修喷淋泵 P34
61	V623	外冷系统-喷淋泵 P35	蝶阀	DN125	动合	人工打开状态下用于调节喷淋泵 P35 的喷淋水出水流量，人工关闭后用于检修喷淋泵 P35
62	V624	外冷系统-喷淋泵 P36	蝶阀	DN125	动合	人工打开状态下用于调节喷淋泵 P36 的喷淋水出水流量，人工关闭后用于检修喷淋泵 P36
63	V625	外冷系统-喷淋泵 P31	蝶阀	DN150	动合	人工打开状态下用于调节喷淋泵 P31 的喷淋水进水流量，人工关闭后用于检修喷淋泵 P31

序号	代号	安装位置	阀门类型	规格	阀门状态	阀门功能说明
64	V626	外冷系统-喷淋泵 P32	蝶阀	DN150	动合	人工打开状态下用于调节喷淋泵 P32 的喷淋水进水流量，人工关闭后用于检修喷淋泵 P32
65	V627	外冷系统-喷淋泵 P33	蝶阀	DN150	动合	人工打开状态下用于调节喷淋泵 P33 的喷淋水进水流量，人工关闭后用于检修喷淋泵 P33
66	V628	外冷系统-喷淋泵 P34	蝶阀	DN150	动合	人工打开状态下用于调节喷淋泵 P34 的喷淋水进水流量，人工关闭后用于检修喷淋泵 P34
67	V629	外冷系统-喷淋泵 P35	蝶阀	DN150	动合	人工打开状态下用于调节喷淋泵 P35 的喷淋水进水流量，人工关闭后用于检修喷淋泵 P35
68	V630	外冷系统-喷淋泵 P36	蝶阀	DN150	动合	人工打开状态下用于调节喷淋泵 P36 的喷淋水进水流量，人工关闭后用于检修喷淋泵 P36
69	V631	外冷系统-喷淋泵 P31	止回阀	DN150	自动	防止喷淋泵 P31 停止时喷淋水回流冲击喷淋泵 P31
70	V632	外冷系统-喷淋泵 P32	止回阀	DN150	自动	防止喷淋泵 P32 停止时喷淋水回流冲击喷淋泵 P32
71	V633	外冷系统-喷淋泵 P33	止回阀	DN150	自动	防止喷淋泵 P33 停止时喷淋水回流冲击喷淋泵 P33
72	V634	外冷系统-喷淋泵 P34	止回阀	DN150	自动	防止喷淋泵 P34 停止时喷淋水回流冲击喷淋泵 P34
73	V635	外冷系统-喷淋泵 P35	止回阀	DN150	自动	防止喷淋泵 P35 停止时喷淋水回流冲击喷淋泵 P35
74	V636	外冷系统-喷淋泵 P36	止回阀	DN150	自动	防止喷淋泵 P36 停止时喷淋水回流冲击喷淋泵 P36
75	V637	外冷系统-自循环泵 P41	蝶阀	3″焊接	动合	人工打开状态下用于调节自循环泵 P41 的自循环水进水流量，人工关闭后用于检修自循环泵 P41
76	V638	外冷系统-自循环泵 P41	蝶阀	3″焊接	动合	人工打开状态下用于调节自循环泵 P42 的自循环水进水流量，人工关闭后用于检修自循环泵 P42

序号	代号	安装位置	阀门类型	规格	阀门状态	阀门功能说明
77	V639	外冷系统-自循环泵 P42	蝶阀	3″焊接	动合	人工打开状态下用于调节自循环泵 P42 的自循环水出水流量，人工关闭后用于检修自循环泵 P42
78	V640	外冷系统-自循环泵 P41	蝶阀	3″焊接	动合	人工打开状态下用于调节自循环泵 P41 的自循环水出水流量，人工关闭后用于检修自循环泵 P41
79	V642	外冷水处理系统-碳滤罐 C46	球阀	3/4″三片式	动断	人工打开后用于碳滤罐 C46 排气
80	V643	外冷系统-喷淋泵 P32	球阀	3/4″三片式	动断	人工打开后用于喷淋泵 P32 检修时泄空
81	V644	外冷系统-喷淋泵 P34	球阀	3/4″三片式	动断	人工打开后用于喷淋泵 P34 检修时泄空
82	V645	外冷系统-喷淋泵 P36	球阀	3/4″三片式	动断	人工打开后用于喷淋泵 P36 检修时泄空
83	V646	外冷系统-喷淋泵 P31	球阀	3/4″三片式	动断	人工打开后用于喷淋泵 P31 检修时泄空
84	V647	外冷系统-喷淋泵 P33	球阀	3/4″三片式	动断	人工打开后用于喷淋泵 P33 检修时泄空
85	V648	外冷系统-喷淋泵 P35	球阀	3/4″三片式	动断	人工打开后用于喷淋泵 P35 检修时泄空
86	V649	外冷水处理系统-反洗泵 P50	球阀	3/4″三片式	动断	人工打开后用于反洗泵 P50 排气、取样及检修时泄空
87	V650	外冷水处理系统-反洗泵 P49	球阀	3/4″三片式	动断	人工打开后用于反洗泵 P49 排气、取样及检修时泄空
88	V654	外冷排污系统-排污泵 P43	止回阀	2″	自动	防止排污泵 P43 停止时出口污水回流冲击排污泵 P43
89	V655	外冷排污系统-排污泵 P43	止回阀	2″	自动	防止排污泵 P44 停止时出口污水回流冲击排污泵 P44

序号	代号	安装位置	阀门类型	规格	阀门状态	阀门功能说明
90	V665	外冷系统-自循环泵 P41	止回阀	3″	自动	防止自循环泵 P41 停止时自循环水回流冲击自循环泵 P41
91	V666	外冷系统-自循环泵 P42	止回阀	3″	自动	防止自循环泵 P42 停止时自循环水回流冲击自循环泵 P42
92	V677	喷淋水池-液位变送器 LT21	蝶阀	DN80	动合	打开状态下用于接入监测喷淋水池液位的变送器 LT21，关闭后用于在线检修 LT21
93	V678	喷淋水池-液位变送器 LT22	蝶阀	DN80	动合	打开状态下用于接入监测喷淋水池液位的变送器 LT22，关闭后用于在线检修 LT22
94	V679	外冷软化水池-液位计 LS37、LS38、LI21	蝶阀	DN80	动合	打开状态下用于接入监测软化水池液位的液位开关 LS37、LS38 及就地显示的磁翻板液位计 LI21，关闭后用于在线检修 LS37、LS38、LI21
95	V680	工业补水系统-工业泵	中线对夹手柄蝶阀	DN65	动合	工业泵运转时通过打开状态下的中线对夹手柄蝶阀使水通往喷淋水池，关闭后用于在线检修工业泵
96	V681	工业补水系统-工业泵	中线对夹手柄蝶阀	DN65	动合	工业泵运转时通过打开状态下的中线对夹手柄蝶阀使水通往喷淋水池，关闭后用于在线检修工业泵
97	V682	工业补水系统-工业泵	消声止回阀	DN65	自动	防止另一台工业泵运转时工业水经备用泵直接回流至工业水池
98	V683	工业补水系统-工业泵	消声止回阀	DN65	自动	防止另一台工业泵运转时工业水经备用泵直接回流至工业水池
99	V684	工业补水系统-工业泵	闸阀	DN65	动合	工业泵进水阀门，正餐时打开，关闭后用于在线检修工业泵
100	V685	工业补水系统-工业泵	闸阀	DN65	动合	工业泵进水阀门，正餐时打开，关闭后用于在线检修工业泵
101	V253	外冷系统-砂滤罐 C45	球阀（泄空用）	3/8″三片式	动断	人工打开后用于砂滤罐 C45 检修时泄空
102	V254	外冷水处理系统-过滤器	球阀（泄空用）	3/8″三片式	动断	人工打开后用于机械过滤器 Z41/Z42 检修时泄空

序号	代号	安装位置	阀门类型	规格	阀门状态	阀门功能说明
103	V255	外冷水处理系统-软水罐 C48	球阀（泄空用）	3/8″三片式	动断	人工打开后用于软水罐 C48 排水或检修时泄空
104	V256	外冷水处理系统-碳滤罐 C46	球阀（泄空用）	3/8″三片式	动断	人工打开后用于碳滤罐 C46 排水或检修时泄空
105	V257	外冷系统-自循环泵	球阀（泄空用）	3/8″三片式	动断	人工打开后用于自循环泵 P41/P42 检修时泄空
106	V258	外冷软化水池-液位开关 LS37、LS38、LI21	球阀（泄空用）	—	动断	人工打开后用于软化水池液位的液位开关 LS37、LS38 或就地显示的磁翻板液位计 LI21 在线检修时管道泄空
107	V259	喷淋水池-液位变送器 LT22	球阀（泄空用）	—	动断	人工打开后用于喷淋水池液位的变送器 LT22 在线检修时管道泄空
108	V260	喷淋水池-液位变送器 LT21	球阀（泄空用）	—	动断	人工打开后用于喷淋水池液位的变送器 LT21 在线检修时管道泄空
109	V261	外冷水处理系统-软水罐	球阀（树脂泄空）	3/4″三片式	动断	替换临时编号 V750
110	V262	外冷水处理系统-软水罐	球阀（树脂泄空）	3/4″三片式	动断	替换临时编号 V751
111	V270	外冷自循环系统-砂滤罐	球阀	3/8″三片式	动断	与砂滤罐排气阀 V329 配合
112	V271	外冷自循环系统-砂滤罐	球阀	3/8″三片式	动断	砂滤罐加料口球阀，手动排气用
113	V272	外冷水处理系统-碳滤罐	球阀	3/8″三片式	动断	碳滤罐取样用
114	V273	外冷水处理系统-碳滤罐	球阀	3/8″三片式	动断	碳滤罐取样用
115	V274	外冷水处理系统-碳滤罐	球阀	3/8″三片式	动断	与碳滤罐排气阀 V330 配合

序号	代号	安装位置	阀门类型	规格	阀门状态	阀门功能说明
116	V275	外冷系统-喷淋水池	球阀（泄空用）	3/4″三片式	动断	泄空用
117	V750	外冷水处理系统-软水罐C48	球阀（树脂泄空）	1/2″三片式	动断	人工打开后用于软水罐C48检修时泄空树脂
118	V751	外冷水处理系统-软水罐C47	球阀（树脂泄空）	1/2″三片式	动断	人工打开后用于软水罐C47检修时泄空树脂
119	V329	外冷自循环系统-砂滤罐C45	排气阀（手动）	3/8″三片式	动断	用于砂滤罐C45自动排气
120	V330	外冷水处理系统-碳滤罐C46	排气阀（手动）	3/8″三片式	动断	用于碳滤罐C46自动排气
121	V336	外冷水处理系统-软水罐C47	排气阀（手动）	3/8″三片式	动断	用于软水罐C47自动排气
122	V337	外冷水处理系统-软水罐C48	排气阀（手动）	3/8″三片式	动断	用于软水罐C48自动排气
123	V354	内冷系统-冷却塔	球阀（泄空用）	3/8″三片式	动断	人工打开后用于接至外冷却塔的内冷水管道泄空用
124	V357	外冷加药系统-杀菌灭藻剂加药管路	球阀	3/8″三片式	动合	人工打开状态下用于调节杀菌灭藻装置C49/C50上计量泵P45/P46的出药流量
125	V358	外冷加药系统-缓蚀除垢剂加药管路	球阀	3/8″三片式	动合	人工打开状态下用于调节缓蚀除垢装置C51/C52上计量泵P47/P48的出药流量
126	V359	外冷加药系统-杀菌灭藻剂加药管路	球阀	3/8″三片式	动合	人工打开状态下用于调节杀菌灭藻剂出药管道至喷淋泵进水管道的药剂流量
127	V360	外冷加药系统-缓蚀除垢剂加药管路	球阀	3/8″三片式	动合	人工打开状态下用于调节缓蚀除垢剂出药管道至喷淋泵进水管道的药剂流量

序号	代号	安装位置	阀门类型	规格	阀门状态	阀门功能说明
128	V450	工业补水压力变送器 PI30	球阀	1/4"三片式	动合	打开状态下用于接入监测工业补水压力的表计 PI30，关闭后用于在线检修 PI30
129	V451	工业补水压力表 PT30	球阀	1/4"三片式	动合	打开状态下用于接入监测工业补水压力的变送器 PT30，关闭后用于在线检修 PT30
130	V452	碳过滤器出水压力表 PI31	球阀	1/4"三片式	动合	打开状态下用于接入监测碳过滤器出水压力的表计 PI31，关闭后用于在线检修 PI31
131	V453	Z41/Z42 过滤器压差开关 dPIS21	球阀	1/4"三片式	动合	打开状态下用于接入监测机械过滤器 Z41/Z42 压差表 dPIS21，关闭后用于在线检修 dPIS21
132	V454	Z41/Z42 过滤器压差开关 dPIS21	球阀	1/4"三片式	动合	打开状态下用于接入监测机械过滤器 Z41/Z42 压差表 dPIS21，关闭后用于在线检修 dPIS21
133	V455	软化水出水压力表 PI32	球阀	1/4"三片式	动合	打开状态下用于接入监测软化水出水压力的表计 PI32，关闭后用于在线检修 PI32
134	V456	软化水进水压力表 PI33	球阀	1/4"三片式	动合	打开状态下用于接入监测软化水进水压力的表计 PI33，关闭后用于在线检修 PI33
135	V457	喷淋泵出水压力变送器 PT31	球阀	1/4"三片式	动合	打开状态下用于接入监测喷淋泵 P31/P32 出水压力的变送器 PT31，关闭后用于在线检修 PT31
136	V458	喷淋泵出水压力变送器 PT32	球阀	1/4"三片式	动合	打开状态下用于接入监测喷淋泵 P33/P34 出水压力的变送器 PT32，关闭后用于在线检修 PT32
137	V459	喷淋泵出水压力变送器 PT33	球阀	1/4"三片式	动合	打开状态下用于接入监测喷淋泵 P35/P36 出水压力的变送器 PT33，关闭后用于在线检修 PT33
138	V460	自循环泵出水压力变送器 PT34	球阀	1/4"三片式	动合	打开状态下用于接入监测自循环泵 P41/P42 出水压力的变送器 PT34，关闭后用于在线检修 PT34
139	V461	反洗水泵出水压力变送器 PT35	球阀	1/4"三片式	动合	打开状态下用于接入监测反洗泵 P49/P50 出水压力的变送器 PT35，关闭后用于在线检修 PT35
140	V818	外冷水处理系统-碳滤罐 C46	球阀	1/4"	动断	人工打开后用于碳滤罐 C46 取样
141	V821	外冷水处理系统-碳滤罐 C46	球阀	3/8"	动断	人工打开后用于补充工业水取样

十六、阀厅门联锁示意图

阀厅门联锁示意图如图 14-12 所示。

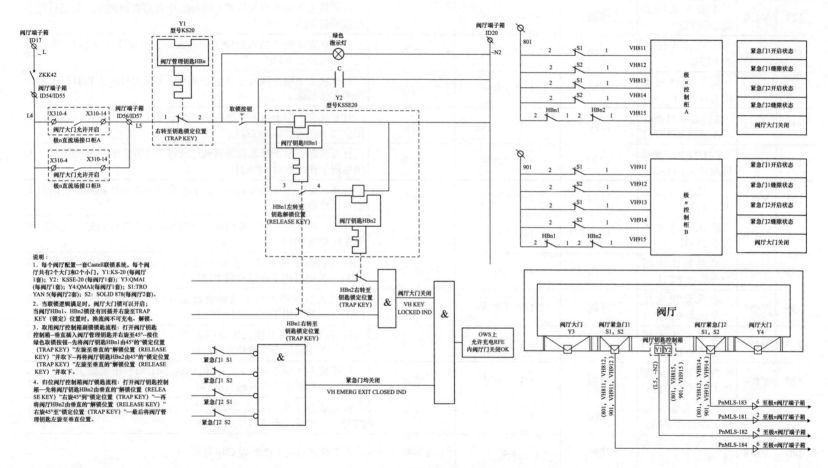

图 14-12　阀厅门联锁示意图

十七、阀厅钥匙联锁系统原理图

阀厅钥匙联锁系统原理图如图 14-13 所示。

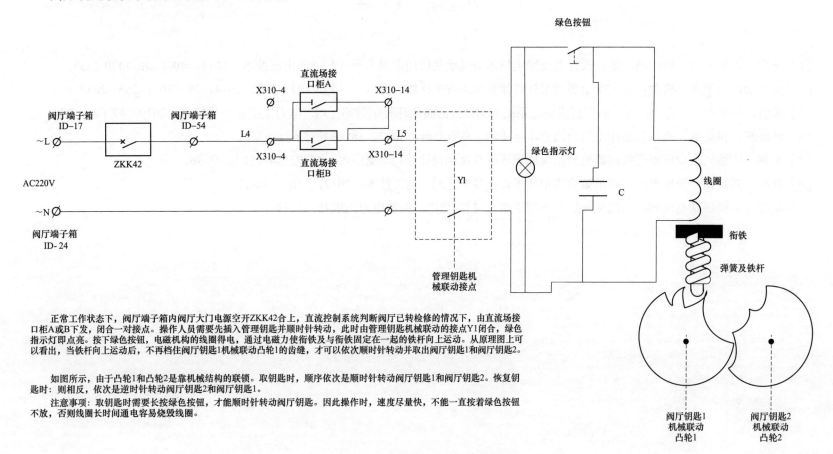

正常工作状态下，阀厅端子箱内阀厅大门电源空开ZKK42合上，直流控制系统判断阀厅已转检修的情况下，由直流场接口柜A或B下发，闭合一对接点。操作人员需要先插入管理钥匙并顺时针转动，此时由管理钥匙机械联动的接点Y1闭合，绿色指示灯即点亮。按下绿色按钮，电磁机构的线圈得电，通过电磁力使衔铁及与衔铁固定在一起的铁杆向上运动。从原理图上可以看出，当铁杆向上运动后，不再档住阀厅钥匙1机械联动凸轮1的齿缝，才可以依次顺时针转动并取出阀厅钥匙1和阀厅钥匙2。

如图所示，由于凸轮1和凸轮2是靠机械结构的联锁。取钥匙时，顺序依次是顺时针转动阀厅钥匙1和阀厅钥匙2。恢复钥匙时：则相反，依次是逆时针转动阀厅钥匙2和阀厅钥匙1。

注意事项：取钥匙时需要长按绿色按钮，才能顺时针转动阀厅钥匙。因此操作时，速度尽量快，不能一直按着绿色按钮不放，否则线圈长时间通电容易烧毁线圈。

图 14-13　阀厅钥匙联锁系统原理图

参 考 文 献

[1] 马为民，吴方劼，杨一鸣，等. 柔性直流输电技术的现状及应用前景分析 [J]. 高电压技术，2014，40（8）：2429-2439.

[2] 吴方劼，马玉龙，梅念，等. 舟山多端柔性直流输电工程主接线方案设计 [J]. 电网技术，2014，38（10）：2651-2657.

[3] 张浩，刘欣和，王先为，等. 柔性直流输电系统 MMC 换流阀闭环充电策略 [J]. 电力系统保护与控制，2019，47（4）：134-142.

[4] 韩晓东，翟亚东. 高压直流输电用换流变压器 [J]. 高压电器，2002，38（3）：5-6.

[5] 王剑，陈德兴. 变压器用吸湿器油封系统原理浅析及优化设计 [J]. 变压器，2017，54（10）：43-46.

[6] 孙茁，刘执权. 变压器油温测量装置实用技术设计要求 [J]. 电工技术，2012，（10）：16-17.

[7] 黄东方. 换流站高澜阀冷系统现场运维实用手册 [M]. 北京：中国电力出版社，2019.